AF347255

COURS

PROFESSÉS

A L'ÉCOLE DES MINES DE PARIS

DEUXIÈME PARTIE

COURS D'EXPLOITATION DES MINES

PARIS. — IMP. SIMON RAÇON ET COMP., RUE D'ERFURTH, 1.

COURS

PROFESSÉS

A L'ÉCOLE DES MINES DE PARIS

PAR

M. J. CALLON

INSPECTEUR GÉNÉRAL DES MINES

DEUXIÈME PARTIE

COURS D'EXPLOITATION DES MINES

TOME DEUXIÈME

TEXTE

PARIS

DUNOD, ÉDITEUR

LIBRAIRE DES CORPS DES PONTS ET CHAUSSÉES ET DES MINES

49, QUAI DES AUGUSTINS, 49

1874

ERRATA

DU SECOND VOLUME

(Le premier numéro indique la page où se trouve l'erreur à corriger ; le second numéro indique la ligne de la page ; il est suivi de la lettre D ou de la lettre M, suivant que les lignes de la page sont comptées en descendant ou en montant.)

PAGES	LIGNES	AU LIEU DE	LISEZ
1	3 M.	ploitation,	de l'exploitation.
10	12 D.	on fait toucher,	on fait tomber.
27	5 M.	représentée figure 152,	représentée figure 252.
43	7 M.	fixés,	fixes.
63	9 D.	le tirage,	le triage.
73	5 M.	en paniers de main,	en paniers de mines.
101	3 M.	$C'D = C'O - OD = AO\,(\sqrt{2}-1)$,	$C'D = C'O - OD = A'O\,(\sqrt{2}-1)$.
123	7 M.	des minés de Worsley, qui tiennent,	des mines de Worsley (fig. 282), qui tiennent.
123	4 M.	(fig. 282),	(fig. 283).
148	11 M.	les appoints,	les appareils.
174	11 D.	une vitesse plus grande….	une vitesse de rotation moindre.
196	5 M.	17,	27.
202	2 M.	$A_1'' = a e \frac{P}{P} H$,	$A_1 = a e^{\frac{P'}{P}} H$.
222	4 D.	$\rho^2\left(-1\,\frac{\alpha Q}{pH}\right) = \rho_0{}^2$,	$\rho^2\left(1-\frac{\alpha Q}{pH}\right) = \rho_0{}^2$.
245	5 M.	recevant chacune,	recevant chacun.
248	6 M.	à 0.25 centimes,	à 25 centimes.
256	1 D.	freins du câble,	brins du câble.
305	1 D.	$H = 2500$,	$H = 1500$.
509	14 D.	$\frac{\pi d^2}{4}\,\frac{1000}{H}\,\rho = P' + P''$,	$\frac{\pi d^2}{4}\,\frac{H}{1000}\,\rho = P' + P''$.

ERRATA.

PAGES	LIGNES	AU LIEU DE	LISEZ
510	10 M.	la pression 10550 H,	la pression 10550 — H.
510	9 M.	la pression 10550 H',	la pression 10550 — H'.
516	12 D.	faire prévenir,	faire prévoir.
552	16 D.	arrivé en A'' B'',	arrivé en A''' B''.
555	15 M.	qu'il tiendra,	qu'il tendra.
588	9 M.	elles ont plus chargées,	elles sont plus chargées.
417	2 et 5 M.	de fumier ou de poussière,	de fumées ou de poussières.
451	17 M.	par les bases,	par les buses.
455	2 D.	cabillots,	cubilots.
464	15 D.	du périmètre $O\,a\,b\,c\,d\,e\,f\,g\,f\,h\,o$	du périmètre $O\,a\,b\,c\,d\,e\,g\,f\,g'h\,O$
465	15 D.	le triangle $c\,o\,e$,	le triangle $c\,O\,e$.
491	9 D.	la subdivision d'air du courant,	la subdivision du courant.
559	11 M.	exploités,	exploité.
549	4 M.	à se renverser,	à le renverser.
576	6 M.	en répétitions,	en répétition.
580	2 D.	Bockkoltz,	Bochkoltz.
594	2 D.	proposée,	proposé.

COURS

D'EXPLOITATION

DES MINES

CHAPITRE XII

EXEMPLES D'EXPLOITATIONS SOUTERRAINES

(339) On a vu dans le chapitre précédent en quoi consistent les méthodes d'exploitation applicables aux filons plus ou moins puissants, aux amas, et enfin aux couches de houille considérées comme le type des gisements en couches.

On a reconnu qu'un gîte souterrain susceptible d'une exploitation durable était assez étendu pour qu'il ne fût pas permis de supposer que le vide résultant de l'enlèvement complet de la matière qu'il renferme pût subsister dans le sein de la terre ; qu'il fallait donc ou que ce vide fût remblayé, ou qu'il s'éboulât, ou enfin que l'on consentît à un enlèvement incomplet de la matière utile ; et l'on en a conclu qu'au point de vue le plus général, les méthodes d'exploitation applicables à ces gites pouvaient être classées dans les trois grandes catégories suivantes :

Les *méthodes par remblais*, dans lesquelles les vides résultant de ploitation sont, au fur et à mesure qu'ils se produisent, remblayés par des matières stériles provenant de l'exploitation même, ou prises sur d'autres points, souterrainement ou au jour.

Les *méthodes par dépilages*, dans lesquelles, après avoir fait un tracage convenable, on cherche à enlever systématiquement les piliers ou massifs circonscrits par les galeries de traçage, en battant en retraite dans chaque quartier, et laissant les éboulements se faire en arrière ;

Enfin les *méthodes par piliers et estaus*, dans lesquelles on considère l'exploitation comme terminée avec le traçage.

Le trait caractéristique des méthodes de la première catégorie est de permettre un enlèvement *aussi complet qu'on le veut* de la matière utile du gîte, en réduisant en même temps au minimum les mouvements généraux du sol, et par conséquent les indemnités à payer aux propriétaires de la surface, et l'affluence des eaux dans la mine, qui résultent de cet enlèvement complet.

Les méthodes de la deuxième catégorie se distinguent par le bas prix de revient direct, lequel peut souvent d'ailleurs, dans une période donnée, être amplement compensé par un certain gaspillage sur la matière utile (soit au point de vue de la quantité, soit à celui de la qualité), et par les conséquences qu'entraînent les éboulements, au point de vue de l'entretien d'eau, à celui des indemnités à payer aux propriétaires du sol, et parfois aussi à celui des incendies souterrains.

Enfin les méthodes de la troisième catégorie, si elles évitent, ou *sont censées éviter*, les mouvements de terrain et leurs conséquences ci-dessus rappelées, ont le vice radical, et la plupart du temps inac ceptable pour un gîte d'une richesse limitée, de causer des pertes de matière considérables. Elles doivent généralement être remplacées, sauf pour les matières très-abondantes et de très-faible valeur, par les méthodes soit de la première, soit de la seconde catégorie.

(310) Si l'on considère les divers gîtes au point de vue de leur allure dans le sein de la terre, on doit d'abord distinguer, d'un côté, les *couches* et les *filons*, qui satisfont à la définition géométrique de grandes lentilles, diversement inclinées, ayant deux dimensions comme indéfinies relativement à la troisième qui est essentiellement limitée (n° 9) ; de l'autre côté, les *amas*, qui peuvent avoir la même origine, soit que les couches, soit que les filons, mais qui ne satisfont point à cette même définition géométrique simple.

Pour les couches et les filons, on aura égard à leur puissance, en distinguant ceux d'une *puissance ordinaire* et ceux d'une *grande puissance*.

Ces deux expressions ne correspondent pas à des quantités numériques qui puissent être précisées *a priori* d'une manière absolue ; j'appelle *puissance ordinaire* celle qui est *comparable* à la dimension que les conditions locales permettent de donner aux chantiers perpendiculairement au plan du gîte ; je veux dire par là inférieure ou égale, ou, tout au plus, légèrement supérieure à cette dimension ; de sorte que les méthodes d'exploitation s'appliquent en une fois dans le plan de la lentille, *sur toute l'épaisseur de cette lentille.*

Telles sont, pour les filons, les méthodes d'exploitation par gradins droits et par gradins renversés, et, pour les couches, les méthodes par grandes tailles, ou celles par massifs longs, avec toutes leurs variétés.

La *grande puissance* est celle qui ne permet pas, eu égard à toutes les circonstances dans lesquelles on se trouve placé, de prendre le gîte sur toute sa hauteur par un système unique de travaux disposés dans le plan de la lentille.

On ramène généralement ce cas, qui est aussi celui des amas, au cas précédent, par un artifice qui consiste à décomposer par la pensée le gîte, quel qu'il soit, en plusieurs portions qui doivent être exploitées successivement, chacune d'elles l'étant d'ailleurs en une seule fois sur toute sa hauteur.

Le mode le plus naturel de subdivision est un système de plans parallèles qui forment une série de tranches. Les plans peuvent être ou horizontaux, ou parallèles à la stratification, ou enfin verticaux.

La première disposition convient aux gîtes très-inclinés, ou aux amas dans lesquels il n'y a ni stratification ni sens de clivage prononcé.

C'est la *méthode en travers*, qui, considérée d'une manière générale, comporte l'emploi de chacun des trois systèmes rappelés au

numéro précédent, et qui est, en effet, employée, tantôt avec des remblais, tantôt sans remblais, avec ou sans dépilage.

Dans le cas des remblais, on a ce qu'on désigne ordinairement sous le nom de méthode en travers proprement dite ; mais en réalité, on devrait distinguer la méthode en travers *avec remblai*, celle avec *dépilage*, et même celle *avec piliers et estaus*. On rencontre des applications des unes et des autres, quoique la première soit la plus fréquente.

La seconde disposition, consistant à diviser en tranches parallèles à la stratification, a pour effet ordinaire de rendre l'abattage plus facile et parfois aussi d'être favorable à la production journalière, en permettant d'avoir une tranche plus étendue que dans la méthode en travers ; mais elle exclut les inclinaisons trop fortes.

On peut la désigner sous le nom de *méthode par tranches*, en sous-entendant, pour la distinguer de la méthode *en travers*, qu'il s'agit de tranches parallèles à la stratification.

Cette méthode par tranches comporte, comme celle en travers, l'emploi des remblais (méthode de Rive-de-Gier), celui des dépilages (méthode de Blanzy), et celui des piliers et estaus, par lequel les anciens ont souvent exploité à l'affleurement les couches puissantes.

Enfin le troisième système, ou la *méthode verticale*, n'est à proprement parler que la méthode en travers avec remblai, dans laquelle on prend immédiatement *dans chaque quartier* toutes les tranches horizontales qui composent un étage ; de sorte que l'étage est déjà entièrement enlevé sur un point dans toute sa hauteur, tandis qu'on peut être encore en première ou en deuxième tranche sur un point voisin.

L'objet de cette disposition est de ne pas laisser un point d'une tranche quelconque longtemps exposé aux effets de l'affaissement plus ou moins prolongé que cette tranche éprouve nécessairement par le tassement progressif des remblais des tranches inférieures.

(**341**) Entre les diverses méthodes ci-dessus rappelées, le choix à faire, dans un cas donné, est une question de premier ordre, qui demande à être examinée avec le plus grand soin.

A ne considérer que le prix de revient direct de la tonne produite, on peut penser, d'une manière générale, ainsi qu'on l'a dit tout à l'heure, que les méthodes de la seconde catégorie sont les plus favorables, en ce que, comparées aux premières, elles économisent les frais de remblai, et que comparées aux secondes, elles diminuent, par suite de la production totale plus forte d'un quartier d'une étendue donnée, les frais d'amortissement des travaux de premier établissement et des travaux préparatoires. Mais le prix de revient n'est qu'un des côtés, *et non pas même toujours le côté le plus important* de la question à examiner.

J'insiste sur ce point, parce qu'il est essentiel et qu'il n'est pas toujours très-bien compris, les hommes techniques ayant souvent tendance à considérer le prix de revient comme leur objectif principal, presque unique, et à croire que toute diminution survenue d'une année à l'autre dans cet élément est un pas fait en avant.

Le plus souvent les comptes rendus aux actionnaires sont présentés sous des formes propres à développer cette tendance.

Ainsi, par exemple, dans les comptes rendus des compagnies de chemins de fer, on s'attache à faire ressortir le rapport de la dépense à la recette brute, et l'on s'applaudit si ce rapport ayant été, par exemple, de 40 pour 100 une année, on le voit tomber l'année suivante à 39 pour 100. On aurait toujours raison de le faire si, dans les deux années que l'on compare, on avait transporté les mêmes proportions de marchandises aux divers tarifs ; mais s'il n'en est rien, si dans la seconde année, par exemple, le trafic des marchandises qui donnent le profit net le moins fort s'est le plus développé, le rapport ci-dessus aura pu augmenter, au lieu de diminuer, et l'on sera cependant en progrès réel, si en même temps le produit net total a augmenté.

En d'autres termes, le criterium du progrès, dans le cas considéré, est d'augmenter non pas le *rapport géométrique* entre la recette brute et la dépense, mais bien le *rapport arithméthique* entre ces deux quantités, c'est-à-dire le montant de la recette nette ; de sorte qu'il y a toujours progrès d'une année à l'autre, si dans la seconde année, au trafic de la première on a ajouté un trafic supplémen-

taire, même relativement peu favorable, s'il satisfait simplement à la condition de ne pas être onéreux par lui-même.

De même pour une exploitation de mine, on pourra juger convenable de faire un sacrifice supplémentaire, au détriment du prix de revient, par exemple un sacrifice sur la main d'œuvre, propre à attirer des ouvriers étrangers, ou encore un complément de travaux préparatoires, propre à augmenter la production annuelle, etc...

Toutefois la marche à suivre en pareil cas ne peut être déterminée d'une manière entièrement rationnelle, sans avoir égard à la richesse du gîte, à la nature de la matière exploitée et à l'étendue de ses débouchés.

On devra se reporter aux considérations exposées aux n°s 70 et 71, et agir autrement avec des matières de haute valeur qui seraient en quantité limitée, qu'avec des matières peu précieuses, dont l'exploitation pourra être prolongée pendant une longue période et qui n'ont qu'un débouché local.

Pour les premières la question d'une légère variation de prix de revient est secondaire, devant celle d'une exploitation *aussi complète* et *aussi active* que possible.

Pour les secondes, qui ne donnent en général par tonne qu'un bénéfice peu important, la question du prix de revient peut être essentielle, en ce sens qu'une augmentation de ce prix peut rendre l'exploitation actuellement impossible, et obliger ainsi à employer, même au prix de quelque gaspillage, une exploitation techniquement moins parfaite, mais plus économique. Il peut également convenir de ne pas développer outre mesure la production, sous peine de dépasser les besoins du marché, et de perdre, par l'avilissement du prix de vente, plus qu'on ne gagnerait par l'augmentation de la production, et par l'économie de prix de revient, qui, entre certaines limites, est la conséquence assez ordinaire de cette augmentation.

On voit encore facilement, en insistant sur ces idées, que l'intérêt de l'*amodiataire* d'une mine peut n'être pas le même que celui du *propriétaire* de la mine.

L'intérêt même de la mine, *en tant qu'immeuble*, peut ne pas coïncider avec celui des détenteurs actuels des *valeurs mobilières* formant les actions ou parts d'intérêt de la société créée pour son exploitation ; ou, en d'autres termes, le point de vue du propriétaire permanent, qui veut, selon l'expression consacrée, jouir *en bon père de famille*, peut n'être pas celui du détenteur passager d'un titre, qui souvent l'a acheté dans des vues de spéculation, et ne le conserve que pour réaliser une prime plus ou moins forte sur la hausse de ce titre, et en attendant cette réalisation, insiste pour qu'on répartisse la plus grosse part des bénéfices du présent, sans se préoccuper suffisamment des charges qu'a pu léguer le passé ou que peut réserver l'avenir.

C'est en pesant les diverses considérations ci-dessus, qu'on devra se déterminer sur le choix à faire entre les diverses méthodes d'exploitation qui pourraient être applicables à un gîte donné, ainsi que sur le développement à donner à l'exploitation.

Ces questions de méthodes d'exploitation et de développement de la production sont donc en définitive très-complexes, et dans leur étude doivent intervenir non-seulement le point de vue technique, mais aussi le point de vue commercial et administratif.

Il faut comprendre qu'ils ne conduisent pas tous à des conclusions identiques. C'est entre ces conclusions diverses qu'il y a à chercher une sorte de moyen terme, ou de compromis, qui pourra varier selon les circonstances. Mais ce qu'on peut dire en général c'est que, dans une affaire sérieuse et sérieusement conduite, c'est le point de vue du père de famille qui doit préoccuper avant tout ceux qui administrent l'affaire ; c'est lui qui paraît le plus propre à assurer sa prospérité durable, et il me semble que des administrateurs auront agi au mieux des intérêts qu'ils représentent, si à la fin de l'exploitation, l'affaire étant entièrement liquidée, le compte courant ayant au débit tous les capitaux engagés dans l'affaire et au crédit toutes les répartitions faites aux actionnaires, se balance par le chiffre le plus élevé au profit de ces dernières.

C'est là, suivant moi, le résultat théorique vers lequel on doit tendre dès le début, sans pouvoir d'ailleurs espérer l'atteindre exactement, tantôt par le fait des intéressés eux-mêmes, qui réclament contre des répartitions de bénéfices trop peu importantes, ou trop

différées à leur gré, tantôt à cause des changements qui se produisent toujours en cours d'exploitation, dans les conditions techniques et commerciales, changements qui ne sont pas toujours faciles à prévoir, même pour une période assez courte, et qui parfois amènent des résultats tout à fait anormaux. Tels ont été, par exemple, pour l'industrie houillère, ceux des années 1872 et 1873, qui se continuent encore en partie pour 1874.

Sans insister plus longuement sur ces aperçus qui nous éloignent du point de vue technique dont nous nous occupons ici, je me bornerai, pour compléter et éclaircir les indications générales du chapitre précédent, à citer un certain nombre d'exemples d'exploitation, dans lesquels nous retrouverons l'application des méthodes déjà décrites, avec quelques détails spéciaux, ou quelques variantes, que pourront motiver des circonstances particulières à l'exemple considéré.

(342) Nous diviserons ces exemples de la manière suivante :

En premier lieu, nous considérerons ceux qui se rattachent aux méthodes d'exploitations applicables aux couches de houille minces ou aux filons d'épaisseur ordinaire, c'est-à-dire aux gîtes qui sont exploités avec remblais et en une fois sur toute la hauteur du gîte.

Dans une seconde série, nous rangerons les exemples se rapprochant des couches moyennes de houille exploitées sans remblai, ou des couches plus ou moins puissantes voisines de la position horizontale, et exploitées en une fois sur toute l'épaisseur du gîte, c'est-à-dire sans division préalable en tranches.

Dans la troisième série, nous supposerons des conditions d'allure analogues à celles des couches puissantes peu inclinées, que l'on divise *en tranches parallèles à la stratification*.

Enfin nous considérerons des exemples de gîtes exploités comme le sont les filons puissants, les amas ou les couches de houilles puissantes et inclinées, c'est-à-dire par une série de *tranches horizontales*, avec les diverses variétés que comporte la méthode en travers considérée d'une manière générale.

On peut admettre qu'il n'est aucun gîte exploité par travaux souterrains qui échappe à la classification ci-dessus, ainsi que cela résulte bien de la variété des exemples qui vont être examinés ci-après :

(**343**) Nous considérerons comme exemples rentrant dans le premier des quatre cas ci-dessus, l'exploitation des schistes cuivreux du pays de Mansfeld, et celle des carrières de pierre à bâtir dites de *basse masse* des environs de Paris.

Les schistes cuivreux du Mansfeld forment un horizon géologique très-net dans le terrain de Zechstein.

La partie métallifère n'a qu'une épaisseur d'environ $0^m,50$, avec un havrit stérile de $0^m,10$.

On donne aux chantiers d'abattage une hauteur de $0^m,60$, en enlevant sur $0^m,20$ de hauteur la roche du toit. Il résulte du travail une quantité de remblais plus que suffisante, et l'on doit sortir au jour des matières stériles.

On est donc dans un cas tout à fait analogue à celui des couches minces de houille (n°s 285 et suivants). On emploie une exploitation par grandes tailles (*fig.* 236).

On mène une voie de fond ou costeresse assez large, que l'on remblaie en partie. On ménage au milieu une galerie principale de roulage de 2 mètres de hauteur, en amont un retour d'air de $1^m,50$ et en aval une galerie d'écoulement à peu près égale (*fig.* 237).

Au fur et à mesure que la costeresse avance, on prend en amont de la voie de roulage une série de tailles contiguës de 60 mètres de largeur, et l'on remblaie en arrière, en ménageant au milieu des remblais quelques voies venant déboucher en divers points de chaque taille.

Les tailles ne sont menées ni montantes, ni chassantes, mais habituellement en diagonale, de manière à obtenir des pentes favorables au roulage, et en outre à faire filtrer immédiatement dans les remblais l'eau qui suinte au front de taille, et qui, avec une taille chassante, gênerait le travail déjà si pénible des mineurs, en coulant tout le long du chantier.

Chaque front de 60 mètres occupe une vingtaine de piqueurs.

Le transport des tailles aux voies principales de roulage est ex-

trêmement pénible, à cause du peu de hauteur qu'on donne aux galeries réservées au milieu des remblais, pour réduire autant que possible les frais d'entaillement du toit et la quantité de matière stérile à sortir au jour.

Les carrières de pierre dites de *basse masse* des environs de Paris, sont celles dont le banc à exploiter est inférieur à la hauteur qu'il convient de donner aux voies de roulage.

On fait alors, dans des marnes calcaires plus ou moins tendres qui se trouvent habituellement au mur, un véritable havage, dit *sous-chevage*, que l'on pousse à 2 mètres et plus de profondeur, en réservant de distance en distance quelques tasseaux de sûreté; puis on fait toucher la masse par un système de rouillures verticales, dont l'effet est complété en chassant une série de coins dans un delit horizontal.

On procède ainsi par tailles *ou volées*, en retraite les unes sur les autres, et dont chacune a de 12 à 20 mètres de front (*fig.* 238).

On remblaie en arrière avec le produit du sous-chevage et avec les recoupes de la pierre elle-même, tantôt en relevant les matières à la pelle pour former les *hagues* ou *bourrages*, tantôt en construisant avec les morceaux les plus solides ce qu'on nomme des *piliers à bras*. Ces piliers sont placés de distance, principalement à droite et à gauche d'une galerie ou *rue*, réservée au milieu des remblais, qui vient déboucher au milieu de chaque volée et sert à enlever les produits.

Ces rues viennent aboutir au puits d'extraction, ou bien débouchent directement au jour, si le banc exploité est à flanc de côteau. Dans ce dernier cas, il arrive souvent qu'on donne à ces rues assez de hauteur pour que les charrettes y circulent et viennent charger au chantier.

On reconnaît dans les deux exemples précédents, l'application de la méthode d'exploitation des couches minces de houille. C'est encore de la même manière qu'on exploite beaucoup de gisements de fer carbonate lithoïde, en rognons ou en plaquettes plus ou moins discontinues dans des assises schisteuses du terrain houiller.

(344) Pour les gisements de la seconde classe, exploités en une fois, sans division préalable en tranches, par une méthode plus ou moins analogue à celle des couches moyennes de houille, les exemples sont extrêmement nombreux.

Nous citerons beaucoup de carrières de pierre à bâtir ou de plâtre des environs de Paris, des exploitations de minerai de fer en couches et des gisements de sel gemme.

Les carrières de pierre à bâtir des environs de Paris qui rentrent dans la classe que nous considérons, sont dites carrières de *haute masse*, à cause de l'épaisseur des bancs qui font l'objet de l'exploitation.

La méthode qu'on leur applique est dite *par piliers tournés ;* elle est ainsi désignée par opposition à celle des *piliers à bras*, dont nous avons parlé tout à l'heure.

Les piliers à bras sont ceux qui sont construits de main d'homme avec les matériaux que fournissent les remblais ; les piliers tournés sont ménagés dans la masse pendant le traçage ; de plus comme cette masse ne fournit qu'une quantité insignifiante de remblais, qu'on n'en amène pas du dehors, et qu'on veut respecter la propriété de la surface, le traçage forme l'exploitation tout entière. De sorte que la méthode peut être désignée comme étant une exploitation par piliers et galeries sans dépilages.

On fait les galeries aussi larges et les piliers aussi étroits que les circonstances locales le permettent.

Si l'on désigne (*fig.* 259) par A et A′ les largeurs des galeries dans les deux sens rectangulaires où elles sont tracées, par B et B′ les largeurs des piliers dans les mêmes sens, de manière que A + B et A′ + B′ soient les distances des angles homologues de deux piliers consécutifs, il est facile de voir que l'on enlève dans l'exploitation la portion de la masse du gîte marquée par l'expression

$$\frac{A}{A+B} + \frac{A'}{A'+B'} \times \frac{B}{A+B} = \frac{AA'+AB'+A'B}{(A+B)(A'+B')},$$

et qu'on perd en piliers la portion

$$\frac{B'}{A'+B'} \times \frac{B}{A+B} = \frac{BB'}{(A+B)(A'+B')};$$

la somme de ces deux quantités étant bien égale à l'unité, ainsi que cela doit être.

Si l'on suppose par exemple $A = A'$ et $B = B'$ et en outre $A = B$, on trouve que la première quantité est égale à $\dfrac{5A^2}{4A^2} = \dfrac{5}{4}$ et la seconde égale à $\dfrac{A^2}{4A^2} = \dfrac{1}{4}$; on perd donc le quart de la masse, ainsi qu'on le reconnaît d'ailleurs immédiatement dans ce cas simple.

Si la solidité de la masse permet de faire $A = 2B$ en conservant les relations $A = A'$ et $B = B'$, les rapports ci-dessus deviennent respectivement $\dfrac{4B^2 + 2B^2 + 2B^2}{9B^2} = \dfrac{8}{9}$ et $\dfrac{B^2}{9B^2} = \dfrac{1}{9}$, c'est-à-dire qu'on ne perd plus qu'*un neuvième* de la masse en piliers.

Lorsqu'on peut se placer dans ces conditions, c'est-à-dire lorsque la matière du gîte est assez résistante et son toit assez bon, on ne trouverait évidemment aucun avantage à chercher à enlever ce dernier neuvième par une méthode quelconque de dépilage ou de remblai. Le dépilage sans remblai bouleverserait le terrain; le remblai serait trop dispendieux, et dans l'un et l'autre cas, le produit, plus ou moins broyé par la pression, serait de qualité inférieure.

L'emploi de la méthode est donc d'autant plus justifié que la solidité de la masse est plus grande, et qu'on peut faire les galeries plus larges et les piliers plus étroits.

J'ai supposé que le traçage se faisait par deux systèmes de galeries à angle droit, ainsi qu'il est représenté figure 239; mais on peut changer cette disposition, comme il est représenté figure 240, sans altérer le rapport du plein au vide. Ce dernier tracé s'obtient en considérant les rangées de piliers dans un certain sens, et déplaçant les piliers des rangées impaires par rapport à ceux des rangées paires, de manière que les pleins d'une rangée soient vis-à-vis des vides des deux rangées voisines.

La première disposition est dite *en quinconce;* la seconde est dite *en damier*, parce qu'on reproduirait effectivement un damier, si, supposant les piliers carrés et le plein égal au vide, on rapprochait les diverses rangées en supprimant les galeries qui les séparent.

La disposition en damier est préférable à la disposition en quinconce, comme offrant plus de sécurité contre les éboulements, lorsque la carrière présente ce qu'on appelle des *fils* ou des *filières*. Ce sont des cassures très-étendues, qui intéressent non-seulement la masse, mais encore son toit et son mur, de véritables failles minces remplies de matière argileuse, qui ne sont pas ordinairement accompagnées de dénivellations sensibles, et qui ont, dans une carrière donnée, une orientation à peu près constante.

On prend soin de pousser les galeries à peu près perpendiculairement à cette orientation, et alors, par la disposition en damier, une filière, en quelque point qu'elle se présente, rencontre les piliers soit des rangées paires soit des rangées impaires.

Les carrières de plâtre des départements de la Seine, de Seine-et-Oise et de Seine-et-Marne sont exploitées par le système qui vient d'être indiqué en dernier lieu. On sait que ces carrières sont exploitées sur une très-grande échelle, et que leurs produits, outre qu'ils alimentent Paris et une partie de la France, sont exportés en Angleterre et jusqu'en Amérique.

Dans les régions où la formation gypseuse est bien développée, la masse principale offre une puissance de 16 à 20 mètres.

Les chantiers offrent la disposition en damier ci-dessus décrite, les piliers ont 3 mètres de côté à la base, et sont tournés par des chantiers de 5 mètres. On modifie au besoin ces dimensions, quand on rencontre une filière, de manière à la faire coïncider avec l'axe d'une série de piliers. Les galeries ne prennent pas toute la hauteur de la masse. Elles laissent en couronne une planche d'un mètre environ, pour soutenir les marnes vertes qui forment le toit, et à la sole une épaisseur un peu plus forte pour relier et, pour ainsi dire, entretoiser les piliers par la base, et pour empêcher le mur de se soulever ; ce qui consolide les travaux et maintient la sole des galeries en bon état pour le roulage.

Les parois des galeries sont verticales sur le tiers de la hauteur à partir de la sole, puis elles se rétrécissent de manière à n'avoir plus au plafond que $2^m,50$ de largeur. Elles sont exécutées par un avancement fait à la partie supérieure et une série de gradins droits en arrière de cet avancement.

Il est facile de voir quelle est approximativement la quantité de

matière enlevée par le traçage et celle qui reste dans les piliers. En négligeant la courbure de la voûte, ainsi que la planche laissée à la couronne et à la sole, désignant, comme plus haut, par A, B et A', B' les largeurs des galeries et des piliers, et par H la hauteur de la partie tracée, on a évidemment d'après les dimensions de la figure :

$$A = A' = \frac{1}{3}\,H \times 5^m + \frac{2}{3}\,H \times \frac{5 + 2.50}{2} = \frac{1}{3}\,H \times 12^m.50$$

$$B = B' = \frac{1}{3}\,H \times 5^m + \frac{2}{3}\,H \times \frac{5 + 5.50}{2} = \frac{1}{3}\,H \times 11^m.5^,,$$

et par suite la formule générale ci-dessus

$$\frac{AA' + AB' + A'B}{(A + B)(A' + B')},$$

qui avec la relation $A = A'$ et $B = B'$ devient $\dfrac{A^2 + 2AB}{(A + B^2)}$, nous donne

$$\frac{A^2 + 2AB}{(A + B)^2} = \frac{(12.50)^2 + 2 \times 12.50 \times 11.50}{(22.50 + 11.50)^2} = \frac{445.75}{576} = 0.77.$$

On trouvera de même, pour la formule conjuguée :

$$\frac{BB'}{(A + B)(A + B')} = \frac{B^2}{(A + B)^2} = \frac{(11.50)^2}{(12.50 + 11.50)^2} = \frac{152.25}{576} = 0.23.$$

Ces deux nombres 0.77 et 0.23 indiquent que la méthode d'exploitation, dans les conditions où on l'applique, *n'est pas très-désavantageuse* au point de vue de la perte en matière, et qu'on ne pourrait probablement pas *économiquement* lui substituer une méthode *techniquement plus perfectionnée*, dans laquelle on opérerait par tranches, en remblayant ou en dépilant. Cette impossibilité économique résulte de la concurrence qui limite beaucoup les bénéfices des exploitants, du prix élevé auquel on pourrait avoir les remblais, et enfin de la grande valeur qu'atteignent, dans les environs de Paris, les terrains où il faudrait prendre des remblais, ou ceux qui, à défaut de remblais, seraient bouleversés par les éboulements.

On est, en un mot, dans le cas indiqué au n° 283, d'un gîte puissant qui n'a pas de remblai et qui ne comporte pas leur introduction.

Les figures 241 et 242 sont deux coupes verticales faites, la première perpendiculairement aux galeries continues, soit dans le sens AB de la figure 240, la seconde parallèlement à la ligne CD de la même figure.

(**345**) Les minerais de fer se rencontrent dans un grand nombre de formations géologiques, constituant des bancs plus ou moins épais, parfois très-étendus, ayant toute la régularité d'allure des couches de houille les mieux réglées.

Tel est par exemple l'hydroxyde dont nous avons parlé au n° 41, qui forme un horizon géologique nettement défini, non-seulement dans l'est de la France et le grand-duché de Luxembourg, mais encore dans le Cleveland (Angleterre), dans le département de l'Aveyron, etc.

L'exploitation d'un tel gîte se fait par une méthode tout à fait analogue à celle des massifs longs, décrite aux n°ˢ 297 et suivants (*fig.* 217).

Habituellement on donne aux galeries d'exploitation 4 ou 5 mètres de largeur, et aux massifs qui les séparent une dizaine de mètres.

Les massifs sont ensuite repris, par une série de tailles transversales, soit immédiatement contiguës, soit séparées les unes des autres par un petit massif de minerai, suivant les détails exposés au n° 504. D'autres fois, imitant le *système anglais* (n° 500), on trace un premier système de galeries étroites à 25 ou 50 mètres les unes des autres, et l'on prend les massifs intermédiaires par un système de très-larges tailles, séparées les unes des autres par de petits massifs de 1ᵐ,50 à 2 mètres, que l'on considère comme sacrifiés. Ces tailles sont commencées sur une faible largeur, et ne s'élargissent que graduellement ; elles laissent à leurs deux extrémités un massif de 4 mètres pour protéger les galeries de traçage. Ce système, au prix d'un petit sacrifice sur la masse du minerai, est favorable à la production du gros, à l'économie du boisage et à la sécurité des ouvriers. Il est représenté en plan figure 243. Il doit être entendu que lorsqu'on abandonne une galerie, on reprend ce qu'on peut des deux massifs de 4 mètres qui l'ont protégée à droite et à gauche, et dont l'un est entièrement continu et l'autre repercé de courtes galeries

donnant accès aux tailles du dépilage (Voy. la figure précitée).

Ces exploitations se font à des prix de revient extrêmement bas, lorsque le toit est assez bon et que le minerai est facile à abattre.

On pourrait citer des exemples pour des usines favorablement placées, de minerai rendu au gueulard des hauts fourneaux à un prix de revient de moins de deux francs par tonne. Ce prix suppose que l'extraction et l'exhaure se font par une galerie, et que l'orifice de cette galerie est à portée des gueulards.

(346) Le sel forme dans divers terrains, et spécialement dans les marnes irisées en France et en Angleterre, des bancs plus ou moins puissants et plus ou moins purs, auxquels on applique des méthodes plus ou moins analogues à celles qui viennent d'être décrites pour les carrières de haute masse et les plâtrières des environs de Paris.

A Dieuze, par exemple, une couche de 5 mètres est exploitée par des chantiers de 6 mètres de largeur ayant la forme et les dimensions indiquées figure 244, laisant entre eux des piliers carrés de $4^m,50$ à 5 mètres de côté.

A Varangeville, près Nancy, on a exploité, pendant une série d'années, une couche de 20 mètres dont les 5 à 6 mètres au mur sont assez purs pour fournir directement une forte proportion de sel gemme, et dont la partie au toit est, au contraire, assez imprégnée d'argile pour devoir être dissoute, et ne fournir de sel que par l'évaporation de la dissolution.

Le sel gemme s'obtenait en exploitant le banc pur par un système de piliers tournés, dans lequel on donnait aux galeries 8 à 9 mètres de largeur et $5^m,50$ de hauteur, et aux piliers 6 mètres de côté (*fig.* 245). On laissait à la sole un banc de $0^m,50$ à $0^m,60$. Cette exploitation se faisait, soit au pic et à la poudre par les procédés d'entaillement ordinaires, soit en employant l'eau, pour pratiquer des entailles verticales de 2 à 3 mètres de profondeur laissant entre elles des massifs de 2 mètres faciles à abattre.

A cet effet, l'eau était répartie dans la mine par une conduite principale de 10 centimètres de diamètre en fonte ; le détail de la répartition de l'eau entre les divers chantiers se faisait par des séries décroissantes de tuyaux de fonte de 8 et de 5 centimètres, puis par des tuyaux en fer creux de 5 centimètres, et enfin l'abattage au chantier par des tubes de 14 centimètres de longueur, percés transversalement de 5 ou 6 petits trous d'un peu plus de 1 millimètre, qui fonctionnaient comme une sorte de pomme d'arrosoir. De la quantité d'eau qui affluait par ces trous et qui était projetée à la partie supérieure d'une entaille à approfondir, dépendait la rapidité de cet approfondissement. L'eau en coulant le long de l'entaille, se saturait d'autant plus qu'elle était en moindre quantité ; de sorte qu'il y avait une relation intime entre l'avancement mensuel et le degré de saturation des eaux.

En général, on s'arrangeait pour que la saturation fût à moitié ; on évitait ainsi, d'une part les avancements trop faibles, et d'autre part les dissolutions trop étendues qui auraient augmenté les frais au jour, soit pour les saturer par des blocs de sel impur, soit pour les évaporer directement.

Supposant le travail ci-dessus achevé dans un quartier de la mine, on a procédé à une espèce de travail de rabattage, qui consistait à prendre la masse supérieure en exhaussant les galeries jusqu'à 17 mètres de hauteur totale, ce qui laissait au toit un banc de 5 mètres.

Cette masse supérieure, avons-nous dit, est extrêmement chargée de terre et ne peut servir qu'à obtenir du sel raffiné. Si donc elle avait été obtenue à l'état solide, il aurait fallu la dissoudre, et après clarification, évaporer la dissolution ; il a paru naturel et économique de la dissoudre sur place, et d'élever la dissolution au jour à l'aide de pompes, plutôt que de l'abattre au pic, de l'élever par des bennes et de dissoudre les morceaux arrivés au jour.

A cet effet, on s'est servi du même réseau de conduites décrit ci-dessus, et l'on a placé devant chaque chantier une charpente légère portée sur des roulettes, qui avait la largeur et la hauteur du chantier, et au haut de laquelle un système de 56 petits tubes de 14 centimètres projetait l'eau contre le front de ce chantier, à la partie supérieure et sur toute la largeur de ce front.

Ces tubes en forme de T étaient branchés sur un tuyau commun, relié à une tubulure de la canalisation par un raccord en caoutchouc.

Tel est le système qui a été introduit aux salines de Varangeville par M. Pëtsch, directeur de cet établissement, et qui y a fonctionné pendant un certain nombre d'années avec un plein succès. Il était évidemment très-avantageux, pour l'abattage du sel gemme et surtout pour celui de l'argile salifère, en ce qu'il réduisait de près de moitié pour le premier, et annulait presque, pour la seconde, les frais de main-d'œuvre.

Il demandait seulement, pour une production mensuelle donnée, un développement de travaux plus grand que n'aurait demandé l'emploi des procédés ordinaires d'abattage; la différence était d'autant plus grande, en principe, qu'on voulait obtenir les eaux plus près de leur point de saturation.

Les eaux, plus ou moins saturées, étaient recueillies au pied de chaque chantier par des canaux en bois les conduisant jusqu'au réservoir de la pompe qui les élevait au jour.

Là, avant de les évaporer, on les saturait en y faisant digérer les blocs de sel gemme les moins purs.

La figure 246 représente la disposition d'un chantier de rabattage. On remarquera la forme du profil qu'affecte la partie attaquée par l'eau. Elle résulte de ce que l'action dissolvante de l'eau projetée sur le front diminue à mesure qu'elle coule le long de la surface qu'elle doit attaquer.

Telle était l'exploitation qui fonctionnait depuis une quinzaine d'années : mais un événement récent a montré qu'on avait fait les piliers trop minces et les galeries trop larges pour assurer le maintien indéfini des travaux avec la méthode d'abattage employée.

Les marnes plus ou moins salifères du mur, lentement détrempées par les eaux à demi saturées que les canaux ne pouvaient pas recueillir intégralement, ont fini par perdre leur consistance et par se boursoufler, ou plutôt les piliers ont commencé à s'y enfoncer. Le mouvement a d'abord été très-lent pendant plusieurs années ; puis il s'est accentué, et enfin une rupture brusque d'équilibre s'est produite à un moment donné, et un effondrement instantané s'est manifesté sur une surface exploitée de 7 hectares, s'accusant au jour, sur tout son périmètre, par une dénivellation brusque de plus de 5 mètres à la surface du sol, et produisant à l'intérieur un courant d'air violent qui, se déchargeant par le puits, en a enlevé la toiture et ramené au jour les cages d'extraction. L'exploitation a dû être abandonnée et reportée sur d'autres points.

Il est évident qu'on aurait évité, ou au moins reculé beaucoup cet effondrement, avec des piliers plus épais et des galeries plus étroites, en réservant une sole suffisante de sel gemme au mur du chantier, et prenant des dispositions faciles à imaginer, pour ne pas mettre cette sole en contact prolongé et sur de grandes étendues avec l'eau à demi saturée que ne recueillaient pas immédiatement les canaux destinés à la mener au réservoir de la pompe.

(347) Comme exemple d'un gîte rentrant dans le troisième cas indiqué ci-dessus (n° 342), je considérerai les carrières de craie des environs de Paris.

Le gisement peut être assimilé à une couche horizontale, ou plutôt à un ensemble de couches horizontales, directement superposées, et d'une épaisseur totale en quelque sorte indéfinie.

C'est, pratiquement, un gîte indéfini dans tous les sens, dont les produits n'ont qu'une très-faible valeur, et qui ne fournit aucun remblai.

Le prix peu élevé des produits, et leur extrême abondance relativement à leur emploi dans les arts, ne permettent ni l'emploi des remblais, ni celui d'une méthode de dépilage qui entraînerait le bouleversement de la surface du sol. On est ainsi conduit naturellement à l'emploi de la méthode par piliers et estaus sans dépilage.

L'exploitation se borne à trois étages dont chacun est exploité par piliers tournés.

En principe, on dispose les choses dans les trois étages, de manière que sur la même verticale les pleins correspondent aux pleins et les vides aux vides, et en outre en suivant les étages dans l'ordre descendant, on a soin de *diminuer la largeur* des galeries et d'*augmenter celle des piliers* ainsi que la *hauteur des estaus*.

On forme ainsi la série suivante :

1er ÉTAGE. — Galeries, 6 mètres sur 6 ; piliers, 4 mètres sur 4.

Estau intermédiaire, 5 mètres.

2ᵉ ÉTAGE. — Galeries, 5 mètres sur 5; piliers, 5 mètres sur 5. Estau intermédiaire, 4 mètres.

5ᵉ ÉTAGE. — Galeries, 4 mètres sur 4; piliers, 6 mètres sur 6.

La consistance de la matière demande ordinairement que le haut de la galerie soit entaillé suivant une voûte en plein cintre. Le système des travaux est représenté par la figure 247, qu'il faut rapprocher de la fig. 212, pl. 34, avec laquelle l'analogie est évidente.

Il arrive quelquefois que la consistance de certains bancs est augmentée par l'abondance de l'élément siliceux, accusée par la présence de nombreux rognons de silex, et un tel banc, lorsqu'il peut être pris pour plafond, permet de donner à la galerie une section semblable à celle des plâtrières.

La consistance de la matière en rend généralement l'abattage très-facile; mais cette même consistance et le défaut d'élasticité qui en résulte font que les éboulements accidentels se produisent *sans prévenir*, et souvent sur une très-grande échelle à la fois; de sorte que le travail de l'abattage demande à être conduit avec beaucoup de circonspection. On a des exemples d'éboulements instantanés s'étendant à des carrières entières, produisant des mouvements d'air violents, analogues à celui que nous venons de citer pour la saline de Varangeville.

(**348**) Les gîtes qui rentrent dans la quatrième classe ci-dessus indiquée, c'est-à-dire, d'une manière générale, ceux qui comportent la division préalable en tranches horizontales, ou, en d'autres termes, l'application d'une méthode en travers, soit avec des remblais, soit avec dépilage, soit avec piliers et estaus sans dépilage, présentent des particularités assez nombreuses, qui nous obligent à considérer successivement divers exemples.

Comme application de la méthode en travers proprement dite, ou *méthode en travers avec remblai*, on citera l'exploitation de la mine d'Almaden en Espagne.

La méthode en travers avec dépilage est celle qui s'applique au gisement du Stahlberg, aux gîtes calaminaires de la Silésie, aux schistes alumineux du pays de Liége, etc.

Enfin, comme exemple de méthode en travers avec piliers et es-

taus sans dépilage, je considérerai l'exploitation des argiles salifères du pays de Salzburg, exploitation à laquelle la solubilité de
la matière utile exploitée imprime un caractère particulier, sans cependant modifier le principe fondamental de la méthode.

(**349**) La célèbre mine d'Almaden, en Espagne, est celle qui a
fourni jusqu'à l'ouverture de la mine New-Almaden en Californie,
la majeure partie du mercure consommé dans le monde. L'ensemble
de ce gisement est représenté figure 248 par une coupe horizontale
faite au niveau du 3ᵉ étage. Cette coupe, extraite du *Laboreo de Minas*
de M. Ezquerra del Baio, montre que la mine comprend trois gîtes
distincts à peu près parallèles. Ces gîtes, connus sur une longueur
d'environ 180 mètres, ont une puissance collective d'à peu près
25 mètres répartis sur une zone d'une largeur totale de 50 mètres.
Ces gîtes assez rapprochés de la verticale semblent augmenter de
longueur et de puissance en profondeur. Ils plongent au N.-E., et
le moindre plongement du gîte du sud semble annoncer leur réunion en profondeur.

Bien que les gîtes soient peu étendus en direction, et que les
travaux ne dépassent pas encore aujourd'hui 350 mètres de profondeur, la mine a fourni depuis deux siècles la quantité totale d'environ 45,000 tonnes de mercure, qui, aux cours d'il y a quelques
années, représentaient l'importante somme de 540 millions de francs,
et aux cours actuels en représentent encore près de la moitié. Le produit des meilleures années s'est élevé jusqu'à près de 12 millions.

Le minerai moyen de la mine rend en grand près de 8 pour 100
de mercure ; ce qui donne au mètre cube en place, supposé peser
2,500 kilog., une quantité de 200 kilog. de mercure, ou l'énorme
valeur de 1200 francs, même aux cours déprimés de ces dernières
années.

Une telle richesse demande impérieusement que l'exploitation
soit conduite de manière à ne perdre aucune partie du minerai ;
cette nécessité se traduit en chiffres par ce fait qu'on peut, abstraction faite des frais du traitement métallurgique, consentir à grever
de 12 *francs de frais* le mètre cube exploité, pour éviter une perte
de 1 *pour* 100 sur le poids du minerai.

Le système d'exploitation adopté consiste essentiellement à procéder par foncées d'environ 25 mètres de hauteur, que l'on trace soit au mur du gîte, soit dans la masse même, si le travail y est plus avantageux. On donne à ces foncées une dimension de $5^m,40$ de largeur sur $2^m,50$ dans le sens de l'épaisseur du gîte.

De l'une d'elles, à mesure qu'elle s'approfondit, ou après qu'elle est approfondie, on fait partir, à droite et à gauche, un ouvrage à gradins droits ou renversés, qui enlève progressivement une tranche parallèle aux épontes, sur cette même épaisseur de $2^m,50$ et sur la hauteur de 25 mètres. Grâce à la solidité de la roche encaissante et du gîte, cet ouvrage se soutient avec quelques bois, ou en réservant çà et là quelques petits massifs de minerai, ou encore en jetant du mur au toit de l'excavation quelques légers arceaux surbaissés en maçonnerie.

A mesure que les gradins élargissent le bas de la foncée, on pousse des galeries transversales, de $5^m,40$ de largeur, qui vont du mur au toit et sont séparées par des massifs d'une largeur égale.

Ces traverses servent à établir des arceaux de maçonnerie construits avec soin d'une éponte à l'autre, soit en pierre de grès dur, provenant de carrières établies au jour aux abords du puits principal, soit en briques spéciales fabriquées avec la forme de voussoirs. Ces arceaux ont $5^m,40$ de largeur, et reçoivent en général une épaisseur de $0^m,85$ et une flèche double. Leur corde est placée perpendiculairement à la ligne d'inclinaison du gîte.

C'est sur ces arceaux que l'on bâtit des massifs en maçonnerie, qui s'élèvent à mesure que les ouvriers mineurs exhaussent le faîte de la traverse. L'espace vide entre le dessus de la maçonnerie et le faîte de l'entaille est au plus de $1^m,70$.

Ce travail d'exhaussement se poursuit lentement et d'une manière discontinue, afin de donner à chaque reprise de maçonnerie le temps nécessaire pour que le mortier sèche et que le minerai menu n'y adhère pas. On procède ainsi jusqu'à ce que le minerai soit enlevé sur toute la hauteur de la foncée et que le massif égal de maçonnerie qui le remplace soit clavé sous l'arceau de la foncée supérieure. Quelquefois, vers le milieu de la hauteur de la reprise, on élève un arceau semblable à celui du bas, pour soulager ce dernier.

Quand on a fait une série de muraillements semblables sur une certaine longueur en direction, la moitié de la masse totale du minerai se trouve enlevée. Pour enlever le reste, il faut attaquer les colonnes, ou *réserves*, de minerai comprises entre les massifs ; ce qui se fait par une deuxième série de traverses, et cette fois sans remblayer le vide qui en résulte.

Finalement une partie du gîte après son exploitation présente une succession de longs murs de 3^m,40 d'épaisseur alignés suivants l'inclinaison, et séparés par des intervalles vides d'une égale largeur.

Les galeries qu'il est nécessaire de ménager pour la circulation sont formées par des ouvertures de 2^m,10 de largeur sur 2^m,50 de hauteur, qui ont été réservées en bâtissant la maçonnerie, et qui se correspondent d'un mur à l'autre. Les espaces vides entre les massifs de maçonnerie se franchissent à l'aide d'une suite de ponts qui vont d'un massif au suivant.

Des ouvertures semblables, ou plus grandes, convenablement voûtées, sont aussi ménagées dans le corps de la maçonnerie, simplement pour l'élégir.

Ce système d'exploitation revient en définitive, comme on l'a dit, à une méthode en travers avec remblai, sauf qu'au lieu d'un remblai continu en pierres sèches, étendu en tranches horizontales, on emploie un remblai partiel en maçonnerie, qu'on pose par zones montantes, suivant la méthode verticale (n° 340).

On peut penser que ce système, qui a, ou peut avoir pour résultat de prévenir le mouvement général qui résulte nécessairement du tassement des remblais dans la méthode ordinaire des tranches horizontales, est convenablement approprié à une localité où les bois de soutènement sont fort rares, et dans une mine où la grande valeur du minerai demande qu'on puisse l'enlever de la manière la plus complète, sans risquer d'en perdre, soit par des massifs de sûreté qu'il faudrait réserver sur quelques points, soit par le tamisage des poussières à travers une masse de remblais plus ou moins poreuse.

L'enlèvement préalable d'une tranche au mur ou dans l'épaisseur du gîte, comme on l'opère à Almaden, ne serait pas toujours praticable, dans des conditions de solidité différentes de celles qu'offrent les épontes et la masse même du gîte.

Il convient même, pour éviter des ébranlements généraux dans la masse, de ne donner au système des gradins droits, qu'un développement en largeur peu considérable, d'en faire presque une taille droite, et, s'il y a lieu, de ne le pousser à la fois que d'un seul côté de la foncée.

Il serait même préférable, dans le cas d'une moindre solidité, de ne faire qu'un ouvrage à gradins renversés, c'est-à-dire de ne commencer à battre au large dans la foncée que par la partie inférieure, en ouvrant les tailles transversales successives au fur et à mesure de l'avancement du premier gradin.

On pousserait d'ailleurs en temps opportun les gradins supérieurs qui facilitent l'exécution des tailles transversales, tant de la première que de la deuxième série.

Le système d'exploitation décrit ci-dessus est représenté par les figures 249, pour lesquelles nous renvoyons à la légende des planches.

En fait, il est arrivé que l'on a souvent retardé l'enlèvement des colonnes ou réserves de minerai intercalées entre les massifs de maçonnerie, soit qu'on les considérât en effet comme des réserves à ménager, soit qu'on hésitât devant un enlèvement moins commode que celui des massifs de la première série. Je crois que cette marche était fautive, et qu'il convient, au contraire, d'enlever chaque *réserve* dès qu'elle est circonscrite par deux piliers de maçonnerie. Le plus simple paraîtrait être de la prendre par tailles descendantes, ou par une série de rebanchés, au lieu que les massifs de la première série sont pris par tailles montantes, en s'appuyant sur le mur de maçonnerie qu'on élève au fur et à mesure.

(**350**) Le gisement du Stahlberg mentionné au n° 55, dont nous avons donné la coupe horizontale empruntée à l'Atlas de la richesse minérale, est exploité par la méthode en travers avec dépilage, décrite au n° 282.

Le système consiste en un traçage par galeries de 6 mètres de largeur sur 7 mètres de hauteur, laissant des piliers de 4 mètres de côté et ayant en couronne un estau de 3 à 4 mètres, qui isole des

dépilages de la tranche supérieure. Le traçage, grâce à la solidité
de la masse, ne présente aucune difficulté ; mais le dépilage sur
une telle hauteur ne se fait pas sans danger pour l'ouvrier, ni sans
un grand gaspillage, peu acceptable, semble-t-il, pour un minerai
précieux par ses qualités spéciales, et dont la valeur semble appelée
à croître rapidement, par suite de l'extension rapide donnée au
procédé Bessemer.

(**351**) Les schistes alumineux du pays de Liége forment une
assise de 16 à 20 mètres inclinée à 75°, à la base du terrain houiller,
ou à la partie supérieure du calcaire carbonifère.

On les exploite par une méthode en travers avec dépilage, qui
consiste à former des étages ou tranches de 6 mètres de hauteur
verticale, qu'on prend dans l'ordre descendant.

Chaque étage comporte une galerie d'allongement au mur, que
l'on pousse jusqu'à la limite de l'exploitation, sur une hauteur
de 2 mètres, laissant par conséquent, un estau de 4 mètres en couronne. On dépile en battant en retraite, au moyen d'une série de
traverses de 2 mètres, allant du toit au mur et séparées les unes
des autres par un massif d'un mètre. Le système est représenté en
coupes longitudinale et transversale par les figures 250, qui doivent
être rapprochées de la figure 229, qui représente, pour le cas de la
houille, un système entièrement analogue.

On dépile dans chaque traverse en revenant du toit vers le mur,
et en prenant ce que l'on peut de l'estau et du massif latéral. Pour
ce dépilage, on commence au toit par faire une petite remontée
qui va percer aux éboulements de la tranche supérieure ; puis,
montant sur le talus que forment ces matières en coulant dans le
chantier, on procède par un rabattage et par une série d'entailles
latérales, pour reprendre, aussi bien qu'on le peut, l'estau qu'on a
sur la tête et le massif d'un mètre qu'on a sur un des côtés.

(**352**) Dans la Haute-Silésie, on exploite un amas irrégulier de
calamine avec gangue argileuse, dont l'épaisseur varie à divers niveaux de 0 à 10, 12 et 15 mètres.

La nature du gîte est telle que, lorsque les éboulements d'un étage ont eu le temps de se tasser, la masse forme un toit au moins aussi bon que le gîte vierge lui-même.

On exploite par une méthode *analogue* à celle décrite au numéro précédent, mais avec des différences que justifie la circonstance qu'on vient d'indiquer.

Ainsi les tranches prises dans l'ordre descendant ne sont que d'une hauteur de 2 mètres à 2^m,50, *immédiatement contiguës* et sans estau intermédiaire. Les tailles d'une tranche inférieure sont poussées immédiatement sous les éboulements de la tranche supérieure. De même, les traverses ou viailles successives qui partent de la mère galerie au mur sont immédiatement contiguës. Une viaille étant exécutée, on la déboise en allant du toit au mur, l'éboulement se fait de suite, et l'on vient commencer à côté la viaille suivante. Ces viailles doivent être poussées avec un boisage approprié à la nature ébouleuse du terrain (voir n° 184).

Assez souvent en les déboisant, on se borne à enlever de chaque cadre le montant qui est du côté des éboulements, et on laisse en place le montant qui est du côté du massif et même le chapeau.

Ce système donne quelque facilité pour se préserver de l'envahissement des éboulements pendant le percement de la viaille contiguë; mais il dépense beaucoup de bois.

On aura une représentation exacte de la méthode décrite, en supposant que dans les figures 250 ci-dessus, on supprime l'estau intermédiaire de 4 mètres, ainsi que le massif d'un mètre qui sépare chaque traverse des éboulements.

(**353**) Enfin, pour dernier exemple, nous prendrons l'exploitation des argiles salifères du Salzkammergut, région située aux confins du Salzburg et de la Styrie, dont les salines se rattachent au groupe des salines du Salzburg, du Tyrol et de la Bavière.

Les gisements de la région sont des amas paraissant n'avoir aucun rapport avec des dépôts qui proviendraient, comme ceux dont nous avons déjà parlé, de l'évaporation des eaux de la mer; ils présentent au contraire un caractère adventif, lié aux phénomènes de dislocation subis par les couches qui les renferment.

Ces amas sont souvent très-considérables. Ils auront, par exemple, une centaine de mètres d'épaisseur, sur 800 et plus de longueur et une profondeur encore inconnue, et qu'on peut, par conséquent, regarder pratiquement comme indéfinie. Ils sont placés de manière que l'exploitation soit pour longtemps encore au-dessus du niveau des vallées ; de sorte que les galeries des divers étages viennent toutes déboucher au jour sur les flancs de ces vallées.

Chaque étage reçoit une hauteur de 58 mètres. On le prépare de la manière suivante :

Après avoir rejoint le gîte par un travers-bancs, on y fait un traçage qui consiste en une galerie en direction et une série de galeries transversales distantes de 60 à 80 mètres et plus ; ces galeries transversales sont à peu près exactement superposées dans les divers étages.

De part et d'autre de ces galeries transversales, partent des galeries étroites, qui, après un parcours d'une dizaine de mètres, communiquent à de grandes chambres elliptiques, dont le petit axe a environ 20 mètres et le grand axe 40 à 60 mètres (voy. *fig.* 251).

Ces chambres sont préparées par un réseau de chantiers étroits, de hauteur d'homme, laissant entre eux des piliers de 3 ou 4 mètres au plus de côté.

L'abattage dans ces chantiers se fait à l'aide de l'eau, comme le traçage lui-même, selon les méthodes décrites au n° 133, qui ont été imaginées dans ces mines mêmes en 1841, par M. le Bergmeister Ramsauer. La préparation d'une chambre dure environ un an.

Cette chambre est fermée par des digues en argile imbibée d'eau salée, que l'on dame très-fortement sur une longueur de 6 mètres dans la galerie de communication, et dans deux galeries qu'on ouvre à droite et à gauche sur une longueur de 4 mètres. Ces digues longitudinale et transversale devront être successivement exhaussées au fur et à mesure que le plafond de la chambre s'exhaussera lui-même (voir en place et en coupe la disposition représentée *fig.* 152). De l'eau introduite une première fois dans la chambre ronge les piliers, exhausse le faîte et donne à la chambre sa forme définitive.

L'eau douce est introduite par une galerie inclinée qui débouche à l'étage supérieur.

L'eau salée est évacuée à volonté par une conduite qui est noyée dans l'épaisseur de la digue longitudinale.

L'introduction et la sortie sont mesurées par un petit appareil de jauge, fonctionnant sur le principe décrit au n° 64 (*Cours de machines*).

Les galeries de chaque étage sont munies de 2 conduites, l'une d'eau douce, pour alimenter les chambres de l'étage inférieur, l'autre d'eau salée pour évacuer l'eau des chambres de l'étage même. Une fois que les piliers d'une chambre ont été rongés, on pénètre dans la chambre pour la curer ; les terres sont jetées à l'étage inférieur par une petite cheminée qu'on referme ensuite, et l'on entre alors dans la période d'exploitation de la chambre.

Le travail consiste à agir par dissolution en exhaussant successivement le plafond.

Les opérations peuvent être conduites suivant deux modes distincts, le lavage discontinu et le lavage continu.

Le lavage discontinu, qui a été longtemps le seul système employé, comporte *une série d'opérations* semblables, dont chacune a deux phases distinctes :

La première phase est celle du remplissage de la chambre, qui se termine au moment où l'eau douce introduite baigne le plafond de la chambre.

La seconde est celle de la saturation, qui se termine au moment où la chambre étant pleine d'eau saturée, celle-ci doit être recueillie en vidant la chambre.

Il est facile de se rendre compte de ce qui se produit pendant une opération complète.

Dans la phase du remplissage, l'eau corrode les parois et la chambre s'élargit ; mais bientôt les zones inférieures du liquide sont saturées et cessent d'attaquer les parois, tandis que l'action la plus vive s'exerce toujours à la surface du lac. La section de la chambre va donc en s'élargissant, et cela d'une manière d'autant plus prononcée que le remplissage est mené plus lentement. Mais, dès que l'eau baigne le plafond, l'opération cesse d'être à la disposition de l'ouvrier. L'eau douce s'introduit à mesure que le sel du plafond se dissout, et la quantité d'eau introduite est réglée par la vitesse de cette dissolution. On n'a d'autre soin à prendre que de maintenir une épaisseur d'eau de quelques centimètres au-dessus du plafond, pour être certain qu'il est constamment mouillé. Il l'est d'abord par de l'eau pure ; puis, dans les derniers moments, par de l'eau plus ou moins salée, lorsque la masse entière se rapproche du point de saturation.

Pendant cette deuxième phase, la chambre s'agrandit encore dans le sens horizontal, au niveau de l'eau, mais surtout dans le sens vertical, la vitesse de la dissolution dans ce dernier sens étant favorisée par l'action de la pesanteur, qui fait tomber les matières argileuses, et met à nu ou décape incessamment les matières salines à dissoudre, et qui, en même temps, facilite la descente de l'eau à mesure qu'elle se sature.

En supposant un rapport déterminé entre les vitesses d'agrandissement dans le sens vertical et dans le sens horizontal, rapport d'autant plus petit que le gîte est plus pur, les parois s'évasent suivant une surface conique dont l'inclinaison des générations est mesurée par ce rapport, et est par conséquent toujours supérieure à 45°, angle qui conviendrait au sel gemme pur. On comprend d'ailleurs que ce rapport d'autant plus grand, pour l'eau douce, qu'il s'agit d'un gîte dont la pureté est moindre, augmente aussi, pour une pureté donnée du gîte, avec le degré de salure des eaux ; de telle sorte qu'en définitive, pendant la phase du remplissage, il y a un élargissement général de la chambre avec un évasement d'autant plus prononcé que le gîte est moins pur, et pendant la phase du lavage un élargissement au plan d'eau suivant une inclinaison inférieure à 45°, d'abord constante, et d'autant plus grande que le gîte est plus impur, et se redressant ensuite vers la fin de cette phase, à mesure que les couches supérieures du liquide cessent d'être pures et se rapprochent du degré de saturation.

D'ailleurs, en négligeant le petit évasement produit pendant une opération, relativement aux dimensions de la chambre, on pourra regarder l'augmentation du volume comme égale à la section S de la chambre multipliée par l'augmentation de la hauteur du plafond, au-dessus du dépôt argileux.

Désignons par x la quantité dont le plafond de la chambre s'élèvera d'une manière absolue, par $\frac{1}{m}$ la richesse du gîte, ou le volume du sel compris dans un mètre cube, par δ la densité du sel marin, par δ' celle de l'eau *saturée*, c'est-à-dire tenant à peu près 27 p. 100 de sel marin, et enfin par h la hauteur initiale de la chambre.

Le poids du sel dissous est égal à $\frac{1}{m} S x \delta$.

Le niveau du dépôt vaseux s'est élevé de $\left(1 - \frac{1}{m}\right) x$, en négligeant le foisonnement.

Le volume d'eau est donc

$$S \times \left[h + x - \left(1 - \frac{1}{m}\right) x \right] = S\left(h + \frac{1}{m} x\right)$$

et le poids du sel contenu est, en négligeant la contraction qui se produit pendant la dissolution,

$$S\left(h + \frac{1}{m} x\right) 0.27 \times \delta'$$

Par suite on a l'égalité

$$\frac{1}{m} S x \delta = S\left(h + \frac{1}{m} x\right) 0.27 \, \delta'$$

$$x = \frac{h \times 0.27 \, \delta'}{\frac{1}{m} \delta - \frac{1}{m} \times 0.27 \, \delta'} = \frac{0.27 \, \delta'}{\delta - 0.27 \, \delta'} \times h \, m.$$

c'est-à-dire que la surélévation de la chambre après un lavage, est en raison directe de la hauteur avant ce même lavage, et en raison inverse de la richesse du gîte. On en conclut facilement qu'il faut commencer par une hauteur qui ne soit pas trop faible, et que le nombre des opérations, pour une hauteur donnée, est d'autant plus grand que le gîte est plus riche.

Il y a d'ailleurs une relation entre la hauteur des étages et les dimensions des chambres, cette relation est déterminée par la condition que la chambre arrivée vers le haut de l'étage n'ait pas, par suite de ses élargissements successifs, une dimension de plafond qui dépasse ce que comporte la solidité de la roche.

Ainsi, à mesure que la hauteur augmente, on doit réduire le diamètre initial des chambres, et d'autant plus que le gîte est plus riche.

Telles sont les conclusions principales qui s'appliquent au lavage discontinu.

Dans le lavage continu, la période de remplissage terminée, l'opération se continue indéfiniment, sous la condition que l'introduction et l'écoulement se fassent de telle façon que la chambre soit toujours pleine d'eau à un certain degré de saturation ; de sorte qu'on est, pendant toute la phase qui suit le remplissage, dans la position où l'on se trouve dans les derniers moments du lavage discontinu.

La figure 253 donne une idée des profils AB et AB', que peut prendre la paroi d'une chambre dans chacun des deux modes de lavage.

AB correspond au système continu, AB' au système discontinu :

On conclut des raisonnements ci-dessus et de l'examen de la figure 253, en ce qui concerne le lavage continu :

1° Que les élargissements dus aux périodes successives de remplissage du système discontinu, sont remplacés par un élargissement unique dû à la période finale ;

2° Que l'évasement de la chambre est, à chaque instant, pendant le lavage continu, ce qu'il est à la fin de la phase du lavage dans le système discontinu ;

3° Que, par ce double motif, la chambre s'élargit beaucoup moins par le lavage continu que par le lavage discontinu ;

4° Que le ciel, toujours supporté par l'eau, échappe à l'influence des agents atmosphériques qui tendent plus ou moins à le déliter ;

5° Enfin, que, par suite du moindre élargissement de la chambre, les piliers à réserver entre les chambres d'un même étage, et les estaus qui doivent subsister entre les chambres correspondantes des étages superposés, se trouvent considérablement réduits ; de sorte qu'on atténue dans une mesure importante le principal inconvénient de la méthode suivie (qui n'est en réalité que la méthode en travers avec piliers et estaus sans dépilages), celui d'une exploitation incomplète.

Par contre, la vitesse de corrosion verticale est beaucoup moindre qu'elle n'est en moyenne pendant le lavage discontinu ; de sorte que malgré le temps perdu par les périodes de remplissage, le produit annuel d'une chambre où le lavage est discontinu est notablement plus grand qu'avec le lavage continu. C'est un inconvénient réel.

On y obvie par un plus grand nombre de chambres en service à la fois. En somme, cet inconvénient n'est pas considéré comme compensant les avantages énumérés ci-dessus, notamment celui d'une meilleure utilisation d'un gîte donné, et la possibilité d'augmenter la hauteur des étages, et par cela même, de diminuer l'importance des travaux préparatoires à créer pour une production donnée.

Les eaux sortant des chambres presque saturées sont reçues dans des réservoirs, où elles se clarifient, et de là menées par des systèmes de conduites aux usines où on les traite par évaporation dans des poêles ou chaudières à feu continu.

Mais ces opérations ne se rapportent plus à l'exploitation que nous avons seule à considérer ici.

Telle est la méthode appliquée à un gîte dans lequel la matière utile est assez impure pour ne pas pouvoir être vendue en nature, et pour avoir besoin d'être préalablement raffinée. Devant être dissoute, il est plus simple de la dissoudre sur place que de l'exploiter par les méthodes ordinaires, et de transporter la matière abattue jusqu'aux usines pour la dissoudre.

On économise et sur l'exploitation et sur les transports, et en fait, dans la disposition adoptée, on parvient à exploiter une partie du gîte aussi considérable que par le système des piliers et estaus sans dépilage, auquel on appliquerait les procédés ordinaires d'abattage.

(**354**) C'est ici lieu d'indiquer que l'exploitation par dissolution est encore pratiquée sous une autre forme, qui dispense même des aménagements et des travaux préparatoires décrits au numéro précédent.

On se borne à atteindre le gîte par un sondage à grand diamètre, que l'on pousse jusqu'au mur.

Si les terrains supérieurs donnent de l'eau, et qu'elle ne soit pas jaillissante, on la laisse couler au fond du trou; sinon on en introduit de la surface. Ensuite dans l'axe du trou, l'on place une pompe aspirante élévatoire à piston creux, dont le tuyau d'aspiration, la chapelle et le tuyau montant sont sur une même verticale. Le tuyau d'aspiration doit descendre jusqu'au fond du trou.

Comme les couches d'eau, à mesure qu'elles dissolvent le sel, se superposent par ordre de densité, la pompe mise en marche aspirera l'eau la plus saturée ; le degré de saturation sera, à l'origine, en rapport avec la vitesse de marche de la pompe, et il augmentera pour une vitesse donnée, à mesure que, par le progrès de la dissolution, l'eau introduite se trouvera en contact avec une paroi salifère plus étendue.

L'espèce de poche de dimension croissante formée par l'action dissolvante de l'eau, s'étend principalement au toit du gîte, et, si ce toit est incliné, du côté de son amont pendage.

Cette méthode d'exploitation est évidemment très-simple, et si le gîte à exploiter a été seulement reconnu par un sondage, l'installation d'une pompe dans le trou de sonde réduit au minimum la dépense à faire avant de commencer à exploiter.

Mais en revanche, on peut dire que l'on marche un peu *en aveugle* dans une semblable exploitation.

Il peut se faire, par exemple, que les couches formant le toit du gîte soient peu solides, et que le vide produit en s'étendant horizontalement, finisse par amener des affaissements compromettant les installations faites à la surface aux abords du trou. On a des exemples de semblables accidents.

Il peut se faire encore que ce vide, dont on ne peut contrôler ni régler l'extension, s'étende en peu de temps fort loin, surtout du côté de l'amont pendage, et qu'il ne se produise même qu'à la partie supérieure du gîte, surtout s'il y a une grande quantité d'argile qui se déposera sur les bancs inférieurs et les protégera par le même mécanisme qui protége le bas des chambres de dissolution ci-dessus décrites.

On risque donc de faire une exploitation très-incomplète, et, dans le cas de plusieurs concessions contiguës, de sortir de sa limite et d'empiéter dans une concession voisine.

Je crois donc qu'à moins de conditions assez spéciales, telle que pourrait être, par exemple, l'obligation de traverser une très-grande épaisseur de morts terrains aquifères, le mode d'exploitation dont il s'agit *n'est pas à recommander*, et qu'on trouverait, au point de vue technique, qu'il vaut mieux le plus souvent aller attaquer le gîte par des travaux accessibles à l'homme, sauf ensuite à y appliquer, s'il y a lieu, une méthode par dissolution, suivant les systèmes décrits aux n⁰ˢ 346 et 553.

CHAPITRE XIII

EXPLOITATION A CIEL OUVERT

(**355**) Nous avons exposé dans le chapitre XI les principes généraux des méthodes d'exploitation applicables aux filons, aux amas et aux couches, et dans le chapitre suivant les considérations diverses, commerciales, administratives et techniques (en insistant particulièrement sur ces dernières), qui doivent présider au choix de la méthode applicable à un cas donné; enfin nous avons terminé par un certain nombre d'exemples comprenant, dans leur ensemble, les principales circonstances qui puissent se présenter dans la pratique.

En tant qu'il s'agira d'exploitations *souterraines*, on peut penser qu'on en rencontrera bien peu, si même on en rencontre, qui ne rentrent plus ou moins complétement dans l'un des cas que nous avons traités aux deux chapitres précités, ou qui, tout au moins, ne puissent y emprunter des détails utiles ; mais nous n'avons encore rien dit d'un cas assez étendu et assez important, pour qu'il doive être considéré spécialement : c'est celui de l'exploitation à ciel ouvert.

(**356**) Lorsque les gîtes à exploiter sont situés, en totalité ou en partie, à une médiocre profondeur au-dessous de la surface du sol, et que les terrains qui les recouvrent sont d'une ténacité peu considérable, le mode d'exploitation le plus économique, quelquefois même le seul praticable, consiste à enlever ces terrains supérieurs pour mettre le gîte à découvert.

On exploite ainsi beaucoup de carrières de pierre à bâtir ou de grès pour pavés, des ardoisières, des minerais de fer en grain, le minerai d'étain d'alluvion, les alluvions aurifères ou platinifères, quelques couches de houille puissantes, et enfin des tourbières que nous considérerons spécialement.

On nomme *recouvrement* le terrain stérile qu'il faut enlever pour arriver à un gîte donné. Ce recouvrement est nul si le gîte affleure ; il peut être plus ou moins considérable si le gîte n'affleure pas.

On appelle *découvert* le travail que l'on fait pour mettre le gîte à nu sur une superficie donnée. Il existe un rapport intime entre les frais que l'on peut faire pour ce découvert et la valeur du gîte qui sera ainsi mis à nu, ou plus exactement, entre *le supplément de frais préalables* que ce découvert peut occasionner, et *l'économie qui en résultera ensuite* dans les frais d'exploitation de la partie correspondante du gîte.

Comme, d'ailleurs, dans une exploitation souterraine, les frais *croissent peu* avec la profondeur des travaux, et que les produits d'un périmètre donné croissent proportionnellement à l'épaisseur verticale du gîte, tandis que les frais du découvert sont en général *au moins proportionnels* à cette même profondeur, on conçoit que, pour un gîte dans des conditions données, l'élément principal à considérer, pour faire un choix entre l'exploitation à ciel ouvert et l'exploitation souterraine, soit le rapport entre l'épaisseur du recouvrement et l'épaisseur du gîte qui sera dégagé par le travail du découvert.

Il y a, dans chaque cas, une valeur limite de ce rapport, *au-dessus de laquelle* il conviendra d'exploiter à ciel ouvert, et *au-dessous de laquelle* on aura au contraire avantage à préférer l'exploitation souterraine. Ce rapport variera d'ailleurs essentiellement suivant les cas, et il devra faire l'objet d'un examen spécial, dans lequel on aura à comparer attentivement les avantages et les inconvénients propres aux deux méthodes.

(357) Les avantages de l'exploitation à ciel ouvert sont, en première ligne, la possibilité, en général, d'enlever le gîte d'une manière complète, sans gaspillage ni danger d'incendie, et l'économie qui peut souvent résulter de l'établissement de grands chantiers ou gradins, dans lesquels l'abattage se fait beaucoup plus facilement que dans des galeries plus ou moins étroites.

D'autres avantages se trouvent encore dans la suppression des frais de boisage et de remblai, et dans celle des frais d'éclairage, du moins si on ne travaille que de jour.

Ce dernier point peut paraître très-secondaire. Néanmoins il est loi d'être négligeable : une lampe de mine ordinaire peut dépenser 15 à 20 centimes d'huile par poste, soit 5 *p.* 100 *de la main-d'œuvre intérieure*, si le prix moyen de la journée est de 3 à 4 francs.

Si l'on voulait essayer de chiffrer pour le cas de la houille les avantages ci-dessus énumérés, on pourrait dire en supposant des conditions moyennes que l'on gagnera :

Sur l'abattage, plus de la moitié de la dépense, soit par exemple	1 fr. par tonne.
Sur le remblai, la totalité des frais, soit environ 0 fr. 80 (n° 358)	0.80
Sur le boisage.	0.60
Sur l'éclairage, en supposant deux journées d'hommes à l'intérieur pour la production d'une tonne.	0.30
Total.	2.70

En supposant que la tonne de houille produite corresponde à un mètre cube de vide, et que le découvert coûte 1 franc par mètre cube mesuré en déblai, on voit que théoriquement, *dans un premier aperçu*, on pourrait exploiter indifféremment *à ciel ouvert ou souterrainement*, une couche de houille dont le recouvrement serait égal à son épaisseur multipliée par le nombre 2,7. Ce résultat est à peu près d'accord avec la pratique. On voit qu'avec des couches d'une grande épaisseur, il autorise et justifie de très-grands travaux de découvert.

Il faut ajouter que dans le calcul ci-dessus, on n'a pas fait entrer en compte l'avantage d'une exploitation plus complète du gîte et d'une sécurité complète au point de vue des incendies.

Enfin, indépendamment des avantages économiques appréciés ci-dessus, on peut penser que les ouvriers travaillent au jour dans des conditions préférables à celles qu'ils trouvent à l'intérieur d'une mine, soit parce qu'ils sont mieux éclairés, soit, sous le rapport hygiénique, si la mine n'est pas bien ventilée, soit peut-être aussi sous le rapport de la sécurité, si elle est ébouleuse.

Les inconvénients de l'exploitation à ciel ouvert sont, en premier lieu, les frais directs qu'occasionne le travail même du découvert, en second lieu, l'obligation d'acheter les terrains qui correspondent à ce découvert et ceux où doivent être déposés les déblais qui ne peuvent trouver place dans le vide produit par les travaux, tant de l'exploitation que du découvert même. Ces inconvénients doivent être mis en regard des avantages ci-dessus, ainsi que des dépenses d'une autre nature qu'il faudrait faire pour installer l'exploitation souterraine.

On ne perdra pas de vue, dans cette comparaison : d'une part que si l'exploitation souterraine doit succéder un jour, pour les parties profondes, à l'exploitation à ciel ouvert des parties voisines des affleurements, les dépenses dont il vient d'être parlé ne sont qu'ajournées ; d'autre part, au contraire, que si l'exploitation souterraine comporte l'emploi des remblais, le travail du découvert peut fournir ces remblais, et être ainsi dégrevé, à la charge de l'exploitation souterraine, des frais qu'il faudrait faire pour se les procurer d'une autre manière. On conçoit que cette dernière considération puisse reculer beaucoup la limite à laquelle l'exploitation à ciel ouvert considérée en elle-même cesserait d'être lucrative.

On voit donc en définitive que les questions à examiner, avant de se résoudre à installer une exploitation à ciel ouvert, sont assez complexes.

(**358**) Supposant ces questions résolues dans un sens favorable, l'exploitation doit être organisée suivant certaines règles très-simples, qui varient nécessairement avec les circonstances locales, et que le bon sens indique. L'essentiel est de ne pas attaquer en quelque sorte au hasard, sur le premier point venu, mais de procéder au contraire avec méthode, suivant un plan convenablement mûri, ayant pour base une connaissance suffisante des allures du gîte.

Il faut déterminer d'abord le périmètre dans lequel doit être circonscrite l'exploitation projetée, et le point sur lequel il convient de commencer l'attaque. Cette attaque doit se faire sur une échelle telle qu'en ayant égard au talus suivant lequel les terres du découvert doivent être entaillées, on ait le gîte dégagé sur une surface assez étendue pour permettre l'emploi des grands chantiers, qui sont un trait caractéristique de l'abattage à ciel ouvert, et pour soustraire les ouvriers aux dangers des éboulements accidentels des talus.

Le plus souvent, l'exploitation commencée en un point doit être poussée soit jusqu'au mur du gîte, s'il s'agit d'une couche rapprochée de la position horizontale, soit, dans les autres cas, jusqu'à la profondeur maxima qu'on se propose d'atteindre ; de manière à ne pas avoir à y revenir en plusieurs fois, et à pouvoir utiliser le vide produit par l'exploitation, en y logeant une partie au moins des matières provenant du découvert des parties voisines.

On tâche en outre, si la chose est possible, que les premiers points attaqués soient ceux où l'exploitation doit être poussée le plus bas, de manière qu'on n'ait plus ensuite, en se développant, qu'à remonter ; ce qui tient naturellement les tailles à sec.

Ces considérations générales s'éclairciront par l'examen de quelques exemples.

(**359**) Supposons, pour le premier cas, un terrain d'alluvion formant le sol d'une vallée dans laquelle coule un cours d'eau.

On commence par détourner le ruisseau sur un des côtés de la vallée sur la longueur de l'exploitation à découvrir.

L'excavation est prise au point le plus bas, et elle marche en remontant le cours de la vallée sur toute la largeur de l'alluvion à exploiter ; le front est taillé en gradins destinés à faciliter l'abattage ; les parois latérales présentent également quelques banquettes recevant des rigoles qui préviennent le ravinement des talus, et servant en outre, au moyen de quelques rampes qui les relient, à enlever à la brouette les matières abattues. La face d'aval est formée par le talus naturel des déblais stériles qu'on rejette en arrière.

Au milieu de ces déblais, est ménagé un puits avec puisard, dans lequel se rendent les eaux qui découlent sur les parois et celles qui proviennent du fond de l'excavation. Ces eaux sont conduites au puisard par un aqueduc voûté qui se prolonge avec la masse des remblais, et sont ensuite élevées au jour par un moyen mécanique quelconque.

La figure 254 donne en plan et en coupe les dispositions ci-dessus décrites.

(360) Si nous supposons le sol accidenté et les gîtes formant des couches horizontales, ou à peu près, venant affleurer sur le flanc des collines, c'est par les affleurements que l'on attaque, en prenant pour sol de l'excavation le mur du gîte. Les déblais sont transportés avec facilité au dehors, et rejetés sur la pente de la colline en avant de la tranchée (Voy. *fig.* 255).

Si le relief du sol est tel que toutes les terres ne puissent pas être logées en contre-bas du sol de l'excavation (ce qui arrivera si le gîte affleure peu au-dessus du fond de la vallée, et si le recouvrement est assez considérable), on établit en arrière de la tranchée un cavalier de déblais, et l'on se sert de ponts, ou passerelles, pour établir une communication directe entre les chantiers du découvert et ce cavalier, en passant au-dessus des gradins de l'exploitation (*fig.* 256).

La première disposition est employée, par exemple, dans les carrières de grès pour pavés qui existent au sud de Paris vers la partie supérieure des collines des environs d'Orsay ; la deuxième dans les carrières de plâtre qui se trouvent au nord-ouest de Paris vers le pied des collines d'Argenteuil, Sannois, etc.

A mesure qu'on s'éloigne des affleurements, le recouvrement au-dessus du toit du gîte augmente d'épaisseur. La règle que l'on suit pour la sécurité des ouvriers qui exploitent le gîte, c'est que le découvert soit en avant du premier gradin d'une quantité au moins égale à son épaisseur, et taillé suivant un talus égal ou peu supérieur à celui qu'il prendrait naturellement sous l'action prolongée du temps.

L'épaisseur limite de ce recouvrement peut atteindre 12 ou 15 mètres, pour une épaisseur de grès de $1^m,30$ à $1^m,50$, à cause de la valeur assez élevée de la matière exploitée.

Pour le plâtre, cette épaisseur limite est relativement beaucoup moindre, et souvent imposée par la valeur des terrains ou des constructions qu'il faudrait acquérir. Quand cette limite est atteinte, on continue souterrainement l'exploitation de la plâtrière suivant les détails indiqués au n° 344.

(**361**) Lorsque la couche à exploiter a une petite inclinaison et vient affleurer en pays de plaine, on peut exploiter à ciel ouvert jusqu'à une certaine distance de l'affleurement, en remontant les déblais et les matières exploitées suivant cette pente.

C'est dans ce cas que l'on trouvera avantage à combiner l'exploitation à ciel ouvert avec l'exploitation souterraine, suivant la remarque faite à la fin du numéro 357. Cette disposition permettra, ainsi qu'on l'a déjà fait remarquer, de pousser beaucoup plus loin l'emploi de l'exploitation à ciel ouvert, puisque *les déblais* du découvert pourront être considérés comme *remblais* pour l'exploitation souterraine, et qu'en outre les puits de celle-ci, situés sur l'aval-pendage, pourront être utilisés pour l'extraction et pour l'épuisement de la première.

Le système, dont la figure 257 donne une idée générale, consistera à avoir un large front s'avançant à partie de l'affleurement suivant la pente de la couche. De ce front, au mur du gîte, partiront des galeries inclinées communiquant, après un parcours plus ou moins long, avec l'exploitation souterraine située sur l'aval-pendage. Les déblais du découvert seront en partie rejetés en arrière de la tranchée, en partie, s'il le faut, déposés sur les terres voisines, en partie enfin, dans la proportion des besoins de l'exploitation souterraine, introduits par les galeries inclinées ci-dessus; ces mêmes galeries serviront en outre à mener aux puits d'extraction et d'épuisement de cette exploitation souterraine les produits et les eaux de l'exploitation à ciel ouvert.

Tel est le système, très-rationnel et très-satisfaisant en principe, qui a été installé sur une grande échelle aux mines de Commentry (Allier).

Des installations également fort importantes et fort bien disposées ont été créées pour exploiter à ciel ouvert certaines parties des grosses couches de houille que renferment les terrains houillers de l'Aveyron. On peut citer notamment l'exploitation de La Vaysse, appartenant à la compagnie de Decazeville.

(**362**) Si le gîte, toujours supposé en pays de plaine, est ou un amas ou une couche s'enfonçant dans le sol avec une grande inclinaison, l'espace occupé par le ciel ouvert est relativement limité, et l'exploitation se développe davantage en profondeur.

Tel est le cas, par exemple, des ardoisières d'Angers, qui exploitent des bancs de schistes venant affleurer au jour sous un angle de 75 à 80° avec un plongeant vers le nord-nord-est.

Ces bancs sont intercalés dans une épaisse formation schisteuse d'une puissance totale de plusieurs milliers de mètres ; mais le degré précis de schistosité, ou de fissilité, qui caractérise les schistes propres à faire des ardoises, est extrêmement délicat, et l'expérience montre qu'il n'existe que dans certaines zones assez étroites, et assez nettement déterminées pour que de nouvelles ardoisières ne puissent être créées utilement que sur le prolongement de ces zones. La propriété dont il s'agit ne se manifeste même qu'à une profondeur assez grande pour que la masse y ait été entièrement soustraite à l'action des agents atmosphériques, 20 à 25 mètres par exemple. Elle continue ensuite aux plus grandes profondeurs actuellement connues, qui sont de 80, 100 mètres et au-delà.

Pour ouvrir une carrière de cette nature, on commence par déblayer la terre végétale et les argiles plus ou moins altérées voisines de la surface. Arrivé au rocher intact, on l'attaque par une série de *foncées* successives de 3 mètres à 3^m,50 de hauteur, de manière à créer une excavation de forme rectangulaire qui s'approfondit successivement. Les parois de l'excavation perpendiculaires à la direction sont distantes de 60 à 70 mètres et coupées verticalement avec quelques rares gradins droits. On les désigne d'après leur position sous le nom de *chef du levant* et de *chef du couchant*.

Sur le chef qui paraît le plus solide et qui est généralement celui du couchant, on établit des charpentes destinées à supporter un châssis à molettes, et en arrière de ce châssis on installe un manége, ou plutôt une machine à vapeur pour l'extraction, sur un remblai de quelques mètres ; cet ensemble est représenté figure 258.

Le vase d'extraction, ou *bassicot*, que manœuvre cette machine, n'a pas un mouvement vertical, mais un mouvement oblique, une sorte de vol, dans lequel il est guidé par des câbles, ou billons, disposés de manière que le bassicot vienne de lui-même se déposer en un point donné quelconque du fond de l'excavation. L'objet qu'on se propose est de faciliter l'enlèvement en gros blocs dont l'élaboration se fait à la surface, mais qu'il ne serait pas facile de déplacer au fond de la carrière, pour aller les charger dans le bassicot, si celui-ci descendait toujours au même point du fond.

La solution trouvée dans les carrières d'Angers est très-ingénieuse et très-pratique.

Elle comporte deux dispositions différentes, que l'on désigne sous le nom des *billons de conduite* et des *billons de rappel*.

Le billon de conduite est un câble lié au chevalement de l'appareil d'extraction, et dont le point d'attache au fond de la carrière peut être déplacé à volonté. Sur ce billon roule une poulie reliée au câble d'extraction par une courte chaîne.

Le billon se prolonge d'ailleurs au delà du chevalement jusqu'à un treuil, sur lequel on l'enroule ou on le déroule, de manière à lui donner le degré de tension convenable, quelle que soit la position actuelle de son point d'attache au fond de la carrière.

Le billon de rappel, qui évite l'établissement assez incommode de nombreux points d'attache fixés au fond de la carrière, consiste en un câble établi sur le chef opposé à celui de la machine d'extraction, et dont on peut varier le *point d'attache* le long d'un gros câble parallèle au chef de la carrière, et la *longueur* au moyen d'un treuil. Il est lié par son bout libre à l'extrémité du câble d'extraction.

Par cette combinaison, on comprend que le bassicot tend à être, à chaque instant, dans un plan vertical passant par le câble d'extraction et par le billon de rappel, et qu'il arrive au point d'intersection du fond de la carrière avec un arc de cercle décrit dans ce plan vertical, dont le centre est le point d'attache supérieur et le rayon est la longueur du billon.

Il peut être intéressant de noter ici que ces dispositions ingénieuses sont précisément celles qui sont employées dans certaines ardoisières de l'Angleterre, et qu'ainsi les mêmes besoins ont conduit dans les deux pays à imaginer les mêmes moyens.

Les faces nord et sud de l'excavation sont établies, celle du sud suivant la stratification, celle du nord suivant une série de grands gradins droits, dont les faces sont d'abord suivant l'inclinaison du gîte, et qui sont ensuite redressées verticalement lorsqu'on arrive à la limite nord du terrain dont on dispose.

Le travail d'approfondissement se fait, avons-nous dit, par un fonçage de 3^m,30 de hauteur, qui n'est autre chose qu'une sorte de rigole de 1 mètre de largeur, faite au pic et à la poudre sur toute la longueur en direction comprise entre les deux chefs. Ensuite l'abattage de la foncée se fait en élargissant à droite et à gauche. Les blocs que l'on détache ont 8 à 10 mètres de longueur, 3^m,30 de hauteur et 1 mètre d'épaisseur.

Il convient de les obtenir aussi volumineux et aussi peu fissurés que possible. A cet effet, un bloc est d'abord détaché par les deux bouts au moyen d'une tranchée verticale, ou entaille, plus ou moins profonde, faite au pic sur toute la hauteur de ce bloc.

Ce travail achevé, on cherche à produire au pied du bloc, dans le sens horizontal, un plan de séparation, au moyen de petits coups de mine horizontaux ; puis on fait d'autres petits coups de mine suivant un plan de clivage, pour commencer à séparer du reste du banc le bloc à abattre.

Ensuite, dans la fissure ainsi produite, on place une série de 15 ou 20 coins en fer, ou *quilles*, sur lesquels autant d'ouvriers frappent en cadence pendant plusieurs heures consécutives.

Il ne reste plus alors qu'à renverser le bloc au moyen de leviers diversement combinés ; puis, après ce renversement, à le débiter sur place, dans le sens de la longueur et dans le sens de la fissilité, en morceaux d'une dimension telle que 3 ou 4 hommes puissent les manier sans trop de difficulté. C'est dans cet état qu'ils sont élevés au jour, où ils reçoivent le reste de leur élaboration, qui les divise en ardoises ayant les diverses dimensions et épaisseurs adoptées dans le commerce.

L'exploitation se poursuit ainsi, allant sans cesse en s'approfondissant, et elle se termine, soit lorsque les parois fatiguées par les infiltrations d'eau, ou atteintes par l'influence des agents atmosphériques, cessent de présenter une solidité suffisante, soit lorsque la convergence générale des parois du sud et du nord rend le fond de la carrière trop étroit pour que l'exploitation cesse d'en être profitable. On a été ainsi, dans quelques ardoisières d'Angers, jusqu'à près de 150 mètres de profondeur ; ce qui dépasse probablement les profondeurs atteintes dans toute autre localité par des travaux du même genre.

Il est bon de remarquer qu'en vue de réduire la dépense assez considérable qu'entraîne l'ouverture d'une semblable carrière, par suite du déblai à faire à la surface, on peut se proposer d'exploiter souterrainement. On aura alors la même disposition de chantier qu'avec une carrière à ciel ouvert, sauf que l'excavation sera recouverte par une voûte plus ou moins surbaissée ayant un peu plus que l'épaisseur des terrains stériles. Sous cette voûte, on pourra donner aux faces sud et nord l'inclinaison même du gîte, et lorsque la face nord commencerait à présenter un surplomb trop considérable, on pourra terminer en ce point l'exploitation, et réserver un nouveau massif au-dessous duquel on établirait un second étage de travaux. On pourrait ultérieurement en établir un troisième au-dessous du second, et ainsi de suite.

Ce qu'on aurait alors serait, non plus une exploitation à ciel ouvert, essentiellement limitée en profondeur comme on vient de le dire, mais une exploitation souterraine qui pourrait se poursuivre indéfiniment dans l'aval-pendage, et qui, considérée dans son ensemble, consisterait, en définitive, à prendre le gîte par une série d'étages descendants séparés par des estaus réservés.

Une voûte comme celle dont on vient de parler, qui peut avoir, par exemple, 40 à 50 mètres de long sur 25 de large, et au-dessous de laquelle le vide peut s'étendre successivement jusqu'à 100 mètres et plus, ne constitue pas une installation dans les conditions ordinaires. Les moindres éboulements peuvent y avoir les conséquences les plus graves. Aussi dispose-t-on, en général, une série de ponts cintrés comme la voûte elle-même, pour pouvoir la visiter en détail et faire en temps opportun les travaux d'entretien nécessaires.

Ce système, qui est une sorte de transition entre l'exploitation à ciel ouvert, telle qu'elle est le plus ordinairement pratiquée à Angers, et l'exploitation souterraine qui devient nécessaire quand on veut dépasser une profondeur donnée, n'est peut-être pas, au fond, le dernier mot de l'art. On obtiendrait certainement une sécurité plus grande, rachetée par un abattage un peu moins économique, en substituant à ce système de voûtes épaisses et d'excavations énormes, un système ordinaire d'exploitation par piliers et estaus, dans lequel les estaus seraient plus minces et soutenus par quelques piliers, ou plutôt par quelques cloisons continues montant de fond perpendiculairement à la ligne de direction, et repercées seulement pour les communications nécessaires.

Mais on ne serait plus dans le cas des exploitations à ciel ouvert dont nous nous occupons en ce moment.

(**363**) On exploite encore à ciel ouvert certains gisements irréguliers, tels que les meulières des environs de la Ferté-sous-Jouarre, et les minerais de fer en grain connus dans le centre de la France sous le nom de *mines en sacs*. Ces gisements se présentent à de faibles profondeurs, et leur caractère est l'*irrégularité*, ou la *discontinuité*. Cette discontinuité peut être assez grande pour qu'il n'y ait pas lieu d'organiser sur un point un centre commun d'extraction pour relier souterrainement les divers points exploitables.

Tel est certainement le cas des meulières, qui se trouvent en bancs discontinus sous des épaisseurs de sables et d'argiles ayant ordinairement 3 ou 4 mètres, quelquefois jusqu'à 15 mètres et plus d'épaisseur.

Avant tout autre travail, on commence par s'assurer, au moyen de sondages faits à l'aide d'une simple barre de fer terminée en pointe, que la meulière existe avec un certain développement sur un point donné ; puis on découvre le gîte, en donnant à l'excavation le talus convenable pour prévenir les éboulements, et en y ménageant quelques banquettes munies de rigoles qui retiennent les eaux, qu'on épuise en les relevant de banquette en banquette jusqu'à la surface du sol. Un des côtés de la fouille présente une rampe le long de laquelle on élève les produits de l'exploitation, en les faisant avancer sur des rouleaux, soit à bras, soit au moyen d'un treuil.

Ces produits sont en général des *carreaux*, convenablement préparés pour former par leur réunion, après qu'on en a complété la taille au jour, le cercle entier d'une meule de moulin.

Ces carreaux sont scellés entre eux avec du plâtre et réunis par un cerclage en fer. De bonnes meules composées de morceaux sont considérées comme préférables aux meules entières, parce qu'on peut assortir les carreaux selon leur qualité, de manière à avoir en chaque point le grain le plus approprié au travail demandé à la meule.

Les meules de la Ferté-sous-Jouarre se vendent fort cher, à cause de leur qualité exceptionnelle qui les fait rechercher jusqu'en Angleterre et en Amérique.

Leur exploitation est d'ailleurs dispendieuse, à cause des frais de déblai, qui sont souvent considérables, et surtout à cause du travail même de la pierre qui, par suite de sa grande dureté, dépense beaucoup de main-d'œuvre et d'outils.

Les minerais de fer en grain diffèrent essentiellement des meulières, en ce que, par suite même de leur origine, les gîtes peuvent s'étendre en profondeur ; on a des exemples de ces exploitations à ciel ouvert poussées à des profondeurs qui ont atteint 50 mètres, lorsque les amas étaient considérables, comme l'a été par exemple le célèbre gîte de Poisson dans la Haute-Marne. Ces exploitations à ciel ouvert ont dû, par suite du grand développement que la métallurgie a reçue en France depuis une trentaine d'années, faire place d'abord à des travaux souterrains permettant d'atteindre à des profondeurs un peu plus grandes, mais encore installés d'une manière très-sommaire, très-peu développés dans le sens horizontal, et accompagnés d'un assez grand gaspillage. Enfin dans ces dernières années, l'opportunité a été reconnue d'installations plus sérieuses ; on a établi des puits munis d'appareils à vapeur pour l'extraction et l'épuisement, en vue d'exploitations permanentes destinées à poursuivre les amas soit horizontalement dans leurs ramifications, soit dans le sens de la profondeur, où ils s'étendent plus loin que ne semblerait l'indiquer le nom de *mines en sacs*, qui leur a été improprement donné, dans la supposition erronée que ces gisements étaient de simples cavités superficielles fermées par le bas et remplies par le haut.

(**364**) L'exploitation à ciel ouvert, considérée d'une manière générale, comporte l'établissement de tranchées plus ou moins profondes, soit dans le recouvrement, soit dans le gîte lui-même. Il arrive souvent que le travail du découvert constitue la principale dépense de l'exploitation. Il importe donc de la réduire le plus possible, *pour un découvert d'une superficie donnée*, ce qui se fait, en donnant aux talus de l'excavation l'inclinaison la *plus grande possible*. En outre cette superficie ne doit pas être trop restreinte, soit par le motif indiqué déjà au n° 358, soit parce que l'augmentation de déblai due aux talus aurait alors trop d'influence sur le prix de revient.

En même temps qu'on est conduit à augmenter ainsi l'inclinaison, pour diminuer les frais de la fouille, il faut néanmoins prendre garde de l'exagérer outre mesure, afin de prévenir les éboulements qui gêneraient les travaux, compromettraient la sûreté des ouvriers, et qui, une fois commencés, prendraient souvent, avec le temps, une importance rapidement croissante.

Sous ce rapport, il faut avoir égard, non-seulement à la manière d'être des roches au moment où on les entaille, mais encore à la manière dont elles supportent l'action des agents atmosphériques, et au temps pendant lequel la tranchée devra rester ouverte.

L'expérience seule peut indiquer sûrement ce qu'il convient de faire dans un cas donné ; toutefois on peut à ce sujet présenter quelques observations.

(**365**) Quand les terrains sont stratifiés et en couches horizontales, on peut, si ces couches sont toutes solides avoir des parois taillées à pic. Il ne se produira alors que de légères dégradations peu profondes dues aux agents atmosphériques, et ne pouvant amener que des éboulements partiels peu considérables.

Cependant s'il existait au milieu de bancs solides quelques assises susceptibles de se déliter beaucoup, elles pourraient, par suite de leurs dégradations plus ou moins profondes, amener des porte-à-faux dangereux, surtout si les roches supérieures présentaient quelques fissures orientées parallèlement à la direction de la paroi. Dans ce cas il peut convenir de prévenir ces effets en pratiquant dans ces assises une sous-cave d'une certaine profondeur ($0^m,60$ à 1 mètre par exemple) que l'on remplit par de la maçonnerie.

Quand les couches sont inclinées, on place convenablement l'excavation, de manière que deux des parois soient dirigées perpendiculairement et les deux autres parallèlement à la direction des couches.

Les deux premières parois peuvent être verticales ; il en peut être de même de celle qui étant parallèle à la direction présente les couches tranchées en amont-pendage de la partie qui reste engagée dans le massif latéral ; on peut également, pour plus de sûreté, avoir dans ce cas la paroi perpendiculaire à la stratification. Enfin sur la quatrième, la disposition à prendre peut varier essentiellement selon les circonstances.

Si les différentes assises sont bien adhérentes entre elles et si la pente est faible, peut-être pourra-t-on également avoir cette paroi à pic. Mais si l'inclinaison est notable, ou même si, avec une inclinaison faible, il existe quelque joint de stratification formé par une mise argileuse plus ou moins imprégnée d'eau et favorisant le glissement, il peut convenir, ou même être nécessaire, de tailler la quatrième paroi suivant la stratification même, de manière qu'aucune assise ne soit coupée en pied. Cette disposition sera d'ailleurs généralement employée si l'inclinaison est forte.

Ce que nous disons de la facilité de glissement dans le sens de la stratification, peut se produire également lorsque la mise argileuse est un joint de faille. Il faut donc avoir égard dans la disposition générale du chantier à la présence de ces derniers joints, qui parfois se répètent dans une direction déterminée de manière à figurer une sorte de stratification.

(**366**) Lorsque, au lieu de terrains stratifiés plus ou moins solides, on a dans les tranchées des terres ébouleuses, telles que des argiles ou des sables, et en général des terrains d'alluvion, les parois des tranchées, au lieu d'être plus ou moins rapprochées de la position verticale, doivent être coupées suivant des talus dont l'inclinaison varie avec la nature des terres, et, pour une nature donnée, avec la durée que devront avoir ces talus.

On peut compter dans la pratique que, si le talus doit subsister assez longtemps pour que la cohésion des terres soit détruite par les agents atmosphériques, et qu'il n'y ait plus qu'à tenir compte du frottement, les talus se régleront finalement suivant ce qu'on nomme le *talus naturel des terres*, c'est-à-dire celui qu'elles prendraient si, après les avoir désagrégés en les piochant, on les laissait s'ébouler en grand.

On peut admettre que ce talus naturel est compris entre 2 *de base sur* 1 *de hauteur* pour les terres sableuses les plus légères, et 1 *de base sur* 2 *de hauteur* pour les terres fortes argileuses. On aura, dans chaque cas particulier, à se tenir entre ces limites, et le terme moyen de 1 de base sur un de hauteur, correspondant à une inclinaison de 45°, sera assez souvent adopté.

On pourra d'ailleurs observer par une expérience directe quel est le talus naturel qui convient aux terres sur lesquelles on opère.

Quel que soit le cas dans lequel on se trouve, qu'il s'agisse de roches plus ou moins solides ou de terres plus ou moins ébouleuses, il doit être entendu que l'inclinaison des talus réglée par les considérations qui précèdent, ne tient pas compte de l'action que les eaux peuvent exercer sur leur surface.

Celles qui tombent directement dans l'excavation en temps de pluie n'ont pas ordinairement une grande influence, à moins qu'il ne s'agisse de talus très-longs et de terres formées d'éléments très-fins faciles à délayer et à entraîner.

Mais il n'en serait plus de même si le bord supérieur de la tranchée recevait les eaux provenant d'une grande étendue de terrains situés en amont. Il pourrait alors se produire des ravinements plus ou moins considérables compromettant la solidité des parois et venant remblayer particiellement le fond de l'excavation.

Il doit donc être entendu qu'en pareil cas on établira sur le sol, en amont de la tranchée, les rigoles nécessaires pour détourner les eaux sauvages de leur cours naturel, et pour les empêcher ainsi de couler dans l'excavation, où, indépendamment des inconvénients que produirait leur arrivée, il faudrait encore les épuiser, si l'excavation n'était pas asséchée naturellement.

(**367**) Les divers exemples décrits ci-dessus, me semblent suffisants pour faire connaître les dispositions applicables aux divers cas qui pourront se rencontrer dans la pratique.

Toutefois, il nous reste à considérer encore un cas tout spécial, qui diffère essentiellement des précédents, par la nature de la matière exploitée et par les circonstances dans lesquelles elle se présente ordinairement. Ce cas mérite d'ailleurs, soit au point de vue du procédé technique, soit à celui de l'importance industrielle de la matière dans certaines localités, d'être examiné avec quelque détail.

Nous voulons parler de la tourbe.

La tourbe est un combustible de formation récente, ou même contemporaine, qui provient de la décomposition plus ou moins complète des végétaux et principalement des plantes herbacées aquatiques qui ont vécu sur place, sous une petite épaisseur d'eau stagnante, ou à peu près stagnante. Ces restes organiques appartiennent habituellement à des espèces identiques à celles qui vivent encore aujourd'hui dans les mêmes lieux, ou elles en sont du moins extrêmement voisines.

Cette circonstance, comme la situation topographique des dépôts, indique leur origine récente, postérieure assurément aux derniers remaniements du sol par des phénomènes géologiques.

Les dépôts tourbeux se trouvent, soit dans les vallées secondaires à très-faible pente, comme l'Essonne, la Juine, la Somme, ou à l'embouchure des grands fleuves, comme la Loire, ou dans les plaines très-basses comme celles de la Hollande (tourbe des vallées); soit sur les plateaux plus ou moins élevés à pentes indécises qui servent de point de partage des eaux (tourbe des plateaux).

L'épaisseur des bancs de tourbe est très-variable et peut s'élever jusqu'à 5 mètres et plus.

Dans ce cas, on observe généralement que le degré de décomposition n'est pas le même sur toute la profondeur du banc, et que la qualité augmente, avec le degré d'altération, à mesure que l'on descend.

Le premier mètre, par exemple, sera de la tourbe légère spongieuse, entremêlée de fibres végétales à peine décomposées ; c'est ce qu'on nomme la *tourbe mousseuse*. A la base du dépôt, au contraire, les vestiges végétaux auront disparu, et la masse ressemblera à une espèce de terreau noir et compacte ; c'est la tourbe *brune*. On passera graduellement de la première qualité à la dernière, en parcourant de haut en bas les bancs intermédiaires.

On remarque aussi, et cela se comprend, que la tourbe des plateaux est généralement plus pure, ou moins chargée de cendres que la tourbe des vallées.

Le phénomène de la formation des tourbières doit être considéré comme représentant celui qui a produit les combustibles minéraux, notamment la houille, avec les différences dues à l'affaiblissement survenu dans la puissance de la végétation, à l'insuffisance de l'action du temps et à l'absence des actions métamorphiques.

On voit, d'après ce qui précède, dans quelles localités doivent être recherchées les tourbes, dont la présence est d'ailleurs accusée dans une localité par le nivellement parfait du terrain et parfois aussi, quand elle n'est pas recouverte d'un épais dépôt de gravier, par la nature tremblante et élastique du sol.

Il est d'ailleurs entendu que la présence doit en être constatée matériellement, à l'aide de la sonde spéciale au tourbier (n° 104). Cet instrument sert à reconnaître les limites du dépôt, son épaisseur en divers points et la qualité de ses divers bancs, éléments sur lesquels il faut se fixer avant de songer à une exploitation.

(**368**) Celle-ci s'est faite pendant longtemps à l'aide d'un instrument tranchant appelé le *louchet*, qui n'est autre chose qu'une bêche ordinaire, à laquelle on ajoute un aileron qui forme avec le fer de la bêche un angle légèrement obtus (100° environ). Le louchet (*fig.* 259) coupe ainsi sur deux faces. Après qu'on a enlevé la terre végétale et la couche de gravier ou de sable qui recouvre souvent le banc de tourbe, on prend une première tranche de 30 centimètres, qu'on appelle une *pointe*, au moyen d'une première entaille que l'on élargit successivement à l'aide du louchet, en découpant une série de petits prismes contigus, qui ne tiennent plus que par la base lorsqu'ils ont été coupés sur deux faces par le louchet, et qu'on détache alors facilement par un tour de main.

On exploitait ainsi successivement une superficie donnée sur la hauteur d'une pointe. Puis on prenait sur la même superficie une seconde tranche de même hauteur, et ainsi de suite jusqu'à ce qu'on eût atteint le niveau de l'eau.

Arrivé là, si l'on voulait descendre plus bas, il fallait épuiser, et comme l'eau arrivait en grande abondance par tous les points de la masse poreuse, formant les parois et le fond de l'entaille, celle-ci ne pouvait avoir que des dimensions fort restreintes, afin que l'entretien d'eau ne dépassât par les moyens fort précaires dont on pouvait disposer pour l'épuisement. (C'était ordinairement un simple baquetage à bras d'hommes.)

Ainsi la méthode d'exploitation permettait de prendre entièrement tout le banc de tourbe *au-dessus* du niveau de l'eau ; mais *au-dessous* de ce niveau, on ne pouvait procéder qu'au moyen d'excavations de dimensions réduites (3 mètres de côté par exemple), et en même temps assez éloignées les unes des autres pour que les entailles déjà exploitées, remplies d'eau aussitôt après leur abandon, ne fissent pas fonction de réservoirs pour alimenter les entailles voisines en cours d'exploitation.

De là, un gaspillage très-considérable du gîte, et la création d'une multitude de trous remplis d'eaux stagnantes, qui dépréciaient beaucoup les prairies où ils étaient pratiqués et compromettaient sérieusement la salubrité publique.

(**369**) Ce double inconvénient a été entièrement évité par une modification très-simple apportée à l'instrument du tourbier ; modification à l'aide de laquelle on a pu continuer l'extraction sous l'eau, sans avoir besoin de l'épuiser, ou, en d'autres termes, *en travaillant à niveau plein*, par conséquent sur toute la hauteur du banc, et en donnant à l'entaille une dimension horizontale quelconque.

Il est difficile de voir une industrie plus complétement transformée par une simple modification d'outillage, que ne l'a été la production de la tourbe, par la substitution au louchet ordinaire de l'appareil connu sous le nom de *grand louchet*.

Le grand louchet (*fig.* 260) a un double aileron et il peut enlever trois ou quatre pointes de tourbe à la fois, soit $0^m,90$ à $1^m,20$ de hauteur. Son fer n'est cependant pas plus long que celui du petit louchet, afin de ne pas être trop lourd; mais il est prolongé par une sorte de carcasse légère en fer feuillard mince, et il est emmanché à un long manche en bois, mince et souple, de 5 à 6 mètres et plus de longueur, sur lequel sont figurées des marques distantes de $0^m,90$ à $1^m,20$, selon qu'on veut prendre trois ou quatre hauteurs de tourbe à la fois.

Le mode d'emploi de cet instrument est fondé sur ce que la tourbe peut être coupée à pic sur une assez grande hauteur, particulièrement quand elle est sous l'eau, sans qu'il se produise d'éboulement, à cause de la ténacité de la masse due à l'entrecroisement des fibres végétales dont elle est composée. Il faut cependant qu'on évite de surcharger le bord des entailles, ce qui ferait bomber et bientôt ébouler leurs parois verticales. On évite cet inconvénient en plaçant l'ouvrier tireur, qui doit travailler au bord de l'entaille, sur une planche qui sert à la fois à répartir son poids sur une surface suffisante et à guider son instrument, ainsi qu'on va le voir.

Supposons la tourbe enlevée jusqu'au niveau de l'eau.

On commencera par faire au grand louchet, en s'aidant au besoin de la sonde pour la commencer, une entaille rectiligne d'une longueur indéfinie, allant jusqu'au mur du banc tourbeux et aussi étroite que l'on voudra.

La masse ainsi dégagée une première fois, on pose sur le sol une planche de 2 mètres de longueur, qu'on fixe par deux chevilles à 8 ou

10 centimètres en arrière du bord de l'entaille. Cette planche sert, comme on vient de le dire, à porter le tireur, et à guider l'instrument pour détacher une série de prismes contigus, ayant pour côtés de la base cette dimension de 8 à 10 centimètres. L'instrument est enfoncé verticalement plusieurs fois de suite à la même place, guidé par la planche et par l'arête supérieure de la masse voisine encore intacte. On enlève ainsi finalement la masse entière par une série de longs prismes minces, d'environ 8 à 10 centimètres de côté, ayant pour hauteur totale toute la puissance de la masse au-dessous du niveau de l'eau, et divisés en tronçons de $0^m,90$ à $1^m,20$.

L'enlèvement a lieu ainsi d'une manière complète, et le banc tourbeux est remplacé *par un véritable lac* étendu, qui n'a aucun inconvénient spécial pour la salubrité publique.

Le travail du tirage au grand louchet demande beaucoup de force et d'adresse, et ne peut être fait que par des ouvriers de choix. Cependant le poids des 3 ou 4 mottes de tourbe que l'on tire à la fois ne se fait sentir qu'au moment où elles sortent de l'eau. Il faut alors que le tireur incline le louchet pour que la tourbe reste logée dans la carcasse en fer de l'instrument. Il le sort ainsi de l'eau, puis le retourne sur le pré pour le vider. Un ouvrier coupe immédiatement le prisme en tronçons de la longueur d'une pointe, rejette s'il y a lieu, dans l'entaille, les tronçons qui seraient trop mélangés de terre, et réserve les autres, qui doivent être soumis à des manipulations ultérieures ayant pour objet d'en faciliter la dessiccation.

Telle est la méthode actuelle employée dans les tourbières des environs de Paris et du nord de la France. Elle a complétement remplacé l'ancienne exploitation par petites entailles isolées. Elle peut être regardée comme aussi satisfaisante que possible.

Elle comprend, en définitive, les opérations suivantes :

1° Enlever la terre végétale pour l'utiliser ailleurs ;

2° Enlever les graviers superficiels, les relever d'abord en forme de cavaliers, pour les reprendre plus tard et les rejeter dans l'entaille, avec les pointes de mauvaise qualité ;

3° Exploiter au petit louchet sur une étendue quelconque jusqu'un peu au-dessus du niveau de l'eau ;

4° Puis dans le même périmètre, exploiter au grand louchet *sur toute la hauteur du banc en une fois*, sans avoir d'épuisement à faire, et en procédant par entailles d'une longueur indéfinie, suivant les détails indiqués ci-dessus.

(**370**) Il reste à procéder aux manipulations ultérieures qui ont pour objet le séchage de la tourbe. Elles ne peuvent se faire que dans la belle saison, de sorte que le tirage a lieu, dans nos pays, dès le commencement du printemps ; il doit être terminé avec la première quinzaine de mai au plus tard, et les manipulations ultérieures se terminent avec le mois de septembre.

Ces manipulations ont pour objet d'exposer successivement toutes les mottes, sur toutes leurs faces, à l'action de l'air et du soleil, afin de les sécher. L'ouvrier qui les reçoit des mains du tireur, les porte à la brouette sur le pré d'étente, et en fait des petits tas alignés formés de 15 tourbes, en 5 rangées superposées de 1, 2, 3, 4 et 5 tourbes. Ces premiers tas, dits *rentelets*, sont placés de préférence du sud au nord pour mieux recevoir l'action des vents régnants. L'intervalle entre deux mottes d'une même rangée est à peu près égale à la moitié de leur longueur. A plusieurs reprises, on les retourne bout pour bout, et en intervertissant les rangées, jusqu'à ce que la surface entière ait acquis une consistance assez forte. On les empile alors en 6 rangées de 21 tourbes ou *cantelets* ; puis en *haies* de 0^m,65 à 1 mètre de hauteur, qui sont construites comme des espèces de murs à claire-voie, et dont les matériaux sont posés en zigzags, afin que ces murs se soutiennent malgré leur peu d'épaisseur.

Dans tous ces remaniements, on a toujours soin de placer les tourbes les plus sèches en bas et les moins sèches en haut, pour égaliser le mieux possible l'action du vent et du soleil.

Une condition à remplir est que ces différents tas soient assez isolés les uns des autres pour que l'air puisse circuler librement autour d'eux. Il faut donc une aire d'étente assez considérable. La règle ordinaire est que cette aire soit égale à celle de l'entaille à tourber pendant la campagne, répétée autant de fois que l'épaisseur du banc donne de bonnes pointes de tourbes, soit en nombre rond, 5 hectares de pré d'étente par hectare d'entaille et par mètre d'épaisseur de tourbe exploitable.

Quand la dessiccation est achevée et que la saison des pluies d'automne approche, on procède à l'*empilage* des tourbes. Les piles ont des dimensions variables selon les localités. Elles ont la forme de pyramides tronquées, dont on élève les faces à la main, et dont l'intérieur est garni par des tourbes entassées sans ordre formant un léger comble au sommet de la pile.

Si elles doivent passer sur le pré une partie ou la totalité de la mauvaise saison, on protége les piles contre les intempéries en les garnissant de roseaux sur les côtés et de chaume sur le dessus. Cette garniture peut durer plusieurs campagnes.

Le prix de revient de la tourbe produite par les procédés ci-dessus peut être estimé comme suit, pour une pile d'environ 14 mètres cubes, contenant 9,900 mottes :

Tireur	2 jours et demi	à 6 francs	15 fr.
Rouleur..	4 jours	à 3 »	12
Coupeur, empilleur.	7 jours	à 2 »	14
Couvreur.	$\frac{1}{3}$ jours	à 3 »	1
Soit	13 jours $\frac{5}{6}$ valant		42

La tourbe reviendrait donc environ à 3 francs le mètre cube ou à 4 fr. 25 c. le mille, sur le lieu de production, non compris l'indemnité de surface, qui sera une charge d'autant plus lourde que le banc de tourbe sera moins puissant.

Ce prix de revient est assez avantageux pour que dans les lieux où la tourbe abonde elle soit employée, non-seulement pour le chauffage domestique, mais même pour les usages industriels les plus variés, à la place de la houille ; mais comme c'est une matière encombrante, d'autant plus difficile à transporter qu'elle n'est prête à livrer qu'au commencement de la mauvaise saison, son rayon d'action est peu étendu. C'est ainsi, par exemple, que dans la vallée de l'Essonne, les usines situées le plus en amont l'emploient à peu près exclusivement ; les usines de la partie moyenne de la vallée emploient indifféremment la tourbe ou la houille, et à Essonne même, au débouché de la vallée dans la Seine, la tourbe a beaucoup de peine à lutter contre les houilles qu'y amène la navigation.

Malgré cette difficulté d'étendre leurs débouchés, les tourbières

n'en sont pas moins, pour les localités qui en possèdent, une propriété d'une valeur sérieuse.

Elles sont quelquefois, en France, des propriétés communales,
dont l'exploitation doit se faire d'après un règlement d'administration publique, sous la surveillance de l'ingénieur des mines, qui
détermine le mode d'exploitation, les parties de terrain à exploiter
chaque année, et les projets d'entretien ou de réparation des routes,
canaux, plantations et autres travaux accessoires. Les propositions
de l'ingénieur deviennent exécutoires par l'approbation du préfet ;
les voies et moyens pour leur exécution consistent, en général, en
un léger prélèvement sur le mille de tourbes.

(**371**) Le système d'exploitation ci-dessus décrit est celui qui
prévaut ordinairement dans les tourbières exploitées en France.

Il est, on le répète, très-satisfaisant, toutes les fois *qu'il peut être
employé*, c'est-à-dire toutes les fois que la partie supérieure du banc
est à fleur d'eau ou au-dessus de la surface de l'eau.

Mais il n'en est pas toujours ainsi. Dans quelques parties de la
France, et surtout en Hollande, la surface du banc est, et doit
rester, faute de moyens d'écoulement, recouverte d'une épaisseur
d'eau plus ou moins grande, et l'extraction doit se faire sous l'eau,
à la drague.

On emploie, soit une drague ordinaire semblable à celles dont on
se sert pour tirer du sable en rivière, soit, si la tourbe a assez de
consistance, un cercle tranchant en fer fixé à l'extrémité d'un
manche en bois, et muni d'une poche formée par un filet à mailles
plus ou moins serrées, selon la consistance de la tourbe.

La tourbe extraite à la drague ou au filet a toujours besoin d'être
moulée. Tantôt cela se fait en étendant sur le pré, fauché très-ras et
recouvert d'un peu de foin, la bouillie liquide extraite à la drague.
On la maintient dans un encaissement formé de planches fixées par
des piquets. On la laisse d'abord égoutter ; puis souvent on la *marche*,
pour la comprimer, en ayant aux pieds de larges planchettes fixées
par des courroies. Lorsqu'elle a pris une consistance suffisante, on
la partage en prismes carrés par deux systèmes de lignes de division
se croisant à angle droit, et enfin un peu plus tard, on lève ces pris-

mes pour les empiler et en achever la dessiccation. D'autres fois, si la tourbe n'est pas assez molle pour s'étendre régulièrement sur le pré, on la façonne à la main dans des moules semblables à ceux du briquetier, soit directement, soit après l'avoir délayée en pâte liquide avec de l'eau, en profitant de l'opération pour la *déméler*, soit à la main, soit avec un rateau, c'est-à-dire pour en extraire les parties les plus fibreuses et les moins décomposées.

On forme ainsi la tourbe *moulée*, qui est de qualité supérieure à la tourbe ordinaire, plus compacte, plus homogène et d'une puissance calorifique plus forte; mais aussi d'un prix de revient plus élevé, puisqu'elle a supporté en plus une manipulation assez dispendieuse. Ce moulage s'applique d'ailleurs quelquefois à la tourbe extraite au grand louchet, quand sa nature le comporte, comme à celle extraite à la drague ou au filet.

L'exploitation à la drague doit être réservée au cas où elle est indispensable, c'est-à-dire où la masse à tourber est *actuellement* sous une certaine épaisseur d'eau et ne peut être démergée. Autrement, je considère que l'exploitation au grand louchet est *probablement* plus économique, et *assurément* plus favorable à un enlèvement complet et méthodique de la masse.

C'est donc l'emploi du grand louchet que nous regarderons comme le système normal d'exploitation de cette matière, également propre à nous donner soit la tourbe ordinaire, soit la tourbe moulée.

(**372**) C'est le système qui prévaut actuellement en France, d'une manière à peu près générale. Cependant il est bon de dire qu'à différentes reprises la question de la production de la tourbe a appelé l'attention des inventeurs, soit au point de vue de l'extraction de la matière, soit au point de vue de son élaboration.

Un grand nombre de brevets ont été pris en France, un plus grand nombre encore en Angleterre, où l'on s'est souvent préoccupé, surtout pour l'Irlande, de l'absence du terrain houiller et de l'abondance des marais tourbeux. Divers recueils, notamment le *Bulletin de la Société d'encouragement*, donnent des détails sur quelques-unes de ces inventions qui présentent parfois de très-ingénieux dispositifs.

Aucune d'elles cependant n'est arrivée à dépasser la période des essais, pour se répandre dans la pratique.

Il me paraît naturel qu'il en soit ainsi, et à mon avis il n'y a *aucun résultat utile*, du moins en France et quant à présent, à attendre de recherches nouvelles qui seraient tentées dans la même voie.

Les gisements sont trop irréguliers et individuellement trop peu importants, leurs débouchés d'un caractère trop local, et la propriété en est ordinairement trop divisée, pour qu'il vaille la peine, en vue de leur exploitation, de créer sur un point donné des installations permanentes et un outillage qui serait nécessairement assez complexe, et par conséquent dispendieux à monter et à entretenir.

D'ailleurs le prix de revient très-peu élevé de la production à bras ne laisse pas une marge suffisante pour le bénéfice, et l'on peut affirmer sans crainte qu'un moyen mécanique, quelque perfectionné qu'il soit, si l'on tient compte, non-seulement de la main-d'œuvre, mais encore de l'amortissement et de l'entretien, produira le mille de tourbe à un prix total réellement plus élevé que le tireur armé de son grand louchet.

C'est sur d'autres objets, comme nous en avons déjà indiqué et comme nous aurons encore occasion de le faire, que doit se porter l'attention des ingénieurs qui se préoccupent des progrès de l'art des mines.

CHAPITRE XIV

DU TRANSPORT DANS L'INTÉRIEUR DES MINES

(373) Nous considérerons dans ce chapitre toutes les manipulations auxquelles est soumis le minerai, depuis l'instant où il est abattu par les procédés exposés au chapitre V, dans des chantiers dont les chapitres XI et XII font connaître la disposition générale, jusqu'au moment où il est amené soit à l'orifice de la galerie de sortage, soit au bas du puits d'extraction.

Ces opérations comprennent :

1° Au chantier même, des opérations de cassage, de triage et de chargement, très-simples à définir et à comprendre, mais qui n'en sont pas moins d'une importance capitale, et qui demandent la surveillance la plus soutenue ;

2° Un transport accessoire, qui se fait assez fréquemment, depuis le chantier ou le front de taille où le minerai est abattu, jusqu'au point où stationne le wagonnet qui circule sur les voies de roulage. On doit en général chercher soit à supprimer entièrement, soit au moins, si la méthode d'exploitation ne le comporte pas, à simplifier le plus possible cette opération intermédiaire ;

3° Enfin le transport principal sur les voies de roulage, depuis le point où le wagonnet est chargé jusqu'au point où il arrive au jour ou au bas du puits d'extraction.

Ce service de transport prend une importance croissante à mesure que les mines deviennent plus étendues et qu'on leur demande une production plus forte.

Des détails ci-dessus, résulte la division naturelle de ce chapitre en trois paragraphes.

§ 1er. — Du triage et du chargement au chantier.

(**374**) Ainsi que nous venons de le dire, ces manipulations, quelque simples qu'elles puissent paraître, peuvent être *très-bien* ou *très-mal* faites, et avoir ainsi une influence quelquefois décisive sur les résultats d'une exploitation.

Si par exemple on considère un ouvrage à gradins établi dans un filon, on a vu au n° 275 quelles étaient les pertes considérables, et, en quelque sorte, *illimitées*, que l'on pouvait faire sur le minerai, si la surface des remblais sur lesquels se fait la tombée n'était pas convenablement régalée, et si l'on n'obligeait pas les mineurs à remanier toute la matière abattue, pour la trier et pour relever régulièrement en arrière les résidus de ce triage.

Dans ce remaniement, tous les morceaux leur passent *obligatoirement* par les mains; ils ont ainsi l'occasion de les examiner, et ils peuvent alors les trier, *s'ils y ont intérêt*. Cette dernière restriction est essentielle à noter, attendu que la surveillance ne pouvant pas être incessante à chaque gradin, il importe que cet intérêt existe en effet, par suite du mode de rémunération adopté.

Il faut donc, ou bien adopter le système usité dans quelques districts de l'Angleterre, notamment dans la Cornouailles, qui consiste à payer une compagnie d'ouvriers sur la valeur du minerai lavé résultant de l'exploitation d'un ouvrage à gradins dont elle a l'entreprise, ou bien, si l'inexpérience et le défaut d'esprit d'entreprise chez les ouvriers ne permettent pas l'application de ce système, ajouter à leur salaire, quelle qu'en soit la base, une prime quelconque proportionnelle à la quotité du minerai obtenu.

Ce système peut être assez délicat et toujours un peu arbitraire, dès qu'on fixe cette quotité sans dire qu'il s'agit d'un minerai à une teneur déterminée; car alors la tendance des ouvriers sera d'augmenter cette quotité en y joignant du stérile, ou en ne triant pas assez; mais l'inconvénient d'extraire un peu trop de stérile est moindre que celui de laisser dans le remblai du minerai pour lequel tous les frais de production sont pour ainsi dire déjà faits, et qui n'a plus à supporter que les frais de transport au jour.

Ainsi on devra être satisfait lorsque les ouvriers auront obtenu au chantier à peu près assez de matières entièrement stériles pour le remblai complet des chantiers, et que le reste arrivera au jour, même à l'état de minerai plus ou moins appauvri par un excès de gangue.

Il n'y a pas, en réalité, grand inconvénient à ce que le tirage dans la mine se fasse d'une manière un peu sommaire, sauf à le compléter au jour, dans des conditions bien plus favorables sous le rapport de la lumière, et avec une main-d'œuvre moins dispendieuse que celle des mineurs qui travaillent à l'abattage.

Il est plus important de *ne rien laisser d'utile* au chantier, que de *ne pas extraire quelque chose de stérile*.

Il y a d'ailleurs, en ce point comme en bien d'autres, un certain tempérament à observer dans la surveillance, à laquelle les ouvriers doivent se soumettre *en principe*, et qui, *en fait*, doit s'exercer avec fermeté et avec suite, sans alternances arbitraires de relâchement et d'excessive sévérité.

(**375**) Pour la houille, on a deux éléments à considérer, *sa pureté et sa grosseur*. La valeur marchande du produit en dépend dans une large mesure.

On a vu pendant longtemps des districts entiers de mines dans lesquels le menu était considéré comme une nulle valeur et laissé en remblai dans les chantiers, ou même, dans la crainte des incendies spontanés, extrait au jour et brûlé sur le carreau de la mine. Mais ce temps est passé, et nous pouvons être assurés que nous ne le reverrons plus.

Aujourd'hui, avec les facilités que donne la multiplication des voies de transport, avec les moyens d'utilisation que donnent, pour les menus les plus variés, soit la fabrication du coke, soit les grilles de foyer appropriées ou les appareils gazogènes, soit enfin la fabrication des agglomérés, on peut dire qu'*une matière combustible quelconque* a sa valeur, et une valeur qui ira rapidement en croissant.

Néanmoins l'écart entre les qualités subsistera, et pourra même aller en s'accentuant, sinon d'une manière relative, au moins d'une manière absolue. Il y aura donc toujours un écart de prix important selon la grosseur.

Le commerce distingue les variétés suivantes dans l'ordre décroissant de grosseur et de prix :

1° Le gros proprement dit, ou le *Pérat*, ou les *gaillettes*, ne renfermant que des morceaux dont les moindres ont plusieurs décimètres cubes ;

2° Les *grélassons*, qui sont des morceaux ayant depuis un à deux décimètres cubes au plus jusqu'à la grosseur du poing.

3° Les *tout-venants*, qui sont, comme le nom l'indique, la masse entière du charbon, telle qu'elle sort de la mine, bien que souvent, pour correspondre aux besoins ou aux usages du commerce, il soit entendu qu'on en a prélevé le Pérat ou qu'au contraire on en a séparé par le passage sur la grille une partie des menus.

4° Les *menus de fabrique*, qui sont des tout-venants moins les pérats et les grelassons.

Il arrive souvent que les tout-venants et les menus de fabrique sont définis par la condition de ne donner au criblage, sur une grille dont les barreaux ont un écartement donné (habituellement de 1 à 5 centimètres), qu'une proportion déterminée de menus traversant cette grille.

Une condition analogue est souvent spécifiée pour les charbons destinés à la marine.

La marine achète du gros, et il est stipulé qu'à la réception, les déchets de qualité, provenant des remaniements et des transports, ne dépasseront pas une limite donnée. On dira, par exemple, que le menu obtenu à la grille de 5 centimètres ne devra pas dépasser 25 pour 100, le surplus, s'il y en a, étant laissé pour compte à la disposition du fournisseur.

5° Enfin les menus proprement dits, ou ce qu'on nomme les *fines* ou le *menu passé*, sont les charbons, qui, dans le criblage d'une qualité quelconque, ont traversé la grille de 5 centimètres.

Ces diverses qualités ont des prix qui vont en décroissant du pérat au menu passé, et peuvent, dans certains cas, varier du simple au double, et même au delà.

Il importe donc que les piqueurs soient intéressés à faire le plus de gros et le moins de menu possible. On les y intéresse, en adoptant pour le gros une taxe très-élevée relativement à celle du menu, ces taxes représentant tout leur salaire, ou étant du moins un supplément important du salaire basé sur le mètre cube de vide, ou sur le mètre d'avancement du chantier, ou sur la surface déhouillée.

Comme la constatation du gros et du menu ne peut se faire au chantier, ni même, avec une exactitude suffisante, au fond des travaux, il faut que le charbon chargé pour compte d'une compagnie de mineurs arrive jusqu'au jour, sans être mélangé à celui des autres compagnies.

Sous ce rapport, comme sous d'autres qui seront indiqués plus loin, le système qui consiste à amener les wagons jusqu'au jour avec l'indication des tailles d'où ils proviennent, est très-supérieur à celui dans lequel ces wagons sont vidés à la recette dans de grands cuffats, qui reçoivent indistinctement le charbon des différentes tailles.

Connaissant la provenance des wagons arrivés au jour, on peut en constater le poids, reconnaître au déchargement si la qualité de gros ou de menu pour laquelle ils sont marqués est satisfaisante, faire toutes les déductions qui peuvent être nécessaires, et établir ainsi, avec détail et précision, le compte de chaque compagnie d'ouvriers.

Cette facilité de contrôle est assurément un des grands avantages indirects qu'on a retirés, en pratique, de la substitution de l'extraction par cages à l'extraction par cuffats.

Cette même substitution n'est pas moins utile au point de vue de la propreté qu'à celui de la composition des charbons. Le receveur, en voyant vider un wagon, apprécie la première qualité comme la seconde.

Il peut donc faire une réduction approchée sur le poids du wagon, s'il contient une quantité indue de matière terreuse, comme il peut ne compter que comme menu un wagon qui en contient une proportion trop forte, omettre même, ou selon l'expression usitée, *sauter* un wagon trop mal chargé, ou trop terreux, etc., etc. Il y a là encore une surveillance à exercer avec les mêmes tempéraments que dans l'exploitation d'un filon. On arrive à pratiquer ce système, auquel les ouvriers sont naturellement portés à tâcher d'échapper, en y tenant la main, et en y employant des surveillants choisis avec discernement, appliquant leur consigne avec une fermeté invariable et une complète impartialité.

(**376**) On remarquera qu'*en ce qui concerne la composition des charbons*, l'intérêt du piqueur se confond avec celui de la mine, en ce sens que les méthodes d'abattage les plus avantageuses au point de vue de la quotité de la production, sont généralement en même temps les plus favorables à la production du gros. Ainsi, par exemple, les piqueurs habiles n'ont pas besoin d'être stimulés à faire leurs entailles et leurs sous-caves aussi profondes que possible.

Il n'en est pas de même en ce qui concerne *la propreté des charbons*. On peut même dire que le piqueur et la société qui l'emploient ont un intérêt opposé, en ce sens que celui du piqueur est qu'on lui paye comme charbon les pierres qui peuvent être mêlées au produit utile de son chantier.

Peut-être aussi peut-on dire que la société, à son tour, a intérêt à écouler aux consommateurs les pierres qu'elle a eu déjà à payer à ses mineurs, et que cet intérêt croit avec le prix de vente du charbon. C'est ainsi que tous les consommateurs savent bien qu'à mesure que les charbons sont plus rares et plus demandés, leur qualité s'altère, et qu'on leur livre au contraire les charbons d'autant *mieux composés* et d'autant *plus purs* qu'ils sont plus offerts et à plus bas prix.

J'admets qu'une société exploitante qui se respecte ne fera aucune spéculation de ce genre ; néanmoins l'effet indiqué pourra encore se produire, dans une certaine mesure, par suite de cette circonstance que les ouvriers étant recherchés dans les temps de hausse deviennent plus exigeants, moins faciles à gouverner, et n'acceptent pas une surveillance aussi sévère que dans les temps où la main-d'œuvre est abondante et offerte ; d'où il résulte qu'ils fournissent en réalité, dans les temps de rareté, un charbon plus sale, qui ne peut être aussi bien trié.

Quant aux mesures à prendre au chantier pour obtenir un charbon propre, elles peuvent être les suivantes :

En premier lieu, boiser devant la taille avec un garnissage approprié à la nature du toit, de manière à prévenir, non-seulement la chute en masse, mais encore l'égrènement ou la chute partielle des assises schisteuses qui peuvent former le faux toit (voir nᵒ 181) ;

En second lieu, éloigner du chantier, à la pelle, ou même avec l'emploi d'un balai, les parties terreuses dans lesquelles on a fait la sous-cave, ou les parties du toit ou du mur qu'on a pu avoir le besoin de détacher pour faire les voies ;

En troisième lieu, conduire le travail des sous-caves et des entailles, de manière que la tombée se produise presque seule, ou du moins en ne faisant qu'un usage restreint de la poudre ;

Quatrièmement enfin, si la couche est assez puissante et présente des nerfs intercalés entre les bancs de charbon, profiter, s'il se peut, de ces nerfs, pour faire la tombée par parties successives ayant ces nerfs pour toit ou pour mur, ce qui permet de les isoler plus facilement par un déschistage, ou *défichage* approprié ; en agir de même si l'on procède par un travail en gradins droits, c'est-à-dire limiter les divers gradins à ces lignes de nerfs.

Ces diverses règles ne sont pas partout suivies comme elles devraient l'être, et il y a sous ce rapport une grande différence selon les habitudes locales.

Ainsi, par exemple, les mineurs de la Belgique et du nord de la France soignent beaucoup mieux la propreté de leurs charbons que la plupart de ceux du Centre et du Midi. On peut bien penser que cette supériorité des premiers n'est pas sans être en certain rapport avec les habitudes de la vie domestique. Quoi qu'il en soit, cette supériorité n'est pas contestable ; et l'on peut dire que, grâce à des soins plus soutenus et à plus de propreté dans la manière de travailler, on parvient à Liége, à Mons et ailleurs, à exploiter des couches qui seraient certainement jusqu'ici inexploitables dans le Centre et dans le Midi de la France.

Ces résultats, d'ailleurs, ne s'obtiennent pas sans une surveillance très-minutieuse des *chefs de poste*, qui n'ont d'autre fonction que de surveiller incessamment le travail du piquage dans un quartier de la mine.

(**377**) Le minerai convenablement trié, comme il vient d'être dit, est chargé, soit immédiatement dans les wagonnets qui doivent le conduire au puits, soit pour le transport accessoire depuis le chantier jusqu'au point où stationnent ces wagonnets.

Dans le premiers cas, le chargement se fait le plus souvent à la main pour les gros blocs, à la pelle pour les morceaux moyens et les menus, après avoir isolé les morceaux moyens des menus à l'aide d'un rateau, ou, ce qui est moins efficace et moins net, en chargeant les morceaux moyens *avec la pelle à grille*, et ensuite *avec la pelle pleine* les menus qui ont échappé à la pelle à grille.

Un homme peut charger ainsi dans la journée, en wagonnets de hauteur ordinaire, depuis 125 jusqu'à 180 et même 200 hectolitres de charbon, selon la hauteur des galeries, et surtout selon qu'il y a plus ou moins de temps perdu dans son travail. Lorsque le chargement ne peut pas se faire directement, au chantier même, dans le wagonnet, cette manipulation est liée directement au mode de transport accessoire du chantier au wagonnet, dont nous allons actuellement parler.

§ 2. — Du transport accessoire du chantier à la voie de roulage.

(**378**) Toutes les mines de quelque étendue ont aujourd'hui des voies perfectionnées de roulage, c'est-à-dire que toutes les grandes galeries principales sont munies de voies ferrées. (On verra plus loin, par des chiffres, que cet usage est absolument indispensable pour beaucoup de matières, telles que la houille par exemple : c'est-à-dire qu'avec l'étendue qu'on donne actuellement aux mines, l'abandon du transport par chemin de fer et le retour au transport sur le sol naturel des galeries, absorberaient bien souvent le bénéfice total de la mine, soit par l'augmentation directe des frais de transport par tonne, soit par la réduction que l'encombrement des voies amènerait dans la production, soit enfin par l'accroissement de prix de revient qui serait la conséquence d'une production réduite.)

Mais si cet emploi des moyens perfectionnés de transport est indiqué pour les grandes artères de la mine, il peut être inopportun, ou même impraticable, pour desservir en particulier chacun des chantiers ouverts dans un même quartier donné de cette mine.

On peut citer de suite un cas très-étendu qui rentre dans l'exception indiquée, c'est celui de l'exploitation d'un massif dans un filon par la méthode ordinaire des gradins renversés, décrite au n° 270.

Il en sera de même dans une exploitation de houille par maintenage (n° 293).

Mais même dans une exploitation où tous les chantiers sont à niveau, il peut se faire que la très-faible épaisseur de la couche, ou la mobilité du mur, ou son irrégularité, ou quelques failles produisant des dénivellations au delà desquelles il ne resterait que très-peu de chose à prendre, etc., etc., conduisent rationnellement à ne pas faire, sur tous les points du réseau entier des galeries d'une mine, les frais nécessaires pour amener la voie ferrée au front de toutes les tailles. Il faut alors prendre diverses dispositions pour le transport du front de taille à la voie de roulage.

Dans un ouvrage à gradins (gradins renversés, ou maintenage), les produits sont chargés dans des corbeilles, ou mannes, munies de deux anses, que l'on porte à la main ou sur la tête, et qu'on va verser dans la cheminée qui est le plus à portée du chantier. Cette cheminée est maintenue à peu près pleine, tant qu'elle est destinée à recevoir des produits, afin de diminuer la hauteur de la chute et le bris des morceaux. Elle est terminée par le bas par une sorte de trappe, que l'on ouvre pour remplir les wagonnets qui viennent se placer au-dessous.

On la vide une fois pour toutes, lorsqu'elle a été traversée par le gradin le plus élevé de l'ouvrage; puis elle reste vide, ou s'il y a lieu, on vient la remplir avec les remblais qui se produisent en excès sur quelque autre point.

Les cheminées doivent être disposées de manière que les matières qu'on y verse ne s'y arrêtent point en s'arc-boutant les unes contre les autres; on n'y parvient pas toujours surtout quand elles ne sont pas verticales.

Lorsque le cas se présente, il faut nécessairement les déboucher, ce qui demande des ouvriers habiles et exercés. Une disposition à prendre pour rendre ces accidents moins fréquents, consiste à donner à la cheminée, à mesure qu'on la prolonge, une section très-légèrement décroissante, et à la garnir d'un bon coulantage en planches.

(379) Quand on n'a pas seulement à monter ou à descendre un ou deux gradins pour trouver l'orifice d'une cheminée où l'on peut vider les paniers, quand on a à parcourir une distance notable sur le sol des galeries, on peut employer ou le portage à dos, ou le trainage sur le sol des galeries, ou enfin un matériel roulant sur ce même sol, soit la brouette ordinaire, soit des camions à plusieurs roues. On se servira des hommes si les distances sont courtes, des chevaux si l'étendue du quartier et l'importance de sa production en justifient l'emploi.

D'après l'observation faite au n° 39 du *Cours de machines*, aucune indication théorique ne peut faire prévoir, même approximativement, ce que produiront les hommes employés dans les conditions ci-dessus, et les connaissances qu'on peut exposer sur la matière se bornent à quelques observations d'un caractère général, et à quelques données numériques obtenues directement par l'observation des faits.

(380) Le portage à dos se fait soit par les mineurs du chantier eux-mêmes, soit, préférablement, par des jeunes gens dont le salaire est à leur compte.

La charge d'un ouvrier est comprise entre les limites extrêmes de 40 et de 70 kilog.; elle est assez habituellement de 50 à 60 kilog.

Elle varie, non-seulement avec l'âge des jeunes gens, ce qui est assez naturel, mais aussi avec les conditions matérielles dans lesquelles se fait le parcours, notamment avec la hauteur des galeries et l'état de la température et de l'aérage de la mine.

Elle est assez peu influencée par l'état du sol des galeries, pourvu que les porteurs soient éclairés avec de bonnes lampes.

Le transport se fait, pour le tout venant, dans des sacs que l'ouvrier porte sur son dos en les retenant de la main gauche, tandis que de la droite il porte une courte canne et sa lampe, pour s'appuyer et pour éclairer sa marche.

Les gros morceaux sont chargés sur le dos du porteur, par-dessus le sac qu'on replie au-dessus de la charge.

L'espace parcouru en charge dans une journée varie entre 4,000 et 6,000 mètres.

L'effet utile est donc compris entre les deux limites définies par les chiffres $40 \times 4,000 = 160,000$ et $70 \times 6,000 = 420,000$, et il est peut-être en moyenne de $50 \times 5,000 = 250,000$.

Ces trois nombres 160,000, 420,000, 250,000 ne représentent pas des *kilogrammètres*, dans le sens attaché en mécanique à ce mot ; car il s'agit, non point d'une charge mue verticalemement, mais bien d'une charge transportée horizontalement.

Le chiffre moyen de 250,000 correspond à un transport horizontal d'une tonne à 250 mètres de distance, ou de deux tonnes et demie à 100 mètres. En supposant que le porteur reçoive 2 fr. 50 de salaire par jour, cela revient à un transport de 1 franc par tonne et par 100 mètres, ou de 10 francs par tonne et par kilomètre.

On vérifie par ce dernier chiffre l'*impossibilité absolue* d'employer le transport à dos comme moyen d'amener le minerai au puits, pour peu que la distance à parcourir soit de quelques centaines de mètres. Dans une mine de houille, par exemple, le supplément de frais qui résulterait de l'application d'un tel système de transport, serait bientôt supérieur au bénéfice normal que fait le producteur sur la vente d'une tonne de houille.

Si ce moyen est plus dispendieux que tout autre, ainsi que nous allons le voir, c'est, en revanche, celui qui demande le moins de préparation dans le chemin que les hommes ont à parcourir ; il se prête en effet aux parcours les plus accidentés ; car les hommes passent partout, soit sur le sol naturel des galeries, soit sur le sol façonné en escalier, soit au moyen d'échelles aussi rapprochées qu'on le veut de la verticale. C'est selon la nature de ce parcours, et sous la condition d'ailleurs que l'espace parcouru verticalement soit toujours une fraction assez faible de l'espace parcouru horizontalement, que la longueur du transport reste comprise entre 4,000 et 6,000 mètres.

Si l'on voulait ne compter que l'espace parcouru verticalement, ce qui reviendrait à considérer l'effet produit comme se rapportant au service de l'*extraction* plutôt qu'à celui du *transport intérieur*, on verrait que l'effet utile obtenu est compris habituellement entre les nombres 50,000 et 60,000, nombres qui sont alors des *kilogrammètres* dans le sens propre du mot.

(**381**) Le transport par traînage sur le sol des galeries est plus économique que le portage à dos, parce que l'effort musculaire de l'ouvrier n'a plus à porter le poids de la charge. Le poids qu'il peut ainsi transporter n'est donc point limité *a priori* et par *lui-même*; mais il est relatif au coefficient du frottement qui se développe entre le sol et le vase employé au transport.

On pourra donc transporter des poids *quelconques*, mais qui seront variables avec l'état de la voie ; de sorte que si ce moyen de transport est supérieur à celui du portage à dos, c'est à la condition d'être employé dans des galeries ayant un profil moins accidenté, et limité quant aux pentes ou aux rampes qui peuvent être franchies.

Ainsi il faudra que le sol de la galerie soit à peu près uni, ou du moins ne présente point des inégalités brusques comme celles qu'y produiraient des blocs laissés sur le sol.

Pour des rampes, dès qu'elles atteignent 10 degrés, le traînage y devient difficile, et quand une rampe égale ou supérieure se présente sur une certaine longueur, de 20 à 50 mètres par exemple, il faut, en ce point, installer un pousseur, qui aide successivement les divers traîneurs à franchir ce passage.

Une rampe d'une vingtaine de degrés est à peu près la limite supérieure qui puisse être ainsi franchie.

Sur une pente d'une quinzaine de degrés, la benne commence à descendre seule, et l'ouvrier trouve plus commode, lorsqu'il la remonte à vide, de porter la benne sur le dos que de la traîner.

Au delà de 15°, la benne doit être retenue à la descente, au lieu d'être tirée ou poussée. Cela peut se faire de deux manières, ou bien l'ouvrier se place devant la benne, et s'incline en arrière en appuyant le dos contre elle et se laissant pousser, ou bien il se place par derrière en la retenant au moyen d'un *gouvernail* (*fig.* 261), sorte de fourche à deux branches recourbées, qui la saisit par le bord. Il laisse filer la benne devant lui, en même temps qu'en manœuvrant le gouvernail à l'aide du manche dont il est muni, il modère son mouvement et lui fait suivre tous les détours que le tracé des galeries peut comporter. On peut aller ainsi jusqu'à la pente de 25 à 30°.

On peut même dépasser ces deux limites, de 15 à 20° pour les rampes ou de 25 à 30° pour les pentes, en établissant, en ces points difficiles, une poulie fixe placée au haut de la partie en pente, avec une chaine ayant la longueur même de cette partie, et dont l'un des bouts est en haut, par conséquent, lorsque l'autre est en bas.

S'il s'agit d'une benne à descendre, on l'attache en haut, et la chaine en remontant fait fonction de frein.

S'il s'agit d'une benne à monter, on l'attache en bas, et l'ouvrier monte la rampe à vide et va s'atteler au bout supérieur du câble, de manière à agir en descendant. Puis lorsque la benne est au haut de la rampe, l'ouvrier remonte une seconde fois à vide, pour aller la reprendre et achever son voyage.

Ou bien encore on peut établir en ces points ce qu'on appelle une *rencontre*. Chacun des traîneurs attache la benne à l'extrémité correspondante de la chaine, et ils se lancent à sa suite, chacun d'eux, suivant les cas, retenant ou poussant sa benne. Arrivés en même temps aux deux extrémités de la ligne inclinée, ils détachent respectivement leurs bennes et continuent leur trajet.

Telle est la manière très-simple dont ce trainage est organisé.

Le matériel consiste soit en paniers de main, soit en petits cuveaux elliptiques fixés à demeure sur des patins ferrés, ou pouvant se placer sur un petit traîneau armé de ces mêmes patins. Un semblable cuveau aura par exemple 0^m,70 de long, 0^m,45 de large et 0^m,60 de profondeur.

Son poids pourra être d'une trentaine de kilogrammes, dont $\frac{1}{3}$ pour le bois et les $\frac{2}{3}$ pour les ferrures.

Son prix sera de 15 à 20 francs.

Une benne à chevaux tenant 250 à 300 kil. pourra peser 130 kil. et coûter 80 francs. (Voir, pour les détails, la figure 262 qui représente la benne de traînage autrefois usitée à Saint-Étienne, qui servait en même temps à l'extraction.)

La traction se fait à l'aide d'une petite chaîne en fer, dont le crochet s'attache à un anneau, ou lacet, fixé vers la base de la benne ou à l'une des traverses du traîneau ; de l'autre côté, cette chaîne se joint à un système de bretelles que l'ouvrier se croise sur la poitrine. Son effort de traction s'exerce ainsi dans une direction oblique à l'horizon, favorable au traînage quand il y a des ornières profondes, ou que l'on rencontre des obstacles sur la voie.

Quelquefois au traînage par des hommes on substitue le traînage par des chevaux.

Les bennes sont alors plus grandes, et souvent les chevaux en traînent deux de front, au moyen d'une chaîne unique, fixée d'un côté aux traits du cheval, et de l'autre se bifurquant pour s'accrocher à chacune des deux bennes.

L'effet utile à obtenir dans le traînage peut être calculé à l'aide des éléments suivants :

Pour des jeunes gens circulant dans des galeries hautes, la benne tient un hectolitre et demi ou environ 120 kil., et la distance parcourue en charge est au moins de 6 kilomètres (on a été à 8 kilomètres avec des voies bien organisées et des distances assez grandes).

Pour des enfants circulant dans des galeries basses et d'un parcours difficile, la charge est réduite à 60 kilom. et le parcours en charge à 3,500 mètres.

Enfin, on peut au lieu d'employer des hommes ou des enfants, employer des chevaux. En principe et d'une manière générale, la force motrice des chevaux est plus économique que celle des hommes. Mais ils sont plus sensibles que les hommes à l'influence de la température élevée et de l'aérage insuffisant qu'on trouve souvent dans les mines, ainsi qu'à l'état d'entretien des galeries dans lesquelles ils circulent.

Aussi observe-t-on que leur charge varie, suivant que ces circonstances sont plus ou moins favorables, de 200 à 600 et même 700 kilogrammes.

Le chemin parcouru en charge est d'environ 5,000 mètres, avec tendance à augmenter en même temps que la distance, parce qu'alors le nombre des voyages est moindre, et la somme des temps perdus à la fin de chaque course moins considérable au bout de la journée.

On peut admettre comme charge moyenne deux doubles bennes de 240 ou 480 kilogrammes.

On aura donc en résumé :

Pour des jeunes gens employés comme traîneurs dans des galeries ordinaires, un effet utile mesuré par le chiffre de $120 \times 6,000 = 720,000$.

Pour des enfants dans des galeries basses le chiffre de $60 \times 3,500 = 210,000$.

Pour des chevaux $480 \times 5,000 = 2,400,000$.

Supposant que les grands traîneurs soient payés 3 francs, les petits 2 francs, et qu'un cheval coûte, amortissement compris, 6 francs par jour avec son conducteur, on trouvera pour le prix de la tonne transportée à un kilomètre, les nombre ronds de 4 fr. 15, 9 fr. 50 et 2 fr. 50.

Ces chiffres sont tous inférieurs au prix trouvé pour le transport à dos ; ils montrent en même temps, en premier lieu, l'avantage énorme que l'on trouve à donner des hauteurs convenables aux galeries, et, en second lieu, celui qui résulte de la substitution de la force du cheval à celle de l'homme. Il est clair d'ailleurs que pour que ces avantages soient réellement obtenus, il faut *d'une part* qu'il passe, par une galerie donnée, une quantité de minerai suffisante pour payer par l'économie du transport les frais d'exhaussement de la galerie, et *d'autre part* que l'activité des transports d'un quartier donné soit assez grande pour employer toute la force du cheval.

Cette remarque est essentielle, et des remarques du même genre doivent toujours être faites en général, lorsqu'il s'agit d'apprécier la convenance d'une dépense donnée qui doit amener une économie dans la production d'un résultat industriel quelconque ; il faut toujours s'assurer si l'échelle sur laquelle ce résultat doit être produit suffira pour rembourser la dépense faite.

Dans le cas dont il s'agit, nous devons supposer les distances assez grandes, les voies en assez bon état, la température et la ventilation favorables et les quantités à transporter assez grandes. Ces conditions remplies, des chevaux pourront convenablement utiliser leurs forces, et l'on aura alors une assez grande économie à les employer. On emploiera de grands chevaux dans les galeries de hauteur ordinaire, et des petits chevaux, ou *poneys*, dont certaines races n'ont pas plus de $0^m,90$ de hauteur au garrot, dans les galeries basses.

Quand la mine communique au jour par une galerie ou une fendue convenablement inclinée, ces animaux ont leur écurie au dehors, et sortent tous les jours de la mine. Quant au contraire, ils doivent séjourner constamment dans la mine, leur écurie doit être placée près du courant d'air, au voisinage du puits d'entrée. Leur introduction peut se faire à l'aide du câble d'extraction, en opérant à peu près comme lorsqu'il s'agit d'embarquer de la cavalerie. On leur bande les yeux, on les enveloppe d'une sorte de filet, et on les fait manquer des quatre pieds à la fois pour les coucher sur un lit de paille, en passant à chaque pied un manchon en cuir muni d'un anneau, dans lequel on fait passer une corde que l'on tire brusquement par les deux bouts.

Ensuite, on attache au câble de la machine la partie supérieure du filet, le cheval est d'abord soulevé, puis il descend dans les travaux, assis sur sa croupe dans une position presque verticale. Un homme se place au-dessus avec une lampe, pour le guider dans sa descente.

Le plus souvent aujourd'hui, lorsque les compartiments d'extraction ont des dimensions suffisantes pour que le cheval puisse rester dans sa position naturelle, on le descend à l'aide d'une espèce de stalle, ou box, dont les petits côtés sont fermés par deux portes s'ouvrant au-dehors. On ouvre l'une pour faire entrer le cheval, lorsque la caisse est au jour, et on ouvre l'autre pour le faire sortir, lorsque la caisse est arrivée à la recette. Le cheval entre et sort ainsi de plain-pied, sans aucune difficulté.

On pourra souvent, au lieu de la stalle spéciale indiquée ci-dessus, employer dans les puits guidés les cages qui servent à l'extraction.

(382) Pour le transport sur le sol des galeries, on peut, au
simple traînage, substituer l'emploi de véhicules munis de roues,
soit des brouettes ordinaires menées par des hommes, soit des
espèces de camions, ou de tombereaux, tirés par des chevaux.

La brouette, dont on attribue, comme l'on sait, l'invention à Pas-
cal, est, lorsqu'elle est bien établie, un instrument très-favorable à
la bonne utilisation de la force de l'homme comme transporteur.
En effet, avec un brancard suffisamment long et avec une disposition convenablement évasée donnée à la caisse, de manière à reporter la charge le plus possible au-dessus de l'essieu de la roue
(*fig.* 265), on peut réduire, dans une très-grande mesure, l'effort que
l'homme doit faire pour soulever la brouette, ou, en d'autres termes,
faire porter par la roue, et non par les bras de l'homme, une partie
notable du poids du véhicule et la plus grande partie du poids de
la charge. L'homme n'a donc plus, pour ainsi dire, d'effort à faire
que dans le sens horizontal. Cet effort, comparé à celui du traînage,
est *extrêmement faible ;* car le travail de cet effort doit être égal,
dans tous les cas, à celui du frottement qu'éprouve le véhicule. Or,
avec la brouette, le frottement du traîneau sur le sol est remplacé
par le frottement du moyeu de la roue sur son essieu. Le travail du
frottement est donc diminué, à la fois, parce que le coefficient de
frottement est moindre, et parce que l'étendue du glissement est
réduite dans le rapport du rayon de la roue au rayon du moyeu.

Des considérations du même genre s'appliquent au camion à deux
roues, et même, s'il est à quatre roues, la charge est entièrement
portée par les essieux, et le cheval n'en supporte aucune portion.

La brouette n'est pas toujours aussi bien établie qu'elle devrait
l'être ; notamment la charge est souvent trop limitée par la mauvaise disposition de la caisse, qui ne la reporte pas suffisamment
au-dessus de la roue. Il arrive alors que les brouettes ainsi établies ne portent pas plus de 60 à 70 kilogrammes, au lieu des 90

à 100 kilogrammes qu'on peut leur donner quand elles sont bien disposées.

Assez ordinairement les hommes sont employés par relais, qu'ils parcourent dans un sens avec une brouette pleine, et dans le sens contraire en ramenant une brouette vide. Le transport a lieu soit sur le sol même, soit sur une file de planches posées sur le sol; les relais sont de 50 mètres sur niveau et de 20 mètres sur des rampes au douzième, qui sont celles qu'on établit, lorsqu'il s'agit, non-seulement de transporter dans le sens horizontal, mais encore d'élever d'une certaine hauteur, par exemple, pour sortir d'une tranchée peu profonde.

Les hommes font dans ces conditions 450 voyages dans leur journée.

En ne comptant que sur la charge minima de 60 kilogrammes, leur effet utile est de $60 \times 30 \times 450 = 810,000$, et l'espace parcouru en charge est de $30 \times 450 = 13,500$ mètres. Cet espace, qui donne un parcours total de 27 kilomètres, est évidemment trop grand; car une étape de 27 kilomètres est déjà, à elle seule, une cause de fatigue notable. Il vaut mieux augmenter la charge de la brouette et réduire la vitesse de l'homme.

Avec la brouette dont les dimensions et la forme sont indiquées figure 263, on peut porter la charge à 100 kilogrammes au moins et réduire à 10 kilomètres l'espace parcouru en charge. L'effet utile est alors mesuré par le nombre $100 \times 10,000 = 1,000,000$; soit, si l'on compte la journée à 3 francs, un prix de transport de 3 francs par tonne à un kilomètre.

Avec un camion ou tombereau à un cheval, et une voie en bon état, la charge peut s'élever de 700 à 1,000 kilogrammes, et le parcours en charge peut être de 12,000 mètres, si les distances sont assez grandes pour que le nombre des voyages ne soit pas trop multiplié; soit un effet utile de $1,000 \times 12,000 = 12,000,000$, pour une dépense de 6 francs, ou 0 fr. 50 par tonne et par kilomètre.

Ce résultat est *très-favorable* comparé à celui des brouetteurs; mais il est assez rare qu'on ait à employer ce mode de transport dans les mines, à cause des dimensions ordinaires des galeries qui s'y prêtent peu, et de la difficulté qu'on aurait le plus souvent à les entretenir dans un bon état de viabilité.

Dans les conditions où l'on serait conduit à employer le camion, on trouverait un grand avantage, comme on le verra plus loin, à employer les chemins de fer, qui donneront pour le cheval un effet utile beaucoup plus grand, et avec lesquels, la voie étant une fois établie, les dépenses d'entretien ne seront pas plus importantes.

(**383**) Si l'on fait abstraction de l'emploi du camion, les autres moyens de transport réellement applicables, dans la plupart des mines, aux petites ou aux moyennes distances à parcourir pour atteindre les grandes voies de roulage, donnent lieu à une dépense qui, pour la tonne transportée à 1 kilomètre, varie de 10 francs, prix du transport à dos, à 3 francs prix du transport à la brouette et à 2 fr. 50, prix du traînage par chevaux.

Ces chiffres sont *excessifs*, pour l'étendue qu'on donne et qu'on est naturellement conduit à donner aux mines, à mesure qu'elles deviennent plus profondes et qu'elles demandent des installations plus importantes.

Les moyens indiqués ne peuvent donc servir tout au plus que pour de faibles distances, ou pour amener, en des points déterminés des grandes voies de roulage, les produits d'un certain nombre de chantiers formant un quartier limité.

Mais au point de vue du transport dans toute l'étendue d'une grande mine, ils doivent être regardés comme *parfaitement insuffisants*, et l'on peut affirmer positivement que les chemins de fer sont, pour une telle mine, un outillage tout à fait indispensable.

Je n'aperçois aucun motif qui puisse valablement justifier leur exclusion.

§ 3. — Transport sur les voies perfectionnées de roulage.

(**384**) Ces petits chemins de fer de mines s'établissent le plus souvent dans des conditions d'une très-grande simplicité. Ce sont de simples barres de fer posées de champ dans des entailles faites à des traverses en bois, et maintenues en place par des coins.

Ces coins ont la forme convenable pour ne pas pouvoir sortir de leurs entailles, tant qu'ils y sont serrés; ces dernières sont du côté de la face interne du rail, de manière à réduire au minimum la longueur totale des traverses pour une largeur donnée de la voie (voy. *fig.* 264).

La voie de ces chemins de fer est principalement limitée par la largeur donnée aux galeries, et l'on trouve généralement un avantage sérieux, au point de vue de l'entretien, à avoir des galeries étroites. La voie habituelle varie de $0^m,80$ au maximum, à $0^m,50$ et même $0^m,45$ au minimum.

La section ou le poids par mètre courant des rails varie *essentiellement* avec le poids des véhicules employés, et aussi, *dans une certaine mesure*, avec la largeur de la voie, en ce sens que les voies les plus étroites reçoivent en général les véhicules de la moindre dimension.

On peut admettre les nombres suivants, avec cette remarque que, si l'on juge à propos de s'en écarter, ce doit être *en plus*, plutôt qu'*en moins*, la largeur des rails étant favorable à la conservation des roues, et leur poids et leur hauteur à la bonne assiette de la voie. Les rails sont supposés fixés sur des traverses distantes de $0^m,67$; le poids en devrait augmenter ou diminuer, si la distance des traverses était supérieure ou inférieure au chiffre ci-dessus.

POIDS DU CHARIOT PLEIN.	HAUTEUR DU RAIL.	LARGEUR DU RAIL.	POIDS DU RAIL. PAR MÈTRE COURANT
500	40^{mm}	10	$3^k.11$
500	50	10	3 .89
700	55	12	4 .67
900	60	15	7
1200	70	15	7 .82
1500	70	18	9 .84

D'après ces chiffres, et en tenant compte du prix des fers, dont les cours varient beaucoup, qui ont eu, par exemple, depuis deux ans une hausse considérable, au terme de laquelle ils semblent arrivés, pour subir probablement une réaction en sens contraire, on peut former approximativement les devis suivants, le premier s'appliquant à une voie sur laquelle doivent circuler des chariots de 1,200 kilogrammes, poids qui dépasse les limites ordinaires, l'autre à une voie qui doit recevoir des wagonnets du poids assez courant de 500 kilogrammes.

1° Prix du mètre courant de voie pour un chariot de 1,200 kilogrammes.

```
Rails, 16ᵏ en nombre rond, à 22 fr. p. 100 kil. . . .   3ᶠ52
Une traverse et demie, à 1ᵐ.20 l'une. . . . . . . .   1.80
Trois entailles, à 0.05 l'une. . . . . . . . . . . .   0.15
Trois coins.. . . . . . . . . . . . . . . . . . . .   0.05
Pose. . . . . . . . . . . . . . . . . . . . . . . .   0.25
Déblai et remblai pour la pose. . . . . . . . . . .   0.50
                      Total par mètre. . . . . .   6ᶠ27
```

Sur ce prix, on retrouvera, lorsqu'on enlèvera la voie après quelque temps de service, à peu près la valeur des rails, et peut-être les deux tiers de celle des traverses, soit environ 4 fr. 70; d'autre part il faudra compter les frais d'enlèvement, de sorte que l'on devra estimer à 2 fr. au plus, en nombre rond, la dépense de premier établissement, pour une voie semblable établie temporairement dans une galerie.

2° Prix du mètre courant de voie pour un chariot de 500 kilogrammes.

```
Rails 8ᵏ, à 22 fr. p. 100 kil.. . . . . . . . . . . .   1.76
Une traverse et demie, à 0.90. . . . . . . . . . .   1.35
Trois entailles, à 0.05 l'une. . . . . . . . . . . .   0.15
Trois coins.. . . . . . . . . . . . . . . . . . . .   0.05
Pose. . . . . . . . . . . . . . . . . . . . . . . .   0.20
Déblai et remblai pour la pose. . . . . . . . . . .   0.30
                      Total par mètre. . . . . .   3.81
```

Raisonnant comme dans le cas précédent, on trouvera que la dépense réelle, à la charge d'une galerie où l'on pose temporairement la voie dont il s'agit, ne dépasse pas 1 fr. 50.

(**385**) La voie obtenue avec de simples barres plates répond en général d'une manière suffisante aux besoins ordinaires de la circulation d'une mine.

Toutefois on doit signaler diverses variantes proposées ou employées, dont la principale est de se servir de rails plus forts ayant la section des rails Vignole. Ces voies sont posées assez volontiers dans les galeries principales qui doivent avoir une assez longue durée de service, ou dans lesquelles il se fait un roulage actif, particulièrement quand la traction doit se faire par des câbles à l'aide de machines fixes. Ces rails sont fixés avec des crampons, comme ceux des grandes voies.

Une seconde disposition est celle des voies formées d'une seule ligne de rails, fixés à une certaine distance du sol, au boisage des galeries. La caisse contenant le minerai est suspendue à la chape d'une poulie à gorge glissant sur ces rails.

Nous signalons cette disposition, comme ayant été employée dans certaines mines de la Loire, pour remédier à la mobilité du sol des galeries, à une époque où cette mobilité était considérée comme un obstacle insurmontable à l'établissement des chemins de fer ordinaires. Mais si la voie ainsi posée échappait à l'*action directe* de cette mobilité, elle la ressentait *indirectement*, par l'intermédiaire des boisages auxquels elle était suspendue; de plus, le défaut de stabilité et les ballottements des caisses, ainsi que le prix élevé du mètre courant de voie, ont bientôt fait abandonner cet appareil. Nous ne le citons ici que pour mémoire, comme exemple des efforts qui avaient été faits à une certaine époque, pour échapper aux difficultés, plus imaginaires que réelles, qui paraissaient devoir s'opposer, dans certaines mines, à l'usage des chemins de fer, et qui, en fait, en ont pendant fort longtemps retardé l'établissement.

On a encore proposé des voies entièrement métalliques, diversement disposées; tantôt des traverses en fer plat, sur lesquelles sont coulés des coussinets, qui servent à fixer les rails de la même manière que dans les grandes voies ordinaires; tantôt des longrines concaves convenablement entretoisées, portant une nervure longitudinale, que l'on coiffe par un rail creux ayant une section analogue au champignon d'un rail Brunel, etc.

Mais toutes ces dispositions ne se sont pas jusqu'ici beaucoup répandues ; elles pourront l'être davantage par la suite, à mesure que le prix des traverses augmentera.

On peut encore citer les chemins à ornières creuses, ou tramways, les chemins de fer formés avec des bandes de fer posées à plat sur des longrines, les chemins à rails de bois, etc.

Toutes ces dispositions, sur lesquelles s'est beaucoup exercée la sagacité des inventeurs, ne valent pas les rails en barres de fer posées de champ, ou les petits rails Vignoles. Les résistances au roulement y sont toujours plus grandes, parce qu'il est plus difficile d'y tenir la voie en bon état de propreté, et que cette difficulté n'est nulle part plus sensible que dans une mine.

Mon avis est qu'il y a lieu, quant à présent, de s'en tenir aux rails posés sur traverses en bois, en prenant de simples barres posées de champ pour les voies secondaires, et un petit modèle de rails Vignoles pour les galeries principales à grand trafic.

(**386**) Sans parler encore ni des pentes, ni des courbes, sur lesquelles nous reviendrons en parlant du matériel roulant, nous devons distinguer, comme des points singuliers demandant une disposition spéciale, les embranchements et les croisements.

Un embranchement, tel que le représente la figure 265, donne trois points A, B, C, à examiner. Nous supposons qu'il s'agisse d'une voie de la construction ordinaire, c'est-à-dire de rails saillants sur lesquels circulent des roues munies d'un rebord, ou boudin, placé à l'intérieur de la voie.

La question que l'on a à résoudre est la suivante : il faut que des wagons venant, soit de la partie X de la voie principale, soit de l'embranchement Y, puissent entrer *spontanément* sur la voie principale Z, et qu'inversement des wagons arrivant par la voie Z puissent à *volonté* suivre la voie principale dans le sens ZX, ou prendre l'embranchement dans le sens ZY.

Au point C se présente un croisement, qui doit être disposé de manière que, sur chaque rail, le boudin de la roue, placé à l'intérieur de la voie correspondante, ne soit pas gêné par la rencontre de l'autre rail. Ces rails doivent donc être échancrés, l'un et l'autre, sur une profondeur et une largeur un peu supérieures à la saillie et à l'épaisseur de ce boudin ; ce que l'on obtient en opérant, dans les deux bouts de rails à échancrer, une coupure horizontale à la hauteur du dessus des traverses, et repliant la partie supérieure comme il est indiqué sur la figure 266. Cette disposition, que l'on nomme un cœur, permet de les fixer, comme à l'ordinaire, avec un coin dans l'échancrure de l'entaille faite à la traverse. Les deux autres bouts sont taillés en biseau et soudés l'un à l'autre, ou bien coupés carrément et aboutissant à une pièce triangulaire en fonte fixée par deux boulons sur la traverse.

Aux points A et B, les rails extérieurs, c'est-à-dire en A le rail de la voie principale, et en B le rail de l'embranchement, sont continus, tandis que l'autre rail présente une aiguille qui peut tourner autour d'une de ces extrémités, *a* ou *b*, et se rapprocher ou s'éloigner du point correspondant A ou B, selon que l'on veut établir la continuité d'une ligne de rails ou de l'autre (voy. la figure 267, qui reproduit, sur une plus grande échelle et d'une manière plus détaillée, les points A, B, *a*, *b*, de la figure 265).

Quand on marche de Z vers X, l'aiguille *a*A doit être ouverte, et l'aiguille *b*B fermée ; c'est le contraire si l'on marche de Z vers Y. Enfin si l'on marche, soit de X, soit de Y, vers le tronc commun Z, il n'y a pas à toucher aux aiguilles, c'est le boudin même de la roue qui les manœuvre, si elles ne sont pas déjà placées dans la position convenable, écartant l'une et rapprochant l'autre.

Quelquefois, on supprime les aiguilles mobiles, et les parties *a*A et *b*B sont fixes, laissant seulement en A et en B l'échancrure suffisante pour le passage d'un boudin. Avec cette disposition, représentée figure 268, la marche vers le tronc commun se fait toujours sans aucune difficulté ; mais au retour, au lieu d'avoir à faire une manœuvre d'aiguilles pour ouvrir la voie que l'on veut suivre, ce qui demande du temps et de l'attention, on se borne, en arrivant à la bifurcation, à appuyer les wagonnets dans le sens convenable pour engager les boudins des roues sur la voie que l'on veut suivre.

Ainsi, par exemple, d'après le sens du tracé de la figure 268, on voit qu'on devra appuyer sur la gauche, si l'on veut rester sur la voie principale, sur la droite, si l'on veut prendre l'embranchement.

Cette manœuvre se fait sans difficulté sur les wagons isolés ; mais il peut être préférable d'établir des aiguilles, ou au moins une aiguille, quand on marche par convois. C'est alors le conducteur du cheval, en tête du convoi, qui fait la voie selon le sens dans lequel il veut marcher.

(**387**) Les systèmes décrits ci-dessus sont plus ou moins analogues à ceux des grandes lignes, bien que simplifiés dans la construction du cœur C et dans celle des aiguilles, ainsi que par la suppression éventuelle de ces aiguilles et par celle des contre-rails. Souvent on les simplifie encore, en établissant ce qu'on appelle des *plaques d'embranchement*.

Ce système convient notamment lorsque la voie principale et l'embranchement se coupent sous un angle très-prononcé, et que le tracé des galeries ne permet pas de donner à la courbe un développement suffisant, ou encore lorsqu'il s'agit d'établir un réseau de voies de roulage dans un quartier tracé par un système de piliers tournés. Il faut concevoir que chaque carrefour est un point d'où partent quatre voies, et que l'on veut pouvoir passer à volonté de chacune de ces voies sur les trois autres.

Dans une grande ligne, la solution ordinaire serait d'établir en ce point une plaque tournante. Mais cette solution n'est point acceptable pour une mine. Ces plaques tournantes seraient d'un prix trop élevé, d'une installation trop coûteuse et trop difficile ; d'ailleurs, il en faudrait un trop grand nombre.

La vraie solution est la *plaque d'embranchement*, système qui consiste à établir au carrefour dont il s'agit, sur un cadre en bois posé avec soin, soit des taques en fonte, soit une plate-forme en forts madriers, sur laquelle viennent se prolonger en mourant les lignes de rails des quatre voies qu'il s'agit de relier ensemble. L'espace du milieu reste libre pour y tourner le wagon, lorsqu'il est arrivé sur la plaque, vis-à-vis de la voie sur laquelle on veut l'engager. Des nervures saillantes venues de fonte, ou formées de bandes de fer fixées sur la plate-forme, servent à diriger les roues du wagon, de manière qu'elles ne manquent pas l'entrée sur la voie (voy. *fig.* 269).

Assez souvent une nervure circulaire, d'un diamètre un peu inférieur à la largeur de la voie (voy. *fig.* 270) existe en outre au centre de la plaque ; ce qui fait qu'on peut tourner le wagon en tous sens, sans qu'il cesse d'être à peu près au milieu de cette plaque, par conséquent dans la position d'où il peut passer facilement sur une quelconque des voies.

L'emploi des plaques est commode, soit pour ces embranchements, soit aux gares d'évitement, soit aux points où l'on veut former ou décomposer les convois. Cet emploi suppose d'ailleurs, à moins qu'il ne s'agisse d'un matériel léger et très-maniable, que les essieux sont fixes et les roues mobiles sur les essieux, contrairement à ce qui a lieu pour le matériel des grandes lignes.

On verra ci-après les motifs nombreux qui peuvent justifier cette différence considérable entre le matériel roulant des mines et celui des grands chemins de fer.

(**388**) La question du choix du matériel pour l'exploitation d'une mine est importante, et il est d'autant plus opportun de l'examiner avec détail qu'à mon avis elle doit être résolue par des considérations *différentes* de celles qui doivent guider dans l'établissement du matériel roulant des grands chemins de fer, ou, plus exactement, par des considérations *en quelque sorte opposées*.

Pour ces derniers, la pratique universelle, depuis trente ans, a été d'aller constamment en augmentant la capacité des wagons. Ainsi, pour la houille, par exemple, après avoir débuté par des wagons de 1,500 kilogrammes, on est passé successivement à 2,500, 5,000, 6,000, et enfin on va souvent aujourd'hui jusqu'à 8,000 et même 10,000 kilogrammes. C'est qu'en effet les transports se font à de grandes distances ; que l'espace ne gêne pas pour la capacité des wagons, du moins jusqu'à une certaine limite, non plus que la puissance des moyens de manœuvre dont on dispose dans les gares, et que l'augmentation de capacité des wagons diminue, pour un tonnage déterminé, le nombre des manœuvres à faire pour composer et décomposer les trains de marchandises.

Les circonstances sont tout autres dans une mine.

En premier lieu, il importe de réduire les dimensions des galeries, pour diminuer leurs frais de premier établissement et, plus encore, leurs frais d'entretien.

En outre, il faut dans les déraillements, et ils sont fréquents dans les galeries des mines, que le conducteur d'un wagon ou d'un convoi puisse, à lui seul et sans risquer d'encombrer la galerie, remettre immédiatement sur la voie le wagon déraillé.

Il faut enfin, et c'est là, selon moi, un motif capital, que le matériel roulant soit assez maniable pour que le travail du transport intérieur puisse être confié à des jeunes gens, presque à des enfants, et permettre par là de donner de bonne heure de l'ouvrage aux jeunes gens du pays. C'est là qu'ils prennent l'habitude de la mine, et que, tout en améliorant dans le présent la position de leur famille, ils se préparent à remplir plus tard les fonctions qui sont réservées aux hommes faits. Il faut des jeunes gens, presque des enfants, dans une mine, comme il faut des mousses sur un navire, et dans l'état actuel des choses, tout ce qui tend à en augmenter le nombre dans les travaux est une mesure à recommander.

(**389**) Après la question de la dimension se pose celle du type à adopter, qui est aussi d'un grand intérêt.

On peut distinguer trois types essentiellement différents :

1° Les wagons qui vont se charger au chantier, ou près du chantier, et se vident à la recette établie au bas du puits ;

2° Les chars à bennes, recevant des bennes ou caisses d'une forme quelconque, qui ont été se charger à la taille, qui de là ont été amenées par traînage jusqu'au point où le char stationne, et qui ensuite sont conduites par roulage jusqu'à la place d'accrochage, où elles sont seules élevées au jour :

3° Enfin les chariots qui après s'être chargés au chantier, ou près du chantier, sont élevés jusqu'au jour, en évitant tout transbordement.

Mon avis est, du moins en ce qui concerne la houille, que le premier système doit être regardé comme suranné. En fait, après avoir été presque exclusivement employé il y a une quarantaine d'années, il est aujourd'hui à peu près complétement abandonné. Ses inconvénients sont de briser le charbon par les transbordements nombreux qu'il subit en route, et surtout de ne pas permettre de reconnaître l'origine des charbons que renferme un cuffat arrivant au jour; par conséquent de rendre la surveillance des piqueurs impossible, et de les désintéresser, en quelque sorte, dans la question capitale de la composition et de la propreté des charbons qui sortent de leurs chantiers. Je ne vois qu'une seule circonstance pouvant justifier, à la rigueur, l'emploi des cuffats chargés à la recette du puits, c'est lorsque l'allure trop irrégulière ou la trop faible puissance des couches ne permet pas d'y installer sans de trop grands frais un bon système de roulage avec des wagons d'une suffisante capacité.

Le système des chars à bennes permet de combiner dans l'exploitation le roulage et le trainage. Si donc, dans une mine étendue, un quartier se présente dans des conditions d'allures défavorables, avec des inclinaisons variables et irrégulières ou avec une série de rejets produisant de nombreuses dénivellations dans divers sens, il peut être convenable de n'y établir qu'une ou deux galeries dans les conditions de régularité de pente que comporte une voie ferrée, et de desservir par trainage les chantiers qui aboutissent à ces galeries. On pourra alors établir dans ces galeries quelques points de stationnement pour les chars qui recevront les bennes que le trainage y amènera.

On peut ainsi diminuer le prix du matériel de transport. Mais on aura, en général, à rouler avec un poids donné de charbon, un poids mort plus considérable, et le système n'est pas favorable à l'activité des transports.

Le matériel qui va se charger près de la taille et qu'on décharge au jour, est plus dispendieux à créer et à entretenir, surtout si, profitant de la facilité qu'il offre pour cet objet, on va le décharger au jour loin du puits d'extraction. Mais si le puits est bien approprié à cet usage, si la couche est bien réglée et permet de décomposer un train de wagons vides arrivé en un point d'une galerie principale, pour en répartir facilement et rapidement les wagons entre les divers chantiers voisins, on y trouvera les avantages de la rapidité, de l'économie de la main-d'œuvre, de la suppression des transbordements, et enfin les deux *avantages capitaux* déjà signalés, celui de reconnaître l'origine des charbons arrivés au jour, et celui de pouvoir employer un nombre de jeunes gens ou d'enfants à l'intérieur de la mine.

Ce système a, il est vrai, l'inconvénient déjà indiqué d'une dépense de premier établissement plus forte, et celui d'une augmentation notable du poids mort à suspendre au bout des câbles d'extraction pour un poids donné de houille. Mais ces inconvénients ne compensent nullement les avantages indiqués plus haut, et en définitive c'est le système qui prévaut aujourd'hui *toutes les fois qu'il est applicable*, comme il l'est, par exemple, en Angleterre, dans le cas très-étendu des couches de houille de puissance moyenne très-bien réglées et placées dans une position rapprochée de l'horizontale.

Ainsi, dans les grandes mines de houille du pays de Newcastle, les mêmes wagons qui circulent dans les galeries principales en grands convois traînés par des chevaux ou par des moyens mécaniques, sont distribués entre les divers chantiers d'un quartier par des poneys qui sont conduits par des enfants.

Ces wagons sont établis de manière à avoir le moins de hauteur possible, pour circuler aisément partout et pour rendre les chargements plus faciles. Les roues n'ont quelquefois que 20 centimètres de diamètre. Le wagon vide pèse 150 à 200 kilogrammes au plus, et sa charge habituelle est généralement inférieure à 500 kilogrammes ; quelquefois elle est seulement de 500 kilogrammes. Ces poids sont tels qu'ils permettent aux rouleurs de remettre un wagon sur la voie après un déraillement. Cependant les plus lourds de ces wagons sont déjà difficiles à manœuvrer aux places d'accrochage avec toute la prestesse nécessaire, et ils exigent d'avoir pour enchaîneurs des hommes d'une vigueur exceptionnelle, avec les grosses productions qu'on demande aux puits de ce pays.

Quelquefois, on dispose les choses pour que le petit wagon puisse circuler sur le sol ordinaire des galeries, comme sur la voie ferrée. Ce système permet de desservir les chantiers qui ne sont pas actuellement munis de ces voies, sans avoir besoin d'un vase spécial pour porter la houille du front du chantier à la voie de roulage. A cet effet, les roues, au lieu du boudin ordinaire, portent un rebord ayant une largeur égale ou comparable à celle de la jante elle-même. Ces roues sont désignées sous le nom de *roulettes*, et les chariots qui en sont munis, sous celui de *bennes à roulettes*, par opposition aux *bennes de traînage*, dont elles remplissent le rôle avec l'avantage que leur assure leur plus grande mobilité. L'emploi des bennes à roulette est très-commode, et pratiqué avec succès dans diverses localités, notamment dans les mines de la Loire.

(**390**) D'après ce qui précède, nous admettrons que nos wagons de mine contiendront au minimum 500 kilogrammes et au maximum 500 kilogrammes de charge, et pèseront en charge de 450 à 700 kilogrammes, selon les dimensions des galeries, et selon l'âge auquel on jugera convenable d'employer les jeunes gens au travail du roulage.

Ces poids donnent au matériel des dimensions convenables pour circuler commodément dans des galeries à section assez réduite, dont l'emploi est, en général, avantageux sous le rapport des frais d'entretien.

Si cependant les conditions locales permettent l'établissement des galeries à assez grande section, on pourra désirer en profiter pour l'emploi d'un matériel roulant proportionné; c'est ainsi qu'on a dans quelques mines des wagons qui pèsent en charge jusqu'à 1,000 et 1,200 kilogrammes.

Mais dans ce cas même, il faut avoir l'assurance que la régularité du gîte comportera partout un roulage peu accidenté; car ainsi que nous le verrons plus en détail, une voie ayant un profil en long irrégulier, se prête mal à l'emploi d'un matériel aussi lourd. Il conviendra d'ailleurs d'employer, même au roulage de ce matériel exceptionnel, des enfants, accouplés deux par deux s'il est nécessaire, plutôt que des hommes faits.

C'est l'application de ce principe, qui me paraît devoir être fermement posé, *de réserver dans une mine, aux enfants ou aux jeunes gens, tous les travaux qui ne nécessitent pas des hommes faits.*

(**391**) Les questions de capacité et de type de construction examinées, nous avons encore divers points à considérer, notamment

quelle forme générale on donnera au matériel, si on le construira
de préférence en bois ou en métal, et enfin quel système on emploiera
pour la construction des roues et des essieux.

Sur le premier point, on peut distinguer les wagons qui ont une
section horizontale rectangulaire, comme celle des wagons des
grands chemins de fer, et ceux qui ont une section elliptique, ou
en forme de cuveau.

La première forme est celle des wagons de Newcastle dont nous
avons parlé tout à l'heure, la seconde celle des bennes à roulettes
de Saint-Étienne.

La première forme a un avantage évident, celui de présenter, avec
des dimensions données en hauteur, en longueur et en largeur, une
capacité plus considérable.

Désignant par h, l et l' ces trois dimensions, qui sont relatives à
la section et au tracé plus ou moins sinueux des galeries dans
lesquelles les véhicules doivent circuler, les volumes seront respec-
tivement $V = h l l'$ et $V' = h \pi \dfrac{l l'}{4}$, dont le rapport est $\dfrac{\pi}{4} = 0,7854$;
ainsi on perd plus de 20 pour 100 sur le volume utile, en employant
les cuveaux elliptiques au lieu des caisses rectangulaires. Celles-ci
devront donc être préférées, si l'on doit se décider par la considération des dimensions étroites des galeries. Mais si, au contraire, la
charge n'est limitée que par la considération d'employer des enfants
d'un âge donné, on peut penser, d'abord, que les bennes solidement
cerclées sont un système de construction résistant plus efficacement
aux chocs divers auxquels les caisses sont exposées, soit pendant
le transport, soit pendant le déchargement, et ensuite, qu'en cas
d'avaries les réparations sont plus faciles et moins coûteuses. Toutefois la différence ne semble pas devoir être fort importante.

(**392**) Quant au choix à faire entre le métal et le bois, la pratique
de la majorité des mines est en faveur de ce dernier système, même
en Angleterre, malgré la rareté des bois et malgré le bas prix du
fer et son emploi si usuel dans ce pays. Il est à penser qu'il en sera
ainsi plus longtemps pour le petit matériel roulant des mines que
pour celui des grandes lignes, qui supporte d'être établi d'une

manière relativement plus soignée et plus coûteuse, et pour lequel d'ailleurs les bois, à cause de leurs plus grandes dimensions, feront plus rapidement défaut. On a cependant des wagons entièrement en métal (fer, tôle et fonte), dans un certain nombre de houillères, surtout parmi celles qui dépendent ou qui sont voisines d'établissements métallurgiques, où le remploi à l'état de riblon des pièces hors de service peut se faire avec commodité.

On peut aussi indiquer quelques exemples de wagons dont la charpente est en bois et la caisse en tôle. Il est permis de penser que cette disposition n'est peut-être pas très-rationnelle ; car les parois de la caisse et plus encore son fonds sont les parties les plus exposées aux chocs et aux déformations, et celles qu'il est possible de réparer aux moindres frais et avec le plus de facilité lorsqu'elles sont en bois.

Les deux systèmes du bois et du métal donnent des wagons ayant *à peu près* le même poids mort et le même prix par unité de poids ; peut-être cependant le poids est-il un peu moindre et le prix un peu plus élevé avec le métal. D'autre part, on peut penser que dans ce dernier système les réparations sont un peu moins faciles, et demandent, pour être bien faites, des ateliers de réparation mieux outillés.

En somme, en reconnaissant d'abord que les deux systèmes comparés ne présentent pas de raisons majeures et décisives de préférence, peut-être pourrait-on dire que l'emploi du bois est plus *indiqué* dans les mines qui n'ont pas assez de développement pour comporter des ateliers accessoires largement outillés, tandis que pour les grandes mines largement outillées, le raisonnement semble indiquer et l'expérience confirmer que les deux systèmes peuvent être appliqués *à peu près indifféremment*.

(**393**) Enfin, pour ce qui regarde la construction du train formé des roues et des essieux, la question qui se présente est de savoir s'il y a lieu de *caler les roues sur les essieux mobiles*, ou au contraire, *de rendre les essieux fixes et les roues mobiles sur les essieux*.

On remarquera d'abord que le premier système est *invariablement pratiqué* dans le matériel roulant des grands chemins de fer, et que le second *ne l'est pas moins* sur les véhicules qui circulent sur les routes de terre.

Les motifs pour en agir ainsi sont, de part et d'autre, très-faciles à comprendre.

En premier lieu, des roues calées sur l'essieu mobile constituent, par leur ensemble, comme deux sections parallèles d'une même surface cylindrique droite à base circulaire, qui roulant sur deux rails supposés en ligne droite (nous parlerons plus bas des courbes) tend à rester sur la voie avec une grande stabilité. En outre, par suite de l'écartement des deux coussinets, les petites inégalités d'usure qui peuvent se produire au contact d'un essieu et de ses coussinets, dérangent fort peu l'essieu de sa position horizontale primitive, ou, ce qui est la même chose, dévient très-peu les roues correspondantes du plan vertical dans lequel elles doivent, en état normal, se mouvoir. Cette déviation est beaucoup moindre, pour une inégalité d'usure donnée, que si celle-ci se produit sur le moyeu d'une roue non calée, moyeu qui n'a nécessairement qu'une longueur assez limitée.

En second lieu, des véhicules circulant sur les voies de terre doivent à chaque instant se dévier de leur ligne droite pour éviter les rencontres, tourner les rues sur des angles plus ou moins ouverts, ou même décrire sur place des angles de 180°, lorsqu'ils ont à revenir sur leurs pas.

Dans ces mouvements, les arcs parcourus par les circonférences des deux roues doivent être inégaux ; l'un d'eux peut être nul si le véhicule pivote autour du point d'appui d'une des roues ; ils peuvent être égaux et de sens contraire si la voiture pivote autour de son centre de gravité. Ces mouvements se font facilement si les roues sont indépendantes. Ils ne peuvent, au contraire, s'exécuter avec des roues calées sur l'essieu, sans qu'il y ait un glissement de l'une ou l'autre des roues, ou des deux à la fois, dont l'amplitude totale est égale à la différence algébrique des chemins parcourus par leurs deux circonférences, en regardant comme positifs les chemins parcourus dans un certain sens, celui de la marche en avant, par exemple, et comme négatifs les chemins parcourus par un mouvement de rotation en sens inverse.

Ainsi, *avec une voiture ordinaire*, on pourra tourner sur place, en ne surmontant, outre la résistance au roulement de la jante, résistance que nous négligerons ici, que le frottement des moyeux sur les fusées des essieux, dont le travail est en rapport avec le rayon de ces moyeux ; *avec un wagon de chemin de fer*, il faudrait admettre que le *wagon se change en traîneau*, tout au moins à concurrence de la moitié de son poids si les roues sont également chargées, et que ce traîneau doit glisser d'une quantité égale à la différence des arcs parcourus, quantité qui est à l'étendue du glissement du moyeu dans le premier cas, dans le rapport du rayon de ce moyeu au rayon de la roue. En d'autres termes, une force donnée, avec laquelle on fera tourner facilement sur place une voiture à roues indépendantes, pourrait être tout à fait insuffisante pour produire le même mouvement sur un véhicule à roues calées sur leur essieu mobile.

(**394**) Il y a encore entre les deux systèmes de roues une autre différence notable, lorsque, ce qui est le cas habituel, l'effort qui pousse ou qui tire le chariot n'est pas contenu dans un plan vertical passant par le centre de gravité du wagon chargé.

Considérons, pour simplifier, un seul essieu chargé d'un poids, donnant lieu sur les deux roues à des efforts P et P'. Désignons par R le rayon de la roue, par r celui des moyeux si les roues sont mobiles et l'essieu fixe, ou celui de l'essieu si les roues sont fixes sur l'essieu mobile, par f le coefficient de frottement applicable au frottement des moyeux ou des essieux ; par T l'effort horizontal de traction, effort très-petit par rapport au poids P + P' qui charge l'essieu ; par Q et Q' les forces d'adhérence respectives qui se développent aux points de contact des roues sur la voie ; enfin par f' le coefficient de frottement s'il y a glissement en ces points de contact.

Nous supposons le système arrivé à un état définitif dans lequel le wagon se meut en ligne droite d'un mouvement de translation uniforme, les deux roues roulant sans glissement sur la voie.

On a les relations suivantes :

$$T = Q + Q' \qquad (1)$$

qui exprime l'uniformité du mouvement de translation,

$$Q < f'P, \quad Q' < f'P' \qquad (2)$$

qui exprime que les roues ne glissent pas sur les rails ; enfin la relation unique

$$(Q + Q')\,R = fr\,(P + P') \qquad (3)$$

qui exprime, en négligeant l'influence de la force T sur la pression à laquelle est due le frottement des essieux, l'équilibre de rotation du système supposé formé *des deux roues calées sur l'essieu mobile*, ou bien les deux relations distinctes,

$$\left.\begin{array}{l} QR = frP \\ Q'R = frP' \end{array}\right\} \qquad (3')$$

qui expriment que chacune des *deux roues mobiles, en particulier, est en équilibre sur son essieu fixe*.

Des deux relations (3') on déduit une dernière relation,

$$\frac{Q}{Q'} = \frac{P}{P'} \qquad (4)$$

Ainsi dans le premier cas, les deux forces Q et Q' restent indéterminées puisque leur somme seule entre dans les équations (1) et (5) et qu'elles n'ont à satisfaire qu'aux inégalités (2).

Dans le second cas, au contraire, elles sont parfaitement déterminées par les deux égalités distinctes (3') qui remplacent l'égalité unique (3).

L'égalité (4) qui s'en déduit montre que leur résultante, dans ce cas, partage l'intervalle des roues en parties inversement proportionnelles aux forces P et P', c'est-à-dire qu'elle est dans *un plan vertical passant par la résultante* P + P'. Il faut donc, pour l'équilibre, que la force T soit dans le même plan, afin que les forces extérieures T, Q, et Q', ne donnent lieu à aucun couple horizontal tendant à faire tourner le chariot autour d'un axe vertical. Si cette condition n'est pas remplie, le chariot tend à se dévier sans cesse de sa position sur la voie, et il ne peut y être maintenu que par des forces transversales convenables, développées soit par le moteur, soit au contact des roues sur la voie.

Au contraire dans le premier cas, le plan vertical de la force T peut ne pas être celui qui passe exactement par le centre de figure, ou le wagon peut être chargé d'une manière non symétrique, entre certaines limites, sans que cette tendance à la déviation se produise. Il faut comprendre que dans ce cas les deux forces Q et Q', arbitraires entre certaines limites, *s'accommodent* de manière à donner une résultante qui soit dans le même plan que la force T.

Ainsi, en résumé, un wagon pourra encore cheminer régulièrement sur une grande voie, si on le pousse d'une manière non symétrique, par exemple, par un de ses tampons, tandis que pour faire avancer ainsi une voiture ordinaire, il faudrait la pousser en agissant dans un plan passant exactement par le centre de gravité.

(395) Les motifs ci-dessus exposés justifient entièrement la pratique universelle adoptée, *d'une part* pour le matériel des grandes lignes, *de l'autre* pour les voitures ordinaires.

A laquelle de ces deux pratiques doit-on se rattacher dans les petits chemins de fer de mines?

C'est la question que nous avons à examiner.

En tant qu'il s'agit de circuler en alignement droit, le système de construction des grands wagons conserve les avantages qui lui sont propres, lorsqu'on l'applique aux petits wagons : c'est-à-dire, la position verticale des roues, et la stabilité du wagon sur la voie, mieux assurées. En revanche, si le wagon doit être manœuvré sur des plaques d'embranchement, ou bien s'il doit circuler accidentellement, comme les bennes à roulettes, sur le sol des galeries, les roues mobiles sur l'essieu fixe présentent des avantages sérieux, au point de vue de la facilité des manœuvres. Ces avantages sont prépondérants toutes les fois qu'il s'agit d'un matériel un peu lourd ; les inconvénients que le système peut d'ailleurs présenter n'ont pas l'importance qu'ils auraient sur une grande voie, consacrée à la circulation des personnes, où la vitesse est beaucoup plus grande et les wagons beaucoup plus lourds, et où, par ces diverses raisons, les suites d'un déraillement sont infiniment plus graves.

En fait, il existe des mines exploitées avec beaucoup d'intelligence, telles que les mines de Newcastle, où le matériel roulant a le plus souvent ses roues fixes sur l'essieu ; dans d'autres districts, notamment dans ceux où l'on emploie les bennes à roulettes, les roues sont au contraire mobiles sur l'essieu fixe. A mon avis, c'est le plus souvent à ce système qu'il faut donner la préférence, en France, où les couches sont moins réglées et les mines beaucoup moins étendues qu'elles ne le sont dans beaucoup de districts anglais. Je pense que le système de construction qui prévaut à Newcastle s'explique par l'emploi des moyens mécaniques de transport, qui donne beaucoup plus de gravité à un déraillement accidentel.

(**396**) Il y a d'ailleurs une considération dont nous n'avons pas encore parlé, *celle des courbes*, qui peut tendre, comme nous allons le voir, à faire prévaloir le second système.

Nous avons, dans ce qui précède, supposé les voies en alignements droits. La présence des parties en courbe influe à la fois et sur la voie et sur le matériel. Sous ce rapport encore, il y a une différence essentielle entre les courbes à grand rayon suivant lesquelles sont tracées les grandes lignes, et les courbes parfois à très-petit rayon, souvent même les véritables coudes brusques, que présente une voie de roulage établie à l'intérieur des mines.

Pour apprécier ces différences, il faut se rendre compte de ce qui se présente, lorsque le matériel roulant entre sur une partie en courbe située entre deux alignements droits.

En premier lieu, l'espace parcouru sur le rail situé du côté de la convexité de la courbe est plus grand que sur le rail intérieur ; par conséquent, si les roues sont solidaires, il y a un glissement forcé dont l'étendue est la différence des longueurs parcourues sur les deux rails. Si l'on désigne par α l'angle au centre de la courbe, ou l'angle des deux alignements droits successifs, par R le rayon moyen de la courbe, et par $2l$ la largeur de la voie, la longueur de l'arc extérieur est $(R + l)\,\alpha$, celle de l'arc intérieur $(R - l)\,\alpha$ et l'étendue du glissement est $2l\alpha$, c'est-à-dire qu'il croît, pour un angle donné, avec la largeur de la voie.

Le rapport de ce glissement à l'espace moyen parcouru $R\alpha$ est égal à $\dfrac{2l\alpha}{R\alpha} = \dfrac{2l}{R}$.

Cette quantité, multipliée par le rapport $\dfrac{f'}{f}$ des coefficients de frottement à la jante et à l'essieu, est la mesure de l'accroissement du travail du frottement qui se produit pendant le parcours en ligne courbe. Il augmente proportionnellement à la largeur de la voie et en raison inverse du rayon de courbure. Cet accroissement de résistance et l'usure qui en résulte à la jante des roues et sur les rails n'ont point lieu avec les roues mobiles sur l'essieu fixe. Chacune des roues roule, *pour son compte*, sur la ligne de rails qui lui correspond, la roue extérieure tournant un peu plus vite que la roue intérieure ; mais leur vitesse moyenne est la même que si elles parcouraient toutes deux la ligne d'axe de la courbe.

En second lieu, si l'un des essieux est bien placé, c'est-à-dire normal à la voie, l'autre est nécessairement oblique, et en même temps si la première paire de roues est correctement placée sur la voie, c'est-à-dire tangente à la courbe, l'autre tend à dérailler à l'extérieur, le boudin de la roue extérieure à entamer le rail, et la jante de la roue intérieure à tomber à l'intérieur de la voie. Ces divers résultats se reconnaissent à la simple inspection d'une figure.

En troisième lieu, ce déplacement successif de l'essieu, pour rester normal à la voie, peut avoir pour cause, ou pour effet, le frottement de la surface latérale du boudin de la roue extérieure sur la surface interne du rail.

Quatrièmement enfin, l'action de la force centrifuge se joint à celle de l'inertie, pour produire, ou pour tendre à produire, l'effet signalé en dernier lieu, du frottement des boudins des roues sur les rails extérieurs.

(**397**) Voici les dispositions diverses qui ont été proposées, ou qui peuvent être employées, pour remédier aux diverses circonstances ci-dessus détaillées.

Pour ce qui est de l'inégalité des chemins parcourus en courbe sur le rail intérieur et sur le rail extérieur, on vient de voir que

cette inégalité est d'autant moindre que la voie est moins large ;
ainsi les *voies étroites* sont indiquées pour les chemins de mine, non-
seulement parce qu'elles permettent de réduire la section des galeries
de roulage, mais encore parce qu'elles diminuent la résistance dans
les courbes d'un rayon donné. Toutefois, la largeur de la voie est limitée inférieurement par la condition de ne pas avoir un wagon trop
étroit, ce qui obligerait à en exagérer les autres dimensions, et par la
condition d'obtenir une stabilité suffisante dans le sens transversal.

En fait, ainsi que nous l'avons dit, on ne descend pas au-dessous
d'une largeur de 0$^\mathrm{m}$.45.

Si l'on veut, non pas seulement atténuer, mais faire disparaître
le glissement à la jante dû à l'inégalité des chemins parcourus par
les deux roues, le remède le plus naturel, celui qui est d'autant
plus indiqué que le rayon de courbure est plus prononcé, consiste
précisément dans le système dont il a été parlé plus haut, celui des
roues folles sur l'essieu fixe.

On a encore employé le système des roues *mi-fixes*, consistant à
caler l'une des roues sur l'essieu mobile, tandis que l'autre a un
moyeu ajusté glissant à frottement doux sur une fusée de ce même
essieu. En alignement droit, le système se comporte comme si les
deux roues étaient calées ; mais en courbe, dès qu'il deviendrait
nécessaire que l'une des roues glissât sur la voie, la roue à moyeu
prend sur la fusée le petit mouvement relatif nécessaire, et le frottement à la jante est remplacé par le frottement du moyeu, qui
donne un travail moindre, parce que, comme on l'a déjà dit, le
coefficient de frottement et surtout l'espace parcouru sont beaucoup
moindres.

Cette disposition a été employée pour des lignes secondaires à
tracé très-accidenté en plan, plutôt que pour des chemins de mine
proprement dits.

Un troisième moyen consiste à employer autant d'essieux que de
roues, c'est-à-dire que chaque essieu porte une seule roue calée,
et qu'une paire de roues correspond à deux essieux mobiles placés
parallèlement l'un à côté de l'autre, et portant deux roues, l'un à
son extrémité de droite, l'autre à son extrémité de gauche. Ce système résout parfaitement la question ; mais il est un peu compliqué,

augmente le poids mort et accroît le travail et la dépense du graissage. Il a été cependant quelquefois employé, notamment à Saint-Étienne dans la construction de quelques chars à bennes.

Enfin un quatrième moyen, qui a, en même temps, pour effet de permettre aux quatre roues de se placer chacune tangentiellement à la voie, consiste à placer chaque roue, comme une poulie, dans une chape mobile autour d'un axe vertical. Il existe ainsi quatre axes, implantés deux à deux dans chacun des deux longerons du wagon.

C'est un système qui n'est nullement à recommander. Outre qu'il place la caisse du wagon à une hauteur trop grande pour une roue d'un rayon donné, il me semble trop complexe et trop difficile à entretenir en bon état. Il résiste mal aux chocs nombreux auxquels les roues sont exposées en service.

(**398**) Pour le second des inconvénients signalés au n° 396, la position nécessairement irrégulière d'une des paires de roues sur la voie, on peut avoir, si les deux essieux sont parallèles, soit le système des roues à chapes indiqué ci-dessus, soit une disposition qui permette aux essieux de prendre un certain degré de convergence en entrant en courbe, de telle sorte que le point de concours de leurs axes prolongés puisse être le centre de la courbe parcourue.

A cet effet, sans se jeter dans la complication du système Arnoux qui serait ici inapplicable, la caisse du wagon peut être simplement posée sur les essieux et maintenue par deux pivots qui s'introduisent dans des trous pratiqués au fond de cette caisse où ils peuvent tourner librement. Dans ce système ce n'est plus chaque roue en particulier, mais *chaque paire de roues* qui se meut autour d'un axe vertical pour permettre à l'essieu de se placer normalement à la courbe. Il est entendu que les roues sont folles, et que le corps de l'essieu fixe est méplat pour porter le fond de la caisse, relativement à laquelle il ne prend qu'un léger mouvement angulaire autour de son pivot.

Cette disposition est assez satisfaisante, bien que ce mode de relier le train des roues à la caisse laisse peut-être à désirer sous le rapport de la solidité. Elle est *analogue* à la disposition qu'on emploie dans le matériel américain, quand on veut faire circuler de très-longs wagons sur des courbes assez roides.

Elle est la seule qui résolve *géométriquement* la question de placer *régulièrement* sur une voie en courbe les deux essieux d'un wagon. Tout moyen dans lequel le parallélisme des essieux est conservé ne peut être qu'un palliatif, puisque nécessairement deux essieux parallèles ne peuvent être, *dans une courbe*, dirigés tous les deux selon le *rayon de courbure*, ainsi qu'ils devraient l'être. Il est clair d'ailleurs que l'irrégularité de position sera d'autant moindre que la courbure sera moins prononcée, ou le rayon de courbure plus grand, et que les deux essieux du wagon seront plus rapprochés.

Mais le rayon de courbure est limité par la condition de suivre le tracé des galeries, qui ne permet pas les grandes courbes usitées sur les grandes lignes des chemins de fer. On a souvent, dans les mines, l'obligation de tourner à angle droit, par exemple, pour passer d'un travers bancs dans une galerie en direction, et il faut que ce coude se fasse sans entailler trop profondément l'angle saillant du côté de la concavité de la courbe. C'est cette condition qui donne la limite inférieure du rayon de courbure qu'on emploie dans les chemins de mine.

Le calcul est le suivant :

Supposons (fig. 271) que AC et CX soient les axes des deux voies à angle droit que doit parcourir le wagon, et AC'X' la paroi des deux galeries avant l'entaillement. Les deux voies se raccorderont suivant un arc de cercle ayant son centre en un point O à déterminer, et l'angle des galeries devra être entaillé selon un profil circulaire ayant ce même point pour centre.

Cet entaillement est, sur la figure, égal à la quantité C'D.

Désignons par R le rayon AO cherché, L la quantité AA', demi-largeur de la galerie, *e* l'entaillement C'D.

On a évidemment

$$C'D = C'O - OD = AO\,(\sqrt{2} - 1). \; . \; . \; e = (R - L)\,(\sqrt{2} - 1)$$
$$e = 0.41\,(R - L),$$

relation d'où l'on déduira, pour une largeur de voie déterminée, l'entaillement correspondant à un rayon donné, ou, inversement, le rayon à prendre pour n'avoir qu'un entaillement donné. Ces deux quantités croissent en même temps. En pratique c'est la condition de ne pas dépasser pour e une certaine limite qui force à diminuer le rayon R. Sans cela on aurait à établir au point d'embranchement une sorte de carrefour trop étendu.

Si l'on pose, par exemple, $e = 1^m$, $L = 0,80$ (ce qui suppose une galerie de $1^m,60$), on trouvera $R = \dfrac{1}{0,41} + 0,80 = 3^m,23$.

On descend, en effet, jusqu'à cette limite et même au-dessous; cette quantité est extrêmement petite, comparée aux rayons adoptés dans les grandes lignes.

Quant à la distance entre les deux essieux, elle a une limite inférieure qui est le diamètre même des roues, et dans ce cas extrême les roues seraient tangentes l'une à l'autre. On se rapproche de cette limite, autant que le permet la condition de donner une stabilité suffisante au wagon dans le sens de la longueur. Ce rapprochement des essieux a d'ailleurs une autre utilité, qui est de permettre au rouleur de replacer facilement sur la voie un wagon déraillé. L'opération se fait en soulevant le wagon par le bout, et la facilité de la manœuvre est évidemment d'autant plus grande, pour un poids donné, que le wagon est plus long et que les essieux sont plus rapprochés du centre de gravité.

Avec des rayons de courbure aussi grands, et des essieux aussi rapprochés que possible, il faut encore s'assurer que le train formé par les deux essieux et les quatre roues peut, en tenant compte d'ailleurs du rayon des roues et de la hauteur de leurs boudins, *s'inscrire régulièrement à l'intérieur de l'espace existant entre les faces internes des deux rails*. Il faut faire, pour cela, un tracé graphique à une grande échelle, en plan et en élévation.

On reconnaît facilement que pour remplir la condition énoncée certaines dispositions de détail doivent être prises.

Ainsi il faudra :

1° Donner à la voie en courbe un petit excès de largeur, ou à la paire de roues un jeu longitudinal assez prononcé sur la voie (au moins 25 à 30 millimètres);

2° Avoir des jantes assez larges (50 à 60 millimètres au moins);

3° Donner au rebord, ou boudin, une hauteur assez faible, simplement suffisante pour s'assurer contre les écarts de direction de la roue (25 à 27 millimètres au plus).

Ces diverses dispositions ont pour objet et pour effet d'empêcher les roues extérieures de dérailler en dehors et les roues intérieures en dedans de la voie, et les rebords des roues extérieures d'entamer le rail correspondant.

Aux artifices ci-dessus, on en ajoute un quatrième, qui consiste à donner à la jante une certaine conicité, dont l'objet est à la fois d'augmenter la stabilité du wagon sur la voie en alignement droit malgré le jeu longitudinal des roues, et de favoriser le parcours dans les courbes. Il est facile de comprendre comment ces deux résultats sont obtenus par la conicité des roues, lorsqu'elles sont calées sur leurs essieux.

Si l'on suppose, en effet, *dans un alignement droit*, que le wagon cesse d'être exactement dans l'axe de la voie, et soit reporté, par exemple, trop à droite, le rayon de la roue de droite se trouve augmenté et celui de la roue de gauche diminué. Un espace angulaire donné décrit par l'essieu sur lequel les deux roues sont calées fait décrire à la première roue un arc plus grand qu'à la seconde, et immédiatement le wagon prend un mouvement qui tend à le reporter vers la gauche, ou à lui faire reprendre sa position normale sur la voie.

En courbe, l'inertie amène le wagon vers le rail situé du côté convexe, et un effet analogue se produit, qui tend sans cesse à ramener le wagon du côté de la concavité. Connaissant la conicité des jantes, mesurée par la tangente de l'angle α des génératrices du cône avec son axe, le rayon R de la roue au milieu de la jante et la largeur $2l$ de la voie, on peut trouver facilement l'écart latéral x qui est propre à faire parcourir une courbe de rayon ρ. En effet, le rayon R deviendra, du côté de la convexité $R + x\,\tang\,\alpha$, et de l'autre côté $R - x\,\tang\,\alpha$, la différence de ces rayons sera donc $2x\,\tang\,\alpha$, et la condition d'avoir ainsi un cône dont le sommet soit au centre de courbure, donnera évidemment la relation $\dfrac{2x\,\tang\,\alpha}{2l} = \dfrac{R}{\rho}$, d'où l'on tire $x = \dfrac{lR}{\rho \, \text{tang} \, x}$, c'est-à-dire que l'écart x croîtra avec la largeur de la voie et le rayon de la roue, et variera en sens contraire du rayon de courbure et de la conicité.

Le système de la conicité des roues a conduit à une autre combinaison, connue sous le nom de système Laignel, du nom de l'inventeur, qui consiste dans les courbes, à faire rouler la roue intérieure comme à l'ordinaire sur sa jante et la roue extérieure sur son rebord.

Appelant comme tout à l'heure, ρ le rayon de la courbe que décrit l'axe de la voie, $2l$ la largeur de la voie, R le rayon de la roue à la jante, et désignant par h la hauteur du rebord, on exprimera encore que la surface conique qui passe par le rebord de la roue extérieure et par la jante de la roue intérieure, a son sommet au centre de la courbe, en posant la relation

$$\frac{R + h}{R} = \frac{\rho + l}{\rho - l},$$

d'où l'on déduit

$$\frac{h}{R} = \frac{2l}{\rho - l},$$

c'est-à-dire que le rebord de la roue doit être à son rayon dans le rapport de la largeur de la voie au rayon de courbure du rail intérieur.

On voit que ce système conduira souvent, pour des courbes très-roides, à des hauteurs de rebord inacceptables. Il a d'ailleurs l'inconvénient de ne convenir que pour un rayon de courbure donné. Aussi ce système ne s'est-il pas étendu, comme aurait pu le faire penser l'accueil qu'il avait reçu à son origine.

(399) Enfin, à toutes les dispositions ci-dessus on peut ajouter un artifice qui consiste, dans les courbes, à ne pas mettre les deux lignes de rails dans un même plan horizontal.

Ce moyen peut être en relation avec le mode employé pour faire mouvoir les wagons ; on comprend, à ce point de vue, qu'un effort *de traction* exercé à l'entrée d'une courbe très-roide tende à faire dérailler vers la concavité de la courbe, tandis qu'un effort qui *pousse* le wagon tendra à le faire dérailler du côté opposé, et qu'il y ait un certain avantage à surélever un peu le rail du côté où la tendance au déraillement se manifeste.

On surélèverait donc le *rail intérieur*, dans les parties où circulent des convois de wagons traînés par un cheval, et le *rail extérieur* là où les wagons sont conduits individuellement par des pousseurs.

Mais il y a une raison d'un autre ordre qui conduit à surélever de préférence le rail extérieur, particulièrement lorsque les wagons sont mus avec une assez grande vitesse sur des courbes à petit rayon. L'objet principal qu'on doit alors se proposer est de vaincre l'action de la force centrifuge, qui tend à faire dérailler le wagon à l'extérieur. A cet effet, on donne au rail extérieur une certaine surélévation, qui place le wagon, en quelque sorte, à chaque instant, sur un plan incliné transversalement à la voie, perpendiculaire à la résultante de la pesanteur et de la force centrifuge auxquelles est soumise toute sa masse.

Désignant par P le poids total du wagon, par V sa vitesse et appelant toujours $2l$ la largeur de la voie, et ρ le rayon moyen de courbure, la surélévation h du rail extérieur, sera donnée par la relation :

$$\frac{h}{2l} = \frac{\dfrac{P\,V^2}{g\,\rho}}{P},$$

de laquelle on déduit :

$$h = \frac{V^2}{2g} \times \frac{4l}{\rho},$$

c'est-à-dire que la surélévation h est la hauteur génératrice de la vitesse V, réduite dans le rapport de deux fois la largeur de la voie au rayon de courbure.

Si par exemple $V = 1$ mètre, auquel cas la hauteur génératrice est à peu près $0^m,05$, si $2l = 0^m,70$ et $\rho = 2^m,50$, on en tire $h = 0^m,028$, soit environ 3 centimètres.

Cette théorie est appliquée dans tous les grands chemins de fer, et l'on sait très-bien que, dans les courbes, l'inclinaison transversale des wagons est très-sensible pour les voyageurs. Le terme en V^2 est beaucoup plus fort que pour un chemin de mine; mais par contre le facteur $\dfrac{4l}{\rho}$ est beaucoup plus petit, et c'est encore le plus souvent par quelques centimètres que se mesure la hauteur h.

(**400**) Telles sont les diverses considérations théoriques que l'on doit avoir en vue, en tant qu'il s'agit du *tracé en plan*, ou des *courbes*, lorsqu'on projette, pour une mine donnée, un système de voie ferrée et de matériel roulant.

Nous devons actuellement considérer le *profil en long* du projet, c'est-à-dire nous occuper *des pentes et des rampes*.

On sait que la résistance au roulement sur un chemin de fer de niveau, n'est en général que de *quelques millièmes* du poids transporté. Il en résulte qu'une variation de *quelques millièmes* dans le taux de la pente, peut produire une très-grande différence dans la résistance à vaincre.

Une rampe à peine sensible à l'œil peut suffire pour doubler, tripler et au delà cette résistance.

Une pente également faible peut diminuer beaucoup, ou détruire entièrement cette résistance, ou même faire que les wagons tendent à descendre seuls, et qu'il faille modérer leur vitesse *en les retenant*, et non l'entretenir *en les poussant*.

Les inclinaisons à créer, pour fonctionner dans des conditions données, ont donc besoin d'être établies avec une précision d'autant plus grande que la résistance sur niveau est plus faible, c'est-à-dire que la voie et le matériel sont mieux établis.

Cet effort est d'ailleurs facile à évaluer.

En supposant que les résistances développées à la jante de la roue n'absorbent pas de travail, ce qui est d'autant plus rapproché de la vérité que la vitesse est moindre et que la pose de la voie est meilleure, on aura, pour un wagon se mouvant d'une vitesse uniforme, à établir en général l'équilibre entre la force de traction, la gravité et le frottement aux essieux.

Désignant donc par P la charge utile d'un wagon,

Par $P' + P''$ le *poids mort*, ou le poids total du wagon vide, composé du poids P' de la caisse, ou, plus généralement, des pièces qui ne participent qu'au mouvement de translation, et du poids P'' des roues, ou de l'ensemble des pièces qui participent à leur mouvement de rotation;

Par f le coefficient de frottement de glissement relatif à la nature, au degré de poli et au graissage des surfaces en contact, soit celles des moyeux mobiles sur les essieux fixes, soit celle des essieux mobiles sur les coussinets;

Par r le rayon de la pièce mobile (moyeu ou essieu) qui frotte contre une pièce invariablement liée au wagon (fusée ou coussinet); enfin par R le rayon des roues.

La résistance sur niveau sera donnée par la relation connue:

$$\varphi = \frac{f}{\sqrt{1 + f^2}} \frac{r}{R} (P + P'),$$

formule dans laquelle la petitesse du coefficient f permet, comme l'on sait, de remplacer $\dfrac{f}{\sqrt{1 + f^2}}$ par f, avec une erreur relative sensiblement égale à $\dfrac{f^2}{2}$.

On écrira donc, pour simplifier l'écriture,

$$\varphi = \frac{fr}{R} (P + P'),$$

avec une approximation bien suffisante pour les calculs dont nous nous occupons ici.

Sur une partie de la voie définie par l'inclinaison i, l'action de la gravité aura pour expression générale

$$\varphi' = (P + P' + P'') \sin i,$$

et elle s'exercera toujours dans le sens de la pente. Elle s'ajoutera donc à la force φ ou s'en retranchera, selon que l'on considérera le wagon remonté sur une rampe, ou descendu le long d'une pente.

Cette force φ elle-même doit être regardée comme ne changeant pas de valeur, en passant d'une voie sur niveau à une voie inclinée, parce que cette force étant très-petite et les pentes ou rampes que l'on a à considérer étant très-faibles, la pression qui détermine le frottement n'est sensiblement altérée ni par la force φ, ni par la force φ' produite par l'inclinaison de la voie. On aura donc sensiblement pour une rampe, la force totale de traction

$$F = \varphi + \varphi' = \frac{fr}{R}(P + P') + (P + P' + P'')\sin i \qquad (1)$$

et pour une pente

$$F' = \varphi - \varphi' = \frac{fr}{R}(P + P') - (P + P' + P'')\sin i \qquad (2)$$

Ces mêmes formules, s'appliqueront d'ailleurs aux *wagons pleins* ou aux *wagons vides*, selon que l'on donnera une certaine valeur à P ou que l'on fera $P = 0$.

Ces formules, qui contiennent implicitement la solution des diverses questions que l'on peut se proposer sur les pentes de chemin de fer, donnent lieu à diverses observations.

On voit d'abord que, toutes choses égales d'ailleurs, les forces F et F' diminueront avec le produit $f\frac{r}{R}$, c'est-à-dire qu'il faut diminuer chacun des deux facteurs de ce produit, le coefficient f, ou l'intensité du frottement, par des surfaces bien polies et par un bon graissage, et le facteur $\frac{r}{R}$ en faisant le rayon de la roue *aussi grand* et le rayon du moyeu ou de la fusée de l'essieu *aussi petit* que le permettront les forces en jeu, un choix convenable de matières, et les diverses convenances de poids, de dimensions, etc., auxquelles il faut d'ailleurs satisfaire.

C'est la vérification, pour le cas particulier, de l'observation générale faite aux n°ˢ 29 et 30 du cours des machines.

En fait, le rayon R est limité fort étroitement par la condition de ne pas donner trop de hauteur au wagon, ce qui diminuerait sa stabilité et rendrait les chargements pénibles, ou forcerait à des galeries trop hautes, et le rayon r ne l'est pas moins, en sens inverse, par la condition d'en assurer la solidité.

D'autre part, les wagons de mines sont en général médiocrement graissés et les frottements sont augmentés tantôt par la poussière, tantôt par la boue qui rejaillit sur les essieux placés très-près du sol.

On peut donc considérer le produit $f\dfrac{r}{R}$ comme étant notablement *plus grand* pour le petit matériel des mines qu'il ne l'est dans les grands chemins de fer.

On peut prendre pour f la valeur 0,1.

On peut prendre pour la quantité $\dfrac{r}{R}$ une valeur à peu près égale, ou peut-être *un peu plus forte* pour les roues fort petites, de $0^m,20$ à $0^m,25$, et *un peu moindre* et égale à $\frac{1}{12}$ pour les roues de $0^m,50$ de diamètre, les plus grandes qu'on emploie dans l'intérieur des mines.

On admettra donc en résumé, que le coefficient $f\dfrac{r}{R}$ est égal, en moyenne, à 0,01, chiffre notablement supérieur, comme on vient de le dire, à celui qui conviendrait pour le matériel roulant d'une grande ligne.

Dans chaque cas particulier, on connaîtra P, P′ et P″. Mais on peut admettre, en général, et en nombre rond, que l'on aura à peu près $P' + P'' = 0,40\,P$, et entre P′ et P″ un rapport un peu variable, selon que les essieux sont fixes ou mobiles.

En supposant $P' = 2,5\,P''$, on en tirera en nombres ronds.

$$P' = 0.29\,P$$
$$P'' = 0.11\,P$$

(**401**) A l'aide des formules et des valeurs numériques ci-dessus, on peut résoudre diverses questions qui intéressent très-directement la pratique.

Ainsi, par exemple, on pourra déterminer la résistance sur niveau en faisant $\sin i = 0$, ce qui donnera,

Pour le wagon plein :

$$F = \frac{fr}{R}(P + P')$$

$$\frac{F}{P} = \frac{fr}{R}\left(1 + \frac{P''}{P}\right) = 0.01 \times (1 + 0.29)$$

$$= 0.0129$$

et pour le wagon vide :

$$F' = \frac{fr}{R}P''$$

$$\frac{F'}{P} = \frac{fr}{R} \times \frac{P''}{P} = 0.01 \times 0.29$$

$$= 0.0029$$

Soit, pour le wagon plein, une résistance environ quatre fois plus forte que pour le wagon vide.

Ainsi encore, on déterminera ce qu'on peut appeler la *pente normale* d'un chemin de fer de mine, sur lequel les wagons ne voyagent en charge que dans un seul sens, des tailles vers le puits, et reviennent à vide.

La bonne utilisation de la force des hommes ou des chevaux employés à ce roulage, demande que la résistance soit la même dans les deux sens, pour descendre les wagons pleins comme pour remonter les wagons vides. Cette pente normale est donc aussi *la pente d'égale résistance*.

La résistance du wagon plein à la descente est donnée par la formule (2) du numéro précédent.

La résistance du wagon vide à la rencontre est donnée par la formule (1) dans laquelle on fait P = 0.

On doit donc poser :

$$\frac{fr}{R}P' + (P' + P'')\sin i = \frac{fr}{R}(P + P') - (P + P' + P'')\sin i$$

d'où l'on tire

$$\sin i = \frac{fr}{R}\frac{P}{P + 2(P' + P'')},$$

ou, en divisant les deux termes de la fraction par P, et remplaçant
par les valeurs numériques,

$$\sin i = 0.01 \times \frac{1}{1 + 0.80} = 0.0055.$$

Ainsi la pente d'égale résistance est d'environ 5 à 6 millimètres
par mètre. Cette résistance apportée à la charge utile transportée
est alors :

$$\frac{F'}{P} = R \left(1 + \frac{P'}{P} - \left(1 + \frac{P' + P''}{P} \right) \sin i \right.$$

$$= \frac{fr}{R} \left[1 + \frac{P'}{P} - \left(1 + \frac{P' + P''}{P} \right) \frac{1}{1 + 2\frac{P' + P''}{P}} \right]$$

$$= 0.01 \left(1 + 0.29 - \frac{1 + 0.40}{1 + 0.80} \right)$$

$$= 0.01 \times \left(1.29 - \frac{1.40}{1.80} \right)$$

$$= 0.01 (1.29 - 0.78) = 0.0051$$

On peut encore chercher *la pente d'équilibre*, c'est-à-dire celle sur
laquelle les wagons pleins sont sur le point de descendre seuls.

Il suffit, pour cela, d'égaler à zéro la valeur générale

$$F' = \frac{fr}{R} (P + P') - (P + P' + P'') \sin i.$$

On en tire :

$$\sin i = \frac{fr}{R} \frac{P + P'}{P + P' + P''},$$

valeur évidemment supérieure à la précédente, puisque dans le second terme, le second facteur a son numérateur plus grand et son
dénominateur plus petit.

On en tire :

$$\sin i = 0.01 \times \frac{1 + \dfrac{P'}{P}}{1 + \dfrac{P' + P''}{P}} = 0.01 \times \frac{1.29}{1.40} = 0.0092$$

Dans ce cas, la résistance des wagons vides à la remonte est

$$F = \frac{fr}{R} P' + (P' + P'') \sin i,$$

et le rapport de cette résistance à la charge utile que les wagons portent à la descente est donné par la formule

$$\frac{F}{P} = \frac{fr}{R}\frac{P'}{P} + \frac{P' + P''}{P}\frac{fr}{R}\frac{1 + \dfrac{P''}{P}}{1 + \dfrac{P' + P''}{P}}$$

$$= \frac{fr}{R}\left(\frac{P'}{P} + \frac{P' + P''}{P} \times \frac{1 + \dfrac{P''}{P}}{1 + \dfrac{P' + P''}{P}} \right)$$

$$= 0.01 \times \left(0.29 + 0.40 \times \frac{1.29}{1.40} \right)$$

$$= 0.01 \times (0.29 + 0.37) = 0.0066.$$

On voit que la résistance à la remonte, qui est dans le cas de *la pente d'égale résistance* représentée par le nombre 0,0051, l'est par le nombre 0,0066 dans le cas de *la pente d'équilibre*.

C'est une augmentation de 0,0015, ou de 30 p. 100 environ.

Cependant la seconde combinaison (l'emploi de la pente d'équilibre) peut, dans certains cas, être au moins aussi avantageuse que celle de la pente d'égale résistance, sinon avec des chevaux, du moins avec des rouleurs, lorsque les trajets sont assez longs et que les conditions du tracé et de l'établissement de la voie, permettent de se lancer sans danger à grande vitesse pour opérer la descente.

Les rouleurs se bornent alors à pousser leur wagon au départ, puis ils montent derrière leur wagon une fois qu'il est lancé, et achèvent leur parcours en *très-peu de temps* et presque sans fatigue.

Si l'on néglige ce temps et cette fatigue, on voit que *théoriquement*, ils pourront faire, *en remonte seulement*, autant de chemin qu'ils en feraient, tant en remonte qu'en descente, avec la pente d'égale résistance. Si l'on veut qu'ils exercent le même effort dans les deux cas, afin qu'à la fin de la journée la fatigue soit la même, ils devront remonter des wagons moins lourds dans le rapport des nombres ci-dessus indiqués (0,0051 et 0,0066); mais ils les remonteront à une distance double. Leur effet utile sera donc augmenté dans le rapport de 66 à 102, ou d'environ 50 p. 100.

Telle est *la limite* de l'amélioration qu'on peut obtenir, dans les circonstances indiquées de *longs parcours* et de *voies en très-bon état*, par la substitution de la pente d'équilibre à la pente d'égale résistance.

Cette limite, qui suppose d'ailleurs, pour l'application, un réseau simple et un service organisé de manière à prévenir des collisions, laisse une assez grande marge, pour tenir compte du temps perdu et de la fatigue à la descente, ainsi que du petit excès de pente qu'il faudra donner pour que cette descente ait lieu franchement et rapidement.

. **(402)** Nous avons supposé, dans ce qui précède, que les wagons descendus en charge vers le puits, remontaient à vide vers les chantiers.

Il peut n'en être pas ainsi, sans même parler de la remonte des bois ou autres matériaux, qui ne correspondent en général qu'à un très-faible tonnage relativement au poids du minerai descendu, et qu'on peut ordinairement négliger.

Le cas se présentera, si l'on emploie une exploitation par remblais, et que ces remblais soient apportés par les wagons revenant directement au chantier par le même chemin qu'ils auront suivi en charge.

On comprend que si le poids des remblais était égal à celui du minerai, la voie devrait *théoriquement* être tracée de niveau, et qu'en général, pour *un rapport donné* entre le poids du minerai et le poids des remblais, un calcul analogue aux précédents donnerait la pente d'égale résistance.

Mais il arrive souvent que les wagons qui amènent les remblais ne sont pas les mêmes, et ne suivent pas le même chemin que ceux qui enlèvent le minerai. Ils peuvent aussi être les mêmes, et suivre un chemin diffèrent.

Dans l'un comme dans l'autre cas, la combinaison la plus favorable est celle dans laquelle les deux trajets se font sur des pentes. Nous avons déjà cité (n° 557) l'exemple des mines de la Grand'-

Combe, où, dans les principales exploitations, les mêmes wagons exécutent une sorte de parcours circulaire, dans lequel ils partent des chantiers avec du charbon, en descendant vers le puits, sont élevés au jour, vont se vider aux magasins et ensuite se charger de remblais à la carrière, rentrent dans la mine par un autre point, et enfin reviennent en descendant à ces mêmes chantiers.

Dans une semblable organisation, les voies n'étant jamais parcourues que dans un sens, doivent, autant que la disposition des lieux le permet, avoir *une pente dans ce sens, presque égale* à la pente d'équilibre si le transport se fait par des chevaux, *largement égale* à cette même pente si le transport se fait par des hommes.

Dans ce dernier cas, les rouleurs peuvent transporter à la fois des charges, soit de minerai, soit de charbon, qui sont *théoriquement indéterminées*, et qui, en fait, ne sont limitées que par la condition de pouvoir les lancer sur la pente, ou les enrayer au besoin sans trop de difficulté. Ce transport effectué, les rouleurs remontent *entièrement à vide* pour prendre une nouvelle charge.

On voit par ce qui précède, que pour tirer le meilleur parti de l'emploi des chemins de fer dans les mines, le profil en long de la voie doit en être réglé avec beaucoup de précision sous le rapport des pentes, le matériel roulant en être étudié avec soin, et la voie et le matériel roulant être constamment en bon état d'entretien ; la moindre négligence, sous chacun de ces points de vue, exerce une influence relative d'autant plus grande que la résistance normale est une moindre fraction du poids utile transporté.

Il arrive ainsi qu'on obtient parfois des résultats assez variables, dans des conditions qui sont en apparence presque identiques. Il suffit, par exemple, d'un service du graissage mal organisé, ou d'une valeur défavorable du rapport $\frac{r}{R}$, pour doubler peut-être le terme $f\frac{r}{R}$, et *réduire à moitié* le poids qu'un moteur donné pourra traîner sur niveau.

(**403**) Voici quelques exemples des résultats qui peuvent être pratiquement obtenus :

1° Pour de grandes distances (500 mètres et plus), avec une bonne pente sur laquelle les rouleurs descendent à grande vitesse portés par les chariots pleins, et ne travaillent qu'à la remonte des wagons vides, la charge transportée peut être de 500 kilogrammes et l'espace total parcouru à la remonte 16,000 mètres. Le résultat utile obtenu est représenté par le nombre $500 \times 16,000 = 8,000,000$. Soit 8 tonnes à 1 kilomètre.

2° Pour une pente se rapprochant de la pente d'égale résistance et avec des distances assez ordinaires de 200 à 500 mètres, les chiffres correspondants pourront être, pour la charge transportée 500 kilogrammes, pour l'espace parcouru au total 16,000 mètres, en charge 8,000 mètres, soit un résultat utile proportionnel au nombre $500 \times 8,000 = 4,000,000$, ou de 4 tonnes à 1 kilomètre.

3° Pour des enfants ou de très-jeunes gens parcourant des galeries *très-basses*, dans les conditions de quelques mines du département du Nord et de la Belgique, la charge pourra descendre à 240 kilogrammes, l'espace parcouru en charge à 6 kilomètres, et le résultat obtenu sera seulement de $240 \times 6,000 = 1,440,000$ ou de $1^t,44$ à 1 kilomètre.

4° Pour des chevaux parcourant de très-grandes distances (1,000 mètres et plus), sur des petits chemins de fer en très-bon état d'entretien, dans des galeries à haute section et bien ventilées, la charge utile du convoi peut aller à 8,000 kilogrammes et l'espace parcouru en charge à 12,000 mètres; ce qui donne par journée de cheval $8,000 \times 12,000 = 96,000,000$, soit 96 tonnes transportées à 1 kilomètre.

5° Pour des distances moindres, avec des chemins à un état moyen d'entretien, dans des mines où *la température est élevée* et *la ventilation plus ou moins imparfaite*, la charge pourra être réduite à 5,000 kilogrammes et au-dessous, et l'espace parcouru à 10 kilomètres; ce qui réduirait le chiffre ci-dessus à $5,000 \times 10,000 = 50,000,000$, ou 50 tonnes transportées à 1 kilomètre de distance.

Ce résultat doit être considéré encore comme très-favorable, et on ne l'obtient pas toujours dans les circonstances indiquées.

Il suppose les chevaux employés exclusivement à transporter des convois tout formés, et non à faire le travail de la distribution du matériel et de la composition de ces convois. Dans ce dernier cas, en effet, sans pouvoir augmenter beaucoup la distance parcourue, quelquefois même en la réduisant un peu, à cause du plus grand nombre de voyages et des temps perdus qui en résultent, on verra le produit journalier se réduire dans le rapport de la charge que le cheval transportera avec un ou deux wagons venant d'un chantier, à la charge d'un train complet qu'il pourrait transporter. Son effet utile au lieu d'être de 50 tonnes pourra descendre à 50 tonnes, 20 tonnes et même au-dessous.

On doit d'ailleurs noter que des mines *très-chaudes et très-imparfaitement ventilées*, qui réduisent, toutes choses égales d'ailleurs, le produit journalier d'un moteur animé quelconque, agissent d'une manière *beaucoup plus sensible* sur les chevaux que sur les hommes.

6° Pour les poneys, exclusivement employés dans les mines de Newcastle à faire la répartition des wagons aux chantiers d'un quartier donné, et à reprendre ces wagons pour former les convois dans la grande voie de roulage la plus voisine, les trajets sont courts et les wagons roulés individuellement.

La charge est donc en moyenne d'à peu près 400 kilogrammes (voir n° 589), et le trajet en charge de 9 kilomètres seulement, bien que ces petits chevaux soient très-vifs et très-alertes. Le résultat utile est représenté par le nombre $400 \times 9{,}000 = 5{,}600{,}000$, correspondant à un transport de $5^t{,}6$ seulement à 1 kilomètre.

Si l'on suppose, comme on l'a fait précédemment, que le prix de la journée soit de 3 francs pour les hommes et de 2 francs pour les enfants, et si l'on admet 6 francs pour la journée d'un grand cheval et 4 fr. 50 pour celle d'un poney, frais de conducteur compris, les six exemples ci-dessus considérés donneront pour le prix d'une tonne transportée à un kilomètre :

Le premier.	0f.375
Le second.	0.750
Le troisième.	1.750
Le quatrième.	0.0625
Le cinquième.	0.12 et au-dessus.
Le sixième.	1.25

Ces nombres varient, comme on voit, entre d'assez larges limites ; mais ils sont tous, même les plus élevés, extrêmement inférieurs au transport par portage à dos ou par traînage sur le sol des galeries.

L'emploi des chemins de fer dans les mines se trouve ainsi parfaitement justifié, comme nous l'avons dit par avance, et d'autant plus que la mine est plus étendue ; il est, en même temps, le moyen qui permet de donner aux travaux souterrains ces grands développements qui diminuent la somme des travaux de premier établissement pour un périmètre donné à exploiter, augmentent la production individuelle des puits, et par là tendent, en général, à réduire le prix de revient, du moins tant que cette production *n'est pas excessive* et n'entraîne pas des encombrements et des pertes de temps nuisibles au travail des hommes.

(**404**) On remarquera que les chemins de fer, pour donner les effets favorables que nous venons d'indiquer, doivent essentiellement être tracés *de niveau*, je veux dire avec les *pentes très-faibles* dont nous avons calculé les valeurs aux n°s 398 et 399. Or il n'est pas possible, avec ces voies de niveau, à moins d'accepter des développements excessifs, d'atteindre tous les chantiers d'une couche qui ne serait pas *presque exactement horizontale*.

Par conséquent, si la couche est plus ou moins inclinée, il faut bien se résoudre à l'emploi de galeries ayant des pentes sensibles, pour relier les différentes galeries d'allongement à la voie de fond. On parvient à réduire les pentes des voies montantes qui relient ces voies de niveau, en les poussant en diagonales ou *en demi-pentes* ou *demi-coursières*. Théoriquement, quelle que soit l'inclinaison de la couche, quelle que soit la différence de niveau à racheter, on peut donner à ces voies diagonales une inclinaison aussi petite que l'on veut. Seulement, il arrive que les piliers sont coupés sous des angles trop aigus, et que le parcours des parties élevées voisines du puits d'extraction se trouve démesurément allongé.

En pratique, on peut, avec un matériel léger, admettre des pentes qui vont jusqu'à 20 pour 100, à la condition d'embarrer les roues, ou de transformer, en quelque sorte, le wagon en traîneau, pour une portion plus ou moins considérable de son poids, selon le nombre des roues qu'on empêche de tourner.

Dans ces conditions, le transport est plus pénible que sur niveau, et 20 mètres parcourus sur ces demi-pentes, sont comptés ordinairement au rouleur comme 50 mètres sur niveau.

Avec des pentes plus fortes, on remplace les voies diagonales par des plans automoteurs diversement disposés. Ces plans, dans lesquels, ainsi qu'on le verra, l'action de la gravité est mise en jeu pour *remonter* les wagons vides, aussi bien que pour descendre les wagons pleins, doivent être considérés comme le *complément naturel* des chemins de fer sur niveau, servant à étendre le champ d'exploitation *en amont-pendage* comme les chemins de fer servent à l'étendre *en direction*.

Enfin, il peut arriver, bien que ce soit contraire aux principes d'un bon aménagement, tels qu'on les pose habituellement, qu'on ait aussi à se développer en *aval-pendage* de la recette intérieure, soit lorsque la couche est presque plate, soit lorsque quelque accident rejette un quartier en profondeur, ou encore lorsqu'un crochon se fait à une petite distance verticale en dessous du niveau de la recette, etc., etc.

Dans ce cas, le transport en remonte doit se faire par des chevaux ou par des hommes. Mais comme la résistance sur niveau est très-faible (ainsi qu'on l'a vu au n° 599), une rampe de quelque importance l'augmente dans un rapport considérable (par exemple une rampe de 0,0129 suffit pour la doubler d'après le n° 599).

Les moteurs ordinaires deviennent bientôt impuissants. On a recours encore dans ce cas à des plans inclinés. Seulement, au lieu d'être *automoteurs* ou actionnés par la gravité, ils reçoivent l'action d'un moteur fixe quelconque. Ils prennent alors le nom de *vallées*.

(**405**) Nous reviendrons dans le chapitre suivant sur les diverses dispositions qu'on peut employer, pour franchir des différences de niveau importantes par des pentes ou par des rampes demandant des artifices spéciaux.

Pour le moment, supposant qu'il ne s'agisse que de transports sur niveau, nous dirons qu'aux moyens précédemment indiqués du portage à dos, du transport sur le sol des galeries et du roulage sur chemin de fer, on peut ajouter le transport par bateaux sur des voies navigables.

Ce moyen n'est pas nouveau ; il a été indiqué dès le siècle dernier par l'ingénieur Bradley, et appliqué par lui pour la première fois, près de Manchester, dans les mines de Worsley appartenant au duc de Bridgewater.

La richesse minérale de Héron de Villefosse donne un exemple d'une application semblable dans une mine de la basse Silésie dite la *Fuchs-Grube*. On l'a employé également dans la haute Silésie aux mines de Zabrze, pendant quelque temps dans les mines de Clausthal, dans celles de Vialas, etc.

A ne considérer ce moyen de transport qu'au point de vue de l'effet du moteur, il peut être considéré comme plus avantageux que celui des chemins de fer, en ce sens que le poids qui peut être transporté est en quelque sorte indéfini, et que la résistance au transport peut-être *aussi réduite que l'on voudra* à mesure qu'on diminue la vitesse.

Mais ce n'est là qu'un côté de la question, et dès que les frais de transport sont déjà *très-faibles* sur un chemin de fer bien organisé, un autre moyen de transport pourra bien réaliser sur les chemins de fer une économie *relative* plus ou moins considérable ; mais elle sera nécessairement peu importante en *valeur absolue*.

En fait, on aura fort rarement à employer la navigation dans l'exploitation d'une mine. Les distances ne sont pas habituellement assez considérables pour que l'économie par tonne soit importante, et ne soit pas presque toujours compensée, et au delà, par les inconvénients du chargement et du déchargement, par les frais d'établissement et d'entretien de la galerie navigable, par les difficultés d'en assurer l'imperméabilité lorsque les travaux d'exploitation descendent en contre-bas, par la nécessité où l'on pourra se trouver souvent de reprendre les minerais sortis par la galerie, pour les porter sur le point où un puits les aurait directement amenés au jour, etc.

Il faut donc, en général, quelque motif spécial pour justifier une semblable installation. C'est ainsi, par exemple, qu'aux mines de

Worsley citées ci-dessus, l'application se motivait par l'importance des quantités de charbon à extraire, et par la position de la galerie qui les mettait au jour en relation avec un canal extérieur servant à les exporter au loin, et dont la galerie n'était en quelque sorte que la continuation.

A Worsley, ce système, successivement développé, a conduit à établir trois niveaux navigables, d'ensemble 64 kilomètres, dont l'intermédiaire seul débouche au jour, et les deux autres sont mis en relation avec lui par des puits dans lesquels circulent les bennes qui sont chargées sur les bateaux.

Au niveau moyen, la galerie de navigation est en même temps une galerie d'écoulement, dans laquelle on détermine à volonté un certain courant, en ouvrant successivement, devant un convoi de bateaux qui va sortir, une série de vannes qu'on referme derrière lui.

C'est encore ainsi qu'à Clausthal la galerie navigable, qui ne débouchait pas au jour, servait à amener au bas d'un puits d'extraction unique, bien placé par rapport aux ateliers de préparation mécanique, les produits de divers quartiers, qui, s'ils étaient sortis par leurs puits respectifs, auraient donné lieu, indépendamment de l'augmentation des frais d'extraction, à des transports au jour, difficiles et coûteux.

Sauf quelques cas très-spéciaux, on trouvera très-rarement à établir utilement le système dont il s'agit. On reconnaît toutefois que l'effet utile des hommes peut y être très-considérable. Pour en donner un aperçu, il suffira de consigner ici l'exemple des mines de Zabrze, cité par M. Ponson, où un haleur parcourant en charge 1,900 mètres, conduit deux bateaux tenant ensemble 74 hectolitres, ou 6,660 kil. et fait deux voyages par jour.

Soit un résultat de $6,660 \times 2 \times 1,900 = 25,300,000$, ou d'environ 25 tonnes à 1 kilomètre ; ce qui fait revenir à 0 fr. 12 c. le transport de la tonne à 1 kilomètre.

Ce chiffre est précisément celui qu'on a trouvé pour le cinquième exemple indiqué au n° 401. Mais il est certain qu'on pourrait obtenir mieux, soit en augmentant la charge qui est, en quelque sorte, arbitraire, soit en augmentant l'espace parcouru indiqué plus haut, ce qui semble possible. Je crois qu'on pourrait arriver ainsi à doubler peut-être le résultat donné plus haut.

Mais en supposant même qu'on y fût parvenu, on n'aurait encore gagné que 0 fr. 06 c. *par tonne et par kilomètre*, avantage minime pour les longueurs de transport que l'on rencontre dans une mine, et qui d'ailleurs serait, et bien au delà, compensé, comme on l'a déjà dit, par la moindre fausse manœuvre, ou par la moindre manutention supplémentaire, à laquelle pourrait donner lieu l'emploi simultané de la navigation dans les voies principales et du roulage dans les voies secondaires.

(**406**) Au moyen des données numériques ci-dessus indiquées, on peut arriver à se faire, *a priori*, une idée approximative des frais de transport, dans une mine où l'on connait le système employé et les espaces parcourus.

Supposons, par exemple, qu'il s'agisse d'une mine à niveau, dans laquelle les wagons arrivent jusqu'aux tailles, où ils sont distribués par des rouleurs qui parcourent une distance moyenne de 200 mèt., jusqu'à une grande voie où ces wagons sont assemblés en convois et menés jusqu'au puits d'extraction par des chevaux sur une distance de 1,000 mètres.

Nous supposerons qu'un chargeur aux tailles payé 5 francs par jour charge 120 hectolitres ou près de 10 tonnes par jour, soit par tonne. . . . . 0 fr. 30 c.

Avec une pente d'égale résistance parfaitement réglée et une voie en très-bon état, nous aurions à appliquer le chiffre du deuxième exemple du n° 403, soit 0 fr. 75 c. par tonne et par kilomètre, au transport fait par les rouleurs. Soit, pour une distance de 300 mètres, 0 fr. 225 c. par tonne. Nous pensons que ce chiffre doit être augmenté, pour tenir compte de ce que les voies qui suivent l'avancement des chantiers ne sont pas toujours, sur leurs derniers mètres, dans des conditions parfaites sous le rapport des pentes ou de l'état d'entretien.

A reporter. . .   .   .   0 fr. 30 c.

Report. . . . 0 fr. 30 c.

Nous admettrons le chiffre de 0 fr. 25 c., ci. . . . . 0 fr. 25 c.

Pour le transport par chevaux, nous admettrons le cinquième exemple du numéro précité, soit 0 fr. 12 c. par centime et par kilomètre, ci. . . . . 0 fr. 12 c.

Total. . . . . 0 fr. 67 c.

Ce prix de 0 fr. 67 c. ne comprend ni l'entretien et le graissage du matériel roulant, ni l'entretien des voies, qui peuvent représenter *une somme très-variable* par tonne et par kilomètre, *pour le matériel roulant* selon la solidité de la construction et le mode de graissage, *pour les voies* selon la nature de la roche du mur.

On pourrait peut-être admettre comme résultats moyens :

Pour la dépense du graissage par tonne et par kilomètre. . . . . 0 fr. 04 c.

Pour celle de l'entretien du matériel. . . . . 0 fr. 15 c.

Enfin pour celle de l'entretien de la voie. . . . . . . 0 fr. 20 c.

Au total par tonne et kilomètre. . . . . 0 fr. 39 c.

Soit pour la distance de 1,300 mètres adoptée dans l'exemple ci-dessus une somme de 0 fr. 58 c. à ajouter au chiffre de 0 fr. 67 c. ci-dessus calculé.

Il en résulte un total de 1 fr. 25 c. pour les frais faits, depuis l'instant où le minerai abattu au chantier et convenablement trié ou défriché, est *prêt à charger*, jusqu'à l'instant où les chariots arrivés au puits *sont prêts à placer* par les enchaineurs dans les cages d'extraction.

On trouvera d'autres chiffres pour d'autres conditions locales; mais je crois que pour celles qui ont été supposées, le chiffre obtenu ci-dessus suppose une très-bonne installation, et est plutôt faible que fort.

(**407**) Nous terminons ces indications générales sur les transports par chemins de fer à niveau, en citant quelques exemples du matériel employé dans ces transports.

Nous mentionnerons d'abord les véhicules appelés à circuler dans les galeries très-étroites ou très-basses, dits *chiens de mines*, depuis longtemps usités dans les mines métalliques de l'Allemagne, et les wagonnets usités dans les mines du nord de la France et de la Belgique, à l'époque où l'on faisait l'extraction à l'aide de grandes bennes, ou cuffats, qui se vidaient à la recette.

La charge de ces petits chariots est habituellement comprise entre 150 et 240 kilogrammes. Pour les vider on les fait basculer en les soulevant par derrière (Voir les figures 272 et 273).

Je rangerai dans une seconde catégorie les wagons d'une capacité moyenne, savoir les wagons en bois de Newcastle, les wagons ou berlines en tôle de Liége, d'Anzin et de Blanzy, les bennes d'extraction de la Grand'-Combe et les bennes à roulettes de la Loire, enfin le wagon Cabany, qui est une berline en tôle modifiée principalement en vue d'abaisser le centre de gravité de la charge, pour donner plus de stabilité au wagon et pour en faciliter le chargement.

Ce dernier wagon se distingue des autres, qui ont leur charge tout entière au-dessus du sommet des roues ou au moins au-dessus de leurs centres, en ce que son essieu est coudé vers le bas, de manière que la charge peut raser le sol d'aussi près qu'on le juge convenable.

L'essieu peut être d'ailleurs tantôt d'une seule pièce, tantôt avec des fusées rapportées, que l'on renouvelle, quand elles sont hors de service, sans avoir à changer le corps de l'essieu (voir la légende des planches, fig. 280).

La capacité de ces divers véhicules de la deuxième catégorie est comprise entre 260 kilogrammes, 400 et même 600 kilogrammes.

Ils sont représentés par les figures 274 à 280.

Enfin dans une troisième catégorie, je range les chariots de grande dimension, tels que les grands chars à bennes de la Loire (fig. 281) qui tiennent 600 kilogrammes, les bateaux employés dans la navigation des mines de Worsley, qui tiennent 6 bennes de 300 kilogrammes ou 1,800 kilogrammes, les grandes bennes à caisse en tôle de Blanzy tenant 12 hectolitres ou environ une tonne de charbon (fig. 282) et les wagons rectangulaires en tôle de la Grand'-Combe d'une capacité à peu près égale (fig. 284). Ces derniers ne sont plus employés que dans les mines à couches puissantes, où l'on peut établir et entretenir sans trop de frais des galeries à grande section. Dans les autres mines, et quand on exploite par puits, on les remplace par les bennes indiquées figure **278**.

Les figures 285 à 288 présentent sur les coussinets des essieux mobiles et sur les fusées et les moyeux des roues mobiles, ainsi que sur les procédés de graissage, quelques détails qui se comprennent à l'inspection des figures, et pour lesquels d'ailleurs, comme pour la série des figures 272 à 284, nous renvoyons à la légende des planches.

(**408**) Nous ajoutons à titre de renseignement, pour la plupart des wagons que nous venons de considérer, l'indication précise de la charge, celle du poids du wagon et pour quelques-uns d'entre eux celle du prix d'établissement.

Ces divers renseignements sont consignés dans le tableau ci-après :

DÉSIGNATION DU CHARIOT.	CHARGE.	POIDS DU CHARIOT.	PRIX.
Wagonnets de Mons, vides à la raille (fig. 273).	240^k	92^k	50^f
Wagons de Newcastle, très-solidement établis (fig. 274)..	400	190	125
Berline de Liége en tôle et fer (fig. 275)..	600	210	140
Berline d'Anzin à roues en fer (fig. 276)..	?	190	102
Berline de Blanzy (fig. 277).	600	230	?
Bennes de la G. Combe (fig. 278).	310	140	77
Wagon Cabany (fig. 280).	500	180	?
Char à quatre bennes (fig. 281).	600	345	166
Grande benne de Blanzy (fig. 282).	1000	350	?
Grands wagons de la G. Combe (fig. 283)..	1000	400	240

Si l'on prend la somme des deux premières colonnes du tableau ci-dessus, on trouve, pour une charge totale utile de 5,650 kilogrammes, un poids mort total de 2,327 kilogrammes, soit, sensiblement et en nombre rond, le rapport de 40 p. 100 indiqué plus haut, entre le poids mort et le poids utile (ce rapport est du reste, un peu plus fort pour les wagons où le bois domine, que pour ceux qui sont presque entièrement en métal).

D'un autre côté, si l'on prend le poids des wagons dont le prix est indiqué, on trouve un prix moyen d'environ 0 fr. 54 par kilogramme pour les wagons où le bois joue un rôle important, et de 0 fr. 60 pour ceux qui sont construits principalement en métal.

Ainsi, connaissant le tonnage à transporter dans une mine, sachant, d'une part, quel est le type et la capacité des wagons, et se fixant, d'autre part, sur le nombre moyen de voyages qu'ils pourront faire dans une journée, on pourra se faire une idée de l'importance, en quantité et en prix, du matériel qui pourra être nécessaire.

Il faudra faire ces caluls *très-largement*, et ne pas craindre d'avoir un certain matériel *en excès;* car il est bien important que ce matériel ne *fasse jamais défaut* aux chantiers, et l'on doit concevoir que les manœuvres de chargement, de roulage intérieur, d'extraction, de roulage et de déchargement au jour, etc., ne marchent pas d'une manière tellement concordante qu'il n'y ait souvent beaucoup de temps perdu par le matériel roulant, dans un trajet complet comprenant l'aller et le retour.

CHAPITRE XV

APPLICATION DES MOYENS MÉCANIQUES AU TRANSPORT DANS L'INTÉRIEUR DES MINES

(**409**) Nous avons vu dans le chapitre précédent les divers modes de transport, auxquels on applique, dans l'intérieur des mines, la force des hommes et des chevaux. Il a été reconnu que dès qu'on était en présence de distances horizontales notables, l'emploi des chemins de fer présentait des avantages extrêmement considérables sur celui des divers moyens de transport, tels que le portage à dos, le brouettage ou le traînage, dans lesquels la circulation a lieu sur le sol naturel des galeries.

Il a été reconnu également qu'à mesure qu'on employait un moyen de transport donnant un effet utile plus grand, la condition d'emploi de ce moyen était que la voie parcourue fût elle-même plus perfectionnée, soit sous le rapport de son état d'entretien, soit sous le rapport de son tracé, tant en projection horizontale que dans son profil en long; de telle sorte que si, avec le portage à dos, on peut passer par les plus mauvaises galeries et franchir les coudes les plus brusques et les rampes ou les pentes ayant les inclinaisons les plus diverses, il faut, au contraire, pour les chemins de fer, où la résistance à la traction n'est en état normal qu'une très-faible fraction de la charge, tenir la voie en très-bon état, adoucir les courbes et ne jamais s'éloigner notablement, suivant les cas, soit de la pente d'équilibre, soit de la pente d'égale résistance, dont nous avons donné les valeurs numériques au n° 401, sous peine de réduire beaucoup l'effet utile des hommes ou des chevaux.

Les chemins de fer de mines ont donc, sous le rapport des pentes et de l'état d'entretien du matériel et de la voie, les mêmes sujétions, pour ainsi dire, que les grandes lignes, bien qu'ils en diffèrent essentiellement en plan, ou sous le rapport des courbes.

Or, si l'on considère en projection verticale, le réseau des galeries d'une mine, on reconnaît qu'en général, les différentes galeries de ce réseau ne sont pas au même niveau.

Cela est évident, si le gîte n'est pas horizontal, ce qui est le cas habituel. Mais il peut encore en être ainsi, même si le gîte est stratifié horizontalement, lorsqu'en même temps il est découpé par des joints de failles en parties portés à des niveaux différents, ou encore si étant horizontal ou à peu près, quand on le considère en grand, il présente en réalité des ondulations dans divers sens.

Il peut encore arriver que diverses convenances conduisent à exploiter par un accrochage donné des quartiers situés en contre-bas de cet accrochage, etc., etc.

Sans insister plus longtemps sur ce sujet, on doit concevoir que, pour plusieurs motifs, les diverses parties du réseau des chemins de fer d'une mine, ne soient pas toutes au même niveau, et qu'il y ait, même dans les mines aménagées le plus rationnellement, des différences de niveau plus ou moins importantes à franchir, soit par des pentes, soit par des rampes, pour arriver aux voies principales qui sont de niveau avec la place d'accrochage du puits.

Pour les rampes, on remarquera que l'effort sur niveau n'étant que des 129 dix-millièmes de la charge (n° 401), une rampe de 0,0129 double la résistance ; une rampe encore assez faible de 0,129 la rend onze fois plus grande, et ainsi de suite.

Pour les pentes, au delà de la pente d'équilibre qui est de 0,0092, il faut agir, ou bien en retenant le wagon, ou bien en enrayant un certain nombre de roues. Si on les enraye toutes les quatre, de manière à faire du wagon entier une sorte de traîneau, l'expérience montre qu'il ne commence à glisser que sous la pente de 16 p. 100 environ. Mais alors, pour remonter le wagon vide, on a, sans tenir compte des frottements, à élever le poids $P' + P''$ du wagon vide, ce qui donne un effort égal à $0,16 (P' + P'') = 0,16 \times 0,4P = 0,064P$, ou 64 kilogrammes par tonne utile, soit au moins cinq fois la résistance sur niveau, ou plus de douze fois la résistance sur la pente normale d'égale résistance.

On voit donc que les agents qui font les transports sur la pente normale, deviennent bientôt *insuffisants* à la rencontre de ces rampes ou pentes, sauf dans le cas où elles sont assez courtes, les déclivités assez modérées et le matériel assez léger.

Quand ces conditions ne sont pas remplies, il faut cesser d'employer les agents ordinaires, et avoir recours à diverses combinaisons mécaniques, comme on le fait d'ailleurs dans les grands chemins de fer, toutes les fois qu'on veut racheter une grande différence de niveau entre deux points de sujétion, autrement que par un développement suffisant du tracé entre ces deux points.

Nous parlerons successivement des pentes, dans lesquelles le moteur que l'on fait intervenir est la gravité, et des rampes dans lesquelles la gravité est au contraire la résistance principale qui doit être vaincue par un autre moteur quelconque, et enfin nous examinerons dans un troisième paragraphe comment cet autre moteur, établi pour remorquer sur des rampes, peut également agir sur niveau.

Le premier cas correspond à l'emploi des *plans inclinés automoteurs ;* le deuxième à l'emploi des *plans inclinés avec machines fixes* ou des *vallées ;* le troisième enfin, au *remorquage sur niveau avec machines fixes.*

§ 1. — Des plans inclinés automoteurs.

(**410**) Les plans inclinés, qui, dans leur emploi normal, servent à étendre *suivant l'inclinaison* le champ d'exploitation en amont pendage de la recette, comme les chemins de fer sur niveau servent à l'étendre *dans le sens de la direction*, présentent un grand nombre de dispositions différentes, dont il convient de faire connaître les principes et les détails les plus importants.

1° *Détails relatifs aux voies*. — On a assez habituellement deux voies entièrement distinctes sur toute la longueur du plan incliné.

C'est le wagon plein qui remonte le wagon vide, et chaque voie reçoit
ainsi alternativement le wagon plein qui descend et le wagon vide
qui remonte.

On peut avoir encore les avantages d'une voie double, tout en
restreignant sensiblement la largeur de la galerie, en établissant
trois rails au haut du plan, quatre rails à la rencontre des wagons
et deux rails seulement en contre-bas de cette rencontre, comme
l'indique la figure 289. En a et b sont deux aiguilles, qui sont manœuvrées par le wagon descendant, après le passage en ce point
du wagon montant, et qui font ainsi la voie pour le wagon montant
de la manœuvre suivante.

Enfin, on peut n'avoir qu'une voie unique sur toute la longueur
du plan automoteur qui est dit alors à simple effet; le wagon plein
en descendant remonte un contre-poids, qui, à son tour, en redes-
cendant, remonte un wagon vide.

Dans cette disposition, la galerie du plan incliné peut n'avoir
partout que la largeur nécessaire pour une voie, et c'est peut-
être là son principal avantage; le contre-poids se meut alors, soit
sur un chariot ordinaire dans une galerie parallèle, soit sur un
chariot très-bas à petite voie, établi de manière à pouvoir passer
sous le wagon, à la rencontre, soit enfin verticalement, dans un
faux puits dont on règle la profondeur d'après la grandeur du
contre-poids, de manière que le travail correspondant à une excursion de ce contre-poids ait la valeur moyenne voulue, comprise
entre les deux valeurs absolues qui correspondent l'une à la descente du wagon chargé et l'autre à la remonte du wagon vide.

(**411**) 2° *Détails relatifs au mécanisme*. En tête du plan incliné se
trouve un mécanisme qui reçoit le câble ou les câbles dont on se
sert pour remorquer les wagons.

Ce mécanisme se compose tantôt d'un poulie verticale ou perpendiculaire à la voie du plan incliné, tantôt d'un treuil à axe horizontal. Dans le premier cas, on a un seul câble portant à ses deux
bouts les deux wagons qui manœuvrent sur le plan; dans le
deuxième cas on peut avoir soit deux câbles distincts qui sont
attachés sur le treuil où ils s'enroulent en sens contraire, soit un

seul câble assez long pour faire sur le treuil un certain nombre de tours. Avec une voie simple et un contre-poids, le chemin parcouru par le contre-poids peut-être différent de celui que parcourent les wagons pleins ou vides, et alors le treuil doit avoir deux tambours distincts dont les rayons sont proportionnels aux longueurs de ces chemins.

Enfin, on peut avoir un câble continu, ou sans fin, passant en haut sur la poulie du mécanisme et en bas sur une poulie dont l'axe est porté par un châssis mobile qui, se déplaçant sous l'action d'un contre-poids, sert à régler la tension du câble. L'une des voies reçoit alors constamment les wagons pleins qui se succèdent à intervalles à peu près réguliers, l'autre remonte les wagons vides.

Quelle qu'en soit la disposition, tout mécanisme doit être muni d'un frein assez puissant pour l'arrêter sûrement en toute circonstance.

Ce frein se compose habituellement d'un segment en bois fixé à un levier, qui embrasse un arc plus ou moins étendu de la jante d'une poulie en bois ou en fonte, et produit sur cette jante un frottement proportionnel à l'effort exercé à l'extrémité du levier. On obtient plus d'effet avec une bande de fer portant plusieurs sabots distincts, qui embrassent une partie plus considérable de la jante et y répartissent mieux les pressions, et que l'on peut manœuvrer avec un système de leviers articulés rapprochant ou écartant les deux extrémités de la bande.

Quel que soit le mode de construction, on conçoit que le frein puisse être établi de manière à être *serré au repos* par des contre-poids, ou au contraire à être *lâche au repos*, et serré seulement par l'action de l'ouvrier garde-frein pendant le mouvement et selon les besoins.

Entre ces deux dispositions, la première est de beaucoup la préférable, comme offrant plus de garanties contre la négligence possible de l'ouvrier. Ainsi, on posera en principe que le mouvement de l'appareil ne puisse pas se produire sans l'intervention du garde-frein. Cet ouvrier met en marche en soulevant entièrement le contre-poids ; en ne le soutenant que partiellement, il modère le mouvement, et il l'arrête enfin lorsqu'il abandonne entièrement le contre-poids à l'action de la pesanteur.

Pour que l'action du frein en arrêtant le mécanisme, arrête en même temps les wagons, il faut une disposition qui empêche le glissement du câble.

Avec un treuil, cela se fait naturellement, soit que l'on ait deux câbles distincts, soit que l'on ait un seul câble faisant plusieurs tours sur le tambour. Trois ou quatre tours seront habituellement plus que suffisants pour produire cet effet; car on sait que la résistance en glissement d'un câble sur un cylindre fixe, augmente très-rapidement avec l'amplitude de l'arc embrassé.

Avec une poulie à gorge ordinaire, l'enroulement sur une circonférence seulement serait ordinairement insuffisant. Il faut alors avoir une gorge conique, dans l'angle de laquelle le câble vient se coincer, d'autant plus fortement que la traction qui tend à produire le glissement est plus considérable, ou bien il faut avoir une poulie métallique articulée du système Fowler (fig. 290), qui serre le câble par le fait même de la tension longitudinale, ou enfin il faut faire faire au câble plusieurs tours sur la poulie.

Dans ce dernier cas, pour éviter l'usure qui peut se produire lorsque les divers tours du câble s'enroulent ou se déroulent les uns contre les autres, on donne à la poulie plusieurs gorges parallèles, et on la met en relation avec une poulie semblable d'un diamètre quelconque ayant une gorge de moins. Le câble s'enroule et se déroule régulièrement, comme sur une poulie ordinaire, et l'arc total embrassé sur la poulie est la somme des arcs embrassés sur ses différentes gorges.

La figure 291 est la représentation géométrique de cette disposition très-simple et très-pratique.

(**412**) 3° *Détails relatifs à la manœuvre.* La manœuvre est variable, selon qu'il s'agit d'un plan incliné qui reçoit à son sommet tous les wagons qu'il a à manœuvrer, ou selon qu'il doit, au contraire, en prendre ou en recevoir à divers niveaux intermédiaires.

La manœuvre varie également selon le degré d'inclinaison du plan, et selon qu'il est à double ou à simple effet. Dans le cas assez fréquent où l'inclinaison est faible, par exemple inférieure à 25 ou 30°, et où le plan est à double effet et ne reçoit de wagons qu'à son palier supérieur, le rouleur arrivant au haut du plan attache son wagon chargé au bout du câble et le met de suite sur la voie inclinée. Le garde-frein attend qu'il ait reçu le signal du rouleur qui, arrivé au bas du plan, attache au câble d'en bas et met ainsi sur la voie du plan le wagon vide qu'il vient d'amener. Sur ce signal, le frein est desserré, les wagons partent vivement, et le garde-frein modère leur vitesse en serrant le frein *progressivement*; car avec un serrage uniforme, cette vitesse tendrait à s'accélérer, attendu qu'à la résistance constante qu'opposent les wagons et le frottement de toute la longueur du câble, il faut joindre le poids de la partie montante du câble qui *va en diminuant*, et cette quantité doit se retrancher du poids de la partie descendante *qui va en croissant.*

Cet effet d'accélération peut être contre balancé dans une certaine mesure, en augmentant la pente au haut du plan et la diminuant dans le bas; mais on peut dire, le plus ordinairement, qu'on n'est pas maître dans une mine, de varier ainsi le profil d'une voie montante sans se jeter dans des travaux au rocher plus ou moins importants.

Cela est même tout à fait impraticable pour les freins volants qu'on déplace progressivement à mesure que l'on prolonge un plan incliné (ce qui est le cas dans l'exploitation par tailles montantes). La pente du plan est alors en chaque point celle du gîte lui-même et l'on n'est pas maître de la changer.

Aussi cette disposition qui consiste à augmenter la pente en haut d'un plan et à l'adoucir en bas, est-elle plutôt employée au jour qu'à l'intérieur des mines.

Avec des plans inclinés à faibles pentes, on peut lancer à la fois plusieurs wagons pleins sur une voie et autant de wagons vides sur l'autre, et alors, quand le plan incliné est très-étendu et que la durée d'une manœuvre est *longue* relativement au temps perdu entre deux manœuvres, on accroît beaucoup la puissance de production de l'appareil.

Lorsqu'au contraire l'inclinaison d'un plan est très-forte, au delà de 50°, ce qui est le cas dans les couches très-dressées, il est assez difficile de faire circuler les wagons directement sur la voie même du plan, parce qu'ils se videraient en partie pendant le trajet. On

emploie alors le plus souvent des *wagons-porteurs* qui restent fixés
aux deux bouts du câble, et qui sont construits de telle sorte que
lorsqu'ils circulent sur la voie du plan incliné, leur tablier soit horizontal. Aux deux extrémités de leur course ce tablier est de niveau
avec les plaques d'embranchement ou avec la voie qui reçoit les
wagons. Ceux-ci passent donc sans difficulté du wagon-porteur sur
la voie, ou inversement. Ils sont d'ailleurs maintenus sur le tablier
pendant la manœuvre, par des moyens quelconques de calage faciles
à imaginer.

(**413**) Il faut ordinairement que les wagons, de quelque côté
qu'ils arrivent au plan, puissent prendre la voie qui est actuellement libre, et par conséquent ils peuvent avoir besoin de traverser
l'autre voie. Cela peut se faire, pour les plans inclinés sans chariot
porteur, au moyen du système de voies représenté figure 292, que
l'on établit soit au palier du sommet du plan, soit à un palier intermédiaire quelconque, si l'on manœuvre à plusieurs niveaux. On
voit par ce système comment un wagon qui est arrivé sur une voie
quelconque de ce plan peut, à volonté, rester sur cette voie, ou bien
passer soit sur l'autre voie de ce plan, soit dans l'une ou l'autre des
galeries d'allongement qui aboutissent à ce palier. Les embranchements et croisements ne comportent pas d'autres points singuliers
à construire que des points analogues à ceux qui sont désignées par
A B et C dans la figure 265.

Au lieu de ces croisements de voie, on peut souvent, pour plus
de simplicité, établir à ces paliers des plaques d'embranchement
doubles, figure 293, sur lesquelles se font à la main, pour passer
d'une voie sur l'autre, toutes les manœuvres que comportent les
aiguilles de la figure 292.

Ces deux systèmes d'embranchements ou de plaques d'embranchement établis aux paliers supposent que la pente générale du
plan est assez modérée pour qu'on puisse mettre ces paliers à peu
près de niveau, comme il le faut pour la facilité des manœuvres,
surtout avec des wagons un peu lourds, sans qu'il en résulte dans
le profil en long du plan des jarrets trop brusques qui produisent
des à-coup nuisibles à la solidité des cables.

Avec des pentes prononcées, on peut créer à volonté un palier horizontal, à une hauteur à laquelle on veut recevoir un wagon vide ou expédier un wagon plein, au moyen de rails amovibles qu'on met en place si la voie doit être continue et que l'on enlève momentanément si l'on veut créer le palier. (Voir *fig.* 294).

Enfin, si la pente est très-forte, et exige, d'après ce que l'on vient de dire au numéro précédent, l'emploi des chariots porteurs, le moyen le plus simple sera d'établir au palier, dans l'entrevoie, un plancher ou volet mobile autour d'un axe horizontal, dont la position naturelle est la verticale, qu'on peut rabattre à volonté au-dessus de chacune des deux voies du plan, et qui, après ce rabattement, est de niveau avec les voies des galeries d'allongement. Si, par exemple, le wagon vide en train de monter est sur le chariot porteur de droite, le volet est rabattu au-dessus de la voie de gauche, de manière que le wagon vide soit en relation, par l'intermédiaire de ce volet, avec la galerie d'allongement de gauche, comme il l'est directement avec celle de droite.

(**414**) Les manœuvres peuvent se faire, avons-nous dit, tantôt au haut du plan incliné seulement, tantôt à plusieurs niveaux intermédiaires.

Le premier cas est le plus simple. Si le plan est à double effet, la longueur des cables est réglée une fois pour toutes, de manière que l'un des bouts soit en haut du plan lorsque l'autre est en bas, et la manœuvre se fait comme il a été dit ci-dessus (n° 412). Un seul plan incliné de ce genre, bien manœuvré et régulièrement alimenté à sa partie supérieure, peut suffire pour descendre dans la durée d'un poste un très-grand nombre de wagons. Si la voie est établie dans de bonnes conditions, on peut y circuler avec une vitesse moyenne de 2 mètres et plus par seconde ; la manœuvre de réception peut ne demander que quelques secondes, si le matériel ne fait pas défaut ; enfin si le plan incliné est fort long, 150 mètres et plus, par exemple, de telle sorte que le temps perdu entre deux manœuvres soit *petit* relativement à la durée de ces manœuvres, on pourra trouver avantage à monter et descendre plusieurs wagons à la fois, pour augmenter le rendement du plan, et le rendre, en quelque sorte, indépendant de sa longueur.

On pourrra encore, pour les grosses productions, avoir un plan dans
lequel les deux cables seront remplacés par un câble unique ou plutôt une chaine ayant un mouvement continu. On attache les wagons
pleins sur le brin descendant et les wagons vides sur le brin montant, à mesure qu'ils se présentent sur le palier du haut et du bas.

Ce système permet de débiter de très-grandes quantités. Il exige
des freins solides et des garde-freins attentifs, et des hommes lestes
pour accrocher et décrocher les wagons sans arrêter le mouvement
du câble.

(**415**) Lorsqu'au lieu de manœuvrer seulement au sommet du
plan, on doit manœuvrer à plusieurs niveaux intermédiaires, comme
par exemple lorsqu'un plan incliné remplaçant des voies diagonales dessert un système de tailles chassantes, on peut faire ces manœuvres *successivement*, ou *simultanément*, aux différents niveaux.

Dans le premier cas, on doit, quand le service d'un niveau est
fini et que l'on passe à un autre, changer la longueur des câbles.
Cela se fait en ayant sur le mécanisme du frein deux tambours
distincts pour les câbles, l'un fixé invariablement sur son axe,
l'autre pouvant être rendu mobile à volonté. On s'arrange pour que
l'un des wagons étant en bas du plan, l'autre soit arrêté au niveau
que l'on veut desservir, et non pas au sommet du plan.

On peut obtenir le même résultat en ayant des prolonges de longueurs convenables, que l'on ajoute ou retranche selon les besoins,
les câbles devant avoir une longueur totale d'autant plus grande
que l'on veut desservir un niveau plus bas.

Lorsque la manœuvre doit se faire *simultanément*, ce qui est, en
général, plus commode pour tenir toutes les tailles mieux débarrassées de leur charbon, on peut avoir deux systèmes :

D'abord, on peut établir un câble sans fin dont un brin sert constamment à la descente des wagons pleins et l'autre constamment
à la remonte des vides. Quand un rouleur se présente à un certain
niveau avec un wagon plein, il donne le signal d'arrêt, attache son
wagon au câble avec une poignée terminant un bout de chaîne,

qu'il serre sur le câble avec une vis de pression ; puis, il lance son wagon sur la voie. On remet en mouvement et le même rouleur donne de nouveau le signal d'arrêt pour prendre le premier wagon vide que l'autre frein du câble amène à son palier.

Pour pouvoir faire cette manœuvre sur les paliers intermédiaires, le câble est tenu à une hauteur telle qu'il passe *sur les wagons* qui lui sont fixés ; on peut ainsi traverser facilement d'un côté à l'autre du plan, ou engager un wagon sur la voie du plan sans être gêné par le câble, qu'il suffit de soulever à la main d'une petite quantité.

Le second système consiste à avoir un plan automoteur *à simple* effet avec un *contre-poids*. Ce contre-poids n'arrivant à la fin de sa course descendante que lorsque le wagon vide arrive au sommet du plan, on reconnaît que le contre-poids est toujours convenablement placé pour agir, lorsque le wagon vide a été arrêté à un palier quelconque.

La manœuvre à ce palier consiste donc à y arrêter, par un signal donné au garde-frein, le wagon vide que le contre-poids y amène, à le détacher et à le remplacer par un wagon plein qui descendra immédiatement, dès que, sur un nouveau signal, le frein sera desserré.

Cette disposition est parfaitement convenable lorsque les distances entre les divers niveaux ne sont pas très-grandes, que la durée d'un trajet est fort courte et qu'on peut ainsi accepter de faire *deux manœuvres successives* pour remplacer par un wagon vide, le wagon plein qui est arrivé à un palier donné. Cette disposition est d'ailleurs indifféremment applicable *avec* ou *sans* chariot porteur.

(**416**) 4° *Détails divers.* — Outre les détails généraux ci-dessus indiqués sur la voie, sur les freins et sur les manœuvres, on peut signaler quelques détails secondaires.

Ainsi, par exemple, il importe d'empêcher les câbles de traîner sur le sol de la voie, afin de diminuer soit la résistance au mouvement, soit l'usure de ces câbles.

A cet effet, on les fait passer sur des rouleaux qui doivent être assez en saillie sur la voie, et assez rapprochés pour que, dans l'intervalle, la chaînette formée par le câble ne soit pas en contact avec le sol. Ces rouleaux doivent être assez gros relativement à leurs tourillons, et ces tourillons assez bien graissés, pour que leur rotation soit assurée. C'est ce qu'on ne fait pas toujours, et il arrive trop souvent que les rouleaux ne tournent pas, et que les câbles s'usent par le frottement, en passant sur ces rouleaux devenus autant de points fixes sur lesquels ils ont à glisser.

Avec un câble un peu long, la pression totale sur ces points fixes est sensiblement égale à la composante du poids du câble normalement au plan, et le frottement qui en résulte n'est nullement négligeable.

On peut chercher à prévenir les accidents et désordres qui tendent à se produire en cas de rupture, soit du câble montant, soit du câble descendant.

Pour le câble montant, il est très-simple de mettre en arrière du wagon ce qu'on appelle *un diable*, espèce de fourche à deux longues branches qui traîne sur le sol dans une position inclinée, et qui s'arc-boute immédiatement si le wagon vient à reculer. Cet arc-boutement est efficace, parce qu'en vertu de la vitesse acquise de bas en haut, le recul, en cas de rupture du câble, commence avec une vitesse nulle.

Il n'en est pas de même avec le wagon descendant, pour lequel la vitesse initiale *après la rupture* est celle même avec laquelle il se mouvait *avant la rupture*.

Il faut donc, dans ce dernier cas, que l'appareil de sûreté fonctionne presque instantanément, au moment même de la rupture. Pour obtenir cet effet, il faut concevoir que le diable soit maintenu levé par un système articulé quelconque facile à imaginer, tant que le câble est en tension et par le fait même de cette tension, et qu'il cède à l'action d'un contre-poids qui rabat ses pointes sur la voie, dès que la tension du câble disparaît par le fait de la rupture.

Du reste, ce n'est pas habituellement le câble descendant qui se rompt dans un plan incliné automoteur; et en cas de rupture du câble montant, le wagon correspondant peut être arrêté par le diable et celui de l'autre câble par la manœuvre du frein. On peut donc, en général, se borner à munir le wagon montant d'un appareil de sûreté. L'emploi même est loin d'en être général, et le plus souvent on accepte les chances d'une rupture accidentelle, qui a pour conséquence le déraillement des wagons détachés ou leur bris plus ou moins complet.

On a soin alors de surveiller attentivement l'état des câbles et de les changer en temps utile, comme on le fait pour les câbles d'extraction d'un puits.

Nous signalons enfin une disposition proposée par M. Taza-Vilain, pour les plans inclinés à chariot porteur et à wagon contre-poids qu'on établit pour desservir un dressant exploité par un ensemble de tailles chassantes.

On sait qu'afin de diminuer la longueur des voies à l'état d'entretien, on prend soin, de temps en temps, de déplacer ces plans inclinés pour les rapprocher des tailles. On peut avoir ainsi à les placer successivement sur des points où la pente peut être assez variable. Le chariot porteur imaginé par M. Taza-Vilain est établi de manière à pouvoir toujours placer le tablier dans une position à peu près horizontale, en faisant varier, au moyen d'un système articulé (fig. 295), l'angle que fait ce tablier avec le train qui le porte.

(**417**) Tels sont les principaux détails qui, en se combinant entre eux, peuvent varier, en quelque sorte indéfiniment, les dispositions des plans inclinés. Il appartient à chaque ingénieur de composer avec ces éléments le type qui lui parait le plus approprié à un cas donné. Nous nous bornerons à citer quelques dispositions à titre d'exemples.

La figure 296 représente l'ensemble d'un plan incliné à deux voies desservant plusieurs niveaux. La disposition devrait être complétée par les volets indiqués au n° 415, pour desservir à volonté les deux voies de niveau de chacun des côtés du plan.

La figure 297 représente en B le mécanisme ordinaire d'une poulie, en A et en A' celui d'un treuil desservant un plan incliné.

La figure 298 donne la coupe verticale et le plan d'un système de plan incliné à chaine sans fin et à mouvement continu, desservant un plan incliné à la partie supérieure seulement.

La figure 299 représente un système de plan automoteur à chariot contre-poids et à chariot porteur, établi pour desservir une série de voies de niveau correspondant à un système de tailles chassantes.

Cette figure indique que le chariot à contre-poids circule sur une petite voie à l'intérieur de celle du chariot porteur, et qu'au croisement, pour faciliter le passage des deux chariots l'un au-dessus de l'autre, la voie intérieure est légèrement creusée. L'emploi d'une voie simple facilite le chargement, s'il y a des voies de niveau à desservir des deux côtés ; mais ce creusement de la petite voie ne serait pas commode, si le point de croisement devait changer souvent, comme lorsque le plan incliné dessert une taille montante.

Dans ce cas, comme le croisement doit être déplacé à chaque fois d'une quantité égale à la moitié du déplacement du frein, il vaut mieux établir les quatre rails de niveau sur les mêmes traverses, et, s'il le faut, avoir un croisement mobile, consistant en une longueur de quelques mètres de large voie, assemblée à l'avance suivant un profil légèrement convexe, qu'on fixe temporairement au point convenable à l'aide de quelques broches en bois, pour *relever* le wagon plein à son passage au-dessus du chariot-contre-poids, au lieu d'*abaisser* celui-ci comme il est représenté sur la figure.

C'est ici le lieu d'indiquer, à titre de variante, que l'on peut supprimer les chariots-porteurs, même sur les voies très-inclinées, en ayant un matériel roulant articulé de manière que la caisse reste verticale, quelle que soit l'inclinaison de la voie sur laquelle ils roulent.

Cette disposition, d'ailleurs rarement employée et qui ne serait guère applicable avec des manœuvres un peu rapides, est représentée sur la figure 500.

(**418**) On ajoutera enfin qu'aux plans automoteurs ordinaires peuvent être substitués ce qu'on appelle des faux puits, ou bures, dans lesquels les chariots, au lieu de se mouvoir sur des rails, descendent verticalement, dans une sorte de cage, disposée à peu près comme celles des puits d'extraction.

Ces appareils, qu'on nomme aussi des écluses sèches, peuvent être à *double effet*, c'est-à-dire être munis de deux cages qui s'équilibrent, et dont l'une remonte un wagon vide, tandis que l'autre descend un wagon plein.

Ils peuvent être aussi à *simple effet*, c'est-à-dire munis d'une seule cage, et d'un contre-poids calculé pour remonter la cage et un wagon vide et pour être remonté par la cage et un wagon plein.

Un tel système, bien organisé et bien desservi, peut facilement descendre des quantités très-considérables de charbon dans un poste.

Il peut être très-avantageusement employé dans certaines conditions locales, par exemple dans le cas d'un système de couches à inclinaison assez faible, desservies par une galerie à travers bancs, surtout pour celles de ces couches que la galerie à travers bancs atteint par leur mur.

En effet, un faux puits de quelques mètres, tel que AB, fig. 301, amènera directement en un point B donné de la galerie à travers bancs, du charbon qui devrait, sans cela, descendre une longue suite de plans inclinés de A en C, puis parcourir la longueur CB de la galerie.

Le trajet direct sera nécessairement plus court et plus économique, et si l'on a à descendre par ce faux puits une quantité suffisante de charbon, l'économie du transport et de l'entretien des voies pourra très-largement payer les frais de l'établissement du faux puits.

Nous n'indiquons, quant à présent, aucun détail particulier pour ces écluses sèches, qui reproduisent, en petit et sous une forme simplifiée, les dispositions que nous décrirons plus loin en parlant des appareils d'extraction.

Nous nous bornons, en les signalant, à ajouter que ce système de puits intérieurs peut rendre de très-utiles services, et qu'il n'est pas généralement pratiqué autant qu'il devrait l'être.

§ 2. — Des vallées, ou plans inclinés avec machines fixes.

(**419**) Une vallée est, en général, un plan incliné qui est installé pour desservir un quartier situé en contre-bas de la recette du puits, et qui sert ainsi à étendre un champ d'exploitation donné en aval pendage de la recette, comme le plan automoteur l'étend en amont pendage et comme les chemins de fer l'étendent à niveau.

D'une manière générale, on devra se représenter qu'*au point de vue de l'installation des voies*, la vallée comporte les mêmes combinaisons que le plan automoteur (n° 410) ; qu'il en est habituellement de même *au point de vue des manœuvres* (n° 412), avec cette différence que c'est le wagon plein qui monte et le wagon vide qui descend.

Il en est autrement *au point de vue de l'agent qui opère ces manœuvres* ; il faut bien toujours qu'il y ait au haut du plan un mécanisme portant les câbles auxquels les wagons qui manœuvrent sur le plan sont attachés, et que ce mécanisme, quel qu'il soit, porte également un frein, capable d'empêcher tout mouvement prématuré et d'arrêter à volonté tout mouvement acquis ; mais ce mécanisme, au lieu d'être un appareil utilisant le travail moteur de la gravité sur le wagon plein pour surmonter le travail résistant de la gravité sur le wagon vide, devra, au contraire, recevoir l'action d'un autre moteur quelconque, ayant à surmonter comme résistance principale le poids du wagon plein diminué du poids du wagon vide.

Ce moteur peut être d'abord un moteur animé, tel que l'homme ou le cheval.

Le premier agira sur le treuil installé au haut du plan à l'aide de manivelles établies, soit sur l'axe du treuil, si l'appareil est *simple*, soit sur l'axe d'un pignon engrenant avec une roue placée sur l'axe du treuil, si cet appareil est *composé*.

Le cheval agira sur le tambour d'un manége.

Ces deux systèmes ne comportent aucun détail nouveau, après ceux qui ont été donnés dans le cours de machines (n°ˢ 59 et suivants).

On se rappellera que sur ces deux appareils, les seuls à peu près qu'on emploie dans les mines pour les moteurs animés, on peut admettre que le travail utile obtenu, dans de bonnes conditions de service, est de 140,000 kilogrammètres pour les hommes et de 1,000,000 de kilogrammètres pour le cheval. Ces nombres indiqués par l'expérience pour l'élévation *verticale* des fardeaux, sont, à très-peu près, ceux qu'on obtiendra avec des plans assez inclinés pour que le travail du frottement des wagons le long du plan soit négligeable devant le travail de la gravité sur ces mêmes wagons.

Les chiffres ci-dessus veulent dire que, dans leur journée, un homme, ou un cheval, élèveront 1,000 kilog., l'un à 140 mètres, l'autre à 1,000 mètres.

Cette quantité s'entendra du *poids net*, quand la vallée sera à double effet, parce que les deux poids morts du wagon plein et du wagon vide se feront équilibre.

Il semble au premier abord qu'il n'en doive pas être de même dans les appareils à simple effet, où le wagon plein serait élevé par le moteur et le wagon vide redescendrait sous l'action du frein. On élèverait donc inutilement (n° 400) un poids mort égal aux 40/100 du poids utile, et l'effet du moteur serait réduit d'autant:

Mais on peut éviter cette perte, en employant un contre-poids, dans une vallée à simple effet, aussi bien que dans un plan automoteur. Le contre-poids descend pendant l'ascension du wagon plein, et il est remonté par la descente du wagon vide.

A la limite théorique, en négligeant toutes les résistances passives, ce contre-poids peut équilibrer le wagon vide, et par suite, il réduit la résistance, pendant la remonte du wagon plein, sensiblement à la charge utile remontée.

(**420**) Les chiffres ci-dessus (140,000 et 1,000,000) indiquent qu'une vallée desservie par un treuil à bras, ou même par un manége, ne comporte qu'un effet assez limité, et ne saurait, comme un plan incliné bien organisé, desservir un quartier étendu ou racheter une grande différence de niveau.

Supposant, par exemple, pour avoir des nombres simples, que la différence de niveau soit de 14 mètres, et qu'il s'agisse d'élever 100 tonnes par poste, le travail correspondant sera

$$14 \times 100 \times 1000 = 1400.000 \text{ kilogrammètres.}$$

Il faudra 10 hommes au treuil, ce qui n'est pas facile à disposer, ou deux chevaux au manége. Ainsi à cette première limite, le treuil deviendrait désavantageux et d'un emploi peu commode, et il devrait avoir déjà fait place au manége.

Supposons que la différence de niveau devienne de 42 mètres, et

que le tonnage s'élève à 500 tonnes, soit un travail 9 fois plus
grand; il faudrait 90 hommes, ce qui met les treuils tout à fait
hors de question, ou 12,6 chevaux qu'il serait déjà bien difficile
d'utiliser sur un seul et même manége dans la durée d'un poste.

Ainsi, sans parler de la dépense qui serait énorme, il y a *nécessité
matérielle* de remplacer *les moteurs animés*, dès qu'il s'agit d'une
vallée profonde appelée à desservir une production importante.

Par quel autre moteur pourra-t-on les remplacer?

En principe, on peut évidemment avoir recours, à l'un quelconque des deux autres moteurs industriels, c'est-à-dire soit à la
force d'une chute d'eau dont on disposerait au jour, ou que l'on
créerait au moyen d'une galerie d'écoulement, soit à la force de la
vapeur.

On peut encore avoir recours à une force motrice *artificielle*, et en
quelque sorte *de seconde main*, en employant le moteur dont on dispose, soit à épuiser du fond de la mine, l'eau qu'on y fait redescendre
pour actionner un récepteur hydraulique placé en tête de la vallée,
soit à comprimer de l'air et à l'envoyer agir sur un récepteur fonctionnant comme un appareil à vapeur. La question du choix à faire
entre ces diverses dispositions a été indiquée, en termes généraux,
dans le cours de machines (n°ˢ 509 à 512 et 592). Elle demande à
être reprise ici avec quelques développements en vue de cette application particulière.

On peut concevoir qu'en tête de la vallée, on établisse un appareil hydraulique, tel qu'une petite machine à colonne d'eau de rotation à laquelle une ligne de tuyaux amène l'eau recueillie dans un
réservoir, au jour ou à l'intérieur des travaux, et que cette eau,
après avoir agi sur le récepteur, s'écoule d'elle-même, ou par un
tuyau qui le relève jusqu'au niveau de la galerie d'écoulement.

Si une telle galerie n'existe pas, l'eau s'écoulera directement, ou
sera refoulée dans le puisard du puits d'exhaure, d'où elle sera
relevée au réservoir par les pompes d'épuisement.

Ces dispositions sont très-rationnelles, et l'on obtient ainsi la
force nécessaire, soit naturellement, soit en se bornant à donner
aux pompes d'épuisement le petit supplément de force dont elles
ont besoin pour remonter, en sus de l'entretien d'eau normal, les

eaux qui doivent redescendre pour actionner le recepteur établi en tête de la vallée.

Ce récepteur sera très-convenablement une machine à colonne d'eau de rotation, composée de deux cylindres conjugués à double effet ou de trois cylindres à simple effet, avec le même appareil de changement de marche que dans une machine à vapeur d'extraction. Cet appareil fonctionnant à de très-hautes pressions est très-peu encombrant et très-facile à installer et à manœuvrer.

Les difficultés pratiques que rencontrera l'application de ce système, très-satisfaisant en principe, résulteront du gros diamètre qu'il faut donner aux tuyaux (*Cours de machines*, 396), et surtout de l'énorme pression, équivalente parfois à une hauteur d'eau de plusieurs centaines de mètres, sous laquelle l'eau se trouve dans les parties basses du tuyau de chute et dans l'appareil récepteur.

(**421**) En Angleterre, depuis une trentaine d'années, on n'a pas craint d'établir dans l'intérieur des mines des machines à vapeur spéciales, soit pour le service des vallées, soit pour le transport sur niveau.

L'emploi de ces machines à vapeur intérieures dont il existe aujourd'hui en Angleterre un très-grand nombre d'exemples, n'est pas sans d'assez nombreux inconvénients. Si leurs chaudières sont placées à l'intérieur de la mine, la position n'en est pas arbitraire ; car il faut d'abord que les produits de la combustion se rendent le plus directement possible au puits de sortie, sans passer par des galeries fréquentées par les hommes ; d'autre part ces foyers intérieurs, quelque soin qu'on prenne pour les alimenter avec de l'air frais, ne sont pas absolument sans danger dans les mines à grisou, soit que par suite de quelque négligence coupable, une atmosphère chargée de gaz vienne à être en contact avec leurs grilles et produise directement une explosion, soit qu'à la suite d'*une première explosion* survenue dans les travaux, les cloisons d'aérage étant détruites un courant d'air encore explosif soit dirigé sur la chambre des chaudières, et vienne en déterminer *une deuxième*.

Ces inconvénients sont tels, à mon avis, que les foyers de chaudières ne doivent être tolérés dans les mines à grisou que dans le

cas où l'on tolère aussi les foyers d'aérage. Les deux espèces de
foyers devront être dans la même région et soumis au même régime
de précautions.

Sinon, il faut résolûment placer ces foyers à la surface, et faire
arriver la vapeur aux machines à l'aide de tuyaux enveloppés de
manière à réduire, autant que possible, les pertes de température
et les condensations et chutes de pressions qui en résultent.

Que les chaudières soient placées au jour, ou dans la zone de
protection du foyer d'aérage, elles sont le plus souvent loin de la
place où il conviendrait d'établir le récepteur qu'elles doivent actionner; il faut donc, ou bien accepter les refroidissements et condensations ci-dessus indiqués, ainsi que les inconvénients de la buée
qui s'échappe de la machine, ou bien éloigner la machine de son emplacement naturel pour la rapprocher des chaudières, et la placer
soit au bas du puits, soit même au jour à côté des chaudières, et la
rattacher alors par un système de câbles sans fin au lieu où doit
se produire le travail auquel elle est destinée.

Toutes ces combinaisons ont, on le reconnaît, leurs inconvénients.

Il paraît donc que pour une mine où les dispositions locales
conduiraient à établir des moteurs sur divers points, soit pour des
transports en vallée, soit pour tout autre usage, le système le plus
recommandable serait le suivant :

*Établir au jour, à portée de ses générateurs, une machine à vapeur
qui servira à comprimer l'air atmosphérique, et dont la force devra
être suffisante pour que l'air ainsi comprimé puisse aller actionner sur
place les divers appareils qui pourront être appelés à fonctionner à la
fois, soit pour le transport en vallées, cas que nous considérons spécialement ici, soit pour tout autre service, tel par exemple, que le service
des haveuses ou des perforateurs* (Voir n° 154).

On évite ainsi les dangers et les inconvénients inhérents aux
foyers établis à l'intérieur des mines ; on évite aussi dans les conduites les inconvénients des grosses dimensions et des pressions
excessives qu'on aurait avec l'eau, et ceux de la chaleur et des condensations qu'on aurait avec la vapeur; on évite encore les difficultés
d'une longue transmission à distance avec des câbles, dans des

galeries plus ou moins sinueuses et encombrées; enfin on améliore, au lieu de les détériorer, les conditions de température et de ventilation de la mine.

En revanche, *on perd de la force motrice*, et il ne saurait absolument en être autrement, puisqu'on interpose, entre le récepteur qui est le piston de la machine à vapeur et l'opérateur qui est le câble auquel les wagons sont attachés, un système plus complexe d'organes de transmission intermédiaires, par l'addition de la machine à air comprimé.

Si l'on supposait que la machine à vapeur attelée directement au câble produisît, *en minerai élevé*, un effet utile de 80 pour 100 et qu'employée à faire mouvoir le système moins simple d'un piston à comprimer l'air, elle rendît 50 pour 100, *en air comprimé et refroidi*, l'effet utile de l'appareil complexe serait égal à $0,80 \times 0,5 = 0,40$.

Avec ces rendements, la force de la machine à vapeur devra donc, si elle dessert une vallée par l'intermédiaire d'une machine à air comprimé, avoir une force double de celle qu'il lui faudrait pour desservir directement.

Mais cet avantage assez important suppose la machine à vapeur *placée en tête de la vallée*; il s'amoindrirait évidemment beaucoup à mesure que la distance augmenterait, et que le nombre des appareils à faire mouvoir se multiplierait; car il faudrait tenir compte des résistances passives dues à la série des câbles de transmission, tandis que les tuyaux, quand ils ont un diamètre suffisant, conduisent l'air comprimé très-loin sans perte de charge sensible (Voir *Cours de machines*, n° 354).

(**422**) D'après ce qui précède, nous supposerons en général, sauf les exceptions que pourraient motiver des circonstances locales, qu'*un appareil récepteur quelconque, qui agit à l'intérieur d'une mine à une grande distance du puits, est actionné par de l'air comprimé, produit au jour par un opérateur actionné lui-même par une machine à vapeur*.

On trouvera assurément beaucoup de systèmes fonctionnant dans d'autres conditions.

Ainsi, par exemple, des chaudières placées *au jour* envoyant leur vapeur à une machine placée *au fond, auprès du puits de sortie d'air,* à l'aide de conduites établies de manière à réduire autant que possible les refroidissements, constituent une solution parfaitement acceptable, en ce sens que, d'une part, elle économise de la force motrice, et que, de l'autre, elle n'offre ni dangers au point de vue du gaz, ni inconvénients au point de vue de la ventilation des galeries.

Cette solution peut bien alors mériter la préférence ; mais il n'en est plus de même, lorsque la force doit être appliquée loin du puits, ou répartie entre un certain nombre de points distincts ; dans ce cas, appelé probablement à devenir de plus en plus fréquent, le système ci-dessus de l'air comprimé est celui qui semble devoir mériter la préférence, comme donnant le moyen le plus pratique de transporter au loin et de répartir le travail dont on dispose sur un point donné.

En résumant tout ce qui précède, nous disons qu'une vallée peut s'installer, quant à la disposition des voies, comme un plan automoteur, soit à double effet, soit à simple effet et à contre-poids, avec ou sans wagon porteur ; qu'elle doit, comme le plan automoteur, posséder en tête un appareil mécanique muni d'un frein d'arrêt complet ; mais que cet appareil, au lieu d'être mû par l'action de la gravité sur les masses que l'on manœuvre, sera un treuil à bras pour des vallées d'une importance minime, un manége pour des vallées d'une importance moyenne, une véritable machine d'extraction à air comprimé, pour les vallées très-importantes, soit par leur profondeur, soit par leur production, et placées à une grande distance des puits.

Nous ajoutons enfin que, dans ce dernier cas, les câbles circulant sur le plan incliné s'enrouleront et se dérouleront sur les bobines de cette machine, soit directement, soit en passant sur les poulies d'un petit chevalement établi en tête du plan.

On doit répéter ici ce que l'on a dit sur les plans inclinés, quant aux moyens d'assurer une grande circulation. Il faut d'abord établir un engin d'une force proportionnée au nombre des wagons à élever, à la pente du plan et à la vitesse avec laquelle on veut les faire mouvoir.

Mais en général, la puissance de production augmentera à mesure que le nombre des manœuvres diminuera, parce que les temps perdus entre les manœuvres prendront moins d'importance. On aura donc, ou bien un plan incliné ordinaire à double effet et à deux câbles, avec lequel on élèvera un certain nombre de wagons, ou bien un seul câble, ou plutôt une seule chaîne sans fin animée d'un mouvement continu, dont le brin ascendant amènera au palier supérieur une file de wagons pleins, tandis que le brin descendant y prendra une file de wagons vides.

Ce dernier système est susceptible de donner un grand débit, s'il est régulièrement alimenté.

Il peut d'ailleurs, au moyen d'un artifice facile à imaginer, desservir non-seulement le bas de la vallée, mais encore autant de niveaux intermédiaires que l'on voudra. Il suffit de mettre à chaque niveau des volets mobiles (fig. 302), qui s'abaissent à volonté, pour recevoir le wagon plein à enchaîner au brin montant, ou pour recevoir le wagon vide qu'y amène le brin descendant, et qui se relèvent aussitôt après.

Toutes ces manœuvres doivent être faites par des ouvriers exercés et attentifs, comme on l'a déjà dit pour les plans automoteurs fonctionnant également avec des chaînes continues.

Ce que nous avons dit précédemment sur les plans automoteurs (n°s 410 à 417) et ce que nous verrons plus loin sur les appoints d'extraction nous dispense d'entrer ici dans de plus longs détails. En principe, en effet, une *traction* par vallée ne diffère aucunement d'une *extraction* qui se ferait par une fendue débouchant au jour.

Elle peut même ne pas différer d'une extraction ordinaire, si la vallée est remplacée par un faux puits vertical, analogue à ceux qui ont été indiqués au n° 418, sauf qu'il fonctionne *pour élever* et non *pour descendre* les matières.

§ 3. — Transports sur niveau par des machines fixes.

(**423**) L'installation de moyens mécaniques à l'intérieur des mines, pour desservir des vallées, a assez naturellement conduit les ingénieurs à tâcher de profiter de ces installations pour étendre leur action aux transports dits *sur niveau*, ou plutôt dans des voies ayant des pentes à inclinaisons variées, lorsque les quantités à transporter étaient considérables, que les distances étaient longues, et les terrains d'ailleurs assez solides pour permettre d'établir les voies de chemin de fer dans des conditions de solidité et de stabilité satisfaisantes.

Toutes ces conditions sont en effet nécessaires, pour justifier d'abord, et ensuite pour rendre possible l'établissement d'une traction par câble à l'intérieur ; puis cet établissement, une fois réalisé. rend possible, à son tour, d'augmenter l'activité de la production et l'étendue du champ d'exploitation.

C'est surtout dans les grandes mines du centre et du nord de l'Angleterre, placées, quant à l'allure des couches, dans des conditions si exceptionnellement favorables, que ces transports mécaniques sont communs et tendent sans cesse à le devenir davantage. Il n'y en a, au contraire, qu'un petit nombre d'exemples sur le continent ; en France, par exemple, on pourrait citer peu de localités où l'application en soit rationnellement indiquée, du moins pour les transports intérieurs.

Il importe cependant de connaître au moins le principe et les détails essentiels des diverses dispositions employées.

Elles ont été décrites dans un mémoire important publié en 1869 par les soins de l'Institut des ingénieurs des mines du nord de l'Angleterre. sous le titre de *Report on the haulage of coal*. Ce rapport, rédigé par plusieurs ingénieurs anglais de grand mérite, a été traduit en français par MM. A. Briart et J. Weiler, ingénieurs aux mines de Mariemont (Belgique), et la traduction a paru à Mons en 1871.

Ce travail très-intéressant renferme des détails circonstanciés sur un très-grand nombre d'exemples des divers systèmes usités dans différents districts houillers.

Ces divers systèmes reviennent, en définitive, à un transport en vallée, avec cette différence que le renvoi des wagons vides vers les points de chargement ne se fait pas par l'action de la gravité, mais demande l'emploi d'une force motrice, aussi bien que la traction des wagons pleins vers le puits.

En principe, cela peut se faire de deux manières :

En premier lieu, on peut avoir *deux câbles distincts*, attachés l'un en avant, l'autre en arrière du convoi, qui agissent alternativement par traction, pour mener les wagons pleins vers le puits, ou les wagons vides vers les chantiers; tandis que le bout de l'un de ces câbles agit par traction, le bout de l'autre est entraîné à la demande du premier.

En second lieu, on peut avoir *un seul câble sans fin*, ou *une chaîne sans fin*, et lui appliquer les dispositions diverses que permet l'emploi de ces câbles ou chaînes dans une exploitation en vallée.

(**124**) Nous parlerons d'abord de l'emploi des deux câbles que l'on désigne en Angleterre, sous le nom de *Tail-Rope system*, ou système du *câble-queue*. Cette expression rappelle l'emploi simultané de deux câbles, le *câble d'avant* et le *câble d'arrière*, attachés simultanément à un même convoi dans quelque sens qu'il se meuve.

On peut le désigner sous le nom de système de *traction à deux câbles*.

C'est le système qui prévaut dans le bassin de Newcastle, auquel il est, ainsi que nous le verrons, plus particulièrement approprié.

Il consiste, en général, à avoir une machine à vapeur *installée à l'intérieur*, au voisinage du puits d'extraction, dont les chaudières sont ou *au jour*, ou *dans l'intérieur, au voisinage du foyer d'aérage*. La disposition qui consisterait à mettre la machine au jour à côté de ses chaudières est peu employée et peu recommandable. Cette machine, quel que soit son type, actionne deux tambours, dont chacun peut être débrayé à volonté et porte un frein distinct. L'un d'eux porte le câble d'avant, qui s'attache en tête du convoi que l'on forme, en un point de la mine où commence le traînage mécanique; l'autre porte le câble d'arrière, qui partant de son tambour va passer sur une poulie de renvoi située au delà du point où se forme le convoi, à l'arrière duquel le câble va s'attacher.

En mettant la machine en marche dans le sens convenable, après avoir embrayé le tambour du câble d'avant, débrayé l'autre et serré légèrement son frein, le convoi plein se met en marche vers le

puits, entraîné par le câble d'avant et traînant après lui le câble
d'arrière dont la tension est réglée par le frein de son tambour.
Arrivés au puits, les wagons pleins sont détachés et remplacés par
des wagons vides. Puis on débraye le tambour du câble d'avant, en
serrant légèrement son frein, on embraye au contraire celui d'arrière et la machine est prête pour ramener le convoi de wagons
vides au point où le convoi de wagons pleins a été formé. Là, les
wagons vides sont détachés pour aller se charger aux tailles, et
remplacés par un nouveau convoi de wagons pleins.

Telle est la manière dont se font les manœuvres. On comprend d'a-
bord que la machine puisse actionner quatre tambours, aussi bien
que deux, et que par conséquent, on puisse avoir deux directions
principales de transport mécanique dans la même mine. On peut
en outre, dans chacune de ces directions, avoir un ou plusieurs
embranchements ; de telle sorte qu'en définitive on ait autant de
points distincts que l'on voudra, sur lesquels on formera les convois, et qui desserviront chacun un quartier plus ou moins étendu
où le transport se fera comme à l'ordinaire, à bras d'homme ou
avec des chevaux, suivant les cas.

La figure 303 donne le diagramme d'un exemple de disposition
de machine motrice établie dans les conditions ci-dessus.

Cette machine est supposée à deux cylindres ; elle fait mouvoir
deux tambours, l'un pour le câble d'avant, l'autre pour le câble
d'arrière.

Ils sont chacun munis d'un frein non représenté sur la figure.

Chacun d'eux peut être embrayé ou débrayé, à l'aide d'un palier
mobile situé du côté de l'engrenage. Ce palier est déplacé à l'aide
d'une manette ou d'une petite manivelle (figure 304).

Les câbles passent des tambours sur des poulies qui les infléchis-
sent convenablement, et les amènent, le brin d'avant dans l'axe de
la voie, sur les galets, dont elle est munie, le brin d'arrière dans
un angle supérieur de la galerie où il est lui-même convenablement
guidé jusqu'à la poulie de retour placée à l'autre extrémité de la
voie, d'où il revient vers le brin d'avant. Cette disposition est indiquée par le diagramme (figure 305).

La figure 306 donne le diagramme des dispositions à employer à un embranchement. Il faut d'abord que l'embranchement et la voie principale se raccordent par une courbe d'un assez grand rayon (une vingtaine de mètres au moins), ce qui suppose dans le cas d'un embranchement à angle droit, l'angle du pilier suffisamment entaillé (voir n° 598), ou bien le raccordement effectué par une galerie courbe spéciale établie dans le massif.

Les cordes de l'embranchement peuvent être mises en relation avec celles de la voie principale, soit quand le convoi vide y arrive (fig. 506 A ou 506 B), soit quand le convoi est encore au puits (fig. 506 C).

Dans la première figure la corde de l'embranchement se substitue entièrement à la corde de la ligne principale.

Dans la deuxième, la corde d'arrière de la ligne principale, détachée du convoi arrêté en m, est amenée par la machine jusqu'en m', où son extrémité se rattache à celle de la corde d'arrière de l'embranchement.

Dans la troisième figure, on suppose que lorsque le convoi est arrêté au puits les deux câbles principaux présentent des soudures au droit de chacun des embranchements. Ce système est plus expéditif, en ce sens que le changement des câbles peut se faire pendant la formation du convoi, sans nécessiter d'arrêt nouveau lorsque ce convoi arrive à l'embranchement. Il convient donc particulièrement lorsqu'il y a un grand nombre d'embranchements à desservir.

Outre les embranchements, on peut avoir, sur une voie unique, *des stations* qui reçoivent ou livrent des convois.

La disposition à y appliquer peut être celle de la figure 507.

A côté de la voie principale est une voie de gare en cul-de-sac vers l'aval, reliée à la voie principale en son milieu et vers son extrémité d'amont.

Les wagons pleins amenés par les rouleurs du quartier desservi par la galerie A, viennent stationner en B, où on les forme en convoi; le convoi des vides arrivé en C, on le détache des cordes, et l'on amène à la main les wagons en D, où ils sont à la disposition des rouleurs. Puis on attache les cordes au convoi plein qui est en B, et l'on donne le signal pour que la machine se remette en marche en sens contraire.

Telles sont les dispositions générales que l'on peut prendre pour répondre aux divers besoins de la circulation.

Nous ajoutons, comme détail pratique d'exécution, les dispositifs employés pour guider le mouvement tant des câbles que des wagons, au moyen de galets et de contre-rails (voir fig. 508).

Nous représentons également (fig. 509) le système que l'on peut employer pour rendre promptes et faciles les manœuvres d'accrochage et de décrochage des convois, aux embranchements ou aux stations.

Nous renvoyons d'ailleurs, pour les deux figures ci-dessus, à la légende des planches.

Les détails qui précèdent renferment ce qu'il est essentiel de connaître pour comprendre le Tail-Rope-System. On remarquera que ce transport doit se faire à grande vitesse, afin qu'une manœuvre complète, aller et retour d'un train, avec tous ses temps perdus, corresponde *au plus* au temps nécessaire pour extraire par le puits les 30 ou 40, parfois les 60 wagons, qui composent habituellement un convoi. Cette grande vitesse entraîne l'emploi d'une force considérable. On cite de ces machines qui ont jusqu'à 150 chevaux de force.

Cette vitesse d'ailleurs n'est pas le seul motif de la grandeur des forces à employer. Il faut évidemment calculer la force pour le moment où le convoi est sur le point le plus défavorable au transport, c'est-à-dire sur la rampe la plus roide, et le défaut de solidarité entre deux manœuvres consécutives, fait que le travail moteur, que produit en ce même point la marche du convoi en sens contraire, n'est pas mis en réserve pour la manœuvre suivante. En un mot, l'appareil fonctionne comme un plan automoteur ou une vallée *à simple effet* qu'on manœuvre *sans contre-poids*.

La vitesse, qui va jusqu'à 4 ou 5 mètres par seconde, a une autre conséquence, qui est de nécessiter le maintien des voies en très-bon état, pour qu'on ne soit pas trop exposé aux déraillements. Il est bon, à ce point de vue, de faire accompagner chaque convoi par un chef de train, qui puisse faire des signaux au mécanicien et remettre sur la voie les wagons déraillés.

D'après ce qui précède, on voit que ce système trouvera son application dans les mines très-étendues, où l'on peut utiliser un grand nombre d'embranchements, et dont les conditions de gisement sont telles que les voies principales puissent être tracées avec des pentes ou rampes variant entre des limites peu étendues et être entretenues constamment en bon état.

Il est cher de premier établissement et cher d'entretien, à cause de la force des machines, de la grande consommation de combustible, et de l'usure rapide tant des câbles, que des nombreux accessoires de poulies, de roulettes, etc...., que nécessite le bon guidage de chacun des deux câbles. Il a l'avantage de n'exiger qu'une seule voie dans les galeries.

(**425**) Le second système, celui du *câble sans fin*, ou plutôt de *la chaîne sans fin*, tel qu'il est usité principalement dans le Lancashire, est encore peu connu à Newcastle. Il diffère essentiellement du précédent et a des propriétés, en quelque sorte, inverses.

D'abord il exige que le chemin soit à deux voies.

Il exclut presque complètement les courbes si ce n'est à très-grand rayon, toute courbe un peu roide exigeant une disposition spéciale et la présence continue d'un ouvrier.

Le système consiste en une machine à vapeur d'un type quelconque actionnant une poulie sur laquelle s'enroule, non pas une corde, mais une chaîne sans fin, dont les deux brins passent au-dessus des deux voies, et vont s'enrouler, à l'autre extrémité de ces voies, sur une poulie de retour.

Les figures 510 et 511 donnent deux exemples de la manière dont une ou deux poulies de commande peuvent être mues, au moyen d'un système de roues d'angle actionnées par la machine.

Dans l'intervalle entre la poulie motrice et la poulie de retour, la chaîne ne frotte pas sur le sol ; mais elle est soutenue par les chariots, pleins sur une voie, vides sur l'autre, dont on règle l'écartement et la vitesse selon la quantité de charbon à transporter. La vitesse est habituellement comprise entre $0^m,50$ et $1^m,50$, et l'intervalle des chariots entre 10 et 30 mètres. On peut ainsi débiter, au besoin, jusqu'à 8 ou 9 wagons par minute, ce qui dépasse de beaucoup le débit des machines d'extraction les mieux installées. Sous ce rapport, le système a l'avantage sur le précédent.

Il en est de même, et dans une plus forte mesure, sous le rapport de la force motrice à dépenser ; car la répartition régulière des wagons pleins et vides le long de la chaîne, établit d'abord une compensation exacte, quant aux poids morts de ces wagons, et ensuite, pour un espace parcouru égal à l'intervalle des wagons, limite évidemment le travail moteur à l'élévation de la charge d'un wagon, sur une hauteur égale à la différence de niveau du point de départ au point d'arrivée ; de sorte que la force à employer pourrait devenir nulle et même négative, c'est-à-dire qu'il *faudrait un frein au lieu d'un moteur*, si le point d'arrivée était suffisamment au-dessous du point de départ, quel que fût d'ailleurs le profil en long du chemin parcouru.

Il faut remarquer toutefois que le frottement des wagons doit être estimé en tenant compte, non-seulement du poids mort de tous les wagons, pleins ou vides, et de toutes les charges, mais encore du poids total de la chaîne qui repose sur les wagons.

Cette propriété du système que la *résistance principale* à vaincre est constante, et ne dépend que de la dénivellation des points extrêmes, rend son application recommandable dans un district où l'allure des courbes est moins régulière qu'à Newcastle ; elle permet de franchir facilement un tracé présentant une suite de pentes ou de rampes importantes. On remarquera même que cette propriété n'est pas moins intéressante au jour qu'à l'intérieur, lorsque le pays est assez accidenté, et qu'on veut, soit envoyer sur divers points éloignés les produits d'une exploitation, soit, au contraire, concentrer sur un point donné les produits de plusieurs exploitations.

C'est ce qu'on fait journellement dans le Lancashire, et ce qu'on commence à faire aussi sur le continent, en menant, par exemple, les produits d'une même mine à un canal, à un chemin de fer, et à quelques consommateurs importants, ou encore en faisant converger sur un grand atelier central de triage, de lavage, de carbonisation, etc., les produits de plusieurs mines.

Le système ainsi compris est appelé certainement à rendre de très-grands services. Il peut être un peu cher à établir, à cause du prix de la chaîne, de la nécessité de la double voie et du supplément de matériel toujours en circulation sur les voies, quand celles-ci sont fort longues ; mais en revanche il réduit beaucoup la dépense de force et les frais d'entretien, et il permet d'établir la voie, *quant à son tracé en élévation*, sans plus de sujétion, pour ainsi dire, qu'une route ordinaire.

Il est au contraire assez assujettissant, *quant à son tracé en plan*, en ce sens qu'il n'admet guère que la ligne droite ou de très-grandes courbes, sans quoi la chaîne, qui a toujours tendance à se redresser, risquerait d'abandonner les wagons, sur lesquels elle repose sans y avoir un point d'attache parfaitement invariable.

Aussi l'économie et le bon emploi de la main-d'œuvre qui le caractérisent essentiellement, lorsqu'on a de grandes distances à parcourir presque en ligne droite, s'atténue lorsqu'on a des courbes et des embranchements, parce que chacun de ces points entraîne en général l'emploi continu d'un ouvrier.

(**126**) Ces généralités demandent à être complétées par quelques détails.

La poulie de commande doit être installée de telle sorte que la force de la machine soit transmise à la chaîne sans glissement possible de celle-ci.

A cet effet, on lui fait faire plusieurs tours sur la poulie, ou bien l'on arme sa gorge de pieds ou de fourches qui retiennent les anneaux.

Les poulies de retour n'ont besoin d'aucune disposition particulière.

Ces poulies sont placées à une hauteur telle que la chaîne aux points d'enroulement et de déroulement soit au-dessus de la partie supérieure des wagons. Ceux-ci sont simplement engagés en les poussant sur la voie, jusqu'à ce que la chaîne en s'abaissant progressivement vienne les toucher et les entraîner (fig. 312).

Cet entraînement a lieu tantôt par simple frottement, tantôt à l'aide d'une sorte de fiche enfourchée sur le rebord du wagon, dans laquelle une maille de la chaîne vient s'engager.

Les wagons sont dégagés de la même manière à l'autre bout ; ils

abandonnent la chaine spontanément et s'en éloignent, soit en vertu
de la vitesse acquise, soit par le fait d'une petite inclinaison donnée
à la plaque d'embranchement sur laquelle ils arrivent.

C'est habituellement par le même artifice qu'ils franchissent une
partie en courbe. En un tel point, une poulie convenablement
placée et inclinée relève la chaine au-dessus des wagons ; le wagon
devient libre pendant un instant ; mais une voie en courbe, établie
avec une pente suffisante, le ramène bientôt sous la chaine au delà
du coude que la poulie lui a fait décrire (fig. 513.)

Bien que ce changement de direction puisse se faire automatiquement pour les deux voies, on établit ordinairement en ces points,
comme on l'a dit plus haut, un jeune ouvrier chargé de surveiller
la marche des wagons, et d'empêcher les désordres que produirait
leur prompte accumulation, si un seul d'entre eux venait à se mouvoir irrégulièrement.

Pour un embranchement, le système le plus simple parait être
d'établir en ce point la poulie de retour, dans des conditions qui
empêchent le glissement de la chaine, et de se servir de son axe
pour y fixer deux poulies de commande, l'une pour continuer la
ligne principale, l'autre pour l'embranchement. Le tout sera établi
au-dessus d'une plaque d'embranchement assez étendue pour qu'on
puisse y manœuvrer le wagon qu'y amène un des brins d'une des
chaines et le diriger à la main sous le brin qui doit le reprendre.

Quand il y a sur un même point beaucoup d'embranchements,
la poulie principale de retour porte des roues d'angles qui vont, par
des combinaisons variées de roues dentées, actionner les poulies
de commande de ces embranchements.

La figure 514, s'appliquant à une transmission de mouvement à
deux embranchements obliques sur une voie principale, donne un
exemple de ces combinaisons.

Les courbes seront convenablement des points d'embranchement,
afin que le même ouvrier puisse y faire les deux services.

Pour les stations le long d'une ligne, les manœuvres se font
simplement en relevant les deux brins de la chaine sur une certaine distance, au moyen d'une poulie. Sur cette longueur, les voies
sont supprimées et remplacées par une plaque d'embranchement,

qui permet d'insérer ou de reprendre un wagon dans la file de ceux qui se meuvent sur les voies.

La poulie n'est d'ailleurs en fonctions que lorsque la station doit elle-même fonctionner. Ce système est représenté sur la figure 315, analogue en principe à la figure 313.

(**427**) Le système des câbles sans fin est encore employé en Angleterre, sous deux formes différentes, qui se rapprochent des deux systèmes que nous venons de décrire.

Dans les deux cas, on emploie, non des chaînes, mais des cordes en fil de fer ou d'acier.

La première combinaison est très-analogue au système de la traction, à deux câbles décrits au n° 419. Elle peut fonctionner soit à une voie, soit à deux voies.

L'appareil comprendra généralement une machine à vapeur portant un volant muni d'un frein et une poulie à plusieurs gorges suivant la disposition indiquée au n° 411 (fig. 291), en vue d'empêcher le glissement.

Le câble, après avoir passé sur cette poulie et sur celle qui lui est conjuguée, est infléchi sur une poulie placée en tête de la voie, parcourt cette voie sur toute sa longueur, est encore infléchi à son extrémité par une autre poulie, revient vers la machine, et, avant de rejoindre la poulie motrice, passe sur une grande poulie fixée sur un chariot mobile à l'aide d'un contre-poids, qui sert à donner au système du câble la tension voulue pour prévenir les glissements sur la poulie motrice.

La figure 316 donne une idée générale du système dans le cas d'une double voie.

Dans ce cas d'une double voie, le câble sans fin se déroule constamment dans le même sens et ne s'arrête jamais pour les manœuvres ; les convois, pleins ou vides, le saisissent ou l'abandonnent pendant qu'il est en pleine marche. Il faut pour cela qu'il y ait, en tête du train, un wagon spécial, dans lequel se place le conducteur, qui, en manœuvrant certains leviers, peut accrocher ou décrocher le convoi, et après qu'il est décroché ralentir sa vitesse à l'aide d'un frein. Il prend soin de le décrocher avant d'être parvenu au point où il veut s'arrêter, et il n'y arrive ainsi qu'en vertu de sa vitesse acquise tempérée par l'action du frein.

C'est une affaire d'habitude de la part du conducteur.

La figure 317 représente un tel wagon, pour l'explication duquel nous renvoyons à la légende des planches.

La figure 318 représente une autre disposition pour attacher le convoi au câble en mouvement.

Avec le système ci-dessus, établi à double voie, on peut avoir à la fois plusieurs convois pleins et plusieurs convois vides en mouvement sur leurs voies respectives, et par conséquent arriver à un grand débit, *indépendant, en quelque sorte, de la longueur du parcours*, sauf à augmenter suffisamment la force motrice.

Lorsqu'il n'y a qu'une seule voie, la corde se meut alternativement dans les deux sens, et s'arrête par conséquent à la fin de chaque course.

On peut en profiter pour supprimer l'emploi des moyens spéciaux indiqués ci-dessus (fig. 517 et 518), et attacher les convois à l'aide de courtes chaînes qui se fixent à des œillets intercalés de distance en distance dans la corde. On met une seule de ces chaînes en avant du train dans le sens de la traction, si l'on est en rampe ou sur niveau, et une chaîne à chaque bout du train, s'il y a une succession de pentes et de rampes.

L'emploi de ce système semble devoir être à peu près aussi avantageux que celui des deux câbles. Il exige même une moindre longueur de câble (dans le rapport de 2 à 3, comme il est facile de le voir).

Il prend un peu moins de force motrice, parce qu'on économise celle qu'absorbe, dans le système des deux câbles, le frottement du frein du tambour débrayé. Mais il se prête assez peu aux courbes et très-peu aux embranchements.

(**428**) Le deuxième système de cordes sans fin fonctionne dans les mêmes conditions que la chaîne sans fin du n° 425 ; c'est une simple substitution d'une corde lisse à la chaîne ; ce qui entraîne unchangement dans le mode d'attache. On ne peut plus se contenter de la fourche fichée sur le rebord du wagon, dans laquelle un

chaînon s'arrêtait. Il faut fixer les wagons par une chaîne si la pente
est toujours dans le même sens, ou par deux chaînes s'il y a des
alternances de pentes et de rampes. Ces chaînes s'attachent facilement, par un tour de main, sans même arrêter le câble qui, du
reste, marche assez lentement. On peut avoir aussi, de distance en
distance, des liens en chanvre fixés au câble dans lesquels on
passe les crochets de la chaîne d'attache du wagon (fig. 319).

On fait circuler tantôt des wagons séparés, tantôt des petits trains
de 5 ou 6 wagons. Le système est à peu près équivalent à la chaîne
sans fin. Il exige peut-être encore un peu moins de dépense de
force, parce que le poids de la chaîne est plus considérable que
celui de la corde; en revanche la chaîne a une durée plus grande.

(**429**) En résumant ce qui vient d'être dit, n°s 424 à 428, sur les
quatre systèmes de traînage décrits, on peut d'abord distinguer le
premier système qui emploie *deux câbles*, et les trois derniers qui
n'emploient qu'*un câble sans fin*, ou encore le premier et le troisième qui sont à câble *traînant sur la voie*, et où l'on marche *par
convois et à grande vitesse*, le deuxième et le quatrième qui sont à
câble *flottant*, où l'on marche *par wagons isolés* ou *par très-petits
convois et à petite vitesse*.

Ils donnent lieu aux observations suivantes :

1° *En ce qui concerne les frais d'établissement et d'entretien des
galeries*, les systèmes où l'on marche par grands convois et à grande
vitesse (système n° 1 et n° 3), demandent que les voies soient établies
et entretenues avec beaucoup de soin et présentent des inclinaisons
qui ne varient qu'entre certaines limites assez restreintes ;

2° *En ce qui concerne le prix du kilomètre de voie, y compris le
câble*, on voit d'abord que les systèmes 1 et 3 peuvent n'être qu'à
une voie, tandis que le deuxième et le quatrième en ont nécessairement deux; les premiers peuvent donc être moins dispendieux
que les autres pour la voie proprement dite. L'avantage du premier
est d'ailleurs moindre que celui du troisième qui exige une moindre longueur de câble; car dans le premier, le câble d'avant doit
avoir la longueur de la voie et le câble d'arrière une longueur
double, tandis qu'avec la corde sans fin, il suffit d'une longueur

totale double de la voie. Quant aux câbles, la supériorité appartient également aux systèmes 1 et 3, surtout sur le système n° 2 dont la chaîne est beaucoup plus lourde et plus chère par mètre courant ;

3° *Au point de vue de l'importance et du matériel roulant*, les systèmes 1 et 2 sont préférables pour de très-grandes distances, et les systèmes 2 et 4 pour les petites distances ;

4° *Au point de vue de la force motrice nécessaire*, les systèmes 2 et 4, à petite vitesse, sont très-préférables aux deux autres, par les motifs énumérés au numéro 425 ;

5° Enfin, *aux points de vue de frais d'entretien, de consommation de charbon et de main-d'œuvre*, les systèmes 2 et 4 et surtout le système 2 (celui de la chaîne sans fin), sont préférables aux autres, sauf dans le cas de nombreux embranchements à desservir.

On emploiera donc en définitive :

1° Le système n° 1, ou à deux cordes, dans une mine étendue où l'on aura à établir sur un grand nombre de points des stations latérales ou des embranchements, lorsqu'en même temps, toutes les voies à desservir ne présenteront ni courbes trop roides, ni inclinaisons variables entre de trop larges limites ;

2° Le système de la corde sans fin à grande vitesse, de préférence au premier, comme donnant économie de force motrice et de main-d'œuvre, si, dans les mêmes conditions de tracé énoncées ci-dessus, il n'y a ni stations latérales, ni embranchements à desservir.

3° Le système sans fin et à petite vitesse, notamment celui de la chaîne sans fin, lorsqu'on aura un tracé assez régulier en plan, c'est-à-dire avec des courbes de grand rayon, mais plus ou moins accidenté en élévation.

Telles sont, paraît-il, les conclusions générales qu'il est permis de poser sur ces différents procédés.

(**430**) Nous ajouterons un tableau qui peut donner une idée des résultats moyens constatés dans le rapport cité au n° 425, et qui résume en chiffres, les avantages et inconvénients respectifs des quatre systèmes, dans les conditions où ils ont été observés par les auteurs du rapport.

1° MOYENNES AFFÉRENTES A CHAQUE SYSTÈME.	DÉSIGNATION DES SYSTÈMES EMPLOYÉS.			
	DEUX CABLES GRANDE VITESSE. N° 1.	CHAINE SANS FIN. N° 2.	CORDE SANS FIN. GR. VITESSE. N° 3.	CORDE SANS FIN. PET. VITESSE N° 4.
Transport en tonnes par journée de 12 heures.	483	458	390	450
Distance moyenne parcourue en charge, exprimée en mètres.	1949	1270	843	777
Rampe moyenne par convoi en charge, exprimée en millièmes.	4.7°/₀₀	16.9	20.8	27.8
Frais journaliers de main-d'œuvre.	34f.74	16f.57	22f.37	37f,92
Nombre de wagons par convoi.	59	—	31	1 à 6
Vitesse moyenne des convois, en kilomètres par heure.	15	5.54	10.500	1.78
Prix du kilomètre de voie (câbles compris).	11.508f	14.820f	12.902f	13.983f
Prix de la machine et de ses générateurs, etc.	27.863f	6.947f	14 059f	24.522f
Force de la machine en chevaux.	113.85	20.47	63.11	29.40

2° DÉPENSE PAR TONNE ET PAR KILOMÈTRE EXPRIMÉE EN CENTIMES.	c.	c.	c.	c.
Câbles.	1.77	0.52	1.69	1.62
Entretien de la voie et du matériel roulant.	2.97	3.02	3.48	4.65
Charbon.	3.59	1.65	1.52	2.07
Main-d'œuvre.	3.75	3.67	6.55	10.88
Prix de revient total.	12.08	8.86	13.124	19.22

Le tableau ci-dessus donne lieu à deux remarques principales.

En premier lieu, il faut regarder que les chiffres correspondants des quatre systèmes ne donnent pas la mesure exacte de leur valeur relative, puisqu'ils s'appliquent à des circonstances locales essentiellement différentes.

Ainsi par exemple, on a pour le premier système la force moyenne de $113^{ch},85$, et pour le second, celle de $20^{ch},47$; or le travail théorique effectué est dans le premier cas de $483 \times 1,949 \times 47 = 4,424,427$ kilogrammètres, et dans le second cas de $458 \times 1,270 \times 1,619 = 9,830,054$ kilogrammètres.

On en conclut que la chaîne sans fin a dépensé *beaucoup moins de force*, que le système des câbles, quoique le *travail théorique produit, soit beaucoup plus fort*; ce qui tient, sans doute, pour une petite partie à ce que la distance parcourue est moindre, mais surtout à ce qu'avec la chaîne sans fin on n'a pas eu à tenir compte des poids morts des wagons, et à ce que la résistance à vaincre par la machine a été régulière.

Les divers résultats du tableau doivent donc être pris à *titre d'exemples*, et non comme des termes de comparaison entre ces divers procédés *appliqués dans les mêmes circonstances*.

(**431**) La seconde remarque à faire est relative au prix du transport de la tonne à un kilomètre.

On voit que les chiffres indiqués ci-dessus sont comparables, et même supérieurs à ceux qui ont été indiqués précédemment (n° 403), pour le transport par chevaux sur les chemins de fer.

Mais il faut songer *d'abord* que, dans les chiffres du n° 403, on n'a rien porté pour l'entretien de la voie et du matériel roulant qui figure pour 3 ou 4 centimes, dans le tableau ci-dessus, et, *en second lieu*, que dans ce dernier tableau on considère, non des voies de niveau, comme au n° 403, mais des rampes diversement inclinées, dont la moindre quadruplerait au moins la résistance sur niveau, et réduirait dans le même rapport l'effet utile du cheval.

On peut donc penser qu'habituellement sur des chemins dits *de niveau*, c'est-à-dire à pente parfaitement régulière et se rapprochant de celle d'égale résistance, comme on peut en établir dans une grande galerie à travers bancs, on ne trouvera probablement pas avantage à substituer la traction par machines à une bonne traction par chevaux; mais que là où l'on sera en rampes et en pentes plus ou moins irrégulières et discontinues qu'il ne serait pas possible d'éviter par un meilleur tracé des galeries, et où l'on aura en même temps de grands espaces à franchir et de grandes quantités à transporter, le système mécanique pourra être employé avec avantage.

A ce point de vue, on peut dire que les couches *presque horizontales*, mais légèrement ondulées et séparées en quartiers distincts par des failles, ne sont pas dans les mêmes conditions que les couches à *pentes plus prononcées* que l'on peut atteindre à divers niveaux successifs par de grands travers bancs, et dans chacun desquels on peut pousser des chasses et franchir un rejet donné en conservant plus facilement un profil en long à pente constante.

Les premières sont plus indiquées pour y appliquer les moyens mécaniques de transport.

Les secondes se prêtent mieux aux grandes voies à pentes très-régulières sur lesquelles le transport par chevaux peut se faire avec avantage.

C'est là, assurément, un des motifs qui font que ces procédés mécaniques sont aujourd'hui, *et seront assurément toujours* beaucoup plus répandus proportionnellement dans les houillères anglaises d'abord, et ensuite dans les houillères allemandes, que dans la plupart des autres houillères de l'Europe.

CHAPITRE XVI

DU SERVICE DE L'EXTRACTION EN GÉNÉRAL

(**432**) Nous supposons que les minerais transportés par les moyens décrits aux deux chapitres précédents ne sont pas arrivés au jour, soit par des galeries à niveau, soit par des plans automoteurs, ou des vallées ou fendues, mais bien au pied d'un puits, vertical ou à peu près vertical, par lequel ils doivent être repris pour être élevés jusqu'à la surface.

Ce service est ce qu'on appelle l'*extraction*.

Le lieu où les minerais arrivent au bas du puits est ce qu'on appelle la *recette intérieure*, la *place d'accrochage*, ou l'*accrochage*, ou encore l'*envoyage*. C'est de là que les minerais s'élèvent dans la colonne du puits, et arrivent jusqu'à un point placé au jour ou communiquant avec le jour par une voie de niveau, que l'on désigne sous le nom de *recette supérieure* ou simplement de *recette*.

L'objet de ce chapitre est de décrire dans ses principales parties cette opération de l'extraction des minerais.

On doit la considérer comme ayant fait des progrès importants depuis une quarantaine d'années, non-seulement par la grandeur des moyens employés, à mesure que la profondeur des mines et les exigences de la production se sont accrues, mais encore et surtout par de nombreux perfectionnements de détail.

On peut dire qu'il n'y a *presque rien de commun* entre les dispositions qu'on employait, par exemple, dans le Nord, dans la Loire et ailleurs avant 1840, pour sortir quelques centaines ou un millier d'hectolitres de houille par jour, et ceux que l'on emploie aujourd'hui dans les puits bien outillés de ces mêmes localités, dont la profondeur moyenne a généralement beaucoup augmenté depuis lors, et auxquels on demande, malgré cette plus grande profondeur, une production triple, quadruple et souvent bien au delà, de ce qu'on leur demandait alors.

Ce service de l'extraction demande donc d'être étudié avec soin. Son organisation importe beaucoup à la prospérité d'une affaire de mine. Elle doit être assez largement conçue et installée pour que ce ne soit pas elle, en général, qui limite la puissance de production de la mine. Il n'y a habituellement nulle comparaison à faire entre *le supplément de frais* que pourra demander une installation plus perfectionnée et *le supplément de bénéfices* qui pourra résulter d'une extraction plus forte, si, d'ailleurs, elle est rendue possible par la puissance de production du champ d'exploitation dont on dispose.

Comme dans tout autre résultat industriel qui nécessite l'intervention d'une machine (Cours de machines n° 1), nous avons à étudier d'abord les divers moteurs qu'on peut appliquer à ce service et les récepteurs appropriés à leur action ; puis les organes de transmission, au moyen desquels l'action du moteur est transmise à l'opérateur, et enfin l'*opérateur lui-même*, qui sera ici, à proprement parler, la benne ou la cage qui reçoit le minerai, mais dont l'étude devra naturellement comprendre celle des dispositions accessoires que comporte l'envoyage, l'habillage de la colonne du puits et la recette supérieure.

Nous parlerons d'abord des moteurs.

§ 1. — Des moteurs employés dans l'extraction, et de leurs récepteurs.

(**133**) En principe, ainsi qu'on l'a dit dans le cours de machines (n° 34), deux moteurs quelconques sont *équivalents*, au point de vue mécanique, lorsqu'ils produisent la même quantité de travail ; de sorte qu'il n'y a pas, *a priori* et d'une manière générale, de supériorité à attribuer, à ce point de vue, à un moteur d'une certaine nature sur un autre moteur. Mais, quand on en vient à une application industrielle donnée, il est non-seulement permis, mais nécessaire, de comparer ces divers moteurs, d'abord au point de vue *du prix de revient du travail* qu'ils peuvent produire dans le cas particulier, ainsi qu'au point de vue de la *quantité journalière* qu'on peut leur demander, comparée à celle dont on a besoin pour obtenir le résultat industriel que l'on a en vue.

Or, si nous prenons une mine dans des conditions de profondeur et de production qui n'ont rien d'excessif et qui sont souvent dépassées (500 mètres de profondeur et 300 tonnes d'extraction journalière, par exemple), le travail correspondant produit journellement est de $500 \times 300 \times 1000 = 90,000,000$ kilogrammètres, c'est-à-dire qu'il représente le travail de 90 chevaux au manége ou de 643 hommes au treuil, en supposant, pour l'effet utile journalier, comme on l'a rappelé au chapitre précédent, un million de kilogrammètres pour le cheval au manége et 140,000 kilogrammètres pour l'homme à la manivelle. On trouverait encore 346 hommes, si l'on admettait qu'on les fit agir dans les meilleures conditions possibles, c'est-à-dire par leur poids, sur le pied de 260,000 kilogrammètres (cours de machines, n° 39).

On en trouverait jusqu'à 1600, si l'on admettait que l'extraction se fît à dos d'homme, comme cela se pratique encore dans beaucoup de mines du Mexique et de l'Amérique du Sud, et même dans quelques contrées arriérées de l'Europe, comme en Sicile. On en trouverait plus encore avec le pelletage ou le brouettage.

Sans même parler de ces derniers chiffres, et nous en tenant à l'emploi des récepteurs, tels que des treuils à manivelles et des roues à chevilles, ou des manéges, on reconnaît immédiatement *l'impossibilité matérielle absolue* d'installer *à l'orifice d'un même puits*, le nombre de récepteurs nécessaires pour utiliser un aussi grand nombre de moteurs animés; par conséquent, l'obligation où l'on serait, si l'on voulait les employer, de multiplier beaucoup les puits ; d'où résulteraient définitivement de très-grands frais de premier établissement et l'emploi d'un nombre de moteurs animés inadmissible, tant à cause de la dépense journalière qu'ils entraîneraient, que de la difficulté, ou même l'impossibilité, où l'on serait de les réunir en aussi grande quantité.

Cette conclusion pouvait être prévue à l'avance, d'après ce que nous avons déjà dit au n° 420, sur l'application de ces moteurs au transport en vallées, où le travail à produire est cependant petit, relativement à celui qu'emploie l'extraction par un puits d'une certaine profondeur.

On doit donc regarder comme *démontré* que dans l'état actuel des choses, nos grandes mines *ne subsisteraient pas*, si l'extraction devait s'en faire par l'emploi de moteurs animés.

Encore doit-on remarquer que le minerai n'est pas la seule matière que l'on ait à extraire d'une mine; qu'il faut aussi en extraire l'eau, qui dans certaines mines forme un poids assez souvent presque égal, quelquefois même *très-supérieur* à celui du minerai; qu'il faut y faire circuler des masses d'air importantes, ce qui prend encore de la force, etc., etc.

Ainsi l'existence d'une grande mine *implique nécessairement* l'application de moteurs naturels autres que les moteurs animés.

Ceux-ci seront donc simplement réservés pour des extractions *peu importantes et voisines de la surface.*

On pourra y utiliser des hommes lorsqu'il n'en faudra pas plus de trois ou quatre à la manivelle; car ils ne coûteront pas plus qu'un cheval avec son toucheur et avec le receveur spécial qu'il faudra, dans le cas du manége, entretenir à l'orifice du puits pour recevoir et vider les bennes à leur arrivée.

Dès que le travail de l'extraction est suffisant pour utiliser à peu près la force d'un cheval, il conviendra de l'employer; car il fait à peu près le travail de sept hommes, et il ne coûte pas plus que deux ou trois au maximum.

De même, dès que le travail nécessitera plus de deux ou trois chevaux, et si en même temps le combustible ne fait pas défaut ou n'est pas à des prix excessifs (ce qui est le cas le plus fréquent en Europe), on trouvera ordinairement qu'une petite machine à vapeur, avec ses frais de mécanicien et de combustible et ses dépenses d'entretien, pourra leur être substituée avec avantage, pour peu qu'en outre, le travail doive avoir une certaine durée, qui vaille la peine de faire venir et d'installer cette petite machine.

(**434**) La question du passage d'un moteur à un autre plus économique, à mesure que le travail à développer augmente, doit être examinée dans chaque cas spécial, et la limite à laquelle il y a avantage à faire cette substitution dépend des circonstances locales.

Considérons par exemple, un puits en fonçage.

Désignons par :

x la profondeur du puits en mètres.

A sa section.

h l'avancement journalier des mineurs.

d la densité de la roche ou plus exactement, le poids du mètre cube.

Q le poids d'eau à épuiser en 24 heures.

Le travail journalier à développer, sans tenir compte de la fatigue qui résulte de la montée et de la descente des hommes, ou de la descente des matériaux dont ils ont besoin pour le boisage ou le muraillement, a pour expression :

$$(dAh + Q)\, x.$$

Il faudra donc un nombre d'hommes marqué par

$$\frac{(dAh + Q)\, x}{140000} = N$$

et un nombre de chevaux marqué par

$$\frac{(dAh + Q)\, x}{1000.000} = n.$$

On peut penser, comme on l'a dit tout à l'heure, et sauf à examiner la chose plus en détail dans chaque cas particulier, qu'il conviendra de substituer le manége au treuil, dès qu'il faut au plus *quatre hommes au treuil*, et ultérieurement la machine à vapeur au manége, dès qu'il faut *plus de trois chevaux*.

Posant donc

$$\frac{(dAh + Q)\, x}{140.000} = 4 \ldots x = \frac{4 \times 140000}{dAh + Q}$$

$$\frac{dAh + Q)\, x}{1000000} = 3 \ldots x = \frac{3 \times 1000000}{dAh + Q},$$

on aura les profondeurs x auxquelles les substitutions de moteur pourront se faire convenablement. Ces profondeurs seront d'autant plus faibles que le puits sera à plus grande section, que l'avancement journalier y sera plus grand et l'entretien d'eau plus considérable.

Il est naturel qu'il en soit ainsi.

Si l'on suppose $A = 12^m,50$ (c'est-à-dire un puits d'environ 4 mètres de diamètre),

$h = 0^m,40$, ou un avancement mensuel d'une douzaine de mètres,

$d = 2,700$, chiffre assez ordinaire pour beaucoup de roches,

$Q = 5,600$, ou une venue d'eau d'un hectolitre et demi à l'heure (ce qui est une condition très-favorable),

on trouve

$$dAh + Q = 17100$$

et par suite

$$x = \frac{4 \times 140.000}{17100} = 33^m \text{ environ}.$$

$$x = \frac{5 \times 1000000}{17100} = 175^m.$$

Si l'on supposait que l'on eût un entretien d'eau, déjà assez appréciable, de 5 hectolitres à l'heure, la quantité $dAh + Q$ deviendrait égale à 25,500, et les deux valeurs de x deviendraient :

$$\text{La première } x = 22^m.$$
$$\text{La seconde } x = 118^m.$$

Ces chiffres sont assez importants et en même temps assez éloignés l'un de l'autre, pour qu'on reconnaisse l'opportunité de commencer le puits au treuil, puis de le poursuivre au manége pendant un certain temps, et plus tard d'installer une machine de fonçage.

C'est la marche que l'on suit en effet assez ordinairement dans la pratique.

(**435**) Ayant reconnu par les considérations et les exemples numériques ci-dessus, le champ assez circonscrit dans lequel il y a convenance ou possibilité d'employer les moteurs animés à un service permanent d'extraction, il nous reste à considérer les moteurs hydrauliques et les moteurs à vapeur.

Les moteurs hydrauliques, en tant qu'il s'agit de l'extraction, peuvent être installés sous les diverses formes indiquées aux n°s 309 à 312 du cours de machines. On devra considérer qu'avec la tendance actuelle d'augmenter la production individuelle d'un puits, soit en activant les travaux dans son champ d'exploitation, soit en augmentant l'étendue de ce champ, le récepteur qui semble destiné à prévaloir de plus en plus est la *machine à colonne d'eau à double effet*, qui peut, quelle que soit la hauteur de la chute dont on dispose, l'utiliser tout entière, qui peut en outre être manœuvrée très-facilement et à toute distance pour tous les changements de marche que nécessite la réception et le renvoi des cages d'extraction aux deux recettes du jour et du fond, et qui enfin présente pour son installation de moindres sujétions d'emplacement et de position que les autres récepteurs hydrauliques.

Je la considère comme étant véritablement *la machine d'extraction*, à employer dans le cas où l'on dispose d'une chute d'eau naturelle, ou si l'on en crée artificiellement avec une galerie d'écoulement, sauf le cas, peu ordinaire dans les mines, de chutes très-basses et à grand volume d'eau, pouvant conduire à donner des dimensions excessives aux cylindres de la machine, et à lui faire préférer dès lors soit une turbine, soit une roue de côté.

Mais il faut examiner aussi ce moteur hydraulique, comme nous l'avons fait tout à l'heure pour les moteurs animés, au point de vue de la quantité de travail qu'il peut donner.

Or dans une mine profonde et à grande production, qui aura, par exemple, 600 mètres de profondeur et tirera 500 tonnes, le travail journalier à produire est de $500 \times 600 \times 1000 = 500{,}000{,}000$ kilogrammètres. En outre, les convenances de l'exploitation demandent le plus souvent que l'extraction se fasse dans *un seul poste*. On a pu donner à ce poste unique jusqu'à 12 à 14 heures. Mais la tendance incessante des ouvriers à tâcher de diminuer la durée de leur travail, pourra bien obliger de le réduire à moins de 12 heures ; de sorte qu'il serait peut-être prudent, en installant une machine d'extraction, de compter qu'elle devrait faire son extraction journalière, ou son *trait*, en 10 heures de marche, sur lesquelles, en déduisant les repos ainsi que les temps perdus entre les manœuvres, il n'y aurait peut-être pas plus de 8 heures de travail effectif de la machine. Soit donc un travail utile de $\frac{300,000,000}{8}$, ou de 37,500,000 kilogrammètres par heure, ou une force théorique de $\frac{37.500,000}{3,600 \times 75} = 139$ chevaux en poids utile monté, soit au moins 175 chevaux, ou un quart en sus, sur le piston de l'appareil récepteur, sans compter encore que la résistance, étant peu uniforme (ainsi qu'on le verra plus loin), la puissance de la machine doit être en rapport, non pas avec la résistance moyenne qu'elle a à vaincre, mais bien avec *la résistance maximum*, qui se produit habituellement à l'enlevage.

C'est donc en définitive aujourd'hui, sur des forces approchant de 200 chevaux, ou dépassant même cette limite, qu'il faut compter dans les puits profonds à grosse production, dont le nombre est déjà important et est appelé à augmenter de plus en plus rapidement avec le temps.

Dans les conditions les plus ordinaires, une telle force, qu'il serait insensé de demander à des moteurs animés (car elle absorberait, et souvent bien au delà, tout le personnel dont dispose l'exploitation), ne pourra pas non plus être demandée à une chute d'eau, parce que l'on n'en aura pas à sa disposition d'une force suffisante. Elle devra donc absolument être demandée à la vapeur, et si nous avons pu dire au n° 433 que nos grandes mines ne *subsisteraient pas* dans leurs conditions actuelles, si l'extraction devait s'en faire par *des moteurs animés*, nous devons ajouter presque aussi bien : *et si l'on ne les remplaçait pas par la force de la vapeur.*

(**436**) Sous quelle forme doit se faire cette application souvent nécessaire de la machine à vapeur au service de l'extraction?

C'est ce qu'il convient d'examiner ici en termes généraux, renvoyant pour les détails au cours de machines (2ᵉ volume).

Les principales conditions à remplir sont les suivantes :

En premier lieu, les machines doivent être bien à la main du mécanicien, faciles à manœuvrer pour l'envoyage ou la réception des bennes ou cages, tout en conservant à celles-ci une grande vitesse moyenne.

On y parvient en employant des machines à deux cylindres conjuguées, et en les munissant d'un volant léger servant bien plutôt à fournir *une jante* pour *l'application d'un frein d'arrêt*, qu'à régulariser la vitesse, qui n'a pas besoin de l'être dans une mesure importante, et qui l'est d'ailleurs suffisamment par la masse des bobines, par celle des câbles et par celle des poids dont ils sont chargés. Avec ces dispositions, on peut arrêter, puis repartir, ou même battre en arrière très promptement, faire en un mot toutes les manœuvres pour enlever ou déposer les cages, soit au jour soit au fond, sans être gêné par l'inertie du volant, et sans avoir à craindre aucun point mort obligeant parfois de se porter au volant pour remettre en marche.

On doit considérer l'emploi des deux cylindres conjugués, qui ne remonte pas à un grand nombre d'années, comme ayant constitué un perfectionnement des plus intéressants, qui a donné à la machine d'extraction la même facilité et la même précision de manœuvre qu'à une locomotive.

En second lieu, la machine doit être simplifiée autant que possible, afin de diminuer les chances d'arrêt, et d'assurer la continuité de son action, en réduisant le nombre et l'importance des pièces dont les surfaces doivent être dans un état parfait, et qu'on n'a pas toujours sous les yeux, telles que les soupapes, pistons, boîtes à étoupes, etc. De la bonne marche de la machine d'extraction dépendent en effet celle des autres services de la mine, notamment celle du roulage, et subsidiairement, dans une certaine mesure, celle du travail de l'abattage aux chantiers.

Pour obtenir cette grande simplicité, on a généralement marché à haute pression, sans condensation et sans détente, ou du moins *sans appareil spécial de détente*, et en se bornant à la détente que l'on peut obtenir par une certaine avance du tiroir et un recouvrement correspondant.

Dans le même ordre d'idées, comme aussi en vue de diminuer les frais de premier établissement et de montage, on a supprimé le ba-

lancier de Watt avec tous ses organes, et établi les pistons récepteurs en connexion directe avec l'arbre du volant, par le simple appareil de leurs tiges, de bielles et de manivelles, plaçant d'ailleurs les
cylindres, tantôt avec leurs axes verticaux, tantôt avec leurs axes horizontaux, sans qu'on ait donné jusqu'ici une prépondérance marquée aux avantages et aux inconvénients respectifs que présentent
ces deux dernières dispositions.

Dans le même ordre d'idées encore, on a placé directement les
bobines d'enroulement des câbles sur l'arbre du volant, en supprimant les engrenages qui, dans les anciennes machines, servaient
à donner à l'arbre des bobines une vitesse plus grande qu'à l'arbre
du volant. N'ayant ainsi qu'un arbre principal, on a pu n'avoir qu'un
seul frein puissant, actionné par un contre-poids ou mieux par la
vapeur, suffisant à arrêter le mouvement en tous les cas. On a échappé
ainsi aux conséquences qu'entraînerait la rupture du pignon ou de
l'engrenage, s'il n'y avait de frein que sur l'arbre du volant.

On remarquera toutefois que cette suppression des engrenages
n'est pas irréprochable au point de vue théorique ; elle est même
contraire au système, aujourd'hui assez apprécié, des machines à
vapeur légères et rapides employées dans beaucoup d'industries ;
mais elle est presque universellement pratiquée dans les mines, du
moins pour les machines de cent chevaux et au delà.

Une machine à vapeur d'extraction établie suivant les idées les
plus en faveur en France et en Belgique dans ces dernières années,
est donc en définitive :

1° A deux cylindres conjugués, horizontaux ou verticaux, à haute
pression, sans condensation et avec une très-faible détente produite
par l'avance et le recouvrement ;

2° A connexion directe avec l'arbre du volant et sans engrenage ;

3° Avec un volant léger et un frein puissant, souvent à vapeur,
pour agir sur la jante de ce volant, dont l'arbre est en même temps
celui des bobines ;

4° Enfin avec un mécanisme de changement de marche analogue
à celui des machines locomotives, c'est-à-dire avec la coulisse de
Stéphenson, ou avec l'une de ses dérivées, pourvue d'un des dis-

positifs connus pour pouvoir fonctionner sans exiger de trop grands efforts de la part du mécanicien,

Une machine ainsi établie devra être en outre *largement calculée*, pour faire facilement les manœuvres à l'enlevage et à l'arrivée, et même *pour fonctionner avec un seul câble*. On doit remarquer que cette dernière condition n'est pas un simple surcroît de précaution qui ne servira qu'en cas d'accident. En réalité, elle sert habituellement à la fin de chaque manœuvre des cages ; car la cage inférieure est déjà posée sur les taquets de la recette intérieure, quand on a encore à recevoir celle qui arrive au jour.

Le type défini ci-dessus est considéré par la majorité des directeurs de mines et même des constructeurs, comme remplissant convenablement le programme des conditions qu'on peut demander à un appareil de ce genre.

(**437**) Il est facile de voir cependant que ce programme laisse à désirer à un point de vue essentiel, dont l'importance s'accroît à mesure que la force des machines employées va en augmentant, et surtout dans ces dernières années, où le combustible a pris, même pour les basses qualités employées sur le lieu de production, une plus-value considérable qui ne disparaîtra pas entièrement.

Ce point de vue est celui de la consommation du combustible, qui, sous les conditions indiquées au numéro précédent, est nécessairement très-élevée, et occasionne une dépense en argent très-rapidement croissante, soit par le prix du combustible consommé en excès, soit par les dépenses accessoires de main-d'œuvre, d'établissement et d'entretien de chaudières qu'entraîne cette grande consommation relativement à la force utilisée. Cette consommation excessive est due principalement à trois causes :

En premier lieu, une machine *largement calculée*, comme on vient de le dire, était une machine qui devait partir *dans toutes les positions*, par exemple quand un piston était au point mort et l'autre au milieu de sa course, ce qui est, comme l'on sait, la position la plus défavorable à l'action de la vapeur sur les pistons.

Il fallait démarrer de cette position, même dans les circonstances les plus difficiles, par exemple, s'il arrivait qu'on eût à enlever une cage pleine au fond, sans le contre-poids de l'autre cage, ou bien comme on vient de le rappeler quand la cage vide reposant déjà sur ses taquets au fond du puits, il fallait achever la course montante de la cage pleine et la manœuvrer au jour.

On devait donc donner aux pistons à vapeur une section assez grande pour obtenir ces divers effets avec l'un d'eux placé au milieu de sa course et l'autre au point mort, et en utilisant toute la pression dans les chaudières.

La pression qui pouvait être nécessaire pour ces circonstances et ces positions spéciales des pistons, devenait plus que suffisante pour la marche normale, et l'on était alors obligé de la réduire par l'étranglement de la soupape à gorge.

On avait ainsi les conditions d'une machine marchant, *sans détente ni condensation*, à une pression effective réduite, et par conséquent avec une perte relative plus ou moins importante du fait de la contre-pression atmosphérique.

Il fallait donc tout *en calculant largement*, comme on vient de le dire, éviter de dépasser la mesure; car tout ce que l'on faisait au delà était nuisible, en obligeant de restreindre la pression de marche. C'est qu'ainsi j'ai pu voir des cas où, *sous prétexte* de s'outiller en vue d'une augmentation présumée soit de la profondeur, soit de la production, ou, comme on le disait, *pour assurer l'avenir*, on donnait aux pistons des dimensions telles que la machine pouvait marcher sous une demi-atmosphère de pression effective, alors qu'il y en avait quatre ou cinq dans la chaudière.

Il est certain que si l'on assurait ainsi l'avenir, c'était singulièrement *aux dépens du présent*; car avec une demi-atmosphère effective, une machine sans condensation perd les deux tiers de sa force par l'effet de la contre-pression atmosphérique.

En second lieu, une machine où la vapeur agit, même à une plus haute pression effective que je ne viens de le dire, mais agit sans détente ni condensation, est une machine essentiellement défectueuse au point de vue de l'emploi théorique de la vapeur, et il n'est plus permis de négliger actuellement cette imperfection, avec la force des machines qu'on doit employer et avec la valeur du combustible qu'elles consomment.

Depuis un certain nombre d'années, plusieurs constructeurs habiles, M. Farcot entre autres, avaient essayé la détente dans des machines d'extraction destinées à des mines autres que les houillères, sur lesquelles le combustible avait déjà besoin d'être ménagé.

Mais cette détente n'était pas très-largement utilisée. Il fallait, en effet, que si l'on venait à renverser la distribution pour un changement de marche, l'admission eût lieu *au moins dans un* des deux cylindres; si donc, après ce renversement, l'un des pistons était sur le point d'arriver à son point mort, l'autre, près d'arriver en même temps au milieu de sa course, devait encore recevoir de la vapeur; ce qui revient à dire que l'admission devait se faire *au moins pendant la moitié de la course.*

Ainsi *la détente fixe* ne pouvait dépasser la limite $\frac{1}{2}$.

En troisième lieu enfin, la condensation entraînant une assez grande complication d'organes, on redoutait de l'employer et presque partout, sauf dans quelques mines de Newcastle et du bassin de la Ruhr, où sa valeur était mieux comprise et dans les mines métalliques du Cornouailles, où le charbon est à un prix relativement élevé, on n'employait que des machines à haute pression sans condensation.

On voit, en définitive, que les causes de la grosse consommation des machines d'extraction établies suivant le type défini ci-dessus n'ont rien de spécial, et que les moyens d'y remédier ne sont pas autres, au fond, que ceux que l'on concevrait pour une machine à vapeur quelconque, savoir :

1° L'emploi de la détente, variable selon *les variations du travail résistant*, de manière à y proportionner *le travail moteur développé sur la machine par coup de piston ;*

2° L'emploi de la condensation, qui permet de pousser très-loin l'action de la détente, et de marcher à pression assez réduite, sans éprouver, du chef de la contre-pression, une perte de force trop considérable.

Ces idées sont acceptées par toutes les personnes au courant des machines à vapeur, et elles sont d'autant plus indiquées qu'il s'agit d'une machine à laquelle on doit demander accidentellement un effort plus grand que son effort moyen en marche normale, comme c'est le cas pour la machine d'extraction ; ce qui oblige, ainsi que nous l'avons dit plus haut, de calculer *largement* le diamètre des pistons.

Néanmoins, on se refusait à en faire l'application à ces machines, du moins sur les houillères, sous *le prétexte* que le combustible était sans valeur, et en exagérant l'importance *du motif* qui pouvait porter à simplifier le plus possible la machine.

(**438**) Cependant, dans ces dernières années, la question de la détente s'est posée, et plusieurs ingénieurs, notamment, en France, M. Audemar de Blanzy, et en Belgique, M. Guinotte de Mariemont et M. Scohy de Montceau-Fontaine, l'ont franchement abordée.

En réalité, si l'on veut bien examiner les choses, on reconnaît qu'un bon système de détente variable ne complique pas beaucoup une machine donnée ; que si dans les locomotives on n'a jusqu'ici employé pour produire cette détente variable que le mécanisme assez imparfait de la coulisse, cela tient aux sujétions de service de ces machines, exposées aux secousses de la voie et marchant à un nombre de tours extrêmement considérable relativement à leur force ; mais qu'il en est tout autrement pour une machine d'extraction ; que cette machine est, au contraire, établie à *demeure*, que sa vitesse de marche, mesurée par le nombre de tours du volant, *est petite*, relativement à celle de la plupart des machines que les autres industries emploient, et qu'enfin elle a ce caractère que les variations de la résistance s'y reproduisent périodiquement dans les manœuvres d'extraction successives.

On peut donc penser qu'un appareil de détente variable pourra lui être appliqué, sans que le jeu de cet appareil soit par lui-même une cause notable et importante de réparations, et qu'il pourra, au contraire, fonctionner très-utilement, s'il est disposé de manière à satisfaire aux conditions principales suivantes :

1° De permettre à la détente variable de se prêter, soit automatiquement, soit par une manœuvre facile du mécanicien, aux variations de travail résistant qui se produisent pendant la course d'une cage, et de maintenir ainsi à la machine l'allure qu'on veut lui imprimer pendant cette course.

2° De pouvoir supprimer la détente, soit *à un instant quelconque de la course*, et d'être maître par là de s'arrêter et de repartir, ou bien de battre en arrière, dans une position quelconque de la machine, soit *tout au moins aux deux extrémités de la course*, afin de pouvoir faire les manœuvres à l'arrivée et au départ des cages;

3° Enfin d'obtenir ces différents effets, sans obliger le mécanicien, dont l'attention est déjà bien absorbée, à une tension d'esprit encore plus grande ou à un nouvel effort physique appréciable.

La véritable question n'est pas de chercher à augmenter le nombre déjà grand des appareils de détente variable, mais d'assujettir un appareil donné, en le complétant par quelques détails spéciaux, à remplir les conditions générales qui viennent d'être énoncées.

(**439**) M. Audemar a choisi le système de détente connu depuis longtemps, qui consiste à interrompre l'admission dans la boîte du tiroir au moyen de la fermeture d'une soupape.

Cette soupape est à double siége pour s'ouvrir facilement, et elle est mue par un levier actionné lui-même par un manchon à bosses, animé d'un mouvement de rotation donné par l'arbre de la machine. Ce manchon peut glisser le long de son axe par un mouvement solidaire du mouvement du levier d'une coulisse ordinaire.

Celle-ci peut être considérée comme servant, aux deux extrémités de sa course, à mettre le tiroir dans la position convenable pour la marche en avant ou la marche en arrière.

En même temps, pour ces deux positions extrêmes, le levier de la coulisse est en relation avec un point du manchon dont le bossage occupe une circonférence entière; la soupape reste ainsi ouverte pendant toute la course, et il n'y a pas de détente.

Si le levier de la coulisse s'éloigne de ces positions extrêmes, le manchon se déplace et le levier de la soupape n'est plus en relation qu'avec un bossage occupant un secteur circulaire de moins en moins étendu, et, par conséquent, l'admission diminue jusqu'à devenir nulle, en même temps que l'angle au sommet de ce secteur. On parvient ainsi, par un petit mouvement du levier de la coulisse, à passer par tous les degrés de détente, depuis une admission pendant toute la course jusqu'à une admission nulle.

Par ce mécanisme, le conducteur de la machine supprime toute détente en ramenant le levier de la coulisse à l'une de ses positions extrêmes ; il marche en avant ou en arrière, selon qu'il est à l'une ou à l'autre de ces positions ; il supprime toute admission avant même que son levier soit ramené au cran du milieu ; enfin, quand la machine est en mouvement, il la maintient à l'allure voulue en écartant plus ou moins le levier de sa position extrême.

On dispose, d'ailleurs, les choses pour qu'un espace *assez petit* parcouru par le levier, qui change *très-peu* la position du tiroir relativement aux ouvertures d'admission et d'échappement, suffise à produire l'excursion entière du manchon depuis la position qui correspond à l'admission entière jusqu'à celle qui correspond à l'admission nulle. Il en résulte que la machine est très-sensible aux déplacements du levier, et que les diverses détentes se font régulièrement, puisque le tiroir reste toujours très-peu dérangé de sa position normale.

Un exemple de la disposition dont on vient de donner l'idée générale est représenté sur la figure 320, pour l'explication de laquelle nous renvoyons à la légende des planches.

(**440**) M. Guinotte a pris pour point de départ la détente variable de Meyer, caractérisée d'une manière générale par l'emploi de deux tiroirs superposés ayant un certain mouvement relatif. Le tiroir du dessous étant assimilé à ce qu'on appelle un tiroir normal, les plaques du tiroir supérieur, écartées d'une quantité variable, viennent fermer plus ou moins promptement les ouvertures d'admission qui traversent le premier. (Voir le Cours de machines.)

M. Guinotte modifie le tiroir de détente, en ne le composant que d'une seule plaque *dont il varie la course*, au lieu d'avoir, comme Meyer, une *largeur variable* et une *course constante*.

Pour comprendre le système, on devra se représenter que le tiroir inférieur est un tiroir ordinaire, et que la coulisse dont il est muni a pour but de le mettre, aux deux extrémités de sa course, en relation avec celui des deux excentriques qui correspond soit à la marche en avant, soit à la marche en arrière.

Il reste à faire marcher le tiroir de détente. Or on sait que, pour un tiroir ordinaire, on peut obtenir la fermeture de l'admission, en divers points de la course du piston, pourvu qu'on donne à l'excentrique qui le commande *un rayon et un angle de calage convenables*.

Pour avoir une détente variable, il faudra produire, pendant la marche, sur le tiroir de détente, l'équivalent d'une variation dans ces deux éléments. On sait qu'on y parvient en donnant le mouvement à ce tiroir, non plus par un excentrique unique, mais par l'intermédiaire d'une coulisse mue elle-même par deux excentriques. C'est le principe même du système de la coulisse Stephenson et de ses nombreuses variétés. D'après cela, de même qu'on varie la course d'un tiroir ordinaire de distribution au moyen de la coulisse, on peut, par le même artifice, varier la course du deuxième tiroir à partir de sa position moyenne qui correspond au point mort du piston, et, par conséquent, fermer plus ou moins promptement l'ouverture d'admission qui traverse le tiroir inférieur.

Telle est, ramenée à ses termes les plus simples, la combinaison imaginée par M. Guinotte. Elle semble demander, à première vue, l'emploi de deux coulisses et de quatre excentriques. Ce système serait trouvé peut-être un peu compliqué pour une locomotive, quoique cela ait été fait; mais il paraîtrait parfaitement admissible pour une machine d'extraction.

Mais le système peut être simplifié et varié d'un grand nombre de manières, en vertu de considérations géométriques dans le détail desquelles ce n'est pas ici le lieu d'entrer, et qui ont été exposées soit par M. Guinotte lui-même, dans un écrit publié à Liége en 1872, soit, plus récemment, par M. Pichault, dans un travail inséré aux *Annales industrielles* (janvier 1874).

La figure 321 représente, d'après l'ouvrage précité de M. Guinotte, la disposition adoptée pour une machine d'extraction des mines de Mariemont. Il n'y a que deux excentriques, comme si la machine était sans détente, et le système contient seulement en plus une coulisse de détente et quelques articulations qui peuvent paraître un peu complexes, mais qui n'augmentent réellement pas les chances d'arrêt de la machine. Le système présente une disposition pour faire varier automatiquement la détente pendant l'ascension d'une benne, selon que le demande la variation dans le moment des forces appliquées, et pour la supprimer momentanément pendant un ou deux tours aux deux extrémités de la course de la benne.

(441) M. Scohy opère essentiellement sur une machine à quatre glissières, dont deux pour l'admission et deux pour l'échappement, comme celle prise pour exemple de l'application du système Guinotte.

On rappelle ici incidemment que cette disposition a pris faveur dans ces derniers temps, et qu'elle a, en effet, le double avantage de permettre des ouvertures d'admission et d'échappement plus grandes, et de rendre les manœuvres à la main plus faciles qu'avec le tiroir ordinaire dans les grandes machines à forte pression.

Le système de détente variable, de M. Scohy (*fig.* 522), consiste à détendre, dans la boîte de chaque tiroir d'admission, non pas avec une soupape, mais avec un petit tiroir spécial, ou *tuile de détente*, qui est calé de manière que le rayon d'excentricité soit parallèle à la manivelle et que cette tuile de détente se meuve toujours dans le même sens que le piston.

Sa lumière est ouverte en grand au point mort ; la détente commence quand la tuile recouvre la lumière, et cette détente continue jusqu'à la fin de la course.

Dans le mouvement rétrograde du piston, il arrive que la lumière se rouvre ; mais, à ce moment, la glissière correspondante d'admission est fermée, et la vapeur ne peut commencer à arriver sur la face correspondante du piston qu'à la fin même de la course.

On varie le degré de détente, comme dans la détente Mayer, au moyen d'un petit volant à manivelle qui fait tourner la tige filetée commune aux deux tuiles. Les filets sont en sens contraire, de manière à rapprocher ou à éloigner ces deux tuiles l'une de l'autre, et, par conséquent, à changer leur position relativement à leurs lumières respectives. Enfin, on peut suspendre la détente, pendant les manœuvres, à l'arrivée ou au départ des cages. Pour cela on établit, à côté des tuiles de détente, deux autres petites glissières qui en sont indépendantes, et qu'on peut ouvrir et fermer à volonté.

Ce dernier mouvement peut être à la main de l'ouvrier, ou se faire automatiquement par deux taquets convenablement fixés à une roue qui est commandée par une vis sans fin, et qui fait un peu moins d'un tour pour une manœuvre complète. L'un ou l'autre de ces taquets vient, vers la fin de chaque course, ouvrir la glissière, et supprimer ainsi la détente pendant telle portion de la course que l'on veut. Un système de contre-poids tend à ramener les glissières sur les ouvertures, et rétablit ainsi la détente dès que les taquets ont cessé d'être en prise.

Il suffit de tenir ces contre-poids relevés pour supprimer la détente pendant la course entière.

Il serait difficile *a priori* d'attribuer une préférence bien fortement motivée à un de ces trois systèmes de détente dont on vient de parler.

Mais ce qu'il est permis de dire, c'est que l'application de la détente variable aux machines à changements de marche et à mouvements variés, comme sont les machines d'extraction, peut-être aujourd'hui considérée comme une question résolue d'une manière pratique et par diverses combinaisons.

Il est à penser que ces procédés, et les procédés plus ou moins analogues qui ne manqueront pas sans doute de se produire, sont appelés à devenir promptement *d'un usage courant*.

(**442**) En sera-t-il de même pour l'autre perfectionnement indiqué au n° 437, l'emploi de la condensation?

On peut dire que la question n'est pas encore résolue ; ou peut-être même faudrait-il dire, plus exactement, qu'à consulter le plus grand nombre des personnes intéressées, elle le serait en ce moment dans un sens négatif.

Il est certain que l'emploi de la condensation n'est pas sans quelque inconvénient dans les machines ordinaires, en ce sens qu'elle multiplie les organes dont les surfaces frottantes échappent à la vue du mécanicien et doivent être toujours en parfait état. Il n'est pas moins certain que ces inconvénients sont de nature à s'accentuer pour des machines exposées, comme celles qu'on emploie à l'extraction, à une marche essentiellement discontinue et à tous les renversements de mouvement que nécessitent les manœuvres des cages. Mais, d'un autre côté, tout le monde sait que l'emploi de la condensation est une grande cause d'économie de combustible, soit *directement*, par l'effet de la réduction de la contre-pression, soit *indirectement*, par la facilité qu'elle donne d'augmenter beaucoup la détente, avant d'arriver à une pression finale atteignant la limite imposée par la valeur de la contre-pression.

A mon avis, *le moment ne tarderait pas à arriver*, où l'on reconnaîtrait la convenance de ne pas se priver de ces avantages, fût-ce au prix des inconvénients du système ordinaire des condenseurs actionnés par la machine même à laquelle ils sont appliqués.

Mais, en ayant égard à la disposition connue, qui consiste à appliquer une machine condensante spéciale pour desservir soit une machine unique, soit une série de machines, on peut dire, je crois, dès à présent, *que ce moment est arrivé*. En effet, un centre de production complet, destiné à se suffire à lui-même, comprendra souvent deux puits distincts, assez peu éloignés l'un de l'autre, et sur lesquels seront ou pourront être installées, indépendamment de la machine d'extraction, une machine d'épuisement ayant une force assez souvent comparable, parfois même supérieure à celle de la première, une machine de ventilation, une machine spéciale pour descendre les hommes, enfin quelques machines accessoires pour les ateliers de réparation, pour un monte-charge, ou pour quelque appareil à laver ou à agglomérer les charbons etc., etc. ; de sorte qu'en définitive une grande installation de mines peut grouper dans un rayon peu étendu un ensemble de machines variées réunissant une force collective *d'un certain nombre de centaines de chevaux*.

On peut ramener toutes ces machines *au maximum de simplicité*, en supprimant à chacune d'elles, non-seulement l'appareil de condensation, mais encore l'appareil d'alimentation, et les réduisant ainsi aux organes *indispensables à leur fonction de récepteurs*. Toutes les fonctions accessoires sont rejetées sur un moteur spécial, qui fait, *pour toutes*, le double service de l'alimentation des chaudières et de la condensation des vapeurs d'échappement.

Ce moteur, n'ayant pas d'autre fonction à remplir, peut être établi dans les meilleures conditions de marche en vue de sa destination spéciale. On réunit ainsi le double avantage de la *régularité* et de l'*économie*, dans la marche de chacune des machines employées

de la régularité, parce que la machine est aussi simple que possible ;
de l'économie, parce qu'elle marche à condensation.

Quelque avantageux qu'il paraisse, ce système n'est pas admis
sans contestation. On suppose qu'*un condenseur spécial* agissant *d'une
manière suivie* est peu approprié à l'emploi d'une machine à marche
intermittente et variable, comme l'est la machine d'extraction. On
dit qu'il faudra l'arrêter chaque fois que la machine d'extraction
s'arrêtera elle-même ; et que, lorsqu'on remettra en train, le vide ne
se produisant qu'au bout de quelques instants de fonctionnement,
on perdra ainsi une partie notable de l'avantage de la condensation,
la durée d'une manœuvre des cages étant elle-même fort réduite, etc.
Ces inconvénients, au fond assez secondaires, disparaissent dans le
cas supposé où la machine d'extraction n'est *qu'une des machines*
desservies par la machine condensante spéciale, et, en somme, je
ne crois pas que ces objections puissent être mises en balance avec
les avantages économiques qui résulteront de l'application de la condensation de la vapeur à un ensemble de machines qui pourra être
de 400 ou 500 chevaux, et peut être bien au delà dans certaines
circonstances.

Il me paraît donc que la définition du type de la machine d'extraction donnée à la fin du n° 436, devrait être complétée en disant :
5° que la machine sera *à détente variable*, et 6° enfin qu'il lui sera
adjoint, tout au moins s'il existe plusieurs autres machines plus ou
moins importantes fonctionnant sur le même siége d'extraction, *une
machine spéciale pour l'alimentation et pour la condensation de toutes
ces machines.*

Je pense que la définition ainsi complétée sera presque universellement admise aujourd'hui, sauf en ce qui concerne la sixième et
dernière condition, qui rencontrera encore, à tort selon moi, beaucoup de contradicteurs.

Telle est notre conclusion, à l'appui de laquelle, sans entrer ici
dans de plus grands détails, nous renvoyons au Cours de machines
(2ᵐᵉ volume).

(443) Résumant ce qui a été dit ci-dessus (n°ˢ 432 à 442), on
reconnaîtra :

1° Que les moteurs animés ne peuvent être employés à l'extraction que dans des limites extrêmement restreintes, au delà desquelles ils sont ou *trop onéreux ou même matériellement impossibles à appliquer* ;

2° Que les moteurs hydrauliques, quand il en existe naturellement, ou qu'on en peut créer artificiellement, peuvent être, *s'ils sont de force suffisante*, d'un emploi très-avantageux, et que, dans l'état actuel de l'art, le système de récepteur qui paraît devoir être le plus habituellement appliqué est la machine à colonne d'eau de rotation disposée d'une manière analogue à une machine à vapeur d'extraction ;

3° Enfin que quand cette force hydraulique fait entièrement défaut, ou ne peut pas être créée sur une échelle suffisante, ce qui est déjà et deviendra de plus en plus un cas fréquent, l'emploi de la vapeur, dans les conditions ci-dessus définies, est *absolument indispensable*.

On remarquera d'ailleurs l'analogie qui existe entre l'extraction et le transport mécanique en vallée dont nous avons parlé au chapitre précédent. Les seules différences sont d'un côté que dans le transport en vallée le frottement des wagons est une résistance qui s'ajoute à l'action de la gravité, mais de l'autre côté que les hauteurs à franchir et les quantités à élever, et par conséquent la force à dépenser, sont généralement beaucoup moins considérables.

On pourrait dire, d'après cette analogie, que ces moteurs *de seconde main*, dont nous avons parlé au n° 420, seraient susceptibles aussi d'être employés à l'extraction ; que, par exemple, une force hydraulique disponible sur un point pourrait être employée à comprimer de l'air qui irait au loin, sur un puits de mine, faire marcher une machine d'extraction ; que dans le cas où on aurait à installer une machine d'épuisement ayant une force considérable, relativement à celle dont on a besoin pour l'extraction, on pourrait affecter à ce dernier service une balance d'eau qui redescendrait dans la mine un poids d'eau suffisant pour produire l'ascension du minerai à extraire, etc., etc.

Toutes ces combinaisons, comme aussi l'emploi des câbles téléodynamiques ou même celui des lignes de tirants, etc., peuvent convenir chacune dans quelques cas particuliers, et il appartient à la sagacité de l'ingénieur de reconnaître les circonstances où cette convenance peut en effet exister.

Mais ce ne seront jamais que des cas particuliers, et dans le cas habituel et en quelque sorte normal, la solution de la question, pour une mine importante, ne sera et ne pourra être que l'emploi d'une machine à vapeur rentrant plus ou moins dans le type précédemment défini.

(**444**) On a indiqué dans le Cours de machines, aux planches I, II et IV du premier volume, pour les moteurs animés, et aux planches XXIV, XXV, XXVI et XXIX du même volume pour les moteurs hydrauliques, des exemples des principaux récepteurs appropriés à l'élévation des fardeaux et par conséquent à l'extraction, savoir : pour les hommes, le treuil ou la roue à chevilles, pour les chevaux le manége, pour les récepteurs hydrauliques enfin, la balance d'eau, les machines à colonne d'eau de rotation, et la roue à double aubage. Nous ajoutons, pour compléter ces notions générales sur les moteurs de l'extraction, les dessins de quelques types de machines à vapeur, qui pourront donner une idée générale de l'appareil ; nous renvoyons d'ailleurs, pour l'exposé théorique, au deuxième volume du Cours de machines, et pour les détails à la légende des planches qu'on trouvera plus loin. Les ouvrages spéciaux de date un peu ancienne, par exemple le traité de M. Combes et même celui plus récent de M. Ponson, sont antérieurs aux modifications importantes que les machines d'extraction ont subies depuis une vingtaine d'années ; aussi les types que ces ouvrages représentent peuvent-ils paraître aujourd'hui souvent surannés. Nous en reproduisons quelques-uns cependant, pour servir de terme de comparaison, et nous y ajoutons quelques exemples des types nouveaux.

Il a été d'ailleurs publié, dans ces dernières années, un grand nombre de ces machines nouvelles, surtout dans le *Matériel des houillères et l'exploitation des mines* de M. Burat et dans le *Supplément* au traité de M. Ponson. Il en existe également dans divers recueils spéciaux, tels que la publication industrielle de M. Armengaud, l'atlas de la société minérale de Saint-Étienne, etc., qui peuvent être consultés par les personnes qui voudront approfondir l'étude de ces machines, au delà des termes généraux auxquels nous devons ici nous borner.

La figure 323 représente une machine à vapeur verticale à balancier, à un seul cylindre et à engrenage, employée il y a une quarantaine d'années dans le pays de Mons. C'est le type en quelque sorte le plus éloigné de ce qu'on fait aujourd'hui. L'arbre du volant porte un pignon qui commande l'engrenage porté sur l'arbre des bobines. Il en résulte que le mouvement de ces bobines était très-lent, comme il convenait à une extraction par cuffats non guidés.

Dans la figure 324, la machine, construite par M. Révolier, est encore à un seul cylindre et avec engrenage ; mais le cylindre est horizontal et à connexion directe ; ce qui simplifie beaucoup la machine, comme on en peut juger en comparant la figure à la précédente.

La figure 325 représente une machine construite par M. Quillacq ; elle est horizontale à deux cylindres conjugués, et à connexion directe, sans engrenage. Les manivelles motrices attaquent les deux extrémités de l'arbre du volant, qui porte en même temps les deux bobines ; il en résulte une disposition remarquablement symétrique.

Les figures 326 et 327 représentent deux machines à cylindres verticaux, qui ont la même disposition générale, et qui se distinguent par l'emploi plus large des supports en fonte pour la première et de la maçonnerie pour la seconde.

Enfin la dernière (fig. 328) représente le diagramme d'une machine à deux cylindres verticaux, dans laquelle une combinaison cinématique spéciale assure la verticalité des tiges des pistons, et fait tourner les deux bobines en sens contraire. Il en résulte que les deux câbles peuvent s'enrouler et se dérouler *par-dessus leurs bobines*. Ils se plient alors tous deux sur les bobines et sur les molettes *dans le même sens*, condition favorable à leur conservation.

On sait, en effet, que dans le cas ordinaire où l'un des câbles s'enroule en dessus et l'autre en dessous de sa bobine, ce dernier fatigue notablement plus et est plus vite hors de service. Malgré cet avantage, ce type de machine, proposé par M. Colson, ne paraît pas s'être répandu ; les dispositions ordinaires, horizontales ou verticales, sont plus simples et d'un emploi beaucoup plus général.

(Voir, pour les figures 523 à 528, la légende des planches 55 à 60, qui renferme diverses considérations sur les avantages et les inconvénients des machines représentées.)

§ 2. — Organes de transmission employés dans l'extraction.

(445) Le moteur, quel qu'il soit, fait en général mouvoir, soit un tambour unique, cylindrique ou formé de deux troncs de cône accolés par la grande base ; soit, ce qui est plus commode pour régler la longueur des câbles, deux tambours ou deux bobines : les tambours s'appliquent aux câbles ronds, les bobines aux câbles plats, dont on verra plus loin l'objet.

Des tambours ou des bobines, les câbles vont passer sur des molettes, ou poulies, établies à la partie supérieure d'une charpente élevée, que l'on nomme châssis à molettes, chevalement, chevalet ou belle-fleur ; des molettes, les câbles pendent dans le puits, et leur longueur est habituellement réglée de manière que, dans leurs mouvements, leurs extrémités arrivent à peu près en même temps, pour l'un au jour, et pour l'autre à l'accrochage que l'on est en train de desservir. (Nous disons *à peu près* et non exactement en même temps, attendu que le plus souvent la cage vide repose déjà sur les taquets du fond pendant que l'on manœuvre encore la cage pleine pour la déposer sur les taquets du jour.)

Tel est l'ensemble que nous avons actuellement à examiner en détail.

Il faut d'abord distinguer le cas où la machine est placée tout près du puits, ce qui est généralement possible pour une machine à vapeur, et celui où elle est placée à une distance plus ou moins grande, soit à l'intérieur, soit à l'extérieur, à cause de la sujétion résultant de la position où existe la force hydraulique que l'on veut employer. Ce dernier cas est fréquent dans les mines métalliques, et l'Allemagne en offre de nombreux exemples.

Faut-il, dans ce cas, transmettre la force de la machine à l'arbre du tambour qu'on installera près du puits, ou bien est-il préférable d'installer le tambour près de la machine et de faire arriver les câbles, en les guidant convenablement, jusqu'aux molettes placées directement au-dessus du puits?

Les anciens mineurs ont donné la préférence à la première solution, et l'on connaît les longues lignes de tirants en bois qu'ils ont installées (non-seulement pour l'extraction, mais aussi pour l'épuisement), et au moyen desquelles ils transmettaient au loin, à toute distance, la force hydraulique utilisée par des roues à double ou à simple aubage. Ces tirants étaient mis en mouvement par des bielles attelées à des manivelles dont étaient munies les tourillons de l'arbre de la roue hydraulique, et à leur autre extrémité ils transmettaient le mouvement à une ou à deux bielles actionnant à leur tour, soit l'arbre du tambour, soit un varlet aux bras duquel étaient attelées des tiges de pompes.

Ces mécanismes ont été établis avec beaucoup d'intelligence, et quelquefois sur des échelles considérables. Ils ont rendu alors de très-grands services. Il en existe encore un assez grand nombre en activité, et l'on peut en voir divers exemples dans l'*Atlas de la richesse minérale*.

Mais il me paraît bien qu'ils ont fait leur temps, et qu'on trouvera désormais rarement l'occasion de les employer. Un de leurs inconvénients est la grande quantité de force motrice qu'ils absorbent par les frottements sur leurs nombreux supports, ainsi que par leurs frottements et leurs vibrations.

Dans le cas particulier qui nous occupe ici, je pense que la solution à la question posée doit être l'inverse de celle adoptée autrefois. Il est certainement plus simple, et en même temps plus économique, en argent et en force, de guider les deux câbles depuis la machine jusqu'aux poulies, que de placer le tambour près des poulies et de lui transmettre la force par les lignes de tirants ci-dessus indiquées. Ce guidage des câbles est pratiqué aujourd'hui très en grand, comme nous l'avons vu au chapitre de la traction mécanique, et il l'est dans des conditions assurément plus difficiles qu'il ne le serait dans la plupart des mines métalliques à extraction relativement peu active, où l'on aurait l'occasion d'utiliser les moteurs hydrauliques.

(446) Les tambours ou les bobines qui servent à l'enroulement des câbles doivent avoir un diamètre en rapport avec la grosseur de ces câbles.

Ainsi pour les gros câbles ronds en chanvre, on donnera aux tambours jusqu'à 4 ou 5 mètres de diamètre. En même temps, pour diminuer l'importance de l'engin, on peut le faire exactement cylindrique, et ne lui donner qu'un peu plus de la largeur nécessaire à l'enroulement d'*un seul câble;* car, dans la pratique, lorsque l'un est enroulé, l'autre est déroulé, et la somme des longueurs enroulées est, à un instant quelconque, égale à la longueur d'un câble.

La figure 529, qui représente un tambour d'extraction pour câble rond, offre une disposition un peu différente. Il a une largeur double de celle qu'on vient d'indiquer, et se compose de deux troncs de cône accolés par leur grande base. L'objet principal de cette disposition est de contribuer à l'enroulement régulier des spires les unes à côté des autres; très-subsidiairement, elle contribue à régulariser la résistance à vaincre par la machine. La figure indique un des *tourniquets* qui reçoivent les bouts des câbles, et qu'on arrête en liant leurs bras à ceux du tambour. Chaque câble sort, pour aller s'enrouler sur le tambour, par un trou oblique ménagé près du rebord dans une des douves qui forment ce tambour.

Les tambours pour câbles ronds ont le plus souvent leur axe horizontal; les bobines pour câbles plats l'ont toujours. Cependant on préfère parfois les tambours à axe vertical, lorsque ces mêmes câbles ronds sont appelés à extraire successivement dans divers puits, parce qu'alors, sans changer la position du tambour, le câble peut s'en détacher tangentiellement pour se rendre sur les molettes de ces puits, soit directement, si toutes ces molettes sont à la même hauteur et suffisamment rapprochées, soit guidé par des poulies de renvoi dans le cas contraire.

Lorsque l'on a deux bobines ou deux tambours distincts, le moyen de règlement le plus simple pour les câbles, qui permet de faire varier cette longueur dans une limite aussi grande que l'on voudra, consiste à avoir une des deux bobines calée invariablement sur l'arbre et l'autre pouvant être rendue folle à volonté. Le problème de mécanique à résoudre est bien simple, et on le résout, en général, en calant invariablement sur l'arbre une sorte de manchon sur lequel se meut à frottement doux le moyeu de la bobine ; celui-ci est composé de deux parties assemblées invariablement l'une à l'autre, et pouvant être rendues ensemble solidaires ou indépendantes du manchon.

Ce système est représenté sur la figure 330, qui donne en outre un des modes d'attache du câble plat sur l'estomac de la bobine. Le procédé consiste à contourner le bout du câble dans une entaille de forme appropriée et à l'arrêter par un coin en bois, chassé latéralement. La figure 331 représente une disposition un peu différente, mais qui produit le même résultat, quant à la possibilité de débrayage de la bobine. La figure 332 représente un autre mode d'attache des câbles sur les bobines. Ce mode consiste à fixer le premier tour du câble sur l'estomac de la bobine, au moyen de platines fortement serrées par des boulons qui traversent des oreilles venues de fonte avec cette pièce.

La longueur du câble est ordinairement réglée, de manière qu'il y ait toujours deux ou trois tours qui n'aient pas à dérouler. Cette circonstance assure la parfaite solidité des attaches, et les câbles peuvent *se rompre*, mais non *se détacher*.

(**447**) Les câbles sont, par eux-mêmes, un objet essentiel à considérer. Ils peuvent, quand ils n'ont pas été convenablement appropriés au service qu'on leur demande, devenir une cause importante de dépense, soit par eux-mêmes, s'ils s'usent trop vite, soit par l'excès de force motrice auquel donne lieu leur emploi.

Ils sont fabriqués tantôt avec des fibres végétales (chanvre ou aloès), tantôt avec des fils métalliques (fer doux ou acier).

On distingue, ainsi qu'on l'a déjà dit, les câbles *ronds* et les *câbles plats*. Ces derniers sont simplement formés d'un certain nombre de câbles ronds placés l'un à côté de l'autre et cousus ensemble. La couture doit se faire sous une tension bien égale, et les divers câbles, ou *aussières*, doivent être identiques, pour s'allonger de la même quantité sous les mêmes charges. Ils doivent en outre être en nombre pair, et la torsion de deux câbles juxtaposés doit être inverse, ce qui donne à l'ensemble l'apparence d'une tresse. Cette disposition a pour but de détruire la tendance de chaque aussière à se détordre sous l'action de la charge.

Sans prétendre exposer ici une théorie de la fabrication des câbles employés à l'extraction, on remarquera qu'ils ne doivent point être composés, comme ceux qui servent à supporter les ponts suspendus, au moyen de fils parallèles maintenus par des liens. Ils n'auraient point ainsi la souplesse qu'on doit leur demander pour les enrouler sur les bobines ou les molettes, ou du moins, si l'on parvenait à les enrouler sous un effort suffisant, les éléments extrêmes soit du côté de la convexité, soit du côté de la concavité, seraient exposés à un excès de fatigue par extension ou par compression, d'autant plus grand que la courbure serait plus prononcée et le câble plus gros.

Au contraire, avec la torsion à laquelle sont soumis les fils dans la fabrication des torons et les torons dans la fabrication du câble, un quelconque des fils se trouve nécessairement tantôt à la convexité, tantôt à la concavité, tantôt enfin dans une position moyenne, quelle que soit la courbure donnée au câble ; et il échappe ainsi à l'excès de fatigue qu'il supporterait éventuellement, s'il était tout entier à l'intérieur ou à l'extérieur. Si donc on vient à courber un câble ainsi composé, c'est-à-dire dont les éléments sont commis ensemble, et si l'on pousse la courbure de manière à atteindre la limite d'élasticité, on l'aurait certainement *déjà dépassée* depuis longtemps avec un câble formé du *même nombre de fils parallèles soumis à la même courbure*.

On doit donc concevoir comment la commissure des éléments d'un câble, outre qu'elle assure leur réunion en faisceau, contribue à *la flexibilité*, et d'autant plus que l'enroulement des fils dans les torons, ou des torons dans le câble, s'est fait suivant des hélices plus inclinés sur l'axe. Ils deviennent ainsi susceptibles d'une plus grande résistance, non pas sans doute à la traction *en ligne droite*, mais à la traction dans les courbures que prennent successivement toutes les parties d'un câble, pendant une excursion complète de la cage d'extraction.

La torsion produit encore un autre effet, c'est *l'extensibilité* du câble pour un effort de traction longitudinale, d'où résulte une plus grande *résistance vive de rupture* (voir le cours de machines), qui joue un rôle important au moment de l'enlevage.

L'expérience confirme ces aperçus théoriques.

On ne craindra donc pas de donner une torsion assez prononcée, un peu aux dépens de *la résistance de rupture*, pour augmenter *la résistance vive*, et quant aux enroulements ou déroulements, on aura soin qu'ils aient lieu suivant des courbes d'un grand rayon, et, s'il se peut, toujours dans le même sens. On reconnaît, en effet, que la fatigue est moindre dans ce cas, que si la flexion a lieu alternativement *dans les deux sens*, ainsi qu'on l'a déjà dit au nº 444.

(**448**) Les relations entre la section, le poids par mètre, la charge de rupture et la charge pratique d'un câble, se déduisent des trois données suivantes, applicables à des câbles convenablement fabriqués sans excès de goudron :

1º Chaque centimètre circulaire d'un câble en chanvre ou en aloès supporte, avant de se rompre, environ 500 kilos de charge ;

2º Le poids d'un câble par mètre courant, convenablement goudronné pour son bon emploi dans les puits d'extraction, mais sans excès de goudron, est d'environ 80 grammes par centimètre circulaire, s'il est en chanvre, et de 75 grammes au plus s'il est en aloès ;

3º La charge pratique est généralement comprise de $\frac{1}{4}$ à $\frac{1}{6}$ de la charge de rupture, soit en moyenne à peu près $\frac{1}{5}$.

Désignant donc par :

d le diamètre du câble exprimé en centimètres,

P son poids par mètre courant en kilogrammes,

Q la charge de rupture,

Q' la charge pratique,

On aura :

POUR LE CHANVRE.

$$Q = 500\, d^2$$
$$P = 0.08\, d^2$$

POUR L'ALOÈS

$$Q = 500\, d^2$$
$$P = 0.075\, d^2.$$

et par suite

$$\frac{Q}{P} = \frac{500}{0,08} \ldots Q = 5750P, \qquad \frac{Q}{P} = \frac{200}{0.075} \ldots Q = 4000P$$

et enfin

$$Q' = \frac{1}{5} Q = 60 \, d^2 = 750 \, \text{P}, \quad Q' = \frac{1}{5} Q = 60 \, d^2 = 800 \, \text{P}.$$

Si l'on veut mettre en évidence la section a en centimètres carrés au lieu du diamètre, il faut poser la relation $a = \dfrac{\pi d^2}{4}$, d'où $d^2 = \dfrac{4a}{\pi}$, et, par suite, la relation $Q' = 60 \, d^2$ devient :

$$Q' = 60 \, d^2 = 60 \times \frac{4}{\pi} a = 76 \, a$$

Ainsi, on pourrait donner comme règles pratiques : qu'un câble en matière végétale peut être chargé de 60 *kilogrammes* par centimètre circulaire, ou de 76 *kil.* par centimètre carré, ou enfin d'une charge égale à 750 *ou* 800 *fois* son poids par mètre courant.

Ces données, on le répète, s'appliquent aux cables convenablement goudronnés, c'est-à-dire tenant au plus 20 pour 100 de goudron. On pourra dépasser un peu les nombres ci-dessus pour les puits qui serviront à l'entrée de l'air, et dans lesquels on extraira par cages guidées, et se tenir au contraire un peu au-dessous pour les puits de retour d'air, dans lesquels on extraira par cuffats, et où ces câbles seront ainsi exposés au mauvais air et à des chocs accidentels.

Il y a peu de différence entre le chanvre et l'aloès ; cependant le second est un peu plus résistant sinon à volume égal, au moins à poids égal. En outre, quand il a été goudronné en fils, comme on doit le faire pour un câble de mine, il résiste plus longtemps à la chaleur et à l'air humide des puits. Aussi son emploi se répand-il de plus en plus, aux dépens du chanvre que quelques fabricants ont même déjà cessé d'employer.

Pour les câbles en fil de fer, il n'est guère possible d'établir une formule donnant une relation entre *la section* et *la charge ;* car il y a plus ou moins de vides dans la section, selon le numéro du fil de fer employé, et selon la grosseur de l'âme en chanvre goudronné qu'on a l'habitude d'établir dans l'axe de chaque toron et même dans celui du câble, pour préserver autant que possible de l'oxydation les parties que le pinceau ne peut atteindre lorsqu'on repeint

196   COURS D'EXPLOITATION DES MINES.

le câble en service. On sait que les fils de fer ont en général des résistances à la rupture par unité de section, d'autant plus grande que la section est moindre ; il semble donc que l'on devrait employer des numéros les plus fins que puisse fournir le commerce ; mais ces fils très-fins présentent trop de surface à l'oxydation, et se coupent trop facilement sous l'action des frottements accidentels. L'expérience a fait reconnaître la convenance d'employer des numéros *moyens*, compris entre les numéros 12 et 17 de la jauge de Paris, dont les diamètres vont de 18 à 30 dixièmes de millimètres.

La composition d'un câble rond se définit en disant qu'il est de *tant* de torons, à *tant* de fils de *tel numéro*, et celle d'un câble plat en disant qu'il est composé de *tant* de câbles ronds ou d'aussières de *telle* composition.

Assez souvent les câbles ronds moyens sont à 6 torons, et les torons à 6 fils. Pour les gros câbles les torons sont composés d'un plus grand nombre de fils.

Un câble métallique étant ainsi défini par le nombre et le numéro de ses fils, on peut, connaissant ou la section, ou le poids par mètre du numéro employé, en déduire la *section utile* du câble, et le poids par mètre courant.

En admettant pour base une résistance moyenne à la rupture de 55 kilogrammes par millimètre carré, les numéros 12 à 17 employés dans la fabrication donnent les résultats consignés au tableau ci-après :

Nᵒˢ	DIAMÈTRE EN DIXIÈMES DE MILLIMÈTRES	SECTION EN MILLIMÈTRES CARRÉS	POIDS PAR MÈTRE EN GRAMMES	CHARGE DE RUPTURE DU FIL EN KILOGRAMMES
12	18	2.545	19.84	140
13	20	3.142	24.48	173
14	22	3.801	29.64	209
15	24	4.524	35.28	249
16	17	5.725	44.63	315
17	30	7.068	55.13	389

D'après ce tableau, un câble composé, par exemple, de 6 torons 6 fils, numéro 15, aura une section utile de $36 \times 4{,}524 = 1629$ millimètres carrés, ou de 16 centimètres environ.

Il aura un poids par mètre de $56 \times 35,28 = 1,270$ grammes, ou de $1^k,270$.

Il aura une résistance de rupture de $56 \times 249 = 8,964$ kilogrammes.

Comme le tableau ci-dessus est établi dans l'hypothèse d'une résistance proportionnelle à la *section* et par conséquent *au poids par mètre courant*, on en conclut que la relation générale entre la charge de rupture et le poids utile par mètre courant d'un câble quelconque est donnée par le rapport $\dfrac{Q}{P} = \dfrac{8914}{1.27} = 7055$.

On admet généralement, en nombre rond, le rapport $\dfrac{Q}{P} = 7000$, en appelant P le poids réel du câble, et l'on tient compte ainsi approximativement, quoique incomplétement, d'une part, de l'âme en chanvre et du goudron, et de l'autre, du racourcissement dû à la commissure.

Il est bien d'admettre un coefficient de sécurité un peu plus petit pour le fil de fer que pour le chanvre, afin de tenir compte d'un peu plus d'inégalité possible dans la qualité, ou de quelque défaut de cablage d'autant plus sensible que les fils élémentaires sont moins nombreux.

En posant ce coefficient égal à $\frac{1}{6}$ à $\frac{1}{7}$, on en conclura que le rapport $\dfrac{Q'}{P}$ est compris entre 1,000 et 1,167, soit, en nombre rond, entre 1,000 et 1,200. Nous ajoutons ici que lorsque le fil de fer est remplacé par du fil d'acier *sur la quantité duquel on puisse compter*, la quantité de $\dfrac{Q'}{P}$ peut être portée au moins à 1,500. Ce dernier nombre n'est d'ailleurs pas encore bien accepté par la pratique.

(**449**) En comparant le résultat le plus favorable aux câbles composés de fibres végétales $\left(\dfrac{Q'}{P} = 800\right)$ au résultat le plus modéré qu'on vient de trouver pour les câbles métalliques $\left(\dfrac{Q'}{P} = 1,000\right)$, on conclut, en résumant tout ce qui précède, et en ayant égard à la matière employée à la fabrication :

1° Que les câbles métalliques n'étant pas, comme le sont les câbles végétaux, influencés par la température et le mauvais air, ils peuvent, surtout dans les puits de retour d'air, avoir une durée de service beaucoup plus longue que ceux-ci ; mais que, par contre, ils peuvent être altérés par les eaux acides des mines, et devenir ainsi d'un emploi peu opportun dans les puits où fonctionnent des machines d'épuisement, à moins de les entretenir goudronnés avec un soin tout particulier ;

2° Que ces mêmes câbles métalliques peuvent, *pour une charge donnée*, économiser 20 pour 100 au moins sur le poids des câbles végétaux, économie qui devient *bien plus considérable encore*, lorsqu'à une charge donnée attachée à l'*extrémité* d'un long câble d'extraction, il faut ajouter le poids même du câble pour avoir la charge réelle au niveau des molettes.

Les avantages de durée et de poids peuvent servir de mesure à l'économie d'argent ; car il y a peu de différence aujourd'hui entre les prix des divers câbles. En outre, les prix du chanvre et de l'aloès augmenteront sans doute plus rapidement que celui des fils de fer, qui peut au contraire encore diminuer. Cette circonstance conduira assurément à un emploi de plus en plus général des câbles métalliques.

On leur reproche, et c'est là sans doute la seule objection de quelque valeur à leur faire, qu'on aperçoit moins bien que sur des câbles à fibres végétales, les progrès de leur détérioration pendant l'emploi, et qu'ils peuvent être encore très-sains à la surface, quand ils sont déjà plus ou moins oxydés à l'intérieur ; ce qu'on exprime en disant *qu'ils sont exposés à se rompre sans avertir*.

C'est en vue de cet inconvénient qu'il convient de les fabriquer avec des âmes en chanvre goudronné ; puis de les faire passer une première fois dans un bain de goudron bouillant, et ensuite, pendant le service, de les repeindre fréquemment à chaud avec un pinceau.

Avec ces précautions, et en employant d'ailleurs des parachutes convenables, pour parer aux conséquences d'une rupture imprévue, mon avis formel est que les câbles en fer méritent absolument d'être préférés aux câbles végétaux, et que là où l'emploi de ces derniers subsiste encore, ce n'est que par l'effet d'une habitude peu justifiée, ou par la plus grande facilité qu'on peut trouver à se les procurer dans la localité.

Outre les câbles, on emploie aussi, quoique plus rarement, les chaines en fer, qui se plient mieux sur des poulies de petit diamètre, qui résistent mieux aux frottements et ont une durée notablement plus grande. Mais en revanche elles sont beaucoup plus lourdes que les câbles. Cela tient d'abord à ce que le fer en barres possède une résistance à la rupture plus faible que le fil de fer, et ensuite à ce que l'on n'estime d'ordinaire la résistance d'une chaine qu'à une fois et demi la résistance de l'échantillon avec lequel sont formés les maillons, pour tenir compte ainsi soit d'un défaut de soudure, soit d'une inégale répartition accidentelle de l'effort entre les deux branches de ces maillons, lorsque la chaine se courbe. Dès lors, si l'on admet, pour l'échantillon composant les anneaux de la chaine, que la charge de rupture soit d'environ 35 à 36 kilogrammes par millimètre carré, au lieu de 55 kilogrammes, chiffre indiqué pour le fil de fer, et si l'on suppose qu'on veuille avoir dans les deux cas le même coefficient de sécurité, on en conclura que le fer *employé à fabriquer la chaîne* doit avoir *le même poids par mètre courant* que le câble en fil de fer qui lui serait équivalent comme résistance.

Le *poids de la chaîne* par mètre courant varierait selon la forme des maillons; avec des maillons très-allongés (*fig.* 353 A), ce poids serait un peu plus que double du poids par mètre du fer employé. Avec des maillons aussi courts que possible, il est facile de voir (*fig.* 353 B) que si l'on désigne par d le diamètre de l'échantillon, la longueur totale d'un maillon est égale à $4d$, et que, pour cette longueur $4d$, la chaine emploie une longueur de fer égale à $2(d + 2\pi d)$, le poids de la chaine serait donc au poids d'une même longueur de câble dans le rapport de $2(d + 2\pi d)$ à $4d$, et la charge rapportée au poids par mètre courant serait dans le rapport inverse, $\dfrac{4d}{2(d + 2\pi d)} = \dfrac{2}{1 + 2\pi}$, ou en nombre rond $\dfrac{2}{7}$.

Si donc on a, pour les câbles en fil de fer $Q' = 1000$ à $1{,}200\,P$, on aurait, suivant la longueur des maillons,

Depuis un maximum. . . . . . $Q' = 500$ à 600 P
Jusqu'au minimum. . . . . $Q' = 286$ à 343 P

On admet assez volontiers la valeur $Q' = 400$P, ou, en d'autres termes, on donne à la chaîne 2 fois et demie à 3 fois le poids que l'on donnerait au câble devant supporter la même charge.

L'emploi de ces chaînes tend à se restreindre. Leur excès de poids est un grand inconvénient, qui croit avec la profondeur. On peut douter, d'ailleurs, que leur emploi soit bien rationnel. Un organe de transmission, composé *d'un aussi grand nombre de pièces distinctes*, est inférieur, au point de vue mécanique, à un câble composé *d'un grand nombre d'éléments longitudinaux*, dont la réunion assure en tous les points l'uniformité de la résistance.

(**450**) On remarquera que, dans les formules qui donnent soit les charges de rupture, soit les charges pratiques, en fonction du poids par mètre courant, le coefficient de ce poids exprime la longueur en mètres du câble qui, suspendu verticalement par son extrémité supérieure et sans aucune charge additionnelle à son extrémité inférieure, se romprait ou atteindrait la limite de la charge pratique, par le seul effet de son propre poids.

On voit que ces longueurs, quand il s'agit de la charge pratique, sont très-comparables, inférieures même pour les câbles végétaux, aux profondeurs qu'atteignent déjà certaines mines. On en tire deux conclusions, la première que dans les mines *assez profondes* le poids propre du câble supposé à section uniforme peut devenir une fraction *très-considérable* de la charge qu'il supporte à la hauteur des molettes, lorsqu'il est entièrement déroulé dans le puits ; la seconde conclusion est que, pour les mines *extrêmement profondes*, le câble peut être déjà *surchargé* par son propre poids.

Il en résulte encore que, pendant la durée d'une manœuvre d'extraction, les conditions de la résistance à vaincre changent beaucoup ; car, au départ, le câble qui pend dans le puits *et qu'on doit élever* est une résistance, et, à l'arrivée, l'autre câble qui s'est déroulé agit, au contraire, dans le sens de la puissance.

Supposons, par exemple, pour fixer les idées, un puits de 400 mètres de profondeur, dans lequel on veut élever à la fois 1,600 kilo-grammes de matière utile, avec un poids mort de 2,000 kilogram-mes, ou, en tout, 3,600 kilogrammes.

Soit un câble en aloès satisfaisant à la relation $Q' = 800P$.

En désignant par x le poids par mètre de ce câble, on posera au départ la relation

$$3600 + 400\,x = 800\,x \ldots x = \frac{3600}{400} = 9^k.$$

On trouvera pour la charge de la machine à l'enlevage, en remar-quant que les poids morts s'équilibrent,

$$1600 + 400 \times 9 = 1600 + 3600 = 5200^k.$$

On trouvera de même pour la charge à l'arrivée :

$$1600 - 3600 = -2000^k.$$

Ainsi, après avoir eu, au départ, une charge plus que triple du poids utile, il faudrait cesser l'admission de vapeur et faire jouer le frein, ou employer la contre-vapeur, dans les derniers moments de l'ascension.

Si l'on emploie un câble en fil de fer pour lequel $Q' = 1000P$, on trouvera, en refaisant les mêmes raisonnements,

$$3600 + 400\,x = 1000\,x \quad x = \frac{3600}{600} = 6^k$$

pour le poids du câble par mètre ; et les charges de la machine, au départ et à l'arrivée, seront fournies par les relations.

$$1600 + 400 \times 6 = 1600 + 2400 = 4000$$
$$1600 - 400 \times 6 = 1600 - 2400 = -800.$$

Ainsi le câble métallique sera plus léger que le câble végétal et donnera une plus grande régularité à la résistance, ou plutôt *une moindre irrégularité*.

L'exemple ci-dessus montre qu'à 400 mètres la question du poids du câble est déjà très-importante. Elle le deviendrait bien davantage à mesure que la profondeur du puits augmenterait.

L'avantage du câble métallique s'accentuerait de plus en plus, et il serait *le seul possible*, en approchant de 7 à 800 mètres.

(**151**) On vient de voir comment l'emploi des câbles ordinaires exige des câbles d'une force qui croît avec la profondeur, et comment ce câble, à la fois plus fort et plus long, crée une irrégularité croissante dans la résistance que la machine doit vaincre. On a cherché à prévenir, ou du moins à atténuer, ces deux inconvénients par divers artifices dont nous avons maintenant à nous occuper.

Pour augmenter la profondeur accessible aux câbles, on emploie ce qu'on appelle des *câbles diminués*, c'est-à-dire des câbles dont la section, au lieu d'être uniforme, va croissant de bas en haut, de manière qu'en un point quelconque ils aient seulement la section que demande la charge totale qu'ils ont à soutenir en ce point, c'est-à-dire le poids suspendu au bout du câble, augmenté du poids du câble lui-même depuis son extrémité inférieure jusqu'à la section que l'on considère.

Désignons (*fig.* 534) par a la section du câble au petit bout, par R la charge qui y est suspendue, par A la section en un point quelconque, par P' le poids par mètre courant d'un câble qui a pour section l'unité de surface, ou, en d'autres termes, le poids du mètre cube du câble considéré, par P la charge pratique par unité de section.

Il est clair que le poids d'un élément de longueur dh a pour expression P'Adh.

La charge pratique du câble, en passant de la section A à la section A + dA, augmente de PdA.

La relation à poser est P'Adh = PdA ; d'où l'on tire

$$\frac{P'}{P}\,dh = \frac{d\mathrm{A}}{\mathrm{A}} \quad . \quad . \quad . \quad \frac{P'}{P}\,h = l.\,\mathrm{A} + \mathrm{C}.$$

On détermine la constante en remarquant que pour $h = 0$ on a A = a.

Il vient alors $\dfrac{P'}{P}h = l\dfrac{A}{a}$ ... A = $ae^{\frac{P'}{P}h}$; d'où, en désignant par A_1 la section à l'extrémité supérieure, $A_1 = ae^{\frac{P}{P}H}$.

D'ailleurs $\dfrac{P}{P'} = \mu$ est le poids que peut porter un câble de l'espèce dont il s'agit, lorsqu'il pèse lui-même un kilogramme par mètre courant (c'est la quantité désignée plus haut (nᵒˢ 448 et 449) par $\frac{Q'}{P}$, ou le nombre 750 pour le chanvre, 800 pour l'aloès, 1000 pour le fil de fer, 1500 pour le fil d'acier.)

Remarquant d'ailleurs que l'on a $R = Pa$, on trouve définitivement la relation $A_1 = \frac{R}{P} e^{\frac{H}{\mu}}$, qui donnera la section du câble diminué au point défini par la longueur H, lorsque l'on connaîtra la charge R à l'extrémité, et les éléments P et μ propres à la nature du câble considéré.

On a le poids total du câble par la formule :

$$Q = \int_0^H P'A\,dh = \int_a^A P\,dA = P(A_1 - a) = R\left(e^{\frac{H}{\mu}} - 1\right).$$

Le poids par mètre au petit bout, est égal à

$$P'a = Pa \times \frac{P'}{P} = \frac{R}{\mu}$$

et le poids au gros bout à

$$P'A_1 = R\frac{P'}{P}e^{\frac{H}{\mu}} = \frac{R}{\mu}e^{\frac{H}{\mu}}.$$

La formule du poids total $Q = R\left(e^{\frac{H}{\mu}} - 1\right)$ d'un câble diminué, doit être rapprochée de celle des câbles à section uniforme, qui, en conservant les mêmes notations, est donnée, comme on l'a vu au numéro précédent, par la relation générale

$$R + Hx = \mu x \ldots \quad x = \frac{R}{\mu - H},$$

d'où

$$Hx = \frac{RH}{\mu - H} = \frac{R\frac{H}{\mu}}{1 - \frac{H}{\mu}}.$$

Ces deux valeurs générales :

$$Q = R\left(e^{\frac{H}{\mu}} - 1\right) \quad \text{pour le câble diminué.}$$

$$Q = R\frac{\frac{H}{\mu}}{1 - \frac{H}{\mu}} \quad \text{pour le câble à section constante.}$$

donnent, l'une et l'autre, un poids nul pour $H = 0$, ce qui doit être. Mais pour $H = \mu$ la seconde donne une valeur infinie ; ce qui indique, comme on l'a déjà dit, l'impossibilité de faire supporter aucune charge à un câble à section constante arrivé à cette limite de longueur, tandis que la première formule donne alors $Q = R\,(e - 1)$, quantité finie très-acceptable, et ne devient infinie qu'avec H.

Ainsi, *théoriquement*, la profondeur des puits est *essentiellement limitée* avec des câbles à section constante ; *elle ne l'est pas* avec des câbles convenablement diminués.

La différence est tout à fait capitale, et mérite la plus sérieuse considération, à mesure que les mines approchent des profondeurs où se manifeste l'impossibilité d'employer une section constante.

Dans la pratique, on ne diminue pas la section d'une manière continue, suivant la formule exponentielle trouvée ci-dessus, mais de distance en distance, en supprimant, par exemple, un fil dans chaque toron, et en s'assurant par un calcul direct qu'avec cette diminution, le câble présente, en un point quelconque, une section suffisante pour la charge totale afférente à ce point.

(**452**) Les câbles diminués permettent, comme on voit, d'augmenter la profondeur des puits d'extraction. Ils sont beaucoup plus légers que les câbles à *section uniforme*, puisque cette section uniforme doit être *plus grande* que la section au gros bout du câble diminué. Par là ils peuvent produire *une moindre différence* entre la résistance initiale et la résistance finale ; mais cette différence serait encore bien grande, et même les variations s'en produiraient avec une vitesse croissante, le poids par mètre du câble enroulé allant en diminuant et celui du câble déroulé allant au contraire en croissant pendant la durée d'une course des cages. C'est donc à d'autres moyens qu'il faut demander la régularisation, au moins dans une certaine mesure. Cette question a pratiquement une grande importance, soit pour la conduite facile de la machine, soit pour la réduction de sa force, laquelle doit être calculée de manière à pouvoir surmonter aisément la résistance au moment de sa plus grande valeur.

On pourrait penser, au premier abord, qu'un de ces moyens se trouve dans la détente variable dont nous avons parlé plus haut.

Cela est vrai en tant que l'on considère la régularisation de la marche de la machine. On peut, en effet, en manœuvrant adroitement l'appareil de détente variable, arriver à une vitesse sensiblement uniforme.

Mais cela n'empêche pas l'irrégularité d'exister *dans le travail dépensé par tour de la machine*. Or c'est cette dernière irrégularité qui doit disparaitre, si l'on veut arriver à tirer tout le parti possible de l'emploi de la détente. On n'aura évidemment qu'un résultat insuffisant, si la régularisation de la vitesse oblige à marcher, pendant une partie de la course, avec une détente restreinte.

En pratique, ce qu'il faut avoir, c'est *une grande détente* pour brûler *peu de charbon*. Or une grande détente, maintenue à peu près uniformément pendant toute l'excursion des bennes en même temps qu'une vitesse à peu près uniforme, suppose *l'équilibre dynamique* (Cours de machines n° 15) à peu près maintenu entre les diverses forces appliquées à la machine.

Il nous faut donc en définitive d'autres moyens de régularisation que l'emploi de la détente variable.

Ces moyens peuvent être, *pour les câbles ronds avec tambours cylindriques*, soit l'emploi d'un câble sans fin, soit celui d'un contre-poids, procédés qui résolvent *rigoureusement* la question, et *pour les câbles plats avec bobines ou les câbles ronds avec tambours coniques*, le calcul d'un rayon moyen qui la résout seulement *d'une manière approchée*, et dont l'effet peut être plus ou moins rectifié, au besoin, par l'emploi simultané d'un contre-poids.

Le câble sans fin s'applique parfois dans les balances d'eau. On attache un câble, ou plus souvent une chaîne, par ses deux extrémités sous les deux récipients, ou caisses, qui reçoivent à tour de rôle l'eau motrice. On donne à cette chaîne une longueur totale égale à la course de ces récipients augmentée de la petite quantité nécessaire pour aller passer sous une poulie de renvoi placée au fond du puits. Supposant que la chaîne de l'engin et celle qui sert de contre-poids aient le même poids par mètre courant, le système est, dans toutes les positions, en équilibre en ce qui concerne ces chaines et les récipients ; l'eau contenue dans l'un d'eux doit donc seulement surmonter la charge utile placée sur le plateau dont l'autre est recouvert.

Cette disposition peut parfaitement s'appliquer, et elle s'applique en effet, mais seulement à des profondeurs peu importantes. On a proposé le même système dans le cas d'extraction par machine à vapeur. Mais on ne l'a pas appliqué et il ne me parait pas qu'il y ait lieu de le faire.

On a proposé également, et on a même employé dans quelques mines, des chaînes sans fin, se mouvant dans un sens constant, et fonctionnant comme certains monte-charges de hauts-fourneaux, ou comme des norias ou des chapelets.

Ce système doit être absolument proscrit de toute mine un peu profonde. Il comporte un appareil lourd et compliqué, et une foule d'articulations dont il suffit qu'une seule fasse défaut pour entraîner des ruptures qui peuvent avoir les conséquences les plus graves.

(**453**) Dans le système du contre-poids, qui est au contraire pratique et employé, on se sert d'une grosse chaine se mouvant dans un compartiment du puits d'extraction. Elle est mise en mouvement par un câble spécial passant sur un tambour porté sur le même arbre que celui qui sert à l'enroulement des câbles.

Nous supposons qu'il s'agisse de câbles ronds et de tambours cylindriques ou tout au plus légèrement coniques, comme celui de la figure 529. La disposition est telle, que ce câble spécial soit à son maximum d'enroulement *au commencement* d'une manœuvre, entièrement déroulé *au milieu* de cette même manœuvre ; puis enroulé de nouveau, *à la fin*, de la même quantité qu'au commencement mais en sens contraire. Dans la première position, la chaine est soutenue tout entière par le câble, et elle agit, *comme puissance*, avec tout son poids. Au point de rencontre des bennes, la chaine est entièrement déposée sur un plancher au bas du compartiment, ou suspendue à un point fixe placé au milieu de ce même compartiment. A partir de ce moment, elle est relevée peu à peu et exerce une action croissante jusqu'à la fin de la manœuvre. Tout son poids est alors en jeu, *comme résistance*, et elle a repris la position convenable pour recommencer à agir *comme puissance*, lorsqu'on renversera le mouvement pour la manœuvre suivante :

Supposons, pour préciser, que la chaine sans fin soit attachée au milieu du compartiment (fig. 555) et qu'elle ait une longueur égale à la moitié de ce compartiment. Désignons par H la profondeur totale du puits, et par h par celle du compartiment de la chaine contre-poids.

Désignons encore par P le poids par mètre des câbles d'extraction s'enroulant sur un tambour de rayon R, et par P′ le poids par mètre de la chaine contre-poids, suspendue à un câble dont nous négligerons le poids, et qui s'enroule sur un tambour de rayon r.

On a d'abord la relation

$$\frac{R}{r} = \frac{H}{2h}, \tag{1}$$

car le câble de la chaine contre-poids parcourt deux fois la longueur du compartiment pendant qu'on fait une manœuvre d'extraction.

On a ensuite l'équation des moments $\left(P'\frac{h}{2}\right) = PH \times R$, qui exprime que la chaine et les câbles d'extraction se font équilibre au départ et à l'arrivée ; d'où il résulte qu'ils sont en équilibre dans toutes les positions intermédiaires, leurs effets variant suivant la même loi de proportionnalité à l'espace parcouru.

La seconde équation peut s'écrire

$$\frac{P'h}{2} = PH \times \frac{R}{r} = PH \left(\frac{H}{2h}\right).$$

Ainsi, le poids total de la chaine contre-poids est au poids total d'un des câbles d'extraction, comme la profondeur du puits est deux fois la profondeur du compartiment.

On résoudrait sans plus de difficulté la question, si la chaine, au lieu d'être accrochée au milieu du compartiment, se déposait sur un plancher au fond de ce compartiment dont elle aurait la longueur entière. Il est clair que la première équation ci-dessus subsisterait, et que la seconde deviendrait

$$P'h = pH \times \frac{H}{2h}$$

c'est-à-dire que la chaîne devrait avoir le même poids total, et, par conséquent, un poids par mètre moitié moindre que dans le premier cas.

Ces chaînes, qui doivent avoir *un poids total* qui varie en raison inverse de leur longueur, et, par conséquent, *un poids par mètre* qui varie en raison inverse du carré de leur longueur, ne sont pas placées sans quelque inconvénient dans un compartiment du puits d'extraction, où leur rupture accidentelle (assez facile, du reste, à prévenir avec une bonne surveillance) pourrait entraîner d'assez graves désordres. Souvent on creuse un puits à petite section, spécialement destiné à recevoir la chaîne contre-poids, et l'on place volontiers ce puits de l'autre côté de la machine d'extraction par rapport au puits principal, afin de réduire la charge sur les tourillons de l'arbre des bobines.

D'autrefois, suivant un système assez usité dans le nord de l'Angleterre (*fig.* 556), on remplace la chaîne contre-poids par un wagonnet lourdement chargé circulant sur un tronçon de voie ferrée. Cette voie est tracée avec une pente variable, très-prononcée à l'extrémité supérieure, nulle vers le bas. Dans une manœuvre, le wagonnet parcourt deux fois cette voie, d'abord en descendant, puis en remontant. La traction qu'il exerce sur le câble est donc maximum au départ et nulle à la rencontre, et elle reprend à la fin sa valeur initiale. Ce wagonnet agit donc, comme la chaîne, dans le sens de la puissance au départ, dans le sens de la résistance à l'arrivée ; et de nouveau comme puissance, lorsqu'on renversera le mouvement pour la manœuvre suivante. On peut évidemment, en étudiant le tracé de la courbe, obtenir le même résultat qu'avec la chaîne contre-poids, et peut-être l'obtient-on d'une manière plus pratique, et à moindres frais dans des terrains difficiles que s'il fallait creuser un puits spécial.

(**454**) Considérons enfin le dernier moyen indiqué au n° 452, celui de l'emploi des câbles plats et des bobines.

On comprend qu'on puisse, par ce système, obtenir une certaine régularisation ; car le rayon d'enroulement va en croissant pour le câble qui monte et en décroissant pour le câble qui descend ; par conséquent, à mesure que la résistance *diminue* et que la puissance *augmente*, le bras de levier de la première *augmente* et celui de la seconde *diminue*.

La variation de ces bras de levier est, pour chaque tour, une quantité constante ou, du moins, peu variable, égale à l'épaisseur du câble au point d'enroulement, et il en résulte une variation proportionnelle d'autant plus forte que le rayon d'enroulement actuel est plus petit, ou d'autant plus faible qu'il est plus grand.

On comprend, d'une manière générale, que les effets produits doivent dépendre de la valeur du rayon moyen d'enroulement. Ce rayon moyen est celui qui existe quand les cages se rencontrent, et il est alors nécessairement le même pour les deux bobines ; car, à partir de ce point, il faut qu'un même nombre de tours, dans un sens ou dans l'autre, amène simultanément l'une quelconque des deux cages au jour et l'autre à l'accrochage. Il en résulte que la rencontre des cages a lieu, non pas *au milieu du puits*, mais *au milieu du nombre total de tours* que doit faire la machine pour une manœuvre complète. On en déduit facilement que la rencontre a lieu *en dessous* du milieu du puits ; car les premiers tours font parcourir moins d'espace à la cage vide et plus d'espace à la cage pleine que les derniers.

Ces préliminaires posés, nous désignons comme suit les données fixes de la question :

Q le poids utile suspendu au câble montant,

q le poids mort suspendu à chacun des deux câbles,

H la profondeur totale du puits, ou la distance entre les deux recettes,

$S > \dfrac{H}{2}$ la profondeur à la rencontre,

p le poids du câble par mètre,

e son épaisseur (ces deux éléments, p et e, sont constants avec les câbles à section uniforme ; on prendrait leurs valeurs moyennes s'il s'agissait de câbles diminués),

ρ le rayon moyen d'enroulement, celui qui est le même pour les deux bobines à la rencontre des cages,

n le nombre de tours nécessaires pour amener les cages de leur départ à leur rencontre, ou de leur rencontre à leur arrivée,

ω la vitesse angulaire constante de l'arbre des bobines.

Désignant, en outre, les éléments variables qui correspondent à une position donnée des cages, nous appelons :

σ et σ' les espaces parcourus simultanément à partir du point de rencontre, l'un par la cage montante et l'autre par la cage descendante. (On a $\sigma > \sigma'$.)

α l'angle correspondant décrit par l'arbre des bobines,

m le nombre de tours correspondant à l'angle α, ce qui donne la relation $\alpha = m \times 2\pi$,

z et z' les rayons d'enroulement pour le câble montant et pour le câble descendant,

M le moment des forces agissant sur l'arbre des bobines.

A chaque tour de l'arbre, le rayon z augmente de la quantité e. Nous avons donc, quand un angle α a été décrit :

$$z = \rho + e\,\frac{\alpha}{2\pi} \;\dots\; dz = e\,\frac{d\alpha}{2\pi} \;,\dots\; \frac{dz}{d\alpha} = \frac{e}{2\pi}.$$

D'ailleurs, on a généralement

$$d\sigma = \sqrt{dz^2 + z^2 d\alpha^2}.$$

Cette relation peut s'écrire

$$d\sigma = z\,d\alpha \sqrt{1 + \left(\frac{e}{2\pi z}\right)^2},$$

ou, en négligeant le terme $\left(\dfrac{e}{2\pi z}\right)^2$ devant l'unité, ce qui revient à assimiler à une circonférence l'arc de spirale que décrit l'axe du câble pendant un tour,

$$d\sigma = z\,d\alpha = \left(\rho + \frac{e\alpha}{2\pi}\right) d\alpha,$$

d'où l'on tire

$$\sigma = \rho\alpha + e\,\frac{\alpha^2}{4\pi} = 2\pi \left(m\rho + e\,\frac{m^2}{2}\right),$$

en remarquant que la constante introduite par l'intégration est nulle, puisqu'on doit avoir $\sigma = 0$, lorsque α ou m sont nuls.

On trouvera, en répétant les mêmes calculs,

$$\sigma' = 2\pi \left(m\rho - e\,\frac{m^2}{2} \right),$$

et par suite $\sigma + \sigma' = 2 \times 2\pi m\rho$, c'est-à-dire que la *vitesse relative* des deux cages est constante, puisque l'espace parcouru en vertu de cette vitesse est proportionnel au nombre de tours.

Faisant $m = n$ on aura

$$\sigma + \sigma' = H = 4\pi n\rho \ \ldots \ n = \frac{H}{4\pi\rho} \tag{1}$$

relation qui donne le nombre n, lorsqu'on s'est donné la profondeur H du puits et le rayon moyen d'enroulement ρ.

On doit concevoir que, si les deux cages *s'éloignent d'un mouvement uniforme*, chacune d'elles a cependant *un mouvement varié*, dont l'accélération est positive pour la cage montante et négative pour la cage descendante. On pourra calculer ces accélérations, connaissant les vitesses en fonction du temps.

Ces vitesses sont $(\rho \pm me)\omega$ et leur différentielle par rapport au temps est $\pm e\omega\,\dfrac{dm}{dt}$.

Comme on a, d'ailleurs, $m \times 2\pi = \omega t$, on en tire $\dfrac{dm}{dt} = \dfrac{\omega}{2\pi}$, et l'accélération est $\pm e\,\dfrac{\omega^2}{2\pi}$.

La tension du câble montant à son extrémité est donc

$$(Q - q) \left(1 + \frac{e\omega^2}{2\pi g} \right),$$

et celle du câble descendant

$$q \left(1 - \frac{e\omega^2}{2\pi g} \right).$$

D'ailleurs, le terme $\dfrac{e\omega^2}{2\pi g}$ peut être négligé, c'est-à-dire que la tension des câbles pendant le mouvement est sensiblement la même qu'à l'état statique.

Cela se voit numériquement, en supposant par exemple $e = 0,03$, $\omega = 0^m,05$ (ce qui correspond à une vitesse de rotation d'environ dix tours par minute), et sachant que $\pi = 3,14$ et $g = 9,81$; car on trouve alors $\dfrac{e\omega^2}{2\pi g} = 0,00049$, c'est-à-dire que l'action de la gravité n'est altérée que de quelques dix-millièmes.

On posera donc pour le moment du câble chargé qui monte

$$(Q + q)\,(\rho + me) + \left[ps - p\,2\pi\left(m\rho + \frac{em^2}{2}\right)\right](\rho + me),$$

et pour le moment du câble qui descend à vide

$$q\,(\rho - me) + \left[ps + p2\pi\left(m\rho - \frac{em^2}{2}\right)\right](\rho - me),$$

et leur différence, qui représente le moment à vaincre par la machine, est, toutes réductions faites,

$$M = Q\rho + (Q + 2q + 2ps)\,em - 4\,p\pi\rho^2 m - 2p\pi e^2 m^3.$$

Au point de rencontre, c'est-à-dire pour $m = 0$, la formule montre que le moment est simplement $Q\rho$, ce qui est évident puisqu'alors les deux câbles et les deux poids morts se font équilibre.

Les variations du moment autour de cette valeur moyenne, sont donc :

$$M - Q\rho = (Q + 2q + 2ps)\,em - 4p\pi\rho^2 m - 2p\pi e^2\,m^3.$$

Dans cette équation, m peut varier depuis $-n$ qui correspond au départ des cages, jusqu'à $+n$ qui correspond à leur arrivée.

On éliminera S, qui n'est pas une donnée explicite de la question, en remarquant que l'on a

$$S = 2\pi\left(n\rho + \frac{en^2}{2}\right),$$

et à cause de la relation $n = \dfrac{H}{4\pi\rho}$, il vient

$$S = \frac{H}{2} + \frac{H^2 e}{16\pi\rho^2}.$$

Cette valeur vérifie ce qu'on a vu *a priori*, que le point de rencontre est *au-dessous* du milieu du puits.

Substituant, il vient définitivement :

$$M - Q\rho = \left[(Q + zq + pH) e + \frac{pH^2 e^2}{8\pi\rho^2} - 4p\pi\rho^2 \right] m - 2p\pi e^2 m^3 \ldots \quad (2)$$

(455) L'équation (2) ci-dessus peut se construire en prenant $M - Q\rho$ pour ordonnée et m pour abscisse. Elle représente une courbe du troisième degré, et elle ne contient que des puissances impaires de l'abscisse. Elle passe par l'origine des coordonnés, puisque l'on a $M - Q\rho = 0$ pour $m = 0$, et cette origine est un centre de la courbe, puisque pour deux valeurs conjuguées $+m$ et $-m$, l'ordonnée change seulement de signe, en gardant sa valeur absolue.

On peut se proposer de satisfaire, à l'aide de cette courbe dont la forme générale est représentée *fig.* 357, à diverses conditions.

Si l'on veut, par exemple, avoir $M - Q\rho = 0$, au commencement et à la fin de la course, comme on l'a au milieu, il faut que le second membre s'annule pour $m = \pm n$ (*fig.* 358).

On posera donc

$$0 = (Q + 2q + pH) e + \frac{pH^2 e^2}{8\pi\rho^2} - 4p\pi\rho^2 - 2p\pi e^2 n^2,$$

et l'on remplacera n par sa valeur $\dfrac{H}{4\pi\rho}$.

Il est facile de voir, en faisant cette substitution, que le quatrième terme du second membre annule le dernier, et l'équation devient simplement

$$0 = (Q + 2q + pHe) - 4p\pi\rho^2 = 0$$

$$\rho^2 = \frac{(Q + 2q + pH) e}{4p\pi} \ldots\ldots \rho = \frac{1}{2}\sqrt{\frac{Q + 2q + pH) e}{p\pi}} \quad (3)$$

Telle est la valeur du rayon ρ, au moyen duquel on satisfera à la condition énoncée d'avoir le même moment *aux deux extrémités et au milieu de la course*.

Nous désignerons par ρ_0 cette première valeur.

On remarquera qu'avec cette valeur le coefficient du terme en m dans l'équation (2) est positif, ou que $\dfrac{d(M - Q\rho)}{dm}$ est positif pour $m = 0$.

La courbe a donc la forme de la figure 338.

Cette valeur de ρ_0, quoique déjà assez satisfaisante, n'est pas la plus favorable qui puisse être choisie.

On se tiendra en moyenne plus près de l'axe des abscisses, où la quantité, $M - Q_\rho$ prendra des valeurs moindres, si l'on s'impose la condition que cette quantité s'annule pour une certaine valeur m *moindre que* n, et que la valeur AA' qui correspond au point A (*fig.* 339), soit égale et de signe contraire à la valeur maxima, CC' qu'a prise l'ordonnée entre le point O et le point B. Ce résultat obtenu du côté des abscisses positives, le sera en même temps, par raison de symétrie, du côté des abscisses négatives.

On veut donc annuler $M - Q_\rho$ pour une certaine valeur $m = \dfrac{n}{x}$, x étant plus grand que l'unité.

On posera la relation :

$$(Q + 2q + pH)\, c + \frac{pH^2 e^2}{8\pi_\rho^2} - 4p\pi_\rho^2 = 2p\pi e^2\, \frac{n^2}{x^2},$$

et l'on en déduira la valeur générale

$$M - Q_\rho = 2p\pi e^2 \left(\frac{n^2}{x^2} m - m^3 \right). \tag{4}$$

Le maximum de cette fonction, par rapport à la variable m, s'obtiendra en égalant à zéro sa différentielle ; on en déduit :

$$\frac{d\,(m - Q_\rho)}{dm} = 2p\pi e^2 \left(\frac{n^2}{x^2} - 3\,m^2 \right) = 0,$$

d'où

$$m^2 = \frac{n^2}{3\,x^2} \ldots m = \frac{n}{x\sqrt{3}} \ldots OB = OC\sqrt{3}.$$

Ainsi il y a un rapport déterminé, entre l'abscisse qui correspond au maximum et l'abscisse pour laquelle l'ordonnée est nulle.

Remplaçant, dans l'équation ci-dessus, m par la valeur particulière $m = \dfrac{n}{x\sqrt{3}}$, on doit avoir un résultat nul, et, en effet, on a identiquement $\dfrac{n^2}{x^2} = 3\,\dfrac{n^2}{3\,x^2}$. Mais on veut en outre que si l'on fait

$m = n = $ OA, on ait, au signe près, la même valeur que si l'on prend $OC = \dfrac{n}{x\sqrt{3}}$. Cela revient à poser l'égalité

$$-\left(\frac{n^2}{x^2}n - n^3\right) = \frac{n^2}{x^2}\frac{n}{x\sqrt{3}} - \frac{n^3}{3x^3\sqrt{3}},$$

ou en divisant par n^3

$$1 - \frac{1}{x^2} = \frac{1}{x^3\sqrt{3}} - \frac{1}{3x^3\sqrt{3}} = \frac{2}{3x^3\sqrt{3}},$$

et en ordonnant par rapport à x,

$$\dots\; x^3 - x - \frac{2}{3\sqrt{3}} = 0. \tag{5}$$

Cette équation étant de degré impair et ayant son dernier terme négatif à *un nombre impair de racines positives*, et comme elle n'a qu'une variation, elle a *une seule racine positive*. Cette racine résoud la question.

Pour l'obtenir, nous remarquons que l'équation est de la forme $x^3 + px + q = 0$.

Ses trois racines sont données algébriquement, l'une par la formule :

$$x' = \sqrt[3]{-\frac{1}{2}q + \sqrt{\frac{1}{27}p^3 + \frac{1}{4}q^2}} + \sqrt[3]{-\frac{1}{2}q - \frac{1}{2}\sqrt{\frac{1}{27}p^3 + \frac{1}{4}q^2}}$$

et les deux autres par la formule

$$x = \frac{-1 \pm \sqrt{-3}}{2}\sqrt[3]{-\frac{1}{2}q \pm \sqrt{\frac{1}{27}p^3 + \frac{1}{4}q^2}}.$$

On a d'ailleurs

$$-\frac{1}{2}q = \frac{1}{3\sqrt{3}}$$
$$\frac{1}{27}p^3 = -\frac{1}{27}$$
$$\frac{1}{4}q^2 = \frac{1}{27}.$$

La racine positive est

$$2\sqrt[3]{\frac{1}{3\sqrt{3}}} = \frac{2}{\sqrt{3}},$$

et les deux autres sont imaginaires à cause du terme $\sqrt{-3}$.

On a donc

$$OB = \frac{n}{x} = n\frac{\sqrt{3}}{2}, \quad et \quad OC = \frac{OB}{\sqrt{3}} = \frac{n}{2}.$$

Ainsi, la quantité n étant représentée par OA, on a $OB = \dfrac{OA\sqrt{3}}{2}$, et $OC = \dfrac{OA}{2}$.

La valeur maximum et la valeur finale, qui lui est égale et de signe contraire, s'obtiendront en reprenant l'équation (4), en y remplaçant d'abord $\dfrac{1}{x^2}$ par sa valeur $\frac{3}{4}$, puis en y faisant $m = \dfrac{n}{2}$ pour avoir la première, et $m = n$ pour avoir la seconde.

Il vient ainsi :

$$\text{pour } m = \frac{n}{2}, \quad M - Q_? = 2p\pi n^5 e^2 \left(\frac{3}{4} \times \frac{1}{2} - \frac{1}{8}\right) = \frac{p\pi n^5 e^2}{2}$$

$$\text{pour } m = n, \quad M - Q_? = 2p\pi n^5 e^2 \left(\frac{3}{4} - 1\right) = -\frac{p\pi n^5 e^2}{2}$$

et ces deux valeurs sont bien, ainsi que cela doit être, égales et de signes contraires.

En remplaçant n^5 par la valeur $\dfrac{H^5}{64\pi^5\rho^5}$, il vient

$$M - Q_? = \pm \frac{1}{128}\frac{pe^2 H^5}{\pi^2\rho^5}, \tag{6}$$

et enfin on aura pour la valeur de l'écart proportionnel

$$\frac{M - Q_?}{Q_?} = \pm \frac{1}{128}\frac{pe^2 H^5}{\pi^2 Q_?^4} \tag{7}$$

Il reste à déterminer le rayon ρ.

Pour cela, nous reprenons l'équation

$$(Q + 2q + p\mathrm{H})\,e + \frac{p\mathrm{H}^2 e^2}{8\pi\rho^2} - 4p\pi\rho^2 = 2p\pi e^2 \frac{n^2}{x^2},$$

et nous y substituons les valeurs $n^2 = \dfrac{\mathrm{H}^2}{16\pi^2\rho^2}$ et $x^2 = \dfrac{4}{5}$.

Le terme du second membre devient $\dfrac{5}{32}\dfrac{p\mathrm{H}^2 e^2}{\pi\rho^2}$, et, en le réduisant avec le quatrième du premier membre, on a

$$(Q + 2q + p\mathrm{H})\,e + \frac{1}{32}\frac{p\mathrm{H}^2 e^2}{\pi\rho^2} - 4p\pi\rho^2 = 0,$$

ou en ordonnant par rapport à ρ, divisant par $4p\pi$ et changeant les signes :

$$\rho^4 - \frac{(Q + 2q + p\mathrm{H})}{4p\pi}\,e\rho^2 - \frac{1}{32}\frac{p\mathrm{H}^2 e^2}{\pi\rho^2} - 4p\pi\rho^2 = 0.$$

On en déduit une valeur $\rho_1{}^2$ donnée par la relation

$$\rho_1{}^2 = \frac{(Q + 2q + p\mathrm{H})\,e}{8p\pi} \pm \sqrt{\left[\frac{(Q + 2q + p\mathrm{H})\,e}{8p\pi}\right]^2 + \frac{1}{128}\frac{\mathrm{H}^2 e^2}{\pi^2}},$$

ou, en se rapportant à la valeur ρ_0, trouvé plus haut, et ne considérant que la valeur réelle

$$\rho_1{}^2 = \frac{1}{2}\rho_0{}^2 + \sqrt{\left(\frac{1}{2}\rho_0{}^2\right)^2 + \frac{1}{128}\frac{\mathrm{H}^2 e^2}{\pi^2}}.$$

Ainsi la seconde valeur ρ_1 est *un peu plus grande* que la première ρ_0. Le terme de correction sous le radical a d'ailleurs assez peu d'importance.

Ainsi, par exemple, supposons $\mathrm{H} = 400^\mathrm{m}$, $e = 0.03$, le terme $\dfrac{1}{128}\dfrac{\mathrm{H}^2 e^2}{\pi^2}$ est égal à 0.11.

Pour faire une application numérique, outre les deux valeurs données ci-dessus à H et à e, nous prendrons :

$$Q = 1600^k,$$
$$q = 2000^k,$$

et

$$p = 7^k.$$

On aura

$$(Q + 2q + p\Pi)\, e = 222, \quad 4p\pi = 88.$$

et par suite

$$\rho_0^2 = 2.52\ldots \quad \rho_0 = 1.60, \quad n = \frac{\Pi}{4\pi\rho_0} = 20 \text{ tours environ,}$$

$$\rho_0 + ne = 1.60 + 0.60 = 2^m.20$$

$$\rho_0 - ne = 1.60 - 0.60 = 1^m$$

$$\rho_1 = \sqrt{\frac{1}{2}\rho_0^2 + \sqrt{\left(\frac{1}{2}\rho_0^2\right)^2 + 0.11}}$$

soit environ

$$\rho_1 = \sqrt{\rho_0^2 + 0.06} \quad = \quad \rho_0 + 0.03 = 1.63$$

On en déduit :

$$n = \frac{\Pi}{4\pi\rho_1} = 19 \text{ tours environ.}$$

$$\rho_1 + ne = 1.63 + 0.57 = 2^m.20$$

$$\rho_1 - ne = 1.63 - 0.57 = 1^m.06.$$

Ainsi le rayon moyen calculé dans la seconde hypothèse est un peu plus fort, et, par suite, le nombre de tours et l'écart entre les rayons extrêmes un peu moindres que dans la première.

L'écart proportionnel $\dfrac{M - Q\rho}{Q\rho}$ prend, dans la seconde hypothèse, la valeur $\dfrac{1}{128} \dfrac{pe^2\Pi^3}{\pi^2 Q\rho_1^4} = 0.03.$

On voit combien ce nombre est petit, surtout si on le rapproche des variations considérables trouvées au n° 450, avec des câbles ronds et des tambours cylindriques.

(**456**) La théorie exposée dans les deux numéros précédents *devra généralement être appliquée*, et nous voyons, par les nombres ci-dessus, qu'elle peut conduire à des valeurs numériques acceptables, et réaliser un degré de régularité très-remarquable.

Toutefois, deux remarques sont ici nécessaires.

La première, c'est que ces calculs ci-dessus n'ont pas une très-grande rigueur lorsque les câbles sont diminués ; diminution qui est d'autant plus utile que les puits sont plus profonds, et qui devient indispensable pour les puits très-profonds.

La seconde remarque est relative à la valeur numérique des rayons ρ_0 et ρ_1. On reconnaît que les valeurs $\rho_0 - ne$ et $\rho_1 - ne$ sont déjà un peu faibles dans l'exemple considéré, surtout parce qu'elles correspondent à l'enroulement du gros bout du câble qui demanderait au contraire le plus grand diamètre.

Cet inconvénient sera d'autant plus sensible, pour un rayon moyen donné, que l'on emploiera un câble plus épais, et que la quantité $n = \dfrac{H}{4\pi\rho}$ sera plus grande, ou que le puits sera plus profond.

On est obligé dans ce cas, pour ne pas trop fatiguer le câble, de prendre pour ρ une valeur supérieure à celle que donnent les calculs précédents, et la quantité $\rho - ne = \rho - \dfrac{He}{4\pi\rho}$ augmente *doublement*, parce que le premier terme augmente et que le second terme diminue.

Il est facile de voir ce qui en résulte sur la courbe lieu géométrique de l'équation (2) du n° 454, qui est :

$$M - Q\rho = \left[(Q + 2q + pH)\,e + \frac{pH^2e^2}{8\pi\rho^2} - 4p\pi\rho^2 \right] m - 2p\pi e^2 m^3.$$

Le second membre égalé à zéro donne les points où l'on a $M - Q\rho = 0$. Ces points, au nombre de trois, sont, outre l'origine des coordonnées, deux points symétriquement placés dont les abscisses sont données par l'équation

$$\left[(Q + 2q + pH)\,e + \frac{pH^2e^2}{8\pi\rho^2} - 4p\pi\rho^2 \right] - 2p\pi e^2 m^2 = 0.$$

On voit que ces valeurs de m ne sont réelles que si le premier terme est positif, et qu'elles s'annulent si l'on pose :

$$(Q + 2q + pH)\,e + \frac{pH^2e^2}{8\pi\rho^2} - 4p\pi\rho^2 = 0.$$

Les trois points m se confondent alors à l'origine, et la courbe est tangente et même osculatrice à l'axe des abscisses. Elle a la forme que représente la figure 540.

De l'égalité ci-dessus on déduit, en ordonnant par rapport à ρ et divisant par $4p\pi$.

$$\rho^4 - \frac{Q+2q+pHe}{4p\pi}\rho^2 - \frac{1}{32}\frac{H^2 e^2}{\pi^2} = 0$$

équation qui donne pour ρ l'unique valeur réelle

$$\rho = \sqrt{\frac{(Q+2q+pH)e}{8p\pi} + \sqrt{\left[\frac{(Q+2q+pH)^2 e}{(8p\pi)^2}\right]^2 + \frac{1}{32}\frac{H^2 e^2}{\pi^2}}}.$$

Désignant cette valeur particulière par ρ_2, on peut l'écrire, en ayant égard à la valeur de ρ_0 trouvée plus haut

$$\rho_2 = \sqrt{\frac{1}{2}\rho_0^2 + \sqrt{\left(\frac{1}{2}\rho_0^2\right)^2 + \frac{1}{32}\frac{H^2 e^2}{\pi^2}}}.$$

Cette valeur est, comme on le voit, plus grande que ρ_0 et même plus grande que ρ_1, puisque le second terme sous le second radical est plus grand que dans l'expression qui donne ρ_1.

A partir de cette valeur de ρ le terme en m est négatif, comme le terme en m^3, et il va en croissant avec ρ.

La courbe prend la forme qu'indique la figure 541, et les ordonnées croissent de plus en plus en valeur absolue à partir de l'origine

(**457**) On peut chercher ce que devient le rapport $\dfrac{M-Q\rho}{Q\rho}$ qui est la mesure de la régularité obtenue par l'emploi des bobines.

Ce rapport a pour expression générale

$$\frac{M-Q\rho}{Q\rho} = \frac{\left[(Q+2q+pH)e + \dfrac{pH^2 e^2}{8\pi\rho^2} - 4p\pi\rho^2\right]m - 2p\pi e^2 m^3}{Q\rho},$$

et ce que l'on cherche, c'est sa valeur au départ et à l'arrivée, ou pour

$$m = \pm n = \pm\frac{H}{4\pi\rho}.$$

On voit voit d'abord, comme on l'a déjà remarqué au n° 455, que pour cette valeur particulière de m, les deux termes $+\frac{pH^2e^2}{8\pi\rho^2}m$ et $-2p\pi e^2 m^3$ s'annulent ; car on a identiquement, en remplaçant m par cette valeur,

$$\frac{pH^2e^2}{8\pi\rho^2}\frac{H}{4\pi\rho} = 2p\pi e^2 \frac{H^3}{64\pi^3\rho^3}.$$

Il vient donc

$$\frac{M-Q\rho}{Q\rho} = \frac{(Q+2q+pH)-4p\pi\rho^2}{Q\rho} \times \left(\frac{\pm H}{4\pi\rho}\right)$$
$$= \pm\frac{H}{4\pi\rho}\frac{(Q+2q+pH)\,e}{Q\rho} \mp \frac{H}{4\pi\rho}\times\frac{4p\pi\rho^2}{Q\rho}$$
$$= \pm\frac{pH}{Q}\frac{(Q+2q+pH)\,e}{4p\pi\rho^2} \mp \frac{pH}{Q} = \mp\frac{pH}{Q}\left(1-\frac{\rho_0^2}{\rho^2}\right)\dots(8)$$

Cette valeur est nulle pour $\rho = \rho_0$ (ce qui est évident, puisque la valeur ρ_0 est précisément déterminée par la condition que les valeurs initiales et finales de $M-Q\rho$ soient nulles). Puis à partir de cette valeur ρ_0 le facteur $1-\frac{\rho_0^2}{\rho^2}$ va constamment en croissant jusqu'à l'unité, et la fonction devient $-\frac{pH}{Q}$ pour $\rho=\infty$.

Cette valeur extrême est précisément celle qui convient aux tambours cylindriques.

On le vérifie facilement, en considérant directement le tambour cylindrique de rayon ρ. On a évidemment, au milieu de la course, le moment $M=Q\rho$; au commencement de la course il est augmenté, et à la fin de la course, il est diminué de la quantité $pH\rho$; donc $M-Q\rho$ est au commencement de la course égal à $+pH\rho$ et à la fin égal à $-pH\rho$, et par suite on a bien $\frac{M-Q\rho}{Q\rho} =\pm\frac{pH\rho}{Q\rho}=\pm\frac{pH}{Q}$.

On trouve encore le même résultat en faisant $e=0$ dans la valeur généra le d $\frac{M-Q}{Q\rho}$.

On peut, dans la dernière équation (8), se donner *a priori* la quantité finale $\dfrac{M - Q\rho}{Q\rho} = -\alpha$, et en déduire le rayon ρ par la formule

$$\alpha = \frac{pH}{Q}\left[1 - \left(\frac{\rho_0^2}{\rho^2} \right) \right]$$

qui donne :

$$\rho^2 \left(-1 \frac{\alpha Q}{pH} \right) = \rho_0^2$$

On trouve $\rho^2 = \rho_0^2$ pour $\alpha = 0$, et $\rho^2 = \infty$ pour $\alpha Q = pH$, ce qui s'accorde avec ce qui vient d'être dit.

On peut aussi se donner, non pas le rapport final $\dfrac{M - Q\rho}{Q\rho}$, mais la valeur finale de la quantité $M - Q\rho$. La posant égale à $-A$, il vient, en considérant la même équation (8) :

$$\frac{A}{Q\rho} = \frac{pH}{Q}\left(1 - \frac{\rho_0^2}{\rho^2} \right) \cdots \rho^2 - \frac{A}{pH}\rho - \rho_0^2 = 0,$$

d'où

$$\rho = \frac{A}{2pH} + \sqrt{\frac{A}{2pH} + \rho_0^2}.$$

On trouve $\rho = \rho_0$ pour $A = 0$, ce qui est toujours la même vérification, et l'on voit comment le rayon ρ varie, à mesure que l'on fait varier la quantité A ou inversement.

(458) Lorsqu'on aura trouvé une valeur ρ_1 inadmissible, soit par elle-même, soit par la valeur qu'on en déduit pour la quantité $\rho_1 - ne$, on devra, par quelque considération particulière, du genre de celles qui précèdent, ou encore en se donnant par exemple la vitesse d'ascension des cages et la vitesse de rotation de la machine, adopter un certain rayon $\rho > \rho_1$. A ce rayon correspondra une courbe, telle que celle de la figure 341 déjà citée. Elle ne régularise plus au même degré que la courbe qui correspond au rayon ρ_1, mais le système a toujours, à ce point de vue, un certain avantage sur l'emploi des tambours cylindriques, et d'autant plus prononcé que le rayon ρ est moindre.

On achève d'ailleurs, s'il y a lieu, de régulariser au moyen d'une chaîne contre-poids que l'on peut calculer de la manière suivante :

Soit OC'A' (*fig.* 342) la courbe calculée par le rayon ρ.

On la construit graphiquement par points, et ensuite on cherche, par le tâtonnement, à tracer une droite OC''A'' coupant la courbe en un certain point B' et satisfaisant à la condition que la différence A'A'' des ordonnées extrêmes, soit égale et de sens contraire à la différence maxima qui a lieu entre les deux points O et B ; ce qui arrive évidemment pour le point C' de la courbe où la tangente est parallèle à la droite OC''A''.

La ligne droite ainsi tracée, considérons la ligne symétrique OA'', prolongée vers les coordonnées négatives ; prenons la longueur $aa_1'' = AA''_1$ comme représentant, à l'échelle adoptée pour la construction de la figure, le moment d'une chaîne contre-poids dont le câble sera entièrement enroulé au moment du départ, pour être entièrement déroulé au point de rencontre et enroulé de nouveau au point d'arrivée, suivant les détails indiqués au n° 455, il est clair qu'avec cette chaîne et le rayon ρ, on obtiendra un degré de régularité du même ordre qu'avec le rayon ρ_1, employé sans la chaîne.

Telle est la solution qui conviendra parfaitement au cas où la quantité $\rho_1 - ne$, ou même la quantité ρ_1 elle-même, serait jugée trop petite et inapplicable aux câbles que l'on veut employer. Cette solution convient aux rayons ρ aussi grands que l'on jugera convenable de les prendre.

Ces grands rayons, favorables à la conservation des câbles et à la grande vitesse des bennes pour une vitesse de rotation donnée de la machine, exigent évidemment des chaînes contre-poids de plus en plus lourdes ; mais en revanche, on se rapproche de plus en plus de la régularisation que comportent les câbles ronds (régularisation qui est absolue avec des câbles à section constante), parce que la courbe OC'A' tend de plus en plus à se confondre avec une ligne droite.

Ce système est celui que l'on emploie habituellement dans les grandes mines du nord de l'Angleterre, et il constitue, à mon avis, avec l'emploi des câbles en fil de fer, la solution la plus pratique réalisée jusqu'ici pour les mines profondes à grande production.

Il donne le moyen de descendre très-bas ; il régularise convenablement la force des machines (qu'elles soient d'ailleurs avec ou sans détente) ; il les rend plus faciles à manœuvrer ; il permet de les lancer sans crainte avec une plus grande vitesse et d'atteindre ainsi, pour les cages, des vitesses moyennes d'ascension considérables (8 à 10 mètres et plus par seconde).

(**459**) Des effets analogues à ceux qui viennent d'être analysés peuvent s'obtenir avec des câbles ronds, en employant des tambours coniques, soit des tambours lisses, sur lesquels les différents tours du câble viennent se juxtaposer directement, soit des tambours sur lesquels est tracée une gorge ou rainure hélicoïdale, qui peut être regardée comme engendrée par l'intersection du cône avec un cylindre ayant ses génératrices parallèles à l'axe et pour directrice une spirale d'Archimède tracée sur la base du cône.

Dans le cas général, désignant par φ le demi-angle au sommet du cône, par l l'écartement constant le long d'une génératrice de l'axe du câble dans deux tours consécutifs, toute la théorie précédemment exposée subsiste en remplaçant e par sa valeur $l\sin\varphi$.

Si d'ailleurs les tours sont juxtaposés, la distance l n'est autre chose que le diamètre du câble; on a donc, en désignant ce diamètre par d, $e = d\sin\varphi$.

En substituant la valeur $e = l\sin\varphi$ dans les équations précédentes, on retrouvera tous les résultats obtenus, et l'on aura la faculté de les faire varier avec un câble donné, puisque l'on est maître de disposer des deux éléments l et $\sin\varphi$, et par conséquent, entre certaines limites pratiques de la quantité e qui entre dans ces équations.

On a proposé de disposer ces tambours coniques, de manière qu'ils ne servent qu'à enrouler les premiers tours des câbles. Le reste de l'enroulement se fait sur une partie cylindrique, à la suite du cône, c'est-à-dire en d'autres termes, qu'au lieu d'accoler directement les deux cônes par la grande base, on les sépare par une portion cylindrique (voir *fig.* 344).

On a ainsi, au départ et à l'arrivée, la régularisation que produit l'emploi des tambours coniques, et au milieu de la course la variation que comporte nécessairement l'emploi des tambours cylindriques ; cela revient à substituer à la courbe des moments une ligne droite d'une certaine étendue, telle que DD' (*fig.* 345), dans le voisinage du point d'inflexion qu'elle présente à l'origine des coordonnées, ce qui est évidemment permis.

Ce procédé du tambour en spirale peut être généralisé et complété, en disposant le tambour en spirale pour recevoir la totalité des câbles et supprimant ainsi la partie cylindrique intermédiaire.

D'ailleurs dans ce système, on parviendrait à une régularisation aussi grande qu'on voudrait, en faisant varier la quantité $e = l\sin\varphi$ d'un tour à l'autre. Cela pourrait s'obtenir en faisant varier $\sin\varphi$, c'est-à-dire en substituant à la surface conique du tambour, une surface de révolution de même axe, dont la méridienne serait une courbe convenablement tracée, le long de laquelle on prendrait l'intersection des différentes spires à des distances constantes. On pourrait également conserver l'angle φ, c'est-à-dire avoir une surface conique, en faisant varier le long de la génératrice la distance l de deux spires consécutives quelconques.

(**460**) Nous n'avons plus, pour terminer ce que nous devons dire ici sur les câbles, qu'à indiquer comment on les réunit, soit les uns aux autres, soit avec les bouts de chaîne qui servent à y attacher les bennes ou les cages.

On a souvent à faire ce qu'on appelle des *épissures*, c'est-à-dire à réunir directement plusieurs portions de câbles bout à bout, soit pour allonger un câble, soit pour lui rendre sa longueur primitive après en avoir coupé les parties détériorées par quelque accident. Pour les câbles ronds, l'épissure se fait en détordant d'abord les deux câbles sur 60 à 70 centimètres, puis les divers torons de chaque câble. Dans chaque toron ainsi détordu, on reprend isolément chaque fil, on l'amincit en enlevant la moitié de son épaisseur, ou bien l'on supprime un fil sur deux. Ensuite on commet ensemble les fils conservés de deux torons pris sur chacun des bouts qu'on veut réunir. On reconstitue ainsi un toron complet; puis, avec les divers torons, le câble entier. L'épissure ainsi formée, on l'enveloppe d'une forte ficelle, dont la ligature se prolonge au delà de l'épissure sur les parties restées intactes des deux câbles, et se fixe par un nœud d'artificier.

Une telle épissure bien faite est *aussi solide à la traction* que le câble lui-même; elle est seulement un peu plus grosse et moins flexible. Elle détermine cependant *un point faible* dans le câble, à cause du jarret qui se produit au-dessus et au-dessous dans la ligne de courbure de l'axe du câble, lorsqu'il doit se plier sur le tambour ou sur une molette.

Pour les câbles plats, le plus simple paraît être d'envelopper les parties à réunir par deux platines fixées aux câbles avec des rivets, et liés l'un à l'autre par un anneau ou par une charnière. On pourrait d'ailleurs épisser les câbles plats comme les ronds, en épissant chaque aussière en particulier, et recousant le câble sur une longueur de 2 ou 3 mètres.

Pour l'extrémité inférieure du câble, on peut, s'il est rond, y adapter un anneau d'où partent les chaînes d'attache. Cet anneau est comme une sorte de petite poulie autour de laquelle on force le câble à s'enrouler, et, pour qu'il ait la flexibilité nécessaire, on le détord sur une petite longueur; on entoure la poulie avec cette partie détordue, qu'on relève le long du câble, et on l'arrête par une ligature de longueur suffisante, semblable à celle qu'on fait autour des épissures.

Si le câble est plat, on le termine, comme il a été dit ci-dessus, par une platine fixée par des rivets, et présentant un œil qui reçoit le premier anneau de la chaîne. On peut également détordre les aussières sur une certaine longueur et recourber les torons à droite et à gauche autour d'un boulon qu'on engage dans une patte qui se fixe au câble par quelques rivets. Quelquefois aussi on le double en le repliant sur lui-même; mais on risque davantage de le fatiguer.

Ces différentes dispositions, et celles qu'on peut donner aux crochets pour prévenir toute séparation de l'anneau dans lequel on les engage, sont représentées sur la figure 346, et se comprennent à la seule inspection.

(**461**) Les câbles, au sortir des bobines ou des tambours, passent sur des molettes placées au sommet des châssis à molettes, et de là pendent dans le puits.

Les molettes sont de grandes poulies à gorge ronde ou plate, selon l'espèce des câbles, qui doivent avoir *un grand diamètre* et être établies avec *une grande solidité.*

La première condition a pour objet de ménager le câble, en ne le forçant pas à prendre des courbures trop prononcées.

La seconde condition résulte de la grande charge à laquelle sont exposées ces poulies.

Si l'on considère, par exemple, la cage pleine un instant après l'enlevage, l'axe de la poulie correspondante est chargé par la résul·tante de deux forces dirigées suivant les deux brins du câble et égales chacune à la quantité $Q + q + pH$, quantité, qui avec les valeurs numériques considérées plus haut est égale à $1600 + 2000 + 7 \times 400 = 6400$ kilogrammes.

La résultante serait donc 12,800 kilogrammes, si le brin allant aux bobines était presque vertical; elle serait encore $6400 \times \sqrt{2} = 9000$ kilogrammes environ, dans le cas extrême où ce brin serait presque horizontal. Cette résultante serait d'ailleurs verticale dans le premier cas et inclinée à 45° dans le second.

En général, pour se rendre compte des conditions statiques du système, on doit prendre, à un instant quelconque, la tension effective de chaque câble, et voir quelle pression en résulte suivant la bissectrice de l'angle des deux brins de ce câble, sur l'axe de la poulie correspondante.

L'axe de la poulie doit être calculé en conséquence, et l'on doit regarder le haut du châssis à molettes comme soumis à deux forces distinctes, dont on connaît les directions et les point d'application, et dont on peut connaître à chaque instant les grandeurs.

Les gorges des molettes doivent être suffisamment larges et profondes, pour que les câbles y aient un certain jeu. Ce jeu est *utile* avec les câbles plats, pour parer à quelque inexactitude dans la pose, par suite de laquelle le plan médian vertical de la poulie et celui de la bobine ne seraient pas en parfaite coïncidence; il est *indispensable*, avec les câbles ronds, qui, par suite de leur enroulement sur le tambour, ne restent pas exactement dans un même plan vertical. Ces gorges se font habituellement en fonte; quelquefois, cependant, surtout pour les câbles métalliques, en vue de réduire l'usure que produirait le frottement dans les petits glissements qui peuvent avoir lieu lors des variations rapides de la tension ou de la vitesse des câbles, on les garnit d'une fourrure en bois de bout, ou avec un tour d'un vieux câble en chanvre hors de service.

La molette est quelquefois entièrement en fonte; quelquefois aussi, et cela convient pour les très-grandes molettes, le moyeu et la gorge sont en fonte, et reliés par des bras en fer forgé, pris dans la fonte au moment de la coulée.

Ces pièces ont souvent $2^m,50$ à 3 mètres ou $5^m,50$ de diamètre. Leur poids peut atteindre 1,500 à 1,800 kilogrammes, et aller même au delà de 2,000 kilogrammes.

Les trois figures désignées sous le n° 547 représentent divers exemples de molettes, pour lesquelles nous renvoyons à la légende des planches.

Le châssis à molettes, dit aussi chevalet, chevalement, ou bellefleur, est l'espèce de chèvre au haut de laquelle elles sont placées. Il doit être établi sur un cadre en charpente, offrant une base assez grande pour que les forces considérées plus haut aient toujours leurs résultantes dirigées dans l'intérieur de ce cadre, et tombent même à une assez grande distance de son périmètre; sinon il sera nécessaire de l'étançonner par quelques jambes de force, prenant leur point d'appui, par exemple, contre le bâtiment de la machine d'extraction.

Le châssis à molettes a encore deux autres conditions à remplir : la première, et la plus indispensable, est d'avoir une solidité suffisante pour résister amplement, non-seulement aux efforts déjà très-grands qui sont en jeu pendant la marche normale, mais encore aux efforts exceptionnels auxquels il peut être exposé, en cas d'accident, dans les manœuvres spéciales où l'on aurait à faire emploi de toute la force de traction dont la machine est susceptible, ainsi qu'à toutes les secousses ou vibrations qui peuvent se produire, soit pendant ces manœuvres, soit même en service normal.

La seconde condition est d'avoir une hauteur assez grande pour éviter que par suite de la moindre inattention de l'ouvrier qui manœuvre la machine les cages ne risquent d'être portées aux poulies. Cette hauteur est en rapport avec la vitesse d'ascension en cages. Elle sera habituellement d'une dizaine de mètres *au moins*. Avec cette hauteur *une ou deux secondes* d'inattention de la part du mécanicien suffirait pour amener un accident, s'il ne prenait pas soin de ralentir sa machine lorsque la cage approche du jour, afin d'être entièrement maître de sa marche à l'instant où elle apparait.

Le plus ordinairement le châssis est en bois; mais dans les pays où l'on n'a pas l'habitude d'entourer et de couvrir les abords des puits par une construction en maçonnerie, cette charpente, exposée aux intempéries et fatiguant beaucoup, se détruit rapidement, et doit être remplacé en totalité, ou au moins en partie, au bout d'un petit nombre d'années. On a proposé d'éviter ces frais d'entretien en construisant ces charpentes en fer; on donne aux pièces les sections en double T ou les sections circulaires propres à assurer leur résistance en économisant la matière (*Cours de machines*, t. II).

Cette disposition peut être recommandée, et me semble appelée à se répandre.

Il en est de même de celle qui consiste à remplacer les charpentes en bois ou en fer par une construction en maçonnerie formant comme une tour ronde ou carrée qui prolonge, en quelque sorte, la colonne du puits. Cette tour présente les ouvertures nécessaires pour les besoins du service, et en outre elle reçoit les abouts tant des diverses pièces de bois qui servent à prolonger au dehors l'habillage de la colonne du puits, que des poutrelles en bois ou en fer qui reçoivent les coussinets des molettes.

Ce système, qui laisse peut-être un peu moins libres les abords du puits, à moins de donner une très-large base à la tour, a l'avantage de pouvoir être établi facilement dans d'excellentes conditions de solidité et de durée, sans avoir besoin de bois d'échantillon, quelquefois difficiles à obtenir dans le pays. Il convient surtout dans les pays chauds.

Les figures 348 à 351 donnent des exemples des trois systèmes décrits ci-dessus. Ces figures présentent des dispositions spéciales qui peuvent être saisies à l'inspection, et pour le détail desquelles nous renvoyons d'ailleurs à la légende des planches.

§ 3. — Dispositions diverses des appareils employés à l'extraction.

(**462**) Nous avons parlé, dans les deux paragraphes précédents, d'abord, des moteurs divers qu'on peut appliquer à l'extraction, puis des organes intermédiaires entre le récepteur, quel qu'il soit, et l'extrémité du câble agissant directement sur l'opérateur proprement dit, c'est-à-dire sur l'appareil qui reçoit le minerai à élever au jour.

Tout cela peut être exposé en termes généraux, sans engager la question de l'*extraction proprement dite*, c'est-à-dire le choix de l'appareil à employer et des manœuvres à faire, pour prendre le minerai arrivant à l'accrochage, l'élever au jour et le déposer sur la plâtre du puits ou sur la halde.

On a pour cela, ou plutôt on a eu, les dispositions les plus variées, qui ne sauraient être toutes décrites avec détail, ni même énumérées, dont plusieurs sont déjà surannées, et qui tendent à se rapprocher de plus en plus d'un type unique, au moins dans son principe sinon dans ses détails, type sur lequel l'expérience semble s'être prononcée et qui est de plus en plus indiqué à mesure que les centres d'extraction deviennent plus profonds et moins nombreux, et sont appelés à des productions plus considérables.

Nous citerons quelques exemples, et nous insisterons surtout sur ce type principal dont nous venons de parler.

Renvoyant au *cours de machines* (Planche I, II, et IV), pour les dispositions que peut recevoir le service des bennes dans un puits en fonçage desservi soit à bras d'hommes, soit avec des chevaux, je supposerai qu'il s'agisse d'une exploitation permanente se faisant à un accrochage donné.

Nous avons indiqué au n°ˢ 389 les divers types de matériel employés au transport dans l'intérieur des mines, et nous avons vu que dans leur rapport avec le service de l'extraction, on devait les diviser en trois classes :

1° Les wagons se vidant à la place d'accrochage, et servant à remplir des bennes ou cuffats qui circulent dans le puits ;

2° Les chars à bennes, qui transportent dans les voies principales de roulage et amènent à la place d'accrochage, d'où elles sont élevées au jour, les bennes que les traineurs ont prises vides sur ces chars, pour aller les charger aux chantiers et les ramener pleines ;

3° Enfin les wagons, ou bennes à roulettes, qui vont se charger aux tailles, et reviennent, isolées ou en convois, jusqu'au puits, d'où elles sont élevées au jour sans transbordement.

Les bennes, ou cuffats, étaient presque exclusivement en usage, en France et en Belgique, il y a une quarantaine d'années.

A *Mons*, on extrayait avec de grands *cuffats* en bois ferrés avec soin, tenant une vingtaine d'hectolitres, qui se plaçaient à l'accrochage dans une sorte de niche qu'on appelait le Pas de Cuffat (voir pl. XXIX, *fig.* 189). Cet emplacement pouvait contenir au moins deux cuffats, ou le plus souvent trois, afin de ne pas perdre de temps au chargement ; dès que l'un était plein, les câbles en amenaient un vide pour le remplacer ; les chaînes d'attache étaient aussitôt décrochées du cuffat qui venait d'arriver et accrochées au cuffat plein. La réception de l'un et le départ de l'autre se faisaient en modérant la vitesse de la machine, et guidant le cuffat, soit à l'arrivée soit au départ, à l'aide de gaffes formées de longs manches en bois armés de crochets.

Arrivé au jour, un peu au-dessus du niveau du sol, le cuffat était attiré sur le bord du puits, soit à la main, soit à l'aide d'un bout de chaîne attaché à une hauteur convenable et terminé par un crochet. Ce crochet saisissait un anneau fixé au bas du cuffat. Renversant alors le mouvement de la machine, le cuffat redescendait et était en même temps attiré sur le côté par l'action de la chaîne, qui le forçait, en quelque sorte, à venir se poser en un point fixé à l'avance, en le renversant sur le côté. On détachait aussitôt les chaînes ; on les attachait au cuffat vide de la manœuvre précédente, qu'on replaçait dans le puits, prêt à partir au signal du fond.

Le cuffat plein était alors saisi, à l'aide d'un anneau placé au milieu du fond. Une chaîne passant sur une poulie convenablement placée saisissait cet anneau par un crochet, et allait, à son autre extrémité s'enrouler sur un treuil.

En agissant sur ce treuil, soit à bras, soit à l'aide d'une petite transmission de mouvement venant de la machine même et facile à débrayer, on soulevait le cuffat de terre, de manière qu'il se vidât complétement ; puis on le laissait redescendre, en modérant au besoin sa vitesse à l'aide d'un frein. On le rangeait alors d'une manière convenable, pour laisser de la place au cuffat plein qui allait arriver et qu'il devait remplacer au bout du câble.

Les figures 552 et 553 représentent, la première un de ces grands cuffats dans la position où on l'amenait pour le vider entièrement, la deuxième le petit mécanisme au moyen duquel cette manœuvre s'exécutait par la machine d'extraction elle-même pendant le trait suivant.

A *Rive-de-Gier*, les grands cuffats de Mons étaient remplacés par des bennes de huit à dix hectolitres, qui se posaient généralement sur un plafond établi dans le puits même, en contre-bas de la recette ; car on n'extrayait habituellement qu'à un niveau.

La benne arrivée au jour allait se décharger à une certaine distance du puits. Pour cela, à l'aide d'une chaîne disposée comme nous venons de le dire, on l'attirait sur un petit chariot, qui la conduisait à la décharge, et qui était immédiatement remplacé par un autre chariot portant la benne vide de la manœuvre précédente. Pour faciliter le versement et le redressement de la benne à bras d'homme, elle était portée sur deux patins fixés à demeure, entaillés suivant un arc de cercle ayant son centre un peu au-dessus de son centre de gravité. On la faisait basculer, en lui imprimant à bras des oscillations d'une amplitude croissante. On la relevait ensuite sans difficulté.

A *Saint-Étienne*, les petites bennes elliptiques amenées par les chars étaient enchaînées par groupes de deux, au moyen de quatre bouts de chaîne partant d'un anneau de la chaîne principale et allant s'attacher aux deux extrémités de leurs grands axes, forçant ainsi les bennes à se maintenir accolées l'une à l'autre. La chaîne principale attachée au câble portait quelquefois ce système de quatre bouts de chaîne en deux ou même en trois points de sa longueur, et l'on pouvait ainsi enlever à la fois au fond, ou recevoir au jour, deux ou trois groupes de deux bennes. A l'accrochage elles s'enlevaient l'une après l'autre par un mouvement lent de la machine, tandis qu'on les guidait à la main jusqu'à ce qu'elles fussent dans la verticale des câbles d'extraction. Au jour, elles étaient reçues dans un ordre inverse, après qu'on avait renversé le mouvement de la machine d'extraction.

Dans les trois exemples ci-dessus décrits, les vases d'extraction n'étaient pas guidés dans le puits ; il fallait aller lentement pour éviter les chocs contre les parois du puits, et surtout *très-lentement* au point de rencontre, où souvent on avait soin d'augmenter la section du puits pour faciliter le croisement des bennes pleines et des bennes vides.

Dans ces conditions, le plus souvent la vitesse moyenne d'ascension ne dépassait pas un mètre par seconde ; elle n'était quelquefois que de $0^m,60$.

(**463**) On peut dire qu'un très-grand progrès a été réalisé, du jour où l'on s'est décidé à prendre des dispositions pour guider les vases employés à l'extraction, éviter par là les dégradations de ces vases et des parois du puits, ainsi que les dangers de la rencontre, et surtout pour pouvoir accroître beaucoup la vitesse d'ascension.

Ce guidage s'est fait d'ailleurs de diverses manières, qu'on peut rapporter à trois dispositions principales :

La première consiste simplement à diviser le puits en compartiments coulantés avec soin, ayant chacun la section convenable pour que le vase d'extraction n'y ait qu'un jeu assez faible. On évite par là les difficultés de la rencontre, et l'on peut augmenter la vitesse d'ascension, sans craindre de voir la benne prendre les mouvements horizontaux désordonnés auxquels elle serait exposée, si, marchant avec *une grande vitesse verticale*, elle pouvait prendre en outre, *dans le sens horizontal*, des vitesses sensibles.

C'est un système à peu près équivalent qu'on applique encore dans l'exploitation de beaucoup de filons métalliques, dont les puits sont suivant l'inclinaison du gîte. Les bennes circulent le long du mur, en glissant sur deux lignes de coulants assemblées avec soin sur des traverses. Ces deux espèces de glissières sont munies de rebords pour maintenir les bennes latéralement, et celles-ci, en vue de prévenir leur usure, portent sur le côté deux larges patins analogues à ceux dont sont munies les bennes de traînage, sauf qu'ils ne sont pas, comme ces derniers, placés sous le fond. Parfois les patins sont remplacés par des galets ou de véritables roues circulant sur des longuerines, et la benne devient ainsi une sorte de wagon se mouvant sur un chemin extrêmement incliné. La benne sortie au jour, on la vide en la faisant basculer entièrement, à l'aide d'une chaîne à crochet disposée comme on l'a dit ci-dessus pour le système usité à Mons, mais sans même la décrocher des câbles.

Ces systèmes sont représentés par les figures 554 A, 554 B et 554 C, pour lesquelles nous renvoyons à la légende.

On peut encore recouvrir le compartiment par un pont roulant, qu'on manœuvre en levant une grille convenablement équilibrée qui ferme le devant de la recette; de sorte que les ouvriers sont garantis de tout accident *par la grille*, quand le câble pend dans le puits et que le compartiment doit être ouvert, *par le pont roulant* qui recouvre le compartiment quand il s'agit de recevoir la benne. Cette disposition, représentée figure 555, doit être considérée comme assez satisfaisante.

La deuxième disposition consiste à employer un guidage formé de câbles en fil de fer. Ces câbles sont fortement tendus par le bas, à l'aide de sommiers placés dans le puisard; à la partie supérieure, ils sont fixés de la même manière à des sommiers portés sur la charpente du châssis à molettes, ou bien ils passent sur des poulies et vont s'attacher au pied de ce même châssis.

On établit quatre câbles-guides, réunis par paires, dont chacune sert à l'un des câbles d'extraction. L'extrémité du câble d'extraction reçoit deux courtes chaînes qui s'attachent à une sorte de fléau horizontal, muni à ses deux bouts d'un œil qui est traversé par le câble-guide, et qu'on peut ouvrir à volonté. Le dessous du fléau porte deux autres chaînes, qui servent à attacher la benne ou le wagon.

Un pont à bascule étroit s'engage entre les deux câbles-guides, quand la benne a dépassé le niveau de la recette au jour, et la reçoit en faisant marcher la machine en arrière. Une disposition semblable est établie à l'accrochage.

Pour pouvoir élever plusieurs bennes à la fois, on remplace ce fléau horizontal par un grand étrier en fer, qui est enfilé sur les câbles-guides en haut et en bas, et qui est assez long pour qu'on puisse y trouver les points d'attaches de plusieurs bennes superposées.

Celles-ci sont munies alors latéralement de crochets, à l'aide desquels on les fixe à l'étrier, simplement en les poussant contre lui.

La manœuvre se fait très-facilement. L'étrier sorti du puits, on place le pont et l'on fait marcher lentement la machine en arrière. A mesure qu'une benne se pose sur le pont, elle devient libre, et l'on se hâte de la sortir pour faire place à la benne suivante. Toutes les bennes pleines ainsi enlevées, on leur substitue aussitôt des bennes vides, qu'on met en place successivement pendant qu'on imprime à l'étrier un mouvement ascendant très-lent. Cela fait, et le pont étant retiré, on est prêt au jour pour la manœuvre suivante, et l'on attend, pour lancer la machine, le signal du fond.

Ce système, représenté sur la figure 548 précitée (n° 461), est satisfaisant pour des profondeurs médiocres (inférieures probablement à 250 mètres, et d'autant plus faibles que l'on veut marcher à plus grande vitesse). Au delà, on peut craindre, surtout avec des vitesses assez grandes, le fouettement des câbles-guides, et peut-être quelque accident à la rencontre si les deux paires sont trop rapprochées.

Ce système a d'ailleurs l'inconvénient, quoiqu'on ait fait quelques essais dans cette voie, de ne pas jusqu'ici comporter l'emploi de parachutes, emploi qui forme un trait non nécessaire, mais intéressant, de la troisième disposition dont il nous reste à parler.

(**464**) Cette dernière est celle des *cages guidées*.

Au lieu d'un guide flexible, et en quelque sorte *flottant*, comme l'est un câble plus ou moins tendu, on emploie un guide fixe, formé d'une série de pièces de bois assemblées verticalement bout à bout, sur des sommiers placés de distance en distance dans le puits. Exceptionnellement, dans des puits de retour d'air au bas desquels il existe un foyer d'aérage, on peut employer des guides en fer, plus durables, mais plus chers à établir, et peu appropriés à l'emploi de la plupart des parachutes.

Deux lignes de guides, en regard l'une de l'autre, servent pour une cage. Celle-ci a une section rectangulaire ; et pour prévenir le mieux possible les ballottements, les guides sont habituellement au milieu des petits côtés du rectangle. La cage est en général à plusieurs étages, dont chacun reçoit un ou deux wagons. Le guidage a lieu au moyen de mains en fer fixées aux parties supérieure et inférieure de la cage, qui embrassent les guides en bois avec un très-faible jeu.

La cage, qui ajoute beaucoup au poids mort à enlever, doit être aussi légère que le comporte la solidité dont on a besoin. On emploie volontiers l'acier dans sa construction, pour satisfaire à cette condition de légèreté.

Comme les guides en bois sont placés sur les petits côtés par lesquels entrent le plus souvent les wagons, ces guides doivent être supprimés au niveau des recettes où il faut pouvoir faire entrer ou sortir les wagons. Si cette suppression avait lieu sur une hauteur moindre que la hauteur totale de la cage, il pourrait n'y avoir aucune disposition particulière à prendre, et la cage serait toujours guidée. Mais, en général, on doit établir en ces points des *faux-guides* placés sur les longs côtés, qui sont embrassés dans cet intervalle par d'autres mains en fer ; la cage reste ainsi toujours guidée, soit par les deux bouts sur la longueur courante du puits, soit par les faces latérales au niveau des recettes.

Il est assez rare que le puits ait une section suffisante pour que les cages puissent recevoir toute leur charge à un seul et même plancher.

On doit dire cependant que l'on a, pour agrandir la section horizontale des cages, plus de marge qu'il ne semblerait au premier abord. Comme au moment où une cage est au jour ou près du jour, l'autre est au fond ou près du fond, elles peuvent se confondre en partie en projection horizontale, pourvu qu'à la rencontre elles soient convenablement séparées. Les deux systèmes de guides peuvent donc être aussi rapprochés qu'on voudra au jour et au fond, à la

condition de s'écarter progressivement et dans une mesure suffisante à la rencontre, en élargissant, s'il le faut, la section du puits
en ce point. Cet artifice peut être fort utile, dans le cas où l'on aurait quelque ancien puits qui aurait été foré trop étroit, et auquel
on voudrait appliquer le système des cages, ou, plus généralement,
si l'on avait un intérêt quelconque à réduire l'espace occupé dans
le puits par le service de l'extraction.

Cet artifice n'a aucun inconvénient, et l'on remarque qu'il peut
s'appliquer aux bennes non guidées aussi bien qu'aux cages. Une
seule disposition l'exclut, c'est celle du guidage avec des câbles,
qui doivent être nécessairement *tendus en ligne droite* sur toute
leur longueur. Sauf ce cas, il est permis de dire que *théoriquement*
le puits peut n'avoir que la section nécessaire pour la circulation
d'un seul appareil, sauf au voisinage de la rencontre, ou du chan-
geage. Malgré cette remarque que nous faisons ici incidemment, il
arrivera souvent qu'on sera conduit à faire des cages à plusieurs
étages. Ces étages seront généralement au nombre de 2 ou de 4,
presque jamais en nombre impair. Ils recevront chacun sur leur
longueur un ou deux wagons, ordinairement placés l'un derrière
l'autre, plus rarement de front. Quand on n'a que deux étages, il
importe à la rapidité du service que la recette puisse se faire à la
fois à ces deux étages; ceux-ci doivent donc être tenus assez éloignés, ou bien la cage doit être assez longue pour que, la cage étant
arrêtée au jour, des hommes puissent manœuvrer à l'aise entre les
deux planchers qui correspondent à ces deux étages. Quand il y a
quatre étages, on reçoit à la fois au premier et au troisième, puis
au second et au quatrième, et il faut faire une manœuvre de machine de plus, pour arrêter la cage sur ses taquets, d'abord au niveau du premier étage, puis au niveau du second. Deux étages consécutifs peuvent alors être deux fois plus rapprochés que dans le
premier cas.

Dans le temps qui s'écoule entre l'arrivée successive de deux
cages, les receveurs du plancher supérieur font descendre les wagons pleins au plancher du bas, qui est au véritable niveau de la
recette, et font remonter les wagons vides dont ils auront besoin
pour remplacer les wagons pleins qu'ils vont recevoir. Ils se servent,

pour cette opération, d'un système de balances, soit à double effet (le wagon plein remontant le wagon vide), soit à simple effet (le wagon plein remontant un contre-poids, qui, à son tour, remonte un wagon vide).

Toute cette manœuvre peut se faire très-facilement, dans l'intervalle de la montée d'une cage, et, par suite, sans détriment pour la production. Au besoin, d'ailleurs, on peut y employer des ouvriers spéciaux.

Quelquefois aussi on fait faire le double mouvement de ces balances par une transmission de mouvement prise sur une des molettes. L'ascension et la descente se font pendant une excursion des cages dans le puits. Ce système ne semble pas fort utile.

A la place d'accrochage, des dispositions analogues peuvent être prises. Seulement c'est le plancher supérieur qui est le vrai niveau de la recette; c'est à ce plancher qu'arrivent les wagons pleins qui doivent être descendus à l'étage inférieur de la cage, et que sont remontés les wagons vides arrivés par ce même étage. Pour cet objet, une ou deux balances à simple ou à double effet, semblables à celles du jour, sont installées sur le côté de la place d'accrochage.

On peut éviter cette installation de balances à l'intérieur qui demande de la place, au moyen de galeries de contour inclinées ou de plans inclinés à simple ou à double effet, qui rachètent la différence de niveau entre les deux étages.

On fait aussi de ces galeries de contour à *niveau*, afin de faire entrer dans la cage tous les wagons pleins par un même côté du puits et sortir tous les wagons vides par l'autre côté. Alors les deux manœuvres d'entrée et de sortie se font, pour ainsi dire, simultanément, les wagons pleins poussant les wagons vides. On évite ainsi les encombrements de wagons pleins et vides, et la manœuvre se fait avec toute la vitesse désirable. Cette disposition permet, en outre, de donner moins de largeur à la place d'accrochage, ce qui, dans certaines conditions de solidité de terrain, peut être un avantage important.

D'autres fois, quand on a une cage à quatre étages, on établit d'un côté du puits la recette pour le premier et le troisième étages, et de l'autre côté, celle pour le deuxième et le quatrième. On peut alors, *sans faire de manœuvre de machine*, tirer les quatre wagons vides à la fois et les remplacer par les wagons pleins.

Des galeries de contour ou des plans inclinés relient ces diverses recettes, pour répartir également entre elles les produits qui arrivent en quantité généralement inégale par les deux travers-bancs que ces recettes desservent.

Quel que soit le système auquel on s'arrête (et il y a beaucoup de variantes possibles), toutes les manœuvres doivent se faire *avec la plus grande rapidité*. C'est en vue de la rapidité que doivent être étudiées toutes les dispositions d'un projet d'extraction dont on a l'étude à faire.

Il faut d'abord une machine d'extraction qui soit bien en main du mécanicien et qui se prête à toutes les manœuvres ; puis il faut s'arranger pour que le déchargement et le chargement des cages, soit à l'envoyage, soit à leur arrivée au jour, se fassent facilement et, autant que possible, *simultanément*, sans qu'il faille faire des manœuvres distinctes de la machine *pour le jour* et *pour le fond*.

Le plus simple est de s'arranger pour que le service du fond *n'en demande aucune*.

A cet effet, la cage descendante est reçue sur des arrêts qui la maintiennent dans une position invariable jusqu'à ce que tous les étages de la cage aient été déchargés et rechargés, ce qui se fait facilement, comme nous l'avons vu tout à l'heure, même avec quatre étages.

Cela fait, quand les enchaîneurs sont prêts, ils donnent le signal au mécanicien et n'ont plus à s'occuper de rien.

Pendant que la cage inférieure repose ainsi d'une manière fixe à la place d'accrochage, la cage supérieure, qui est arrivée au jour, est manœuvrée par le mécanicien, qui la dépose successivement sur les mêmes taquets pour desservir les divers étages, la relève pour ouvrir les taquets, et la redescend doucement dans la colonne du puits, de la petite quantité nécessaire pour mettre en tension le câble de l'autre cage. Il attend dans cette position le signal du fond, ou bien il lance immédiatement sa machine, si ce signal a déjà été reçu.

L'élasticité des câbles et la petite longueur de chaîne qui lie leurs extrémités à leurs cages permettent très-facilement, sans exposer les câbles à se plier d'une manière fâcheuse dans le puits, de laisser la cage du fond immobile sur les taquets, tandis que l'on manœuvre la cage du jour.

Cette disposition rend le travail des enchaîneurs non solidaire de celui des receveurs, et le temps perdu est aussi réduit que possible.

Le système des taquets est ce qu'on appelle le *clicage* ou *clichage*. Leur mécanisme consiste en un ensemble de leviers et de tringles faisant mouvoir soit des taquets oscillants, soit des espèces de verrous horizontaux sur lesquels viennent se déposer les cages.

Tantôt ces clicages sont disposés de manière à être *constamment fermés*; la cage les ouvre en arrivant au jour, et ils se referment automatiquement pour être prêts à la recevoir lorsqu'elle redescend sur eux. On n'a de manœuvre à faire à la main que pour les ouvrir un instant, lorsqu'il faut que la cage vide rentre dans la colonne du puits.

Tantôt, au contraire, ils sont *constamment ouverts*, et il faut une manœuvre spéciale du receveur pour les fermer quand ils doivent recevoir la cage. Ils restent, d'ailleurs, ensuite fermés par le poids même de la cage, qui détruit l'effet des contre-poids servant à les maintenir ouverts. Cette dernière disposition semble préférable.

Quant aux moyens de fermer les compartiments de la cage, ils sont fort nombreux, et il est facile d'en imaginer. Un des plus simples et des plus usités consiste en un loquet pendant verticalement devant le haut du wagon. On le relève à la main d'un peu plus d'un demi-tour, et il reste dans cette position pendant qu'on met les wagons en place à l'étage correspondant de la cage ; on le rabat aussitôt après.

Les figures 356 à 364, qui se comprennent facilement à l'inspection de la figure, et pour lesquelles, d'ailleurs, nous renvoyons à la légende, représentent quelques exemples des dispositions et appareils qui viennent d'être décrits dans ce numéro.

(**465**) Il me paraît qu'avec ces dispositions et appareils, qui admettent d'ailleurs une *multitude de variantes* dans le détail desquelles il nous paraît inutile d'entrer, le service de l'extraction se trouvera aussi bien organisé que le comporte l'état actuel de l'art.

Il satisfait à toutes les conditions que l'on peut désirer. Ainsi d'abord les matières produites au chantier arrivent au jour sans avoir subi aucun transbordement, cause de frais de main-d'œuvre et de production de menu. On peut, en outre, reconnaître au jour l'origine des matières extraites, à un signe convenu que porte le wagon, et exercer par conséquent tout le contrôle utile sur le travail des mineurs à leurs chantiers. Enfin avec une machine d'une force appropriée et des services de roulage et d'extraction bien installés, tant au jour qu'au fond, on peut extraire les wagons pleins avec une grande vitesse, ne perdre que quelques secondes entre deux traits successifs, et arriver ainsi à une extraction qui généralement *ne sera pas inférieure* à la puissance de production des gîtes exploités.

Dans le cas où cette dernière condition ne serait pas remplie, ce qui a lieu, par exemple, dans les houillères du Nord de l'Angleterre, où l'on exploite des couches placées, à tous les points de vue, dans les conditions d'allure les plus avantageuses, et où l'on donne, en outre, aux travaux de chaque mine un développement exceptionnel, on pourrait employer des puits d'un grand diamètre, présentant une section suffisante pour y installer *un double système d'extraction*, dans des compartiments et avec des envoyages distincts.

C'est ce qui a été fait dans un petit nombre de mines des environs de Newcastle et de Sunderland, et l'on a pu porter ainsi la production journalière de certains puits jusqu'à près de 2000 tonnes.

Mais en réalité, un tel puits peut être regardé comme *deux puits ordinaires* dont les axes se confondent.

Il est certain que ce système est favorable à la diminution des frais *de premier établissement* et qu'il simplifie *le service extérieur*. Mais il faut des circonstances bien exceptionnellement avantageuses à *l'intérieur*, pour qu'il n'augmente pas *les frais d'exploitation* par suite de l'accroissement des dépenses de roulage, d'entretien des galeries, de ventilation, etc., etc.

Je vois peu de localités où l'on pût l'appliquer rationnellement en France, de préférence à deux puits distincts se partageant un champ d'exploitation d'une étendue donnée.

En Angleterre même, on peut citer des exemples d'un système

directement opposé, notamment dans les mines métalliques du Cornouailles, où assez souvent on emploie *une seule* machine centrale pour desservir successivement *plusieurs puits* plus ou moins distants, dont chacun ne comporte, par suite de sa faible production, qu'une durée d'extraction limitée à quelques heures par jour ou à quelques jours par semaine.

CHAPITRE XVII

DONNÉES NUMÉRIQUES ET DÉTAILS DIVERS CONCERNANT L'EXTRACTION

(**466**) Nous avons décrit dans le chapitre précédent, avec les développements nécessaires pour en faire saisir les principes et l'ensemble, les appareils essentiels et les manœuvres que comporte le service de l'extraction dans une mine donnée.

Nous ajouterons ici quelques résultats numériques qu'il importe à l'ingénieur de connaître, et que nous avons réservés afin de ne pas interrompre les descriptions et les considérations techniques. Nous énumérerons ensuite diverses dispositions qui ont été proposées, dont l'emploi s'est plus ou moins répandu dans la pratique, et qui, sans être *indispensables* pour l'objet principal qu'on a en vue, l'extraction du minerai, peuvent cependant être regardés comme constituant des perfectionnements plus ou moins intéressants.

De là la division de ce chapitre en deux paragraphes.

§ 1. — Données numériques concernant l'extraction.

(**467**) En résumant ce qui a été dit au chapitre précédent, il nous paraît qu'un service d'extraction, applicable au cas le plus important à considérer au point de vue technique, celui d'*une mine profonde et à grande production*, sera aussi bien organisé que possible s'il satisfait aux conditions suivantes :

1° *En ce qui concerne la machine d'extraction*, elle sera conforme au type dont la définition est donnée au n° 436 et complétée par les observations du n° 442; c'est-à-dire qu'elle sera à deux cylindres conjugués (horizontaux ou verticaux), à connexion directe et sans engrenages, à haute pression, à détente variable et en relation avec une machine spéciale, établie sur le siége d'extraction pour l'alimentation et la condensation communes des diverses machines qui y seront en activité.

Elle sera pourvue d'un appareil de changement de marche facile à faire fonctionner, satisfaisant à la double condition d'employer la détente pendant l'ascension des cages, et de la supprimer pendant les manœuvres, au départ et à l'arrivée de ces cages.

Elle sera calculée assez largement, quant aux dimensions des cylindres, pour qu'un seul piston placé au milieu de sa course, l'autre étant alors au point mort, puisse, avec la pression normale de la chaudière et sans le secours de la condensation, *l'enlever* dans les circonstances où elle a le maximum de travail résistant à surmonter; qu'il permette, par exemple, en cas de rupture de l'un des câbles, de démarrer dans toutes les positions avec la benne pleine suspendue à l'autre câble. Cette condition détermine le diamètre du piston, en égalant, dans la position particulière où on le considère, le travail virtuel de la pression effective qu'il supporte, au travail virtuel des résistances principales augmenté de $\frac{1}{3}$ à $\frac{1}{4}$ pour tenir compte des résistances passives de la machine.

Le piston ainsi calculé aura un diamètre *beaucoup plus que suffisant* pour les circonstances de la marche ordinaire sous l'action combinée des deux pistons. Ce serait un grand inconvénient si l'on marchait sans détente ni condensation (voir n° 437); mais la correction s'en fera naturellement par l'emploi d'une détente proportionnée à cet excédant de force, et cette détente n'aura pas, avec l'emploi de la condensation, les inconvénients qui résulteraient d'une contre-pression égale ou légèrement supérieure à la pression atmosphérique.

2° *En ce qui concerne les câbles et les appareils qui en dépendent*, on dira d'abord que la préférence doit, *sans hésiter*, être donnée aux câbles en fils métalliques sur les câbles en fibres végétales; et, si le puits est *très-profond*, aux câbles plats sur les câbles ronds, et peut-être aux fils d'acier sur les fils de fer. Ces câbles seront d'ailleurs essentiellement des câbles *diminués*, dans ce même cas d'une très-grande profondeur,

Ils offriront toute sécurité, s'ils sont fabriqués avec des fils de qualité convenable, et si leur charge totale en un point quelconque ne dépasse pas mille fois pour le fer, et quinze cents fois pour l'acier, leur poids par mètre courant en ce même point.

Les bobines devront être calculées conformément à la théorie exposée dans les numéros 454 et suivants, qui détermine approximativement le rayon moyen d'enroulement. Si ce rayon moyen, ou si le rayon minimum qui s'en déduit, est trop faible, on n'hésitera pas à prendre un rayon plus grand, aussi grand que le demandera la bonne conservation des câbles; sauf, s'il y a lieu, d'après l'examen spécial qui devra être fait de la question, à compléter l'équilibre de la machine par l'addition d'une chaîne contre-poids, ou par toute autre disposition équivalente.

Le rayon minimum que l'on puisse accepter, avec un câble d'une certaine importance, est d'un mètre au moins, sous peine de causer à ce câble une trop grande fatigue par suite de l'enroulement.

La même considération fixe à un chiffre à peu près égal le rayon le plus petit qu'on puisse donner aux molettes. Le chevalet qui porte ces molettes doit avoir au moins 10 mètres, et mieux, 12 à 15 mètres et plus de hauteur, au-dessus du niveau où l'on reçoit les bennes.

3° Enfin, *en ce qui concerne les appareils d'extraction proprement dits*, le système à préférer sera, généralement, pour le cas où nous nous sommes placés, celui des cages d'extraction avec guidages en bois.

Entre les variantes nombreuses que présente ce système, je pense que si la rapidité des manœuvres est l'objectif principal, et si la dimension du puits le permet, on emploiera des cages à deux étages recevant chacune deux wagons à la suite l'un de l'autre.

Au jour, ces cages seront reçues sur un clichage placé de manière que l'étage inférieur soit de niveau avec le sol de la recette, et l'étage supérieur avec un plancher placé à $1^m.80$ ou 2 mètres au-dessus.

On déchargera *simultanément* les deux étages sans aucune manœuvre de la machine, et, dans l'intervalle de deux extractions consécutives, on descendra les wagons pleins au niveau de la recette, et l'on remontera au niveau du plancher les wagons vides correspondants.

Au fond, les deux étages de la cage se videront et se rempliront également sans aucune manœuvre de la machine, au moyen de deux accrochages placés au niveau de chaque étage et en regard l'un de l'autre, et communiquant par une galerie de contour qui permettra de répartir également les wagons entre les deux accrochages, quelle que soit la production des galeries à travers bancs correspondantes.

Avec ce système, on peut ne pas employer plus de 12 à 15″ entre deux courses consécutives de la machine, et extraire à chaque fois quatre wagons, soit (d'après les chiffres du n° 408) au moins 1,400 kil. et jusqu'à deux tonnes de poids utile.

Avec un puits de 400 mètres et une installation soignée dans tous ses détails, on peut marcher à la vitesse moyenne d'au moins 8 à 10 mètres, et même 12 mètres par seconde, extraire ainsi sensiblement 2 tonnes par minute, soit *plus de* 100 *tonnes* à l'heure, en allouant encore quelques minutes de temps perdu par heure pour les circonstances imprévues.

En admettant seulement une vitesse de 8 mètres, la force théorique de la machine pendant la marche, est de $\dfrac{2,000 \times 8}{75} = 216$ chevaux-vapeur.

Quelques personnes préfèrent augmenter la charge et diminuer la vitesse. Il est clair qu'avec 4 tonnes de poids utile et 4 mètres de vitesse, on dépenserait la même force de 216 chevaux. On pourrait penser que le nombre des voyages par heure se trouvant ainsi réduit, la perte totale de temps due aux manœuvres se trouverait réduite également, et que, finalement, la production par heure serait plutôt un peu augmentée que diminuée.

Ce dernier avantage, un peu hypothétique, et, en tous cas, fort limité, se trouverait plus que balancé par le double inconvénient, d'abord d'augmenter outre mesure, en même temps que la charge utile, les poids morts correspondants, et, par suite, la force des câbles, les efforts sur les molettes, etc., et ensuite d'établir une trop grande solidarité entre les trois services du transport intérieur, de l'extraction et du transport au jour, solidarité d'où résulteraient souvent tantôt des temps d'arrêt, tantôt des encombrements.

Nul doute que le système des charges *moyennes* et des *grandes* vitesses, dans les limites ci-dessus indiquées, ne mérite entièrement la préférence.

(**468**) Quant au prix de revient de l'extraction rapporté à la tonne, on doit s'attendre à le voir varier dans les limites les plus grandes, et une étude spéciale doit être faite dans chaque cas particulier. Quel que soit le système employé, on reconnait en général que le prix de revient tend *à diminuer* pour un tonnage donné si la profondeur *augmente*, et qu'il en est de même si le tonnage augmente pour une profondeur donnée; car, dans les éléments de la dépense, il en existe qui croissent à peu près proportionnellement ou un peu plus que proportionnellement, les uns à la profondeur, les autres au tonnage; d'autres, au contraire, qui croissent dans une proportion beaucoup moindre; d'autres enfin qui en sont presque indépendants.

On ne peut donc poser *a priori*, même approximativement, aucun chiffre de prix de revient, ni *par tonne*, ni même *par tonne élevée à* 100 *mètres*, et le résultat que nous allons établir ne vaut que pour le cas auquel il se rapporte.

Nous supposons un puits de 400 mètres, extrayant 600 tonnes par jour.

La dépense journalière peut approximativement être évaluée comme suit :

1° *Main-d'œuvre.*

1 machiniste.	5 fr.
2 chauffeurs.	7
2 enchaîneurs	10
2 aides.	6
4 receveurs	16

Ensemble. . . . 44 fr., soit par tonne,   0^{r},073

A *reporter*. . . . . . .   0^{r},073

Report. . . . . 0^{fr},075

2° *Charbon.*

L'effet journalier est de $600\,000^k \times 400^m = 240{,}000{,}000$ kilogrammes, soit le travail de 800 chevaux-vapeur pendant une heure. On peut supposer qu'on dépensera, *même avec la détente et la condensation,* 5 kilogrammes par cheval et par heure (on dépense *beaucoup plus* dans la plupart des machines actuelles), à cause de l'intermittence de la marche, de l'irrégularité de la résistance et aussi de la qualité souvent assez médiocre des charbons consommés, s'il s'agit d'une houillère; soit par jour, 4 tonnes, à 10 fr., 40 fr., ou par tonne extraite. .   0^{fr},067

3° *Câbles.*

Nous supposerons 1,000 mètres de câbles en service à la fois, y compris la réserve qui reste sur les bobines et les portions qui vont des bobines aux cages en passant sur les molettes.

Admettant un poids moyen de 7 kilogrammes par mètre, au prix de 1 fr. 20 le kilogramme, et supposant un câble mis hors de service au bout d'un an, soit après une extraction de $600 \times 300 = 180{,}000$ tonnes, la dépense annuelle sera de $1{,}000 \times 7 \times 1{,}20 = 8{,}400$ fr., soit par tonne. . . . . 0^{fr},047

4° *Entretien de la machine.*

L'entretien courant de la machine, supposée de 150 chevaux de force théorique, peut être compté à 50 fr. par cheval et par an, soit 4,500 fr., et par tonne. . . .   0^{fr},025

Total. . . . . . . 0^{fr},212

chiffre qu'on pourrait porter à 0,25 centimes en nombre rond, en y comprenant les menues dépenses d'entretien des appareils accessoires, et pour tenir compte largement des incidents imprévus.

On dira donc, dans l'exemple considéré, que la *tonne extraite* revient à 0,25 centimes, soit, *par tonne et par kilomètre,* à

$$\frac{0 \text{ fr. } 25}{0.4} = 0^{fr},625.$$

On remarquera ici, en passant, que l'élévation d'une tonne à un kilomètre est précisément l'effet utile journalier du cheval. Ce chiffre de 0 fr. 625 doit donc être rapproché *du prix de la journée d'un cheval*, et encore, dans cette comparaison, néglige-t-on toutes les dépenses accessoires de main-d'œuvre et d'entretien qu'on aurait avec un manége. La question d'économie concourt donc, avec les considérations techniques exposées au n° 455, pour rendre l'emploi de la vapeur indispensable dans le cas considéré.

Si, au lieu de 600 tonnes, on supposait qu'on n'en tirât que 300, la main-d'œuvre serait presque la même (sauf les aides enchaineurs), soit 58 francs au lieu de 44 francs.

On consommerait proportionnellement plus de charbon, soit peut-être 3 tonnes au lieu de 4.

Les câbles dureraient peut-être un peu plus longtemps ; supposons 15 mois au lieu d'un an.

L'entretien de la machine ne baisserait pas tout à fait proportionnellement à la force dépensée.

Tous calculs faits, on trouve qu'au chiffre ci-dessus de 0 fr. 212, on devrait substituer celui de 0 fr. 555, chiffre qu'on pourrait porter à 0 fr. 40 environ, pour le rendre comparable au nombre rond de 0 fr. 25.

Ainsi, dans l'exemple considéré, en réduisant la production de moitié (ou en passant de 600 tonnes à 500 tonnes de production journalière), on augmente la dépense par tonne de $0^{\text{fr}},25$ à $0^{\text{fr}},40$, ou de 60 %.

(**469**) Ces chiffres ne comprennent rien pour l'amortissement du capital engagé.

Quant à ce capital, il n'est, pas plus que le prix de revient de l'extraction, susceptible d'une indication *à priori*, et son importance doit faire, dans chaque cas particulier, l'objet d'un examen spécial. Il faut dresser un devis complet sur des plans d'ensemble et de détails entièrement arrêtés, et en prenant pour base les prix pratiqués par les fournisseurs auxquels on aura à s'adresser.

C'est une étude intéressante, très-propre à faire ressortir la valeur de l'ingénieur qui en est chargé.

C'est purement *à titre d'exemple* que nous ajouterons ici les chiffres qui ont été indiqués par M. Glepin pour une grande installation très-soignée, faite à un puits du Grand-Hornu de 555 mètres de profondeur. En ne comptant ni le bâtiment principal, ni les installations pour la réception et le triage des charbons au jour, ne considérant, en un mot, que les articles dont nous nous sommes occupés jusqu'ici en parlant de l'extraction, on arrive en nombre rond, sans y comprendre la valeur des câbles, à une somme de 100,000 francs environ, ainsi répartie :

Machine d'extraction complète avec ses chaudières.	71.500 fr.
Cages.	2.700
Molettes et accessoires.	1.900
Charpente des molettes proprement dite.	5.400
Recette au jour, balances, etc.	6.500
Place d'accrochage	4.000
Habillage de la colonne du puits.	10.200
Total.	100.000

On peut penser qu'aujourd'hui (abstraction faite de la crise commerciale actuelle, qui fausse les conditions normales) les trois premiers articles coûteraient moins cher, et les quatre derniers plus cher qu'il n'est indiqué ci-dessus.

Si, pour fixer les idées, on supposait qu'on voulût amortir ce capital par dixième, il faudrait compter une somme annuelle de 10,000 francs à la charge de l'extraction, soit une dépense de 0 fr. 111 par tonne avec une production de 500 tonnes par jour, ou une dépense de 0 fr. 0556 avec une production double.

Ajoutant ces nouveaux chiffres à ceux qu'on a calculés au n° 469, on trouverait finalement, *en nombre rond*, 0^{fr},55 pour le prix de revient par tonne de l'extraction, établie sur le pied d'une production journalière de 600 tonnes, et 0 fr. 50 dans le cas d'une extraction de 500 tonnes seulement, soit 0 fr. 875 et 1 fr. 25 par tonne et par kilomètre.

Nous ferons ici deux observations :

La première est qu'il n'y a pas à attacher d'importance à ces derniers chiffres, en ce sens qu'on ne devrait pas les appliquer tels quels, pour en déduire le prix de l'extraction à une autre profondeur. La profondeur est en effet *un élément secondaire* du prix de revient; et l'on trouverait, par exemple, que pour des puits de 800 mètres et de 200 mètres, la dépense serait beaucoup moins que le double et beaucoup plus que la moitié de ce que nous avons trouvé plus haut pour la profondeur de 400 mètres.

La seconde observation est que les prix calculés ci-dessus de 0 fr. 35 et même de 0 fr. 50 doivent être considérés comme *avantageux*, relativement à ceux qu'on rencontre le plus souvent dans la pratique.

Nous nous sommes, en effet, placé dans de très-bonnes conditions : une production ou très-forte, ou du moins supérieure à la moyenne des puits qui fonctionnent aujourd'hui; toute la production concentrée à une même place d'accrochage, ce qui est favorable à la main-d'œuvre; la suppression de toute manutention des produits; le puits établi verticalement; enfin, l'emploi de la vapeur avec un prix de charbon très-modéré, et une machine très-perfectionnée.

Si ces conditions ne sont pas *toutes remplies*, on verra le prix de la tonne s'élever progressivement à mesure que l'on s'en écartera, et atteindre 1 fr., 1 fr. 50, 2 fr. et plus.

2. — Détails divers concernant l'extraction.

(**470**) Nous avons décrit les appareils essentiels et les manœuvres se rapportant à l'extraction proprement dite.

On peut dire, d'une manière générale, que l'extraction est, dans une mine, un service généralement fort important; et il l'est d'autant plus que la matière extraite est de moindre valeur. Il a besoin d'être installé dans les meilleures conditions techniques, pour qu'on soit assuré d'une marche aussi régulière et en même temps aussi économique que possible. Quelques heures ou une journée de chômage suffisent pour occasionner des pertes sensibles, tant par le défaut de production que par les dépenses nombreuses qu'il faut continuer de faire, même pendant ce chômage accidentel.

Les ingénieurs de la spécialité se sont donc beaucoup occupés des dispositions accessoires propres à empêcher ces intermittences fâcheuses dans la production, et un très-grand nombre de dispositions ont été proposées, ou sont employées, en vue de prévenir telle ou telle nature d'accident.

Nous ne pouvons songer à décrire en détail toutes ces dispositions ; nous indiquerons seulement les diverses catégories d'accidents dont on a cherché à prévenir l'arrivée ou à atténuer la gravité, et nous énumérerons, en insistant seulement sur les principales, les dispositions dont il s'agit.

Nous considérerons successivement :

1° Les moyens employés pour être toujours maître de la machine, et pouvoir, à tout instant, en régler la vitesse ou l'arrêter.

2° Les moyens dont le but est de maintenir l'enroulement régulier des câbles.

3° Ceux qui ont pour objet de prévenir les ruptures des câbles par suite d'efforts anormaux, tels qu'il s'en produit dans les changements trop brusques de vitesse, quelquefois par exemple à l'enlevage.

4° Ceux qui sont établis pour empêcher les cages de monter aux poulies, ce qui entraîne habituellement ou la rupture du câble ou quelque autre désordre plus ou moins grave.

5° Les moyens qui, en cas de rupture d'un câble par une cause quelconque, empêchent la chute de la cage devenue libre.

6° Enfin les divers modes de communication entre le machiniste et les receveurs au jour ou les enchaîneurs à la place d'accrochage, et les précautions particulières prises pour la sûreté des hommes.

(**471**) Moyens de la première catégorie. — La machine en pleine marche est lancée avec une vitesse telle que les cages parcourent, avons-nous dit, dans les puits établis avec les nouvelles installations, au moins 6 à 7 mètres parfois jusqu'à 12 mètres par seconde. (On a même cité la vitesse de 15 mètres).

Le mécanicien doit, même à cette vitesse, pouvoir s'arrêter assez promptement ; il doit d'ailleurs, dans tous les cas, se ralentir beaucoup pendant les trois ou quatre derniers tours que fait la machine avant l'arrivée de la cage pleine au jour ; de manière à en être entièrement maître, et à pouvoir en arrêter la marche dans un intervalle correspondant à *une petite fraction* d'un tour des bobines.

Il fait jouer à cet effet la soupape d'admission et le levier de changement de marche, et ces deux organes doivent, en marche normale, lui suffire pour toutes les manœuvres de la réception des cages.

Le levier peut être mû, comme dans les machines locomotives, soit à la main après avoir fermé un instant l'admission, soit à l'aide du changemement de marche à vis de M. Marié.

Mais le mécanicien a en outre à sa disposition un frein assez puissant pour arrêter la machine à lui seul, même avec l'admission ouverte en grand ; ce frein doit toujours être serré, qnand on est au repos, de manière qu'une ouverture intempestive de la soupape d'admission ne puisse pas faire partir la machine. Il doit être desserré *par le mécanicien lui-même* au moment de mettre en marche, et il ne doit plus être serré avant d'avoir ramené la machine au repos, à moins de quelques circonstances anormales. Ce frein opère, comme dans la plupart des machines, en exerçant une pression sur la jante d'une poulie; d'où résulte un frottement correspondant qui agit en sens inverse de la rotation actuelle de la poulie, et produit sur la machine un travail essentiellement résistant.

La mesure du travail ainsi produit par unité de temps est égale à l'intensité du frottement multipliée par la vitesse de la jante.

Le frottement total ne dépend que de la pression ; mais le frottement par unité de surface, d'où résulte l'usure ou l'échauffement des surfaces en contact, diminue, pour une pression donnée, avec l'étendue du contact.

Ainsi les conditions d'efficacité et de bon service du frein sont une grande pression, une grande étendue de contact des surfaces frottantes et une grande vitesse de la surface mobile. On demande d'ailleurs que le frein agisse aussi instantanément que possible, et enfin, pour ne pas fatiguer inutilement les tourillons et supports de l'arbre du frein, qu'il agisse soit en des points à peu près diamétralement opposés, soit sur la plus grande partie de la circonférence de la poulie, de manière que les pressions normales se détruisent, et que les forces tangentielles se réduisent à un couple.

On satisfait aux diverses conditions ci-dessus, en prenant pour surface mobile la jante du volant, en saisissant cette jante par deux mâchoires occupant un arc d'une certaine étendue en deux points à peu près diamétralement opposés, et enfin en serrant fortement ces mâchoires par un système de leviers en relation avec la tige d'un piston se mouvant dans un cylindre à vapeur que l'on a soin d'entretenir pendant le fonctionnement de la machine à une température voisine de celle des chaudières, de manière que la vapeur y agisse dès le premier instant de son admission.

La figure 565 représente un frein établi dans les conditions ci-dessus, et qui, sous une apparence un peu grossière, peut être considéré comme établi dans de bonnes conditions.

La figure 566 en représente un autre qui, sous une forme plus satisfaisante pour l'œil, ne me paraît pas présenter d'avantages bien déterminés sur le précédent.

L'action de la vapeur est quelquefois remplacée par celle d'un contre-poids dont le mécanicien produit le déclanchement à l'aide d'une simple manette.

On a aussi des dispositions pour serrer à la main les mâchoires du frein, par exemple, au moyen de tiges filetées mues par une poignée à manivelle. On produit par ce dernier système une pression plus graduellement croissante qui ménage davantage les pièces de la machine, mais qui, dans l'espèce, a précisément l'inconvénient de n'être pas assez instantanée.

Je crois que pour une machine à vapeur d'extraction, le frein à vapeur est la solution à préférer.

Dans la règle, ainsi que nous l'avons dit, le frein est maintenu en serrage pendant que la machine est au repos. Son cylindre à vapeur doit donc, pendant tout ce temps de repos, être en relation avec la chaudière, afin que la vapeur ne s'y condense pas accidentellement.

Pour éviter un desserrage accidentel, qui pourrait provenir d'une fermeture intempestive de la prise de vapeur permettant une condensation dans le cylindre, on peut employer une disposition spéciale qui, après que le levier du frein est dans la position du serrage, le maintient invariablement dans cette position, quand même la vapeur viendrait à cesser d'agir sur le piston. Il suffit de concevoir un étrier lié à une tige filetée traversant un long écrou muni d'un petit volant à main. En tournant cet écrou de gauche à droite, par exemple, on donne du jeu au levier ; en tournant en sens contraire, on fixe ce levier dans une position déterminée, qui est celle du serrage.

Dans les machines à engrenage que l'on construit encore quelquefois, on pourra trouver prudent, pour éviter les conséquences d'une rupture d'une des roues dentées, d'établir deux freins distincts. L'un d'eux sera appliqué sur la jante du volant : c'est celui dont se servira habituellement le mécanicien. L'autre sera placé sur une poulie spéciale calée entre les deux bobines ; il servira, en cas d'accident, pour arrêter directement l'arbre de ces bobines.

Il est bon de remarquer ici que l'emploi de la contre-vapeur donne également un frein très-énergique, s'il s'agit d'arrêter promptement la *machine en marche;* mais il ne dispense pas du frein ordinaire qui doit être serré toutes les fois que *la machine est au repos.*

(**472**) MOYENS DE LA DEUXIÈME CATÉGORIE. — Sur une bobine, les câbles plats s'enroulent toujours régulièrement.

Il en est de même pour les câbles ronds sur un tambour cylindrique, s'il est assez court pour que le câble allant d'un point quelconque du tambour à la molette puisse être considéré comme ayant une direction presque constante.

Pour un tambour légèrement conique, la conicité même contribue à la régularité de l'enroulement, ou à l'exacte juxta-position des tours successifs du câble, par suite de la tendance qu'il a, sous l'action de la charge qu'il supporte, à s'enrouler sur la courbe du plus petit rayon possible.

Il n'en est pas tout à fait de même ni pour un tambour horizontal trop long ou trop rapproché des molettes, ni pour un tambour vertical quel qu'il soit.

Mais en général un câble rond quelconque peut toujours être astreint à passer en un point donné et à s'infléchir en ce point suivant une direction donnée. Il suffit évidemment pour cela de placer en ce point un galet ou une poulie, dont le plan soit celui des deux freins du câble ; puis, si l'on veut en outre obliger le câble à rester dans la gorge de la poulie, on peut l'y maintenir par un autre galet tangent au premier (*fig.* 567).

Si l'on veut appliquer ce système à régulariser l'enroulement des câbles, il suffit de le rendre mobile, et de faire en sorte qu'il se présente à chaque instant, pour chaque câble, au point et dans la direction convenables.

A cet effet, les deux galets ont leurs axes portés par un même châssis qui se meut dans une glissière, parallèlement à l'axe du tambour, et qui s'avance, pour chaque tour, d'une quantité linéaire égale au diamètre du câble; on force ainsi deux tours consécutifs quelconques de ce câble à se juxtaposer exactement.

Pour obtenir ce mouvement du châssis, on fixe sur l'axe du tambour une broche dont la *circonférence* est égale au *diamètre* du câble ; sur cette broche on enroule une ficelle qui passe sur de petites poulies convenablement placées et dont l'extrémité conduit le châssis. Cette ficelle est entièrement *enroulée* lorsque le câble est entièrement *déroulé*, et inversement; elle agit par traction sur le châssis, qui est rappelé en sens contraire par un contre-poids.

Cette disposition simple et ingénieuse est surtout appliquée aux tambours verticaux des manéges d'extraction, lorsque le tambour est assez loin des molettes et que le câble n'est pas toujours suffisamment tendu dans l'intervalle.

La figure 568 donne une idée de ce petit mécanisme, que l'on nomme *une penderie*. Quelquefois le petit mécanisme de la penderie est simplement remplacé par un rouleau qui est tantôt à axe fixe, tantôt à axe mobile, et équilibré comme le rouleau tendeur d'une courroie.

Ce dernier système s'établit sur divers points du trajet du câble entre le tambour et la molette si la distance est trop grande. Il s'applique aux câbles plats comme aux câbles ronds.

(**473**) Moyens de la 3ᵉ catégorie. — Le moyen de prévenir la rupture accidentelle d'un câble en service consiste principalement à conduire la machine avec précaution, en évitant les changements brusques de vitesse, principalement au moment de l'enlevage.

On a bien dit (n° 454) que *pendant la marche régulière de la machine* le mouvement accéléré de la benne montante et le mouvement retardé de la benne descendante, dans le cas des câbles plats, ne différaient pas sensiblement d'un mouvement uniforme, et que par conséquent la tension des câbles pendant ces mouvements pouvait être regardée comme étant la même qu'à l'état de repos.

Cela est vrai dans l'hypothèse d'une vitesse angulaire constante de la machine, qui donne $\dfrac{d\omega}{dt} = 0$.

Mais cela ne l'est pas pendant la période d'accélération angulaire qui suit la mise en marche de la machine. En effet, la vitesse des cages est toujours bien donnée (comme on l'a vu au n° 454) par la formule $(\rho \pm me)\omega$, mais la différentielle complète par rapport au temps est $(\rho \pm me)\dfrac{d\omega}{dt} \pm e\,\omega\,\dfrac{dm}{dt}$, ou, en remplaçant $\dfrac{dm}{dt}$ par sa valeur, $(\rho \pm me)\dfrac{d\omega}{dt} \pm \dfrac{e\omega^2}{2\pi}$.

Cette quantité est au départ, ou pour $m = 0$

$$\rho\,\dfrac{d\omega}{dt} \pm \dfrac{e\omega^2}{2\pi}$$

et il n'est pas permis de regarder cette quantité comme très-petite, si $\dfrac{d\omega}{dt}$ prend une grande valeur.

On comprend donc qu'à l'enlevage il puisse y avoir sur le câble, au point d'enroulement, un effort plus ou moins considérable s'ajoutant au poids à soulever, et dû à l'accélération qu'il faut brusquement communiquer à la masse formée du poids utile, du poids mort, du câble tout entier, et même, à la rigueur, de la molette.

Il faut donc que le mécanicien prenne la précaution de démarrer doucement. Le câble qui a pris du mou pendant que la cage est posée à l'accrochage sur ses taquets, se tend progressivement *en s'allongeant*, et c'est seulement lorsque cette tension progressive commence à soulever la cage que le mécanicien lance sa machine.

On peut augmenter l'effet préservateur de cet allongement du câble par deux artifices.

L'un, proposé par M. Guibal, consiste à placer les molettes au haut du châssis, sur un support élastique qui fléchit d'une petite quantité quand le câble entre en charge, et qui produit ainsi un effet analogue à celui que produirait une extensibilité plus grande du câble. En outre, le châssis lui-même est soustrait en partie à l'espèce de *coup de bélier* qu'il ressent lorsque les deux brins du câble entrent trop brusquement en tension ; il est évident qu'un excès de tension des câbles, dû à une cause quelconque, réagit sur l'axe de la poulie ; car la résultante de deux forces qui ont une direction constante et dont la valeur vient à augmenter, éprouve une augmentation proportionnelle. Cette disposition, qui n'est peut-être pas aussi fréquemment employée qu'elle pourrait l'être, est représentée *fig.* 369.

Accessoirement, on a proposé de profiter du petit mouvement de flexion qui se produit dans le ressort quand la tension du câble augmente, pour donner un *signal quelconque*, agir par exemple sur un levier de sonnette, et prévenir ainsi que le câble est tendu au delà d'une certaine limite, soit que la cage rencontre quelque résistance anormale pendant son mouvement, soit que le mécanicien démarre trop brusquement.

On pourrait de même faire agir un levier qui, par une transmission appropriée, fermerait l'admission et ouvrirait la prise de vapeur du frein.

Mais cette utilisation éventuelle d'un mouvement dont l'amplitude est nécessairement fort petite et variable avec l'état du ressort, semble un peu délicate, et il ne paraît pas qu'elle se soit répandue.

Le second artifice, assez souvent employé en Angleterre, consiste à interposer un ressort entre l'extrémité du câble et la charge. Ce système, en ce qui concerne l'inertie de la cage, est satisfaisant, et il convient surtout aux câbles en fer, moins extensibles que les câbles en chanvre ou en aloès; mais il est incomplet, en ce qu'il ne remédie point aux effets de l'inertie du câble lui-même, dont la masse est, comme nous l'avons vu, très-comparable à celle de la charge.

Ces ressorts peuvent d'ailleurs être disposés de diverses manières.

Les figures 370 supposent l'emploi d'un ressort d'acier à boudin ou en spirale, logé dans un cylindre, et qui se raccourcit plus ou moins sous l'action de la charge. On emploie aussi des ressorts en caoutchouc, disposés comme on l'a fait dans les tampons des wagons des grands chemins de fer.

(**474**) MOYENS DE LA 4° CATÉGORIE. — Un premier moyen d'empêcher le mécanicien de porter les bennes aux poulies, est de s'arranger pour lui faire connaître la position des bennes dans le puits, soit à un moment quelconque de la course, soit tout au moins lorsque la cage montante approchant du jour, il doit commencer à modérer la vitesse de sa machine et se préparer à l'arrêter complétement. Une manière simple et élémentaire d'obtenir ce résultat consiste à peindre en blanc sur le câble une marque bien apparente, à une certaine hauteur au-dessus de la cage ; lorsque le mécanicien la voit sortir du puits, il sait qu'il doit se préparer pour la réception de la cage. On peut même se contenter de mettre à l'extrémité du câble un bout de chaîne assez long pour qu'au moment où la chaîne commence à paraître au jour, le mécanicien ait encore le temps de se préparer. (On y trouve accessoirement cet avantage que si le câble n'est pas bien réglé et a un excès de longueur, il n'est pas exposé à se plier quand la cage repose sur les taquets du fond.)

Ce système de signaux placés sur le câble même suffit parfaitement quand il n'y a qu'un accrochage, et quand le câble est bien en vue du mécanicien pendant le jour, et bien éclairé par une lampe à réflecteur pendant la nuit.

Un autre moyen plus complet, qui peut donner des indications pendant toute la course des bennes, annoncer leur rencontre, leur passage à un accrochage donné, etc., etc., consiste à utiliser le petit système indiqué plus haut pour les penderies (n° 472). La broche peut alors avoir un diamètre arbitraire, pourvu que la longueur qui en résultera pour la course de la ficelle ne dépasse pas la hauteur de la chambre de la machine. On tracera sur le mur, en vue du mécanicien, une ligne droite verticale qui sera censée représenter le puits, le long de laquelle la ficelle promènera un curseur qui sera censé représenter l'une des bennes. On pourra d'ailleurs représenter, si l'on veut, les deux bennes à la fois, sur les deux brins d'une corde sans fin passant sur deux poulies dont l'une sera mise en mouvement dans un sens par la traction de la ficelle et rappelée en sens contraire par un contre-poids.

Toutes ces dispositions sont faciles à réaliser, et nous nous bornons à les énumérer. On peut ajouter à l'indication que donne l'inspection de ce petit appareil, celle d'une sonnette qui sera mise en mouvement par le curseur vers l'extrémité de sa course, etc., etc.

On a des appareils plus complexes que le précédent, mais aussi plus sûrs, en ce qu'ils ne sont pas, comme lui, à la portée du premier venu qui entre dans la chambre de la machine.

Ils consistent, en général, à prendre sur la machine d'extraction, au moyen d'une paire de roues d'angle, une transmission donnant à un petit arbre muni d'une vis sans fin un mouvement de rotation continu.

Cette vis sans fin reçoit un ou deux curseurs qui s'avancent d'une quantité égale au pas de la vis, ou bien elle engrène avec un pignon qui s'avance d'une dent, pour chaque tour de l'arbre de la vis sans fin.

Il est facile de s'arranger pour que les curseurs, ou des arrêts convenablement placés sur le pignon, fassent tinter des sonnettes au moment voulu, pour qu'ils déclanchent un levier fermant l'admission, ou pour qu'ils mettent le frein en action, etc., etc.

Ces mêmes curseurs peuvent aussi agir sur le levier d'un compteur, et fournir ainsi, à la fin de la journée, le nombre d'excursions complètes que la machine aura faites dans la journée, tant pour l'extraction que pour les autres services, s'il y a lieu, tels que la descente du bois, des hommes, etc.

Les figures 371 donnent deux exemples des dispositions qu'on peut donner à ces appareils. La vis sans fin fait mouvoir, dans l'un, deux curseurs, dans l'autre, une roue à taquets (voir la légende des planches).

Si nous supposons que ces divers signaux n'aient pas suffi à éveiller l'attention du mécanicien, et que les bennes menacent de monter aux poulies, on peut encore, en vue de cette éventualité extrême, prendre diverses dispositions.

On peut, par exemple, installer les poulies au haut du chevalet, de manière que les bennes puissent passer par-dessus sans être arrêtées forcément par des pièces de la charpente. Cette disposition, indiquée sur le type de chevalet représenté à la figure 348, laisse quelque chance que la benne passe en effet par-dessus la molette sans rupture du câble, et que l'accident n'ait d'autre suite que le bris de cette benne retombant sur le sol de toute la hauteur du chevalet.

En dehors du système ci-dessus, on connaît, sous le nom d'*évite-molettes*, une multitude d'appareils ayant pour but, non plus de laisser passer au-dessus de la molette, mais au contraire d'arrêter la cage avant qu'elle y parvienne.

Ainsi, par exemple, on pourra disposer, à la hauteur que la cage ne devra pas dépasser, un arrêt élastique, ou heurtoir, qu'elle comprimera, avec quelque chance d'être arrêtée sans rupture du câble. Un meilleur système sera de resserrer très-graduellement la partie supérieure des guides, de manière que la cage s'y coince progressivement si elle monte trop haut. Elle agit ainsi comme un frein énergique, mais plus graduellement que le heurtoir, et par conséquent avec moins de chances de rupture, ou moins de fatigue pour le câble. Il faut tâcher, en général, d'éviter une rupture qui n'est pas sans inconvénient même après la réparation; car on sait que toute pièce, après une rupture, est moins forte qu'auparavant, par suite de ce fait que sa limite d'élasticité a été grandement dépassée.

On pourra s'arranger pour qu'en même temps que la cage se coince entre les guides par l'effet de leur convergence graduelle, la cage et le câble cessent d'être solidaires.

C'est un problème facile à résoudre de diverses manières.

On peut, par exemple, fixer à la charpente un anneau horizontal à travers lequel passe le câble, mais dont le diamètre est tel qu'il force à se rapprocher les deux branches d'une fourche disposée à peu près comme dans les sonnettes à déclic. Ce rapprochement fait sauter une goupille qui permet le déclanchement de l'anneau fixé au bout du câble (*fig.* 372).

Ce même déclanchement peut être produit par l'effet de la courbure que prend, en arrivant sur la poulie, un bout de chaîne à la

Vaucanson qui termine le câble (*fig.* 573). Ce moyen suppose qu'il s'agit d'un câble plat.

C'est également avec un câble plat qu'on peut employer un arrêt disposé en saillie sur le dos du câble, en un point qui ne doit pas, en marche normale, atteindre une position donnée. Lorsqu'il l'atteint et la dépasse, l'arrêt agit sur un système de leviers pour fermer l'admission et mettre le frein en jeu.

Tous ces systèmes comportent, on le comprend, un grand nombre de variantes, au sujet desquelles il serait sans intérêt d'entrer dans de plus longs détails.

(**175**) Moyens de la 5ᵉ catégorie. — La rupture d'un câble produit, ou du moins tendrait à produire, si l'on n'y pourvoyait, des désordres très-graves. Non-seulement la cage qui retombe dans le puits est entièrement écrasée si elle tombe de haut ; mais les guides eux-mêmes peuvent être plus ou moins faussés, et les taquets du fond détruits comme la cage.

En outre, si la rupture a lieu près des molettes, la cage étant encore à une certaine distance du jour, celle-ci entraîne après elle une longueur de câble qui, en serpentant dans sa chute rapide, peut fausser ou détruire plus ou moins complétement les guidages et les cloisons. Enfin cette longueur de câble, en arrivant au fond, se replie sur elle-même, se resserre et se coince, de manière à se détériorer beaucoup et à être parfois assez difficile à arracher.

Nous ne parlons pas de ce que devient le désastre, si malheureusement la cage portait des hommes au moment de la rupture.

Ce sont ces conséquences diverses que l'on peut chercher à éviter ou à atténuer.

Si la cage est isolée du câble, non par la rupture de ce dernier, mais par le jeu d'un évite-molettes qui l'a décrochée, on peut concevoir qu'elle reste suspendue en l'air, si elle est suffisamment coincée par le rapprochement des guides, ou que retombant seulement d'une petite hauteur, elle s'arrête sur le clichage du jour, que nous supposons disposé de manière à être automatiquement refermé après le passage de la cage.

Mais il serait plus sûr de disposer, immédiatement en dessous de la position qu'occupe la cage lorsque l'évite-molettes fonctionne, position parfaitement connue et déterminée, des taquets convenablement disposés, pour arrêter *immédiatement* son mouvement de recul, avant qu'elle ait acquis une vitesse sensible.

Ces taquets, appelés rarement à fonctionner devront, après avoir été soulevés par la cage, être rappelés dans leur position par des contre-poids ou des ressorts agissant avec une énergie suffisante pour vaincre les effets de la rouille ou de l'encrassement.

Si la cage est isolée par une rupture du câble survenue en un point quelconque, on doit tâcher de l'arrêter dans le puits, et les appareils qu'on emploie à cet effet se nomment des parachutes.

Ces parachutes peuvent être considérés comme objets d'une certaine importance. Ils ôtent aux accidents leur gravité, et ils permettent de prolonger le service des câbles, qu'on met souvent au rebut, dans un sentiment de prudence, par cela seul qu'ils ont fonctionné pendant un certain temps, ou extrait un certain tonnage, alors qu'ils sont peut-être encore en parfait état.

Il existait à l'Exposition universelle de Londres, en 1851, plusieurs modèles d'appareils dont l'usage commençait alors à se répandre dans le bassin de Newcastle. On en a fait usage à peu près en même temps en France, dans les mines de Decize.

Aujourd'hui ces appareils se sont fort répandus; ils présentent les dispositions les plus variées, et ont donné lieu depuis vingt ans à une multitude de brevets.

En réalité cependant, ils reposent toujours sur le même principe fondamental, et les divers brevets ne diffèrent que par les détails.

Il est vrai qu'en pareille matière, le principe étant donné, un appareil vaut par les détails et par leur bonne exécution, et que souvent il ne faut pas de bien grandes modifications pour faire d'un appareil d'une efficacité douteuse, un appareil sûr et précis.

Le principe qui leur est commun consiste à interposer entre le câble et la cage un système élastique quelconque, qui peut être comprimé *à fond de course* par un poids un peu inférieur à celui de la cage vide, et qui par conséquent, est sans effet tant que les cages (pleines ou vides) sont suspendues aux câbles, et qu'il ne survient pas dans la machine des variations de vitesse *trop brusques*, soit des accélérations *positives* diminuant momentanément l'action de la cage qui descend, soit des accélérations *négatives* diminuant celle de la cage qui monte.

Si le câble vient à se rompre, le système élastique se détend et met en action des pièces qui suspendent la cage aux pièces de bois formant le guidage. L'effet de ces pièces est particulièrement efficace sur la cage montante (ce qui est d'ailleurs le point essentiel), parce que cette cage, avant de redescendre sous l'action de son poids, perd graduellement sa vitesse ascendante, et passe par une vitesse nulle, qui donne aux pièces du parachute le temps de se développer, d'entrer en prise et de produire l'effet qu'on leur demande.

Le plus ordinairement, l'effet obtenu est d'enfoncer dans le corps des guides des ciseaux tranchants, ou de le saisir entre des galets excentriques qui le compriment fortement.

C'est le poids même de la cage qui enfonce les ciseaux ou qui fait manœuvrer les excentriques, et la résistance qui en résulte est ainsi en proportion de la force à vaincre. On doit regarder, à mon avis, l'action des galets comme plus sûre que celle des ciseaux, et l'action sur les deux faces latérales du guide comme préférable à l'action sur la face antérieure, qui tend à fausser les guides et oblige de les établir en leur donnant une très-grande rigidité.

Il y a cependant des parachutes très-usités, et qui passent pour très-bons, dans lesquels les dernières conditions ci-dessus ne sont pas remplies.

(**176**) Nous nous bornons à indiquer quelques-uns de ces appareils, dont il existe peut-être plus de cinquante variétés, entre lesquelles il ne serait pas toujours facile de faire ressortir des différences bien caractéristiques.

Un des premiers dont l'emploi se soit étendu, particulièrement dans le nord de la France est le parachute Fontaine, représenté fig. 574, qui agit à l'aide de griffes venant s'implanter dans la face antérieure des guides, lorsque des ressorts à boudin comprimés par la traction du câble viennent à se détendre. L'appareil présente donc précisément les deux circonstances signalées tout à l'heure comme peu satisfaisantes. Néanmoins il est bien établi dans ses détails, et l'expérience a montré qu'il fonctionnait convenablement.

On remarquera qu'une seule tige de suspension et un seul ressort à boudin pourraient manœuvrer les deux griffes du parachute.

C'est ainsi en effet qu'étaient construits les premiers appareils ; mais on a préféré, pour plus de sûreté, rendre les deux griffes indépendantes, afin que chacune d'elles prenne le mouvement qu'elle doit avoir en propre pour s'enfoncer dans le guide correspondant, s'il arrive que la cage ne soit pas placée d'une manière parfaitement symétrique relativement aux deux guides.

La figure 375 représente le parachute usité à Blanzy. Il fonctionne par le jeu de deux ressorts à boudin disposés d'une manière assez analogue à celle du parachute Fontaine, mais qui, par leur détente, font mouvoir deux galets excentriques dont les surfaces saisissent latéralement le guide ; ces surfaces sont striées afin d'augmenter les frottements.

La figure 376 représente le parachute Libotte, dans lequel le jeu des galets excentriques est produit par la détente d'un ressort formé de lames d'acier superposées, remplaçant le ressort à boudin des appareils précédents. Ce système est assez répandu en Belgique et dans le bassin de la Ruhr.

Enfin la figure 377 représente le parachute établi par M. Micha aux mines de Marles (Pas-de-Calais). Il est bien étudié et d'un effet très-sûr.

Aux parachutes ci-dessus, nous en ajouterons un dernier, fonctionnant dans des conditions essentiellement différentes, sur certaines mines où l'on extrait encore avec des chaînes, notamment dans le Cornouailles. Ce système représenté fig. 378, applicable seulement à la chaîne montante (celle d'ailleurs qui est la plus exposée aux ruptures), consiste à faire passer la chaîne par une fente dont une des faces est fixe et l'autre forme une sorte de petit volet soulevé par chaque anneau qui ne se présente pas dans le sens de cette fente.

Au moment d'une rupture, le premier mouvement de recul que

prend la chaîne rabat le volet et la chaîne ne peut plus passer.

(**177**) Moyens de la 6ᵉ catégorie. — Des dispositions doivent être prises pour établir des communications entre le mécanicien qui conduit la machine et les ouvriers tant du fond que du jour.

Avec les receveurs, la communication la plus commode et la plus sûre se fait à la voix, la distance étant habituellement fort courte. Le mécanicien doit d'ailleurs être placé pour voir parfaitement les câbles, et il est de son devoir de n'obéir de suite aux signaux donnés dans les circonstances normales, qu'après avoir reconnu, en jetant un coup d'œil sur le puits, que la manœuvre qui lui est demandée est correcte.

Avec les enchaîneurs, les signaux peuvent encore être donnés à la voix, si le puits n'est pas profond. On peut encore se faire entendre à 200 mètres, si le puits est dans le rocher ou muraillé. La distance est moindre si le puits est boisé.

A défaut de la voix, le moyen le plus ordinaire est celui de sonnettes mises en mouvement par des fils de fer, ou mieux par des câbles métalliques minces établis le long du puits.

Ces câbles sont équilibrés par un contre-poids placé à la surface, et en outre, si le puits est fort profond, par quelques contre-poids placés de distance en distance.

Le mouvement leur est donné du fond, soit directement par un effort de traction, soit plutôt à l'aide d'un levier en un point duquel le bout du câble est fixé.

Les signaux sont plus faciles à distinguer, quand au jeu des sonnettes ordinaires on substitue celui d'un marteau frappant sur une plaque ou sur un timbre, et ne donnant qu'un son à chaque mouvement imprimé au levier. L'indication fournie est en rapport avec le nombre et quelquefois la rapidité de succession des coups donnés, qui varient habituellement de 1 à 4. On donne un signal préparatoire par un *roulement* consistant en quelques coups précipités, lorsque ce sont des hommes qui doivent remonter par la cage. Le mécanicien doit alors redoubler d'attention, et assez habituellement ralentir sa marche, et le chef des receveurs doit se tenir au bord du puits.

On reproche à ce genre de signaux de ne donner que des indications très-limitées en nombre, et d'être exposés à des interruptions par suite de la rupture accidentelle des cordes.

On peut répondre que les indications n'ont pas besoin d'être nombreuses, et que la corde, établie dans de bonnes conditions, ne doit pas se rompre. L'avantage est que le signal peut être donné non-seulement du fond, mais encore d'un point quelconque de la hauteur du puits, si le câble est, comme il convient, à la portée des hommes placés dans les cages, qui parcourent le puits pour le visiter ou le réparer.

On a proposé de remplacer ce système de signaux par des dispositions variées : tantôt par des appareils porte-voix qui permettent d'augmenter les distances où l'on peut donner les signaux à l'aide de la voix ; tantôt par des tringles métalliques rendues parfaitement solidaires sur toute leur longueur, transmettant à un bout le signal donné à l'autre par un coup de marteau ; tantôt par le télégraphe pneumatique usité dans un certain nombre de grands hôtels ou établissements analogues, qui peut fonctionner soit en donnant un coup de sifflet, soit en mettant en branle une sonnette ; tantôt, suivant un système proposé par M. Harzé, en remplissant d'eau les tubes creux de l'appareil précédent, et imprimant à la colonne liquide, à l'aide d'un piston, des oscillations qui se transmettent à l'autre extrémité et dont l'amplitude est accusée par le mouvement d'une aiguille le long d'un cadran divisé ; tantôt enfin par le télégraphe électrique qui, suivant toutes les dispositions pratiquées dans ce système, donne le moyen d'établir, entre la chambre d'accrochage et le jour, l'échange de toutes les communications que l'on voudra.

Dans ce dernier cas, on peut même, d'après une disposition imaginée par M. Mathieu de Douchy, avoir, comme avec les cordons de sonnette, l'avantage d'envoyer des signaux d'un point quelconque de la colonne du puits. Il suffit pour cela de garnir un des guides de deux fils métalliques aboutissant à la sonnerie établie au jour, et d'avoir dans la cage un appareil manipulateur formé d'une fourche munie d'une poignée. Cette fourche vient, à la volonté de l'homme placé dans la cage, s'appuyer par ses deux branches munies de galets sur les deux fils métalliques, fermer ainsi le courant et par suite mettre en jeu la sonnerie.

Je pense que le télégraphe électrique est, à cause de cette propriété préférable à l'emploi des tubes métalliques creux qui ne peuvent transmettre d'indications que d'une de leurs extrémités à l'autre.

Mais, d'un autre côté, la manipulation d'appareils électriques est bien délicate, pour des hommes ayant à faire toute la journée des manœuvres de force comme les receveurs et les enchaîneurs, et ces appareils risquent bien de souffrir entre leurs mains. Il est nécessaire, pensons-nous, de confier cette manipulation délicate à un homme spécial.

L'emploi du télégraphe électrique me paraît assez indiqué, lorsque l'on a des communications à entretenir dans un réseau compliqué, comme celui d'un transport souterrain se ramifiant en plusieurs branches; mais il l'est beaucoup moins dans un puits vertical, alors que la communication est à établir entre deux points en ligne droite, et qu'il n'y a d'indications nécessaires à transmettre que celles relatives aux manœuvres à faire par le mécanicien. Dans ce cas, le système précédemment décrit, qui se réduit, en définitive, *à un cordon de sonnette*, est assurément le plus simple, et probablement le plus satisfaisant à employer.

(**478**) Les accidents aux hommes, provenant du fait de l'extraction peuvent atteindre le mécanicien, ou les hommes de la manœuvre au fond ou au jour, ou enfin les hommes qui circulent avec les cages.

Le mécanicien doit être placé hors des atteintes d'un bout de câble qui viendrait jusqu'aux bobines à la suite d'une rupture.

Sous ce rapport, il est mieux protégé dans les machines horizontales ordinaires où les molettes sont entre lui et le puits, que dans les machines verticales, ou que dans les machines horizontales où, en vue soit de le rapprocher du puits soit de diminuer l'angle des deux brins du câble sur les molettes, on aurait placé les cylindres à vapeur entre les bobines et le puits.

Pour les hommes de manœuvre, le danger, avec lequel ils ne de-

viennent que trop familiers, est de tomber dans le puits. Il est tout
à fait à recommander de tenir le pourtour du puits et le devant de la
place d'accrochage fermés par des barrières, les unes fixes, les
autres ne s'ouvrant qu'au moment du besoin. Cette ouverture
peut se faire ou à la main, ou automatiquement par l'arrivée de
la cage au jour ; il en résulte qu'en fait l'orifice du puits se trouve
toujours ou fermé par des barrières, ou bouché par la cage.

Pour les hommes qui sont dans les cages, le mécanicien, qui doit
toujours avoir été prévenu, prend soin de modérer la vitesse de la
machine surtout à l'arrivée, et de manœuvrer de manière à déposer
très-doucement la cage au jour sur ses taquets, à l'accrochage sur
les supports fixes qui limitent sa course. Ces supports sont quelque
fois rendus élastiques par des ressorts en caoutchouc convenablement comprimés, supportant le cadre sur lequel la cage
vient se poser. La cage doit être munie d'un grillage en fil de
fer sur les longs côtés, pour empêcher les hommes de passer
par inadvertance un membre en dehors de la cage. Elle doit
être recouverte d'une sorte de forte toiture en tôle, pour mettre
les hommes à l'abri contre la chute de quelque pierre détachée
des parois du puits, ou du bout inférieur du câble en cas de
rupture.

Lorsque la cage monte des hommes, elle ne doit partir que sur
un signal spécial, donné après que tous les hommes sont montés et
installés à leur place. Quelquefois alors, pour prévenir sûrement un
départ prématuré de la cage, on l'arrête à l'accrochage par un système de verrous qu'on n'ouvre qu'au moment de donner ce signal, etc., etc.

(**479**) Telles sont les principales dispositions qu'il nous paraît
opportun de décrire ou de mentionner ici. Nous ne prétendons pas
les avoir toutes indiquées, et l'on peut en voir d'autres exemples
dans les publications spéciales, notamment dans celles de M. Burat,
dans le traité de M. Ponson et dans le supplément.

Ces dispositions, d'ailleurs, ont été et sont encore l'objet de beaucoup d'études et d'essais, et l'on conçoit qu'on puisse les varier, en
quelque sorte, indéfiniment, sinon quant au résultat final à at-

teindre, du moins quant à leurs détails spéciaux et quant à la manière de les mettre en action.

Nous ajouterons qu'il pourrait bien arriver que l'on dépassât le but, en multipliant outre mesure les appareils destinés à fonctionner automatiquement. Il en est ici un peu comme dans les chemins de fer, où nombre d'inventeurs ont cherché à multiplier les appareils de sûreté, et les indications destinées à fonctionner lorsque quelque circonstance anormale se produit.

A multiplier ainsi les appareils, on arrive à supprimer, ou du moins à endormir la surveillance des agents ; ils s'en fient au jeu de ces appareils, qui peuvent faire défaut à un moment donné et devenir alors une cause de dangers d'autant plus graves, que leur emploi a pour effet assez naturel de diminuer chez les agents le sentiment de leur responsabilité.

A mon avis, il ne faut pas vouloir trop raffiner en pareille matière, et un système quelque ingénieux qu'il puisse sembler, ou peut-être même parce qu'il sera *trop ingénieux* et trop complexe, ne vaudra pas, par exemple, pour le mécanicien, l'indication qu'un simple coup d'œil peut lui donner.

Ainsi, par exemple, s'il s'agit de le prévenir qu'une cage approche du jour, le système le plus simple et à mon sens le meilleur, est une marque bien apparente placée sur le câble montant, complétée, quand on monte des hommes, par une indication verbale que donne le chef-receveur, qui doit, avons-nous dit, être toujours à son poste sur le bord du puits, en pareille circonstance.

Rien ne vaudra mieux que la voix, aidée, s'il est nécessaire, par un porte-voix dont l'embouchure est placée à la portée des receveurs contre un des piliers du chevalet, pour les communications à établir entre eux et le mécanicien; rien ne vaudra mieux, pour les communications venant du fond, qu'un fort cordon de sonnette solidement établi, faisant battre un marteau sur un timbre donnant un son spécial bien caractérisé.

Avec ces dispositions, complétées par un frein puissant, par un bon parachute, tels que ceux de MM. Fontaine ou Micha par exemple, par un évite-molette d'un système simple, tel que celui qui résulte du resserrement des guides, et par une bonne disposition de la cage, propre à prévenir les accidents aux personnes, le mécanicien sera plus attentif et plus maître de lui que s'il est étourdi, en quelque sorte, par la multiplicité et le sens varié des avertissements, et il sera permis, je crois, de se regarder comme placé dans des conditions de sûreté aussi satisfaisantes que la prudence puisse le conseiller.

CHAPITRE XVIII

PROCÉDÉS POUR L'INTRODUCTION ET LA SORTIE DES OUVRIERS — DIGRESSION SUR L'EXTRACTION A TOUTE PROFONDEUR

(**480**) Nous consacrons un chapitre spécial à la description des procédés qui sont employés dans les mines pour y introduire et en faire sortir les hommes, parce que, si ces procédés sont de la nature la plus élémentaire dans les mines dont les travaux sont voisins de la surface du sol, il en peut être, ou même il en doit être tout autrement lorsque ces mines sont au contraire très-profondes.

L'entrée, et surtout la sortie, par ces moyens élémentaires deviennent, en effet, de plus en plus difficiles et pénibles, à mesure que la profondeur s'accroît, et l'intérêt le plus évident de l'exploitant est de leur substituer des moyens mécaniques appropriés.

Il y va de son intérêt sous le rapport du prix de la main-d'œuvre, puisqu'il faut bien que les hommes se réservent le temps et la force nécessaires pour leur descente et leur ascension ; ce qui réduit d'autant le travail, de quelque nature qu'il soit, qui peut leur être demandé à l'intérieur.

C'est ainsi, par exemple, qu'à 500 mètres, on compte qu'il faut déjà *plus d'une heure* pour monter, et *une demi-heure* pour descendre. Cela retranche plus d'une heure et demie sur la durée possible de la journée utile, et cette heure et demie est plus péniblement employée que par le travail du chantier ; de sorte que la perte d'effet utile est plus que proportionnelle au temps employé à la montée et à la descente.

A 800 mètres, le temps ci-dessus serait au moins doublé, et l'on se heurterait à une véritable impossibilité.

La question d'humanité n'est pas moins engagée que la question d'intérêt ; car la descente, et surtout l'ascension journalières, quand on est aux très-grandes profondeurs dont nous venons de parler, ne peut être imposée qu'à des hommes jeunes et vigoureux, et encore leur santé s'en trouve-t-elle promptement altérée ; leurs organes respiratoires souffrent, soit de l'exercice même auquel ils doivent se livrer, soit des transitions brusques de températures auxquelles ils s'exposent, en arrivant au jour haletants et mouillés de sueur. On est bientôt obligé, au moment où ils ont le plus d'expérience acquise, de leur faire abandonner les chantiers de recherche en profondeur, où ils seraient le plus utiles, et de les envoyer travailler dans les niveaux supérieurs de la mine, et encore arrive-t-il qu'ils sont obligés de renoncer avant l'âge à tout travail.

L'emploi des moyens mécaniques pour la circulation des hommes est donc, pour les grandes profondeurs, *aussi nécessaire* que nous avons vu qu'il l'était pour l'extraction ; on peut même admettre qu'aux profondeurs exceptionnelles dépassant 8 à 900 mètres, et déjà atteintes dans certains districts métallifères et aussi dans quelques bassins houillers, il l'est, en quelque sorte *davantage*, en ce sens que l'extraction par des moteurs animés n'est, après tout, à la rigueur, qu'une question de dépense, si l'on veut se contenter d'une production restreinte, tandis que l'on ne *trouverait* probablement que fort peu d'hommes, tout au moins dans un pays où l'industrie offrirait à la main-d'œuvre des emplois variés, qui acceptassent d'aller gagner leur vie dans des conditions aussi pénibles.

(**481**) Les procédés élémentaires auxquels nous venons de faire allusion peuvent consister d'abord à faire cheminer les hommes, soit à partir de l'effleurement du gîte, soit à partir du niveau d'une galerie de roulage ou d'écoulement débouchant au jour, dans des cheminées, ou fendues, dirigées suivant la ligne de plus grande pente ou suivant une diagonale.

Tant que la pente de la galerie n'est que de quelques degrés, on peut la monter ou la descendre sans disposition particulière, et sans autre difficulté que de rencontrer parfois un sol rendu plus ou moins glissant par un long service, surtout lorsqu'il coule de l'eau dans la galerie et que la roche y est dure et à grain fin.

À partir de 30 degrés, qui correspond à l'inclinaison de 2 de base sur 1 de hauteur (à peu près celle des escaliers ordinaires un peu roides), on ne pourrait généralement pas circuler, si le sol n'était pas entaillé en marches, ou si l'on n'en établissait pas à l'aide de pièces de bois posées en travers de la galerie.

Une inclinaison à 45 degrés, supérieure à la plupart des pentes naturelles étendues que l'on rencontre au jour, est fort pénible à parcourir, soit à la descente, soit à la remonte.

Une inclinaison plus considérable, et *a fortiori* celles qu'il faut aborder lorsque la mine n'est accessible que par des puits verticaux, comportent l'emploi d'un autre procédé, celui des échelles.

Les échelles sont ordinairement composées de deux montants parallèles en bois, ayant 10 à 12 centimètres perpendiculairement, et 3 à 5 parallèlement à leur plan.

Les échelons sont également en bois, et placés à 0^m.20 ou 0^m,25 d'axe en axe.

Ce sont tantôt des bois ronds, tantôt des bois méplats ayant leur maximum de largeur au milieu. Avec cette dernière forme, ils sont plus solides, et mieux en main pour les ouvriers.

Les échelles en bois suffisent parfaitement dans les localités où les ouvriers ont l'habitude de descendre nu-pieds ; mais elles sont assez rapidement détruites, et elles demandent un entretien assez attentif, là où les hommes descendent avec des sabots ou avec des souliers ferrés.

Dans ce cas on peut trouver avantage, malgré un prix d'établissement un peu plus élevé, à employer des échelles en fer qui sont beaucoup plus durables. Ces échelles ont leurs montants en fer plat de 6 à 7 centimètres de largeur sur 6 à 7 millimètres d'épaisseur. Les échelons sont du fer rond de 25 à 27 millimètres de diamètre.

Dans un puits vertical, la descenderie est établie ordinairement dans un petit compartiment, isolé des compartiments consacrés à l'extraction ou à l'épuisement par une cloison qui est tantôt à claire-voie (moitié pleine, moitié vide), tantôt entièrement pleine et même étanche, lorsqu'un courant d'air spécial, distinct de celui du reste des puits, doit circuler dans ce compartiment, ainsi que nous le verrons plus loin en parlant de l'aérage.

Il arrive quelquefois que, sur des hauteurs assez grandes, les échelles règnent verticalement et sans interruption le long de la paroi.

Cette disposition doit être *absolument proscrite* dans une descenderie proprement dite, je veux dire lorsque ces échelles sont établies à demeure, pour servir quotidiennement à la masse des ouvriers travaillant dans la mine. Elle n'est admissible que pour des cas très-particuliers, par exemple, dans les compartiments d'exhaure, où les échelles ne sont parcourues que par les ouvriers chargés de visiter les pompes, et même dans ce cas convient-il d'avoir une interruption et un palier à chaque répétition.

Elle peut l'être également dans un fonçage de puits, lorsqu'on n'a pas encore établi de compartiments. Dans ce dernier cas, les échelles doivent être en fer, au moins dans le bas, à cause des coups de mines, et souvent en outre les montants, au lieu d'être d'une pièce, sont composés d'autant d'articulations qu'il y a d'échelons, et forment ainsi un système flexible qu'on peut replier vers le haut au moment du tirage. Ces échelles flexibles sont attachées par la partie supérieure et flottantes par le bas.

Les échelles fixes verticales sont très-pénibles à parcourir, parce que le corps de l'homme se trouvant forcément rejeté en arrière pendant qu'il les parcourt, il est obligé, pour se maintenir, d'exercer un effort des bras, indépendamment de celui que doivent faire les jambes pour le déplacement vertical.

Elles sont en outre très-dangereuses, toute chute pouvant être mortelle pour l'homme qui serait pris de faiblesse et viendrait à lâcher les échelons. Sa chute compromettrait en outre tous les hommes qui sont au-dessous de lui, si l'accident survenait au moment de l'entrée ou de la sortie, alors que les ouvriers se suivent à la file sur les échelles.

On s'arrangera donc pour que, même dans un compartiment

assez étroit, les échelles ne soient *ni trop longues, ni trop fortement inclinées*.

De ces deux éléments, la longueur et l'inclinaison, le dernier est de beaucoup le plus important. Cette inclinaison doit être telle que l'homme étant placé *verticalement* sur un échelon, les bras pliés et l'avant-bras porté un peu en avant, les mains trouvent naturellement l'échelon qu'elles doivent saisir. Les mains ne servent alors qu'à assurer la position verticale sans avoir d'effort particulier à exercer. La pratique enseigne que cette inclinaison est de 70° environ.

Cette donnée pratique a été entièrement confirmée par des expériences faites à ce sujet par M. Lambert. Ayant mesuré au dynamomètre l'effort exercé par les mains sur des échelles diversement inclinées, il a reconnu que cet effort est minimum à 70°, qu'il croît rapidement avec des inclinaisons plus fortes, et qu'en approchant de 90°, cet effort dépasse *la moitié de l'effort maximum* que l'homme puisse exercer momentanément. Il en résulte évidemment une très-grande fatigue ; d'un autre côté, une inclinaison plus faible devient aussi plus fatigante, *même pour les bras*, parce que ces membres doivent soutenir une partie du poids du corps qu'on est obligé de porter en avant, et aussi pour les jambes, à cause du plus long chemin à parcourir pour s'élever d'une hauteur verticale donnée.

Les diverses répétitions des échelles reliant les paliers peuvent être *toutes parallèles*, ou bien former deux séries qui alternent avec les inclinaisons en sens contraire.

Dans la première disposition, les échelles sont reculées, au besoin, près d'une des parois du compartiment, l'ouvrier arrivé sur le palier n'a pas à se retourner ; il se déplace sur le côté, longe la paroi opposée et trouve devant lui, comme dans le premier cas, l'échelle suivante et l'ouverture par laquelle il doit passer.

Dans la seconde disposition, l'ouvrier, arrivé au bas d'une échelle, prend pied sur le palier, se retourne et trouve devant lui l'échelle suivante et à ses pieds l'ouverture pratiquée dans ce palier pour son passage.

Entre ces deux dispositions, je n'hésite pas à penser que le système des échelles parallèles représenté figure 579, mérite la préférence.

Ce système exige, il est vrai, un compartiment un peu *plus large*, ce qui parfois peut offrir quelque difficulté; mais par contre ce compartiment peut être *moins long*, pour un écartement donné des paliers.

En outre il présente plus de sécurité, en ce sens que la hauteur d'une chute accidentelle est nécessairement limitée à la hauteur d'une reprise, tandis que dans l'autre disposition l'homme qui. perdant l'équilibre, vient à glisser le long d'une échelle arrive, sur le palier qui supporte cette échelle, devant l'ouverture qui donne accès au palier suivant. Il peut se faire qu'il passe par cette ouverture et que sa chute continue. C'est pour prévenir autant que possible un tel accident, comme aussi pour faciliter les croisements d'hommes circulant en sens contraire, que le palier doit être *aussi étendu* et l'ouverture *aussi étroite* que possible, strictement suffisante pour le passage d'un homme.

On reproche au système des échelles parallèles d'être un peu plus longues à parcourir, à cause du passage moins immédiat d'une échelle sur l'autre. C'est plutôt, à mon avis, un avantage, en ce qu'il en résulte un changement de position et de fonction des membres propre à diminuer leur fatigue.

Il doit être entendu que, dans le système des échelles parallèles. celles-ci sont placées dans le compartiment de manière que l'ouvrier arrivé sur un palier ait toujours à prendre du même côté pour trouver l'échelle suivante. Il convient aussi que toutes les répétitions soient identiques, comme longueur et inclinaison des échelles, grandeur et position de l'ouverture pratiquée dans le palier, etc., etc.

Cette uniformité facilite la circulation des hommes, qui prennent ainsi, en quelque sorte, *le sentiment* des divers mouvements successifs qu'ils ont à faire, et arrivent à circuler sans appréhension, même si leurs lampes viennent à s'éteindre par l'action du courant d'air.

Les échelles doivent être solidement attachées par de forts crampons à leurs extrémités, et supportées en outre par des traverses aux points de jonction des échelles partielles qui composent une reprise. Le tout doit former un système rigide, qui dans l'état normal ne fouette en aucune façon sous le poids des hommes. S'il n'en était pas ainsi, le mouvement d'oscillation qui en résulterait serait fatigant ; il ôterait aux hommes le sentiment de la sécurité, et il permettrait moins facilement d'apprécier, en parcourant les échelles, leur état d'entretien.

Les paliers peuvent être des planchers pleins en bois ; mais si le compartiment doit servir à l'aérage, on les établit à claire-voie, comme il est représenté à la figure 379. Cette espèce de grillage est le plus souvent en bois, quelquefois en fer ; avec le fer le rapport du vide au plein peut être beaucoup plus grand qu'avec le bois. Cette différence constitue, en faveur de l'emploi du métal, un grand avantage au point de vue de la ventilation, avantage équivalent à celui que donnerait une augmentation de la section du compartiment ; mais la surface des paliers en fer est plus glissante et moins commode pour les hommes.

La distance des paliers a, dans chaque cas, un *maximum* déterminé par cette double condition que l'échelle ait l'inclinaison ci-dessus indiquée de 70°, et qu'en projection elle occupe une longueur un peu moindre que la dimension du compartiment.

Cette distance varie ordinairement de 7 à 10 mètres. Elle pourrait être sans inconvénient supérieure à 10 mètres ; mais on la ferait rarement inférieure à 7 mètres, afin de ne pas trop multiplier les paliers. La condition de l'inclinaison est d'ailleurs, comme nous l'avons dit, bien autrement importante que celle d'un nombre de paliers un peu plus ou un peu moins grand.

S'il arrivait cependant que les dimensions du compartiment fussent tellement restreintes que, même avec des échelles parallèles, il fallût multiplier les paliers outre mesure, on pourrait être porté à penser qu'au lieu d'échelles verticales, ou presque verticales, il vaudrait mieux employer une échelle hélicoïdale conservant l'inclinaison normale de 70°. Cette disposition a été indiquée ; toutefois elle ne s'est pas répandue dans la pratique. La construction de ces échelles est plus complexe ; leur parcours est moins commode et plus fatigant que celui des autres échelles. On aura le sentiment, en quelque sorte, de leur infériorité sous ce rapport, en comparant la circulation sur un escalier à large cage, à celle d'un escalier hélicoïdal enroulé autour d'un noyau trop petit. On ne devra donc pas hésiter à leur préférer les échelles ordinaires, et tous les travaux neufs que l'on entreprend doivent être projetés avec la prévision d'un compartiment suffisant pour l'établissement d'une bonne descenderie.

(**482**) La suppression de l'emploi des échelles, *très-opportune* au delà de 200 mètres, devient, comme nous l'avons vu, *presque nécessaire* à 450 ou 500 mètres, et *absolument indispensable* au delà de 600 ou 800 mètres.

On s'en rendra compte aisément, en remarquant que l'homme placé sur les échelles les mieux disposées est à peu près dans les mêmes conditions que s'il agissait sur une roue à chevilles. On sait que dans ce cas il peut produire (*Cours de machines*, n° 59) un effet utile de 260,000 kilogrammes, ou élever son propre poids à 4,000 mètres environ de hauteur verticale.

En admettant, par simple aperçu, que la fatigue à la descente soit moitié moindre qu'à la montée, un puits de 800 mètres, à descendre et à monter dans la journée, correspondrait à une ascension de 1,200 mètres, soit $\frac{12}{40}$, ou 30 pour 100, de la force *maximum* que l'homme soit susceptible de développer dans son travail journalier; ou, en d'autres termes, en envoyant des hommes, à l'aide d'échelles, travailler à des profondeurs de 800 mètres, on perdrait *beaucoup plus de* 30 pour 100 sur la main-d'œuvre. Présentée sous cette forme, l'insuffisance des échelles est évidente, et il en ressort la *nécessité* d'avoir recours à quelque moyen mécanique.

Celui qui se présente immédiatement à l'esprit est de faire emploi de la machine d'extraction ; ce qui ne nécessite l'établissement d'aucun appareil spécial. Pendant longtemps ce système n'a pas été en faveur, et lorsque l'emploi des bennes et des cuffats était d'un usage général, le privilége de descendre ou de monter sur le câble d'extraction n'était ordinairement accordé qu'aux maîtres mineurs et aux chefs de poste, et à quelques ouvriers spéciaux, tels que les enchaineurs et les hommes chargés de visiter la colonne du puits.

Les hommes se plaçaient soit au fond de la benne, soit sur le bord, tenant d'une main les chaînes de suspension, et se guidant de l'autre main pour ne pas se heurter contre les parois. Dans les petites bennes de Saint-Étienne, l'homme se plaçait un pied dans la benne ou sur son rebord, et un pied en dehors, et il se guidait contre les parois par le pied aussi bien que par la main. Jamais, quand des hommes étaient dans une des bennes, l'autre benne n'était chargée. Souvent même elle était décrochée, et remplacée par ce qu'on appelait le *mouton*, espèce de gros bloc de bois qu'on attachait au bout des chaînes, pour empêcher les crochets de rien accrocher pendant le trajet. En outre, on avait soin d'ajuster au-dessus de la benne une sorte de chapeau solide, en bois ou en tôle, nommé *le parapluie*, qui servait en effet à abriter les ouvriers dans les puits très-humides, mais surtout à les protéger contre les atteintes des éclats de pierre détachés des parois ou tombés de la surface.

Enfin on recommandait, mais en fait cela était peu pratiqué, de porter une sangle de sûreté, composée d'une ceinture de cuir et d'un bout de corde terminé par un crochet qu'on passait dans un des anneaux de la chaîne de suspension. Cette précaution n'était employée que lorsqu'on devait se placer sur le bord de la benne et pour les personnes étrangères à la mine.

Le transport ne pouvait se faire qu'avec une faible vitesse, un mètre au plus par seconde, et encore devait-on ralentir beaucoup, s'arrêter même presque complétement à la rencontre, et ne repartir que sur un signal donné à l'aide de la sonnette par un des hommes placés sur la benne.

Il fallait surtout de la précaution, lorsqu'on effectuait une descente, pour ne pas être rencontré par la benne montante. A cet effet, on avait soin, en approchant de la rencontre, de saisir doucement le câble montant et de le laisser filer dans la main en allongeant le bras, de manière à écarter suffisamment les deux bennes l'une de l'autre. En réalité ce mode de circulation, quoique demandant du sang-froid et de la prudence, n'était pas sérieusement dangereux ; il arrivait bien peu d'accidents, et l'on avait notamment peu de chances de voir le câble se rompre, le poids des hommes transportés à chaque voyage étant généralement inférieur à celui de la charge ordinaire du câble montant.

(483) Il existe aujourd'hui beaucoup de mines où la descente sur les câbles s'applique, non pas seulement à quelques hommes spécialement désignés et autorisés, mais à la masse des ouvriers. Ceux-ci descendent par groupes de six ou huit; les grands cuffats peuvent même en recevoir un plus grand nombre, parce que quelques-uns se placent au fond du cuffat et d'autres debout sur le bord. Le moment délicat dans l'application de ce système est celui de l'entrée et de la sortie; il faut craindre, à ce moment, la précipitation et la confusion, et il doit y avoir, parmi les hommes qui descendent sur la même cordée, un chef préposé à la direction de la marche.

Dans quelques districts de mines, notamment en Angleterre, la benne même est supprimée, et des chaînes, attachées par leurs deux extrémités munies de crochets à la chaîne principale, forment des espèces d'anneaux dans chacun desquels se placent à cheval un ou deux ouvriers. On descend ainsi une sorte de *grappe humaine*, qu'on reçoit au jour ou à l'accrochage, arrêtant successivement la machine pour laisser descendre chaque groupe. Ce système, qui peut frapper l'imagination des personnes étrangères aux mines, n'est pas en réalité plus dangereux que l'emploi des bennes, et il ne semble pas occasionner plus d'accidents.

Quand des hommes voyagent, soit dans la benne, soit suspendus comme il vient d'être dit, il faut qu'il y ait au jour ou à la place d'accrochage un homme chargé de les recevoir. Cet homme saisit le câble d'une main, pour tenir la benne appuyée contre le bord de la recette, et de l'autre il tient chaque homme successivement, à mesure qu'il quitte la benne, jusqu'à ce qu'il l'ait vu prendre pied solidement sur le terrain.

On doit cependant prévoir le cas où, circulant à des heures anormales, on ne trouvera pas à leur poste les receveurs ou les enchaîneurs; il faut alors *se recevoir soi-même*, selon l'expression usitée, et pour cela il est bon qu'on trouve à sa portée un bout de corde ou de chaîne solidement attaché à un point fixe convenablement placé. En se halant sur cette corde, on attire et l'on maintient la benne dans la position voulue pendant qu'on en descend.

(484) Telles sont les dispositions suivies lorsque l'extraction se fait à l'aide de bennes flottantes, ce qui existe encore dans un assez grand nombre de localités.

Mais là où l'on emploie des cages guidées, chacun des étages de ces cages peut recevoir un groupe d'hommes, qui entrent et sortent commodément et sans danger; et l'on a, grâce à ce système, pour les opérations de la descente et de la montée des ouvriers, toutes les facilités et tous les avantages de rapidité et de sécurité que comporte l'emploi de ces cages.

Ainsi on peut porter *plus d'hommes à la fois*; on perd *moins de temps* à leur entrée et à leur sortie ; on peut faire le trajet *beaucoup plus vite* et sans se préoccuper de *la rencontre ;* enfin, on peut avoir toutes les garanties qui résultent de l'emploi des parachutes et des diverses dispositions de sûreté propres à l'emploi des cages, que nous avons mentionnées au chapitre précédent.

Ces différents avantages sont de nature à répandre l'emploi de la machine d'extraction à la descente et à la montée des ouvriers, et l'on peut dire que si le perfectionnement des appareils d'extraction a rendu *directement* un service à l'art des mines, en permettant d'augmenter beaucoup la production journalière des mines profondes, il n'a pas été moins utile *indirectement* en permettant d'introduire dans la mine le personnel nécessaire à cette forte production, sans fatigue pour le personnel et *avec une perte de temps acceptable pour la machine d'extraction.*

Il est certain que la perte de temps ne saurait être évitée. Elle croît nécessairement, toutes choses égales d'ailleurs, avec l'importance du personnel et avec la profondeur du puits. Il peut donc arriver que, pour une mine peu profonde et à grande production, l'emploi des échelles soit avec raison jugé préférable à celui de la machine. La machine reste alors, en effet, entièrement libre, soit pour l'extraction même, soit pour les services accessoires de la descente des bois et autres matériaux ; en même temps, le système des échelles, sur lesquelles les ouvriers se suivent de près et peuvent circuler assez vite, *débite* autant d'hommes, sinon même plus d'hommes que n'en débiterait la machine.

Mais si la profondeur est assez grande pour qu'il soit désirable de faire descendre les hommes par les câbles, la question se pose tout

autrement, selon qu'il s'agit de bennes flottantes ou de cages guidées, c'est-à-dire de puits établis suivant les anciens errements, ou
suivant les derniers perfectionnements.

Soit, par exemple, un puits devant extraire journellement 500
tonnes de houille, à 600 mètres de profondeur.

En supposant qu'il faille, pour faire cette production, 400 hommes présents à la fois dans la mine pendant le poste principal, on
se place dans des conditions probablement plus favorables que la
moyenne, du moins sur le continent.

Si l'on employait les bennes flottantes et que chaque benne reçût
10 hommes, il faudrait pour la descente 40 voyages, dont chacun demanderait :

Pour le temps perdu entre deux voyages successifs, peut-être deux
minutes, ci. . . . .   2′

Pour le voyage à la vitesse de 60 mètres par minute. . .   10′

Total. . . . .   12′

Soit, en tout, 8 *heures* pour tous les hommes du poste.

Il en faudrait autant pour la remonte ; de sorte que le service des
hommes prendrait *seize heures de la journée*, ce qui peut être regardé
comme radicalement inadmissible.

Avec une bonne extraction par cages, on pourra descendre presque deux fois plus d'hommes à la fois, c'est-à-dire ne faire, par
exemple, que 25 voyages au lieu de 40. Les 16 hommes ainsi descendus à la fois ne surchargeront pas le câble ; car, à 65 kilogrammes l'un, ils pèseront 1,030 kilogrammes, c'est-à-dire beaucoup
moins que la charge la plus ordinaire, qui est en général de 1,600
à 2,000 kilogrammes.

On devra compter :

Pour temps perdu entre deux manœuvres. . . . . . .   1′

Pour le voyage, à la vitesse très-acceptable de 6 mètres
par seconde, inférieure à celle à laquelle pourra marcher
l'extraction. . . . .   1′40″

Soit, en tout . . . .   2′40″

ou, en nombre rond, 3 minutes par voyage, ou, pour les 25 voyages,
1 heure 15 minutes.

C'est-à-dire que la descente et la remonte prendront seulement 2 heures et demie au lieu de 16 heures.

On peut conclure de la comparaison qui précède que, lorsqu'une mine est assez profonde pour que l'emploi des échelles ordinaires n'y soit plus possible, et lorsqu'en même temps la production journalière nécessite l'emploi d'un personnel nombreux, la machine d'extraction faisant mouvoir des bennes flottantes est *absolument* insuffisante, et l'on doit regarder comme *indispensable* l'installation des procédés d'extraction les plus perfectionnés.

On remarquera d'ailleurs, d'une manière générale, que cette installation ne devra pas habituellement dispenser d'un système d'échelles ordinaires établies dans un compartiment spécial, comme moyen de sauvetage en cas d'accident dans la mine, ou comme mode supplémentaire de sortage, dans le cas où la marche de la machine est momentanément suspendue, pour quelque réparation à la machine ou à la colonne du puits.

(485) L'intervalle de temps indiqué ci-dessus de 2 heures 30 minutes, que nous avons supposé acceptable, n'est pas toujours sans inconvénient pour l'importance de la production.

D'un autre côté, l'installation des grands moyens d'extraction, qui permettent ces entrées et sorties relativement rapides, n'est pas toujours opportune ni même possible.

Elle n'est pas opportune, dans les mines où la production d'un puits est essentiellement limitée et se fait en même temps à un certain nombre de niveaux différents.

Elle n'est pas possible, lorsque l'extraction doit se faire par des puits inclinés, ou par des puits creusés d'abord verticalement jusqu'au gîte, et ensuite prolongés suivant l'inclinaison du gîte.

Ces diverses circonstances se présentent assez fréquemment, et sont même, en quelque sorte, le cas normal dans les filons métalliques, et ce sont précisément ces mines qui théoriquement, comme en fait, se poursuivent aux plus grandes profondeurs.

Ainsi les mines métalliques sont, à la fois, celles où l'emploi de moyens mécaniques est le plus indiqué pour la descente des hommes, et celles où les appareils d'extration en usage offrent le moins de ressources à cet effet, et parfois même ne s'y prêtent nullement.

Il était donc naturel que ce fût dans les mines métalliques profondes, que l'on découvrit et appliquât le système des échelles mécaniques désignées en Allemagne sous le nom de Fahrkunste et en Angleterre sous celui de Man-Engines, dont il nous reste à parler.

C'est au Hartz, il y a 40 ans, que le premier appareil fut établi sous les inspirations de M. Albert, auquel on doit aussi l'introduction des câbles d'extraction en fil de fer.

Quelques années plus tard des appareils du même genre étaient établis dans les mines de Cornouailles. Depuis lors ils se sont étendus à d'autres districts métallifères, et même à quelques bassins houillers.

Le principe de ces appareils est fort simple. Considérons d'une manière générale deux tiges parallèles établies dans la longueur d'un puits, qui reçoivent des mouvements *alternatifs de sens contraire* ; de telle sorte que lorsqu'une de ces tiges arrive à l'extrémité supérieure de sa course, l'autre arrive en même temps à l'extrémité inférieure de la sienne, et réciproquement. Ces tiges portent, de distance en distance, des paliers sur lesquels un homme peut se placer, et au-dessus de chaque palier une poignée que l'homme saisit à la main, pour assurer sa position. Quand les tiges sont à la fin de leurs courses, les divers paliers des deux tiges se correspondent deux à deux, ainsi que leurs poignées. Un homme peut passer d'un palier sur un autre, et abandonner, aussitôt après, la poignée qu'il tient d'une main, pour saisir celle de l'autre tige avec l'autre main.

S'il est en train de monter, il est arrivé avec le palier de la tige qui *exécutait* son oscillation de bas en haut, et il se place sur le palier de l'autre tige qui *va l'exécuter* à son tour.

C'est l'inverse s'il veut descendre.

Le système correspond, en quelque sorte, à une échelle dont les barreaux seraient mobiles, l'homme n'ayant à faire qu'un léger déplacement horizontal, pour se placer toujours sur le barreau qui *va monter* ou qui *va descendre*, selon qu'il veut lui-même monter ou descendre.

Les figures 580 et 581 représentent les deux premiers appareils établis au Hartz. L'un était formé par deux tiges de bois analogues à des tiges de pompes ; l'autre au moyen de quatre câbles en fil de fer, accouplés deux à deux et entretoisés par les attaches des paliers et des poignées.

Le second appareil avait été appliqué à la mine d'Andreasberg, qui avait déjà à cette époque plus de 750 mètres de profondeur et qui dépasse aujourd'hui 900 mètres.

Ces appareils d'abord n'étaient utilisés qu'à la remonte; de distance en distance la série des paliers était interrompue, et il fallait franchir une certaine hauteur avec les échelles fixes. Cette disposition avait été prise afin de ne pas trop surcharger la machine. Une échelle fixe était d'ailleurs disposée entre les tiges, même là où les paliers existaient, afin de permettre aux hommes de continuer leur course, si la machine venait à s'arrêter par une cause quelconque pendant leur ascension.

La figure 582 représente une disposition de tige analogue à celle de la figure 580, sauf qu'il n'y a qu'une seule tige et un système de paliers fixes. C'est une disposition dont il y a des exemples dans le Cornouailles. Avec cette disposition d'une tige unique, il faut concevoir qu'on ait, à côté de la tige qui oscille, une série de paliers fixes, ou de niches pratiquées dans la paroi du puits. Chaque niche est de niveau avec un des paliers mobiles au commencement et à la fin d'une excursion de la tige. L'homme qui est dans cette niche, selon qu'il veut monter ou descendre, se place sur le palier qui est venu se mettre devant lui en *descendant* ou en *montant*, et qui par conséquent va *remonter* ou *redescendre*.

(**486**). Les propriétés des appareils à deux tiges et à une tige offrent certaines différences donnant lieu à quelques observations.

D'abord si on les suppose menées par une même manivelle de

rayons R *faisant le même nombre de révolutions* par minute, l'appareil à deux tiges donnera aux hommes une vitesse moyenne double, puisqu'ils se mouvront d'un mouvement continu parcourant à chaque tour un espace 4R, au lieu d'être la moitié du temps au repos et de parcourir seulement l'espace 2R Ainsi un homme descendra sur deux tiges deux fois plus vite que sur une tige unique ; mais la puissance de *débit* sera la même ; car dans un cas comme dans l'autre, le nombre d'hommes arrivant au terme de leur course dans un temps donné est égal au nombre de tours faits dans le même temps.

En second lieu, il faut remarquer que cette hypothèse d'une vitesse de rotation la même dans les deux cas n'est nullement nécessaire, et que la rotation peut être *plus rapide* avec une seule tige qu'avec deux. Cette propriété de pouvoir prendre une plus grande vitesse ne tient point à la constitution cinématique de l'appareil ; mais elle est relative à la facilité que l'homme doit rencontrer pour passer d'un palier sur l'autre. On peut supposer que cette facilité soit en rapport avec le temps d'arrêt théoriquement instantané, mais en réalité plus ou moins prononcé qui se produit au point mort, et qu'elle puisse ainsi être mesurée par le temps qui s'écoule pendant que deux paliers, d'abord écartés d'une quantité donnée très-petite δ, se mettent exactement de niveau, puis s'écartent de la même quantité. Cet écart δ s'établit, avec deux tiges mobiles, lorsque chacune d'elles n'a plus à parcourir *avant le point mort*, ou a parcouru *après ce même point mort* l'espace $\dfrac{\delta}{2}$; avec une seule tige mobile, cette tige doit, au contraire, parcourir la distance δ tout entière. Or on sait que le mouvement longitudinal donné par une manivelle à une bielle de longueur infinie, a lieu avec une vitesse $R\omega \sin\alpha$ (α étant l'angle actuel de la manivelle m avec sa position au point mort en A, et ω la vitesse angulaire, *fig.* 582).

L'accélération est donc $R\omega \cos\alpha \dfrac{d\alpha}{dt} = R\omega^2 \cos\alpha$, et par suite l'accélération initiale est $R\omega^2$.

L'espace x parcouru par une tige dans un temps t très-petit, à partir du point mort ou avant ce point mort, est donc donné par la formule

$$x = R\omega^2 \frac{t^2}{2}.$$

L'écartement des paliers mobiles, dû au mouvement relatif, est, pour les appareils à deux tiges, $z = 2x = R\omega^2 t^2$ et l'écartement entre le palier fixe et le palier mobile est, pour les appareils à une tige, en affectant les quantités littérales d'un accent :

$$z' = x' = R'\omega'^2 \frac{t'^2}{2}.$$

La *même facilité de manœuvre* sera caractérisée, avons-nous dit, par cette circonstance que l'on aura $z = z'$ pour $t = t'$, et par suite :

$$R'\omega'^2 = 2R\omega^2.$$

Si l'on fait $\omega = \omega'$, on aura $R' = 2R$, et dans ce cas on aura la même vitesse moyenne, le même débit, et la même facilité de manœuvre pour les deux appareils.

Si l'on suppose $R' = R$, on aura $\omega' = \omega\sqrt{2}$, la vitesse moyenne du parcours sera la même, on aura la même facilité de manœuvre, et le débit *de la tige unique* sera *plus grand* que celui des *deux tiges* dans le rapport de 1 à $\sqrt{2}$.

D'ailleurs, dans l'un comme dans l'autre cas, l'augmentation du rayon diminue, toutes choses égales d'ailleurs, la facilité de la manœuvre, mais aussi elle diminue le nombre d'hommes qui peut être placé à la fois sur la tige et, par conséquent, la charge de cette tige.

Ces divers points de vue doivent être considérés lorsqu'on a un projet de Fahrkunst à établir. On les résume en disant que :

La vitesse moyenne du parcours croît proportionnellement à $R\omega$;

La puissance de débit croît proportionnellement à ω ;

La facilité de manœuvre est inversement proportionnelle à $\omega^2 R$;

La charge maxima de la tige l'est à la quantité R.

On peut remarquer en passant que la quantité $\omega^2 R$, accélération au point mort, s'ajoute au poids des hommes ou s'en retranche, selon qu'elle est de bas en haut ou de haut en bas, pour donner la charge sur le palier mobile.

Si l'on en vient aux nombres, on remarquera qu'une vitesse qui sera par exemple de 8 tours par minute, correspond à une vitesse angulaire ω donnée par la formule

$$\omega = 8 \times \frac{2\pi}{60} = 0^m.8381$$

d'où $\omega^2 = 0.70$, et pour une manivelle ayant le rayon assez usuel de $0^m.90$, $\omega^2 R = 0^m.63$, et par suite

$$\frac{\omega^2 R}{g} = 0.062.$$

Cette quantité, sans être aussi petite que le terme analogue $\dfrac{e\omega^2}{2\pi g}$ considéré au n° 454, montre cependant que les surcharges dues à l'inertie peuvent être négligées, et qu'on peut calculer les dimensions des pièces en les considérant à l'état de repos.

Il n'en serait plus ainsi soit avec des vitesses angulaires plus considérables, qui seraient d'ailleurs incompatibles avec l'usage auquel la machine est destinée, soit avec des rayons trop grands.

(**487**) Dans les appareils à deux tiges, il suffit que l'amplitude de la course soit égale à *la moitié de l'écartement* des paliers sur chacune des tiges.

Dans les appareils à une tige, cette course doit être égale à *l'écartement entier*, soit de ces mêmes paliers, soit des paliers fixes.

Avec ces dispositions, il est facile de voir que dans le parcours entier un homme passe successivement par *tous les paliers*.

Cette circonstance est peu favorable à l'établissement des deux courants d'hommes, l'un descendant, l'autre ascendant, qui tendent à s'établir aux changements de poste.

Pour faciliter leur croisement, il faut, ou bien disposer les paliers pour que les hommes marchant en sens contraires puissent y échanger leur position aux points morts, ou bien supposer que le système des tiges et des paliers étant établi, on vienne simplement *doubler l'amplitude de l'oscillation*. On comprend que dans ce dernier cas un homme passe successivement sur une tige par les paliers de même parité, c'est-à-dire sur la

série impaire   1   3   5   7   9
ou bien sur la série paire   2   4   6   8   10

En convenant donc que les hommes opéreront leur ascension, par exemple, sur les numéros pairs, et leur descente sur les numéros impairs, ou inversement, les deux courants d'hommes se croiseront au milieu de leurs oscillations, à l'instant où leur vitesse est maximum ; mais aux points morts, ils trouveront toujours libres, les paliers sur lesquels ils auront à se placer.

Si l'on veut calculer l'effort demandé à une Fahrkunst, on remarquera qu'à chaque instant, selon que la machine est à deux tiges ou à une seule, les hommes qui montent sont sur la tige en train de monter, ou sur les paliers fixes de deux en deux, et ceux qui descendent sont sur la tige descendante, ou sur l'autre série de paliers fixes.

Dans tous les cas, la charge sur la machine est égale, abstraction faite des effets de l'inertie, au poids des hommes *placés sur la tige montante* diminué du poids de *ceux qui sont sur la tige descendante*.

Si donc à un moment donné, il n'y en a que de la seconde catégorie, la machine, au lieu d'avoir besoin de recevoir du travail moteur, peut-être dans le cas de se trouver entraînée et de nécesiter l'emploi d'un frein quelconque agissant pendant toute la descente.

En pareil cas, s'il s'agit d'une machine à vapeur, on emploiera très-convenablement le système connu de la marche à contre-vapeur de M. Le Châtelier.

(**488**) On pourrait penser que le système des deux tiges oscillantes, s'il peut être inférieur au point de vue du débit possible, a, sur le système à une tige, l'avantage que les deux pièces s'équilibrent en quelque sorte d'elles-mêmes, et que, abstraction faite des résistances passives, l'effort de la machine ne dépend, comme on vient de le dire, que du poids des hommes qui montent diminué du poids de ceux qui descendent.

Cet avantage est plus spécieux que réel ; comme ces Fahrkunste s'appliquent en effet à des profondeurs considérables, chaque tige donnerait par elle-même, sur son point de suspension, une très-lourde charge, et il convient, dès lors, de l'équilibrer directement par des balanciers et des contre-poids spéciaux établis suivant les dispositions que nous verrons en détail en parlant des machines d'épuisement.

Disons seulement ici que si ces balanciers n'étaient placés que près du jour, ils soulageraient le point d'attache de la tige avec la bielle de ce balancier, mais non les parties de la tige situées au-dessous de ce point d'attache. Il convient donc de distribuer les balanciers sur divers points de la longueur des tiges, pour les équilibrer par parties distinctes.

En général, l'effort de traction, en un point quelconque de ces tiges, est égal au poids total de la partie des tiges qui pend en dessous de ce point, diminué de l'effet de tous les contre-poids distribués le long de cette même partie. On peut donc distribuer ces contre-poids de manière que la fatigue en un point pris arbitrairement, *en tant qu'elle provient de la tige même*, ne dépasse pas une limite donnée.

Dans la tige, ainsi équilibrée, la fatigue en un point peut théoriquement ne résulter que du poids des hommes portés par la tige en contre-bas de ce point.

Cette remarque, que nous retrouverons sous une forme un peu différente en parlant des machines d'épuisement, établit une différence essentielle entre une tige de Fahrkunst et un câble d'extraction. Un câble, en un point quelconque, supporte la charge placée à son extrémité *plus tout le poids de la partie inférieure du câble*. Une tige de Fahrkunst, au contraire, n'a aucune charge distincte à son extrémité, et avec des balanciers bien disposés, sa charge en un point quelconque peut être due exclusivement *à une charge uniformément répartie sur sa longueur*. Cette charge répartie est le poids d'un homme, ou en moyenne 65 kilog., qu'il faut regarder comme se distribuant sur une longueur de la tige égale, suivant les cas, c'est-à-dire suivant qu'il y a un seul courant d'hommes ou deux courants contraires, à l'intervalle de deux paliers consécutifs ou au double de cet intervalle. Le poids de la tige n'est pas à prendre en considération.

Pour les câbles diminués, nous avons vu, au n° 451, que la relation entre la section extrême a et la section A en un point quelconque défini par la hauteur H, est donnée par la formule exponentielle

$$A = ae^{\frac{h}{\mu}}.$$

La relation similaire pour une tige de Fahrkunst sera de la forme

$$A = kh.$$

On en déduit facilement que la coupe en long faite par l'axe de la tige sera un profil formé par une parabole du deuxième degré à axe vertical, ayant son sommet à la partie inférieure de la tige. Cela résulte évidemment de ce que diverses sections horizontales A, A', A'',... que nous supposons semblables, sont comme les carrés de leurs côtés homologues ; le profil est donc tel que la coordonnée verticale est proportionnelle au carré de la coordonnée horizontale. On voit facilement, sans que nous ayons à nous arrêter sur ce détail, par la forme des équations ci-dessus, que la section au gros bout croît avec la profondeur d'une manière beaucoup plus rapide pour le câble d'extraction que pour la tige de la Fahrkunst. Il doit en être évidemment ainsi, puisque cette dernière est soumise à une charge *uniformément répartie*, et l'autre à une charge *qui croît de bas en haut*. Ce résultat est exprimé sur les figures 384 A et 384 B, qui donnent, en les exagérant, la coupe longitudinale du câble et celle de la tige.

(489) Il est bon de comparer la puissance relative *de débit* d'une Fahrkunst et d'un appareil ordinaire d'extraction.

Les deux appareils fonctionnent d'une manière essentiellement différente.

L'appareil d'extraction amène des hommes au fond du puits dès son premier voyage. Ensuite les autres hommes continuent d'arriver par petits groupes à intervalles réguliers, pendant toute la durée du fonctionnement de l'appareil.

Avec la Fahrkunst au contraire, il faut un certain temps pour que le premier ouvrier arrive à la fin de son trajet; mais ensuite ils apparaissent un à un, à chaque tour de la machine, ou d'une manière en quelque sorte continue.

Reprenons les données du n° 484, pour lesquelles on a trouvé que la manœuvre totale prend 1 h. 15′ avec une machine d'extraction parfaitement installée.

Supposons, pour fixer les idées, une Fahrkunst à deux tiges mues par des manivelles de $0^m.90$ de rayon, faisant 8 tours par minute, vitesse un peu forte, mais très-admissible. Chaque tour de l'arbre correspondra à une élévation de $4 \times 0^m.90 = 5^m.60$, et la vitesse d'ascension sera de $8 \times 3.60 = 28^m.80$ par minute.

Le premier ouvrier emploiera $\dfrac{600}{28.80} = 21$ minutes à descendre, ensuite il en arrivera 8 par minute, soit pour l'arrivée de 400 hommes $\dfrac{400}{8} = 50$ minutes.

La durée totale de l'opération sera donc, en nombre rond, de 1 heure 11′, soit *presque exactement la même qu'avec la machine d'extraction*. Ainsi, *dans le cas considéré*, on peut faire descendre les hommes par la machine d'extraction, ou si le temps de celle-ci doit être réservé, établir *indifféremment* une machine spéciale du même type, ou une Fahrkunst.

Nous disons *indifféremment au point de vue du temps;* mais l'appareil d'extraction demandera un puits vertical distinct, tandis que la Fahrkunst pourra fonctionner dans un puits quelconque, et même dans un petit compartiment du puits d'extraction.

Avec d'autres données, le choix à faire entre les deux systèmes pourrait bien ne pas rester indifférent. Ainsi d'abord, en ce qui concerne les câbles, leur emploi devient très-embarrassant à de très-grandes profondeurs. Quoique l'artifice des *diminutions* (n° 451) ne rende pas cet emploi théoriquement impossible, les câbles deviennent très-lourds et surchargent beaucoup les machines.

En second lieu, la durée d'une opération ne varie pas suivant les mêmes lois pour les deux systèmes, avec la profondeur et avec le nombre des hommes.

Dans le cas de la Fahrkunst, cette durée comprend un premier terme proportionnel à la profondeur H, et ensuite un second terme proportionnel au nombre N des hommes. Elle est donc de la forme

$$T = \alpha H + \beta N,$$

et l'on aura habituellement, comme nous venons de le voir sur un exemple numérique, $\alpha H < \beta N$.

Avec la machine d'extraction, le principal terme de la formule est proportionnel à la fois à la profondeur et au nombre d'hommes. Ce terme exprime la durée totale employée aux voyages de la machine. L'autre terme, proportionnel seulement au nombre d'hommes, est la durée totale des arrêts entre deux voyages.

On a donc $T' = \alpha'HN + \beta'N = (\alpha'H + \beta')N$ avec la relation $\alpha'H > \beta'$.

On voit que si N augmente, T et T' croissent tous deux, mais T' plus rapidement que T. Il en est de même si c'est H qui augmente.

En d'autres termes, l'avantage de la Fahrkunst s'accentue, à mesure que les mines deviennent *plus peuplées* et *plus profondes*. C'est donc en définitive l'appareil qui semble, du moins quant à présent, avoir pour lui l'avenir.

En résumé, partant de la supposition que l'on est conduit à supprimer, par les motifs précédemment développés, l'emploi des échelles ordinaires à la montée et à la descente des ouvriers, on peut penser d'abord à employer la machine d'extraction de la mine ; puis, si cet emploi n'est pas compatible avec les exigences de la production, on peut établir soit une machine spéciale suivant le type des appareils d'extraction, soit une Fahrkunst, et celle-ci, nécessaire avec certains puits ou certains procédés d'extraction, est d'autant plus indiquée que la mine est plus profonde et qu'elle comporte l'emploi d'une plus nombreuse population de mineurs.

(**490**) Telle est à mon avis la conclusion qui s'applique aux Fahrkunst établies comme celles dont nous avons parlé jusqu'ici, c'est-à-dire à des appareils simples et peu encombrants, qui peuvent se loger dans un étroit compartiment, et dont chaque palier ne reçoit à la fois qu'un ouvrier.

Ces appareils sont habituellement mus par des roues hydrauliques, ou par des machines à vapeur de rotation.

On peut concevoir que l'arbre de la roue hydraulique, ou du volant de la machine à vapeur, reçoive une manivelle activant une longue bielle qui fait mouvoir sur le puits un varlet unique, dont les deux extrémités servent de points d'attache à deux longues bielles pendantes commandant les tiges.

Mais le balancier ainsi constitué est limité en longueur par les dimensions de la section du puits, et il ne permet pas de donner aux tiges une course suffisante, en même temps qu'il les écarte trop l'une de l'autre. Il est préférable d'avoir deux varlets distincts, un de chaque côté du puits, reliés par une bielle d'accouplement agissant par traction, qui permet de donner au levier conduisant chaque tige une longueur quelconque (*fig.* 585).

On peut encore, ce qui est moins simple que l'emploi de la bielle d'accouplement, mais ce qui donne toutes facilités pour régler à volonté l'amplitude de la courbe, employer le moteur à actionner un piston plein, dans un cylindre rempli d'eau communiquant librement par ses deux extrémités avec deux cylindres jumeaux établis verticalement sur le puits. Ces cylindres sont munis de pistons auxquels on attelle les tiges de la Fahrkunst, et qui fonctionnent dans les conditions de la machine à colonne d'eau décrite au n° 278 du *Cours de machines*, sauf que leur vitesse variable est réglée par un mouvement de bielle et de manivelle, au lieu de l'être par un jeu de soupapes. L'amplitude de l'excursion des tiges est à celle du piston refoulant dans le rapport inverse des sections des cylindres correspondants.

Quelle que soit, du reste, la disposition adoptée pour commander les tiges, il doit être entendu que celles-ci sont établies comme les tiges des pompes dont on parlera plus loin, quant au mode d'assemblage des pièces, aux guidages, aux supports destinés à fonctionner en cas de rupture, aux changements d'inclinaison, etc. Une tige de Fahrkunst ne diffère, en un mot, de la maîtresse tige d'une grande machine d'épuisement, que par l'importance de la pièce qui est généralement moindre.

(**491**) On a cherché à augmenter la puissance des Fahrkunste ci-dessus décrites, en les transformant de manière à augmenter notablement la longueur de la course et la vitesse moyenne, sans qu'il en résulte aucune secousse préjudiciable à la fin de la course, et à augmenter également les dimensions des paliers pour recevoir plusieurs hommes à la fois.

Ces dispositions concourent à abréger d'abord la période qui précède l'arrivée des premiers ouvriers au fond des travaux, et ensuite la période qui comprend les arrivées successives du reste du personnel.

En outre, on a espéré placer les ouvriers dans des conditions de sécurité plus grande que lorsqu'ils doivent circuler sur les plateaux étroits des Fahrkunste primitives.

Ces grands appareils sont souvent désignés, en France et en Belgique, sous le nom de warocquères, du nom de M. Warocqué, qui a installé les premières en 1845, aux grandes mines de Mariemont.

Les figures 586 représentent les dispositions adoptées par l'inventeur.

Le moteur est une machine à vapeur à double effet dont le cylindre est placé verticalement sur le puits. La course du piston est de 5 mètres, et les paliers sur les deux tiges sont distribués à 6 mètres de distance les uns des autres. Chacun d'eux sert à la fois à la montée et à la descente, et ils sont à cet effet divisés en deux compartiments ayant chacun leur destination spéciale. L'ensemble de deux paliers occupe la section entière du puits, sauf un petit espace réservé pour une échelle fixe, en cas d'arrêt accidentel de la machine.

La transmission de mouvement du cylindre aux tiges a lieu par un appareil spécial désigné sous le nom de balancier hydraulique. Il se compose de deux cylindres jumeaux communiquant par le bas et ouverts par en haut, dans lesquels jouent deux pistons pleins aussi étanches que possible. Une masse d'eau est interposée entre ces pistons, et les choses sont réglées pour que l'un des pistons étant au point le plus haut de sa course, l'autre soit en même temps au point le plus bas. Chacun d'eux est muni d'une tige qui traverse une boîte à bourrage inférieure et s'attelle à l'une des tiges de l'appareil. La machine à vapeur est placée au-dessus de l'un des cylindres jumeaux. Dans sa course ascendante, le piston à vapeur soulève directement le piston de ce premier cylindre, et l'autre redescend par son poids ; dans la course inverse, le premier piston, poussé vers le bas, agit par l'intermédiaire de l'eau pour faire monter le piston du cylindre conjugué.

La distribution du cylindre à vapeur se fait par des soupapes mues par un jeu de fers et par deux cataractes à l'aide desquelles on règle à volonté l'intervalle de repos entre deux excursions simples du piston. Cet intervalle de repos est ordinairement de deux secondes, et le nombre des ascensions simples de 12 à 14 par minute, soit 24 secondes de repos, et 36 secondes de mouvement, pour parcourir un espace d'environ 36 mètres.

Ainsi, la vitesse moyenne d'excursion est d'environ $0^m.60$.

Une petite pompe foulante, mise en jeu à volonté par un petit cheval, maintient constante la masse d'eau interposée entre les deux colonnes, afin que la course ne se réduise pas par l'effet des fuites, et que les paliers coïncident exactement à la fin de la course des tiges. Un frein très-simple peut être établi pour le cas où l'on descendrait à la fois un trop grand nombre d'hommes. Il consiste en une soupape à gorge établie dans le soubassement qui réunit par le pied les deux colonnes jumelles. Cette soupape à gorge fonctionne comme celles de la machine à colonne d'eau décrite au n° 274 du *Cours de Machines*. Elle peut, à mesure qu'elle se ferme, créer une résistance indéfiniment croissante au passage de l'eau d'une colonne à l'autre, et par suite ralentir autant qu'on le voudra le mouvement des tiges de l'appareil.

(**492**) Le système de M. Warocqué a été modifié en remplaçant le cylindre unique à vapeur à double effet par deux cylindres à simple effet, qui occupent la place des cylindres jumeaux décrits ci-dessus. Les pistons de ces deux cylindres sont équilibrés, et leurs mouvements rendus solidaires, à l'aide d'une chaîne passant sur une poulie de renvoi.

La figure 587, qui donne le simple diagramme d'une machine établie à Seraing sur ce type, montre un système de trois poulies dont l'objet est simplement de permettre de rapprocher suffisamment les tiges, sans être obligé de réduire le diamètre de la poulie de renvoi.

La figure montre aussi que la tige en bois de la warocquère de Mariemont est remplacée par plusieurs tringles en fer forgé. C'est une modification de détail favorable à la durée de la machine, mais non pas peut-être à la douceur de la marche, et qui d'ailleurs ne touche en rien au principe même de l'appareil.

Le jeu de l'appareil est modéré par un frein hydraulique qui fonctionne sur le principe de la soupape à gorge ci-dessus indiquée, et, au besoin, par un frein ordinaire serrant la poulie de renvoi. Ce frein hydraulique se compose d'un piston adapté en un point d'une des tiges, qui se meut dans un cylindre fermé plein d'eau, dont les deux bouts communiquent par un tuyau muni d'un robinet dont on gradue l'ouverture à volonté.

Une autre modification, dont il a été fait plusieurs applications par M. Hanrez, consiste, tout en conservant l'emploi des deux cylindres à vapeur à simple effet de la machine de Seraing, à établir la solidarité entre les deux tiges, en leur donnant sur une certaine hauteur la forme de crémaillères, en relation toutes deux avec un pignon dont la circonférence primitive est telle que l'engrenage des dents se fasse régulièrement. Cette disposition, représentée par un diagramme (*fig.* 588), ne semble pas présenter d'avantages particuliers. Les crémaillères et le pignon doivent s'user rapidement.

Le mouvement est toujours réglé par un frein hydraulique; mais le piston de ce frein, au lieu d'être fixé sur l'une des tiges, est ici commandé par une bielle dont la manivelle est calée sur le prolongement de l'axe du pignon.

(**493**) La warocquère proprement dite, décrite au n° 491, et les appareils qui en sont dérivés, dans lesquels le mouvement est réglé par une cataracte, sont donnés comme ayant l'avantage de pouvoir marcher avec un nombre de coups variables, en faisant varier soit l'intervalle du repos entre deux coups de piston consécutifs, soit la vitesse moyenne du piston, et en outre celui de comporter une plus grande valeur de cette *vitesse moyenne* pour une *vitesse maximum donnée*, que lorsque la commande des tiges se fait par un mouvement de manivelle. Ces deux avantages seraient plutôt, à mon avis, des inconvénients.

Un temps de repos variable peut être pour les ouvriers une cause d'accidents.

Une vitesse du piston qui varie trop rapidement à la fin d'une course ou au commencement de la course suivante, rend moins facile le passage d'un palier sur l'autre.

Je crois qu'un mouvement de bielle et de manivelle dont la vitesse varie graduellement aux points morts, suivant une loi dont les ouvriers finissent bientôt par acquérir en quelque sorte le sentiment, vaut mieux qu'un mouvement qui peut varier d'un jour à l'autre, ou même d'un instant à l'autre, soit par l'effet des charges variables, soit à la volonté du mécanicien, et qui procède, en quelque sorte, par secousses brusques dont les périodes se succèdent à des intervalles mal déterminés.

Cette opinion paraît être celle de la plupart des ingénieurs anglais et allemands, qui s'en tiennent aux Fahrkunste et n'ont établi, à ma connaissance, qu'une seule warocquère.

Je regarde, avec eux, comme très-contestable, soit à cause de l'irrégularité de la marche, soit aussi à cause de l'encombrement qu'occasionnent dans un puits ces grands appareils, que l'art des mines ait réalisé par leur emploi un progrès bien caractérisé.

J'incline, au contraire, à penser qu'une machine de rotation est par suite de la nature du mouvement qu'elle imprime aux tiges, le système cinématique le plus convenable.

En résumé, je considère qu'une Fahrkunst établie pour une grande profondeur et un nombreux personnel pourra être regardée comme convenablement installée dans les conditions suivantes :

1° Le moteur sera une machine à vapeur de rotation distincte de la machine d'extraction, mais alimentée par les mêmes chaudières ; on pourra ainsi monter ou descendre à toute heure de la journée, sans entraver en rien l'extraction.

2° On aura une seule tige à grande course (4 mètres) et à grande vitesse (8 doubles oscillations par minute), convenablement équilibrée par des contre-poids distribués de distance en distance ; ces contre-poids seront calculés de manière que chacun d'eux équilibre *d'abord d'une manière complète* le poids de la longueur de tige qui existe entre lui et le contre-poids inférieur, et *ensuite dans une certaine mesure* le poids des hommes qui pourront se trouver en-dessous de lui.

L'excès des contre-poids destinés à tenir compte de cette surcharge accidentelle devra être très-faible sur la longueur courante de la tige, et être concentré principalement sur le contre-poids supérieur, afin que lorsque la surcharge n'existe pas, la tige n'ait jamais en aucune partie à travailler par compression. La somme de tous ces excès de poids équilibrera la moitié environ de la surcharge maximum. La tige sera actionnée par l'artifice indiqué au n° 490, sauf que la pompe foulant l'eau sous le piston de la tige sera à simple effet.

3° Les paliers fixes et les paliers mobiles seront espacés de 4 mètres, les premiers s'étendant à droite et à gauche de la tige, les seconds munis de deux poignées, pour qu'*en même temps* qu'un ouvrier quitte un de ces paliers en appuyant par exemple sur sa droite, un autre homme vienne s'y placer en appuyant sur sa gauche. (C'est la seule manière d'obtenir le croisement du courant ascendant et descendant sans multiplier outre mesure les planchers, et sans rendre ou la quantité $\omega^2 R$ trop grande, ou la quantité ω trop petite.)

4° La force de la tige sera calculée, en chaque point, pour la charge la plus grande qu'elle ait à enlever, qui est le poids d'un homme multiplié par le nombre total des paliers de la tige en dessous de ce point.

5° La force de la machine sera déterminée d'après le nombre maximum d'hommes pouvant être montés à la fois, et sa marche régularisée par l'emploi d'un volant très-puissant, pour tenir compte de cette circonstance que le poids des hommes agit pendant la course ascendante comme une résistance et pendant la course descendante comme une puissance.

6° La machine à vapeur sera munie, en outre, des appareils régulateurs, détente variable, pendule conique, etc., qui conviennent dans les cas de résistances très-variables, parfois nulles, ou même changées en *puissances* lorsque le courant descendant est unique ou du moins très-prédominant.

Il pourra être bon, en vue de cette dernière circonstance de lui adapter un appareil à contre-vapeur.

7° Enfin la Fahrkunst elle-même sera munie de toutes les dispositions accessoires ayant pour objet de bien guider la tige, de l'empêcher de prendre aucun fouettement appréciable, de prévenir les accidents en cas de rupture, de garantir les ouvriers contre les chocs en cas d'inattention, etc.

Nous nous bornons à cette simple énumération des conditions multiples auxquelles un appareil de ce genre doit satisfaire.

Il s'agit de la vie des hommes, et en pareil cas le programme auquel doit s'attacher un ingénieur chargé d'étudier l'établissement d'une machine de ce genre, ne saurait être trop complet, en ce qui concerne les dispositions à prendre pour leur sûreté. Ces dispositions n'ont d'ailleurs rien d'absolument obligatoire, et elles laissent, dans leur énoncé général, le champ ouvert à l'initiative des ingénieurs pour les diverses variantes qui pourraient être jugées avantageuses.

Nous terminerons en remarquant que ces appareils, *pour des mines très-peuplées et très-profondes*, prennent une grande importance, et que leur établissement ne saurait être traité avec trop de soin.

Supposons, par exemple, une profondeur exceptionnelle de 1,000 mètres, les paliers espacés de 4 mètres et le cas *extrême où tous les paliers* seraient chargés à la fois d'hommes effectuant leur montée. La charge à élever serait de $250 \times 65 = 16,250$ kilog., l'espace parcouru par minute $8 \times 4 = 32$ mètres, soit un travail par seconde de $\dfrac{16250 \times 32}{60} = 8660$ kilogrammètres, ou une force théorique de $\dfrac{8660}{75} = 115$ chevaux.

Il y aurait donc, à la fois, et un très-grand travail, et de très-grandes fatigues dues aux phénomènes de *mise en charge* qui se produiraient à l'instant où tous les hommes passeraient à la fois des paliers fixes sur la tige.

Il faudrait évidemment, pour ces profondeurs exceptionnelles, faire sortir les ouvriers en plusieurs équipes distinctes, qui se succéderaient à des intervalles réglés.

(494) On voit par cette dernière remarque, et l'on a vu également quand nous nous sommes occupé de l'extraction, au chapitre précédent, combien, dans des opérations qui demeurent simples et faciles tant qu'il s'agit de profondeurs faibles ou médiocres, les difficultés et les sujétions s'accroissent avec la profondeur.

Elles croissent beaucoup plus rapidement que cette profondeur même : *dans les machines d'extraction,* parce qu'à la charge utile à manœuvrer s'ajoutent *des poids morts rapidement croissants,* du fait de l'accroissement très-rapide de la section des câbles ; *dans les Fahrkunste,* parce que *cette charge utile* elle-même va en croissant ; enfin *dans les unes et les autres,* parce que l'on ne peut songer, à mesure que les charges augmentent, à diminuer les vitesses, et qu'on aurait bien plutôt au contraire à les augmenter, pour maintenir simplement l'efficacité des appareils.

La question est donc posée depuis longtemps de savoir si les moyens actuellement connus et pratiqués dans l'art des mines, pour l'extraction des matières et pour la descente des hommes, peuvent satisfaire à toutes les conditions de l'avenir, c'est-à-dire permettre de pousser les travaux à une profondeur beaucoup plus grande qu'aujourd'hui.

La question est importante à un point de vue général ; elle est même presque *actuelle* dans quelques districts houillers comme celui de Charleroi, et dans un certain nombre de districts métallifères comme le Hartz et la Bohême, où les profondeurs atteignent déjà 800 à 900 mètres, et même un millier de mètres. Elle ne tardera pas à prendre le même caractère d'actualité et d'urgence sur d'autres points ; car avec les développements que prend partout l'activité humaine, on peut penser que la profondeur des mines ira en s'accroissant *avec une vitesse accélérée.*

S'il s'agit des Fahrkunste, ma réponse à la question est affirmative ; mon avis est que ces appareils suffiront pour mener les ouvriers à toute profondeur.

Je me fonde sur cette remarque qu'une tige verticale quelconque, qui est fixe ou qui ne prend qu'un mouvement de va-et-vient, peut être *indéfiniment prolongée,* sans qu'on risque de la voir se rompre à la partie supérieure sous son propre poids, à la condition de l'avoir équilibrée par parties, au moyen de contre-poids convenablement distribués sur sa longueur. Une telle tige pourrait avoir une section uniforme, aussi bien que si elle était disposée horizontalement.

En particulier, une tige de Fahrkunst convenablement équilibrée n'a pas de fatigue résultant de son propre poids ; elle n'en a que du fait des hommes placés sur ses paliers. C'est ce nombre d'hommes seul qui fait la fatigue des tiges, et qui, en ayant égard à leur vitesse moyenne d'ascension, définit la force à donner à la machine. C'est ce nombre qu'il sera nécessaire et suffisant de régler, pour pouvoir *théoriquement* s'enfoncer à toute profondeur avec un appareil d'une puissance donnée. On se bornera, si la profondeur augmente, à *allonger* les tiges et à *maintenir* le nombre maximum des hommes à remonter ou à descendre en même temps.

(**495**) Les circonstances ne sont pas les mêmes avec un appareil d'extraction, dans lequel le câble qui s'enroule et se déroule entièrement sur une bobine, ne saurait être équilibré au moyen de contre-poids qui lui seraient directement appliqués. On peut bien, comme nous l'avons vu, l'équilibrer quant à l'effet de son poids sur la machine d'extraction ; mais on ne peut empêcher que le câble déroulé dans le puits ne supporte, en une section quelconque, outre la charge à son extrémité, le poids même de la partie du câble inférieure à cette section.

Nous avons vu (n° 450) comment cette considération limite absolument la profondeur, lorsque l'on emploie des câbles à section constante.

On reconnaît évidemment que si un câble a un poids P par mètre courant, et si la limite de la charge qu'on peut lui faire pratiquement porter est Q', il sera *suffisamment chargé par son propre poids* et ne pourra plus rien porter à son extrémité, lorsqu'il sera placé verticalement, et qu'il aura une longueur H donnée par la relation $Q' = PH$.

D'après les nombres du n° 448, on trouverait ainsi, comme on l'a déjà dit, pour un câble en chanvre, une hauteur limite de 750 mètres ; elle serait de 800 mètres pour l'aloès, de 1,000 mètres pour les câbles en fil de fer, de 400 mètres pour les chaines, enfin de 1,500 pour les câbles en fil d'acier.

Avec l'artifice des câbles diminués, la hauteur n'est plus théoriquement limitée, et l'on peut calculer le poids total d'un tel câble pour une charge R à l'extrémité et une hauteur H données, au moyen de la formule $Q = R\left(e^{\frac{H}{\mu}} - 1\right)$, dans laquelle μ est une constante caractérisant la nature du câble employé, et égale à $\dfrac{1}{1,000}$ par exemple, s'il s'agit d'un câble en fil de fer (voir n° 451).

Supposant $H = 1,000$ et $R = 3,600^k$, comme au n° 450, on en déduira $Q = R(e - 1) = 6,186^k$, soit un poids moyen de plus de 6^k par mètre, avec un poids, au petit bout, de $3^k.60$, et, au gros bout, d'environ $9^k.80$.

Ces chiffres n'ont rien d'excessif, en ce qui concerne le câble en lui-même; mais ils causent déjà sur la machine une charge bien forte.

Supposant $H = 1,500$ mètres, on trouverait de même, les autres données restant les mêmes, pour le poids total :

$$Q = R\left(e^{\frac{3}{2}} - 1\right) = 3600\,(4.477 - 1) = 12500 \text{ kilog.}$$

Le poids au petit bout étant toujours de $3^k.600$, le poids moyen serait $\dfrac{12,500}{1,500} = 8^k.33$, et le poids au gros bout $\dfrac{1}{1,000}(3,600 + 12,500) = 16$ kilogrammes.

Si au lieu de monter de 1,000 à 1,500 mètres, on descendait au contraire à 500, on aurait :

Pour le poids total du câble, $Q = 2,300^k$;

Pour le poids par mètre au petit bout, comme dans les autres cas, $3^k.600$;

Pour le poids moyen $\dfrac{2,300}{500} = 4^k.6$;

Et pour le poids au gros bout, $\dfrac{1}{1,000}(3,600 + 2,300) = 5^k.900$.

Ces trois exemples numériques se résument dans le petit tableau ci-dessous.

	$H = 500^m$.	$H = 1000^m$.	$H = 2500^m$.
Charge totale au petit bout	3600^k	3600^k	3600^k
Poids par mètre au petit bout	$3^k.6$	$3^k.6$	$3^k.6$
Poids par mètre au gros bout	5.900	9.80	16.1
Poids total du câble	2300^k	6181^k	12500^k
Poids moyen par mètre	$4^k.6$	$6^k.2$	$8^k.3$
Tension du câble à la molette au moment de l'enlevage.	5900^k	9786^k	16100^k

L'inspection de ce tableau montre combien, avec la profondeur, croissent les masses en mouvement, les grosseurs et par conséquent les difficultés d'enroulement des câbles, les conditions de solidité à demander à la charpente des molettes, à ces molettes ellesmêmes et aux divers organes de la machine motrice, etc., etc.

Il faut donc concevoir qu'il n'y a pas *impossibilité théorique* à atteindre les profondeurs quelconques avec une machine d'extraction employant des câbles diminués ; mais que tous les appareils, à mesure que la profondeur augmente, demandent à être établis dans des conditions spéciales d'importance et de solidité, et que pour élever une charge utile d'une importance donnée, les masses à mettre en mouvement croissent avec une grande rapidité.

Si l'on veut accepter cette sujétion, on devra considérer la question posée comme résolue affirmativement, et dire qu'il *n'y a pas d'impossibilité* à continuer encore l'emploi des méthodes d'extraction actuelles à des profondeurs beaucoup plus grandes, comme on l'a déjà dit pour les Fahrkunste ; seulement les difficultés et les sujétions croissent avec la profondeur *beaucoup plus rapidement* pour les appareils d'extraction que pour les Fahrkunste.

Telle est, à mon avis, la réponse que comporte la question posée au n° précédent ; cette réponse dispense de chercher, *quant à présent* et pour assez longtemps encore, autre chose qu'à perfectionner dans leurs détails les systèmes actuels, sans qu'il y ait nécessité d'en imaginer de nouveaux qui soient établis sur des bases radicalement différentes.

(**496**). Nous devons cependant dire un mot de divers essais qui ont été déjà ou tentés ou proposés à cet effet.

Le système le plus connu, le seul qui jusqu'ici ait été mis en pratique et ait fonctionné pendant un certain temps, est celui de M. Méhu.

L'appareil Méhu, très-bien étudié dans tous ses détails par son auteur, qui était un mécanicien habile et très-expérimenté en fait de matériel de mines, a été établi d'abord sur un puits vertical de la compagnie d'Anzin; un peu plus tard on en a établi deux dans les mines de Ronchamp, l'un dans un puits vertical, l'autre, après y avoir fait les modifications convenables, dans une galerie descendante, partant du bas du puits suivant la ligne de plus grande pente de la couche ; ce dernier était actionné par une machine intérieure spéciale placée au bas du puits.

L'appareil Méhu représenté dans l'atlas de l'ouvrage de M. Ponson, auquel nous renvoyons, consiste en une sorte de fahrkunst, ou mieux de Warocquère à deux tiges oscillantes, servant l'une à descendre les wagons vides, l'autre à monter les wagons pleins. Seulement les wagons, après avoir monté ou descendu de la quantité voulue, restent en place, arrêtés par une sorte de clichage, pendant toute la durée de l'excursion de la tige en sens inverse, pour reprendre leur mouvement dans le sens voulu à l'oscillation suivante.

L'appareil d'Anzin, quoique fonctionnant sous les yeux de son inventeur, et les deux appareils de Ronchamp, n'ont pas donné satisfaction, et après quelques années d'essais on y a renoncé.

Ils donnaient lieu à des arrêts fréquents; à Ronchamp surtout, où les wagons, pour arriver au jour, devaient passer successivement par deux appareils, l'extraction éprouvait les plus sérieuses entraves. Après mure réflexion, la compagnie de Ronchamp s'est décidée à accepter les inconvénients d'un chômage prolongé, pour démonter les deux appareils, remplacer l'appareil vertical par une machine ordinaire d'extraction avec câbles, et substituer au transport en vallée fait par l'appareil incliné, un transport horizontal ordinaire, en approfondissant le puits et allant rejoindre par une galerie à travers bancs le fond de la vallée.

On peut regarder les expériences d'Anzin et de Ronchamp comme décisives, et condamner définitivement l'appareil Méhu. La condamnation doit envelopper, à mon avis, les appareils à tiges oscillantes, dans lesquels le matériel roulant devant s'élever ou descendre par une suite de reprises de peu de hauteur, demande nécessairement une série nombreuse d'encliquetages plus ou moins complexes, dont chaque pièce doit avoir un jeu parfaitement assuré, sous peine de voir un wagon arrêté faire obstacle aux passages de tous les autres, suspendre l'extraction et donner lieu à des manœuvres longues et pénibles pour remettre les choses en état.

Placés dans un puits où ils sont également difficiles à visiter et à réparer, exposés à l'action de l'eau qui dégoutte dans le puits et à la chute accidentelle d'une pierre, salis par la poussière, dérangés de leur aplomb par les mouvements que les travaux communiquent souvent à la colonne du puits, ces nombreux organes demanderaient l'entretien le plus minutieux, et l'on est forcément exposé avec eux à des interruptions de service inadmissibles pour une grande mine en exploitation.

En un mot, à supposer que ces appareils fussent en usage, celui qui viendrait aujourd'hui proposer de remplacer un système aussi complexe par un simple câble reliant directement la machine à la charge à extraire, celui-là serait assurément considéré comme rendant à l'art des mines un service des plus signalés.

Cette observation me dispense de décrire les modifications proposées par M. Guibal, qui rapprochaient l'appareil d'une warocquère ordinaire à deux tiges oscillantes, par cette circonstance que les wagons, à chaque oscillation, passaient d'un palier sur l'autre, par l'effet d'une inclinaison que recevaient à la fin de la course les rails sur lesquels les wagons étaient posés. Les mouvements de l'homme qui passe alternativement d'un palier sur l'autre, au point mort, étaient ainsi imités, et chacune des deux tiges servait aussi bien à la descente qu'à la montée des wagons.

Une disposition spéciale avait pour objet de déterminer à chaque point mort un temps d'arrêt d'une durée suffisante pour permettre le déplacement des wagons.

L'appareil Guibal présente sur l'appareil Méhu certains avantages, notamment celui d'avoir des articulations moins complexes, et e outre ceux de ne pas donner lieu, en cas de dérangement, à des accumulations anormales de wagons, et d'être indépendant des petits mouvements que peut prendre la colonne du puits, par suite de cette circonstance qu'il n'y a pas de coïncidence à maintenir entre le jeu des parties oscillantes et le jeu de pièces fixées aux parois.

L'appareil est d'ailleurs très-ingénieusement disposé au point de vue cinématique.

Malgré cela, on ne l'a pas essayé, et quoiqu'on puisse penser que dans certains cas on obtiendrait, à raison de la continuité du courant, une production égale ou même supérieure à celle de bonnes machines d'extraction, je pense que ces appareils ne sont pas appelés à se répandre, et que l'on continuera longtemps encore, comme aujourd'hui, à leur préférer généralement les machines d'extraction installées suivant les errements rappelés au n° 467.

(**497**) Lorsque la profondeur deviendra telle que les difficultés pratiques indiquées au n° 495 pourraient conduire, *à défaut d'impossibilités théoriques*, à renoncer à l'emploi des câbles, je pense que ce n'est point à des appareils dérivant des fahrkunste que les ingénieurs devront demander la solution de ces difficultés.

On la trouvera beaucoup mieux, à mon avis, dans un système qu'un constructeur distingué, M. Cavé, avait produit dès la première exposition universelle de Paris, sous forme d'un modèle en petit, qui est passé presque inaperçu, quoiqu'il répondit à une idée qui me parait appelée avec le temps à se répandre.

Ce système, dérivant des anciens chemins de fer atmosphériques, et qu'on peut désigner sous le nom de système atmosphérique ou pneumatique, consiste à élever la charge, soit au moyen de l'air comprimé, soit au moyen d'une aspiration. On peut concevoir le puits entier, ou un de ses compartiments, muraillé suivant un gabarit bien constant, recevant une sorte de piston qui remplirait exactement la section, et sur lequel on place, ou bien au-dessous duquel on suspend la charge à élever. Ce piston sera rendu étanche sans emploi de garnitures, en lui donnant une certaine hauteur et en traçant sur sa surface cylindrique, suivant un procédé connu, un certain nombre de petites gorges annulaires qui brisent à plusieurs reprises la vitesse de la lame d'air tendant à s'échapper autour du piston.

Une machine de ventilation appropriée établit au-dessus de ce piston un certain degré de vide, ou au-dessous un certain excès de pression, qui, tandis que la face opposée du piston communique librement avec l'atmosphère, fait équilibre au poids propre du piston et à celui de sa charge, tant en poids mort qu'en poids utile, si le piston doit monter, et en poids mort seulement, si le piston doit redescendre.

Si d est le diamètre du puits en mètres, P la charge utile en kilogrammes, P′ le poids mort correspondant, P″ celui du piston, H et H′ les hauteurs d'eau en millimètres, mesurant les différences de pression entre les deux faces du piston pendant la montée et pendant la descente, ρ le poids du mètre cube d'eau, on a les deux égalités :

$$\pi \frac{d^2}{4} \cdot \frac{H}{1000} \cdot \rho = P + P' + P''$$

$$\pi \frac{d^2}{4} \cdot \frac{1000}{H'} \cdot \rho = P' + P''$$

ou, à cause de la relation, $\rho = 1{,}000$ kilogrammes ;

$$H = \frac{4}{\pi d^2} (P + P' + P'')$$

$$H' = \frac{4}{\pi d^2} (P' + P'')$$

d'où l'on tire

$$H - H' = \frac{4}{\pi d^2} \cdot P.$$

Ainsi, par exemple, dans le cas de l'aspiration, le système devrait être disposé pour faire passer successivement de la pression 10330 H à la pression 10330 H′, et réciproquement, la masse d'air qui se trouve à l'intérieur du puits au-dessus du piston, celle du dessous étant supposée en libre communication avec l'atmosphère.

Si, pour fixer les idées, on suppose $d = 2$ mètres, et que l'on prenne, en adoptant les données du n° 450, P $= 1600$ et P′ + P″ $= 2000$ kilogrammes, on aura :

$$H = \frac{1}{\pi} (1600 + 2000) = \frac{3600}{\pi} = 1145 \text{ millimètres}$$

$$H' = \frac{1}{\pi} 2000 = 636 \text{ millimètres.}$$

$$H - H' = \frac{1}{\pi} 1600 = 509 \text{ millimètres.}$$

Ces données permettraient, en appliquant les formules approchées du n° 357 du *Cours de machines*, de calculer le travail théoriquement dépensé dans un puits d'une profondeur donnée, pour produire la double oscillation du piston comprenant son élévation avec la charge et son retour à vide, et ensuite, admettant que cette double oscillation se fasse en un temps donné, d'en déduire la force en chevaux correspondante.

Si l'on suppose un puits de 1,000 mètres, et une vitesse de piston de 10 mètres par seconde, le volume engendré par le piston sera de $51^{m}.416$, et le travail théoriquement dépensé pour une double ascension

$$\frac{\pi d^{2}}{4} \times 1000 \, (\text{H} - \text{H}') = 1000 \, \text{P} = 1600000.$$

le travail ayant lieu en 200 secondes (abstraction faite de la durée des arrêts), on en conclut une force théorique de $\dfrac{1600000}{200 \times 75} = 107$ chevaux.

Telle serait la force théorique qu'aurait à dépenser *d'une manière continue* une machine qui fonctionnerait entre deux réservoirs indéfinis, l'un à la pression 10330 — H', qui fournirait l'air pendant la descente, l'autre à la pression moindre 10330 — H, qui aspirerait l'air pendant la montée. La machine devrait être employée à prendre l'air dilaté de ce second réservoir et à le refouler dans le premier, afin de compenser la dépense de l'un et le gain de l'autre.

Mais le calcul ci-dessus repose sur une conception purement théorique et qui ne semble pas réalisable en pratique; car on ne voit pas comment ces grands réservoirs étanches seraient établis. En réalité, l'air aspiré sera évacué dans l'atmosphère, et la force à dépenser pendant l'ascension sera en rapport non pas avec la quantité H — H', mais avec la quantité H, et au lieu d'une force de 107 chevaux agissant *avec continuité*, il en faudra une plus grande dans le rapport de 1145 à 509, ou de P + P' + P'' à P, et produisant son travail en moitié moins de temps ; soit en définitive une machine dont la force sera égale à $\dfrac{3600 \times 10}{75} = 480$ chevaux.

Il s'agit là du travail théorique de la machine aspirante, tel qu'on le trouverait en relevant un diagramme sur les pistons soufflants. Il faudrait pour la mouvoir une machine à vapeur d'une force théorique beaucoup plus grande.

Ainsi le système demande des machines très-considérables, par cette double raison qu'elles ne sont en travail que pendant la moitié du temps, et que les poids morts n'y sont nullement équilibrés. On arriverait sans doute à les réduire avec le système de deux compartiments conjugués fonctionnant à tour de rôle pour la descente et pour la montée. Mais ce système serait bien complexe, et la question de l'avantage qui en résulterait est encore à étudier.

Nous nous bornons ici à ces indications générales, en ajoutant seulement qu'une étude dans cette voie se poursuit en ce moment même aux mines d'Épinac, par les soins de M. l'ingénieur Blanchet ; on peut donc penser que dans un assez court délai on aura sur le système dont il s'agit les résultats d'une application sur une grande échelle.

On a adopté à Épinac un plus petit diamètre de puits ($1^m.60$ au lieu de 2 mètres), une beaucoup plus grande charge totale (12,000 kilogrammes au lieu de 5,600), et une moindre vitesse (6 mètres au lieu de 10). Il en résulte que la machine d'Épinac devra avoir une force exactement double de celle que nous avons indiquée ci-dessous

$$\left(\frac{12000 \times 6}{75} = 960 \text{ chevaux} \right).$$

Il est certain qu'on aurait avantage à réduire la charge et surtout les poids morts.

Quoi qu'il en soit, le système atmosphérique doit être regardé comme présentant une question d'un grand intérêt, ouverte encore aux conceptions théoriques des ingénieurs, et entièrement neuve au point de vue de l'expérience.

(**498**) On doit remarquer que le volume de $51^m,416$ engendré par le piston, dans les données que nous avons prises pour point de départ, ou même celui de 12 mètres, qui résulte des données adoptées par M. Blanchet, exprime le volume de l'air qu'on peut prendre par seconde *dans la mine*, pour alimenter le dessous du piston pendant l'ascension, et que ce même volume, moyennant des dispositions convenables, pourra généralement être évacué *au dehors de la mine* pendant la descente. Il y a là un moyen de ventilation qui peut suffire pour des mines qui ne sont ni très-vastes, ni très-activement exploitées, ni trop infestées de grisou.

Ainsi le système de l'extraction atmosphérique est en même temps, et en quelque sorte *par-dessus le marché*, un système de ventilation, qui peut souvent être d'un grand intérêt pour compléter le moyen direct de ventilation dont la mine devra toujours être munie, afin que l'aérage se fasse toujours, même pendant un chômage accidentel de l'extraction. Il sera d'ailleurs d'autant plus puissant, qu'on se résoudra à agir davantage dans le triple sens de *l'augmentation* du diamètre du puits, de *l'augmentation* de la vitesse et de la *réduction* de la charge à élever.

(**499**) Sans insister plus longtemps sur un procédé qui, nous le répétons, nous semble appelé à se répandre et dont nous avons seulement cherché à montrer par quelques chiffres la possibilité pratique, notre conclusion définitive, en ce qui concerne les prévisions d'avenir qu'il semble permis de former en ce moment, serait la suivante :

1° Les *fahrkunste* ordinaires, qui peuvent s'étendre à toutes profondeurs, qui n'ont besoin que d'un compartiment étroit, qui peuvent s'installer dans un puits à inclinaison variable aussi bien que dans un puits vertical, dont la force est en quelque sorte *indépendante de la profondeur* et ne dépend que du nombre d'hommes dont on tolérera la présence simultanée sur les tiges, sont l'appareil destiné à l'introduction et à la sortie des hommes, dans toutes les mines qui arriveront à de très-grandes profondeurs ;

2° Les machines d'extraction, installées avec tous les perfectionnements connus, semblent devoir suffire encore pendant longtemps aux besoins ; *théoriquement* leur champ d'action n'a pas de limites en profondeur, et *pratiquement*, avec des câbles en fil d'acier, ces limites me semblent encore assez éloignées ; on reconnaît cependant qu'au fur et à mesure que la profondeur et la production augmentent, ces machines doivent, par cette double raison, augmenter de puissance ; que leurs organes deviennent très-massifs, et sont exposés à des fatigues rapidement croissantes, et qu'ainsi les conditions de leur établissement et de leur fonctionnement deviennent plus difficiles et plus onéreuses. On pourra donc trouver assez généralement, lorsqu'on sera à des profondeurs notablement plus grandes qu'aujourd'hui, à 1,000 ou 1,200 mètres et plus par exemple, que ces inconvénients se manifestent d'une manière assez sérieuse, et que le besoin se fait sentir de recourir à d'autres appareils ;

3° Enfin, ce moment arrivé, on peut penser que les appareils à tiges oscillantes, dérivés des fahrkunste, présenteront toujours, et de plus en plus, les difficultés que la pratique y a déjà trouvées, et que la vraie solution, utile peut-être à appliquer dès à présent dans quelques cas, et dont on va faire à Épinac un premier essai, se trouvera dans l'établissement d'appareils pneumatiques, fonctionnant d'après le principe des anciens chemins de fer atmosphériques, ou, plus exactement, d'après le principe des appareils tubulaires qui servent aujourd'hui au transport des dépêches.

CHAPITRE XIX

DE L'ASSÈCHEMENT DES MINES

(**500**) Nous avons décrit dans les chapitres précédents les divers travaux que comportent l'aménagement et l'exploitation d'une mine, depuis leur origine jusqu'à l'instant où le minerai est rendu au jour ; nous avons ensuite indiqué les procédés au moyen desquels l'ouvrier peut être descendu à son chantier et ramené à la surface. Ce qui concerne l'*exploitation proprement dite* se trouve ainsi terminé. Mais il nous reste à examiner quelques autres services qui, sans concourir *directement et par eux-mêmes* à la production, n'en sont pas moins des services annexes indispensables, sans lesquels l'exploitation ne subsisterait pas.

Parmi eux se trouve le *service de l'épuisement ou de l'exhaure*, dans lequel nous comprendrons tout ce qui a trait aux dispositions à prendre, soit pour combattre l'accès des eaux dans les travaux souterrains, soit pour se débarrasser de celles qu'on y rencontre toujours en quantité plus ou moins importante. Cette présence des eaux dans toutes les excavations souterraines, tient tantôt à la porosité propre de la roche, lorsqu'on est, par exemple, dans des terrains formés d'éléments distincts mélangés et juxtaposés mécaniquement, comme seront certaines alluvions, les roches sableuses ou les grès plus ou moins agglutinés, et en général les roches dues à l'action de la sédimentation *pure et simple*, sans l'intervention de phénomènes chimiques ou métamorphiques contemporains ou postérieurs ; tantôt à ce que la roche présente des fissures distinctes, qui peuvent être dues soit à un phénomène de retrait qui a suivi immédiatement le dépôt, soit à des phénomènes de soulèvement postérieurs qui ont eu un retentissement plus ou moins marqué dans la localité que l'on considère, soit enfin aux affaissements ou dislocations produits par l'exploitation elle-même.

Nous diviserons ce chapitre en quatre paragraphes. Dans le premier, nous décrirons les circonstances qui concourent à produire l'introduction de l'eau dans les mines. Dans le second, nous parlerons des divers procédés auxquels on a recours pour combattre plus ou moins efficacement cette introduction. Nous parlerons ensuite des dispositions à prendre pour l'*asséchement naturel* des mines à l'aide de galeries d'écoulement. Enfin, dans le 4ᵉ paragraphe, nous nous occuperons de l'*épuisement*, c'est-à-dire des moyens mécaniques dont le mineur dispose, pour se débarrasser de celles de ces eaux qui, n'ayant pu être retenues, affluent plus ou moins abondamment dans les travaux, d'où elles ne trouvent pas à s'écouler naturellement.

§ 1. — Conditions dans lesquelles se produisent les venues d'eau dans les mines.

(**501**) La quantité d'eau qui *tend à affluer* dans les travaux souterrains d'une mine donnée, est, aussi bien que celle qui *y afflue réellement*, variable entre les plus larges limites. Ainsi, pour ne parler que des fonçages des puits, on a des exemples de *niveaux* qui n'ont pas pu être franchis, parce que la quantité d'eau était telle que son épuisement aurait exigé plus de pompes que l'emplacement qu'on pouvait leur réserver dans la colonne de l'avaleresse ne permettait d'en placer. (Voir n° 225.) A l'autre extrémité de l'échelle, on peut citer des puits qui pendant leur fonçage donnent si peu d'eau qu'il faut en descendre pour l'exécution des coups de mine.

En général, l'examen des terrains, quant à leur nature et à leur relief, et l'étude hydrologique de la contrée peuvent faire préjuger, jusqu'à un certain point, la question de l'affluence plus ou moins grande des eaux que l'on rencontrera dans une mine donnée. Cependant il faut reconnaître que les conséquences à tirer de l'examen auquel on se livre à ce sujet, sont d'un caractère *positif* plutôt que *négatif*; je veux dire qu'on rencontrera habituellement les eaux abondantes qu'*on aura prévues*, mais qu'il arrivera bien aussi qu'on en rencontre, *contrairement aux prévisions qu'on aura cru pouvoir former*. Il suffit pour cela que l'on tombe en profondeur soit sur une couche perméable affleurant en des points favorablement placés pour l'infiltration des eaux de la surface, soit sur quelque grande faille plus ou moins largement ouverte; l'une ou l'autre de ces circonstances amène parfois des eaux venant de grandes distances, dont un examen purement local, quelque attentif qu'il soit, ne peut pas toujours faire prévenir l'affluence.

Au sujet des nappes aquifères ou niveaux, on peut se référer à ce qui a été dit (n°⁵ 78 et 79) en parlant des puits artésiens. Toute circonstance de nature à faire admettre la probabilité de rencontrer dans un terrain des eaux jaillissantes, ou même simplement des nappes aquifères, jaillissantes ou non, doit, par cela même, faire prévoir qu'un puits qu'on y foncera rencontrera des difficultés d'épuisement.

C'est ainsi, par exemple, qu'à supposer (contre une probabilité très-grande, presque équivalente à la certitude), que le terrain houiller existât sous Paris, il faudrait pour aller l'atteindre des puits extrêmement profonds (de plusieurs milliers de mètres); et cette profondeur, qui, en elle-même, se réduirait à une question de temps et d'argent, ne serait sans doute pas la principale difficulté; on aurait en outre à lutter contre l'inconsistance des terrains et surtout contre les eaux, qu'on serait assuré de rencontrer à diverses hauteurs en grande abondance, ainsi que le montrent et l'étude géologique du bassin et le fait des divers puits artésiens qui existent à Paris même ou dans les environs.

(**502**) De semblables terrains doivent être évités autant que possible; mais on n'est pas toujours maître de le faire, et il faut bien se résoudre à les traverser, lorsqu'ils s'étendent sur de grands espaces, par exemple jusqu'au delà des limites de la concession que l'on se propose d'exploiter. Nous en avons cité des exemples au n° 224, et nous avons décrit dans le chapitre IX les divers procédés à l'aide desquels ces traversées peuvent s'exécuter, et dont l'application constitue une des opérations les plus dispendieuses et les plus difficiles que le mineur ait à aborder.

Il doit être compris que les mines placées au-dessous de ces terrains aquifères ne peuvent subsister qu'à la triple condition :

1° Que les revêtements, quels qu'ils soient, dont les colonnes des puits sont garnis, soient suffisamment étanches sur leur longueur et à leur base;

2° Que les parties exploitées soient situées, par rapport aux nappes aquifères, dans des conditions convenables d'isolement ;

3° Enfin que cet isolement subsiste encore, même après les petits mouvements de terrain qui ne peuvent manquer d'être la conséquence de l'exploitation.

Ces conditions demandent à la fois que les terrains aquifères présentent à leur base des assises relativement imperméables, et que ces assises soient de nature à ne pas donner lieu, par suite des affaissements, à des cassures nettes et franches qui restent ouvertes.

Des couches d'argile proprement dites s'affaisseront en s'étirant sans se rompre ; des couches marneuses ou schisteuses pourront encore avoir la même propriété, ou du moins, s'il se fait au premier moment quelque cassure, elle se refermera par suite de l'affaissement progressif de son toit sur son mur, ou par suite de la plasticité de ces couches cédant à la pression des assises supérieures. Au contraire, des couches de grès résistant à gros grain ou des poudingues quartzeux n'auraient pas le même caractère. Les cassures qui s'y produiraient resteraient béantes, par l'effet de la même cause qui a maintenu l'ouverture et produit les variations de puissance des filons (v. n° 21), et les eaux des niveaux supérieurs s'y introduiraient librement. S'il n'est pas impossible qu'avec le temps une fente ainsi produite finisse par se remblayer, ou bien par se refermer plus ou moins complétement par l'effet d'un autre affaissement, il l'est encore moins qu'elle aille, au contraire, en s'élargissant par l'effet de la corrosion des eaux qui y circulent.

On peut dire qu'une partie des exploitations houillères de Mons, et toutes celles du Nord et du Pas-de-Calais ne subsistent que parce que les morts-terrains présentent à leur base, en dessous des couches crétacées très-fissurées qui constituent les *niveaux*, une épaisseur convenable de couches marneuses et argilo-marneuses suffisamment imperméables et suffisamment plastiques.

De même si, comme il est à croire, les nouvelles houillères de la partie de l'Alsace-Lorraine enlevée à l'ancien département de la Moselle, continuent d'être exploitées, on le devra exclusivement à ce que le grès quartzeux et aquifère et à grains discernables, rencontré jusqu'à 150 mètres et plus au-dessous du jour, qui appartient au grès des Vosges ou au grès bigarré, est remplacé en profondeur par des grès de plus en plus fins appartenant à la base de ce terrain, ou même à celui du grès rouge, et que ces assises finissent par prendre un grain extrêmement serré, et même une sorte de consistance argileuse assez fréquente dans ce dernier terrain.

Elles prennent en même temps, quoique peut-être à un moindre degré, l'imperméabilité et la plasticité que présente la base des morts-terrains de la Belgique et du nord de la France.

(**503**) Lorsque la présence de l'eau dans le terrain est due, non à des niveaux dont il faut s'isoler, d'abord en les traversant, puis, autant que possible, pendant qu'on exploite au-dessous d'eux, mais bien à quelque faille plus ou moins aquifère, sur laquelle viennent butter les travaux d'exploitation, les circonstances sont essentiellement différentes.

Au lieu d'avoir partout au-dessus de la tête une sorte de réservoir horizontal prêt à s'épancher dans les travaux, si l'on ne se met pas en garde contre l'effet des dislocations que l'exploitation pourra déterminer, on a une sorte de tranche plus ou moins rapprochée de la verticale, qui ne donnera d'eau que si les travaux viennent à la rencontrer ou à la longer de trop près, mais qui en donnera à quelque profondeur que la rencontre se fasse.

La quantité d'eau que peut fournir une telle rencontre est variable entre les plus larges limites.

Si la faille est très-étendue en direction ; si elle est restée assez largement béante, ou si elle n'est remblayée que d'une manière imparfaite ; si son affleurement passe sous le lit d'un ruisseau, ou sous quelque autre point où les infiltrations peuvent être faciles et abondantes ; si, comme il arrive souvent, son rejet est apparent à la surface, de sorte que son affleurement occupe le thalweg même de la vallée dessinée par ce rejet, dans tous ces cas, les eaux peuvent être en abondance telle qu'on doive renoncer à les épuiser, et qu'on soit obligé par conséquent d'abandonner l'exploitation, si l'on ne parvient pas à s'isoler de ces eaux par les moyens qui seront indiqués plus loin.

Quelquefois, au contraire, les eaux rencontrées seront peu abondantes et n'augmenteront pas d'une manière appréciable l'entretien d'eau de la mine ; mais il est rare que leur affluence soit tout à fait nulle. Presque toujours, au contraire, l'approche de la faille se reconnaît à une plus grande humidité de la roche, même quand cette faille ne reçoit pas directement d'infiltrations sensibles venant de la surface. Cela tient à ce que la grande cassure produite dans le terrain forme, pour les fissures de ce terrain qui viennent y aboutir, soit au toit, soit au mur, une sorte de *drain* ayant une surface d'action considérable, qui recueille les eaux, qui les emmagasine tant qu'il reste fermé, et d'où elles s'écoulent dès qu'on leur ouvre une issue plus ou moins facile.

Cette faille produit ainsi, en une fois et sur un seul point, l'équivalent de l'effet qui serait obtenu par une grande extension donnée subitement aux travaux de la mine.

Les mêmes effets peuvent d'ailleurs se reproduire, lorsqu'une circonstance quelconque, autre qu'une faille, a pour conséquence une liaison imparfaite entre les roches, soit parallèlement à la stratification dans un terrain sédimentaire donné, soit suivant la ligne de superposition ou de juxtaposition de deux terrains appartenant à des formations différentes.

On comprend bien qu'il en soit ainsi, et que la même raison qui fait placer à côté des filons proprement dits les *filons-couches* et les *filons de contact* (voir n° 24), puisse faire prévoir l'éventualité de la rencontre des eaux, dans tous ces mêmes points reconnus particulièrement aptes à recevoir des dépôts de la nature des filons.

Ces rencontres pourront encore avoir lieu dans les terrains susceptibles d'être attaqués par les eaux, c'est-à-dire dans les terrains calcaires.

On sait combien la présence d'excavations irrégulières, ou de cavernes, est fréquente dans ces terrains. Ces cavernes ne sont autre chose que d'anciennes fissures, dans lesquelles ont circulé, à d'autres époques, des courants souterrains d'eaux plus ou moins acides, qui les ont progressivement élargies en corrodant les parois. Des changements survenus dans le relief du sol ont mis fin à l'existence des courants, et ces lits souterrains sont actuellement à sec; mais dans d'autres cas, l'écoulement peut encore continuer, et l'on pourrait composer une longue liste de sources qui ne sont autre chose que les points d'émergence de semblables courants.

On comprend qu'une galerie venant à rencontrer un de ces courants, il puisse en résulter une subite submersion des travaux souterrains d'une mine.

(**504**) Ces affluences d'eau provenant soit des nappes aquifères supérieures, plus ou moins ébranlées par les travaux, soit des courants d'eau intérieurs que ces mêmes travaux viennent à rencontrer, ne sont que des circonstances normales et exceptionnelles, et les points d'affluences de ces eaux sont, en quelque sorte, des *points singuliers*, dans le réseau qui forme l'ensemble des galeries d'une mine.

La circonstance habituelle est que l'eau afflue dans la mine par les divers points de ce réseau, et qu'elle se fasse jour par les mille fissures qu'offrent les parois des galeries, sans apparaître sur aucune d'elles en quantité notable. Ces parois sont assimilables à une sorte de surface filtrante, qui ne fournit point de débit appréciable par un élément donné, mais dont le débit total est grand, à cause de l'étendue de cette surface.

Le terrain dans son ensemble est, par suite de ces fissures ramifiées dans tous les sens, comme une sorte de masse spongieuse saturée d'eau. Cette eau est stagnante, et la pression en un point quelconque est celle que l'on calculerait par les règles de l'hydrostatique, *avant que les travaux de la mine soient exécutés*. Elle s'y déverse à mesure qu'on les exécute, et elle continue ensuite de s'y déverser, parce que l'eau ainsi écoulée est incessamment remplacée par les infiltrations de la surface.

Tel est, dans sa généralité, le mécanisme par lequel se fait dans une mine l'affluence des eaux. Cette affluence a lieu d'une manière continue, et c'est avec une semblable continuité que doit se faire l'assèchement de la mine.

On remarquera que la surface des parois, ou *surface filtrante*, augmente indéfiniment avec l'étendue des travaux; que chaque orifice d'écoulement donne des eaux dont l'origine est à la surface du sol et que la charge hydrostatique sur cet orifice est ainsi d'autant plus grande qu'il est situé à un niveau plus bas; que par conséquent le volume d'eau à épuiser dans l'unité de temps, ou ce qu'on appelle *l'entretien* d'eau de la mine, semblerait devoir être proportionné à *la surface totale* du rocher mise à nu par les galeries, et d'après le théorème de Toricelli, *à la racine carrée* de la distance de ces galeries au jour. D'où il suivrait que si l'on rencontrait, par exemple, en creusant un puits de mine, une quantité d'eau *appréciable*, il faudrait s'attendre, dès lors, *ipso-facto*, à rencontrer des quantités d'eau insurmontables, lorsqu'on en viendrait à exploiter en profondeur, par suite de la charge plus grande et de l'énorme augmentation de la surface filtrante.

Mais il est facile de voir qu'il n'en peut être ainsi, et l'on reconnaît *à priori* que la quantité d'eau à épuiser a un *maximum déterminé*, parfaitement indépendant de l'aire des orifices d'écoulement de la surface filtrante et de la charge hydrostatique sur ces orifices.

Ce maximum ne dépend que de la capacité d'absorption de la surface du sol; car, en définitive, la multitude des petits canaux irréguliers qui communiquent à travers le terrain, depuis le jour jusqu'à ces orifices, ne peuvent fournir à ceux-ci plus d'eau qu'ils n'en reçoivent.

(**505**) Ce raisonnement *à priori* est confirmé par l'examen attentif de la question.

Si l'on suppose qu'aucun travail souterrain n'existe, et si l'on est dans le cas d'un terrain imprégné d'*eau stagnante*, et non dans le cas de *courants d'eau souterrains*, il est bien vrai que la pression qui existe en chaque point est celle que l'on trouverait par l'application des règles de l'hydrostatique.

Mais si l'on suppose que dans un tel terrain on vienne tout d'un coup à créer et à entretenir un vide analogue à celui d'un ouvrage de mine dans l'enceinte duquel existe la pression atmosphérique, les eaux se déversent immédiatement dans cette enceinte, et bientôt un état de régime s'établit.

Dans cet état, l'eau éprouvant de grands obstacles à se mouvoir dans les petits canaux souterrains, par suite de leurs incessantes irrégularités de forme, de section et de direction, il n'y a pas *continuité* dans le phénomène de l'écoulement depuis le jour jusqu'aux orifices de sortie ; la pression ne se transmet donc pas d'une tranche à l'autre, les canaux ne peuvent plus être considérés comme étant partout remplis, et dans une certaine zone autour des vides produits par les travaux, c'est la pression atmosphérique qui tend à s'établir dans l'ensemble des fissures où circulent les eaux.

Dès lors l'écoulement n'a plus *aucun rapport* avec la charge hydrostatique ; il dépend des conditions de porosité plus ou moins grande que le terrain présente dans cette zone.

On voit en définive que l'espèce d'appel déterminé par la création d'un ouvrage souterrain, sur l'ensemble des petits canaux dont la roche est sillonnée, produit dans cet ouvrage un déversement d'eau qui croît, *mais lentement*, avec l'étendue de la surface de rocher mise à nu, et qu'on peut regarder comme *sensiblement indépendant de la profondeur*.

On voit aussi qu'un appel fait, à *un certain niveau*, par un ouvrage souterrain, diminue celui que produirait, *à un niveau inférieur*, un ouvrage semblable qui existerait seul, parce que le premier détourne une partie des eaux qui auraient afflué dans la zone d'action du second.

Sans insister plus longuement sur ces détails, nous poserons en principe, d'accord en cela avec l'expérience :

1° Qu'abstraction faite des venues d'eau accidentelles, l'entretien d'eau normal d'une mine exploitée à une profondeur donnée augmente *avec l'étendue* des travaux, mais non proportionnellement à cette étendue, et de quantités qui décroissent pour une extension donnée à ces travaux, à mesure qu'ils sont déjà plus développés ;

2° Que cet entretien d'eau ne tend pas, toutes choses égales d'ailleurs, à augmenter avec la profondeur ; qu'il diminue au contraire, pour un développement donné des travaux à un certain étage, lorsqu'il existe déjà d'autres travaux à un étage supérieur ;

3° Que *pour un état donné* de la mine, il n'augmente pas avec le temps ; mais qu'il *peut augmenter*, si cet état vient à se modifier par suite des mouvements de terrain consécutifs de l'exploitation, lorsque ces mouvements se font sentir dans des conditions propres à appeler les eaux, soit de la surface, soit des nappes aquifères superposées aux travaux.

C'est à cause de cette augmentation éventuelle de l'entretien d'eau d'une mine, en même temps qu'au point de vue des dommages à la surface (ébranlement des constructions établies, disparitions de sources, etc.), qu'il convient d'exploiter de manière à ne produire que des affaissements d'ensemble, et non des dislocations importantes, ou tout au moins à tâcher de répartir, autant que possible, en des points déterminés d'avance l'effet de ces dislocations, si elles ne peuvent être évitées.

§ 2. — Moyens d'empêcher l'accès de l'eau dans les travaux.

(**506**) Nous voyons, d'après ce qui précède, que l'entretien d'eau d'une mine peut généralement être considéré comme composé de deux parties distinctes :

Une première partie, constituant ce qu'on peut appeler l'entretien d'eau normal, due aux infiltrations qui se font naturellement dans le terrain encaissant, et qui proviennent soit de la surface du sol, soit des formations supérieures plus ou moins aquifères qui peuvent recouvrir ce terrain encaissant ;

Une seconde partie, d'un caractère éventuel, et due soit aux infiltrations supplémentaires pouvant résulter des dislocations produites dans le sol par suite de l'exploitation, soit à la rencontre des accidents, tels que les grandes failles aquifères, qui peuvent amener, en des points déterminés, des travaux des venues d'eau distinctes plus ou moins considérables.

On peut chercher à prendre, tant au jour que dans la mine, des dispositions propres, sinon à empêcher entièrement, tout au moins à diminuer leur accès à l'intérieur des travaux.

Les mesures à prendre au jour sont assez sommaires, et nécessairement incomplètes; car elles ne peuvent s'appliquer que sur des points déterminés de la concession, et l'infiltration, du moins en temps de pluie, se fait au contraire par tous les points de la surface du sol.

On s'attachera principalement aux points où les infiltrations peuvent être permanentes, tels que le lit des ruisseaux, le fond des amas d'eau (marais ou étangs), les vallées où sont déposées des alluvions plus ou moins épaisses, qui peuvent être encore imprégnées d'eau à une petite profondeur lorsque le cours d'eau de cette vallée a cessé d'y couler en été, ou même lorsque ce sont des vallées sèches, c'est-à-dire sans cours d'eau apparent.

On regardera les affleurements des couches de houille comme étant aussi des points d'infiltration possibles, soit parce qu'ils ont été souvent plus ou moins fouillés par les anciens, soit même quand ils sont intacts, parce qu'une telle couche n'est pas absolument imperméable et que les eaux peuvent s'y infiltrer, ou parfois se faire jour parallèlement à la stratification entre la couche et son toit ou son mur. On sait très-bien que quand on fonce un puits dans le terrain houiller, une roche plus humide qu'à l'ordinaire, si cette circonstance n'est pas due à quelque coupe du terrain, annonce souvent l'approche de la houille; on sait aussi que lorsqu'on entame dans une couche de houille un quartier nouveau, qui n'a pas été drainé soit par les travaux situés en contre-bas, soit par suite de sa position par rapport au niveau des vallées voisines, il arrive souvent que la houille abattue donne des traces sensibles d'humidité. C'est ainsi encore que, dans une costeresse établie en contre-bas d'un ensemble de gradins couchés, on trouvera souvent plus de traces d'humidité à l'avancement que dans les gradins qui marchent à quelque distance en arrière, etc., etc.

Pour empêcher les eaux du jour de s'infiltrer par un affleurement, on établit, en contre-haut de cet affleurement, une rigole destinée à retenir les eaux qui coulent à la surface. Les eaux ainsi recueillies sont détournées au delà de l'affleurement, ou le traversent sur un point unique par un canal étanche qui va les rejeter à une distance suffisante.

Les fontis provenant des vieux travaux des affleurements doivent être, ou remblayés complétement en donnant un relief suffisant à ce remblai et en prenant les dispositions nécessaires pour son drainage, ou au moins entourés de rigoles qui retiennent et font écouler les eaux des terrains environnants, et réduisent ainsi l'eau absorbée par le fontis à la seule quantité de pluie qui tombe directement à l'intérieur de cette ceinture de rigoles.

S'il s'agit d'un ruisseau dans le lit duquel on craint qu'il ne se produise des crevasses, on tâche de le détourner de son cours, ou bien on remplace son lit naturel par un lit artificiel dont on assure l'imperméabilité.

On peut pour cela s'y prendre de diverses manières.

Si le lit est étroit et le cours d'eau à régime torrentiel, on peut, sur la partie que l'on suppose être déjà crevassée ou devoir se crevasser, enlever la couche de sable et de galets et aller jusqu'au roc vif ; on dame sur le fond une certaine épaisseur de terre argileuse, au-dessus de laquelle on reverse les sables et les galets, en ayant soin d'arrimer ces derniers de manière à former un lit d'une certaine régularité.

D'autres fois, on a fait couler le ruisseau dans un lit artificiel formant un véritable canal en maçonnerie. Ce système évidemment n'empêche pas les crevasses de se produire ultérieurement, si des mouvements du terrain viennent à se manifester ; et il ne saurait être question sans doute de faire une maçonnerie dont le but serait de *prévenir ces mouvements*. Mais les dislocations qui en résultent sont plus nettes, plus apparentes et plus faciles à réparer dans la maçonnerie, qu'elles ne le seraient dans le terrain même qui la supporte.

Au lieu d'un canal en maçonnerie on peut faire un canal en bois, qui constitue une œuvre moins durable, mais souvent aussi moins

dispendieuse à établir, et en tout cas moins exposée aux fuites accidentelles amenées par les mouvements du sol.

Ces diverses dispositions n'empêchent pas d'une manière complète les infiltrations dues à un cours d'eau. Pour peu que la vallée
soit large, le lit artificiel n'en occupe que la moindre partie, et il
ne peut à la fois recueillir toutes les eaux sauvages qui coulent sur
l'un et sur l'autre de ses versants en temps de pluie. Ce lit d'ailleurs
ne peut correspondre par sa section qu'au débit des eaux basses ou
des eaux moyennes, et non aux affluences extraordinaires qui se
produisent dans les temps de crue.

On observe donc ordinairement qu'à la suite d'une série de temps
pluvieux ou de grandes crues, la quantité d'eau à épuiser dans la
mine se trouve augmentée. Il se passe parfois plusieurs semaines,
un mois et plus, avant que cet effet se manifeste. Il est temporaire comme la cause qui l'a produite; mais il ne faut pas moins y
avoir égard, lorsqu'on organise l'épuisement d'une mine; car c'est
le *maximum d'entretien d'eau* et non *sa valeur moyenne* qu'il faut être
en état d'épuiser, si l'on veut que l'exploitation ne soit pas exposée
à être interrompue.

Tels sont les travaux très-simples et très-faciles à concevoir qu'on
peut avoir à exécuter à la surface.

Dans certaines conditions données, ces travaux peuvent être très-
utiles, sinon même indispensables. On en a vu des exemples considérables dans le bassin de Rive-de-Gier, où toutes les conditions
semblaient réunies pour favoriser les infiltrations de la surface :
grande puissance de la couche, exploitée alors sans remblai;
disposition en forme de bassin étroit sillonné dans le sens de
sa longueur par un cours d'eau important sujet à de très-grandes
crues; affleurements se relevant de part et d'autre du bassin,
fouillés par les anciens et sillonnés de nombreux ravins devenant en temps de crue des torrents tributaires du cours d'eau
principal.

De grands efforts ont été faits par les exploitants de ce bassin
pour lutter contre ces difficultés; et ces efforts ont été couronnés
d'un succès relatif, sans lequel il n'est pas certain que les exploitations eussent pu être maintenues.

(**507**) Les travaux à la surface doivent en général se combiner avec des dispositions prises à l'intérieur, au moyen desquelles on cherche, autant que possible, à *prévenir ces dislocations* dont les travaux ci-dessus sont destinés à *combattre les effets.*

Ces dispositions ne sont pas toujours heureusement combinées.

On peut même dire que la question est généralement assez mal comprise. Aussi plus d'une fois est-il arrivé que les dispositions adoptées ont été précisément contre le but qu'on se proposait.

Il est donc nécessaire d'entrer ici dans quelques détails, tant sur les circonstances qui provoquent des mouvements de terrain, que sur les conditions dans lesquelles ces mouvements se produisent et se propagent.

En principe, une excavation *limitée dans tous les sens* ne produit dans le terrain, quelle que soit sa nature, qu'un mouvement *limité lui-même dans un rayon d'une certaine étendue.*

Si l'on suppose, par exemple, que l'excavation ait un volume V, et que ses parois soient formées par un terrain qui, après s'être éboulé et tassé, foisonne dans le rapport de 1 à $1 + \delta$, l'excavation primitive et le vide V' supplémentaire, produit consécutivement par les éboulements, seront entièrement remplis, et les éboulements s'arrêteront lorsqu'on aura l'égalité :

$$V'(1 + \delta) = V' + V. \quad . \quad . \quad V'\delta = V.$$

Ainsi si le terrain foisonne d'un tiers, par exemple, ou si $\delta = \dfrac{1}{3}$, on aura $V' = \dfrac{V}{\delta} = 3\,V$, et $(V + V') = 4\,V$, c'est-à-dire que le *volume final* de l'éboulement sera quadruple du *volume primitif* de l'excavation.

Mais les choses ne se passent pas ainsi dans l'exploitation d'une mine, qui a généralement au moins une dimension pouvant être regardée pratiquement comme indéfinie (voy. n° 262), et qui même en a deux, dans le cas principal où il s'agit d'une couche ou d'un filon, et non d'un amas limité. Les effets peuvent alors essentiellement varier suivant les circonstances.

Un premier cas à considérer serait celui où l'on exploiterait sans remblai et sans éboulement, à une faible distance du jour, un gîte puissant recouvert par des terrains médiocrement consistants. Tel est, par exemple, le cas des grandes carrières de plâtre des environs de Paris.

Ces carrières sont, comme nous l'avons vu (n° 544), exploitées par piliers tournés sans dépilages, et le résultat normal d'une telle exploitation est, ou *doit être*, de ne pas amener d'affaissements dans le terrain.

Mais s'il vient à se produire au toit d'une des galeries un éboulement local de quelque importance, les terrains du toit de la couche coulent par l'ouverture qui leur est ainsi présentée, et comme ils sont assez meubles, et comme en outre l'espace qui leur est ouvert est en quelque sorte indéfini, à cause des grandes dimensions des galeries, ces masses plus ou moins détrempées par l'eau s'étendent beaucoup dans le sens horizontal en tombant sur le sol; elles laissent la place libre pour de nouvelles chutes, et l'écoulement se continue ainsi jusqu'à ce qu'il se soit créé un entonnoir de forme conique s'étendant jusqu'au jour. C'est là ce qui constitue ce qu'on nomme un *fontis*. Ce cône a son sommet au point même où le toit de la couche a fait défaut, et ses génératrices ont finalement l'inclinaison du talus suivant lequel les terrains du toit devraient être coupés pour se tenir en équilibre.

C'est ce résultat particulier bien connu que beaucoup d'ingénieurs entendent généraliser et appliquer à tous les cas : à des mouvements se produisant sur une grande étendue comme à des mouvements ayant leur origine en un point donné ; à des exploitations profondes comme à des travaux rapprochés du jour ; à des terrains solides comme à des terrains peu consistants.

Lors donc qu'ils ont à apprécier les effets produits par une exploitation d'une certaine étendue, ils commencent par en rapporter le périmètre à la surface du sol, et ils déterminent ainsi la zone qui serait ébranlée si les mouvements ne se communiquaient que *verticalement ;* puis ils substituent par la pensée au cylindre projetant une surface réglée extérieure à ce cylindre, qui est l'enveloppe d'un cône ayant au sommet un angle constant, dont l'axe décrirait la surface cylindrique et dont le sommet suivrait le périmètre de la partie exploitée. C'est arbitrairement qu'ils prennent les génératrices de ce cône faisant avec son axe soit un angle de 45°, soit tout autre qu'ils supposent correspondre plus ou moins exactement au talus naturel des terres et devoir être celui suivant lequel se déterminera la cassure.

Il n'y a aucun raisonnement qui justifie cette manière de procéder. Elle est *purement arbitraire*, et en fait elle n'est pas confirmée par l'expérience. On peut même aller plus loin, et dire que, *théoriquement*, elle n'est pas admissible; car un glissement qui se ferait le long d'un périmètre fermé, suivant des lignes toutes inclinées vers l'intérieur de ce même périmètre, supposerait dans la masse entière mise en mouvement, masse dont le volume est très-grand relativement au vide à combler, une certaine réduction de volume bien difficile à admettre. Or on peut bien supposer, en effet, que la masse augmente de volume par l'effet du foisonnement; cette augmentation pourra être nulle si l'affaissement se fait sans aucune dislocation et en quelque sorte tout d'une pièce; mais il ne saurait, en aucun cas, y avoir une diminution de volume.

La question n'est donc nullement résolue par le procédé sommaire indiqué ci-dessus, et il est indispensable de la serrer de plus près.

(508) Nous supposerons d'abord qu'on ait une couche mince plus ou moins inclinée, exploitée avec remblai, comme sont celles du nord de la France et de la Belgique.

Soit AB (*fig.* 389) l'étendue, suivant l'inclinaison, d'un champ d'exploitation dans lequel le charbon a été enlevé et remplacé par du remblai. Ce remblai n'a pas été généralement bourré contre le toit, et l'eût-il été que la pression produite eût été insignifiante, devant la charge à supporter lorsque l'affaissement se produit. En réalité, ce remblai ne commence à agir que lorsqu'il a été déjà plus ou moins comprimé par le toit.

C'est au point M, milieu de CD, que le mouvement atteint son maximum d'amplitude, et le remblai son maximum de compression; ensuite le mouvement se propage peu à peu, à droite et à gauche, jusqu'à ce qu'il se détermine une rupture aux points C et D, soutenus d'une manière invariable par la masse intacte du gîte.

Après cette rupture, l'assise formant le toit immédiat de la couche repose sur le remblai, et s'est détachée de la seconde assise, sur laquelle un effet semblable va se produire. Ces divers affaissements ayant lieu graduellement et sans cassure, il n'y a point de foisonnement appréciable, et les différentes assises se décolent ainsi successivement de leur toit, pour venir s'affaisser sur leur mur, d'une quantité qui, théoriquement, ne varie pas d'une assise à l'autre.

Ce raisonnement peut s'étendre, de proche en proche, aussi loin qu'on voudra, et l'on peut en conséquence poser la règle suivante :

Étant donné, dans une couche mince exploitée par les méthodes usitées en Belgique et dans le nord de la France, un quartier d'une certaine étendue exploité et remblayé, l'affaissement du toit de la couche sur les remblais donne lieu à des cassures qui se font suivant le périmètre de ce quartier, perpendiculairement au plan de la couche, et l'affaissement de terrain produit à l'intérieur de la surface cylindrique ainsi définie se propage peu à peu sans affaiblissement sensible jusqu'à la surface, quelle que soit la profondeur de la mine.

On voit que si la couche est horizontale, la surface cylindrique est verticale, et la cassure se manifeste au jour à l'aplomb même du périmètre de la partie exploitée; mais on voit aussi que, si la couche est très-inclinée, le cylindre le sera fort peu, et sa trace à la surface du sol pourra se trouver fort loin. C'est ainsi que peuvent s'expliquer des effets singuliers qu'on a souvent occasion de constater, c'est-à-dire, par exemple, des dégâts nuls à la surface au-dessus même de l'exploitation, et, au contraire, des dégâts manifestes à des distances horizontales souvent fort grandes de ces mêmes travaux.

Ce que nous disons pour une couche s'appliquera de la même manière soit à une série de couches parallèles, soit à une grosse couche exploitée par tranches avec remblai. L'affaissement final sera, en un point donné, égal à la somme des affaissements particls que les diverses couches, ou les diverses tranches de la couche y auraient individuellement déterminés.

(509) On peut être tenté de faire à cette théorie, bien qu'elle soit parfaitement justifiée par les faits sainement interprétés, une objection à laquelle il est facile de répondre.

Soit AB (*fig.* 390) un champ d'exploitation donnant lieu à l'affaissement dont nous nous occupons. On pourrait trouver naturel que la fissure produite par cet affaissement se fît dans le sens qui lui présente le plus de facilité. Or les lignes Am et Bn, perpendiculaires à AB, sont plus longues que les lignes Am' et Bn', perpendiculaires à la surface du sol. C'est donc, dirait-on, suivant ces dernières lignes que la cassure doit se produire.

Le raisonnement serait admissible, et peut-être est-ce bien ainsi que la cassure se produirait, si l'on pouvait supposer qu'elle se fît en une fois, dans un terrain parfaitement homogène suivant toutes les directions; mais les choses se passent autrement : la cassure est nécessairement successive, et se propage de bas en haut, chaque partie s'affaissant à son tour lorsque les parties inférieures ont déjà cédé.

Avec un terrain sédimentaire, la stratification est toujours un plan de facile division, et, en somme, la rupture se fera, à chaque instant, plus facilement suivant le périmètre AA'B'B, que suivant le périmètre ACB, pour peu que la distance AB soit grande relativement à la hauteur AA' de la tranche qui tombe en une fois.

La règle posée ci-dessus constitue comme une sorte de *théorème*, dont on doit avoir l'énoncé présent à l'esprit, lors qu'il s'agit de se rendre compte des effets que produira à la surface une exploitation donnée. Ce théorème s'applique aux inclinaisons diverses des couches, depuis l'inclinaison nulle jusqu'à celle qui serait assez grande pour que le frottement empêchât la roche du toit de s'affaisser sur le mur.

Au delà de cette limite, il y aurait à considérer d'autres phénomènes auxquels nous ne nous arrêterons pas; c'est alors *dans la place de la couche*, et non perpendiculairement à ce plan, que les affaissements tendraient à se faire.

A l'exception de ce cas, le théorème énoncé permettra de suivre les effets des mouvements produits dans un système *de bancs parallèles* superposés à une couche donnée.

Il faut ajouter quelques mots pour le cas où ce parallélisme ne subsisterait pas, soit en restant dans la même formation géologique, soit en passant d'un terrain dans un autre.

Supposons, pour prendre de suite un cas que l'on rencontrera souvent dans la pratique, qu'un terrain houiller incliné soit recouvert de morts-terrains stratifiés horizontalement, et ceux-ci, à leur tour, d'une certaine épaisseur d'alluvions. Soit AB, *fig.* 591, le champ exploité et remblayé. La propagation des affaissements se fera, jusqu'en A'B', conformément au théorème indiqué.

Le prisme triangulaire A'A"B' s'affaissera suivant la même loi, et même avec une plus grande facilité que le prisme rectangulaire ABB'A', parce que chacune de ses assises ne sera retenue que d'un seul côté. Une fois l'affaissement du prisme A'A"B' produit, le mouvement se propagera dans le mort-terrain suivant les lignes verticales A"A'" et B'B", et son amplitude sera égale à la projection verticale de l'affaissement éprouvé par les points du prisme trapézoïdal AA"B'B. Enfin, arrivé en A"B", le terrain supérieur s'affaissera, en coulant dans le vide produit, suivant un talus qui pourra probablement varier selon le rapport entre la hauteur de ce vide et l'épaisseur de l'alluvion. Ce dernier affaissement sera égal à celui du prisme A"A'"B"B', ou plutôt un peu moindre, à cause du petit foisonnement qui se produira assez probablement dans le terrain d'alluvion pendant son affaissement.

Telle est la manière dont les choses se passeront, si le terrain houiller a une inclinaison uniforme.

Avec une inclinaison *variant graduellement* les lignes droites AA' et BB' sembleraient pouvoir être remplacées par des lignes normales en chaque point d'intersection à l'inclinaison de la couche.

Avec des *variations brusques*, comme celles qui se présentent, par exemple, dans la région des dressants de Mons, ces lignes, au lieu d'être continues, présenteraient, au point où le changement brusque d'inclinaison se produit, un coude dont l'angle serait le supplément de celui que forme le crochon correspondant. (Voir figures 592 A et 592 B.)

(**510**) Avec les indications ci-dessus, on pourra, connaissant l'allure des couches dans toute l'épaisseur du terrain houiller, déterminer, d'une manière rationnelle et très-approchée, les points de la surface du sol où viendront se manifester les phénomènes de dislocation dus à une exploitation ayant une situation et une étendue données.

C'est sur le périmètre de la surface ainsi délimitée que se manifesteront les dislocations et les ruptures proprement dites, capables d'introduire les eaux dans la mine ou de causer des dommages graves aux propriétés de la surface. *A l'intérieur de ce même périmètre* on n'aura qu'un mouvement d'ensemble, affaissant le terrain, mais sans le disloquer.

C'est ainsi qu'on verra sur tel point les terrains crevassés et les bâtiments lézardés, tandis qu'un peu plus loin, les effets produits ne se manifesteront que par un simple changement de niveau de la surface. Ces changements de niveau se répéteront à chaque couche nouvelle exploitée, et finiront par produire des dénivellations totales très-sensibles, même à l'œil, mais sans dislocations notables. On aura soin, dans la pratique, de s'arranger pour que les affaissements, et surtout les dislocations qui séparent les parties affaissées des parties restées en place, ne se fassent sentir qu'en des points de la surface où ces mouvements ne risquent point de donner accès aux eaux. On laissera donc des massifs de sûreté, ou au contraire on donnera à dessein une extension plus grande aux travaux, pour être assuré, d'après la théorie exposée ci-dessus, que les ruptures produites à la limite de ce champ d'exploitation n'iront point passer par des points dangereux.

Cette théorie s'applique lorsqu'il s'agit, non-seulement d'empêcher l'accès des eaux dans une mine, mais encore de prévenir les dégradations de la surface, en des points qu'on peut avoir un intérêt spécial à protéger. Elle s'applique notamment au puits même d'extraction de la mine, qu'il importe essentiellement de placer dans les meilleures conditions de solidité, pour diminuer les réparations de sa colonne et assurer la bonne marche des machines établies au jour.

Fort souvent, dans ce but, on se borne à réserver autour du puits un espace circulaire d'un rayon déterminé, de 40 à 100 mètres, à l'intérieur duquel on pousse seulement les galeries nécessaires à la circulation, n'ouvrant les vrais chantiers d'exploitation qu'en dehors de ce cercle. Ce système peut être *plus que suffisant* dans certaines directions, et *radicalement insuffisant*, ou même *nuisible*, dans d'autres directions.

Considérons en effet le puits OZ (*fig.* 393) recoupant, par exemple, deux couches AB et *c*D aux points M et N.

Supposons que cette figure soit une coupe verticale passant par le puits perpendiculairement à la direction. Soient GZ' et HZ'' les traces sur ce plan vertical du cylindre réservé comme il vient d'être dit. Menons aux points A',M,B', et C',N,D', des lignes perpendiculaires à l'inclinaison, et du point O menons OEF parallèle à ces lignes.

A'B' et C'D' seront les parties réservées dans le système que nous considérons. Or il est facile de voir, sur la figure, qu'il est inutile de réserver les parties A'M et C'N, et que les parties MB' et ND', réservées en amont-pendage, produiront des cassures en B'' et en D'', et en outre un premier mouvement dans la partie OD'' du puits et un second dans la partie OB''.

La partie à réserver réellement est donc MF dans la couche inférieure, et NE dans la couche supérieure. Il vaudrait mieux *ne rien réserver* que de réserver seulement MB' et ND' ; car on n'aurait alors à envisager qu'un mouvement d'ensemble du puits, au lieu d'avoir deux cassures distinctes en B'' et en D''.

Ainsi, en général, une couche étant donnée, on la supposera coupée par un plan vertical suivant l'inclinaison et passant par l'axe du puits. L'aval-pendage de cette couche pourra, sans risque, être entièrement exploité. Quant à l'amont-pendage, il devra être réservé, *sur une longueur égale à la projection de la partie supérieure du puits sur cet amont-pendage.*

Cet énoncé donne une limite de protection au-dessous de laquelle il ne faut pas descendre pour le puits lui-même ; mais si l'on veut en outre protéger les machines et les bâtiments autour du puits, on modifiera légèrement cette limite, selon les besoins ; si, par exemple, les établissements à protéger s'étendent jusqu'au point O' de la surface, le pilier de protection devra monter jusqu'aux points correspondants E' et F'.

Telle est la manière dont on devra déterminer les limites suivant l'inclinaison des massifs à réserver dans chaque couche. Quant aux limites de ces mêmes massifs suivant la direction des couches, elles seront assignées par deux plans perpendiculaires à cette direction, comprenant entre eux les abords du puits que l'on veut protéger.

(**511**) Supposons maintenant qu'au lieu de couches exploitées par remblai, on ait des couches plus au moins puissantes exploitées par dépilages sans remblais ; de telle sorte qu'au lieu de simples affaissements successifs sans foisonnement, on ait, lorsqu'on dépile en battant en retraite, un véritable concassage accompagné d'un certain foisonnement, qui pourra être variable selon la manière dont se font les éboulements.

Les phénomènes n'auront pas la même netteté que tout à l'heure, et on le conçoit, puisque l'irrégularité est, en quelque sorte, leur caractère nécessaire.

Il me paraît qu'ils ne seront pas les mêmes avec un toit ébouleux qu'avec un toit solide, les mêmes avec une couche très-puissante qu'avec une couche moyenne.

La grande puissance de la couche et le peu de solidité des roches du toit tendent à nous rapprocher des conditions définies au n° 504 ; c'est-à-dire qu'il tiendra à se faire un vide s'évasant vers le haut (*fig.* 394), et qui deviendrait un fontis si l'éboulement arrivait jusqu'au jour. Mais il n'en sera pas ainsi si la profondeur de la mine est suffisante, parce que le vide finira par se remblayer par suite du foisonnement. A partir de ce moment, on rentrera dans le cas précédemment traité, l'affaissement se continuant au-dessus de ce remblai dans la mesure de sa compressibilité. (Voir *fig.* 394.)

Avec des roches très-solides, le vide, au lieu de s'évaser, ira en se rétrécissant (*fig.* 395), parce que les différentes assises resteront plus ou moins en surplomb les unes sur les autres, et il tendra à se faire au toit une sorte de *cloche* ayant la disposition inverse de celle d'un *fontis*. Mais cette cloche une fois remblayée par suite du foisonnement, le terrain superposé se comportera encore ultérieurement comme dans le cas des couches exploitées avec remblais.

Les différences entre les couches puissantes et les couches minces sont donc : *en premier lieu*, que la cassure définitive arrivant jusqu'au jour ne suivra pas exactement le périmètre de la partie exploitée ; elle pourra être, suivant les cas, à une distance variable de ce périmètre, soit en dedans si le terrain est dur, soit en dehors s'il est tendre et ébouleux ; *en second lieu*, que l'amplitude de l'affaissement qui détermine cette cassure ne peut être établie *a priori* par la seule connaissance de l'épaisseur de la couche, parce qu'elle dépend en en outre de la manière dont se font les éboulements et du degré de compressibilité des remblais que ces éboulements produisent. Cette amplitude peut même être nulle, ou du moins ne se produire que très-faiblement et après un très-long temps ; d'où l'on déduit cette conclusion, qui peut sembler paradoxale, mais qui cependant est exacte, que, dans le cas d'une grande profondeur, il peut arriver que l'exploitation d'une couche mince remblayée se manifeste à la surface d'une manière aussi apparente, et même plus apparente que celle d'une couche plus puissante exploitée par dépilage avec éboulement.

Tout ce qui précède suppose d'ailleurs les travaux d'exploitation à une profondeur assez grande pour que le *régime des éboulements* soit remplacé par le *régime des affaissements*, avant d'atteindre soit la surface du sol, soit les nappes aquifères souterraines.

S'il en était autrement, les dislocations irrégulières bouleversant la surface du sol, ou pouvant donner accès aux eaux, se manifesteraient non-seulement *le long du périmètre*, mais encore *à l'intérieur* de la zone de terrain mise en mouvement par l'exploitation. On devrait alors exploiter par remblais, et non par éboulements, s'il était nécessaire d'éviter ce dernier effet.

(**512**) En définitive, en résumant ce qui vient d'être dit (n°ˢ 508 à 511), les mesures à prendre à l'intérieur, pour empêcher les infiltrations venant de la surface ou des niveaux aquifères voisins de cette surface, se réduisent, *quand on exploite par remblais*, à localiser en des points déterminés à l'avance la production des fissures qui sont une conséquence inévitable de l'exploitation ; et *quand on exploite par dépilages et éboulements*, à remblayer, par exception, les travaux dont les éboulements pourraient *se faire sentir avec leurs irrégularités* à une hauteur trop grande.

Nous rappelons que les fissures s'étendant à toutes distances se font à la limite même, ou près de la limite, qui sépare un champ exploité des massifs restés intacts, et que ces fissures sont normales au plan de la couche.

Un pilier de sûreté, réservé au milieu de parties exploitées pour protéger soit le lit d'un ruisseau, soit une construction importante, n'est donc pas toujours utile au but qu'on se propose ; il peut même devenir nuisible.

S'il est trop mince, il n'est ni utile ni nuisible, parce qu'il s'écrase et reste sans effet.

S'il est suffisamment épais (et il doit l'être d'autant plus que la couche est plus puissante), s'il a par exemple 30 à 40 mètres, il détermine sur tout son pourtour un système de cassures normales à la couche, et qui par conséquent ne sont verticales que *si la couche est horizontale*.

Quand, au contraire, *la couche est inclinée* (*fig.* 396), un pilier de sûreté AB, réservé verticalement au-dessous d'un ruisseau, pourra bien donner lieu à une cassure B*b* allant précisément aboutir sous le lit de ce ruisseau. Ce n'est donc pas *verticalement sous le ruisseau* que le pilier doit être réservé. C'est à la surface que le plan du massif doit d'abord se déterminer, et le tracé A'B' doit ensuite être projeté *non verticalement* en AB, mais *normalement à la couche* en A''B''. Il vaudrait mieux tout exploiter que de réserver le pilier AB.

(**513**) Indépendamment des mesures ci-dessus indiquées, dont l'objet est de prévenir les infiltrations, on en prend d'autres pour tâcher de retenir les eaux déjà infiltrées, soit naturellement, soit par suite de mouvements de terrain, et de les empêcher de se déverser dans les travaux en activité.

On peut, par exemple, ménager un massif continu, soit en aval-pendage d'anciennes fouilles faites au voisinage des affleurements, soit autour et au-dessous d'anciens travaux abandonnés et inondés formant ce qu'on appelle *des bains*. Mais la présence de *ces bains* constitue un danger permanent pour la mine et peut occasionner de grandes catastrophes, si l'on s'en approche de trop près, soit par imprudence, soit plus souvent lorsque leur position est mal connue ou leur forme irrégulière.

Habituellement on préférera *saigner* ces travaux, en s'en approchant de propos délibéré, avec toutes les précautions propres à prévenir un accident. On pousse simplement vers eux un chantier étroit; on se fait précéder d'un ou deux trous de sonde de quelques mètres; on en fait également sur les côtes dans une direction oblique, enfin soit au toit, soit au mur, selon les cas, s'il s'agit d'une couche puissante dont les anciens n'auraient exploité que quelques bancs (*fig.* 597).

Le chantier se trouve ainsi protégé dans tous les sens, et enveloppé par un massif dont on peut régler l'épaisseur selon la charge d'eau et la solidité du rocher. Ce massif est indiqué sur la figure par une ligne ponctuée. Lorsqu'on est près de percer, ce dont on s'aperçoit habituellement à ce que le trou de sonde donne quelques suintements, on prend toutes les dispositions pour que les ouvriers du chantier puissent se retirer à la première alerte.

On tient prêt un tampon en bois pour boucher immédiatement le trou, ou bien on a établi solidement, à l'avance, un tuyau à travers lequel le trou de sonde a été pratiqué, et qui peut se fermer à l'aide d'un robinet. C'est avec ce robinet que l'on règle ultérieurement l'écoulement du bain, selon les moyens d'épuisement dont on dispose.

Ce travail de sondage, fort simple à décrire et à comprendre, ne laisse pas que d'être délicat, quand la charge de l'eau est très-forte. Il demande des hommes prudents et attentifs.

Dans un autre ordre d'idées, les cuvelages dont il a été parlé précédemment, constituent un moyen d'empêcher le déversement des eaux dans les travaux, en les retenant à leur point d'émergence. Nous rappelons ici que leur emploi ordinaire est dans les puits qui traversent des terrains aquifères; mais qu'on peut tout aussi bien le concevoir dans des galeries qui viendraient à recouper soit quelque faille aquifère, soit une assise perméable plus ou moins imprégnée d'eau. (Voir n° 232.)

(514) Au lieu de revêtements étanches garnissant les parois des puits et des galeries pour y refouler les eaux qui tendent à en jaillir, on a parfois à établir des cloisons également étanches pour retenir les eaux déjà déversées dans les travaux.

Ces cloisons jouent alors un rôle analogue à celui des massifs isolants dont il vient d'être parlé.

Une semblable cloison constitue dans un puits ce qu'on appelle *une plate-cuve*, dans une galerie ce qu'on appelle *un serrement*.

Une plate-cuve est *une cloison horizontale* qu'on établira, par exemple, dans un puits cuvelé qui a cessé d'être en service, mais qui communique cependant encore avec l'ensemble des travaux intérieurs. Cette plate-cuve s'établit en contre-bas du cuvelage, afin d'empêcher une irruption d'eau, dans le cas où ce cuvelage viendrait à être rompu en quelque point par l'effet de la vétusté.

Un serrement est *une cloison perpendiculaire à l'axe d'une galerie*, établie en deçà d'un point où il n'est plus nécessaire de pénétrer, lorsqu'au delà de ce même point il arrive des eaux abondantes, provenant soit des vieux travaux, soit de quelque source rencontrée par la galerie même.

Les plates-cuves et les serrements sont des ouvrages tout à fait spéciaux, qui doivent être l'objet de toute l'attention de l'ingénieur se trouvant dans le cas d'en établir. Il faut, à la fois, leur assurer une imperméabilité aussi grande que possible, et surtout une solidité à toute épreuve ; car leur rupture entraînerait un désastre, si l'ouvrage emprisonnait derrière lui une grande masse d'eau, et d'autre part les efforts auxquels on a à résister sont extrêmement considérables, lorsqu'on a une haute charge d'eau à retenir. Ainsi par exemple, dans une galerie ordinaire de 3.50 de section, un serrement éprouve, sous une charge de 250 mètres, un effort qui n'est pas inférieur à 875,000 kilogrammes.

(**515**) Les dispositions de ces barrages varient selon les circonstances, notamment selon la solidité de la roche, selon la position et les dimensions de l'ouverture à boucher, et selon la charge d'eau à soutenir.

Si le terrain est très-solide et ne paraît pas susceptible de s'altérer avec le temps, on pourra entailler à la pointerolle une sorte de banquette, ou de feuillure, de 30 à 35 centimètres de largeur, sur laquelle on posera une série de pièces de bois préparées par un travail soigné de menuiserie ; puis on traitera le pourtour de la cloison ainsi formée comme la face externe d'une trousse à picoter, et les joints entre les pièces comme ceux de deux cadres de cuvelage superposés (*fig.* 598.)

Dans ce système qui constitue ce qu'on appelle un *serrement droit*, les pièces de bois seront placées de manière à reposer par leurs extrémités sur les deux parois les plus résistantes de la galerie, ou, à égalité de résistance, dans le sens qui leur donnera le moins de portée.

Le travail de la pointerolle doit être fait avec soin, de manière à avoir une surface aussi unie que possible.

Si ce résultat n'était pas suffisamment obtenu, comme cela pourrait avoir lieu par exemple avec un grès à éléments un peu gros, on pourra au contraire piquer la surface à dessein, et l'égaliser ensuite avec une couche mince de ciment.

Si le terrain, quoique solide, présentait un lit schisteux facile à déliter et pouvant avec le temps permettre à l'eau de contourner l'ouvrage, on prendrait soin de refouiller ce lit profondément au pic et de remplir exactement l'espèce de rainure ainsi produite avec un bon mortier hydraulique. Un autre système peut consister à faire dans ce délit, au droit de la cloison, un trou de mine d'un diamètre un peu plus grand que son épaisseur, et à y enfoncer, après l'avoir rempli d'une couche bien liquide de mortier hydraulique, une broche en bois que l'on chasse au refus et que l'on récèpe à fleur du trou. Par un de ces artifices, il est clair que l'eau ne peut trouver d'issue avant d'avoir délité et délayé le lit schisteux sur une profondeur égale à l'épaisseur de la garniture de mortier ou de la longueur de la broche ; ce qui est impossible, ou tout au moins · ne peut arriver qu'au bout d'un temps très-long.

Si le terrain est encore solide, mais non au point que la banquette ou feuillure ne puisse risquer d'éclater sous l'énorme pression qu'elle supporte, on reporte cette pression en pleine masse en entaillant obliquement le rocher qui reçoit les abouts des pièces, de manière à former comme les coussinets d'une voûte. Les pièces elles-mêmes sont entaillées aux deux bouts suivant la même inclinaison, et elles fonctionnent ainsi comme des voussoirs (*fig.* 399).

Si la nature du terrain demande que les pièces du serrement
soient placées horizontalement, et si en même temps la galerie est
trop large, chaque assise est formée non pas d'une pièce unique,
mais de deux pièces formant deux voussoirs contigus. Un tel ouvrage (*fig.* 400) se nomme un *serrement busqué*. Les deux pièces
d'une assise fonctionnent dans les mêmes conditions que deux côtés
contigus d'un cadre de cuvelage.

Enfin lorsque le terrain, tout en étant encore consistant (condition indispensable pour l'établissement des ouvrages dont nous
parlons), n'offre pas d'assise sur la solidité et l'imperméabilité de
laquelle on puisse compter suffisamment, ou bien lorsqu'il s'agit
de résister à une charge d'eau exceptionnelle, ou encore lorsque la
section à boucher est très-grande, les serrements droits et les serrements busqués dont nous venons de parler sont remplacés par
des *serrements sphériques*.

Les quatre faces de la galerie sont entaillées avec soin sur une
longueur de 2 mètres environ, suivant les faces d'une pyramide
ayant son sommet en un point déterminé, à une certaine distance
en avant de l'emplacement choisi (*fig.* 401 et 400).

Ce sommet forme le centre d'une sphère vers laquelle convergent
également les quatre faces du tronc de pyramide suivant lequel
chacune des pièces de bois de $1^m,50$ à $1^m,50$ de longueur est entaillée. Ces pièces sont ainsi placées dans le sens de leur plus grande
dimension, et fonctionnent comme les voussoirs d'une voûte sphérique, dont l'épaisseur peut être proportionnée à la charge, quelle
qu'elle soit, et être obtenue avec des pièces bois d'un équarrissage
n'ayant rien d'exceptionnel.

Enfin nous mentionnerons qu'on peut également faire la voûte
sphérique en maçonnerie, au lieu d'employer le bois. La maçonnerie
a évidemment la même propriété que le bois posé en long, de permettre de donner à l'ouvrage toute l'épaisseur que l'on voudra ; mais elle
a l'inconvénient, déjà signalé au n° 231 en parlant du cuvelage, de
pouvoir être disloquée par la poussée des terrains, et de se prêter
assez mal, après cette dislocation, aux réparations qu'elle nécessite.

On ne l'emploiera donc pas volontiers dans des terrains où l'on pourra craindre des mouvements, surtout pour les *serrements*, quoiqu'on puisse cependant en citer des exemples. On l'établira plus volontiers dans un puits en remplacement d'une *plate-cuve*, parce qu'il sera facile de monter au-dessus de la voûte, sur une épaisseur suffisante, une masse argileuse bien pilonnée dans laquelle les fissures de la voûte ne se propageraient pas, et qui fonctionnerait, en quelque sorte, comme fonctionnent les dièves des morts-terrains du Nord pour empêcher l'eau des niveaux de pénétrer dans les travaux souterrains.

(**516**) Aux indications générales ci-dessus sur les divers systèmes de barrages étanches, ajoutons quelques détails relatifs à l'exécution.

En premier lieu, pour que l'imperméabilité de l'ouvrage soit obtenue aussi bien que possible, il convient que tout le travail du picotage et du calfatage se fasse *par derrière*, du côté d'où doit venir plus tard la pression, afin que cette pression ne tende point à desserrer les joints ; d'un autre côté il peut arriver, surtout dans le cas d'un serrement, que cet ouvrage une fois en place, tout accès soit fermé avec sa face postérieure. Il faut, dans ce cas, que les ouvriers puissent faire leur travail jusqu'au bout, tout en ayant une retraite après le travail terminé.

Pour cela on emploie diverses dispositions :

Dans un serrement droit où les pièces fonctionnent comme simples supports, on ménage une ouverture carrée, en entaillant sur la moitié de leur largeur deux pièces contiguës dont l'équarrissage est choisi en conséquence. Cette ouverture peut être fermée au moyen d'un clapet, mobile autour d'une charnière qui s'ouvre de l'avant à l'arrière, et qu'on aura soin de rabattre après que les ouvriers se seront retirés. Le bord du clapet est pourvu d'une garniture en caoutchouc vulcanisé, qui s'applique sur une garniture semblable fixée autour de l'ouverture. Ce joint est serré en avant par une sorte de fermeture autoclave, analogue à celle d'un trou d'homme de chaudière à vapeur ; plus tard la charge d'eau elle-même le maintient fermé.

Avec un serrement droit ou busqué, dont les pièces fonctionnent comme des voussoirs, on peut mettre toutes les pièces en place à l'exception de la dernière qu'on dispose obliquement à sa position définitive, de manière à laisser le passage aux ouvriers ; puis on le rappelle à l'aide d'un tire-fond. Ce système, qu'il peut être nécessaire d'employer au lieu du précédent, quand on n'a pas de pièces d'un équarrissage suffisant, laisse à désirer, en ce sens que le dernier travail pour rendre le barrage étanche se fait sur la face d'avant.

Enfin, dans un serrement sphérique, le passage pour les hommes sera formé par un tuyau conique en fonte muni d'une bride au gros bout, et pris dans les quatre ou les six pièces contiguës de deux ou trois assises de voussoirs, dont chacune est entaillée suivant un secteur conique épousant exactement la forme du tuyau.

Pour fermer ce tuyau quand le travail est achevé, on dispose en arrière, sur des chantiers, un tampon en bois également conique, muni au gros bout d'une garniture en gutta-percha ou en caoutchouc vulcanisé analogue à celle d'un piston de pompe ; au moment voulu on rappelle ce tampon en avant, et on l'introduit dans le tuyau avec une certaine force que remplace bientôt la poussée de l'eau. On peut encore munir ce tuyau à l'avant d'une sorte de chapelle qu'on met en place au moment convenable, et qu'on ferme avec un robinet. Cette disposition donnerait quelques facilités, si l'on voulait décharger le serrement, à un moment donné, soit pour le réparer, soit pour l'enlever s'il était jugé devenu sans objet.

On doit se représenter que pendant l'exécution d'un barrage, l'eau affluente que ce barrage a pour but de retenir doit continuer de s'écouler, pour ne pas empêcher le travail. A cet effet, on établit, à une certaine distance en arrière et en avant, deux petits batardeaux, qu'on met en relation par un conduit en bois ou par un tuyau flexible, qui fait passer les eaux de l'amont du premier à l'aval du second, tout en laissant la galerie à sec dans l'intervalle. Ce tuyau se déplace selon les exigences du travail, et l'on peut, une fois les pièces du barrage posées et pendant tout le travail de parachèvement, loger ce tuyau dans l'ouverture qui servira à la retraite des ouvriers.

Un autre soin, que l'on juge souvent utile de prendre, est de faire en sorte qu'une fois l'eau en pression, il ne reste point d'air en contact avec le barrage. On considère que cet air passerait plus facilement que l'eau à travers les joints et lui frayerait le chemin. On obtient l'expulsion entière de l'air, en perçant une des pièces d'un trou de foret sur lequel on fixe à l'arrière un petit tuyau en ferblanc qui se recourbe vers le haut et va se loger dans une petite excavation faite dans le rocher. Quand on voit l'eau sortir par ce trou, on est certain que l'air n'est plus en contact avec aucune partie du serrement, et on le bouche avec une forte cheville en bois chassée à grands coups de masse.

Quelquefois, surtout quand les pièces ont une assez grande portée, on consolide le barrage par un système de charpente qui consiste en général, en une forte traverse soutenant les pièces en leur milieu. Cette traverse est elle-même arc-boutée par des jambes de force contre le toit et le mur de la galerie. Toutes les pièces de cette armature doivent être mises en charge avec précaution; une poussée trop forte, supérieure à celle de l'eau et qui tendrait ainsi à repousser le barrage en arrière, tendrait par là même à desserrer les joints et serait ici hors de propos.

Enfin, il me paraît qu'aux diverses dispositions ci-dessus on ajouterait fort à propos un artifice assurant le maintien de l'imperméabilité de l'ensemble des joints. Il faudrait, pour cela, revêtir la face externe de l'ouvrage d'un garnissage imperméable continu, ne risquant ni d'être détruit par l'eau, ni de se fissurer par suite de la petite flexion et des petits mouvements relatifs que peuvent éprouver les pièces lorsqu'elles prennent la charge de l'eau.

On obtiendrait ce résultat, soit par une épaisse peinture au goudron que l'on recouvrirait d'un ou deux doubles de toile goudronnée, ou mieux par une feuille de caoutchouc vulcanisée, dont la flexibilité et l'élasticité lui permettraient, sous l'action même de l'eau, d'épouser exactement, sans déchirures, toutes les formes que pourrait affecter, en prenant charge, la surface externe du barrage.

Les figures 402 à 409, pour lesquelles nous renvoyons expressément à la légende des planches, représentent divers systèmes reproduisant les principales dispositions qui viennent d'être indiquées, tant pour les serrements que pour les plates-cuves.

§ 3. — De l'asséchement des mines par des galeries d'écoulement.

(**517**) Les eaux qui ont enfin pénétré dans la mine, malgré
toutes les dispositions qui ont pu être prises, soit au dehors, soit
à l'intérieur, pour prévenir leur accès, doivent finalement être
expulsées, avec une continuité en quelque sorte égale à celle avec
laquelle a lieu leur affluence, si l'on ne veut pas être exposé à voir
les niveaux inférieurs submergés et leur exploitation temporairement suspendue.

L'asséchement, ou l'exhaure de la mine, se fait dans des conditions essentiellement différentes, selon la quantité d'eau affluente
et selon la disposition des travaux relativement au relief du sol.

Lorsque le relief est tel que la totalité, ou au moins une partie
des travaux se trouve en contre-haut d'un point de la surface qui
n'est pas située horizontalement à une trop grande distance, un
moyen d'exhaure qui se présente naturellement est de percer une
galerie *de niveau*, ou du moins n'ayant que la *très-faible pente* nécessaire pour l'écoulement des eaux, des travaux vers ce point, ou
de ce point vers les travaux, ou, plus souvent encore, de la percer
en partant simultanément des deux extrémités.

Après que ces deux chantiers auront communiqué, tout l'amont-
pendage de la mine par rapport à cette galerie sera naturellement
exhauré, et dans tout l'aval-pendage on n'aura à relever les eaux
que jusqu'au niveau de la galerie, et non plus jusqu'à l'orifice des
puits.

Le travail de l'épuisement sera ainsi réduit, non-seulement parce
qu'une portion des eaux s'écoulera naturellement, mais encore
parce que le reste aura à être élevé d'une moindre hauteur. Cette
dernière quantité d'ailleurs sera moindre (voir n° 505) qu'on ne l'aurait trouvé sans la galerie d'écoulement ; car cette eau, en général,
ne vient pas de la profondeur, mais résulte des infiltrations qui se
produisent à la surface. Or l'effet de drainage produit dans le sol
par la présence d'une grande galerie d'écoulement est, en général,
de réduire le débit des fissures par lesquelles les infiltrations peuvent
se continuer en profondeur.

Il est facile de s'en rendre compte d'une manière générale et d'apprécier, sinon *la grandeur*, du moins *le sens* des effets que la création d'une galerie d'écoulement peut produire sur l'assèchement d'un groupe donné de travaux.

Si nous supposons en effet que la galerie d'écoulement n'existe pas, on aura à épuiser une quantité d'eau qui *dépendra essentiellement* de la perméabilité des terrains encaissants, ainsi que des circonstances plus ou moins aptes à favoriser l'infiltration des eaux de la surface dans ces terrains, qui *dépendra fort peu*, au contraire, de la profondeur, et qui enfin croîtra avec l'étendue des travaux, mais moins rapidement que cette étendue (voir n° 505).

Soit V l'entretien d'eau de cette mine, ou le volume à épuiser par chaque unité de temps.

Si, la mine étant dans cette situation, on vient à y pratiquer une galerie d'écoulement, qui exhaure naturellement l'amont-pendage des travaux et qui reçoit les eaux élevées de l'aval-pendage, l'entretien d'eau de la galerie à son orifice de sortie sera une quantité $V' > V$; car la création de la galerie est, au point de vue de l'affluence des eaux, l'équivalent d'un développement nouveau donné aux travaux, ou d'une augmentation de la surface d'écoulement donnée aux eaux qui y affluent.

Mais si, au contraire, on désigne par V'' le débit fourni à la galerie d'écoulement, tant directement par les travaux de l'amont-pendage, qu'indirectement par les pompes de l'aval-pendage, on trouvera la relation $V'' < V$; car la quantité d'eau reçue immédiatement par la galerie d'écoulement ne peut augmenter, et même diminue nécessairement, dans une mesure d'ailleurs impossible à calculer, celle qui afflue dans les travaux, soit au-dessus, soit au-dessous de son niveau.

Ainsi, en résumé, une galerie d'épuisement débite plus d'eau que n'en auraient élevé les pompes d'épuisement si la galerie n'avait pas existé ; mais elle diminue les frais d'épuisement, principalement en réduisant la hauteur, et aussi, dans une certaine mesure, la quantité d'eau à élever par ces pompes.

(**518**) Indépendamment de ces avantages, les galeries d'écoulement en ont un autre d'une nature distincte, qui est de donner passage non-seulement aux eaux qui affluent par infiltration dans la mine, mais encore à celles qui existent ou qu'on peut recueillir à la surface même du sol, et introduire de propos délibéré dans l'intérieur des travaux. Cet avantage spécial consiste en ce qu'on obtient, par cette introduction, une force motrice dont les éléments sont *la quantité d'eau* dont on dispose par seconde, et *la hauteur* qui existe entre le point où on la recueille au jour et celui où l'on peut la rendre au niveau de la galerie d'écoulement. On comprend quelle valeur peut prendre ce dernier élément dans un pays accidenté, si l'on ne craint pas d'aller chercher au loin un point convenablement déprimé où l'on fera déboucher cette galerie.

La force motrice ainsi créée pourra servir, non-seulement *à l'extraction* des travaux situés en amont-pendage, mais encore *à l'épuisement* et *à l'extraction* d'un aval-pendage qui pourra être d'autant plus important que la force motrice créée sera plus considérable. Plus la galerie d'écoulement sera profonde, plus grande sera, par cela même, la profondeur à laquelle on pourra atteindre au-dessous de son niveau.

Ces considérations expliquent parfaitement et justifient les travaux immenses qui ont été exécutés dans certains districts miniers, notamment en Allemagne, pour assurer l'avenir des exploitations en profondeur. C'est ainsi, par exemple, qu'au Hartz, après avoir exécuté vers la fin du dernier siècle la galerie Georges, au sujet de laquelle on peut lire dans *la Richesse minérale* de Héron de Villefosse des détails intéressants, on a, un demi-siècle plus tard, en 1851, commencé une galerie plus profonde, la galerie Ernest-Auguste, aujourd'hui terminée, qui n'a pas moins de 16,800 mètres de longueur (non compris les embranchements), et qui a été complétement exécutée en quinze ans.

Cette galerie, à laquelle on a donné en général 1^m,75 de largeur, 2^m,60 de hauteur et une pente d'environ 1/2 millimètre par mètre, procure, sur les divers points du district qu'elle dessert, des relevées qui atteignent et dépassent 400 mètres. Cette énorme chute peut être successivement utilisée par portions; les parties supérieures le seront soit par des roues à augets, soit par des turbines ou par des machines à colonne d'eau de rotation, suivant la hauteur de chute nécessaire. Ces récepteurs mettront en action, à l'aide de transmissions convenables, les appareils d'extraction, les bocards, les machines soufflantes, et en général tous les appareils qui pourront être nécessaires au jour. Ensuite le reste de la chute activera des machines à colonne d'eau à traction directe, rejetant l'eau motrice au niveau de la galerie générale d'écoulement, et servant à épuiser les travaux situés en aval-pendage de cette galerie.

Ce grand travail, qui semble ne rien laisser à désirer au point de vue de la bonne utilisation des eaux motrices, est un monument remarquable de l'esprit de prévision et de persévérance avec lequel ont été conduites les exploitations du Hartz, déjà plus de trois fois séculaires.

Mais il est évident que pour que cet esprit soit appliqué à propos, c'est-à-dire pour que l'utilité à retirer d'un tel travail soit en rapport avec la dépense, il faut qu'on soit en présence d'un district suffisamment développé en direction et en profondeur.

Il faut en outre que le régime légal sous lequel sont conduites les exploitations soit tel, que les vues individuelles des divers propriétaires ne viennent pas mettre un obstacle invincible à l'exécution d'un travail d'ensemble.

Il en a été ainsi au Hartz, et sans la réunion de toutes ces conditions, il est probable que de tels travaux n'auraient pas pu être exécutés, qu'ils n'auraient même pas été conçus.

(**519**) C'est ainsi qu'en Angleterre, où l'esprit d'initiative et d'entreprise et l'énergie individuelle sont assurément très-supérieurs à ce qu'on observe en Allemagne, et surtout à *ce qu'on observait* lorsque ces grands travaux s'exécutaient, et où les capitaux sont beaucoup plus abondants, on n'en retrouve, en quelque sorte, qu'un pâle reflet dans les districts métallifères les plus florissants, dont la production est cependant bien autre chose que celle des districts similaires de l'Allemagne.

Cette différence remarquable est due à des causes multiples :

D'un côté, nous voyons une grande division de la propriété minérale ; mais ces propriétés multiples, morcelées quant à la répartition des bénéfices, sont exploitées unitairement par des ingénieurs ne relevant que de l'État, et ayant le pouvoir de faire exécuter les projets d'utilité générale, tels que les galeries dont nous nous occupons.

D'un autre côté, nous voyons la propriété *du dessus* entraîner la propriété *du dessous*, et par conséquent les mines dévolues à de grands propriétaires fonciers, assez intelligents pour apprécier l'importance de leurs richesses souterraines et savoir les mettre en valeur, soit à l'aide de leurs propres ressources, soit en les cédant temporairement, sous des conditions libérales, à des sociétés d'exploitation.

Nous voyons ces sociétés travailler avec beaucoup d'intelligence et d'ardeur, et ne rien négliger pour monter toutes leurs installations sur le plus grand pied; mais, en même temps, rester matériellement incapables, par suite de leur champ d'action restreint et délimité sans rapport avec la disposition des gîtes dans le sein de la terre, comme aussi par la faible durée de leurs contrats, d'entreprendre un travail aussi étendu et d'aussi longue haleine que celui des grandes galeries d'écoulement dont on rencontre tant d'exemples dans les districts métallifères de l'Allemagne.

Sous ce rapport, on peut dire que l'organisation allemande est, à certains égards, supérieure à l'organisation anglaise.

La centralisation de l'exploitation dans les mêmes mains, permet de coordonner les travaux à des vues d'ensemble, et d'exécuter des ouvrages qui intéressent un district entier, et qui ne seraient pas accessibles à des exploitations morcelées, sans aucun lien entre elles, et souvent jalouses les unes des autres.

Cette centralisation assure en outre la bonne et complète exploitation des gîtes; elle permet, par suite de la solidarité partielle établie entre toutes les exploitations, de traverser des périodes infructueuses pour quelques-unes d'entre elles, sans qu'elles soient obligées à l'abandon de leur entreprise.

Par contre, ce n'est pas généralement de cette centralisation que viendra l'initiative des perfectionnements; elle se bornera à les suivre avec sûreté, mais lentement, à mesure qu'ils se réaliseront sur d'autres points.

En somme, il n'est pas certain que les districts de mines soumis à ce régime, comme celui du Hartz, présentassent aujourd'hui une position aussi satisfaisante au point de vue technique, s'ils avaient été partagés en un certain nombre d'affaires distinctes sans aucune communauté d'intérêts.

Il n'est pas même certain qu'ils fussent tous exploités aujourd'hui ; car l'histoire de leur passé montre qu'ils ont été plus d'une fois dans des positions fort précaires, donnant des bénéfices dont n'auraient pas toujours pu se contenter des sociétés d'actionnaires qui auraient eu à faire face à des charges d'obligations plus ou moins importantes.

Tels sont les avantages propres à ce système de centralisation.

Ils ont leur contre-partie dans des inconvénients qui en sont la conséquence naturelle et presque nécessaire.

Si la direction est éclairée, si en général elle ne fait pas de fautes graves, si ses projets d'avenir, longuement mûris, sont bien conçus, elle manque, dans le détail journalier de la conduite des travaux, de cet entrain, de cette ardeur qui trouve son stimulant le plus énergique et le plus soutenu dans l'intérêt personnel des agents. Elle est lente à développer sa production; elle n'a point l'initiative des progrès ; la nécessité de procéder suivant des formules consacrées, en faisant passer toutes les décisions à prendre par une longue hiérarchie d'agents subordonnés les uns aux autres, fait perdre à ceux-ci le sentiment de la responsabilité, étouffe leur initiative, et enlève à la conduite de l'affaire la décision et la rapidité d'allures que comportent les affaires commerciales, etc., etc.

Ces avantages et ces inconvénients n'ont rien d'ailleurs de spécial aux affaires de mines.

On les retrouve dans tous les cas où une administration publique exerce en régie une fabrication quelconque, au lieu de l'abandonner aux soins de l'industrie privée.

On les résumerait, au cas particulier qui nous occupe, en disant que les mines du Hartz, subdivisées en concessions distinctes et abandonnées à l'industrie privée, n'auraient certainement pas été le théâtre de grands travaux comme ceux des galeries Georges et Ernest-Auguste; que peut-être même leur exploitation n'aurait pas eu la continuité qu'elle a eue sous l'administration unitaire qui l'a régie ; mais que certainement, pour peu qu'elles eussent été ex-

ploitables sans pertes (et il n'est pas très-certain qu'il en ait été
toujours ainsi), l'industrie privée en aurait développé davantage la
production, et en aurait su tirer de plus grandes richesses. En
même temps la population ouvrière ne serait pas restée au point
où on l'a vue jusqu'à ces dernières années, ayant *droit*, en quelque
sorte, *à un travail quotidien*, parfois, il est vrai, plus nominal que
réel, recevant des vivres à prix réduit, et en somme assurée de
vivre ; mais dans un état de dépression marquée, et à un niveau
intellectuel très-inférieur à celui des contrées minières soumises à
un régime analogue à celui de l'Angleterre.

En un mot, on a avec le régime allemand les avantages résultant
de la centralisation et de la réglementation, avec le régime anglais,
les avantages, très-supérieurs, à mon avis, au point de vue du développement de la richesse et de l'élévation du niveau intellectuel
de la population, que produisent l'exercice quotidien de l'esprit
d'initiative et le stimulant énergique de l'intérêt privé.

(**520**) Sans insister plus longtemps sur les considérations précédentes, qui nous écartent de notre objet principal, nous voyons que
les galeries d'écoulement ont, au point de vue technique, des avantages très-appréciables ; que nombre de mines *n'existeraient pas*, ou
que leur existence prendrait fin bientôt, si elles ne pouvaient pas
recourir à ce moyen de diminuer leur frais d'épuisement et de se
procurer de la force motrice, et que par conséquent l'établissement
de ces galeries est un point dont doit très-sérieusement se préoccuper un ingénieur directeur de mines.

Une première condition qui doit être remplie, c'est évidemment
que le relief du terrain s'y prête ; c'est-à-dire que les mines exploitées soient dans une région suffisamment accidentée pour que l'on
puisse trouver à la surface, sans être obligé de l'aller chercher trop
loin, un point placé convenablement en contre-bas, soit d'une partie des travaux intérieurs, soit au moins des emplacements sur lesquels on pourra à la surface emmagasiner des eaux motrices.

Il faut se rendre compte de l'étendue des travaux que cette galerie
d'écoulement démergera naturellement, et de l'importance de ceux
qui pourront être ultérieurement créés en aval-pendage de cette

même galerie ; évaluer les frais d'épuisement que ces derniers occasionneront ; calculer la force motrice hydraulique que la galerie d'écoulement mettra à la disposition de la mine, tant pour cet épuisement que pour tout autre service; comparer l'emploi de la force hydraulique ainsi créée à celui de l'emploi de la vapeur, en ayant égard aux frais d'établissement de l'un et de l'autre système et à la dépense en charbon dans le second, etc., etc.

Cet examen d'ensemble, dans lequel il entre nécessairement des éléments plus ou moins aléatoires, notamment l'étendue présumée de l'exploitation en aval-pendage et la quantité d'eau qu'on y rencontrera, ne peut donner de résultat bien précis; ce n'est pas là assurément une question de calcul aboutissant à un résultat numérique déterminé. Mais ce n'est qu'un motif de plus pour l'étudier avec tout le soin possible, pour envisager attentivement toutes les faces de la question, en peser toutes les parties, et finalement se décider pour le système qui, compte fait de tous les frais, soit de premier établissement, soit d'exploitation, rapportés les uns et les autres avec l'intérêt qu'on leur affectera, à une époque choisie, par exemple au terme de la société exploitante, comportera la moindre dépense totale.

La question ne peut être regardée comme étudiée, que lorsque l'examen en a été poussé jusqu'à ce dernier point.

(**521**) Supposant cette étude faite et la question résolue dans ie sens de l'établissement d'une galerie d'écoulement, il doit y être procédé sans retard, et le travail doit en être poussé activement, par la même raison principale qui s'applique, plus impérieusement encore, à un tunnel à grande section, à savoir que le travail ne commence à être profitable *qu'après son exécution complète*, et qu'il y a ainsi, sur le capital qu'on y consacre, une perte sèche d'intérêt d'autant plus grande que cette exécution dure plus longtemps.

On prendra donc tous les moyens propres à accélérer cette exécution, dans la limite des ressources annuellement disponibles. On commencera le travail par les deux bouts, et en outre, autant que possible, on aura une série de points d'attaque intermédiaires, dont la position précise sera donnée par un lever de plans très-soigné. C'est aujourd'hui, par un très-petit nombre de centimètres, soit en plan, soit en élévation, que se mesurent les erreurs d'un tel lever, et par conséquent la taille et la contre-taille partant d'un point intermédiaire, peuvent être poussées chacune vers le chantier qui marche à leur rencontre, sans craindre aucune difficulté au raccordement.

Ces points d'attaque intermédiaires seront obtenus, soit par des puits de service spéciaux partant du jour, soit par des galeries prises des travaux intérieurs.

L'intervalle entre ces points variera selon les circonstances locales. On les multipliera d'autant plus, en moyenne, que les puits pourront être moins profonds ou les galeries moins longues. En outre, une fois qu'on se sera fixé à peu près sur leur nombre total, on avisera à *les rapprocher davantage* dans les régions où les puits devront avoir *le plus de profondeur;* car on doit tâcher que toutes les rencontres se fassent à peu près en même temps, chacune d'elles ne devenant utile que quand toutes les autres, jusqu'à l'orifice de la galerie, sont exécutées.

Pour se fixer d'ailleurs sur ce nombre total de puits, on aura à comparer l'économie ou le surcroît de la dépense de fonçage qui résultera de leur écartement ou de leur rapprochement, avec l'inconvénient ou avec l'avantage qu'on trouvera à une durée d'exécution ou plus grande ou plus courte, en tenant compte de toutes les circonstances, notamment de l'intérêt dû sur le capital engagé dans le travail, et de l'économie annuelle à faire sur les frais d'épuisement à partir du moment où ce travail sera terminé.

On trouvera habituellement intérêt, pour un grand travail de ce genre, à appliquer des moyens mécaniques d'abatage (n°ˢ 158 et suivants), sinon à toutes les attaques, au moins à celles auxquelles une circonstance particulière quelconque, par exemple une profondeur excessive à donner aux puits de service, par suite du relief du terrain, conduirait, dans une vue d'économie, à donner une longueur anormale. Cette question de l'espacement des puits de service doit être examinée dans la double hypothèse de percements faits à la main par les procédés ordinaires, et de percements faits par des procédés mécaniques. On aura à comparer le supplément

de dépense de *premier établissement* et de dépense *par mètre courant*
occasionné par le second système, avec les avantages divers résultant d'une exécution *beaucoup plus prompte.*

Là encore, on reconnaîtra souvent, je crois, par un examen attentif, que dans un ouvrage de très-longue haleine une économie *rela-*
tive déterminée sur le temps d'exécution, prend en *valeur absolue*
une importance telle qu'elle conduit à donner la préférence aux
moyens mécaniques, malgré le chiffre plus élevé de la dépense.

Nous insistons sur ces considérations, pour faire bien comprendre
que la question de l'établissement d'une galerie d'écoulement dans
les meilleures conditions, n'est pas aussi simple qu'elle le semble
au premier abord, d'après la simplicité même du but à obtenir.

La question est très-facile à saisir dans son ensemble, mais fort
complexe à traiter, si l'on veut l'envisager sous toutes ses faces, et
être assuré que la solution à laquelle on s'arrête est la meilleure à
tous les points de vue, aussi bien au point de vue économique et
financier qu'au point de vue technique.

(**522**) La solution une fois arrêtée, l'exécution n'en comporte
aucun détail nouveau. Il reste purement et simplement à appliquer
à l'espèce les divers procédés d'exécution décrits dans les chapitres
précédents.

On donne à cette galerie la largeur ordinaire des galeries à rocher,
1^m,80 à 2 mètres, et une hauteur suffisante pour qu'un plancher
établi au-dessus du niveau de l'eau y rende la circulation facile,
soit 2^m,50 à 5 mètres.

Une voie de fer peut être établie sur ce plancher avec les croisements nécessaires, même si la galerie n'est pas employée au roulage, afin d'y faciliter les transports de matériaux et les réparations.

Si elle sert à un roulage important, on pourra en augmenter la
largeur et mettre partout une double voie ; mais le plus souvent une
galerie d'écoulement de premier ordre n'est pas une voie de roulage
pour les minerais, au moins jusqu'à son orifice, parce qu'elle va
déboucher au jour à une trop grande distance des centres d'exploitation. Le profil en long doit en être tracé avec soin, afin de perdre sur
sa longueur le moins de hauteur possible. La pente peut être, comme

on l'a indiqué au n° 149 du *Cours de machines*, très-inférieure à un millimètre par mètre. Souvent même l'instruction donnée à ceux qui exécutent un tel travail est de marcher *entièrement de niveau* sur toute la longueur de leur chantier, en se guidant sur un repère placé à la cote convenable dans chaque puits de service. Avec l'intervalle ordinaire entre ces puits il n'en résulte à la rencontre aucune difficulté de raccordement; cependant si cet intervalle était trop grand, d'autres repères seraient donnés sur divers points de la longueur du chantier.

Des dispositions doivent être prises pour assurer l'imperméabilité du canal que forme à sa sole la galerie d'écoulement. Il y a pour cela les mêmes motifs que pour le lit d'un ruisseau coulant à la surface. La présence continue de l'eau au-dessus de fissures qui existeraient dans le lit du canal entrainerait une absorption d'eau également continue; et l'eau ainsi absorbée devrait être relevée par les pompes fonctionnant pour l'exhaure de l'avalpendage.

Nous avons implicitement admis cette étanchéité complète, lorsque nous avons dit, au n° 518, que l'effet normal d'une galerie d'écoulement ne pouvait être que de *réduire la quantité d'eau à épuiser par les pompes.*

Il n'en serait plus ainsi, et au contraire cette quantité d'eau pourrait croître *sans limites théoriques*, si la galerie d'écoulement n'était pas imperméable, la même eau pouvant alors être élevée à plusieurs reprises par les pompes.

On assure autant que possible l'imperméabilité de la galerie, si elle est en direction sur le gîte, en la traçant au mur plutôt qu'au toit, de manière que la sole soit assise, en partie au moins, sur le mur, c'est-à-dire dans une région qui n'est pas exposée à être disloquée par l'exploitation.

Si elle est à travers bancs le même motif fera qu'on la tracera dans la région du mur plutôt que dans la région du toit, à supposer que les deux tracés soient possibles.

Si elle doit être tracée au toit, on la garantira par un pilier de sûreté tracé d'après la théorie des n°⁵ 508 et suivants, c'est-à-dire que l'axe du pilier devra se confondre avec celui de la galerie, non en projection horizontale, mais en projection orthogonale sur le plan du gîte.

Sur les points susceptibles d'être ébranlés par les travaux, on pourra établir un muraillement complet avec radier et pieds-droits, quand même la solidité du terrain ne rendrait pas cette précaution nécessaire, et l'on aura soin de boucher exactement les fissures qui apparaîtraient dans cette maçonnerie.

A la traversée d'un gîte qui aura été exploité au voisinage et en aval-pendage du point de rencontre, on fera couler l'eau dans un canal en bois, qu'on suspendra de manière à le soustraire autant que possible à l'influence des dislocations que ce voisinage peut occasionner, etc., etc.

(**523**) Nous terminerons ces indications générales sur les galeries d'écoulement, en remarquant qu'elles sont d'un emploi beaucoup plus fréquent dans l'exploitation des filons métallifères que dans celle de la houille.

Pour la houille, à l'exception de quelques exemples de galeries navigables, dont l'objet principal est *le transport des matières*, et non *l'écoulement de l'eau*, on ne compte guère, même dans les bassins houillers où le sol est accidenté, que quelques galeries peu importantes, qu'on nomme des *défuyants*, qui partent du fond de la vallée et s'avancent en direction, pour recueillir les eaux s'infiltrant par les vieux travaux des affleurements, et pour tâcher, autant que possible, de les empêcher de tomber dans les travaux actuels situés en contre-bas du niveau de la vallée.

Un tel ouvrage n'a que le nom de commun avec les grandes galeries générales dont nous venons de parler.

Il y a de nombreuses raisons pour que l'emploi de ces dernières ait lieu, comme nous le disons, principalement dans les filons.

D'abord, ces districts métallifères sont ordinairement dans des contrées plus accidentées que les terrains houillers, et dont le relief est ainsi plus favorable à leur établissement.

En second lieu, les mines métalliques ont en général *beaucoup plus d'eau*, pour un développement donné de travaux, que les mines de houille. Ainsi, par exemple, il n'y a nulle comparaison à faire

de l'entretien d'eau d'une grande houillère du Northumberland
exploitée sans machine spéciale d'épuisement, sous une grande
épaisseur de terrain houiller très-bien réglé et où dominent les
roches schisteuses peu perméables, à celui d'une grande mine métallique, soit du même comté, soit du Cornouailles, qui, avec un
développement de travaux beaucoup moindre, devra souvent être
munie d'une machine d'exhaure de quelques centaines de chevaux.

La différence entre les deux cas s'explique naturellement. L'existence d'un long affleurement plus ou moins perméable facilite les
infiltrations dans un filon ; et la présence même des matières qu'on
y exploite aujourd'hui témoigne, à elle seule, de la facilité avec laquelle les eaux ont pu jadis y pénétrer. Il est assez naturel d'imaginer que cette facilité n'ait pas entièrement disparu.

En troisième lieu, enfin, pour épuiser ces eaux plus abondantes,
on n'a pas les mêmes facilités d'employer la vapeur que sur une
houillère, le combustible y étant toujours beaucoup plus cher, lors
même qu'on parvient à se l'y procurer. D'ailleurs, pour beaucoup
de mines métalliques, l'exploitation remonte à des époques déjà reculées, et nombre de grandes galeries d'écoulement étaient exécutées longtemps avant qu'il ne fût question de la force motrice de la
vapeur.

Par ces diverses raisons, il arrive que c'est dans les districts métallifères qu'il faut aller chercher les exemples des plus grands
ouvrages faits en vue de l'asséchement des mines ; de même que
c'est sur les houillères, où le chiffre de la production est un élément
si essentiel, qu'on trouvera le service de l'extraction installé sur
l'échelle la plus importante.

§ 4. — De l'épuisement des mines par des moyens mécaniques.

(**524**) Malgré les dispositions prises au dehors ou à l'intérieur,
on n'a pu prévenir d'une manière absolue l'introduction de l'eau
dans les travaux souterrains.

Une galerie d'écoulement, si elle a pu être établie, ne retient que partiellement ces eaux, *et une partie* descend en contre-bas de cette galerie.

Nous avons actuellement à nous occuper des moyens *d'épuisement* à appliquer aux mines ou aux portions de mines qui ne sont pas exhaurées naturellement.

Nous pouvons distinguer les épuisements intérieurs, ou temporaires, qui intéressent un simple quartier peu étendu de la mine, et les épuisements permanents qui s'appliquent à l'ensemble des travaux non exhaurés.

En principe, cet ensemble doit être tellement disposé que les eaux se rendent d'elles-mêmes, par l'effet de la pente, au puits d'exhaure, soit dans le puisard, soit à l'une des pompes établies en répétition dans la colonne du puits.

La pente des galeries, réglée par la condition de faciliter les transports, est beaucoup plus grande qu'il n'est nécessaire pour cet écoulement, et avec cette pente, une simple rigole, entretenue bien nettoyée, maintient à sec le sol des diverses galeries, et suffit à l'écoulement de toutes les eaux qui y affluent.

Mais ce principe n'est pas appliqué partout et toujours à la rigueur.

Il peut être opportun, nécessaire même parfois, de s'en écarter.

Tel est, par exemple, le cas d'une *taille* et d'une *contre-taille* partant d'un puits de service pour marcher à la rencontre des chantiers poussés à partir des puits voisins. Si la taille est *en rampe*, la contre-taille est suivant *une pente* ayant le même degré d'inclinaison.

D'autres cas encore peuvent se présenter.

Ainsi, par exemple, un percement pour l'aérage, dans un quartier mal ventilé et infesté de grisou, se fera plus facilement de haut en bas que de bas en haut.

Les conditions géométriques de l'allure du gîte peuvent également conduire à avoir des chantiers non exhaurés naturellement.

C'est ainsi qu'un quartier compris entre deux rejets peut être en contre-bas de la ligne suivant laquelle la galerie d'allongement doit être maintenue. C'est encore ainsi qu'une galerie montante, rencontrant successivement une selle et un fond de bateau, présentera, suivant son axe, un point d'inflexion, à la suite duquel la courbe convexe

vers le bas pourra avoir une tangente horizontale. Il peut se faire
que l'ennoyage d'un crochon descende un peu au-dessous du niveau
d'un travers-bancs par lequel on exploite le plat et le droit correspondant, et laisse à prendre un quartier trop peu important en
hauteur pour qu'il y ait lieu de lui consacrer un travers-bancs
spécial. On peut encore avoir à pousser un chantier sur l'aval-pendage d'une voie de niveau, soit comme travail de reconnaissance,
soit pour hâter une communication entre deux puits, etc., etc.

(**525**) Dans ces diverses circonstances spéciales, dont il faut renoncer à faire l'entière énumération, on emploie des moyens provisoires qu'il est bon de connaître.

S'il s'agit d'un ouvrage développé en longueur, mais ayant une
pente par mètre très-faible, comme la contre-taille ci-dessus men-
tionnée, on peut se débarrasser des eaux par un simple baquetage;
pour cela, on établit de distance en distance un petit puisard au sol
de la galerie, et de l'un à l'autre de ces puisards on pose des lignes
de petits écheneaux, auxquels on donne une contre-pente. A l'aide
de seaux, on verse l'eau d'un puisard dans l'écheneau correspondant
qui la conduit au puisard voisin, et on la remonte ainsi de l'un à
l'autre jusqu'au point où l'eau trouve à s'écouler vers le puits.

Si le point à exhaurer n'est séparé du reste des travaux que par un
seuil, en deçà duquel on peut trouver dans ces mêmes travaux, un
point placé à un niveau inférieur, on pourra faire fonctionner un
siphon entre ces deux points, toutes les fois que le seuil à franchir
ne sera à plus de 6 à 7 mètres au-dessus du niveau de l'eau à épuiser. Ce siphon sera amorcé à l'aide d'une tubulure établie à son
point culminant; des clapets, mis en jeu par des flotteurs, seront
établis aux extrémités du siphon, et le jeu en sera réglé de manière
que les orifices soient fermés avant le moment où l'abaissement de
l'eau commencerait à les dénoyer. Par cette disposition très-simple,
le siphon reste toujours amorcé.

On peut encore élever les eaux qui affluent à un chantier en descente, soit avec une *cornue*, espèce de cuveau, ou de benne, munie
de brancards et portée à bras comme une civière, soit avec un ton-
neau portée par un wagon circulant sur une voie ferrée.

Enfin on peut employer des pompes à bras, dont le tuyau d'aspiration plonge dans un petit puisard et dont le tuyau de refoulement se prolonge jusqu'au point où les eaux peuvent être déversées.

Ces pompes peuvent être construites très-simplement en bois, et tous les détails en sont faits sur place par les ouvriers boiseurs de la mine.

Ces pompes en bois, que l'on nomme des *canards*, se composent d'un tronc de pin foré *sur un petit diamètre* dans la partie qui doit servir à l'aspiration, et *sur un plus grand diamètre* dans la partie qui doit servir de corps de pompe et de tuyau élévatoire. Il en résulte, à la jonction de ces deux parties, une embase annulaire, sur la quelle vient reposer la soupape d'aspiration ou soupape dormante.

Le piston est creux, ou à clapet, et reçoit un mouvement de va-et-vient à l'aide d'une tige composée d'une suite de tringles en fer et munie d'un manche transversal.

La soupape dormante est un cylindre de bois évidé intérieurement, sur la tranche supérieure duquel joue un clapet circulaire en cuir, ayant une queue fixée sur cette tranche avec quelques clous et servant de charnière. Le cuir est roidi par deux rondelles de bois entre lesquelles il est saisi, l'une un peu plus grande, l'autre un peu plus petite que l'ouverture sur laquelle il repose.

Le corps de la soupape entre à frottement dans le corps de pompe. On l'y glisse après l'avoir entourée de chanvre bien graissé; on la pousse à sa place à l'aide d'une anse en fer dont elle est munie, et qui sert aussi à la retirer quand il faut refaire la garniture ou changer le clapet.

Le piston a la même forme générale que la soupape, sauf qu'il est un peu plus étroit à la base, pour recevoir une garniture en cuir ou en caoutchouc vulcanisé, qui s'évase et s'appuie sur la surface du corps de pompe, pendant la course ascendante du piston, par l'effet même de la pression de l'eau.

Ces pompes, dont la figure 410 représente l'ensemble et les principaux détails, ont une longueur totale ne dépassant pas 8 à 10 mètres; elles sont assez faciles à transporter et à mettre en place. Elles servent dans les galeries inclinées, en les couchant simplement sur le sol ; on en met plusieurs en répétition, les unes au-dessus des autres, lorsque la longueur de la galerie l'exige.

La plupart du temps aujourd'hui on remplace ces pompes en bois par des pompes métalliques, qui fonctionnent dans des conditions plus ou moins semblables à celles des pompes à incendie. Ces appareils sont préférables aux canards, parce qu'ils peuvent relever l'eau d'un seul jet sans répétition, et que leurs dispositions sont plus favorables, généralement, au bon emploi de la force de l'homme. Ces dispositions peuvent être d'ailleurs extrêmement variées. Il existe des constructeurs ayant pour spécialité telle ou telle de ces dispositions. Nous ne les décrirons pas : ce serait une étude technologique trop longue et sans intérêt spécial pour l'art des mines ; nous nous bornons à mentionner ici, comme étant d'un emploi relativement récent, mais qui semble appelé à se répandre, les pompes à force centrifuge, ou *pompes rotatives*, qui sont des espèces de turbines aspirant l'eau par le centre, la rejetant à la circonférence, à l'intérieur d'un cylindre creux sur lequel s'embranche le tuyau servant à l'ascension de l'eau. Cette ascension se fait sous la pression qui se produit à la circonférence par suite du mouvement de rotation, pression d'autant plus grande que ce mouvement de rotation est plus rapide.

Sans entrer dans d'autres détails, nous indiquerons que ces pompes rotatives ont un avantage appréciable pour élever des eaux plus ou moins troubles, par suite de l'absence de toute garniture étanche ; elles fonctionnent d'ailleurs d'autant mieux, pour une force donnée, que les volumes d'eau sont plus grands et les hauteurs d'eau plus faibles.

Un directeur de mines n'a pas, en général, à s'occuper de construire ces pompes métalliques. Quel que soit leur système, on les trouve toutes faites dans le commerce, et échantillonnées suivant le volume d'eau et la hauteur à laquelle on veut l'élever.

Le plus souvent ces pompes seront mues à bras ; mais si la force à développer le comportait, on pourrait employer un manége intérieur, ou, s'il y avait lieu, un appareil à air comprimé, suivant les indications du n° 421.

(**526**) Supposons enfin l'eau arrivée au puits d'exhaure et devant

être élevée par des moyens mécanique soit jusqu'au jour, soit jusqu'au niveau d'une galerie d'écoulement. Nous avons, comme dans
le service de l'extraction, à considérer d'abord les *moteurs* et leurs
récepteurs, ensuite les *organes de transmission*, et enfin les *opérateurs* à l'aide desquels s'obtient le résultat industriel cherché.

Quoiqu'il ne soit pas *théoriquement exact* de dire que, par cela
seul qu'une mine est étendue et profonde, le travail moteur à développer pour l'épuisement soit considérable, et exclue, comme on l'a
vu pour l'extraction, l'emploi des moteurs animés (car rien n'empêche de concevoir une telle mine n'ayant qu'un entretien d'eau
insignifiant), nous nous bornerons à dire que, si le cas se présentait
d'employer ces moteurs, il n'y aurait aucune difficulté à transformer le mouvement de rotation imprimé soit par des hommes à
un treuil, soit par des chevaux à un manége, en un mouvement
circulaire alternatif de bielles qui mettraient en mouvement une
ou deux tiges de pompes, comme nous allons le dire ci-après pour
le cas d'une roue hydraulique.

A défaut des moteurs animés, nous pouvons disposer soit de la
force d'une chute d'eau, soit de celle de la vapeur. Une chute
d'eau, qu'elle soit offerte par la nature ou créée artificiellement à
l'aide d'une galerie d'écoulement, peut être, théoriquement, utilisée
par un quelconque des récepteurs connus dans l'industrie.

Mais au point de vue de son application à l'épuisement d'une
mine, le choix de ce récepteur n'est pas toujours indifférent.

Une roue hydraulique à augets, par exemple, utilise une hauteur
de chute essentiellement limitée par le diamètre qu'on peut pratiquement lui donner. Si cette hauteur est suffisante, eu égard au volume de l'eau motrice dont on dispose et à la force dont on a besoin,
cette roue pourra être effectivement employée, et son mouvement de
rotation peu rapide sera en général assez bien approprié au mouvement d'oscillation qu'il convient de donner à des tiges de pompes.

La transmission de mouvement aura lieu par un système de
bielles, de lignes de tirants et de varlets, établi depuis cette roue
jusqu'aux pompes placées sur le puits d'exhaure.

Ces pompes seront mises en mouvement par des tiges assemblées
soit sur une maîtresse tige unique, convenablement équilibrée par des

contre-poids, soit sur deux maîtresses tiges qui s'équilibreront mutuellement. Dans ce dernier cas, les pompes seront placées alternativement sur l'une et sur l'autre tige, et formeront ainsi deux systèmes distincts qui se renverront l'eau à chaque oscillation des tiges.

C'est la disposition en quelque sorte classique, longtemps usitée en Angleterre et plus encore en Allemagne, dans la plupart des districts métallifères.

Les figures 411 et 412 extraites de la richesse minérale, en représentent un exemple.

La figure 411 en donne l'ensemble, et la figure 412 les principaux détails, qui d'ailleurs sont susceptibles de nombreuses variantes.

Il existe encore aujourd'hui d'assez nombreux spécimens de ce système.

On peut lui reprocher d'abord de ne pouvoir utiliser, comme on vient de le dire, qu'une hauteur de chute limitée, et en second lieu, comme on l'a dit plus haut au n° 445, de perdre beaucoup de force, dès que la ligne des tirants doit être longue et présente un plan ou un profil en long accidenté.

Peut-être est-il permis de penser qu'on remplacerait avec avantage ces transmissions à l'aide de tirants rigides, par une transmission téléo-dynamique du système de M. Hirn. Une poulie calée sur l'arbre moteur recevrait un câble métallique sans fin, convenablement guidé sur son parcours, qui irait commander une autre poulie placée sur l'arbre à manivelles actionnant les tiges des pompes.

Peut-être faudrait-il aussi, afin de réduire la fatigue du câble destiné à la transmission, d'amoindrir les frottements, et d'éviter les chances de glissement de ce câble, avoir soin de placer la poulie menante sur un arbre spécial commandé par la roue hydraulique au moyen d'un engrenage *accélérateur*, et la poulie menée à l'autre extrémité sur un autre arbre spécial commandant l'arbre à manivelles au moyen d'un engrenage *retardateur*.

Ce système, quoiqu'un peu complexe en apparence, serait en réalité encore plus simple, et surtout fonctionnerait avec moins de résistances passives, que le système des tirants rigides, pour peu qu'il y eût une distance notable, en plan et en élévation, entre le point obligé où la roue hydraulique serait établie et le point où les tiges des pompes devraient être attelées aux manivelles.

Contrairement à ce qui a lieu pour les roues à augets, les turbines utilisent *toute la hauteur de chute que l'on veut ;* mais leur vitesse de rotation, qui, pour une force donnée, augmente avec la hauteur de la chute, est en général beaucoup trop grande pour commander directement des tiges de pompes. Il faudrait dans ce cas, au lieu de ce que nous venons de dire pour celui des roues à augets, employer des engrenages *pour réduire* et non pour augmenter la vitesse angulaire imprimée au récepteur, si l'on voulait combiner l'emploi de la turbine avec le même système téléo-dynamique indiqué ci-dessus.

Si la turbine a l'avantage, sur la roue hydraulique à augets, de pouvoir utiliser la totalité, ou telle fraction qui sera jugée nécessaire de la hauteur d'une chute donnée, on oppose à ce récepteur son peu de masse, surtout dans le cas d'une haute chute, qui le rend peu approprié à un opérateur exerçant une action irrégulière et intermittente, comme une bielle ou une tige de pompe que commande une manivelle. Mais la faiblesse de la masse peut être compensée par la vitesse, et rien n'empêche d'ailleurs de mettre sur l'arbre de la turbine un volant ayant tel moment d'inertie que l'on jugera convenable.

Il existe, comme l'on sait, un autre récepteur hydraulique susceptible, aussi bien que la turbine, d'utiliser une hauteur quelconque de chute. C'est la machine à colonne d'eau.

Cette machine peut être à *double effet* ou de *rotation*, ou bien à *simple effet*.

Pour la première, qui est employée à faire mouvoir d'un mouvement continu de rotation l'arbre d'un volant, cet arbre présente les mêmes conditions d'emploi que celui d'une roue à augets ou d'une turbine. Il portera donc directement les manivelles, ou bien si la vitesse de rotation, habituellement plus grande qu'avec une roue à augets et beaucoup moindre qu'avec une turbine, n'est pas immédiatement appropriée au mouvement des pompes, il commandera l'arbre à manivelle par un engrenage qui sera, selon les cas, retardateur ou accélérateur.

Mais on peut penser que cette solution n'est pas la meilleure qui se puisse indiquer, et que pour l'utilisation d'une haute chute, la *machine à colonne d'eau à simple effet*, dont la tige commande directement les pompes, est véritablement la *machine d'épuisement*, comme la machine à double effet est la *machine d'extraction* (voir n° 435.)

Elle a sur celle-ci, quand il s'agit de faire mouvoir des pompes, l'avantage d'une plus grande simplicité et d'un plus grand rendement pratique, puisqu'elle supprime tous les organes intermédiaires, autres que la ligne même des tiges, entre le piston *récepteur* et les pistons *opérateurs*. Elle utilise toute la hauteur de chute comme les turbines, et elle a sur elles le même avantage de simplicité et de rendement que sur la machine de rotation.

Elle peut être installée facilement où l'on veut, au niveau, ou même au-dessous de la galerie d'écoulement (voir cours de machine n°ˢ 274 et suivants).

(**527**) Si la force hydraulique fait défaut, ou est insuffisante, et si d'ailleurs l'emploi des moteurs animés est hors de question, il ne reste de possible que l'emploi de la force de la vapeur. Cet emploi peut se faire sous plusieurs formes :

On peut d'abord, si l'entretien d'eau est peu important, utiliser *l'appareil même d'extraction de la mine*, dans les heures où il n'est pas employé à son service principal. Ce système (applicable en principe à tous les moteurs, aussi bien qu'aux machines à vapeur) est souvent employé dans de grandes houillères parfaitement installées d'ailleurs, où l'on n'a d'autre moyen d'exhaurer que de faire marcher chaque jour pendant quelques heures, entre deux postes, la machine d'extraction pour épuiser l'eau avec des bennes. Les choses sont disposées pour substituer soit aux wagons du roulage de grandes caisses à eau qu'on place dans les cages d'extraction, soit à ces cages elles-mêmes des bennes à eau qui sont souvent guidées comme elles. Ces bennes se remplissent dans le puisard par immersion, ou par le soulèvement d'un clapet que porte leur fond. Arrivées au jour, elles sont vidées au moyen de divers artifices, faciles à imaginer, et dont quelques-uns sont représentés *fig.* 413 à 415 (voir la légende des planches).

On peut, par exemple, les déposer sur un chariot qu'on amène sur le compartiment correspondant du puits. Au moment où la benne va se poser sur deux chantiers fixés au fond du chariot, la tige du clapet porte sur ce fond, se soulève et laisse écouler l'eau. On peut encore faire ouvrir automatiquement le clapet par le seul fait de l'arrivée de la benne au jour, etc., etc.

D'autrefois, quand on emploie des bennes flottantes, on se contente de recevoir les bennes sur une pièce de bois mobile dite *postillon*, placée au niveau de la recette, que l'on fait avancer de manière que les bennes, en reculant, viennent s'y poser en porte à faux, et se renversent pour y vider leur contenu dans le réservoir placé un peu en contre-bas de la margelle du puits, etc., etc.

Dans tous les cas, les bennes sont vidées sans les détacher des câbles.

Ce service d'eau peut se faire, non-seulement par la machine d'extraction de la mine, mais aussi par une machine spéciale n'ayant pas d'autre usage, et installée identiquement comme pour un service d'extraction. Cette disposition permet d'utiliser un puits qui ne servirait plus à l'extraction, et sur lequel l'ancienne installation subsisterait.

On admet que le service de l'eau peut marcher aussi vite que le service de l'extraction, et même sensiblement plus vite, parce qu'on peut abréger le temps perdu entre deux manœuvres.

On pourra donc employer la machine même d'extraction, ou bien une machine spéciale établie sur le même type, lorsque *la quantité d'eau à épuiser* journellement sera comparable à la *quantité du minerai* à extraire, soit égale, soit peut être 2 à 3 fois plus grande.

C'est le système qui donnera lieu à la moindre dépense d'installation, et s'il est suffisant, ce qui aura lieu assez souvent, du moins pour les houillères, on peut le regarder comme n'étant pas irrationnel.

Mais il sera parfois fort loin d'être suffisant, soit s'il s'agit de très-grandes profondeurs, où nous avons vu que les appareils ordinaires d'extraction présentent des difficultés croissantes, soit s'il s'agit de très-grands entretiens d'eau.

On pourrait citer telle mine où le poids de l'eau à épuiser est 10 fois, 15 fois, 20 fois, et au delà, plus considérable que le poids de la matière utile.

(**528**) A défaut de l'emploi direct de la machine d'extraction ou d'une machine spéciale du même type, on pourra employer l'une des dispositions suivantes :

1° On établira sur l'arbre du volant de la machine d'extraction, une manivelle spéciale commandant, à l'aide d'une bielle, la tige unique ou les deux tiges d'un système de pompes fonctionnant comme on l'a dit plus haut pour les roues à augets. On fera ainsi *simultanément* le service de l'extraction et celui de l'épuisement.

Mais les intermittences de mouvement et les changements de marche que comporte l'extraction, conviennent peu à des pompes, et le système n'est applicable que si le service de l'épuisement est un accessoire peu important relativement à celui de l'extraction ;

2° Une machine à vapeur de rotation, fixe s'il s'agit d'un épuisement permanent, locomobile si l'épuisement n'est que temporaire, sera établie près du puits d'exhaure, soit au jour, soit à l'intérieur de l a mine au niveau de la galerie d'écoulement, et actionnera directement la tige unique ou les deux tiges d'un système de pompes fonctionnant ainsi qu'il vient d'être répété ; mais avec ces deux différences essentielles, qu'on n'est pas limité, quant à la force à employer, comme avec la première disposition ci-dessus, et que n'ayant pas de sujétion d'emplacement on peut toujours supprimer les tirants que nécessite habituellement l'emploi des roues à augets ;

3° Cette même machine de rotation peut être établie au fond du puits, aspirer directement l'eau dans le puisard et la refouler en un seul jet jusqu'au jour.

Cette disposition a le très-grand avantage de supprimer dans le puits d'exhaure, l'attirail encombrant et si coûteux des tiges, des répétitions de pompes et de leurs supports, et de réduire le tout à une ligne de tuyaux n'occupant qu'un très-petit espace dans ce puits, et permettant de conserver celui-ci pour un autre service.

On est dispensé, en même temps, de l'entretien attentif et difficile que demande toute cette installation des pompes en répétition.

Ce système a été appliqué à plusieurs reprises aux mines de Blanzy. M. A. Burat en a fait connaître un exemple d'abord dans le matériel des houillères (1861), puis avec de plus grands détails dans son traité d'exploitation (1871).

Ce second appareil, représenté dans son ensemble par la figure 416, a été étudié et établi avec le plus grand soin par M. Audemar, pour refouler l'eau d'un seul jet à une hauteur de 300 mètres.

Une telle machine a coûté certainement moins cher à établir, et, grâce à sa bonne construction, elle ne coûte peut-être pas plus cher d'entretien qu'un attirail ordinaire de pompes en répétition actionnées par un système de tiges.

Mais aussi, et c'est là le motif principal qui semble s'opposer à la généralisation du système, les corps de pompes et les tuyaux montants sont soumis à d'énormes pressions effectives (allant, dans l'espèce, jusqu'à 30 atmosphères), qui demandent que toutes les pièces soient très-fortes et ajustées avec la plus grande précision. En outre, on a les inconvénients, au point de vue de la facilité de la surveillance et de l'entretien, d'une machine motrice placée à l'intérieur d'une mine, et ceux des mouvements possibles du terrain, amenant des dislocations d'autant plus graves qu'il s'agit de pressions plus élevées.

On peut croire que la profondeur de 300 mètres, franchie d'un seul jet, est déjà bien considérable, quoiqu'on ait des exemples de pompes foulantes fonctionnant sous des charges d'eau de 500 mètres et plus, dans certaines applications industrielles, telles que la fabrication des agglomérés, l'emploi des accumulateurs d'Armstrong, et aussi dans certaines salines de la Bavière, etc.

En tous cas, le système ne serait assurément pas applicable, dans l'état actuel de l'art de la construction, à des mines où l'on aurait à dépasser cette dernière charge de 300 mètres.

4° Comme variante du type ci-dessus, pour le cas de la machine à vapeur placée à l'intérieur de la mine, on peut employer un système particulier qui s'est d'abord produit en Amérique, et qui se répand maintenant en Angleterre, celui des machines horizontales à double effet, dépourvues de volant et, en général, de toute pièce douée d'un mouvement de rotation.

Ces machines sont réglées à l'aide d'un jeu de fers et de taquets fixés sur la tige du piston. Celle-ci est reliée directement à la tige d'une pompe aspirante et foulante à double effet portée sur la même plaque de fondation. Le récepteur et l'opérateur sont ainsi réduits à leur maximum de simplicité et de solidarité, et la pose peut s'en faire très-promptement dans une excavation de dimensions réduites, sans les difficultés et les sujétions qu'entraîne la présence d'un volant et l'installation des supports de ses tourillons.

C'est un appareil qui peut être très-utile dans certains cas urgents, lorsqu'il s'agit, par exemple, d'installer, en un minimum de temps, un moyen d'épuisement, pour faire face à une venue d'eau inattendue. Il répond très-bien par là aux besoins de beaucoup d'exploitations américaines, dont les propriétaires, n'ayant pas toujours la faculté, ni souvent même le désir, de conduire leurs travaux avec les prévisions et la maturité désirables, recherchent avant tout la rapidité de l'exécution.

Mais au point de vue *purement technique*, cet appareil est théoriquement fort peu recommandable : l'absence de toute masse *faisant fonction de volant*, soit la jante d'un volant proprement dit, soit l'ensemble d'une longue ligne de tiges de pompes, empêche d'employer la détente, et la condition de simplicité d'installation empêche d'employer la condensation. Cet appareil est aux bonnes machines d'épuisement établies à demeure et fonctionnant dans les conditions d'un emploi rationnel de la vapeur, ce qu'est une simple machine à haute pression, sans condensation ni détente, à une machine perfectionnée de Woolf.

(**529**) Enfin, le cinquième type de machine à vapeur applicable à l'épuisement, est la machine à simple effet fonctionnant dans les mêmes conditions que les machines à colonne d'eau de même nom, c'est-à-dire imprimant à une tige de pompe un mouvement rectiligne alternatif de même nature que celui de son propre piston.

C'est suivant ce système que fonctionnent les plus grandes machines d'épuisement dans les mines métalliques de l'Angleterre et sur un certain nombre de mines de même nature et de houillères sur le continent. C'est le système le plus indiqué dans le cas de très-grands épuisements. Il est applicable aux plus grandes profondeurs et aux plus grandes masses d'eau.

C'est à ce système que se rapportent les machines dites *du Cornouailles*, renommées pour leur marche exceptionnellement avantageuse, au point de vue de la consommation du combustible.

La machine ordinaire du Cornouailles peut être définie :

Une machine à vapeur à balancier, à simple effet, à haute ou moyenne pression, à longue détente se réglant à la main et à condensation, à distribution par soupapes mues à l'aide des tasseaux d'une poutrelle de distribution, et à marche intermittente réglée à volonté par le jeu d'une cataracte.

Dans une semblable machine, la vapeur agit de haut en bas sur le piston pour le faire descendre et faire remonter en même temps la maîtresse tige attelée à l'autre extrémité du balancier.

Elle agit d'abord à pleine pression, et le mouvement du système est accéléré. On coupe l'admission en un point convenable. Le mouvement s'accélère encore, jusqu'à ce que la pression de la vapeur détendue fasse équilibre aux résistances qui sont en jeu dans la machine. A partir de ce moment, qui correspond au maximum de vitesse, le mouvement se ralentit graduellement ; l'excès du travail résistant sur le travail moteur détruit peu à peu la force vive dont le système est animé, et l'admission doit avoir été interrompue en un point convenable, pour que le piston à vapeur arrive avec une vitesse nulle à la fin de sa course descendante.

Son excursion descendante ainsi terminée, on établit l'équilibre de pression sur ses deux faces ; il remonte entraîné par le poids des tiges, qui refoule dans les tuyaux montants des pompes l'eau aspirée pendant leur ascension.

La course ascendante du piston est limitée en fermant à propos la soupape d'équilibre, pour créer une résistance par le fait de la compression de la vapeur au-dessus de sa face supérieure. Il revient ainsi sans vitesse à son point de départ.

Tout est alors au repos dans la machine, sauf la cataracte que l'on a réglée à volonté, et qui va préparer le coup de piston suivant, en faisant jouer, *d'abord* la soupape d'échappement qui fait communiquer le dessous du piston avec le condenseur, et *l'instant d'après*, la soupape d'admission qui met le dessus en relation avec la chaudière.

Tel est le système ordinaire des machines dites du Cornouailles dont M. Combes a fait connaître, il y a plus de trente ans, les résultats exceptionnellement avantageux ; résultats dus, non-seulement à ce que la vapeur est employée *dans les meilleurs conditions théoriques*, mais aussi à ce qu'il s'agit de très-grandes machines, où toutes les précautions de détail sont prises pour les entretenir dans le meilleur état, et prévenir les fuites et les condensations anormales de vapeur, et encore au peu d'importance des résistances passives qu'elles présentent, par suite de leur simplicité et de la liaison presque directe entre le moteur et la résistance principale.

La figure 417, extraite de l'ouvrage de M. Combes, donne l'ensemble d'une machine du Cornouailles déjà ancienne, mais établie sur un type très-étudié et encore très-répandu.

(**530**) Ces machines du Cornouailles, quelque satisfaisantes qu'elles soient, comportent quelques variantes.

D'abord on peut dire, en principe, que ce type d'une machine à simple effet, donnant une série de coups de piston séparés par des intervalles de repos complet, n'est point une solution qu'impose la nature des choses.

On pourrait très-bien se représenter une machine du Cornouailles transformée en une machine de rotation à double effet, en modifiant la distribution et en ajoutant une bielle et une manivelle actionnant l'arbre d'un volant. C'est la modification qu'ont généralement subie les machines soufflantes, qui, après avoir été d'abord des machines à mouvements alternatifs réglés par le jeu d'un régulateur à piston flottant, sont devenues des machines de rotation à mouvement continu.

D'après ce système, la maitresse tige des pompes serait attelée soit en un point convenablement choisi sur le balancier, soit à une manivelle calée sur l'arbre du volant. Elle serait équilibrée de telle façon que les résistances à vaincre pendant les courses ascendante et descendante fussent sensiblement égales, et le volant pourrait recevoir un moment d'inertie assez faible, suffisant pour faire franchir le point mort, mais sans chercher à obtenir dans le mouvement de rotation une régularité au moins inutile.

Une telle machine, fonctionnant dans les mêmes conditions de pression, de détente et de condensation qu'une machine du Cornouailles n'a point sur celle-ci d'infériorité théorique.

En fait, ce système semble prendre faveur en ce moment, et il a reçu un certain nombre d'applications, particulièrement en Allemagne.

On reconnaît qu'il présente un certain avantage, en ce sens que le mouvement alternatif du piston étant réglé par la combinaison cinématique qui le rend solidaire du mouvement du volant, on peut le lancer sans crainte avec une vitesse moyenne un peu plus grande, et arriver, soit par suite de cette plus grande vitesse, soit par la suppression de la cataracte, à donner un plus grand nombre de coups de piston par minute, ou, ce qui est la même chose, à réduire les dimensions de la machine pour une dépense donnée de vapeur.

On peut dire encore que ce système rend sans objet les masses qu'on ajoute à l'attirail des maîtresses-tiges pour pouvoir marcher avec une grande détente.

Le système me semble donc parfaitement acceptable, lorsque la force de l'appareil ne dépasse pas certaines limites. Mais quand il s'agit d'épuisements très-considérables, soit par la masse de l'eau à enlever, soit surtout par la profondeur à laquelle il faut la prendre, lorsque par conséquent la maitresse-tige constitue une pièce d'une grande importance, peut-être est-il permis de penser que l'appareil à mouvements alternatifs, dans lequel un temps marqué de repos complet, entre deux coups de piston successifs, permet à tous les mouvements vibratoires de s'éteindre, est, au point de vue mécanique, préférable pour un épuisement permanent où il importe d'assurer la conservation et le bon état d'entretien de toutes les parties du système.

Considérant donc les appareils d'épuisement établis sur les principes de ceux du Cornouailles comme étant encore aujourd'hui ceux qui semblent les mieux indiqués pour les très-grands épuisements, nous devons signaler d'autres variantes, qui ne portent pas, comme la précédente, sur le mode d'action de la vapeur dans la machine, mais qui n'en ont pas moins une certaine importance.

La première consiste en ce que, sur le continent, la plupart des machines établies sont à *traction directe*, c'est-à-dire que l'attirail du balancier est supprimé, le cylindre placé verticalement sur le prolongement de l'axe des tiges, et le jeu de la vapeur renversé. La vapeur agit par sa pression *pour soulever le piston*, et la soupape d'équilibre fonctionne *pendant sa course descendante*.

A ce détail près, la machine à traction directe fonctionne exactement sur les mêmes principes que la machine du type du Cornouailles, et la théorie ne lui assigne aucune cause d'infériorité.

La figure 418 représente une de ces machines ; elle donne, par son rapprochement avec la figure précédente, une idée des différences caractéristiques des deux types.

Le but qu'on se propose avec la traction directe est de réduire la dépense d'installation de la machine. On n'a plus besoin en effet, avec elle, de se procurer un point d'appui élevé pour porter l'axe d'un balancier, point d'appui qui doit être établi dans des conditions d'extrême solidité, puisqu'à la descente du piston, par exemple, il supporte, comme on le voit facilement, si l'on suppose les bras du balancier égaux, une charge totale théoriquement égale au double du poids à soulever du côté des pompes.

En outre, les fondations du cylindre à vapeur peuvent être plus simples, car la vapeur tend à l'*appuyer* sur le sol, au lieu de tendre à *le soulever*.

En revanche, ce cylindre, placé au-dessus de la colonne du puits, en encombre partiellement l'orifice et le rend moins propre à être utilisé à un autre service. Cet inconvénient peut prendre une certaine importance avec de gros cylindres et des puits étroits.

Enfin, dans une mine à grisou, le cylindre peut, en cas d'une explosion générale, subir des avaries plus importantes que s'il est dans une chambre isolée du puits. On aura, dans chaque cas particulier, à peser ces avantages et ces inconvénients, en tenant compte, je le répète, de ce qu'au point de vue de l'effet utile, les deux types d'appareils, appelés à un même travail d'exhaure et *mettant en mouvement des masses égales*, devront, comme on vient de le dire, fonctionner dans des conditions identiques pour une dépense donnée de combustible.

En fait, on préfère ordinairement, sur le continent les machines à traction directe, en Angleterre les machines à balancier, dont tous les détails ont été portés par une longue pratique à un haut degré de perfection.

Il me paraît que c'est au type à traction directe qu'est réservé le plus grand avenir, du moment qu'il est moins coûteux à établir, et que la question de la consommation de combustible n'est pas engagée dans le choix à faire entre les deux systèmes.

(**531**) Il existe deux autres variantes dans l'emploi desquelles cette question est au contraire l'objet principal.

La première de ces variantes consiste, qu'il s'agisse d'ailleurs du type du Cornouailles ou du type à traction directe, à faire la détente à l'aide de deux cylindres, ou à employer la disposition connue sous le nom de *détente de Woolf.*

On démontre que la détente à deux cylindres a le double avantage, d'abord, de faire disparaître l'influence de l'espace nuisible, dont l'importance n'est pas négligeable avec des détentes très-prolongées dans un seul cylindre, et ensuite d'amener ce résultat que, *pour un degré donné de détente*, le rapport entre la force *initiale* et la force *finale* se trouve réduit (voir le *Cours de machines*), et que *pour une force moyenne donnée* (qui doit être toujours la même et égale aux résistances), la force *initiale* est *moindre* en valeur absolue. Il en résulte que l'accélération initiale est moindre, pour une masse donnée à mettre en mouvement; d'où il suit encore que les forces d'inertie jouent un rôle moins important et exposent les pièces du système à de moindres fatigues.

Ainsi *pour un degré donné de détente, et avec les mêmes masses à mouvoir*, la marche de la machine à deux cylindres est plus douce, ou, ce qui est la même chose sous une autre forme, en *acceptant pour les pièces une fatigue déterminée*, la machine peut fonctionner avec *une plus longue détente*, ou les masses à mouvoir *peuvent être moindres* que dans le cas d'un seul cylindre.

L'avantage des deux cylindres, tel qu'on vient de le formuler, paraît suffisant pour justifier parfaitement l'emploi du système de Woolf, malgré une plus grande dépense de premier établissement et une plus grande complication. Cet emploi est d'autant plus indiqué qu'il s'agit d'appareils plus puissants et que le combustible est à un prix plus élevé.

On en peut d'ailleurs distinguer deux types : l'un qui consiste à *superposer* les deux cylindres sur le prolongement de l'axe de la maîtresse tige, auquel cas ils ont même course et ne diffèrent que par le diamètre; l'autre dans lequel on les *juxtapose*, ainsi qu'on le fait dans la plupart des machines de Woolf à double effet; le cylindre d'admission a, dans ce cas, une course et un diamètre moindres que le cylindre de détente.

Il y a plus de quarante ans que le premier type a été établi dans le Cornouailles, où toutefois il n'a pas prévalu. Un exemple intéressant du second a été établi, il y a une dizaine d'années, par M. C. Kley aux mines de la Vieille-Montagne. Il est représenté par la figure 419.

A mon avis, ce système est destiné à se répandre, à mesure que la question de l'économie du combustible s'imposera plus impérieusement par suite de son inévitable renchérissement.

(**532**) La seconde variante est due à M. Bochkoltz. Elle a pour objet de remédier à une défectuosité que présentent en général les pompes à clapets, mais qui ne devient importante que pour les grands appareils, et que M. Bochkoltz est le premier à avoir signalée et corrigée.

Cette défectuosité, indiquée de la manière la plus générale, est la suivante :

Si nous considérons une tige agissant sur un piston qui refoule l'eau dans un tuyau montant, l'effort supporté par la tige se mesure par le poids d'une colonne d'eau ayant pour base le piston et pour hauteur celle du niveau de l'eau dans le tuyau montant au-dessus du piston. Mais, au moment du départ, il a fallu exercer sur la tige un effort notablement plus grand (sans tenir compte de l'inertie) pour vaincre *une résistance d'une nature spéciale*, celle qu'opposait à son ouverture le clapet dormant établi à la base du tuyau montant. Elle était due, non au poids de ce clapet qui est négligeable, mais à ce que la pression de l'eau comprimée par le piston agissait *sous la face inférieure* du clapet, tandis que la pression à la base du tuyau montant agissait *sur toute la face supérieure*, plus grande que la première de toute l'étendue du recouvrement du clapet sur le bord de son siége.

Ce n'est point là une remarque théorique sans portée pratique. La différence des deux surfaces est en effet du même ordre de grandeur que chacune d'elles. C'est par centimètres que se mesure le diamètre d'un clapet, et que se mesure aussi la largeur du rebord ; ce rebord ne peut être très-petit, surtout dans les pompes hautes, parce qu'il en résulterait, pour les éléments des deux surfaces en contact, une pression excessive qui les détruirait rapidement. On est plutôt modéré qu'excessif en supposant que le recouvrement soit égal au cinquième de l'aire de l'orifice que forme le clapet; dès lors *l'effort initial* de la tige doit dépasser d'autant *l'effort pendant le refoulement*. La différence peut être insignifiante, si ces efforts se mesurent par quelques kilogrammes ; il en est tout autrement si elles se mesurent par *centaines de kilogrammes*, et si cette différence se reproduit à chaque répétition d'une longue ligne de pompes.

La conséquence en est, dans ce dernier cas, qu'il faut donner à la maîtresse tige, *pour pouvoir ouvrir* les clapets, un grand excès de poids sur celui qui est nécessaire *pour les maintenir ouverts et produire en même temps le refoulement*.

Cet excès de poids a donné lieu à une dépense de travail moteur pendant l'ascension des tiges ; et il est inutile, même nuisible, pendant leur descente, aussitôt après l'ouverture des clapets. Il est en effet nécessaire de l'équilibrer pour que le mouvement des tiges ne s'accélère pas, et l'on n'y parvient, en pratique, qu'en étranglant suffisamment la soupape d'équilibre, et créant ainsi, entre les pressions exercées sur les deux faces du piston à vapeur, une différence qui compense l'excès de poids.

C'est une sorte de marche à *contre-vapeur*, dans laquelle on demande à la vapeur du *travail résistant* au lieu de *travail moteur*.

L'étranglement de la soupape d'équilibre n'est pas, en réalité, un remède. C'est un simple palliatif qui *dissimule* la défectuosité, mais qui ne la *corrige pas*. Le travail moteur consommé pour élever l'excès de poids des tiges n'en a pas moins été produit en pure perte.

C'est à cela que M. Bochkoltz a voulu parer avec l'appareil qu'il désigne sous le nom de *Régénérateur de force*.

Cet appareil, très-simple et très-efficace, consiste en une sorte de pendule dont le mouvement d'oscillation est solidaire de celui des tiges. Ce pendule est habituellement un bras implanté perpendiculairement au contre-balancier ordinaire, et muni d'un poids très-lourd à son extrémité. Il est vertical, quand le contre-balancier est horizontal ou que le piston est au milieu de sa course; incliné dans un sens ou dans un autre, quand le piston occupe ses positions extrêmes.

Il agit *comme moteur* au commencement d'une excursion du piston, puisqu'il redescend en se rapprochant de sa position verticale; *comme frein* à la fin de cette même excursion, puisqu'il est alors en train de remonter.

On pourra donc en régler la longueur, le poids et l'inclinaison initiale, pour qu'au moment où commence la course descendante, il produise sur les tiges un effort équivalent à l'excès de poids dont nous avons parlé ci-dessus.

L'ouverture des clapets produite, l'action du pendule contribuera à l'accélération pendant la demi-oscillation descendante, puis au ralentissement pendant la demi-oscillation ascendante.

Un effet analogue se produira pendant la course ascendante des tiges : le pendule agissant au début pour accélérer leur mouvement, et à la fin pour le retarder.

Cette manière d'agir du pendule, outre l'avantage de supprimer, comme on vient de le voir, toute dépense inutile de travail moteur, en a un autre d'une nature différente, mais qui ne laisse pas que d'avoir aussi une assez sérieuse importance pratique. En agissant comme moteur au commencement d'une excursion, et comme frein à la fin de cette même excursion, le régénérateur permet, *avec un moindre espace parcouru*, de faire acquérir une vitesse donnée ou d'anéantir cette même vitesse; d'où il suit que la vitesse moyenne peut être plus considérable, parce que le piston peut prendre *une marche plus rapide* pendant *une plus longue portion de sa course.*

On peut ainsi augmenter le nombre des coups de piston par minute, et en profiter soit pour *diminuer les dimensions* d'une machine à établir, soit pour *augmenter la puissance* d'une machine établie qui commencerait à être surchargée.

Dans l'un et l'autre cas, le régénérateur Bochkoltz peut rendre de très-utiles services, et l'on doit le considérer comme très-digne de fixer l'attention des ingénieurs.

La figure 420 représente une machine à traction directe, établie par M. Quillacq, et munie d'un régénérateur calculé par l'inventeur.

La maîtresse-tige pesant 110,000 kilogrammes, et la colonne d'eau refoulée 76,500 kilogrammes, pour des pistons plongeurs de $0^m,53$ de diamètre, le contre-poids d'équilibre a été pris de 28,500 kilogrammes, et celui du régénérateur de 79,000 kilogrammes, agissant avec un bras de levier de 5 mètres; la machine donne sept coups et demi par minute, et la course en est de $3^m,01$.

(**533**) En résumant tout ce qui précède (530 à 532), on arrive à cette conclusion que le système déjà si perfectionné des machines du Cornouailles paraît pouvoir comporter les variantes suivantes :

1° Suppression du balancier de Watt et emploi de la traction directe, pour réduire les frais d'établissement de la machine, sans rien changer aux conditions économiques de la marche;

2° Emploi de la détente de Woolf, afin d'augmenter l'effet utile, par une plus longue détente et par la suppression de l'espace nuisible, ou afin de diminuer la fatigue de la machine ou la grandeur des masses à faire mouvoir, pour un degré donné de détente;

3° Emploi du régénérateur de Bochkoltz, pour augmenter l'effet utile de la vapeur par la suppression d'un certain travail résistant, ou la puissance d'une machine donnée par l'augmentation possible du nombre des coups de piston par minute.

Il me parait qu'une machine établie sur ces bases, bien proportionnée pour éviter les étirages de vapeur, pourvue d'ailleurs de tous les accessoires propres à prévenir les fuites et les condensations, et mettant en mouvement des masses suffisantes, sera un récepteur aussi satisfaisant qu'il est possible de le concevoir, dans l'état actuel de l'art, pour un grand appareil d'épuisement.

Nous ne nous arrêtons pas plus longtemps sur les divers moteurs qui peuvent être utilisés pour un service d'épuisement. Nous devons nous borner ici à des indications générales, supposant connus les détails relatifs à leurs récepteurs, ou renvoyant au *Cours de machines* pour leur étude et pour le calcul de leurs dimensions.

Il nous reste à ajouter quelques mots sur les *opérateurs* que ces récepteurs doivent mettre en jeu. Nous n'avons à parler ici ni des bennes mises en jeu par des appareils d'extraction précédemment décrits, ni des diverses pompes foulantes qu'on pourrait installer au fond des mines, dont la construction n'a rien de spécial, et dont on a cité un exemple au n° 528 ; mais seulement des *pompes de mines* ordinaires, mues par des tiges oscillantes établies dans la colonne du puits d'exhaure.

On distingue les *pompes élévatoires*, dans lesquelles le mouvement ascendant de l'eau a lieu pendant la course ascendante des tiges qui agissent alors par traction, et les *pompes foulantes*, dans lesquelles la disposition est inverse, c'est-à-dire que les tiges, en descendant, produisent par un effort de compression le refoulement de l'eau dans la colonne montante.

La figure 421, pour laquelle nous renvoyons à la légende des planches, montre en A, B, C, D, des exemples de ces pompes. Les trois premiers diagrammes se rapportent à des pompes élévatoires ; la première est dite à *piston creux*, la seconde à *piston plein*, la troisième à *piston plongeur*. Le quatrième diagramme représente la disposition ordinaire d'une pompe foulante à piston plongeur.

On remarquera qu'une quelconque de ces quatre pompes comporte un tuyau montant s'élevant à une hauteur théoriquement aussi grande que l'on voudra, soit au-dessus du piston creux, soit au-dessus du clapet de refoulement.

On appelle *pompe basse* (qu'elle soit, du reste, élévatoire ou foulante) la pompe pour laquelle la différence de niveau, entre le réservoir où elle aspire l'eau et celui où elle la rejette, est égale ou comparable à la hauteur d'eau mesurant la pression atmosphérique; on appelle, par opposition, *pompe haute*, celle où cette différence de niveau correspond à plusieurs atmosphères.

Les pompes d'un appareil d'épuisement sont placées les unes au-dessus des autres dans un puits; chacune d'elles constitue *une répétition*, et l'eau est ainsi montée, en autant de reprises différentes, depuis le puisard jusqu'au jour.

Quant aux manières de faire mouvoir leurs pistons, on peut en distinguer deux types essentiellement différents, selon que ces pistons sont actionnés par une machine de rotation à double effet (roue hydraulique ou machine à vapeur), ou par une machine à simple effet (à colonne d'eau ou à vapeur).

Dans le premier cas, une disposition très-ordinaire consiste, comme nous l'avons dit, à avoir deux maîtresses-tiges qui oscillent en sens contraire et qui s'équilibrent. A ces tiges sont fixées des tiges secondaires, faisant mouvoir les pistons d'une série de pompes, attelées alternativement sur l'une et sur l'autre des maîtresses-tiges. Le mouvement d'ascension de l'eau est ainsi continu, et la résistance régulière. Les tiges, trop peu importantes pour agir par compression, élèvent l'eau par un effort de traction pendant leur course ascendante. A cet effet les pompes sont aspirantes élévatoires, le plus ordinairement à piston creux, et les tiges secondaires sont placées à l'intérieur des tuyaux montants, suivent la disposition de la figure 421 A.

Les machines de rotation comportent également une maîtresse-tige unique, et l'on a *le même degré de régularité qu'avec deux*, à la condition d'équilibrer, par un balancier muni d'un contre-poids, *la totalité* du poids de cette tige, plus *la moitié* de la charge d'eau qu'elle supporte pendant son ascension. L'effort à faire par la machine est alors le même pendant l'ascension et pendant la descente.

(534) Dans le second cas, celui des machines à simple effet, on n'établit qu'une seule maîtresse-tige, attelée, directement ou par l'intermédiaire d'un grand balancier, à celle du piston moteur. Cette maîtresse-tige pourrait à la rigueur, comme celles des machines de rotation, élever l'eau pendant la course ascendante et redescendre par son poids ; mais ce dernier poids devrait être presque entièrement équilibré par un contre-poids. Il est plus simple d'employer la machine à élever les tiges, et celles-ci, par leur descente, à refouler l'eau dans les tuyaux montants. C'est cette eau même qui fait fonction de contre-poids.

Cette disposition, représentée sur la figure 421 D, est celle qui réduit la pompe au maximum de simplicité. On n'a à entretenir que deux clapets et un presse-étoupes pour le piston ; ce qui constitue un avantage sérieux sur les pistons, pleins ou creux, qui se meuvent dans un corps de pompe alésé.

Cette disposition est très-convenable avec une maîtresse-tige suffisamment rigide, dans laquelle on prendra soin d'ailleurs que les efforts de compression auxquels elle est soumise soient judicieusement limités et répartis.

En principe, une tige, même à forte section, ne saurait agir par compression, que si elle est convenablement guidée, ou bien si elle est d'une faible longueur. Il faut donc, par la pensée, décomposer une maîtresse-tige en autant de portions distinctes qu'il y a de répétitions de pompes, et placer chaque portion dans des conditions telles qu'elle opère, en quelque sorte, *pour son compte*, le refoulement de l'eau dans la colonne montante de la répétition correspondante. Si cette portion de tiges est trop légère, il faut la charger par des armatures en fer ; si elle est trop lourde, il faut l'équilibrer par un contre-poids.

De cette manière, la charge au point d'attache de la tige est théoriquement *indépendante du poids de la maîtresse-tige* ; elle ne dépend que de la charge de la colonne d'eau à élever. Elle est égale à cette charge pendant la montée des tiges ; elle est nulle pendant la descente. De même, à la jonction de deux des portions en lesquelles on suppose la tige décomposée, la tension ne dépend également pendant l'ascension que du poids de la colonne d'eau des répétitions inférieures, et elle est nulle pendant la descente des tiges.

On comprend que si toutes les répétitions sont égales en hauteur et ont des pompes de même diamètre utile, la section de la tige en un point quelconque est proportionnelle au nombre des répétitions inférieures à ce point. Le carré d'une des dimensions de cette section est ainsi proportionnel à sa hauteur au-dessus de la partie inférieure de la tige. On a donc théoriquement, pour la coupe verticale de la tige, le même profil parabolique indiqué au n° 488 pour les tiges des Fahrkunst, et l'on en déduit la même conclusion que les tiges de pompe peuvent avoir une longueur extrêmement grande, sans qu'on soit obligé d'en augmenter la section aussi rapidement à beaucoup près que celle des câbles d'extraction ; ce qui tient, on le répète, à ce que le poids même de la tige *n'entre pour rien* dans la charge que supporte son point d'attache, ou, plus exactement, *qu'il n'y entre qu'à concurrence du poids de la colonne d'eau dont il est destiné à produire le refoulement.*

En pratique, on ne s'attache pas rigoureusement à cette répartition régulière des efforts de compression le long de la maîtresse-tige ; mais il convient de s'en rapprocher le plus possible. On doit avoir soin d'ailleurs, dans l'étude d'un projet de machine d'épuisement, de vérifier quelle est la répartition effective des efforts le long de la maîtresse-tige, ou de quelle manière elle travaille en chacune de ses sections, soit *par traction*, soit *par compression*, tant pendant la *course ascendante* que pendant la *course descendante*. On déterminera ces sections, ainsi que la grandeur et la position des contre-poids d'équilibre, de manière que la fatigue ne dépasse nulle part une limite donnée, et qu'il n'y ait point de trop grandes tendances au fouettement de la maîtresse-tige. On remarquera même, au point de vue de ce fouettement, qu'on est toujours maître de le supprimer entièrement, en faisant en sorte, si l'on veut, qu'en aucun point la tige ne travaille par compression. Il suffit pour cela de s'arranger pour que le refoulement d'un piston plongeur quelconque se produise par le poids de la portion de la maîtresse-tige qui est *au-dessous* de ce piston et non *au-dessus ;* de sorte que ce piston soit *tiré*, et non *poussé*, pendant sa course descendante.

Dans ce cas, les assemblages de la maîtresse-tige travaillent avec

un effort qui est constant, non en grandeur, mais *en direction;* ce
qui est une condition plus favorable au maintien de ces assemblages
en bon état que s'ils sont exposés à prendre du jeu par un travail
alternatif d'extension et de compression. La maîtresse-tige ainsi établie pourrait, en quelque sorte, être remplacée par un *corps flexible,*
tel qu'un câble, le long duquel seraient attachés les pistons plongeurs, la portion de câble qui irait d'un piston à l'autre ayant le
poids convenable pour produire le refoulement de la colonne d'eau
sur laquelle agit le piston supérieur.

(**535**) Ajoutons quelques détails sur l'installation des diverses
parties d'un grand système de pompes, tel que celui dont nous venons de parler en dernier lieu.

Tout le système doit être établi dans des conditions d'un excès
notable de puissance relativement à l'entretien d'eau actuel de la
mine; car il faut prévoir soit un accroissement normal de cet
entretien d'eau avec le développement des travaux, soit les chances
de quelques venues anormales.

Au point de vue de la construction, il faut rechercher la simplicité dans les appareils, la solidité individuelle des parties, sans ex-
clure une certaine indépendance permettant de se plier aux petits
mouvements accidentels de la colonne du puits, et une grande facilité d'accès pour la surveillance et les réparations, tout en réduisant
le plus possible la section du compartiment consacré à l'épuisement;
enfin il convient de prévoir le cas où, à la suite d'un long chômage,
la pompe inférieure viendrait à être noyée.

On satisfait le mieux possible à ces diverses conditions, en faisant
en sorte que la maîtresse-tige et les tiges secondaires se confondent
en projection horizontale; que les divers corps de pompe se projet-
tent aussi au même point, et que les diverses colonnes montantes
soient également directement à l'aplomb les unes des autres. Enfin
on a soin que la pompe du bas soit aspirante élévatoire à piston
creux, tandis que tous les jeux supérieurs sont des jeux foulants.
Par ces dispositions, tous les efforts s'exercent dans l'axe de la
maîtresse-tige, sans aucun porte-à-faux qui tende à la fléchir ou à
la faire fouetter; l'espace occupé par le système entier se réduit;

en quelque sorte, en plan à celui qu'occupent les divers sommiers qui portent les corps de pompe et les tuyaux montants des diverses répétitions ; la pompe du bas peut être noyée sans inconvénient, pourvu qu'on l'ait disposée comme une pompe d'avaleresse dont on peut changer sous l'eau le piston et le clapet dormant ; enfin les jeux supérieurs, agissant par refoulement, utilisent, à la descente de la maîtresse-tige, le travail moteur dépensé pour produire sa course ascendante.

On doit distinguer dans le système complet : la pompe inférieure ou pompe aspirante, les pompes supérieures ou jeux foulants, la colonne montante allant d'une pompe à l'autre, la maîtresse-tige et les tiges secondaires, les moyens d'équilibrer les tiges, les supports des répétitions et les dispositions prises pour guider les tiges et limiter leurs excursions, enfin les dispositions accessoires diverses.

Nous allons entrer, sur chacun de ces objets, dans quelques détails.

(536) Pompe inférieure ou jeu aspirant. —Le tuyau d'aspiration de cette pompe plonge dans le puisard. Il est renflé et fermé par le bout, et muni d'ouvertures latérales, ou narines, qui préviennent ou au moins diminuent l'aspiration des boues qui peuvent exister au fond du puisard.

Il est bon que l'eau de la mine ne se rende pas directement au puisard, mais qu'elle soit d'abord recueillie dans un réservoir qui peut tenir l'eau de deux ou trois jours, où elle se repose et se clarifie.

Ce réservoir n'est qu'une galerie dans le gîte ou à travers bancs, située en contre-bas de la voie de fond, et communiquant à volonté avec le puits par un tuyau muni d'un gros robinet qu'on manœuvre de la recette. Ce réservoir est divisé du côté de l'entrée en compartiments par deux cloisons, l'une montant du fond et dont l'arête supérieure fait fonctions de déversoir, pour retenir *les matières étrangères plus lourdes que l'eau;* l'autre, qui forme comme une sorte de vanne de garde, sous laquelle l'eau s'écoule et qui retient *les corps flottants.*

Le tuyau d'aspiration dépasse de 4 ou 5 mètres au plus le niveau normal de l'eau dans le puisard, et se termine par un siége sur lequel repose le clapet d'aspiration, ou clapet dormant. Il convient que ce clapet ne soit pas posé invariablement à demeure. On peut alors le sortir par la porte de la chapelle pour changer sa garniture. Il est en outre muni d'une anse qui sert à le retirer, au moyen d'un crochet qu'on descend à travers le tuyau montant et le corps de pompe, après avoir préalablement sorti le piston. Cette manœuvre est nécessaire si la pompe est noyée et qu'il faille refaire les garnitures.

La chapelle est une partie renflée, interposée entre le tuyau d'aspiration et le tuyau montant, et munie d'une porte par laquelle on peut visiter et refaire les garnitures du clapet dormant et du piston. La chapelle est une pièce qui fatigue beaucoup, car elle est alternativement exposée à l'intérieur à une pression effective *néga- tive* pendant l'aspiration, et à une pression due à toute la charge du tuyau montant, pendant que le piston redescend et que son clapet est ouvert.

Le corps de pompe dans lequel se meut ce piston est placé directement à l'aplomb du tuyau montant. Il est alésé avec soin, ordinairement en fonte, quelquefois en bronze ou avec une fourrure en bronze, quand les eaux sont acides. Il est légèrement évasé en haut et en bas, pour faciliter l'entrée et la sortie du piston, soit par le tuyau montant, soit par la chapelle.

Ce piston est ordinairement muni d'une garniture de cuir évasée par le haut et appuyée sur le corps de pompe par la pression même de l'eau. Il porte un clapet, également en cuir, jouant autour d'un de ses diamètres comme charnière, et formant ainsi deux demi-clapets, roidis chacun par deux demi-rondelles en fer ou en bronze, serrées par des boulons. Dans les pompes récentes, le caoutchouc vulcanisé remplace très-bien le cuir.

Au-dessus du corps de pompe se place, dans le même axe vertical, le tuyau montant, dont le diamètre est au moins égal à celui de la partie évasée qui termine le corps de pompe. Sa hauteur est, comme nous l'avons dit plus haut (n° 533), théoriquement arbitraire. Elle est assez habituellement de 20 à 25 mètres, jamais au delà de 40 mètres. Elle peut être d'ailleurs d'autant moindre que les travaux sont plus étendus, parce qu'en cas d'interruption prolongée de l'épuisement, il s'écoulera plus de temps avant que le premier jeu foulant risque d'être noyé.

La figure 422 représente l'ensemble et les principaux détails ci-dessus décrits. C'est la disposition qu'on rencontrera dans le plus grand nombre des cas.

On n'a cherché qu'à la modifier dans les détails, notamment en ce qui concerne les garnitures des pistons et les clapets, en vue soit d'assurer un meilleur service à ces pièces, soit d'éviter le mieux possible l'étranglement de la colonne d'eau.

On peut, à cet effet, avoir des clapets métalliques à double siége, semblables aux soupapes de Hornblower, employées dans les grandes machines à vapeur. Mais cette disposition ne convient que pour des eaux claires.

On peut encore substituer à un clapet unique plusieurs clapets partiels, qui s'ouvrent simultanément autour de leur charnière, placée vers la circonférence (*fig.* 423). Ces clapets obstruent moins l'orifice qu'ils doivent démasquer que ne le font les deux clapets demi-circulaires tournant autour de leur diamètre ; ils l'obstruent d'autant moins, pour un mouvement angulaire donné, que leur position de repos est plus inclinée à l'horizon.

On peut remplacer les clapets rigides par une sorte de cornet en cuir embouti ou en gutta-percha, qui repose sur un siége métallique à claire-voie, présentant à l'eau un large débouché. Ce cornet est fendu obliquement sur plusieurs points de la circonférence, de manière que ses bords se relèvent facilement pour laisser passer l'eau. La figure 424 représente un piston dont le clapet est établi suivant ce système connu sous le nom de M. Letestu. Il est considéré comme très-satisfaisant lorsque les eaux à élever ne sont pas très-claires. Il s'applique aux clapets dormants aussi bien qu'à ceux des pistons. (Voir la légende des Planches.)

(537) Pompes supérieures, ou jeux foulants. — Les pompes supérieures sont toujours des pompes foulantes à piston plein, dont l'objet est d'utiliser à l'élévation de l'eau la descente des tiges. Ces pompes ont un avantage très-appréciable ; c'est de comporter l'emploi des pistons plongeurs fonctionnant dans une boîte à bourrages et ne frottant pas contre les parois du corps de pompe, système très-préférable aux pistons creux munis d'un clapet et ayant besoin d'un corps de pompe alésé.

La construction est ainsi plus simple, les réparations plus faciles et plus promptes, et enfin, ce qui est la chose essentielle, on s'aperçoit immédiatement, à l'inspection de la boîte à étoupes, si le piston cesse d'être étanche, et l'on peut y parer immédiatement en serrant les boulons du presse-étoupes. Avec un piston creux, au contraire, rien n'indique, sauf la diminution du produit de la pompe, s'il est en mauvais état. Cela peut ne pas se remarquer immédiatement; pendant ce temps le débit de la machine diminue, car il est, à chaque instant, égal à celui de la pompe qui est dans le plus mauvais état; et enfin lorsqu'on veut y parer il faut un temps d'arrêt marqué de la machine.

On peut ajouter qu'avec des eaux plus ou moins troubles, comme sont souvent les eaux de mines, la garniture du presse-étoupes d'un plongeur dure beaucoup plus longtemps que la garniture de cuir ou de caoutchouc d'un piston creux; de sorte qu'avec la première disposition les réparations sont non-seulement plus simples et plus faciles, comme on vient de le dire, mais encore beaucoup plus rares.

Enfin on peut dire encore que le système des plongeurs comporte de marcher à des charges plus élevées que les pistons creux, dont la garniture fatigue beaucoup et s'use très-vite sous de fortes pressions; il en résulte cet avantage que les jeux foulants peuvent être plus espacés, ou leurs répétitions moins nombreuses que si l'on employait des pompes élévatoires.

Habituellement une pompe foulante n'a pas d'aspiration sensible. Elle prend l'eau par un tuyau horizontal aboutissant au réservoir dans lequel la verse le tuyau montant du jeu inférieur. Ce réservoir est un grand bac en tôle, porté sur les mêmes sommiers que la pompe ou en partie logé dans une niche ménagée dans la paroi du puits.

La pompe est munie de deux clapets dormants : le *clapet d'aspiration*, qui s'ouvre quand le piston monte, pour admettre l'eau du réservoir dans le corps de pompe, le *clapet de refoulement*, qui s'ouvre quand le piston commence à redescendre et que l'autre clapet se referme par son poids. A chacun de ces clapets correspond une chapelle munie d'une porte, ayant le même objet que la chapelle unique de la pompe élévatoire, c'est-à-dire la visite et la réfection des garnitures des clapets.

Le piston plein est un cylindre creux, en fonte ou en bronze, tourné extérieurement. Il est rempli par une fourrure en bois, ou fermé à la base par un couvercle que traverse la tringle qui termine sa tige.

Le tuyau montant s'élève verticalement, porté sur les mêmes sommiers que la pompe. Il s'infléchit seulement à la partie supérieure, pour éviter les sommiers du jeu supérieur et aboutir au réservoir.

Une question importante à examiner est celle de l'écartement à établir entre les diverses répétitions, ou de la hauteur à donner aux colonnes de refoulement.

Cette hauteur est, nous l'avons déjà dit, *théoriquement arbitraire.*

Plus on multiplie les répétitions, plus on augmente le prix d'établissement de l'appareil, et plus, en même temps, on multiplie les pièces qui donnent lieu à des frottements et à des réparations, et l'on augmente les chances de voir le débit des pompes diminuer accidentellement par le mauvais état d'une seule d'entre elles. D'autre part, on peut dire qu'avec des répétitions trop hautes, si les pièces frottantes, telles que les pistons plongeurs, sont en moindre nombre, elles supportent individuellement une pression plus forte (car le presse-étoupes doit être serré en proportion de la charge qui a lieu dans le corps de pompe), et que, s'il y a *moins de pièces à réparer,* elles ont *plus chargées* et *moins faciles à entretenir en bon état,* et demandent chacune des réparations plus fréquentes. Il pourrait donc y avoir une sorte de compensation, au point de vue des frottements et des réparations, et les pompes très-hautes resteraient avec leur avantage d'un établissement moins coûteux.

Mais il y a un autre point de vue à noter qui peut faire disparaître cet avantage : c'est qu'à mesure que la hauteur du refoulement augmente, la fatigue de toutes les pièces du système augmente beaucoup, pour une vitesse donnée, à cause de l'inertie de la colonne d'eau. Cette colonne, d'abord immobile, doit prendre la même vitesse que le piston ; il en résulte, au commencement de la course, sur le piston et le corps de pompe, sur toutes les pièces de la chapelle, et sur la base du tuyau montant, des espèces de coups de bélier qui les éprouvent d'autant plus qu'à la fin de la course, et par l'effet de cette même inertie de la colonne d'eau qui tend à continuer son mouvement ascendant, même après que le piston est arrêté, les pressions peuvent se réduire beaucoup, jusqu'à devenir nulles, ou même jusqu'à prendre des *valeurs négatives*, si le piston a reçu, vers la fin de son mouvement, *une accélération négative* supérieure en valeur absolue à l'accélération de la gravité.

On peut en conclure que la machine motrice doit marcher d'autant plus lentement que les répétitions sont plus espacées ; que, par suite, *pour un entretien d'eau donné*, les répétitions plus multipliées permettent de marcher avec un plus grand nombre de coups de piston par minute, ou de donner moins d'importance à la machine motrice et aux pompes. On peut trouver là, quand on approche, pour les dimensions des appareils à établir, des limites que la pratique impose, une compensation au supplément de prix qu'entraîne la multiplication des répétitions.

En pratique, il est rare que ces répétitions aient moins de 50 mètres de hauteur, et une hauteur de 100 mètres est une exception. On se tient le plus souvent à une hauteur moyenne de 60 à 70 mètres.

La figure 425 représente le type le plus ordinaire des pompes foulantes à piston plongeur.

La figure 426 représente en outre la disposition du réservoir qui alimente une pompe.

On remarquera que dans les deux figures la disposition du corps de pompe n'est pas la même. Dans la figure 425, le jeu entre le piston et le corps de pompe est très-faible, pour réduire l'espace nuisible qui peut se remplir d'air pendant l'aspiration, soit qu'il en entre par le tuyau d'aspiration, soit que la boîte à bourrage ne soit pas étanche. Dans la seconde figure l'espace nuisible n'existe pas ; mais il faut donner au corps de pompe un grand excès de diamètre sur le piston, pour que l'eau n'éprouve pas trop de résistance, pendant le refoulement, à passer du corps de pompe dans le tuyau montant.

On remarque, en outre, dans la figure 426, comment les deux clapets d'aspiration et de refoulement sont rendus solidaires, de manière qu'aucune circonstance de l'aspiration ou du refoulement ne tende à les déplacer de leurs siéges respectifs.

(538) Colonne montante. — La colonne montante, tant du jeu aspirant que des divers jeux foulants, se compose ordinairement de tuyaux en fonte assemblés les uns à la suite des autres.

On pourrait concevoir qu'on employât un quelconque des modes d'assemblage usités dans les arts ; mais nous avons, dans l'espèce, des sujétions particulières, qui résultent de ce que la colonne des tuyaux est exposée aux petits mouvements que peuvent prendre soit les supports de ces tuyaux, soit la colonne même du puits, et de ce que les réparations des joints et le remplacement d'un tuyau avarié doivent pouvoir s'effectuer rapidement et facilement. On évitera donc également les *joints rigides*, tels que ceux qu'on obtient avec du mastic de fer, et les *joints à emboîtement* qui ne permettent pas la pose et la dépose d'un tuyau sans remanier les tuyaux voisins.

On préférera les joints formés par la simple superposition de deux brides serrées par des boulons, avec interposition d'une masse compressible assurant l'étanchéité. Chaque bride présente une portée saillante que l'on rabote, et sur le plan de laquelle on fait venir au tour une ou deux petites rainures circulaires qui se correspondent dans les diverses brides. On interpose entre elles un anneau méplat en fer entouré d'étoupes goudronnées, et l'on serre les boulons jusqu'au refus.

Dans une colonne montante un peu longue, on tiendra compte de la différence des fatigues qu'éprouvent les tuyaux, du haut au bas de cette colonne, en donnant à ces derniers un excès d'épaisseur. On pourra avoir ainsi, sur la hauteur d'une colonne montante, deux et même trois échantillons d'épaisseurs différentes.

Lorsque les eaux de la mine sont acides, on fait en bronze, ou l'on garnit d'une fourrure en bronze, les pièces principales, corps de pompe, pistons et clapets ; mais on ne peut songer, à cause du prix, à employer la même matière pour les tuyaux montants. On doit se borner, avant l'emploi, à les peindre intérieurement, et à préserver cette peinture avec un léger doublage en bois formé de planchettes d'un centimètre d'épaisseur, que l'on étrésillonne provisoirement, jusqu'à ce qu'elles soient assujetties par les deux dernières, qui sont trapézoïdales et qui se mettent en place en les enfonçant par le bout et les coinçant ainsi l'une contre l'autre, comme une clavette et sa contre-clavette.

Ce doublage a pour effet de soustraire les parois des tuyaux, moins *au contact qu'au mouvement de l'eau* et d'empêcher ainsi les surfaces de se décaper et d'être facilement rongées. Il ne réduit la section du tuyau que d'une quantité insignifiante.

(539) Maîtresse-tige et tiges secondaires. — La maîtresse-tige d'une grande pompe se fait le plus souvent en bois, soit en bois de chêne, si l'on peut s'en procurer, soit plus souvent en bois de sapin du Nord.

La section en est formée d'une seule pièce de bois dans les parties inférieures, mais fort souvent de deux pièces juxtaposées dans les parties supérieures. L'assemblage des pièces bout à bout peut se faire, soit par un trait de Jupiter, soit, plus souvent, par la simple juxtaposition, en évitant ainsi, autant que possible, tout entaillement avec lequel on risque d'affaiblir le bois. La réunion est assurée par de longues bandes de fer plat, ou clames, fixées à chacune des parties à réunir, à l'aide de boulons qui les traversent, et qui sont disposés sur deux lignes, afin de ne pas recouper trop fréquemment les mêmes fibres du bois (*fig.* 427). Ces bandes de fer peuvent être remplacées par deux pièces de bois qui fonctionnent comme des couvre-joints, et sont maintenues serrées par des frettes contre la tige. Un certain nombre de chevilles, ou broches en bois, prises moitié dans la tige, moitié dans les pièces du couvre-joint, complètent la réunion.

Ce système, représenté figure 428, dispense de l'emploi des boulons, et me semble préférable ; il doit être étudié de manière que le joint ne soit pas *un point faible* ; il faut donc que la somme des sections des deux couvre-joints soit au moins égale à la section de la tige en ce point, et qu'il en soit de même de la somme des sections longitudinales des chevilles. Dans ces conditions, le joint n'aura pas plus de tendance à se détruire, soit par la rupture des couvre-joints, soit par le cisaillement des chevilles, que la tige elle-même n'a tendance à se rompre aux environs du joint.

Cette condition d'égale résistance à tous les modes de rupture est du reste la condition de tout assemblage longitudinal, et l'on déterminerait par la même condition la section des clames et celle des boulons du premier mode d'assemblage indiqué ci-dessus.

Les tiges secondaires des pompes élévatoires sont reliées à la tige principale par une équerre en fer à l'angle de laquelle elles sont clavetées (voir fig. 429) ; ces tiges sont elles-mêmes en fer, ou quelquefois en bois, malgré l'inconvénient, dans ce dernier cas, de prendre une plus grande partie de la section des tuyaux montants, d'où résulte un frottement plus considérable pendant la course *descendante* du piston.

Lorsqu'il s'agit, non de pompes aspirantes en répétition, mais du jeu aspirant du fond, la tige de cette pompe n'a pas besoin d'être placée latéralement à la maîtresse-tige ; elle en est simplement le prolongement.

Quant aux pompes foulantes, les tiges en sont rattachées à la maîtresse tige par l'intermédiaire de plusieurs pièces de bois rachetant l'intervalle qui existe entre les axes des deux tiges (*fig.* 450).

D'autrefois, ainsi qu'on l'a indiqué plus haut, les tiges se confondent suivant le même axe, comme pour le jeu aspirant du bas, ce qui a le double avantage de diminuer l'espace occupé dans le puits, et de ramener sur cet axe toutes les forces qui agissent sur ces tiges. A cet effet, la maîtresse tige s'interrompt à chacune des répétitions. Les deux bouts à réunir sont renflés par des pièces rapportées, sur lesquelles on applique soit deux longues pièces de bois, soit des tirants ou platines en fer, qui vont de l'une à l'autre portion de la tige, et constituent ainsi comme une sorte de longue mortaise embrassant les sommiers et le corps de pompe d'une répétition, avec un jeu vertical égal au moins à l'excursion des tiges. Cette disposition est représentée figure 451 ; les pièces de bois extrêmes de cette figure seraient remplacées avantageusement par les platines en fer ci-dessus indiquées, si la question d'emplacement était engagée.

On a fait aussi des maîtresses-tiges en fer. Leur premier emploi remonte déjà à plus de trente ans; mais jusqu'ici l'usage s'en est peu développé. Ce n'est pas cependant qu'il y ait aucune difficulté à composer une pièce en fer de toute longueur, qui n'a à travailler, ou qui du moins peut être établie de manière à n'avoir à travailler, pour ainsi dire, que par traction. Le fer offrirait l'avantage d'une durée plus longue, surtout dans les puits de sortie d'air, où l'air chaud et vicié altère rapidement les bois; mais je pense qu'au point de vue de la douceur de la marche de la machine, une tige en bois est préférable. Cette dernière a l'avantage que, pour une vitesse de marche donnée, la mise en charge, lorsque les tiges doivent être soulevées, est moins instantanée, et tous les assemblages souffrent moins que lorsque la rigidité de la tige est trop grande. L'emploi des tiges en bois me paraît d'autant plus indiqué que les puits sont plus profonds et que les machines doivent marcher plus vite.

On a construit de ces maîtresses-tiges, soit en fer, soit même en acier, qui peuvent être plus légères, les dernières surtout, que les tiges en bois. La forme qu'on leur donne doit être étudiée de manière qu'elles aient, avec une section déterminée qui correspond à l'effort de traction auquel elles sont exposées, la plus grande résistance possible à la flexion. Elles ont donc soit la section *d'une bielle*, composée d'un noyau central et de quatre ailes, soit celle d'un *tuyau creux* à section carrée ou plutôt à section circulaire (*fig.* 452, A, B). L'emploi des couvre-joints et des pièces rapportées fixées par des rivures, donne toute facilité pour les dédoublements de ces tiges aux répétitions.

Les tiges peuvent encore, par analogie avec les poutres en treillis, être composées de deux fers plats, entretoisés par un troisième fer plat plié en zig-zag et rivé fortement aux deux autres (*fig.* 453).

Tout cela est familier aux constructeurs et peut être réalisé sans la moindre difficulté.

Mais la légèreté de l'attirail n'est pas habituellement un point à rechercher, puisqu'on est souvent conduit, au contraire, à lui donner une surcharge.

Il est permis de penser qu'on est ici dans un de ces cas, plus fréquents qu'on ne pense en pratique, où le mot *modification* peut bien n'être pas synonyme de *perfectionnement*, et que le système des tiges métalliques n'a point de supériorité décidée sur le système des tiges en bois.

(540) Équilibre des tiges. — Les maîtresses-tiges ont souvent, on peut même dire habituellement, dans les grandes pompes, un grand excès de poids sur celui de la colonne d'eau à soulever. Tout ce qui dépasse le poids de cette colonne, augmenté des frottements, doit, en principe, être équilibré, sauf un léger excédant qu'on laissera subsister pour déterminer franchement le mouvement descendant au départ.

Il arrivera même que l'on surchargera à dessein la maîtresse-tige, sauf à équilibrer en même temps cette surcharge, de manière à augmenter la masse au mouvement. L'objet qu'on se propose est qu'au moment où commence la course ascendante, lorsque la vapeur est en pleine pression et la puissance *très-supérieure* aux résistances, il n'en résulte qu'*une accélération modérée;* car c'est du taux de cette accélération que dépendent les réactions des forces d'inertie qui se développent dans les diverses pièces et en augmentent la fatigue.

Un contre-poids fonctionne à l'aide d'un balancier, qui est tantôt une sorte de poutre armée analogue aux balanciers des premières machines de Newcommen (*fig.* 434), tantôt une flasque ou une double flasque en fonte, ou mieux en tôle convenablement renforcée par des cornières, ayant la forme d'un balancier ordinaire de Watt.

D'un côté, le balancier est relié aux tiges, soit par une chaine, soit plutôt par de longs tirants en fer articulés à leurs extrémités, et, de l'autre, il est chargé de poids qu'on règle à volonté. Ce sont ou des pierres, ou de grosses taques de fonte, qu'on empile dans une caisse en bois ou en tôle portée sur le balancier, ou qui sont percées d'un trou qui sert à les enfiler sur une queue qui se trouve à son extrémité.

On emploie aussi des *balanciers hydrauliques,* qui sont disposés exactement comme des jeux foulants ordinaires, sauf que le système ne comporte aucun clapet.

Le piston plongeur de ces balanciers, qui oscille en même temps que les tiges, est constamment poussé *de bas en haut* par une colonne d'eau ayant pour base ce piston et pour hauteur la différence de niveau entre cette base et le tuyau montant. Le poids effectif de la maîtresse-tige est donc réduit d'autant, comme il le serait par un contre-poids équivalent qui agirait par l'intermédiaire d'un balancier.

Le système du balancier hydraulique s'adapte d'une manière spéciale aux machines à colonne d'eau à simple effet. Il suffit pour cela de placer, comme on l'a fait à Huelgoat, la machine motrice en contre-bas de la galerie d'écoulement. La hauteur motrice est augmentée d'autant pendant la course ascendante du piston; mais l'eau refoulée par le même piston jusqu'au niveau de l'écoulement, agit comme un frein, dont le travail résistant compense exactement, pendant la descente, l'excès de travail moteur produit pendant l'ascension.

C'est un frein hydraulique dont le piston est le piston moteur lui-même.

On doit encore mentionner, comme une des fonctions du régénérateur de M. Bochkoltz, d'agir à la manière d'un contre-poids ayant ce caractère spécial que son énergie augmente à mesure qu'on approche de la fin de la couche.

La même propriété caractérise *le balancier à air comprimé* de M. Guary, qui diffère du balancier hydraulique en ce sens que le piston plongeur refoule l'eau dans un réservoir où l'air se comprime, au lieu de la refouler dans un tuyau montant. Cet appareil permet certainement d'augmenter la vitesse de descente de la maîtresse-tige, toutes choses égales d'ailleurs.

Il doit être complété par une petite pompe alimentaire, qui, à chaque oscillation des tiges, renvoie de l'air dans le réservoir, pour compenser les fuites.

(**541**) **Supports et guides.** — Chaque jeu foulant repose sur un support invariable, formé habituellement de plusieurs fortes pièces de bois superposées, engagées dans les parois du puits où elles sont encastrées aussi bien que possible. Si elles ont une grande portée, elles peuvent être soutenues en leur milieu, par des jambes de force inclinées encastrées également dans les parois. Ce support doit être établi avec une grande solidité; car il est soumis à un effort considérable, qui comprend *d'abord* le poids total de la pompe et de son tuyau montant et celui de l'eau contenue, et *en outre*, pendant le refoulement, le poids d'une colonne d'eau ayant la base du piston plongeur et la hauteur de la répétition. Il supporte également en partie le réservoir et un plancher pour faciliter la visite de la pompe.

Le même ordre d'idées qui fait substituer le métal au bois dans les tiges, peut conduire à la même substitution pour les supports. Ils sont alors formés par une poutre en tôle composée d'une flasque ou de deux flasques roidies en haut et en bas par des cornières. C'est, aux dimensions près, une poutre de pont métallique, dont tous les éléments se prêtent facilement aux calculs.

Les guides sont formées par deux moises parallèles aux supports, entre lesquelles la tige se meut avec un très-faible jeu. On évite, si on le juge à propos, l'usure des faces internes des guides et des faces de la tige, en garnissant toutes les surfaces frottantes par de minces planchettes qu'on renouvelle selon le besoin.

Ces guides, en tant qu'ils servent à assurer la verticalité de la tige et à empêcher ses fouettements, n'ont pas grand effort à supporter. Mais ce n'est pas là leur unique rôle, au moins pour une partie d'entre eux. On peut encore leur demander de soutenir les tuyaux de la colonne montante qu'ils embrassent et dont ils supportent les brides.

On leur demande enfin de fonctionner comme arrêts de sûreté, dans le cas où il surviendrait quelque rupture accidentelle des tiges. Lorsqu'une rupture se produira, ce sera habituellement pendant la course ascendante des tiges. La partie inférieure retombera par son poids, et la partie supérieure sera enlevée rapidement par la pression de la vapeur. Chacun des guides en particulier peut donc, selon la position de la rupture, être exposé à agir soit de bas en haut, soit de haut en bas. Il est donc nécessaire de les établir dans de suffisantes conditions de solidité, pour résister à ces deux genres d'efforts. Le guide est compris entre deux arrêts fixés sur les tiges, qui viennent alternativement, à la fin de la course, affleurer l'un sa face supérieure ou l'autre sa face inférieure. Ces arrêts sont formés par des renflements venus à la tige, au moyen de pièces de bois arrêtées et fixées comme il est indiqué à la figure 428.

Afin d'amortir les chocs accidentels contre ces arrêts, on garnit les deux faces supérieures et les deux faces inférieures du guide, d'un matelas élastique dont on pourra varier de bien des manières la disposition. On pourra, par exemple, empiler une série de planchettes minces séparées par des triangles en bois. L'écrasement successif de ces planchettes et de ces tringles, lors d'un choc accidentel, paraît très-propre à amortir la force vive de la masse choquante.

(**542**) **Dispositions accessoires diverses.** — Nous comprenons sous cette désignation les dispositions que l'on prend pour faciliter la pose et les réparations, pour amorcer les pompes ou les purger d'air, pour vérifier l'état des pièces qui ne sont pas visibles, etc.

Ces dispositions donnent lieu aux observations suivantes :

1° Le compartiment des pompes doit être en général assez grand pour recevoir une ligne d'échelles, et il faut un plancher à chaque répétition, sans compter les planchers intermédiaires que peuvent demander la sécurité et la facilité de la circulation sur les échelles. Un peu au-dessus de la chapelle supérieure d'une répétition sera établi un point fixe servant à attacher une poulie mouflée, au moyen de laquelle on fera les manœuvres des portes de chapelle et des soupapes en cas de réparation ;

2° Un cabestan mû à bras, ou un cabestan à vapeur est monté sur le puits pour la pose des pompes. On le laisse habituellement subsister, même après cette pose, prêt à fonctionner pour toutes les manœuvres de force que les grosses réparations ou les changements de pièces importantes peuvent demander. La figure 435 représente un de ces engins mû par un appareil à vapeur, qui présente les mêmes facilités de manœuvre qu'une machine d'extraction, à cause de ses deux cylindres ;

3° Si l'on mettait les pompes en jeu lorsqu'elles sont vides, elles prendraient des mouvements désordonnés qu'il importe d'éviter. Il convient de *les amorcer*, en y versant de l'eau par la partie supérieure du tuyau montant. On peut en outre, pour être sûr que la pompe fonctionnera régulièrement dès le premier coup, remplir l'intervalle entre les clapets et même le tuyau d'aspiration. Ce dernier doit être alors fermé à sa base par un clapet de sûreté, et un petit tube muni de robinets peut faire communiquer le tuyau montant avec la chapelle et celle-ci avec le tuyau d'aspiration. On peut ainsi remplir ces deux capacités avec l'eau versée dans le tuyau montant. Ce même petit tube, muni de branchements qui correspondent aux capacités ci-dessus, permet de vérifier à tout instant l'état.des soupapes, ainsi que celle du piston creux de la pompe aspirante, d'après la force du jet qui s'échappe par un de ces branchements lorsqu'on vient à ouvrir un robinet dont il est muni.

(543) Les détails des n°s 537 à 542 ci-dessus se rapportent aux pompes fixes, établies à demeure sur un puits de mine qui leur est exclusivement ou partiellement consacré. Il y a lieu de considérer un autre cas, qui exige parfois aussi les moyens d'épuisement les plus puissants, mais dans des conditions fort différentes de celles que nous avons supposées ci-dessus.

Ce cas se présente lorsqu'il s'agit de battre les eaux dans un travail d'avaleresse, c'est-à-dire pendant le fonçage par les procédés ordinaires, d'un puits qui traverse des *niveaux* plus ou moins abondants.

L'installation des moyens d'épuisement y comporte des sujétions spéciales, qui résultent principalement de l'approfondissement progressif du puits que doivent suivre les pompes, des réparations très-fréquentes auxquelles ces pompes sont exposées par suite du défaut de limpidité des eaux, et enfin des submersions complètes qui sont la conséquence presque immédiate d'une suspension de marche même de courte durée.

Ces pompes, au moins celles du fond, doivent être suspendues, de manière à pouvoir les descendre, au fur et à mesure que le fonçage avance, jusque dans le petit puisard que les ouvriers ont toujours soin de ménager pour y rassembler les eaux.

Comme on ne peut pas, à mesure que ces pompes descendent,

allonger la tige du piston d'une quantité exactement égale, le corps de pompe, ou *la travaillante*, a une longueur notablement plus grande que sa course, d'une quantité au moins égale à la plus petite rallonge qu'on puisse ajouter à la tige. Cette grande longueur du corps de pompe conduit, en général, à le faire en deux pièces, réunies avec précision au moyen d'un joint raboté exactement, qui est serré à l'aide d'oreilles munies d'un clavetage. Le cordon saillant que forme ce joint à l'extérieur sert à arrêter le collier à l'aide duquel se fait la suspension.

Malgré l'utilité de réduire le poids d'une pompe, la travaillante doit être assez épaisse, parce qu'il peut être nécessaire de l'aléser plusieurs fois pendant le passage de l'avaleresse. Il en est de même de l'aspirante, pour la mettre en état de résister aux coups de mine.

Cette dernière pièce est quelquefois rattachée à la travaillante par un joint flexible et extensible, afin de pouvoir en promener la partie inférieure, sans déplacer le corps de pompe, sur les divers points où l'on peut successivement avoir le puisard. D'autres fois on travaille *à jeu posé*; le joint est rigide, et le bas de l'aspirante repose sur le fond du puisard.

Pour diminuer le poids à soutenir, les tuyaux montants sont en tôle au lieu d'être en fonte. L'assemblage de ces tuyaux se fait, comme ceux des tuyaux de fonte, à l'aide de brides, qui sont rapportées et qu'on obtient en pliant à chaud suivant un cercle un fer de cornière d'une dimension appropriée, et soudant les deux bouts.

Les pompes, dont l'état, sinon normal, au moins très-fréquent, est d'être noyées dès que l'épuisement est arrêté, sont essentiellement des pompes élévatoires à piston creux. Ce piston creux doit pouvoir être facilement remonté à l'intérieur des tuyaux, ainsi que le clapet dormant, qui est simplement *posé sur son siége*, ou *en postillon*. La chapelle est inutile, parce qu'il est plus simple et plus prompt de remonter ce clapet après avoir sorti le piston et sa tige, que d'ouvrir une porte de chapelle, qui ne pourrait plus être refermée et mettrait la pompe hors d'usage, si l'on était surpris par une montée rapide des eaux.

(544) Les pompes aspirantes élévatoires fonctionnant pour élever l'eau pendant la course ascendante, la vapeur doit, à la fois, soulever les tiges et la colonne d'eau; ensuite les tiges redescendent par leur poids. D'un autre côté, on est en général conduit à faire marcher la machine avec son maximum de vitesse, parce qu'on doit, après chaque accident dont la première conséquence est de laisser monter les eaux d'une quantité appréciable, se hâter d'épuiser, pour que les ouvriers puissent revoir le fond du puits en perdant le moins de temps possible.

Cette condition exclut la détente, ainsi que l'emploi d'une cataracte laissant un intervalle de repos absolu entre deux coups de piston consécutifs.

On cherche, en outre, à simplifier la machine autant que possible, pour ne pas augmenter encore, par l'emploi d'organes complexes, les chances de dérangement que présentent ces pompes. Ces chances ne sont déjà que trop grandes, avec les grandes vitesses auxquelles on marche, et avec des eaux à épuiser qui sont toujours très-troubles, ou même qui tiennent en suspension des graviers dont la présence est une cause d'usure rapide pour toutes les garnitures, surtout s'ils sont de nature siliceuse.

Le type ordinairement adopté pour les machines d'avaleresse est donc la machine à vapeur à traction directe, à haute pression, sans détente notable, sans condensation et sans cataracte. C'est ainsi qu'ont été exécutés dans ces dernières années, avant l'extension du procédé Chaudron, les puits du Pas-de-Calais et de la Moselle, et qu'il s'en exécute même encore en ce moment.

Ordinairement le cylindre à vapeur est placé directement au-dessus du puits. Il est porté par de forts sommiers en bois ou en tôle, reposant sur deux murs épais en maçonnerie, entre lesquels est le rond du puits, et qui sont assez élevés au-dessus de son orifice pour rendre toutes les manœuvres faciles.

M. Vuillemin a remplacé, dans quelques cas, ces cylindres verticaux par des cylindres horizontaux. La tige du piston commande alors la maîtresse-tige à l'aide d'une chaîne de Galle passant sur une poulie de renvoi.

Cette disposition dégage mieux l'orifice du puits; elle peut d'ailleurs être commandée, si le terrain est ébouleux aux abords du puits; on peut, en effet, en éloigner la machine autant qu'on voudra, moyennant une longueur suffisante donnée à la chaîne.

Une machine à vapeur du système indiqué est essentiellement *désavantageuse* au point de vue de la consommation de charbon; et si la condition d'une marche rapide exclut une détente étendue, il me paraîtrait *nécessaire* d'employer la condensation, dût-on, pour conserver à l'appareil principal sa simplicité, monter une machine condensante spéciale. Cet emploi de la condensation ne se justifie pas seulement par l'économie qu'on peut attendre en général dans la marche d'une machine à haute pression à laque le on vient ajouter un condensateur; mais elle a sa raison d'être principale dans les conditions de marche spéciales de la machine dont nous nous occupons. Cette machine est, en effet, établie dès l'origine avec un diamètre de piston qui permette de faire mouvoir des pompes d'un diamètre donné, jusqu'à la profondeur à laquelle on s'attend à rencontrer les niveaux (60, 80, 100, 150 mètres et plus). On veut, par exemple, que, marchant à 6 atmosphères effectives, la machine fonctionne encore lorsque les pompes seront, je suppose, à 150 mètres; dès lors elle ne comportera qu'une pression effective de 3 atmosphères à 75 mètres, de 1 atmosphère à 25 mètres, et ainsi en proportion; c'est-à-dire qu'il faudra réduire beaucoup la pression dans les chaudières, ou étrangler beaucoup la soupape d'admission, tant que le puits n'aura qu'une faible partie de sa profondeur. La dépense en charbon sera donc, dans les premiers temps, celle d'une machine sans condensation fonctionnant, non pas à haute pression, mais à une pression qui augmentera avec la profondeur, et qui dans les premiers temps sera *à peine supérieure* à la pression atmosphérique.

Or on sait ce qu'on obtiendrait de travail par kilogramme de charbon, dans une machine à basse pression de Watt que l'on ferait marcher sans condensateur.

Ainsi, en supposant la machine établie, comme il vient d'être dit, pour marcher au maximum à 6 atmosphères effectives sans condensation, ce n'est pas $\frac{1}{6}$ d'économie de charbon qu'on obtiendra en ajoutant la condensation, mais une proportion *beaucoup plus grande*, approximativement des $\frac{5}{6}$ à 25 mètres, encore de moitié à 75 mètres, et ainsi de suite.

Cette remarque me paraît tout à fait essentielle, si l'on considère la somme considérable qu'on dépense en charbon, dans le fonçage d'une avaleresse. On en pourrait citer, dans lesquelles ce seul article de dépense a atteint et même dépassé 5,000 francs par mètre courant ; une économie importante à faire sur une telle somme ne saurait être négligée.

(**545**) Une autre amélioration essentielle, dans la voie de laquelle on est du reste entré, consiste à donner aux pompes d'avaleresse *un grand diamètre*, de manière à *diminuer le nombre* des pompes en service à la fois, pour épuiser une quantité d'eau donnée. On diminue beaucoup par là l'encombrement de la colonne du puits, et, ce qui n'est pas moins important, on réduit en même temps le nombre des pistons et des clapets à entretenir. Ce dernier point est très-intéressant ; car lorsqu'on est presque à la limite des moyens d'épuisement dont on dispose, le moindre arrêt, pour changer une des garnitures, fait monter les eaux, et il peut se faire qu'il faille ensuite plusieurs heures d'épuisement actif pour les faire baisser à nouveau, de manière à pouvoir reprendre le travail au fond du puits.

C'est ainsi qu'on arrive parfois à cette situation bizarre, que la durée des garnitures ne dépasse, pour ainsi dire, pas le temps nécessaire pour battre les eaux après qu'elles ont été refaites ; de sorte que presque tout le temps se passe soit à refaire des joints, soit à vider le puits, et il n'en reste plus pour travailler au fonçage. C'est alors que les dépenses s'accumulent au delà de toutes les prévisions, sans compter les difficultés matérielles qu'amène, si les terrains ne sont pas très-bons, une prolongation indéfinie de l'épuisement.

L'emploi des tuyaux de tôle a permis de donner de grands diamètres aux pompes, sans augmenter leur poids outre mesure.

Il y a trente ou quarante ans, on ne donnait guère que $0^m,35$ aux plus grandes pompes d'avaleresse. Depuis cette époque, on en a fait, avec des tuyaux de tôle, qui ont eu jusqu'à $0^m,50$ et même $0^m.70$. Une seule pompe de cette dernière dimension équivaut à quatre pompes anciennes, et l'avantage de son emploi est évident. S'il en faut deux, on peut encore les installer facilement dans le puits, ce qu'on ne saurait faire pour les huit pompes qu'elles remplacent.

(**546**) Lorsque l'avaleresse doit avoir une assez grande profondeur, dépasser par exemple une cinquantaine de mètres, il est bon d'établir, comme dans les pompes fixes, une répétition, afin de diminuer le poids des pompes suspendues ou volantes, et la charge d'eau sur leurs pistons. On établit pour cela, à moitié ou au tiers de la hauteur présumée des terrains aquifères, ce qu'on appelle une bâche à niveaux, sorte de caisse ou de réservoir dans lequel les eaux des jeux volants sont déversées, pour être reprises par les pompes fixes dont le pied repose sur le fond de la bâche. Celle-ci doit être solidement établie en prenant son point d'appui sur le cuvelage ; à cet effet on la fait porter sur les abouts d'une série de solives verticales, fortement reliées, par des clous ou par des vis à bois, à plusieurs cadres consécutifs du cuvelage.

On tâche de n'avoir à établir qu'une seule de ces bâches, c'est-à-dire de franchir tout le niveau avec la hauteur de deux jeux ; mais il est difficile de donner à un jeu plus de 60 mètres, à cause de l'usure très-rapide des garnitures. Il vaudra donc mieux, si le puits doit être foncé en avaleresse jusqu'à 120 mètres et au delà, ce que l'on sait toujours d'avance, partager cette hauteur en trois parties à peu près égales, et établir deux bâches à niveaux et deux répétitions, malgré l'encombrement qui peut en résulter dans le puits.

Les tiges de toutes les pompes, tant fixes que volantes, sont reliées soit à une maîtresse-tige, soit directement à la tige du piston à vapeur, au moyen d'un fort plateau d'attelage en fonte calé sur cette tige. Sur le pourtour de ce plateau sont les points d'attache des tiges de chaque pompe. Cette dernière disposition est la plus commode, tant qu'on n'a qu'une seule bâche à niveau, parce qu'on tient au jour toutes ces attaches ; les manœuvres pour sortir une quelconque des tiges se font ainsi plus facilement et plus rapidement.

Il doit être établi sur le puits un cabestan à bras ou à vapeur, ou un manége, pour toutes ces manœuvres qui se font journellement, indépendamment de l'appareil qui fonctionne pour le travail du fonçage dans un compartiment distinct de celui des pompes.

On doit considérer qu'un tel travail, lorsque les eaux sont très-abondantes, donne lieu à une dépense *journalière* très-forte en charbon, et qu'en outre il est extrêmement lent, surtout dans les terrains quartzeux, où, comme nous l'avons fait remarquer, les matières en suspension dans l'eau usent avec une extrême rapidité toutes les garnitures. Il arrive, dans ce cas, qu'après la réfection d'une garniture, le temps nécessaire pour battre les eaux qui sont montées dans le puits est presque égal à la durée même de cette garniture; on se trouve alors dans la situation indiquée au numéro précédent, et il peut se faire que des semaines, des mois s'écoulent ainsi, presque sans avancer. Aussi n'est-il pas sans exemple que des ouvrages de ce genre aient dû être abandonnés, après y avoir englouti un certain nombre de centaines de mille francs.

Il me paraît qu'aujourd'hui ce procédé de fonçage à travers des terrains aquifères doit être considéré comme suranné, et qu'il y a lieu de lui substituer habituellement, dès qu'on est autorisé à croire que les eaux seront assez abondantes, les procédés nouveaux décrits au chapitre IX, notamment le système Chaudron.

Les figures 456 à 459, pour le détail desquelles nous renvoyons à la légende des planches, représentent les principales dispositions relatives à l'épuisement des avaleresses, décrites dans les n⁰ˢ 543 à 546.

(**547**) Nous ajoutons ici quelques données numériques sur les divers appareils précédemment décrits (n⁰ˢ 537 à 546).

Le diamètre des pompes est rarement inférieur à 0ᵐ,20, celui de 0ᵐ,35 est assez fréquent. Il correspond à un volume d'environ 1 hectolitre par mètre de course. Un diamètre de 0ᵐ,50 constitue déjà un appareil important. On a été cependant jusqu'à 1 mètre pour des pompes fixes.

La course est comprise entre 1ᵐ,30 pour les tiges mues par un mouvement de manivelle et 2ᵐ,50, 3 mètres et même 4 mètres pour les plus grands appareils à traction directe.

Le nombre de coups de piston peut être plus grand pour les ap-

pareils de rotation que pour les appareils à traction directe, pour
les appareils à vapeur sans détente, ou avec détente de Woolf que
pour les appareils avec une grande détente dans un seul cylindre,
pour les répétitions multipliées que pour le cas inverse, avec l'emploi du régénérateur Bochkoltz que sans cet appareil. Il peut d'ailleurs varier, entre certaines limites, pour un appareil donné, sans
autre inconvénient qu'une fatigue des organes qui croît rapidement
à mesure que la vitesse augmente.

Un appareil de pompes fixes de la plus grande dimension, comprenant des pompes de 3 mètres de course et de 1 mètre de diamètre, sera convenablement réglé à 3 ou 4 coups de piston par minute. On épuisera avec 4 coups plus de 9 mètres cubes d'eau. Si
l'on suppose que l'épuisement se fasse à 500 mètres, on voit facilement que le travail théorique de cette machine dépassera 1000 chevaux.

Au besoin et exceptionnellement, en temps d'eaux abondantes
dans la mine, on pourra la faire marcher à 5 coups, peut-être
même jusqu'à 6 coups en la munissant d'un régénérateur ; la force
dépensée deviendrait alors de 1500 chevaux. Un appareil moins
important fonctionnera convenablement en marche normale à 5 ou
6 coups doubles, et pourra aller à 7 ou un peu au delà. Une grande
machine d'avaleresse peut aller à 10 coups, ou exceptionnellement
à 12. Mais à cette dernière vitesse, les vibrations deviennent considérables, et tous les organes de la machine fatiguent beaucoup.

La vitesse maxima pendant l'ascension des tiges peut aller à
$1^m,50$ ou $1^m,75$; elle ne doit pas dépasser beaucoup 1 mètre pen·
dant que les pompes redescendent en refoulant l'eau.

La hauteur du jeu aspirant peut être fixée, en nombres ronds, à
20 mètres, celle des jeux foulants à 60 mètres (voir les numéros
536 et 537).

Dans une pompe en bon état, le rendement en eau montée est
sensiblement égal au rendement théorique conclu du diamètre de
la course du piston. Il peut même se faire, par un effet d'inertie
facile à comprendre, qu'il lui soit *un peu supérieur* dans les pompes
à mouvement rapide.

En pratique, on comptera sur un déchet de $\frac{1}{10}$, pour prévoir largement le cas d'un entretien imparfait des garnitures.

On pourra compter que le récepteur étant établi dans de bonnes conditions, on obtiendra, *en eau montée*, 50 p. 100 du travail théorique du moteur, avec des appareils de rotation et des transmissions simples, et 70 à 75 p. 100 avec des appareils à traction directe convenablement réglés. On admet que le poids utile de la maîtresse-tige doit dépasser de $\frac{1}{10}$ à $\frac{1}{5}$ le poids nécessaire à la levée des clapets de refoulement.

A l'aide des données ci-dessus, on aura les éléments nécessaires pour établir le projet et le devis d'un appareil d'épuisement. La force des pièces se calculera facilement d'après les efforts auxquelles elles sont exposées, et leur prix d'après leur force, au moyen des prix élémentaires applicables au lieu et à l'époque.

On fera le calcul dans l'hypothèse que la machine devra marcher *à petite vitesse*, et pendant *un nombre limité d'heures* par jour, 8 heures par exemple, et l'on aura, pour faire face aux accroissements ultérieurs de l'entretien d'eau, la possibilité d'augmenter la vitesse et la durée du fonctionnement. En augmentant de 50 p. 100 la vitesse, et marchant 16 heures sur 24, ce qui est possible, on fera face à une venue d'eau trois fois plus grande.

(**548**) Le prix d'établissement d'un grand appareil d'épuisement se compose du prix de la machine, qui est en rapport principalement avec la force motrice dont on a besoin, et du prix de l'attirail des pompes, qui augmente avec leur importance, et surtout avec la profondeur du puits. On ne peut donc indiquer un prix d'établissement rapporté uniquement à la force motrice.

Nous citerons simplement, à titre d'exemple, le coût présenté par M. Luyton, d'un appareil d'épuisement établi sur un puits de 140 mètres de profondeur, dans une mine du département de la Loire :

La machine à vapeur est à traction directe. Elle a 1^m,50 de diamètre et 5 mètres de course. Elle fait mouvoir deux jeux foulants et un jeu aspirant de 0^m,36. Elle marche à 5 coups par minute ; elle peut facilement, sans aucun invénient, marcher à 6 coups.

La dépense d'établissement a été la suivante; en nombre rond :

A. — POUR LA MACHINE MOTRICE.

Maison de la machine.	11,300
5 chaudières avec leurs fourneaux et foyers.	30,600
Cheminée.	2,000
Machine motrice, tuyautage et frais divers. .	39,500
Total.	81,400

B. — POUR LES POMPES.

Colonne des tuyaux montants.	15,400
Pompes proprement dites, prêtes à poser	
Fonte. . . . 9,800 Bronze. . . . 2,000	11,800
Maîtresse-tige. — Bois. . . . . 5,200 Ferrure. . . 12,400 Contre-poids. 4,700	22,300
Réparation de la colonne du puits, établissement des supports, et pose des pompes.	13,600
Transport et objets divers.	3,500
Total. . .	66,600

Soit pour l'installation complète 148,000 fr.

Cette dépense donne par mètre courant de puits :

Pour la machine motrice. . . .	581
Pour l'appareil des pompes. . .	476
Soit en totalité. . . .	1,057 fr.

ou, en nombre rond, un millier de francs par mètre.

Avec des puits très-profonds et de très-grandes pompes, le premier de ces chiffres tendrait à diminuer et le second à augmenter.

(**549**) Le prix de revient de l'épuisement rapporté, soit à la quantité d'eau épuisée, soit au travail correspondant à cette quantité, ne comporte pas plus que le prix d'établissement des appareils, la détermination d'une moyenne. Il varie dans de plus larges limites encore que le prix de revient de l'extraction, parce que la dépense en charbon y entre pour une grosse part, et que cette dépense est extrêmement variable, pour une même force produite, selon le degré de perfection de la machine et selon le prix de la tonne de charbon dans la localité.

Ce qu'on peut dire, c'est que les *frais d'épuisement d'une tonne d'eau par une machine d'extraction* peuvent être considérés généralement comme inférieurs *aux frais d'extraction d'une tonne de minerai*, parce que la main-d'œuvre est notablement moindre, et que la consommation de charbon est moindre aussi, par suite d'une marche plus continue de la machine amenant une meilleure utilisation de la vapeur produite. Ainsi sur le prix de revient de 0 fr. 25 établi au n° 468, pour l'extraction d'une tonne de minerai à 400 mètres, on pourrait réduire près de moitié sur la main-d'œuvre, soit 0 fr. 0565 et un cinquième sur le charbon, soit 0 fr. 0154, ou en totalité environ 0 fr. 05, et le prix de revient de la tonne d'eau descendrait, dans les conditions énoncées, de 0 fr. 25 à 0 fr. 20.

En substituant à la machine d'extraction, une machine établie sur le type du Cornouailles, on peut penser que la main-d'œuvre se réduirait encore un peu et la consommation de charbon dans une très-forte proportion, et que la dépense d'entretien de la machine d'épuisement et des pompes ne serait pas plus élevée, ou plutôt même serait un peu moins élevée que celle de la machine d'extraction et des câbles.

Le prix de revient total ne dépasserait probablement pas 12 centimes.

Soit pour l'élévation *d'une tonne d'eau à* 100 *mètres*, dans les conditions supposées d'une quantité journalière de 600 tonnes et d'une profondeur de 400 mètres, 0 fr. 05 par le moyen de bennes à eau, 0 fr. 03 par le moyen d'un système de pompes.

On remarquera que les conditions supposées sont *très-favorables* à l'emploi des bennes, en ce que la machine d'extraction se trouve aussi activement utilisée que possible.

Un entretien d'eau notablement plus fort ne permettrait bientôt plus l'emploi des bennes ; un entretien d'eau moins fort augmenterait la dépense plus rapidement avec les bennes qu'avec les pompes.

Le prix de 0 fr. 05 doit être considéré presque comme *un minimum*, tandis que celui de 0 fr. 03, *sans être un maximum*, serait susceptible de décroître dans certaines circonstances favorables. Ainsi, par exemple, la profondeur du puits pourrait être un peu plus grande, sans qu'on augmentât le nombre des répétitions, toutes

autres choses, sauf la longueur des tuyaux montants, restant d'ailleurs les mêmes. On aurait à peu près les mêmes frais d'entretien,
exactement la même main-d'œuvre, et la dépense en charbon serait
le seul élément augmentant en proportion de la profondeur.

Le chiffre très-modéré de 0 fr. 03 ci-dessus établi, rapproché de
ce double fait, d'une part, que l'entretien d'eau normal d'une mine
ne doit pas augmenter beaucoup avec la profondeur, pour un développement de travaux donné en projection horizontale, et d'autre
part, que le système des pompes en répétition activées par une maitresse-tige est susceptible de s'étendre, comme les Fahrkunste, à des
profondeurs aussi grandes que l'on voudra, amène à cette conclusion
que si quelque circonstance naturelle vient à limiter l'avenir de
l'exploitation des mines en profondeur, cette circonstance ne parait
devoir être ni la difficulté matérielle, ni la dépense de l'épuisement
des eaux.

Les appareils actuels d'épuisement ont, sous le rapport de la faculté d'être appliqués à des profondeurs croissantes, *la même élasticité*, pour ainsi dire, que les Fahrkunste, et *une plus grande élasticité*
que les appareils usités pour l'extraction.

CHAPITRE XX

DE LA VENTILATION ET DE L'ÉCLAIRAGE DES MINES

(**550**) L'air, dans les mines, comme en général dans tout espace confiné, est altéré de deux manières : d'un côté, par la soustraction d'une partie de son oxygène ; de l'autre, par des mélanges de gaz étrangers.

La soustraction de l'oxygène est produite principalement, tant par la respiration de l'homme et des animaux, que par la combustion des lampes.

Ces deux phénomènes sont d'ailleurs du même ordre, l'acte de la respiration n'étant qu'une véritable combustion qui se fait dans l'intérieur des poumons, et les produits étant, dans les deux cas, à peu près exclusivement de l'eau et de l'acide carbonique.

Il est admis généralement que le volume d'air inspiré par un homme au repos est d'environ 12 à 15 litres par minute (17 à 19 mètres cubes par 24 heures). Ce volume augmente beaucoup, jusqu'au double, au triple et au delà, pendant la digestion, ou lorsque l'homme se livre à des mouvements trop rapides ou à un travail musculaire quelconque. L'air inspiré ne contient que quelques dix-millièmes d'acide carbonique ; l'air expiré en contient jusqu'à 5 et même 4 centièmes, et l'oxygène libre y est réduit d'autant. Avec cette proportion d'acide carbonique, l'air est déjà difficile à respirer, et avec une proportion de 10 centièmes il devient asphyxiant. La quantité de 17 à 19 mètres cubes est donc, *au minimum*, la quantité d'air frais qui doit affluer par 24 heures, dans un espace confiné, pour chaque homme qui y séjourne. Cette quantité doit être triplée si les hommes y travaillent ; une lampe de mine équivaut à peu près à un homme, et un cheval à trois hommes.

La soustraction d'oxygène est encore produite accessoirement par diverses actions chimiques qui se développent d'une manière plus ou moins latente, mais qui se résument habituellement en des phénomènes d'oxydation de substances minérales ou organiques, qui ne sont pas saturées d'oxygène, et qui sont par conséquent encore plus ou moins combustibles.

C'est ainsi, par exemple, que les pyrites s'effleurissent en sulfates, que certains proto-carbonates, celui de fer notamment, se changent en peroxyde du même métal, etc.

Un effet de même nature a lieu pour certaines houilles, qui ont la propriété de s'échauffer en présence de l'air, échauffement qui va jusqu'à l'incandescence dans les houilles spontanément inflammables.

Ce phénomène d'échauffement se produit, soit dans les tas de menu emmagasiné au jour, soit dans les charbons qui restent quelquefois perdus sous les dépilages, soit même enfin, pour les houilles très-inflammables, dans des piliers qui auront été tracés trop longtemps avant qu'on n'en vienne au dépilage, et qui se seront plus ou moins écrasés et fissurés.

Dans tous les cas, le charbon qui s'échauffe, ou s'enflamme, doit être considéré comme formant une masse poreuse dans laquelle l'air peut avoir accès, mais ne se renouvelle que très-difficilement et avec beaucoup de lenteur. La masse, rendue par sa porosité encore moins conductrice de la chaleur qu'elle ne l'est à son état naturel, doit être supposée exercer sur les molécules d'oxygène une action de condensation plus ou moins analogue à celle que l'on observe dans l'éponge de platine. Cette condensation détermine de la chaleur, et facilite la combinaison des molécules d'oxygène soit avec les molécules de carbone, soit plutôt avec celles des hydrocarbures divers, tels que l'hydrogène proto-carboné, qui tendent à se dégager de la masse et qui sont, en quelque sorte, saisies à l'état naissant.

Assez habituellement, ces échauffements ou ces combustions

spontanés de la houille menue ou broyée sont attribués à la sulfatisation des pyrites. Cela peut être vrai pour certaines houilles trèschargées de schistes pyriteux; mais il est certain que les mêmes accidents ont encore lieu avec des houilles qui ne contiennent pas de pyrites, ou qui n'en contiennent que des quantités insignifiantes.

Enfin un phénomène analogue de combustion se produit, d'une manière générale, avec toutes les matières organiques abandonnées dans la mine; matières qui entrent en fermentation et finissent par disparaître, en formant divers composés gazeux dans lesquels une quantité plus ou moins grande de l'oxygène de l'air se trouve fixée.

(**551**) Quant aux matières étrangères qui viennent se mêler à l'air, ce sont d'abord celles qui résultent des diverses actions chimiques ci-dessus énumérées, c'est-à-dire la vapeur d'eau et l'acide carbonique, pour le cas où la combustion a été complète; puis l'oxyde de carbone, l'azote, l'ammoniaque, les hydrocarbures, l'hydrogène sulfuré, puis encore divers composés complexes plus ou moins odorants, connus sous le nom de miasmes, etc., etc., pour les décompositions produites avec une intervention incomplète de l'oxygène, ou même sans aucune intervention de ce gaz.

A cette nomenclature, s'ajoutent les matières qui résulteront de certaines actions chimiques spéciales, telles que celle d'eaux acides sur des carbonates; les gaz et les fumées que produit la combustion de la poudre; enfin les poussières fines qui sont soulevées et mises en suspension soit par les coups de mines, soit par toutes les manipulations que subissent les minerais depuis le chantier jusqu'au puits, soit enfin par toutes les circonstances qui peuvent amener, dans la masse d'air à l'intérieur de la mine, des mouvements plus ou moins violents.

Ces poussières fines pourront être nuisibles à la santé, par exemple, dans les mines de mercure ou dans celles d'arsenic, où elles exerceront l'action toxique que comporte leur nature. Mais, même lorsqu'il s'agit de mines de houille, ces poussières exercent, non une action chimique, mais une action en quelque sorte physique ou mécanique, par l'engorgement qu'elles produisent dans les organes de la respiration.

Ces poussières charbonneuses, lorsqu'elles sont extrêmement fines et en suspension dans l'air, peuvent aussi, dans des quartiers très-secs et avec certaines natures de houille, s'enflammer rapidement, au contact de la flamme d'un coup de mine ou d'une petite explosion de grisou, produire une véritable détonation, et parfois mettre le feu aux bois sur lesquels elles sont déposées en couches plus ou moins épaisses.

Parmi les gaz adventifs qui arrivent tout formés dans l'intérieur d'une mine, à travers les fissures apparentes ou à travers les pores de la roche, laquelle étant habituellement perméable aux eaux, comme nous l avons vu au chapitre précédent, est *à fortiori* perméable aux gaz, on doit citer principalement l'acide carbonique, l'hydrogène carboné et l'hydrogène sulfuré.

Le premier se rencontre assez souvent imprégnant les terrains, surtout dans les contrées qui sont ou ont été le siège d'actions volcaniques. Tel est le cas de beaucoup de mines exploitées en Auvergne.

L'hydrogène carboné, qu'on nomme aussi grisou ou gaz des marais, est un gaz qu'on a quelquefois rencontré dans quelques salines, mais qui joue surtout un rôle important dans certaines houillères. Il paraît être le produit de certaines altérations encore mal définies, qu'ont éprouvées, en présence de l'eau, les matières organiques avec lesquelles ont été formés les combustibles minéraux.

Ce gaz ne se présente pas dans toutes les couches indifféremment; cependant sa présence est liée moins étroitement à la qualité du charbon, qu'aux conditions topographiques de la mine. Il est d'autant moins abondant qu'on est plus près des affleurements, ou que le terrain formant le toit de la couche est plus fissuré et plus propre à la mettre en relation avec le jour.

On doit regarder que ce gaz préexiste à un état de tension plus ou moins considérable dans les pores de la houille, et qu'il s'en dégage lorsque ces pores sont mis à nu. Il s'en échappe en brisant l'enveloppe des cellules où il est renfermé, avec une décrépitation analogue au frémissement de l'eau qui va commencer à bouillir. Cette décrépitation, qu'on appelle le *chant du grisou*, est très-sensible dans un chantier au charbon, lorsque ce chantier en dégage abondamment. Cette abondance est, toutes choses égales d'ailleurs, d'autant plus grande que l'abatage est plus actif; car il se fait surtout par les surfaces que l'abatage a fraîchement mises à nu. Tel chantier, qui donne beaucoup de gaz lorsqu'on l'exploite, n'en donnera plus, ou presque plus, après un chômage de quelques jours, parce que les cellules voisines des parois se seront vidées.

Il en résulte qu'une mine à grisou dégage une quantité de ce gaz qui croit assez lentement avec l'étendue des travaux, et au contraire proportionnellement à l'étendue des surfaces fraîches mises journellement à nu, étendue qui est en rapport avec le chiffre de la production journalière de la mine. Avec des moyens limités d'aérage, c'est parfois la question du dégagement du grisou qui limite la production que l'on peut demander à la mine.

La force avec laquelle le gaz est condensé dans les cellules est très-considérable. Si, en effet, on prend un morceau de houille fraîchement abattu dans une couche à grisou, on observe que ce morceau, placé sous une éprouvette, dégage, en quelques heures, ou en un jour ou deux, un volume de gaz qui peut être trois ou quatre fois égal au sien. Cela correspondrait déjà à une pression de 3 ou 4 atmosphères, si l'on ramenait ce volume au volume du morceau; mais on n'a ainsi qu'une évaluation très-incomplète de la pression primitive; car ce n'est pas ce dernier volume que le gaz occupait d'abord, mais seulement l'espace libre offert par les pores de ce morceau.

Cette grande condensation initiale a pour résultat que toutes les fissures qui sont en relation avec une couche à grisou, si elles sont d'ailleurs hermétiquement closes, doivent être, quelle que soit leur origine, remplies de ce gaz à une tension plus ou moins élevée au-dessus de la pression atmosphérique.

C'est ainsi qu'en fonçant un puits ou une galerie à travers bancs, il arrivera qu'à l'approche d'une couche de houille, les fissures du rocher donneront du gaz, et l'on pourrait citer bien des cas où des ouvriers travaillant avec des lampes à feu nu, dans un chantier ou rocher, ont été brûlés par le gaz, comme ils auraient pu l'être dans un chantier au charbon.

Ces irruptions accidentelles de gaz, lorsqu'elles ont une certaine

abondance et une certaine durée, prennent le nom de *soufflards*.
Dans certaines conditions, ces soufflards peuvent persister pendant des mois, même des années; mais ils finiraient toujours par
s'épuiser. On les a quelquefois utilisés à l'éclairage, en recueillant le
gaz dans des tuyaux, et le faisant brûler à l'aide de becs ordinaires.

La condition favorable à la production d'un grand soufflard, est
l'existence d'une grande faille fermée par le haut, imparfaitement
remblayée et recoupant sur une grande longueur un système de
couche à grisou. Chacune de ces couches donne, par son intersection avec la faille, deux tranches équivalentes à autant de très-
grandes tailles qu'on aurait pratiquées dans la couche. La surface
totale de dégagement du gaz est ainsi très-considérable, et elle
recommence à fonctionner dès qu'un chantier est venu percer en un
point de cette faille, et qu'on l'a laissé se vider du gaz comprimé
qui s'y trouvait accumulé.

Le premier effet du percement est un dégagement très-fort dû à
la pression qui existait dans la faille, et qui parfois se manifeste
par la projection de gros blocs de charbon au moment où l'on
donne les derniers coups de pic qui ouvrent la communication avec
la faille; l'*effet consécutif* est la persistance de ce dégagement pendant un certain temps, à cause de la grande étendue des surfaces
qui recommencent à débiter du gaz dès que la première est réduite.

(**552**) Le grisou qui existe dans une mine n'a pas pour unique
origine le dégagement qui se fait le long des surfaces mises à nu
soit par des failles, comme il vient d'être dit, soit au front de taille
des chantiers. Ainsi, dans une mine exploitée par dépilages avec
éboulement, on constate qu'il s'en dégage aussi dans les parties dépilées; de sorte que ces vieux travaux constituent des réservoirs irréguliers plus ou moins étendus, qui se remplissent d'un
mélange en toutes proportions d'air et de grisou. Ce dégagement est
dû soit au charbon perdu lors du dépilage, en proportion d'autant
plus grande que la couche exploitée est plus épaisse, soit à l'existence de quelque *passée de charbon* dans la région du toit de la
couche, qui se trouve mise à nu par les éboulements.

Ces espèces de réservoirs sont prêts à chaque instant à déverser leur contenu sur les chantiers de dépilage contigus, et ils l'y déversent en effet d'une manière appréciable, lorsqu'ils communiquent librement avec eux, et qu'il survient quelque abaissement important et rapide de la pression atmosphé ique.

C'est ainsi qu'il est de notoriété parmi les mineurs, dans les mines que l'on exploite par dépilages, en battant en retraite à partir de la limite du champ d'exploitation et en laissant ébouler, que l'état d'une mine, au point de vue de l'aérage, est en relation très-intime avec les variations barométriques.

On dit que si le baromètre baisse, le mauvais air *sort des vieux travaux*, et qu'il *y rentre*, au contraire, lorsque le baromètre monte. Ces expressions représentent très-exactement les circonstances qui se produisent. Il est facile de comprendre que le volume qui passe ainsi des réservoirs dans les travaux en activité, ou réciproquement, peut être très-notable. Si l'on considère, en effet, les parties dépilées, il semble d'abord qu'à une certaine distance en arrière des dépilages en activité, elles soient remplies par les éboulements; mais ce remplissage, dû au foisonnement des roches éboulées, rend le vide *moins apparent*, *le dissémine*, en quelque sorte, sur toute la hauteur éboulée, mais ne l'empêche pas entièrement de subsister. Ce vide est donc en réalité un réservoir qui peut parfois avoir *un grand nombre de milliers de mètres cubes*.

Or une variation barométrique d'un centimètre produit dans le volume des gaz qui le remplissent, une variation de $\frac{1}{76}$, ou de 0.013, c'est-à-dire qu'une variation en baisse d'un centimètre déversera dans les travaux en activité, et une égale variation en hausse fera entrer dans les vieux travaux, autant de fois 13 mètres cubes, ou de gaz ou d'air, que le réservoir formé par ces vieux travaux aura de milliers de mètres cubes de capacité.

Même dans une couche exploitée par remblais, l'espace remblayé en arrière des tailles peut être aussi rempli de gaz, et c'est ce que l'on constate souvent, en faisant une petite fouille dans ces remblais un peu en arrière du chantier et y introduisant une lampe de sûreté. Ce grisou résulte de la petite quantité de charbon que contiennent toujours ces remblais, parce qu'on y rejette soit les menus de la sous-cave, soit des schistes plus ou moins charbonneux provenant du triage. La masse de ces remblais forme donc ainsi un réservoir d'une étendue limitée, et où le dégagement du grisou n'est que temporaire, mais qui n'en est pas moins disposé à épancher ce gaz, dans les galeries qui le circonscrivent, dès qu'un effet de dilatation peut s'y produire par suite d'un abaissement de la pression barométrique.

Cette influence des variations barométriques a été niée, et l'on a dit qu'une différence de pression d'un centimètre de mercure était insignifiante, devant la tension de plusieurs atmosphères que le gaz possède lorsqu'il est emprisonné dans les pores de la houille.

Il y a là une confusion d'idées qu'il importe de saisir.

On peut bien dire peut-être, pour le gaz *qui se dégage* de la houille, que ce dégagement sera sensiblement le même, quelle que soit la pression atmosphérique *actuelle, tant que cette pression se maintiendra*; mais si elle diminue ou augmente devant les orifices d'écoulement, *le premier effet* est une augmentation ou une diminution correspondante du débit, effet qui disparaît *presque entièrement* lorsqu'il s'est établi, dans les petits canaux adducteurs, un nouveau régime permanent approprié à la pression devant les orifices d'écoulement.

Ainsi à la rigueur on doit dire, même pour ce qu'on peut appeler la production du gaz normal de la mine, que si elle est à peu près indépendante *du taux de la pression*, elle varie temporairement *avec cette pression*; mais cette variation se manifeste d'une manière bien plus marquée sur le gaz *déjà dégagé* qui se trouve accumulé dans les vieux travaux et dans les remblais, où il obéit à la loi de Mariotte.

(**553**) En résumant tout ce qui précède, on voit que dans une mine, on peut s'attendre à trouver :

1° De l'air différent de celui de l'atmosphère ordinaire, en ce qu'il est généralement saturé de vapeur d'eau et contient une moindre proportion d'oxygène relativement à l'azote ;

2° En outre, à l'état de gaz proprement dit, ou de vapeur, de fumier, ou de poussières, les corps suivants dont l'origine a été indiquée ci-dessus :

L'acide carbonique;

L'hydrogène protocarboné pur, ou plus ou moins mélangé d'hydrogène bicarboné;

L'oxyde de carbone et tous les produits, hydrocarburés ou autres, pouvant résulter d'une fermentation ou d'une combustion incomplète de la houille.

L'hydrogène sulfuré, qui doit être mentionné, moins à cause de son abondance, qu'à cause de son action délétère spéciale, qui le rend très-dangereux, même en proportion minime;

Tous les produits, gazeux ou solides, qui résultent de la combustion de la poudre;

Les vapeurs ou poussières, tantôt délétères, comme le sont celles du mercure ou de l'arsenic, tantôt sans action toxique spéciale, comme sont les poussières de la plupart des matières minérales, mais toujours plus ou moins nuisibles à la santé quand elles sont abondantes, et pouvant en outre, dans ce cas, devenir dangereuses lorsqu'elles sont inflammables.

Enfin les miasmes, qui, dans une proportion parfois insaisissable à l'analyse, sont souvent plus terribles encore que l'hydrogène sulfuré.

Telles sont les causes nombreuses d'altération et d'insalubrité de l'atmosphère au milieu de laquelle doivent vivre et travailler les mineurs.

(**554**) Peut-être serait-on porté à faire intervenir ici la propriété connue en physique sous le nom de *diffusion des gaz*, en vertu de laquelle deux gaz quelconques, placés dans deux enceintes qui communiquent entre elles, finissent par se mêler entièrement et par constituer une masse parfaitement homogène, qui, une fois produite, reste indéfiniment en cet état sans subir ultérieurement aucun effet de liquation; d'où il résulterait que l'air d'une mine, toujours en relation, au moins par un orifice, avec l'atmosphère, ne devrait pas différer par sa composition de l'air atmosphérique ordinaire.

Cela serait vrai, si l'altération de composition une fois produite. les causes en cessaient d'une manière complète; il est clair qu'une *mine abandonnée*, dans laquelle aucune de ces causes ne subsisterait finirait, sous l'action plus ou moins lente de la diffusion, par être simplement remplie d'air atmosphérique ordinaire.

Mais, en fait, il n'en est nullement ainsi : ces causes d'altération, loin d'être momentanées, sont au contraire essentiellement permanentes dans une mine en exploitation, et pour les plus importantes de ces causes, leur puissance est en rapport plus au moins direct avec l'activité de la production de la mine, qui dépend elle-même du nombre des ouvriers et du développement des chantiers.

Si nous supposons que l'air soit stagnant dans la mine, les effets de la diffusion seront en rapport avec les formes et les dimensions des divers ouvrages et avec la section et la longueur de la galerie ou du puits qui les met en communication avec l'air extérieur. Il pourra donc arriver qu'en divers points particuliers de la mine, ou dans la mine entière, la diffusion ait *moins d'effet* que les causes d'altération, et qu'ainsi l'atmosphère, dans un chantier donné, ou dans l'ensemble de la mine, se vicie de plus en plus, et devienne finalement impropre à entretenir la respiration des hommes et la combustion des lampes.

C'est généralement ce qui se produirait, si l'air était en effet stagnant comme nous venons de le supposer, ou presque stagnant.

On devrait se représenter, dans ce cas, qu'indépendamment des effets généraux d'altération amenés, dans l'ensemble de la mine, par la disparition d'une partie de l'oxygène et par l'addition de substances étrangères à la composition normale de l'air atmosphérique, il se produirait des effets locaux distincts, au point même où les altérations auraient lieu, effets qui varieraient selon les propriétés physiques et chimiques, et selon les quantités des substances entrées en mélange dans l'atmosphère de la mine.

(**555**) Ces effets spéciaux, et les moyens de se mettre en garde contre eux, doivent être parfaitement connus du mineur.

S'il s'agit de la disparition de l'oxygène et de son remplacement par l'acide carbonique, par suite de la respiration des hommes et de la combustion des lampes, les conditions de production de ces phénomènes sont telles, que l'on peut regarder la diffusion comme immédiatement produite.

De l'air qui a servi une fois à la respiration contient 79 parties d'azote, 17 à 18 parties d'oxygène, et 3 à 4 p. 100 d'acide carbonique. Avec cette composition, il est déjà presque irrespirable, et les lampes y brûlent à peine ; avant que la proportion d'acide carbonique atteigne 10 p. 100, les lampes sont éteintes et les hommes courent le danger d'asphyxie immédiate. Ces deux circonstances, l'extinction des lampes et les dangers d'asphyxie pour les hommes, marchent ensemble, et l'on peut dire que là où les lampes brûlent encore, même très-faiblement, les hommes peuvent être fatigués, mais ils ne sont pas en danger immédiat d'asphyxie, et ils ont généralement le temps de s'éloigner.

Lorsque l'acide carbonique a une origine autre que celle que nous venons d'assigner, si, par exemple, ce gaz arrive, d'une manière lente mais continue, et à la température ambiante, par quelques fissures du terrain, il se produit d'abord *un effet de liquation*. L'acide carbonique, dont la densité par rapport à l'air est de 1.524, *tombe* dans l'air, au point où il émerge, comme le ferait un liquide plus dense dans un liquide moins dense : il gagne ainsi la partie inférieure des excavations. Il n'y resterait pas, et la diffusion produirait ultérieurement le mélange parfait avec l'air, si le dégagement cessait. Mais s'il est continu, et que la diffusion agisse plus lentement pour *enlever* l'acide carbonique que n'agit le jet de gaz *qui l'amène*, et c'est le cas que nous supposons, une atmosphère d'acide carbonique plus ou moins pure et plus ou moins étendue existera en permanence à la partie inférieure de toutes les excavations où le dégagement de ce gaz aura lieu.

Tel est précisément le phénomène de *la grotte du Chien*, que connaissent tous les visiteurs de Naples. Cette grotte est une simple cavité, en relation avec des fissures d'où sortent des émanations volcaniques composées principalement d'acide carbonique à une température peu élevée. Cet acide forme, sur le fond de la grotte, une nappe basse, une sorte de bain qui asphyxie les animaux qui, comme le chien, y ont la tête plongée, tandis qu'il est sans effet sur l'homme dont la tête s'élève au-dessus de la nappe asphyxiante.

L'acide carbonique asphyxie, parce qu'il ne peut fournir aux poumons l'oxygène nécessaire pour la transformation du sang veineux en sang artériel; mais il ne paraît pas, quoique cette opinion ne soit pas universellement ado tée, qu'il soit *délétère*, ou qu'il ait aucune action toxique particulière. Peu importe d'ailleurs au mineur, auquel il suffit de savoir que le gaz est irrespirable, et qu'il ne doit pas le laisser s'accumuler.

L'apparition de l'acide carbonique n'est pas un fait rare, car il existe souvent en grandes masses dans le sein de la terre, comme le montrent les sources minérales gazeuses qui existent dans tant de localités. Ces sources, en cheminant souterrainement, laissent échapper une partie de leur acide carbonique dans les cavités vides qu'elles rencontrent sur leur parcours, et le mineur, qui vient à son tour à rencontrer une telle cavité, ou une simple fissure en relation avec elle, peut voir l'acide carbonique envahir ses chantiers.

Un tel accident arrivera surtout dans les localités où les sources gazeuses abondent. C'est ce qu'on a remarqué dans beaucoup de mines d'Auvergne, où ces sources sont comme le dernier retentissement des phénomènes volcaniques dont cette contrée a été le théâtre à une époque géologiquement très-moderne. La présence de l'acide carbonique rend parfois l'aérage de ces mines assez difficile.

(**556**) Le grisou, qui est, avons-nous dit, de l'hydrogène protocarboné pur, ou un mélange en proportions variab'es d'hydrogène protocarboné et d'hydrogène bicarboné, où le premier de ces gaz domine beaucoup, se rapproche de l'acide carbonique, en ce sens qu'il commence, comme lui, par se liquater à son arrivée dans un chantier; mais au lieu de se porter *au mur*, il se porte tout d'abord *au toit* du chantier; car les deux gaz, ayant respectivement la densité 0.555 et la densité 0.980, leur mélange en toute proportion est toujours moins dense que l'air. Le grisou reproduirait donc, en sens inverse, le phénomène de la grotte du Chien. Ainsi, dans un chantier qui en contient une grande quantité, c'est en se baissant qu'on respirera le mieux; c'est près du mur que les hommes doivent tenir leurs lampes. On peut avoir, dans un tel chantier, de l'air presque pur à la sole, du gaz presque pur au toit, et, en passant lentement d'une position à l'autre, rencontrer tous les mélanges intermédiaires, et reproduire la succession des phénomènes qui se manifestent avec ces différents mélanges.

Le grisou est, comme l'acide carbonique, impropre à la respiration, et une excavation qui en contiendrait une proportion assez forte serait presque aussi dangereuse pour les hommes que si elle contenait de l'acide carbonique, avec cette différence importante néanmoins, que si l'homme tombe asphyxié, sa chute même tend à le sortir du mélange asphyxiant s'il s'agit de grisou, et tend à l'y plonger davantage s'il s'agit d'acide carbonique. Mais, au point de vue de la combustion des lampes, l'acide carbonique et le grisou sont essentiellement distincts.

S'il était pur, c'est-à-dire sans mélange d'air, le grisou éteindrait les lampes comme il asphyxie les hommes, parce que ne *contenant point d'oxygène*, il est aussi impropre à la combustion que l'acide carbonique, *où l'oxygène se trouve saturé.* Mais il est combustible lui-même, puisque ses deux éléments (hydrogène et carbone) ont tous deux une grande affinité pour l'oxygène. Il peut donc brûler, si, étant mélangé à l'air atmosphérique en proportion convenable, le mélange vient à être porté à une température suffisamment élevée.

Un fer rouge, un charbon rouge, et en général un corps *incandescent sans flamme*, détermineront difficilement l'ignition, parce que le contact du mélange gazeux avec ces corps n'aura pas lieu par un nombre suffisant de points. Il faut la présence d'un corps brûlant *avec flammes*, comme est l'huile qui imprègne la mèche d'une lampe, parce que la flamme est le corps même, qui brûle *à l'état gazeux*, et qui est susceptible, en cet état, de se mêler intimement avec d'autres gaz.

Les effets produits sont d'ailleurs très-différents selon les proportions du mélange gazeux.

Si le grisou est en *très-petite quantité*, la combustion n'a lieu qu'au contact de la flamme, parce que les produits de la combustion sont immédiatement refroidis jusqu'au dessous de l'incandescence, et comme noyés, pour ainsi dire, par l'azote et par l'oxygène en excès.

Si le grisou est en *très-grande quantité*, le même effet se produit par une cause semblable, sauf que c'est l'hydrogène carboné en excès et l'azote qui agissent pour refroidir immédiatement les premiers produits de la combustion.

Dans le premier cas la lampe continue de brûler sans phénomène apparent ; dans le second cas elle s'éteint aussitôt, comme elle le ferait dans de l'acide carbonique. Mais entre ces cas extrêmes, pour un mélange en proportions moyennes, il se passe une série de phénomènes avec lesquels le mineur doit être familier.

Supposons, par exemple, un chantier qui contienne de l'air à peu près pur à la sole, du gaz à peu près pur au toit, et dans l'intervalle une série de mélanges intermédiaires passant, d'une manière pour ainsi dire continue, de l'air pur au gaz pur.

Une lampe posée sur le sol y brûlera comme à l'ordinaire, sans rien de remarquable. En l'élevant lentement et prenant soin de cacher à l'œil, à l'aide du doigt, la partie la plus brillante de la flamme, on verra celle-ci s'entourer, surtout au sommet, d'une légère auréole bleuâtre, d'abord à peine sensible, puis qui s'élargit en même temps que la flamme s'allonge et devient fumeuse. Cette auréole est le gaz qui brûle au contact de la flamme, sans que la combustion puisse encore se propager dans la masse. La modification que subit la flamme est due à ce que l'oxygène étant devenu plus rare, la matière gazeuse que produit l'huile de la mèche brûle moins rapidement et moins complétement.

Bientôt l'auréole s'épanouissant de plus en plus, on touche au moment où l'action réfrigérante due à la masse d'air en excès sera insuffisante, et la combustion se propagera lentement, et comme une sorte de feu follet, dans toute la masse.

En montant encore la lampe, cette propagation se fait avec une rapidité croissante, et bientôt elle est en quelque sorte instantanée, c'est-à-dire que le mélange a atteint le point où il est détonant au plus haut degré.

Au delà de ce point, si la détonation n'avait pas brassé toute la masse gazeuse, on observerait que l'accroissement du gaz dans le mélange affaiblirait de plus en plus la force de l'explosion, et qu'on retrouverait, dans une succession inverse, les phénomènes déjà observés, jusqu'au moment où la lampe s'éteindrait entièrement.

Les premiers phénomènes ne commencent à se manifester, ou, selon l'expression des mineurs, le gaz ne commence à *marquer*, que lorsqu'il y a dans le mélange à peu près 3 à 4 pour 100 de gaz.

A 6 pour 100 la flamme de la lampe est très-allongée et l'auréole très-épanouie.

A 7 ou 8 pour 100 la propagation se fait lentement dans toute la masse;

A 12 ou 14 pour 100 la propagation est instantanée, et l'explosion atteint son maximum d'énergie;

A 20 pour 100, on a les mêmes phénomènes qu'à 6 pour 100;

A 30 pour 100 enfin, la lampe s'éteint.

Il est entendu que ces observations se font avec des lampes de sûreté, sur lesquelles nous reviendrons plus loin. Disons seulement ici que la disposition la plus ordinaire de ces lampes consiste à entourer la flamme d'un treillis métallique, ou *tamis*, qui agit comme un réfrigérant sur les gaz incandescents qui traversent ses mailles, les éteint et les rend ainsi impropres à transmettre la combustion dans la masse ambiante.

C'est à la manière dont l'auréole se comporte à l'intérieur de ce tamis que l'on juge de la composition du mélange gazeux. A 12 pour 100, par exemple, le tamis est entièrement rempli d'une flamme brillante, et il rougit presque instantanément.

Nous reviendrons sur ces détails en parlant de l'éclairage des mines.

(**557**) Nous nous contenterons seulement de signaler ici les dangers auxquels la présence du gaz expose les mineurs, si malgré toutes les précautions qui doivent être prises, il arrive qu'un corps brûlant avec flamme vienne à être mis accidentellement en contact avec un mélange gazeux plus ou moins détonant.

Si la masse gazeuse est peu abondante, et disséminée sur une assez grande longueur au toit d'un chantier, ou encore si sa composition, péchant par excès de grisou ou par excès d'air, ne comporte qu'une propagation lente de la combustion à tous les points de la masse, l'accident a un caractère purement local.

La combustion se propage sur la longueur envahie par le gaz, principalement en sens contraire du courant d'air. Les ouvriers présents au chantier, ou en amont de ce chantier relativement au courant, peuvent être plus ou moins brûlés; parfois on verra le feu prendre aux boisages, s'ils sont très-secs et couverts de fines poussières de charbon; parfois encore il pourra prendre aux diverses fissures par lesquelles il se fait un écoulement de gaz, soit dans le rocher soit dans le charbon. Il arrive quelquefois alors, qu'à la suite d'un tel accident, le front de taille se trouve entièrement couvert d'une multitude de flammèches bleuâtres qui courent à la surface, et qui ne tarderaient pas à mettre le feu à la masse même du charbon, si l'on ne se hâtait de les éteindre.

Mais là se bornent les désordres, et l'accident peut être produit dans un quartier de la mine, sans qu'on en ressente le contre-coup matériel dans un autre quartier.

Il en est tout autrement des grandes explosions générales qui se produisent lorsqu'une masse d'un certain nombre de mètres cubes, formant le mélange voulu pour que la combustion s'y propage instantanément, vient tout d'un coup à prendre feu par une cause accidentelle quelconque, soit sur une lampe ordinaire ou sur une lampe de sûreté en mauvais état, soit à un coup de mine tiré imprudemment dans un chantier suspect, etc., etc. La masse portée subitement à une très-haute température, tend à occuper un grand volume, décuple peut-être de son volume primitif. Il en résulte un courant violent, qui se fait sentir également en amont et en aval du point où l'explosion a lieu, et se propage dans les galeries à la manière d'une onde sonore dans un tuyau.

L'expérience montre que le mouvement ainsi produit est assez violent pour renverser tout ce qui se trouve directement sur son passage; les portes d'aérage sont détruites, les hommes renversés ou broyés contre les parois des galeries, les cadres de boisage sont renversés, souvent sur toute l'étendue d'une galerie. Il arrive même quelquefois que les effets de ces espèces d'ouragans souterrains viennent se manifester dans la colonne du puits et jusqu'au jour, bouleversant les cloisons d'aérage, dérangeant les guidages, enlevant les toitures du bâtiment qui entoure le puits, disloquant plus ou moins les machines, etc.

La propagation de ces deux ondes partant du foyer de l'explosion, et le refroidissement rapide qu'éprouve la masse incandescente au contact des parois des galeries et par le fait même de son expansion, produisent rapidement à ce foyer un certain vide qui détermine un second courant de sens contraire au premier, mais moins intense. Celui-ci amène, à son tour, un état de compression qui en détermine un troisième dans le même sens que le premier, et ainsi de suite. L'équilibre se rétablit donc par une série de courants alternatifs d'intensité rapidement décroissante.

En même temps que l'explosion a détruit le courant d'air régulier par l'enlèvement des portes et des cloisons, l'air est rendu irrespirable par le fait même de l'explosion qui a enlevé l'oxygène libre, ainsi que par l'épaisse poussière que les courants ont ramassée et soulevée dans toutes les galeries, ou par les masses gazeuses souvent irrespirables, quelquefois explosives, que les mouvements désordonnés de ces courants, ont pu faire sortir subitement des vieux travaux.

Les hommes qui ont échappé à la violence même d'une grande explosion sont donc loin d'être hors de danger ; et même ordinairement le plus grand nombre des victimes se compte parmi eux. Ces victimes succombent asphyxiées par le manque d'oxygène, ou étouffées par l'épaisse poussière, ou tuées par les *explosions secondaires* qui succèdent souvent à une *explosion principale*.

Cette dernière circonstance, dont l'éventualité rend toujours assez précaires les opérations d'un sauvetage, à la suite d'une grande explosion, peut être due à ce que le feu aura été mis à quelque boisage ou à la houille, et que la circulation régulière de l'air ayant été détruite, des masses encore explosibles se trouveront portées accidentellement soit sur un de ces points, soit même, à la rigueur, sur le foyer d'aérage, s'il n'est pas resté convenablement isolé, et si l'explosion ne l'a pas balayé et éteint.

(**558**) L'oxyde de carbone, les divers hydrocarbures et des produits

empyreumatiques variés ne se produisent guère que dans les cas
d'une combustion étouffée et incomplète, comme celle qui a lieu,
par exemple, lorsqu'un quartier, où un incendie spontané s'est dé-
claré, a été circonscrit par des barrages, que l'on s'est efforcé de
rendre aussi imperméables que possible.

Cette imperméabilité n'est jamais absolue, et d'ailleurs l'air
trouve accès soit par des fissures au toit de la couche, soit à travers
la masse des piliers qui limitent le quartier abandonné. Mais cet air
n'arrive ainsi qu'avec une extrême lenteur et en faible proportion.
Il se trouve en présence d'un grand excès de matière combustible,
et ne peut dès lors donner lieu qu'aux produits d'une combustion
incomplète. L'ensemble de ces produits est caractérisé par une odeur
pénétrante particulière, et même lorsqu'ils sont en petite quantité
dans l'air, par une action toxique très-active; en outre, ils peuvent
former avec l'air des mélanges détonants. Aussi quand on ouvre
un barrage, pour pénétrer au delà et tâcher de resserrer le périmètre abandonné d'abord à un incendie, doit-on s'attendre à rencontrer une atmosphère qui peut être, à la fois, *très-délétère* et *explosive*. Toutes les précautions doivent être prises dans cette double
prévision.

(**559**) L'hydrogène sulfuré et les miasmes divers peuvent agir
également par une action toxique extrêmement énergique, action
qui commence à se faire sentir dès que ces corps sont répandus
dans l'air en assez grande abondance pour qu'ils soient perceptibles
à l'odeur. En général, la seule manière de les rendre inoffensifs
est de les délayer dans une masse d'air suffisante et de les entraîner au dehors. C'est leur présence permanente, dans les mines
insuffisamment aérées, qui agit à la longue sur l'organisation des
hommes, et développe ces dispositions anémiques qui affectent, et
surtout qui affectaient autrefois, avant les perfectionnements apportés à la ventilation, les populations ouvrières de certains districts
houillers.

L'hydrogène sulfuré peut se produire dans toutes les circonstances
où du soufre et de l'hydrogène se trouvent en présence, à l'état de
très-grande division, ou à l'état naissant. Ainsi il peut s'en pro-

duire, par exemple, dans la sulfatisation lente des pyrites, si elle a lieu en présence de l'eau. Ainsi encore, ce gaz est un des produits de la décomposition d'un certain nombre de matières animales qui contiennent quelques traces de soufre. D'ailleurs, beaucoup de sources minérales en sont plus ou moins saturées, et il est naturel d'admettre qu'il s'en dégage parfois par les fissures du rocher.

En Sicile, on le rencontre dissous dans les eaux des mines de soufre du pays, en quantité assez grande pour gêner beaucoup le travail des ouvriers dans les chantiers où ces eaux abondent, lorsque la ventilation n'y est pas excellente.

Les miasmes sont des émanations produites par les hommes et les animaux, ou par leurs déjections, et en général par toutes les substances végétales ou animales qui sont dans la mine, y compris peut-être, dans plus d'une mine de houille, la substance exploitée elle-même.

(**560**) Les fumées ou poussières, c'est-à-dire les matières non gazeuses, tenues simplement en suspension dans l'air, peuvent être d'abord celles que produisent les coups de mines, c'est-à-dire le sulfate de potasse et le sulfure de potassium, et une partie de la poudre même, qui est projetée et échappe à la combustion. Leur ensemble donne une fumée d'une odeur désagréable, âcre à respirer, et assez intense pour rendre presque *inhabitable* un chantier où l'on vient de tirer un coup de mine, jusqu'à ce qu'elle se soit au moins partiellement dissipée.

Les poussières en suspension, provenant de la matière du gîte, seront le plus souvent inoffensives, c'est-à-dire qu'elles n'auront pas d'action physiologique spéciale résultant de leur *composition chimique propre*. Mais elles agiront toutes *physiquement* ou *mécaniquement*, avec une intensité qui dépendra de leur abondance et de leur constance dans l'atmosphère de la mine, en contribuant à *encombrer*, avec le temps, les organes de la respiration.

Nous avons déjà dit que quelques-unes peuvent exercer une action toxique spéciale, comme dans les mines de mercure où cette action est assez caractérisée pour empêcher le travail continu dans la mine. C'est ainsi qu'à Almaden les mêmes ouvriers sont alternativement employés à l'intérieur de la mine et aux travaux du jour.

Dans certaines mines de houille, surtout dans les quartiers très-secs, des poussières très-fines restent, en quelque sorte, en suspension dans l'air, ou y rentrent avec abondance lorsque quelque circonstance accidentelle vient à produire quelque remous prononcé dans la masse de l'air. Il paraît établi aujourd'hui, comme on l'a dit plus haut, qu'avec *certaines natures de houille*, une atmosphère ainsi chargée d'une matière combustible, *à* l'état solide mais extrêmement divisée, a pu se comporter comme si cette matière eût été *un gaz*, ou, en d'autres termes, donner lieu à des phénomènes analogues à ceux d'une atmosphère chargée de grisou.

On conçoit d'ailleurs que les deux effets du grisou et de la poussière fine de houille puissent se superposer, et qu'une inflammation d'une petite quantité de grisou sur un point puisse mettre en mouvement et enflammer des tourbillons d'air chargé de poussière, et étendre beaucoup le champ d'action d'une inflammation qui fût restée, sans cela, relativement inoffensive.

C'est ainsi qu'on s'explique des actions étendues et meurtrières, qui semblent parfois hors de toute proportion avec la quantité de grisou qu'on peut raisonnablement supposer s'être trouvée accumulée sur un point donné.

(**561**) Nous venons de voir, par ce qui précède, les principales circonstances qui peuvent se produire, dans une mine où l'air ne se renouvellerait que par diffusion, sur les points où des causes permanentes d'altération tendraient à *vicier* cet air d'une manière, plus rapide que la diffusion ne peut agir pour *le purifier*.

Il faut nécessairement, dans ce cas, ajouter à l'action de la diffusion quelque action complémentaire.

On pourrait concevoir que cette action fût due à des phénomènes chimiques. C'est ainsi, par exemple, qu'un lait de chaux peut agir pour absorber l'acide carbonique, ou que le chlore, employé directement à l'état gazeux ou dégagé par le chlorure de chaux, peut détruire l'hydrogène sulfuré et les miasmes.

Il est arrivé plus d'une fois que des personnes étrangères à la pratique des mines ont préconisé ces moyens d'action, ou trouvé bien

simple de saisir le grisou à son point de dégagement, et de le brûler sur place, ou de le conduire au dehors, pour le laisser dégager
dans l'atmosphère ou l'utiliser à l'éclairage.

Il est facile d'apprécier ces idées à leur vraie valeur.

Le lait de chaux n'a qu'une action temporaire et locale, et il ne
saurait être renouvelé à temps sur tous les points où il serait nécessaire. L'excès de chlore dans l'air produirait un inconvénient du
même genre que celui auquel il s'agit de remédier.

L'isolement du grisou, praticable, et pratiqué en effet, sur les
points où il se dégage en masses distinctes, comme dans les soufflards, est parfaitement inapplicable à ce qu'on peut appeler le *grisou normal*, qui *suinte*, en quelque sorte, en petits filets élémentaires
par tous les pores de la surface des chantiers.

A défaut de ces moyens chimiques, l'action complémentaire, à
ajouter à celle de la diffusion, se trouvera *dans l'addition d'une
nouvelle masse d'air*, qui délayera les gaz nuisibles dans une masse
totale suffisante pour que ces gaz y soient ou inaperçus ou inoffensifs, et *dans le renouvellement successif de cette masse totale*, avec une
rapidité telle que la quantité d'un gaz nuisible quelconque, évacuée
dans un temps donné, soit au moins égale à la quantité qui peut
s'en développer dans le même espace de temps.

C'est, en un mot, l'application à la ventilation d'une mine du procédé que la pratique universelle adopte, pour tous les cas où il
s'agit de maintenir habitable un espace confiné quelconque, dans
lequel agissent des causes permanentes d'altération de l'air.

L'art de produire ce courant d'air et de le maintenir dans une
direction et avec une intensité déterminées, et la connaissance des
moyens à employer pour le faire circuler dans des proportions vou-
lues, entre les divers quartiers d'une mine, constituent l'art de la
ventilation, ou de l'aérage.

Dans les mines peu étendues et peu actives, où les chantiers sont
vastes, et qui communiquent au jour par plusieurs orifices, il peut
bien arriver que la ventilation soit tellement facile qu'elle se fasse,
pour ainsi dire, *toute seule*, et que le mineur n'ait pas besoin de s'en
préoccuper. La diffusion pourra agir d'une manière suffisante, ou,
plutôt, quelque circonstance spéciale déterminera un courant d'air

dans un certain sens; on verra que l'air entre par un des orifices et va sortir par l'autre, et ce faible courant spontané suffira pour compléter l'effet de la diffusion.

Mais ces facilités de ventilation ne se présenteront pas toujours; il arrive au contraire, notamment dans les grandes mines de houille exploitant des couches à grisou, que toutes les ressources de l'art de la ventilation sont à peine suffisantes pour y assurer partout, au degré nécessaire, la sécurité et la salubrité *en temps normal*, et qu'elles n'évitent pas entièrement, quoi qu'on fasse, les dangers que peuvent amener des dégagements de gaz *anormaux et exceptionnels*.

Une telle mine ne peut être maintenue en activité qu'à la condition d'y maintenir incessamment le courant d'air, et une suspension accidentelle des *moyens artificiels* employés, qui réduit la mine à ce qu'on peut appeler ses *moyens naturels* de ventilation, doit être, au bout d'un temps fort court, le signal de la retraite de tout le personnel.

Après ces indications générales, nous considérerons dans ce qui va suivre :

1° Les circonstances qui peuvent tendre à produire dans une mine un courant d'air dans un sens déterminé, ou ce qu'on appelle *la ventilation naturelle de la mine.*

2° Les moyens mécaniques, ou autres, par lesquels, à défaut ou en cas d'insuffisance du courant naturel, on produit la *ventilation artificielle.*

3° Enfin les principes et les procédés, à l'aide desquels on opère, selon les besoins, la répartition du courant d'air introduit, entre les différents quartiers de la mine.

§ 1. — De la ventilation naturelle.

(**562**) Si l'on considère une mine communiquant au jour par deux orifices distincts, et dans laquelle l'*aérage se fait*, l'air entre par un des deux orifices, circule dans le réseau des galeries et sort par l'autre orifice.

L'ensemble du trajet peut être assimilé à une sorte de grand siphon dont les deux branches aboutissent au point d'entrée et au point de sortie. Si l'on considère un point quelconque de ce siphon, l'air y possède une densité qui résulte à la fois de sa température, de sa composition et de sa pression, et le mouvement de l'air se fait dans tout le siphon comme s'y ferait celui d'*une succession de fluides incompressibles, ayant en chaque point la densité de l'air qui s'y trouve en effet et soumis aux deux bouts du siphon à des pressions données*.

Cette notion simple et l'application des règles les plus élémentaires de l'hydraulique, suffisent, sous le bénéfice des observations suivantes, pour prévoir et expliquer les diverses circonstances qui se rencontrent dans la pratique.

En ce qui concerne *la température* en un point d'une mine, on doit distinguer celle de la roche même et celle de l'air qui circule en ce point.

A une petite profondeur en dessous du sol, on sait qu'en chaque point du globe on arrive à trouver une température *invariable*, qui est à peu près la température moyenne de l'année au lieu de l'observation. Puis, en s'enfonçant en dessous de ce niveau de température invariable, on trouve une augmentation de température qui varie, selon des circonstances encore mal définies, mais dans lesquelles la conductibilité propre de la roche joue un rôle important, à raison de 1° centigrade, pour 25 à 30 mètres d'enfoncement vertical. Ainsi dans nos pays par exemple, on aura près du jour environ 10°, et à 400 mètres de profondeur 25 à 26°.

Avec un courant d'air un peu lent, la masse d'air tend à se mettre, en chaque point, en équilibre de température avec la roche. La présence des ouvriers et de leurs lampes et les diverses actions chimiques tendent à augmenter la température. Dans les quartiers humides la présence des eaux, qui proviennent des infiltrations de la surface, tend à la diminuer.

D'après ces faits, la température intérieure de la mine est toujours, pendant l'hiver, supérieure à la température du dehors. Pendant l'été, la différence peut être tantôt dans le même sens, tantôt en sens contraire, selon que l'on considère la ventilation de nuit ou la ventilation de jour ; mais dans l'un comme dans l'autre cas, la différence est moindre en grandeur absolue en été qu'en hiver.

En ce qui concerne l'*influence de la composition de l'air de la mine sur sa densité*, on peut dire que l'acide carbonique tend à augmenter cette densité; mais par contre la vapeur d'eau, dont l'air de la mine est ordinairement saturé, tend à la diminuer; il en est de même du grisou, qui est en général plus important à considérer dans une mine de houille que l'acide carbonique.

Enfin si l'on considère *la pression*, on peut dire qu'en un point quelconque, elle peut se déduire, par les règles ordinaires de l'hydrostatique, de la pression qui a lieu soit sur l'orifice d'entrée, soit sur l'orifice de sortie, en retranchant du résultat obtenu dans le premier cas, ou en ajoutant à ce résultat dans le second, toute la charge employée à produire la variation de force vive et à surmonter les résistances de toute espèce, depuis l'orifice d'entrée jusqu'au point quelconque dont il s'agit, ou depuis ce même point jusqu'à l'orifice de sortie.

(**563**) Ces principes rappelés, on voit facilement ce qui se passera dans le sdivers cas que l'on peut considérer.

Si par exemple les deux orifices sont au même niveau (*fig.* 440), et si les puits correspondants sont d'égale profondeur, le réseau des galeries est assimilable à un siphon à branches égales, et aucune raison *à priori* ne détermine le sens du courant.

Mais supposons qu'une circonstance accidentelle quelconque en ait déterminé un dans le sens de la flèche. Ce sera par exemple que le puits A sera sec, et le puits B humide, soit naturellement, soit parce qu'il a reçu un appareil d'épuisement, et qu'un puits dans lequel *il pleut* est, par ce fait, un puits dans lequel l'air tend à entrer, entraîné par les mouvements des gouttelettes d'eau.

Si les puits ayant leurs orifices au même niveau ont des profondeurs différentes (AD et CB, *fig.* 441), c'est encore par le puits B que l'air tendra à descendre, et cela par deux raisons : d'une part, s'il y a un épuisement, c'est en C qu'est le puisard, et par conséquent dans le puits CB que fonctionnent les pompes, d'autre part, si l'on considère dans le siphon, d'un côté les deux branches égales AD et

B*d*, et de l'autre le siphon partiel *d*CD à branches inégales, il y a équilibre pour les premières; mais dans le siphon partiel, la branche inclinée est celle où travaillent et circulent les ouvriers, celle où se dégage le grisou, et où par conséquent se produisent à la fois les phénomènes d'échauffement dus à la présence des hommes et de leurs lampes et une altération de composition agissant dans le même sens. La densité moyenne dans la branche inclinée CD est donc moindre, par ces deux motifs, que dans la branche verticale *d*C; par conséquent l'équilibre ne peut subsister, et le mouvement se produit encore dans le sens indiqué, ou du puits B vers le puits A.

Si les puits ont leurs orifices à des hauteurs différentes (*fig.* 442), menons par B et A les horizontales BB' et AA'; la branche BCB' rentre dans le cas des deux figures précédentes, et le mouvement tendrait à se produire dans un sens ou dans un autre, selon les circonstances, ainsi qu'il vient d'être dit. Mais nous avons en outre à considérer les deux colonnes AB' et A'B, qui sont d'égale hauteur, mais à des températures différentes, celle-ci à la température extérieure, celle-là à la température intérieure qui existe à une faible profondeur. Comme d'ailleurs, on a aux points A et A' la même pression atmosphérique, on en conclura que la pression en B sera inférieure ou supérieure à la pression en B', selon que l'air extérieur sera plus chaud ou plus froid que l'air de la colonne AB'. On aura donc un courant qui sera de B vers A en hiver, et de A vers B en été.

On en conclut le théorème suivant :

Quand une mine communique au jour par deux orifices situés à des niveaux différents, et a ses travaux situés en contre-bas de ces orifices, cette mine est ventilée naturellement par un courant qui va, en hiver, de l'orifice le plus bas à l'orifice le plus élevé, et qui, en été, prend une direction inverse, ou de l'orifice le plus haut à l'orifice le plus bas.

(**564**) Une remarque générale doit être faite sur les courants naturels qui se produisent dans les divers cas auxquels se rapportent les trois figures 440 à 442, selon que l'on est en hiver ou en été, ou, plus exactement, selon que la température extérieure est *inférieure* ou *supérieure* à celle de la mine, c'est que le poids de la colonne d'air dans le puits d'entrée *tend à augmenter*, ou au contraire *tend à* *diminuer*, à mesure que le courant persiste, parce que la température moyenne de cette colonne tend à se rapprocher de plus en plus de la température qu'elle possède en entrant. Il y a donc, entre les deux courants produits en hiver et en été, cette différence *radicale et caractéristique*, que la cause *qui maintient* le courant d'hiver est plus énergique que la cause *initiale* qui l'a déterminé, et que le contraire a lieu pour le courant d'été. Le premier est donc *plus stable* que le second; il est en même temps *plus énergique*, parce que l'écart des températures est plus grand en hiver qu'en été; enfin en hiver cet écart se produit *toujours dans le même sens*, soit pendant le jour, soit pendant la nuit, tandis que dans l'été, par certaines nuits fraîches, l'écart, après s'être produit dans le sens favorable au courant d'été pendant la chaleur du jour, peut bien se produire en sens contraire pendant la nuit. Il arrive alors que, deux fois par jour, au moment où le courant va se renverser, l'aérage ne se fait plus.

L'expérience vérifie complétement tous ces aperçus, et l'on sait très-bien que telle mine peut être parfaitement ventilée dans les temps froids par l'aérage naturel, qui ne l'est plus d'une manière suffisante dans la saison chaude; qu'il faudra, par exemple, après une matinée fraîche, suspendre les travaux et faire sortir les hommes au moment où la chaleur du jour commencera à s'accentuer, ou bien qu'il faudra rallumer pendant quelques semaines un foyer d'aérage inutile en hiver, etc.

(**565**) On voit que l'aérage naturel est déterminé, ou par quelque circonstance spéciale si les orifices de la mine sont de niveau, ou par la différence de niveau dans le cas contraire.

On peut produire ou augmenter cette différence de niveau en surmontant l'un des orifices d'une cheminée, à laquelle on donne *une section suffisante*, pour ne pas forcer l'air à y prendre une trop grande vitesse, et *une épaisseur de maçonnerie assez forte*, pour que la température de l'air ambiant soit sans influence trop grande sur la température de l'intérieur de la cheminée.

Une telle cheminée (*fig.* 443) activera le courant d'hiver comme le ferait un puits de sortie dont l'orifice serait au niveau de son sommet, en A, et ainsi elle remplira bien son but. Mais il n'en sera plus à beaucoup près de même dans le courant d'été; car dans ce cas, l'intérieur de la cheminée étant parcouru par l'air qui vient directement du dehors, la température tend à être la même à l'intérieur et à l'extérieur, ce qui réduit singulièrement l'effet de cette cheminée. Elle ne fonctionnera donc en été que d'une manière très-incomplète, n'ayant d'action sensible que le matin jusqu'aux heures des plus hautes températures journalières, période pendant laquelle on peut supposer que sa paroi intérieure est encore moins échauffée que sa paroi extérieure et peut continuer d'agir pour refroidir l'air qui y circule.

On voit encore ici que la différence entre les deux courants d'hiver et d'été est à l'avantage du premier; ainsi, *dans tous les cas*, on peut dire que la ventilation hivernale est *plus énergique, plus stable, plus permanente*, que la ventilation estivale. Elle peut être suffisante pour une mine donnée, malgré ses irrégularités inévitables; la dernière ne l'est généralement pas, et doit être aidée ou suppléée par la ventilation artificielle.

(**566**) Malgré ses irrégularités nécessaires et malgré son insuffisance possible, les partisans de la ventilation naturelle lui attribuent sur la ventilation artificielle, produite, comme nous le verrons ci-après, par des foyers ou par des machines, une certaine supériorité résultant de ce qu'elle repose sur un état de choses déterminé, exempt des perturbations inhérentes à l'action de l'homme ou aux intermittences et aux irrégularités du jeu des machines; de sorte qu'après un incident quelconque, qui aura pu suspendre un instant la ventilation naturelle, elle se rétablira, pour ainsi dire, d'elle-même.

Il est clair, en effet, qu'on ne saurait rien souhaiter de mieux que la ventilation naturelle, si la puissance et la régularité pouvaient en être constamment assurées; mais l'expérience, d'accord avec les considérations théoriques ci-dessus exposées, démontre qu'il n'en est rien; que *l'intermittence et l'irrégularité* sont, au contraire, *la règle* d'un tel système de ventilation; et qu'en fait ce sont précisément les moyens artificiels qui peuvent revendiquer les avantages de la permanence et de la régularité.

Les dérangements des appareils employés sont en effet assez rares, et en cas d'arrêt imprévu, des dispositions peuvent être prises pour que, quels que soient ces appareils, cet arrêt n'entraîne pas l'interruption du courant d'air; ce qui laisse amplement le temps de prendre toutes les mesures de sûreté que peut demander la situation.

On peut donc dire d'une manière générale, que tout en regardant l'aérage naturel comme un système très-acceptable lorsque les circonstances le permettent, il pourra être opportun fort souvent de lui associer la ventilation artificielle, soit pour l'activer d'une manière permanente, soit pour le suppléer accidentellement, dans les circonstances où son action tend ou à s'annuler, ou même à s'exercer en sens contraire de sa direction habituelle.

En fait, des mines d'une étendue médiocre, exploitant des couches puissantes, et desservies par plusieurs puits distincts, peuvent être suffisamment aérées par la simple ventilation naturelle.

Mais le nombre des mines placées dans ces conditions ne peut aller qu'en s'amoindrissant, et l'on peut dire que dès à présent, toutes les grandes mines à grande production, comme celles de la Belgique, du nord de la France, du nord de l'Angleterre, etc., surtout lorsque ce sont des mines à grisou, *ne sont exploitables* qu'à l'aide de la ventilation artificielle, appliquée parfois sur la plus grande échelle et avec les moyens les plus énergiques que l'art mette aujourd'hui à la disposition du mineur.

§ 2. -- De la ventilation artificielle.

(**567**) La ventilation naturelle est fondée, comme nous venons de le voir, sur l'inégalité de densité due principalement à l'inégalité de température que présentent deux colonnes d'air, l'une descendant par le puits d'entrée, l'autre remontant par le puits de sortie. Le premier moyen qui se présente d'accroître la ventilation consiste à augmenter *la température* et par conséquent à diminuer la *densité* de la colonne montante.

Un moyen simple et naturel d'obtenir ce résultat est de faire passer sur un foyer en combustion soit le courant d'air entier, soit une branche de ce courant qui après s'être échauffée au contact du foyer, ira se réunir et se mêler au courant principal.

Ce foyer qu'on appelle un foyer d'aérage est ordinairement établi de manière à agir dans la direction du courant d'hiver. Il maintient le courant dans cette direction même pendant l'été, l'augmentation de température qu'il donne à l'air étant assez grande pour conserver, dans le même sens qu'en hiver, l'écart de température entre la colonne montante et la colonne descendante.

L'emplacement normal et, en quelque sorte, naturel d'un foyer d'aérage est *le point du puits de sortie d'air où vient aboutir le courant, après avoir circulé dans les travaux.*

Si l'on plaçait le foyer dans les travaux mêmes, on aurait le double inconvénient de condamner, pour la circulation des hommes, la partie des galeries allant du foyer jusqu'au puits, et d'augmenter inutilement et en pure perte les résistances dues au frottement, qui croissent rapidement avec la vitesse.

Si au contraire on l'établissait en un point intermédiaire entre le point indiqué ci-dessus et l'orifice du puits, il serait moins efficace qu'au bas du puits ; car l'effet du foyer augmente évidemment avec la hauteur verticale de la colonne d'air qui a reçu son action. Le foyer doit donc être au bas du puits, et il y sera d'autant plus efficace, toutes choses égales d'ailleurs, que ce puits sera plus profond.

Ainsi quand le choix du puits de sortie est arbitraire, on prendra le puits le plus profond, et l'on pourra encore, s'il y a lieu, augmenter artificiellement cette profondeur en le surmontant d'une cheminée.

On doit donc, en principe, regarder comme une disposition essentiellement défectueuse celle qui consiste à placer les foyers à une petite profondeur au-dessous de la surface, ou à établir de simples *tocfeux* suspendus à une petite profondeur dans le puits, même quand ce puits est surmonté d'une cheminée.

Cette disposition représentée (*fig.* 444) peut être acceptable, quand on est dans les conditions d'un aérage facile, et alors son emploi peut se justifier ; mais *il n'est pas permis de s'y tenir,* dès que la ventilation ainsi obtenue cesse d'être largement suffisante.

Il faut alors, de toute nécessité, établir le foyer au niveau même où les retours d'air aboutissent au puits de sortie, ainsi qu'on le pratique dans toutes les grandes mines du nord de la France.

Dans le cas simple où le puits de sortie de l'air n'a pas d'autre destination et où l'on ne redoute pas la présence du gaz, on établit le foyer vers le bout d'une galerie aboutissant directement au puits.

Ce foyer est une grille horizontale, simple ou double, sur laquelle on brûle une certaine quantité de houille (*fig.* 445.)

La combustion est alimentée par l'air de la mine qui passe sur la grille ou à travers la grille. L'augmentation de température obtenue dépend et de la masse d'air et de la quantité de combustible brûlé dans un temps donné ; cette quantité est, entre certaines limites, à la disposition de l'ouvrier chargé de la conduite du feu.

La galerie, au point ou le foyer est établi, doit être élargie et muraillée. Le muraillement est en contact avec le rocher si la galerie est à travers bancs. Si elle est au charbon, il faut, pour éviter tout danger d'incendie, avoir deux voûtes concentriques, entièrement isolées l'une de l'autre (*fig.* 446). La voûte intérieure sert seulement d'enveloppe au foyer. La voûte extérieure soutient le terrain. L'intervalle entre les deux voûtes doit être assez large pour qu'on puisse y circuler pour leur entretien. Cet intervalle est ouvert par les deux bouts et rafraîchi par une partie du courant d'air qui échappe ainsi au contact du foyer.

Une disposition plus complexe, mais aussi plus satisfaisante, consiste à placer le foyer dans une excavation latérale pratiquée expressément pour cette destination.

Cette excavation communique par une galerie étroite, soit avec la galerie générale du retour d'air, soit avec un courant d'air spécial, qui n'a parcouru qu'un quartier limité dans lequel on sait que l'on n'est pas exposé à rencontrer des affluences accidentelles de gaz, soit même, au besoin, avec un courant d'air frais qui *vient directement du jour* et n'a pas circulé dans les travaux. Cet air alimente la combustion du foyer, et les gaz chauds provenant de cette combustion se rendent par une cheminée inclinée au puits de sortie, et viennent s'y mêler, en l'échauffant, au courant général qui a parcouru les travaux.

Les dispositions du foyer doivent être telles que la combustion des gaz y soit bien complète, c'est-à-dire qu'elle ne donne que de l'acide carbonique et non de l'oxyde de carbone, et la cheminée inclinée aboutissant au puits doit être assez longue (15 à 20 mètres environ) pour que les gaz n'arrivent dans le puits que parfaitement brûlés et éteints, impropres par conséquent à déterminer une explosion, dans le cas où le courant d'air général viendrait à être accidentellement chargé de grisou.

Établi dans ces conditions, un foyer d'aérage ne présente pas par lui-même une cause spéciale de danger, même dans les mines les plus riches en grisou, puisqu'il est impossible qu'un mélange explosif vienne en contact avec lui, tant qu'on n'alimente le foyer qu'avec de l'air frais, et qu'on tient exactement fermées toutes les portes qui isolent son local du courant d'air général.

La figure 447, pour laquelle nous renvoyons expressément à la légende des planches, donne un exemple des dispositions ci-dessus, telles qu'on les emploie dans les mines du département du Nord.

Ces dispositions sont, au point de vue de la sécurité, assez complètes, pour qu'on doive considérer l'emploi des foyers comme *admissible* même dans les mines à grisou, bien qu'on puisse, à la très-grande rigueur, considérer comme *contraire aux principes*, l'existence d'un feu nu, en un point quelconque d'une mine dans laquelle il peut se produire accidentellement, même sur d'autres points, quelques mélanges détonants. Mais on peut bien dire qu'avec les précautions indiquées, il faudrait quelque chose de plus que le hasard, il faudrait *une véritable préméditation*, pour qu'un tel mélange trouvât accès sur le foyer.

On insiste, en disant que s'il est en effet à peu près impossible que la circonstance se produise dans l'état normal, une première explosion, due à une autre cause, peut détruire l'isolement du foyer, changer en même temps les conditions de la distribution du courant, et rendre possible l'accès du foyer à de nouveaux mélanges détonants; de sorte que le foyer, s'il n'a pas contribué à *la pre-*

mière explosion, pourrait devenir la cause d'explosions *consécutives*.

Cela n'est pas encore non plus absolument impossible, mais c'est au moins fort improbable; car une explosion assez forte pour détruire les portes isolant le foyer, l'aura été assez pour bouleverser la grille et projeter la charge, et les morceaux de charbon isolés les uns des autres n'auront pas tardé à s'éteindre.

En somme, malgré ces critiques et malgré la grande consommation de combustible qu'ils occasionnent souvent, et quoiqu'en fait l'emploi des machines d'aérage, dont nous parlerons ci-après, gagne beaucoup de terrain, les foyers sont encore très-usités dans certaines contrées, notamment dans le nord de l'Angleterre et dans le bassin de la Ruhr. C'est encore avec eux que, dans des conditions favorables à leur emploi, c'est-à-dire avec de larges galeries et une répartition judicieuse de l'air entre divers courants partiels et indépendants, on parvient à faire circuler dans une mine *les plus grandes masses d'air*.

A mon avis, l'emploi des foyers se justifie parfaitement *tant qu'ils sont suffisants*, non-seulement parce qu'ils sont beaucoup moins coûteux à établir que les machines d'aérage, mais encore, et surtout, parce qu'ils offrent, à un plus haut degré que les meilleures machines, la garantie d'un service ininterrompu par les réparations, et parce qu'enfin, dans les cas rares d'une interruption momentanée de service, leur effet persiste encore quelque temps, jusqu'au refroidissement complet de la cheminée et de la colonne du puits.

(**568**) Une question importante se présente ici, c'est celle de la température qu'il convient de donner au courant d'air échauffé par les foyers d'aérage.

En pratique, il est généralement suffisant d'élever de 10° à 20° la température que l'air possède après avoir parcouru les travaux; de telle sorte que la température du courant d'air chaud ascendant ne dépasse guère 40 à 45°.

Dans ces conditions de température, les puits de sortie peuvent, au besoin, être utilisés, même à l'extraction, pourvu qu'on y emploie des câbles métalliques. On évitera cependant de les employer à l'épuisement ; car un tel puits est toujours très-humide, et les gouttelettes qui tombent dans le puits sont nuisibles, à la fois parce qu'elles contrarient le mouvement ascendant de l'air, et parce qu'elles le refroidissent en formant de la vapeur d'eau aux dépens de la chaleur sensible de l'air.

Si cette augmentation de température de 10 à 20° ne suffisait pas, il y aurait lieu de la pousser plus loin ; mais il doit être bien compris qu'à mesure qu'on entrerait dans cette voie, la quantité d'air qu'on arriverait à faire circuler dans les galeries croîtrait *moins rapidement*, et la dépense en charbon beaucoup *plus rapidement* que l'excédant de température ; d'où il suit que l'effet utile du combustible s'affaiblirait dans une mesure très-importante.

Pour le reconnaître le plus simplement, on peut prendre la formule du n° 581 du *Cours de mécanique*, donnant l'expression de la dépense qui se fait par une cheminée de tirage.

En faisant $\alpha = 1$, c'est-à-dire en supposant qu'il n'y ait pas de rétrécissement au sommet, et négligeant devant l'influence des frottements celle de l'étranglement au passage sur le foyer (ce qui est permis pour un foyer d'aérage bien disposé, établi au bas d'un puits profond), et enfin en remplaçant la longueur L par la hauteur H qui lui est égale, cette formule devient :

$$Q' = \Omega \sqrt{2g}\, \frac{1}{a+T}\, \frac{\sqrt{H(T-t)(a-t)}}{\sqrt{1+2g\frac{X}{\Omega}HB}}, \qquad (1)$$

et elle se réduit, si l'on néglige la hauteur génératrice de la vitesse devant la hauteur absorbée par les frottements, à l'expression

$$Q = \Omega \sqrt{2g}\, \frac{1}{a+T}\, \frac{\sqrt{(T+t)(a+t)}}{\sqrt{2g\frac{X}{\Omega}B}} \qquad \Omega\sqrt{\frac{\Omega}{X}}\sqrt{2g}\,\frac{1}{a+T}\,\frac{\sqrt{(T-t)(a+t)}}{\sqrt{2g}B}, \qquad (2)$$

En l'examinant successivement sous ces deux formes, on reconnaît :

1° Que la dépense croit plus rapidement que la section, et qu'elle *tend à croître*, pour deux puits semblables, comme la puissance $\frac{3}{2}$ des dimensions homologues ;

2° Que cette même dépense croît avec la hauteur, mais assez lentement, et qu'*elle tend* à en devenir indépendante quand les puits sont étroits et profonds;

3° Qu'elle augmente dans une proportion un peu moins rapide que la racine carrée de l'écart des températures.

Quant à la dépense C de combustible par unité de temps, elle est évidemment proportionnelle à la fois à la dépense d'air et à l'écart des températures, par conséquent au produit de ces deux éléments, soit à peu près à la puissance $\frac{3}{2}$ du second.

L'utilisation du combustible, c'est-à-dire la quantité d'air obtenue par kilogramme de combustible brûlé, est donc inversement proportionnelle à l'écart des températures.

D'après ces énoncés, on peut former le petit tableau suivant :

ÉCARTS SUCCESSIFS DES TEMPÉRATURES	RAPPORT DE CES ÉCARTS AU PREMIER	VOLUME D'AIR CORRESPONDANT	DÉPENSE EN COMBUSTIBLE	UTILISATION DU COMBUSTIBLE
$T - t$		Q'	C	$\frac{Q'}{C}$
5°	1	1	1	1
20°	4	2	8	$\frac{1}{4}$
45°	9	3	27	$\frac{1}{9}$
80°	16	4	64	$\frac{1}{16}$
125°	25	5	125	$\frac{1}{25}$

Ce qu'on doit surtout retenir de l'inspection de ce tableau, c'est l'accroissement très-rapide de la consommation de combustible, à mesure que les nécessités de l'aérage obligent à augmenter l'échauffement au passage sur le foyer.

On en conclut que l'on arriverait bientôt à des consommations *inacceptables*, et que si la ventilation spontanée ne tarde pas à être insuffisante, quand les mines prennent une certaine étendue et deviennent difficiles à aérer, la ventilation par foyers ne peut pas toujours suppléer à cette insuffisance.

(**569**) On doit remarquer que la formule ci-dessus, qui donne la valeur de Q′, suppose implicitement que la pression atmosphérique s'exerce au point où l'air arrive sur le foyer. Mais en réalité ce dernier ne peut être alimenté que par l'air qui a circulé dans les travaux, et la pression s'y trouve réduite du chef de toutes les résistances que l'air éprouve avant d'y arriver depuis son entrée dans la mine. Ainsi la quantité calculée Q′ est supérieure à la quantité réelle qui circulera dans les travaux ; c'est celle que l'on trouverait si l'on supposait que la pression devant le foyer restât *pendant le mouvement* ce qu'on la trouverait à l'état statique, ou *à l'origine du mouvement*. Il n'en est rien évidemment ; il y a une réduction de pression qui dépend à la fois et du volume d'air réel, et de la résistance plus ou moins grande qu'éprouve ce volume dans son parcours depuis son entrée jusqu'au foyer. Ce volume ne peut donc être déterminé par la seule connaissance de la disposition du foyer et du puits servant de cheminée ; les résistances antérieures peuvent y jouer un rôle prépondérant. Tel volume Q′, qu'on se donnerait *a priori*, pourrait être *impossible* à obtenir avec un foyer, quelle que fût la température donnée à l'air, si sa circulation dans la mine, depuis l'orifice d'entrée jusqu'au foyer, exigeait une dépression manométrique égale au poids d'une colonne d'air à la température ordinaire ayant pour hauteur la profondeur du puits de sortie (voir cours de machines n° 582).

C'est cette question de dépression manométrique qui restreint l'emploi des foyers dans les couches très-basses et à galeries étroites. On sait en effet que si l'on désigne par

L la longueur d'une conduite d'air quelconque,

ω sa section,

χ son périmètre,

B un coefficient numérique donné par l'expérience,

V la vitesse de l'air dans la conduite,

Q le débit de cette conduite,

l'expression analytique de la résistance produite par le frottement est de la forme

$$\frac{\chi}{\omega} LBV^2 = \frac{\chi}{\omega} LB \frac{Q^2}{\omega^2} = \frac{\chi}{\omega^3} LBQ^2.$$

On en conclut que la résistance, *pour deux galeries semblables*, est en raison inverse des cinquièmes puissances des dimensions homologues, ou qu'elle diminue très-rapidement lorsque les dimensions des galeries augmentent.

L'expérience confirme entièrement cet aperçu, et l'on s'explique ainsi très-bien, comment il se fait que dans le bassin de Newcastle, par exemple, où les puits sont à grand diamètre et où l'épaisseur des couches et la solidité des terrains permettent d'ouvrir et de maintenir des galeries à grande section, on parvienne à faire circuler dans les mines, à l'aide de simples foyers d'aérage, des quantités d'air très-considérables, qui ont été dans certains cas jusqu'à 90 mètres cubes par seconde, tandis que dans les couches basses et les terrains peu consistants de beaucoup de mines de la Belgique et du nord de la France, les foyers se montrent souvent insuffisants, et qu'il faut absolument recourir à des machines pour produire les dépressions manométriques nécessaires.

On s'explique, en même temps, comment les nombreuses machines d'aérage proposées depuis quarante ans, l'ont été presque exclusivement par des ingénieurs français ou belges, tandis que l'usage s'en propageait si lentement en Angleterre, malgré la tendance générale, et en quelque sorte naturelle en ce pays, à recourir aux moyens mécaniques.

C'est qu'on pouvait *s'en passer* en Angleterre, tandis qu'elles étaient *absolument indispensables* dans les mines du nord de la France et en Belgique, dès que l'on a voulu y faire des extractions de quelque importance, et par conséquent y faire circuler des quantités d'air proportionnelles.

(**570**) Les machines de ventilation agissent, en général, soit comme *machines aspirantes* sur le puits de sortie, soit comme *machines soufflantes* sur le puits d'entrée ; une première question qui se présente est de savoir quels sont les avantages respectifs de ces deux systèmes.

D'abord pour les comparer au point de vue de la force motrice à dépenser, nous supposerons les orifices des deux puits au même niveau, et le courant d'air dans le sens BCA (*fig.* 448).

Nous imaginerons qu'on ait placé en A une machine aspirante

produisant une pression P_1, inférieure à la pression atmosphérique P_0, ou en B une machine soufflante produisant une pression P'_0, supérieur à cette même pression P_0.

Dans le premier cas, la machine aspirera un volume V d'air dilaté à la pression P_1, et le rejettera dans l'atmosphère.

Dans le second cas, la machine prendra l'air dans l'atmosphère, et le comprimera jusqu'à la pression P'_0, sous laquelle il occupera le volume correspondant V'.

Le travail correspondant sera (*Cours de mécanique*, n° 355.) :

$$T_m = P_1 V l \frac{P_0}{P_1} = V (P_0 - P_1) \text{ pour le premier cas,}$$

et

$$T'_m = P'_0 V' l \frac{P'_0}{P_0} = V' (P'_0 - P_0) \text{ dans le second.}$$

La condition que les deux volumes, V et V', correspondent à *une même quantité en poids*, introduite dans les travaux, donne, en négligeant les variations de température, ou en appliquant la loi de Mariotte, et en désignant par ρ et ρ' les densités qui correspondent aux volumes V et V', les deux relations :

$$V\rho = V'\rho',$$

et

$$\frac{\rho'}{\rho} = \frac{P'_0}{P_1},$$

D'ailleurs les dépenses sont proportionnelles aux racines carrées des hauteurs motrices $\dfrac{P_0 - P_1}{\rho}$ et $\dfrac{P'_0 - P_0}{\rho'}$, c'est-à-dire que l'on a successivement :

$$\frac{V}{V'} = \frac{\sqrt{\dfrac{P_0 - P_1}{\rho}}}{\sqrt{\dfrac{P'_0 - P_0}{\rho'}}},$$

$$\frac{P_0 - P_1}{P'_0 - P_0} = \frac{V^2 \rho}{V'^2 \rho'},$$

et par suite :

$$\frac{T_m}{T'_m} = \frac{V}{V'} \times \frac{V^2\rho}{V'^2\rho'} = \frac{V^2}{V'^2} \times \frac{V\rho}{V'\rho'} = \frac{V^2}{V'^2} = \frac{\rho'^2}{\rho^2} = \left(\frac{P'_0}{P_1}\right)^2 > 1.$$

Ainsi la machine aspirante demande un peu plus de force que la machine comprimante, dans le rapport du carré de la pression de l'air comprimé par la seconde au carré de la pression de l'air dilaté par la première.

(**571**) Mais ce n'est pas le seul point de vue, ni même le plus important à considérer.

Les machines d'aérage agissent en produisant dans l'intérieur de la mine un état général, soit de compression, soit de dilatation ; de sorte que, selon le mode d'action de la machine, la pression, en un point donné des travaux, est ou plus grande, ou plus petite, que celle qui existerait à l'état statique. Aussi la machine soufflante augmente la pression en ce point, la machine aspirante la diminue. La première tend donc à *empêcher*, la seconde tend au contraire à *favoriser* le dégagement du grisou. On pourrait supposer cette différence d'action sans intérêt, eu égard à la pression considérable sous laquelle le gaz est renfermé dans les pores de la houille. Il en est bien ainsi pour *un état donné* de l'aérage ; mais il n'en est plus de même, et la différence peut être au contraire assez importante, quand cet *état vient à changer*. Nous avons vu, en effet, que dans certaines mines, un abaissement brusque de la pression atmosphérique, comme il s'en produit en temps d'orage, tend *à faire sortir* le grisou des vieux travaux, et qu'il faut, en compensation, activer l'aérage. Quand le baromètre baisse, ce supplément d'activité correspond à *une augmentation de la compression* dans un cas, et *de la raréfaction* dans l'autre ; il tend *à corriger* l'influence de l'abaissement barométrique avec une machine comprimante, il tend à *l'exalter* avec une machine aspirante.

C'est une circonstance *favorable à l'emploi de la première*.

Par contre, si l'on suppose que la ventilation ne se fasse plus, par suite de quelque accident arrivé à la machine, le premier effet du retour au repos est de ramener la pression en chaque point à celle de l'état statique. Il y a donc réduction de pression dans le cas de la machine comprimante, augmentation dans le cas de la machine aspirante, c'est-à-dire l'équivalent *d'une baisse subite* du baromètre dans le premier cas, et *d'une hausse* dans le second.

Cette circonstance est *favorable à l'emploi de la machine aspirante.*

(572) Dans un autre ordre d'idées, on peut encore dire qu'il y a généralement convenance à ce que l'entrée de l'air se fasse par le puits d'extraction, soit pour ménager les câbles, surtout s'ils sont en chanvre ou en aloès, soit parce que la place d'accrochage étant un point où convergent beaucoup d'ouvriers, il est bon que l'air y soit le plus frais possible.

Or, avec une machine soufflante, c'est le puits d'entrée d'air qui doit être bouché; si donc ce puits est en même temps le puits d'extraction, il en résulte une sujétion spéciale provenant de ce que le service de l'aérage demande que l'orifice du puits *soit fermé*, tandis que le service de l'extraction demande qu'il *soit ouvert.* Divers artifices connus permettent de satisfaire en même temps à ces deux conditions qui semblent incompatibles.

Ainsi, par exemple, on peut terminer le puits, à la partie supérieure, par deux compartiments étanches formant comme des espèces de sas dans lesquels peuvent se loger les cages et leurs chaines de suspension. Ces sas sont fermés chacun par deux volets entre lesquels est une échancrure laissant passer le câble. Lorsque la cage ascendante est déjà logée dans le sas correspondant, on ouvre les volets pour la laisser arriver au jour, et cet'e manœuvre ferme deux autres volets qui sont à la base du sas au-dessous de la cage. L'orifice du puits est ainsi constamment fermé, sauf pendant le temps extrêmement court de la manœuvre des volets. On pourrait même éviter la petite perte d'air qui a lieu pendant cette manœuvre, en faisant en sorte que la cage ait très-peu de jeu et fasse en quelque sorte piston dans le sas.

Il serait encore plus simple de tenir fermé un puits où fonctionneraient des pompes ou des Fahrkunste; car la cloison fermant le puits pourrait être à demeure, et présenter seulement les ouvertures nécessaires au passage des tiges oscillantes.

Quoi qu'il en soit, ces dispositifs sont toujours plus ou moins incommodes, et l'on peut dire qu'il est *plus simple* que le puits sur lequel la machine de ventilation agit n'ait pas à recevoir d'autres appareils mécaniques. Sous ce rapport, l'emploi d'une machine aspirante qui peut prendre l'air à la partie supérieure des travaux, offre beaucoup plus de facilité que celui d'une machine foulante qui doit le refouler vers la place d'accrochage, ce qui obligera souvent de placer cette machine sur le puits d'extraction ou sur le puits d'exhaure.

Par contre enfin, on peut dire que lorsqu'une explosion importante se produit, c'est en général en un point où l'air a pu déjà se vicier par un long parcours dans les travaux ; que ce point sera donc habituellement plus près du puits de sortie que du puits d'entrée de l'air, et que, par conséquent, si les effets de cette explosion se font sentir jusqu'au jour, il y a plus de chance pour que la machine de ventilation en souffre, si elle est sur le puits de sortie, que si elle est sur le puits d'entrée.

(**573**) On voit par la discussion qui précède qu'il y a des raisons sérieuses à donner en faveur de l'un et de l'autre système.

En fait, c'est au système de l'aspiration qu'on donne habituellement la préférence, la question de faciliter le service de l'extraction étant jugée l'emporter sur les autres considérations.

D'ailleurs la plupart des machines aspirantes employées peuvent être agencées pour agir à volonté comme machines soufflantes, si à la suite de quelque accident il devenait opportun, pour faciliter le sauvetage, de renverser temporairement le sens du courant.

En outre, pour les mettre à l'abri d'une explosion, on pourra très-bien ne pas les établir directement sur le puits de sortie, mais à l'extrémité d'une galerie horizontale débouchant dans ce puits à quelques mètres du jour. Le puits sera fermé par une cloison hermétique, mais légère, qui puisse être facilement enlevée en cas d'explosion, sans laisser le temps à la pression de se faire sentir latéralement dans la galerie aboutissant à la machine.

Enfin il est bon de prévoir le cas d'arrêt accidentel de cette machine. Selon le genre de machine, il arrive que cet arrêt interrompt *immédiatement* le courant d'air dans la mine, ou bien que ce courant peut encore *se maintenir, bien qu'affaibli,* en passant à travers les organes de la machine.

Dans la première catégorie sont toutes les machines qui fonctionnent comme des pompes ; dans la seconde toutes celles qui fonctionnent comme des turbines, en chassant l'air devant elles à l'aide de palettes convenablement disposées.

On pourra avec une quelconque de ces machines, et *l'on devra,* si elle appartient à la première catégorie, disposer, comme l'a proposé M. Devaux, une sorte d'appareil de sûreté qui, au moment où la machine s'arrête, démasque, par l'effet même de cet arrêt, un large orifice par lequel le courant d'air puisse se continuer.

Cet orifice, qui peut être celui même du puits, ou bien un orifice spécial ménagé dans la voûte de la galerie latérale, est recouvert par une large cloche, ou sorte de gazomètre, rendue étanche à l'aide d'un joint hydraulique.

Cette cloche est partiellement équilibrée par un contre-poids, de telle façon qu'elle n'est maintenue en place que par l'effet de la dépression manométrique produite par le jeu de la machine aspirante. Dès que celle-ci s'arrête, *la dépression* disparaît ; elle est même remplacée momentanément par *une compression,* due à l'inertie de la masse d'air en mouvement dans la mine ; la cloche se soulève aussitôt, reste dans cette position par l'effet du contre-poids, et le courant d'air suspendu un instant se rétablit immédiatement par l'orifice ainsi démasqué.

Le système de M. Devaux peut se combiner avec une disposition qui a pour effet de renforcer le courant d'air dès qu'il s'est rétabli, comme on vient de le dire, à la suite d'un arrêt accidentel de la machine.

Ce moyen consiste à avoir, dans le puits de sortie, un tuyau qui descend jusqu'au point où débouche le retour d'air, et par lequel on fait arriver la vapeur des chaudières.

Le jet de vapeur ainsi produit échauffe le retour d'air et produit un effet analogue à celui d'un foyer. On le continue, en maintenant les chaudières en feu, jusqu'à ce que la machine soit réparée et puisse être remise en activité.

Cette disposition n'est applicable qu'avec une machine aspirante; ou du moins, dans le cas d'une machine soufflante, il faudrait que les deux puits d'entrée et de sortie d'air fussent assez voisins pour que les chaudières de la machine soufflante placées *sur le puits d'entrée* pussent éventuellement envoyer leur vapeur *au bas du puits de sortie*.

(**574**) Toutes les machines soufflantes ou aspirantes, et en général tous les moyens qu'on imaginera pour mettre en mouvement et déplacer une masse de gaz quelconque, peuvent, en principe, s'appliquer à la ventilation; mais il faut, en faisant un choix, avoir égard aux conditions spéciales que ces machines ont à remplir dans cette application particulière.

Si on les compare aux machines soufflantes des hauts-fourneaux, par exemple, on reconnaît qu'elles ont à déplacer des volumes d'air *beaucoup plus considérables*, et que ce déplacement exige des compressions ou des dilatations mesurées par des hauteurs manométriques *beaucoup plus faibles*. Dans une machine soufflante de haut-fourneau, la question est de comprimer une masse d'air limitée sous une pression assez forte qui assure une grande vitesse d'écoulement par les bases; dans une mine on veut simplement déplacer un grand volume d'air, en ne lui donnant d'autre vitesse que celle qu'il doit prendre pour être débité par une galerie d'une section donnée.

Une machine soufflante pour hauts-fourneaux à coke est déjà d'une dimension importante, lorsqu'elle donne 2 mètres cubes d'air par seconde; la pression dans le réservoir peut aller à 20 centimètres de mercure et au delà, ce qui donne à l'air lancé une vitesse de près de 200 mètres (*Cours de machines* n° 372).

Une mine, pour être bien ventilée, demandera 10, 20, 30 mètres cubes et plus par seconde, et la dépression manométrique correspondante, qui n'est nullement à la disposition de l'ingénieur, mais qui *dépend exclusivement* des résistances que ce volume d'air éprouve dans son passage à travers la mine, ne sera que de *quelques centimètres* d'eau (presque toujours moins de 15 ou 16 centimètres).

Ainsi on pourrait, en termes généraux, donner une idée des deux espèces de machines, en disant que la machine de ventilation d'une grande mine comparée à une machine soufflante de haut-fourneau, peut avoir à déplacer, par exemple, 10 à 15 *fois plus d'air*, avec une dépression manométrique 15 à 20 *fois moindre*.

Il y a là des différences tout à fait caractéristiques, qui motivent des types de machines essentiellements différents.

Aussi peut-on dire qu'aujourd'hui *on n'établit pour ainsi dire plus une seule machine de ventilation* sur le type généralement adopté pour les machines soufflantes.

L'emploi des pistons et des clapets présente en effet de sérieuses difficultés, et est très-désavantageux au point de vue de la force motrice.

Les difficultés résident principalement dans les dimensions excessives qu'il faudrait souvent donner aux cylindres, dimensions d'autant plus grandes que des appareils aussi volumineux ne comportent que de faibles vitesses de piston.

Le rendement peu avantageux résulte d'abord, de ce que la dépression manométrique utile étant très-faible, elle peut devenir égale, ou comparable à celle qu'il faut produire pour ouvrir et maintenir ouverts soit les clapets d'aspiration, soit les clapets de refoulement. S'il faut sous le piston une dépression marquée par la colonne d'eau h, pour produire l'aspiration par un premier système de clapets, et un excès de pression marqué par la hauteur h' pour produire le refoulement par l'autre système, et si h'' est la dépression manométrique observée dans la galerie qui va à la machine, le travail demandé à la machine correspond, pour cette *dépression utile h''*, à la dépression totale $h + h' + h''$. On doit donc s'attacher à diminuer les quantités h et h', ce à quoi l'on parvient, soit en équilibrant convenablement les clapets, soit en les plaçant, comme on le fait souvent aussi dans les machines soufflantes, dans une position rapprochée de la verticale.

Mais, même encore avec ces dispositions, il subsiste une cause importante de perte de forces dans le frottement du pourtour du piston sur la paroi interne du cylindre. Cette résistance, imposée par la condition d'étanchéité, n'est nullement négligeable devant celle qui résulte de la petite dépression manométrique qu'il s'agit de produire.

Quoi qu'il en soit, ces appareils à piston et à clapet, bien que n'ayant plus, selon moi, qu'un *intérêt en quelque sorte historique*, devant les grands volumes d'air qu'il faut aujourd'hui faire circuler dans les mines étendues et à grosse production, ne peuvent être omis dans l'énumération des machines qui ont été successivement proposées et appliquées à la ventilation.

(**575**) Cette énumération comprend :

1° Comme on vient de le dire, les machines à clapets, en général, soit suivant le type des cloches plongeantes, ou des ventilateurs dits du Hartz, soit suivant le type des machines à piston.

Ces machines sont caractérisées par cette circonstance que le mouvement d'un certain diaphragme augmente ou diminue alternativement une capacité fermée : l'aspiration a lieu dans cette capacité pendant que son volume augmente; une compression et bientôt l'expulsion de l'air aspiré se produisent quand le volume diminue. L'aspiration et l'expulsion ont lieu par le jeu de clapets s'ouvrant dans le sens convenable.

2° Les machines auxquelles on réserve habituellement le nom de *ventilateurs*, qui fonctionnent par le jeu de certaines surfaces mobiles qui agissent en chassant l'air devant elles, et produisent ainsi un courant dans un sens déterminé.

Tels sont tous les ventilateurs à force centrifuge, soit à ailes courbes, soit à ailes planes, aspirant l'air au centre et le rejetant à la circonférence, soit directement dans l'atmosphère, soit dans une enceinte munie d'orifices convenablement disposés. Tels sont encore le ventilateur à ailes de moulin de M. Lesoinne, la vis de M. Motte, le ventilateur à hélice de M. Pasquet, etc., etc. Ces différents appareils ont pour caractère commun, de ne point présenter d'organe produisant une obturation complète, entre le milieu où il s'agit de prendre l'air et l'atmosphère où on le rejette. Ils ne comportent donc que la production de dépressions manométriques limitées, et sont exposés à des rentrées d'air anormales dans le cas où la ventilation de la mine demande habituellement, ou vient à exiger accidentellement, à la suite par exemple de quelque grande explosion ayant amené des éboulements, une grande dépression manométrique. Ces appareils peuvent ainsi faire défaut, au moment même où leur action aurait besoin d'avoir son maximum d'énergie.

3° Enfin *les appareils pneumatiques* en général, qui fonctionnent sur le principe des machines de la première classe, en ce qu'ils présentent une capacité variable, mise alternativement en relation avec le milieu à ventiler et avec l'atmosphère, mais qui en diffèrent en ce que les communications sont établies par le seul effet de la rotation de certaines pièces, et non par le jeu de certains clapets.

Ces appareils sont aux machines à clapets ce que sont, aux machines à vapeur ordinaires, ou aux pompes à piston, les machines à vapeur rotatives, et les pompes rotatives autres que celles qui agissent par l'action de la force centrifuge.

Ils ont, sur la première classe de machines, l'avantage qui résulte de la suppression des clapets et du frottement du piston ; ils ont sur la seconde l'avantage d'extraire forcément, à chaque tour, un volume d'air précis et déterminé, indépendant de la grandeur de la dépression manométrique plus ou moins forte que peut nécessiter *l'état actuel de la mine.* Il faut seulement dépenser plus de force et s'attendre à un peu plus de fuites, si un plus grand degré de vide devient nécessaire ; tandis qu'avec une machine de la deuxième classe, cette dépression considérable *ne pourra être produite,* quelque augmentation de vitesse que l'on donne à la machine, qui tournera sans produire l'effet voulu, et, en quelque sorte, à vide.

Les figures 449 à 466 représentent un certain nombre de ces divers appareils de ventilation, pour l'étude desquels il est nécessaire de recourir à la légende des Planches, et nous ne retenons ici que trois appareils, les seuls à peu près que l'on établisse aujourd'hui, savoir :

Comme appareil de la deuxième classe, le ventilateur à force centrifuge, avec les dernières modifications, dont les principales sont dues, les unes à M. Guibal, et les autres à MM. Kraff et Harzé ;

Comme appareils de la troisième classe, la roue pneumatique de M. Fabry, et le tambour pneumatique de M. Lemielle.

(576) Ventilateur à force centrifuge. — Ce ventilateur, tel qu'on l'applique dans les mines, ne diffère pas en principe des appareils du même nom, connus depuis très-longtemps dans les fonderies et les ateliers de construction, qui servent à souffler les cabillots et les feux de forges.

Il se compose essentiellement d'un arbre portant un certain nombre de palettes, auquel on imprime un mouvement de rotation plus ou moins rapide. Les palettes se meuvent avec un jeu aussi faible que possible, entre deux parois planes et ordinairement parallèles. L'aspiration de l'air se fait au centre de l'appareil par une ouïe circulaire ménagée dans l'une de ces deux surfaces. Cet air est saisi par les palettes, entraîné dans leur mouvement de rotation, et rejeté à l'extérieur par l'action de la force centrifuge que ce mouvement de rotation développe.

L'appareil peut être aspirant si l'ouïe communique avec l'intérieur de la mine, tandis que le pourtour des palettes communique avec l'atmosphère extérieur.

Il peut être soufflant, si l'ouïe communiquant avec l'extérieur, on entoure les palettes d'une sorte de tambour en relation par un point de sa circonférence avec un tuyau qui aboutit au milieu dans lequel on veut faire arriver de l'air.

Les appareils soufflants, tout à fait semblables à ceux des usines, sont employés sur une petite échelle à l'intérieur des mines, pour ventiler quelque chantier isolé du courant d'air.

Les grands appareils destinés à aérer une mine entière, sont ordinairement aspirants, bien qu'on dispose quelquefois les choses, pour qu'ils puissent, au besoin, agir en soufflant, à la suite de quelque accident qui conduirait à renverser temporairement le courant d'air.

Ces appareils ont été, depuis trente ans, l'objet d'une série de modifications successives, les unes relatives à leur mode d'action sur l'air, les autres aux détails de leur construction. Ils constituent aujourd'hui des appareils légers et solides, qui peuvent, *dans des circonstances favorables*, c'est-à-dire quand on n'a pas besoin de fortes dépressions manométriques, donner des volumes d'air plus grands que tous les autres appareils mécaniques connus, comparables à ceux qu'on a pu obtenir, dans quelques mines du nord de l'Angleterre, avec des foyers. Mais il est difficile, ou plutôt même impossible, de *calculer rationnellement, à priori,* le volume d'air que fera circuler, dans une mine donnée, un appareil ayant des dimensions et fonctionnant avec une vitesse déterminées ; car cette circulation d'un certain volume d'air nécessite une dépression manométrique qui dépend des circonstances propres à la mine, *et qui n'est point une des données de la question.*

Il est facile d'ailleurs de comprendre que l'appareil demande à recevoir des vitesses très-grandes, lorsqu'il faut produire de fortes dépressions manométriques, et si à ce point de vue, il est moins limité que les foyers, il l'est plus que les appareils dont nous parlerons ci-après.

Il est essentiellement l'appareil de ventilation qui convient aux mines, où l'on peut faire circuler le volume d'air nécessaire, sans avoir besoin de produire de trop fortes dépressions manométriques, c'est-à-dire qui n'ont pas un développement excessif des travaux, ou qui du moins compensent ce développement par des galeries solides et à assez grande section, ou par une subdivision convenable du courant d'air.

L'appareil peut être insuffisant là où les galeries sont étroites, peu solides et exposées à des éboulements.

Nous dirions, pour nous résumer, qu'*il est indiqué*, soit pour remplacer les foyers, dans des mines où la ventilation est *plus difficile* que dans la majeure partie des mines de Newcastle, soit pour remplacer les autres appareils mécaniques, dans des mines où la ventilation est *plus facile* que dans beaucoup de mines du nord de la France et de la Belgique, exploitant un ensemble de couches minces à grisou, encaissées dans des terrains peu solides.

(**577**) Les premiers ventilateurs aspirants employés sur les mines étaient simplement formés de quelques ailettes planes inclinées sur le rayon, soit d'une quantité fixe, soit d'une quantité variable à volonté qu'on réglait par tâtonnement. Ils étaient entièrement ouverts à leur circonférence.

Une première tentative d'établissement rationnel de ces appareils a été faite par M. Combes ; il a employé des ailes courbes disposées comme celles des turbines, et il a cherché à réduire la vitesse absolue de l'air à sa sortie des ailes, vitesse qui est la résultante de la vitesse relative de l'air sur ces ailes au point de sortie et de leur vitesse absolue en ce même point, et qui sera sensiblement nulle, par conséquent, si ces deux composantes sont à peu près égales et directement opposées. Mais M. Combes n'a employé qu'un très-petit nombre de palettes, et il a laissé son appareil ouvert sur toute sa circonférence.

Dans cet état, l'effet de ces modifications a été à peu près insignifiant, et il n'en pouvait être autrement, car Combes a laissé subsister le vice *principal et essentiel* de ces ventilateurs aspirants, celui de l'ouverture entière à la circonférence.

Ce défaut a été signalé pour la première fois par M. Letoret, qui a reconnu que le fonctionnement d'un appareil donné s'améliorait lorsqu'on l'entourait d'un coursier circulaire, et d'autant plus, jusqu'à une certaine limite, que ce coursier embrassait une plus grande portion de la circonférence. Ce résultat, qui peut paraître paradoxal, en ce qu'on voit l'appareil fonctionner d'autant mieux qu'on semble mettre plus d'obstacles à l'écoulement de l'air, tient simplement au petit nombre des palettes dont les appareils étaient munis. Il arrivait que l'écoulement de l'air ne se faisait pas à *gueule-bée* par les canaux compris entre deux palettes consécutives. Tandis que l'une de ces palettes poussait l'air par une de ses faces, et l'expulsait au dehors, un vide se formait sur la face opposée et amenait des rentrées d'air. De là des mouvements irréguliers, des remous, analogues à ceux qui se produiraient dans une turbine non hydropneumatisée, qui fonctionnerait noyée, avec ses canaux très-incomplétement remplis par l'eau venant du bief supérieur (*Cours de machines*, n⁰ˢ 212 et suivants).

Le fait de ces remous était facile à vérifier par une expérience très-simple, qui consistait à projeter à la circonférence de l'appareil en mouvement une poignée de petits morceaux de papier. Ces morceaux prenaient aussitôt les mouvements les plus irréguliers ; les uns étaient fortement repoussés par le jet d'air projeté par la face antérieure des palettes, les autres attirés à l'intérieur de l'appareil par le vide produit sur la face postérieure de ces mêmes palettes. En somme, l'appareil paraissait beaucoup plus employé à faire tourbillonner la masse d'air distribuée sur sa circonférence, qu'à prendre l'air de l'intérieur pour le transporter à l'extérieur.

Le remède à cet état de choses peut se trouver dans le coursier circulaire, employé d'abord par M. Letoret et dont M. Guibal a ultérieurement précisé et complété l'application.

La théorie de ce coursier peut être exposée simplement. Son objet est d'isoler l'intérieur de l'appareil de la masse d'air qui l'entoure, et d'éviter ainsi les rentrées d'air anormales. Il faut que ce coursier ne laisse qu'une ouverture de section assez restreinte, eu égard au volume d'air que débite l'appareil et à la vitesse que prend cet air, pour que l'écoulement se fasse à gueule-bée, c'est-à-dire par tous les points de la section, et par conséquent sans la production d'aucun contre-courant. C'est à quoi M. Guibal est parvenu, en complétant son coursier par une vanne circulaire mobile, dont il se réserve de chercher par tâtonnement la position la plus convenable, c'est-à-dire celle qui donne l'*ouverture maxima*, au delà de laquelle il commencerait à se produire des rentrées d'air intermittentes après le passage de chaque palette.

Mais ce n'est pas tout.

L'air ainsi expulsé possède à sa sortie une vitesse absolue que l'on peut regarder comme étant la résultante de la vitesse tangentielle que prennent les molécules en se mouvant emprisonnées dans le coursier, et de la petite vitesse qu'elles possèdent suivant le rayon, à mesure que l'air se comprime par l'effet de la force centrifuge, en passant du centre à la circonférence.

Cette vitesse absolue correspond à une perte complète de travail, si l'air animé de cette vitesse va purement et simplement se mêler à l'air atmosphérique.

On évitera cette perte, au moins en partie, si l'on fait arriver l'air à la base d'une conduite dont la section, d'abord à peu près égale à celle de la veine fluide qui s'échappe de l'appareil, s'élargit ensuite progressivement, jusqu'à présenter une aire 4 ou 5 fois plus grande au point où elle débouche dans l'atmosphère.

Cette espèce d'ajutage conique divergent, que M. Guibal désigne sous le nom de conduite ou cheminée *en pavillon de cor*, réduit la vitesse *à peu près* au quart ou au cinquième, et la force vive au seizième ou au vingt-cinquième de leurs valeurs primitives. La réduction est en réalité *un peu moindre*, parce qu'elle est accompagnée d'une petite augmentation de pression qui réduit le volume et augmente la vitesse. Comme la pression finale, au moment où l'air sort de la conduite, est la pression atmosphérique, on voit que la disposition adoptée a pour effet de réduire la pression devant l'orifice de la vanne, ce qui est évidemment favorable à l'effet des palettes. On voit ainsi comment la force vive que l'air possède à sa sortie du coursier, au lieu d'être stérile, comme on pourrait le croire, se trouve en réalité utilisée, quoique d'une manière indirecte, au profit de la force consommée par l'appareil. Le ventilateur ainsi perfectionné est représenté figure 460 et 461. On remarquera que les palettes n'ont pas la courbure que M. Combes avait été conduit par ses considérations théoriques à leur donner. Il ne s'agit plus en effet de donner aux molécules d'air à la sortie une vitesse absolue nulle ; avec un coursier d'une certaine étendue cette vitesse ne saurait être nulle ; mais elle n'a pas besoin de l'être avec la cheminée évasée dont nous venons de parler. Elle peut pratiquement être regardée comme différant fort peu de la vitesse même des palettes à leur circonférence extérieure.

Des appareils construits suivant le système représenté par la figure précitée, ont reçu jusqu'à 9 mètres de diamètre et 4 mètres de largeur. Avec ces dimensions et une vitesse de 100 tours par minute, ils peuvent donner jusqu'à 80 ou 100 mètres d'air par seconde, dans des mines où, comme dans celles du nord de l'Angleterre, on peut se contenter de faibles dépression (3 ou 4 centimètres d'eau par exemple). On peut d'ailleurs, avec ces appareils, aller jusqu'à 6 ou 8 centimètres, et même jusqu'à 10 centimètres de dépression manométrique. Mais pour un appareil donné et une vitesse donnée de cet appareil, le volume d'air débité diminue à mesure que la mine demande que cette dépression manométrique soit plus forte, et l'ouverture de la vanne régulatrice doit être en même temps réduite.

Des expériences ont montré qu'il y avait, lorsque l'appareil fonctionne dans de bonnes conditions, un rapport peu variable entre le volume engendré par les ailes et celui que débite l'appareil. On peut regarder ce rapport comme ayant une valeur moyenne égale à 2,75, avec une certaine tendance à varier entre d'étroites limites, en sens inverse de la vitesse imprimée à l'appareil.

Ce résultat, purement *empirique*, peut servir à une détermination approchée des éléments d'un appareil à établir sur une mine, éléments qui échappent, avons-nous dit, à un calcul précis, faute d'une donnée essentielle qui ne peut être connue *à priori*, *la dépression*, variable selon les circonstances de la circulation de l'air dans la mine, qui correspond *au débit d'un volume d'air donné*.

On ne peut procéder que par analogie, et par une comparaison sommaire de la mine dont on s'occupe avec d'autres mines pour lesquelles on possède cette donnée par une observation directe des faits.

(**578**) Les principales propriétés du ventilateur de M. Guibal, peuvent être réalisées par des dispositions différentes de celles employées par cet ingénieur.

Ces dispositions ont été précisées par M. Harzé, en prenant pour point de départ le ventilateur qui avait été établi pour aérer les travaux du percement du mont Cenis.

Le ventilateur de M. Harzé est à axe vertical, ce qui permet de l'établir commodément sur l'orifice du puits de sortie. Mais cette disposition n'est pas ce qui caractérise l'appareil et le différencie essentiellement de l'appareil Guibal.

La véritable différence consiste d'une part, dans la suppression de l'enveloppe, pièce essentielle de l'appareil Guibal, et d'autre part, dans le remplacement de la cheminée en forme d'ajutage conique divergent, par un appareil particulier qui entoure entièrement le ventilateur et que l'auteur désigne sous le nom de *diffusoir*.

Par la suppression de l'enveloppe, disparaît la perte de travail que produit le frottement sur cette enveloppe de l'air entraîné dans le mouvement de rotation des palettes. Mais cette perte est peut-être compensée, et au dela, par celle due au mouvement relatif sur les palettes qui sont beaucoup plus multipliées que dans l'appareil Guibal.

En outre, on peut penser que l'air trouvant à s'échapper immédiatement sur tous les points de la circonférence, l'appareil n'est

pas aussi propre qu'avec la présence d'une enveloppe à produire de
fortes dépressions manométriques.

Il faut d'ailleurs s'arranger pour que, malgré l'absence de l'enveloppe, des rentrées d'air ne puissent pas se produire sur la face
postérieure des ailes ou palettes, ce à quoi on parvient en les mul-
pliant suffisamment, comme on vient de le dire, et en outre, au
besoin, en réduisant en même temps progressivement leur hauteur
à mesure qu'on s'éloigne du centre, comme on l'a fait pour certains
ventilateurs à axe vertical connus en Angleterre sous le nom de ventilateurs Brunton,

On peut s'arranger ainsi pour que chaque orifice d'écoulement
n'ait qu'une section limitée, dont la somme, pour l'ensemble des
orifices, donne une section comparable, par exemple à celle de la
vanne régulatrice de M. Guibal. C'est là un point assez délicat ; car il
importe, presque au même degré, de n'avoir, ni une section trop
grande pouvant donner lieu à des rentrées d'air, ni une section trop
petite créant un obstacle inutile à l'écoulement de l'air. Sous ce rapport la vanne à ouverture variable fournit, dans l'appareil Guibal,
un moyen de règlement simple qui fait défaut à l'appareil Harzé.

Le diffusoir présente une série de directrices fixes, formant
des canaux dans lesquels l'air sortant du ventilateur doit commencer à couler à gueule-bée en vertu de sa vitesse absolue. Ces directrices sont tracées de manière que la section d'un canal aille en
croissant, depuis l'entrée à la circonférence intérieure, jusqu'à la
sortie à la circonférence extérieure du diffusoir.

On remarquera sur la figure 462, la disposition que donne
M. Harzé aux palettes mobiles du ventilateur et aux directrices
fixes du diffusoir. Les palettes mobiles ne sont point recourbées
à la circonférence extérieure en sens contraire du mouvement,
comme on le fait dans les turbines, et comme M. Combes l'a proposé pour ses ventilateurs. Cette courbure, qui a pour objet d'annuler, autant que possible, la vitesse absolue du fluide à sa sortie, en lui donnant une vitesse relative de sens contraire à la vitesse
d'entraînement, est *peu efficace* dans le ventilateur Combes, à moins
de donner à l'appareil de très-grandes vitesses, et elle est *inutile*
avec le diffusoir jouant le même rôle que la cheminée évasée de

M. Guibal, puisque la vitesse de sortie n'est pas perdue. On peut donc *théoriquement* donner aux canaux mobiles une direction quelconque à la sortie.

Quant aux directrices du diffusoir, la condition que les filets fluides s'y engagent sans choc demande que leurs premiers éléments soient tangents à la vitesse absolue du fluide, laquelle est la résultante de la vitesse relative sur les palettes et de la vitesse de ces mêmes palettes. Plus les dépressions seront faibles et en même temps plus l'appareil aura de vitesse, plus la première composante sera petite relativement à la seconde, et plus ces premiers éléments se rapprocheront d'être tangents à la circonférence intérieure du diffusoir. A l'autre extrémité du diffusoir, la condition d'avoir la moindre vitesse, et par conséquent le plus grand débouché, conduit à terminer les directrices à peu près normalement à la circonférence extérieure.

Telles sont les considérations qui doivent présider aux tracés de ces appareils, que l'on peut regarder comme très-ingénieusement disposés, et comme pouvant parfaitement être employés, surtout dans les cas où de faibles dépressions (de 5 ou 4 centimètres, par exemple) suffisent pour obtenir l'activité de ventilation nécessaire. (Voir, sur la théorie complète de ces appareils, un Mémoire intéressant de M. Harzé, publié en 1870 et inséré dans la *Revue universelle de Liége*.)

(**579**) L'appareil connu sous le nom de roue pneumatique, ou de ventilateur Fabry, n'est pas apte à donner des volumes comparables à ceux qu'on peut demander aux grands ventilateurs à force centrifuge, dans le cas de faibles ou de moyennes dépressions ; il ne peut pratiquement ni recevoir des dimensions, ni prendre des vitesses suffisantes. Mais il se distingue essentiellement de ces appareils, en ce que le volume d'air qu'il extrait de la mine à chaque tour est *parfaitement déterminé et indépendant de la dépression* (sauf l'influence de cette dépression sur l'importance des fuites). Il en résulte que l'appareil donne toujours le même volume d'air sur toutes les mines où on l'établit ; sauf à fonctionner sous des dépressions qui varient d'une mine à l'autre, et auxquelles la force de la machine motrice devra être, en chaque cas, proportionnée, effet qu'on obtient en pratique avec une même machine motrice à détente variable.

Il en résulte encore, et c'est là un point fort important, que dans le cas de quelque accident, tel qu'un grand éboulement dû à un coup de grisou, rendant la ventilation temporairement très-difficile, l'appareil donnera toujours, à chaque tour, le même volume d'air, *pourvu qu'il continue de tourner*, quand même il faudrait *doubler*, *tripler* et *au delà* la dépression normale, tandis que dans un cas semblable le ventilateur ne pourrait produire cette dépression, et la ventilation se trouverait compromise, ou au moins très-ralentie, au moment peut-être où il serait le plus important qu'elle ne le fût pas. (Voir n° 575.)

Le diagramme figure 463 indique la disposition théorique de l'appareil et les principaux détails de son tracé géométrique.

L'appareil consiste en réalité en deux roues d'égal diamètre, munies chacune de trois dents épicycloïdales, qui engrènent deux à deux, et qui ont une base et un développement tels que l'engrenage se fait *régulièrement*, c'est-à-dire qu'il ne cesse pas d'y avoir, pendant un tour entier de ces roues, deux dents en prise, soit en deçà, soit au delà de la ligne des centres.

Ces roues tournent dans le sens des flèches, dans le cas ordinaire d'une aspiration; il suffit de changer le sens de la rotation pour que l'appareil agisse par refoulement.

L'aspiration ou le refoulement se font dans une gaine rectangulaire qui communique avec les travaux à ventiler. Cette gaine a pour dimensions, d'une part, la distance des centres des deux roues, d'autre part, leur épaisseur dans le sens de leur axe. Les dents sont réduites à de simples surfaces épicycloïdales, qui se juxtaposent exactement, mais sans agir par pression l'une sur l'autre. La solidarité entre les deux arbres est établie, non par ces dents, mais par deux engrenages ordinaires ayant la même circonférence primitive. Pour chacune des roues, les trois dents ont pour base sur la circonférence primitive un arc de 60°. Leurs profils épicycloïdaux sont reliés à une cloison médiane se prolongeant au delà de la circonférence et se mouvant dans une portion de coursier circulaire, qui commence au bas de la roue et embrasse un arc de 120°.

L'espace dans lequel se meuvent les roues est formé sur le côté par deux parois verticales s'étendant au moins jusqu'au contour limite $x\,y\,z\,z'\,y'\,x'$. (Voir la figure.)

On voit sur cette figure qu'au moment où les profils m et m' des dents A et A' vont cesser d'être en prise, après avoir dépassé la ligne des centres, le profil n' de la dent A' entre en prise, en deçà de cette même ligne, avec le profil n de la dent B. Ces deux profils n' et n vont se conduire pendant un sixième de tour, jusqu'à ce que la cloison de la roue B soit sur la ligne des centres, et que les deux profils p et p' des dents B et B' entrent en prise à leur tour.

On voit par là qu'il n'y a jamais communication de l'intérieur à l'extérieur *entre les deux roues ;* on voit aussi qu'à l'instant où deux profils entrent en prise, on emprisonne *un volume d'air extérieur* correspondant à l'aire du périmètre $O\,a\,b\,c\,d\,c\,d\,e\,f\,g\,f\,h\,O$, qui diffère fort peu de celle du secteur $O\,a\,e\,h\,O$. L'instant d'après, ce volume d'air est mis en relation *avec l'intérieur.* Pour un tour entier, la rentrée totale d'air est mesurée par la surface totale des deux circonférences primitives augmentée de six fois la surface des quatre petits triangles *abc, cde, efg, fgh.* D'autre part, chaque fois que la cloison d'une dent pénètre dans le coursier de la roue correspondante, on emprisonne *un volume d'air intérieur* correspondant à la surface d'un secteur de 120° dans une circonférence égale à celle du coursier, et l'instant d'après cette masse d'air est mise en communication avec *l'extérieur.* On déduit de là que, pour un tour entier, *l'excédant des sorties d'air sur les rentrées* est, en négligeant les petits triangles ci-dessus, mesuré *par l'aire des deux couronnes comprises entre les circonférences des coursiers et les circonférences primitives des roues.*

(**580**) Si donc on désigne par R et r les rayons de ces deux circonférences, et par L la largeur de l'appareil, le volume d'air extrait pour un nombre n de tours sera approximativement

$$V = 2n\pi\,(R^2 - r^2)\,L.$$

On voit facilement que r étant donné, la quantitité R n'est pas entièrement arbitraire ; elle est déterminée par la condition que les cloisons d'une roue ne soient pas assez longues pour rencontrer les dents de l'autre roue. Il est facile de voir, sur la figure, que si l'on fait faire aux deux roues un mouvement rétrograde de 30°, le point c reviendra en a, en même temps que la cloison de la dent A′ prendra la direction O′a tangente à la roue O. Le rayon R ne peut donc dépasser cette longueur O′a, laquelle est égale à $\sqrt{4r^2 - r^2} = r\sqrt{3}$.

On doit donc poser $R \lesseqgtr r\sqrt{3}$.

En admettant l'égalité $R = r\sqrt{3}$, la formule ci-dessus devient :

$$V = 2n\pi\,(3r^2 - r^2) = 4n\pi r^2 L.$$

Il faut la corriger en tenant compte des petits triangles mixtilignes que nous avons provisoirement négligés. La somme de ces 4 petits triangles est évidemment égale, par raison de symétrie, au double d'un triangle curviligne, tel que cec_1, qui, assimilé à un triangle à côtés rectilignes, est semblable au triangle coe, dont les trois côtés sont respectivement perpendiculaires aux siens. Or, ce dernier triangle est isocèle, et a un angle au sommet de 30°. D'un autre côté, le triangle cec_1 a évidemment pour hauteur le demi-côté de l'hexagone inscrit, c'est-à-dire $\frac{1}{2}r$, et sa surface est, par suite,

$$\frac{1}{2}r \times \frac{1}{2}r\,\text{tang}\,15° = \frac{1}{4}r^2\,\text{tang}\,15.$$

Le volume corrigé est donc

$$V = n \times 4\pi r^2 L - n \times 12 \times \frac{1}{4}r^2\,\text{tang}\,15° \times L$$
$$= nr^2 L\,(4\pi - 3\,\text{tang}\,15°)$$
$$= nr^2 L\,(12,5664 - 0,8024) = 11,764 \times nr^2 L.$$

C'est là le volume théorique maximum, abstraction faite des fuites, en supposant qu'on ait donné aux cloisons toute la longueur qu'elles peuvent recevoir.

Dans la plupart des appareils, on a $r = 1$, L $= 2^m$. Un semblable appareil donne $2 \times 11,764 = 23^m,528$ pour chaque tour.

Si l'on suppose une vitesse de 30 tours par minute, ou $\frac{1}{2}$ tour par seconde, vitesse qu'on ne dépasse guère, on aura un appareil donnant théoriquement $11^m,764$ par seconde, soit pratiquement environ 10 *mètres cubes*.

En faisant $L = 5^m$, ce volume devient 15 mètres cubes.

Ainsi l'appareil Fabry, suivant les dimensions et la vitesse ordinairement adoptés, peut donner une ventilation de 10 à 15 mètres par seconde. C'est moins que ce que peuvent donner, soit les ventilateurs à force centrifuge, soit les foyers quand ils sont applicables. Mais ces 10 à 15 mètres sont suffisants dans beaucoup de mines, *comme quantité*, et ils peuvent être obtenus *sous des pressions quelconques*, non atteintes par les foyers, ni même par les ventilateurs.

(**581**) Le ventilateur Lemielle est un appareil plus récent que le ventilateur Fabry.

Il peut être établi sur des dimensions qui permettent *un débit plus important*.

Il a la même propriété d'admettre des dépressions aussi grandes que l'on voudra ; mais il est un peu plus complexe et présente un peu plus de pertes d'air par les fuites.

C'est un appareil qui, malgré quelques inconvénients pratiques, résultant de sa construction plus compliquée et de la sujétion plus grande qu'il demande pour le bon entretien de toutes ses parties, est en voie de se répandre. Il convient aux mines qui ont besoin à la fois *d'une dépression* devant être ou normalement, ou éventuellement plus forte que celle que peuvent donner les foyers ou les ventilateurs à force centrifuge, et *d'un volume d'air* plus grand que celui qu'on peut obtenir avec les ventilateurs Fabry, dans les conditions de dimensions et de vitesse acceptées par la pratique.

Le ventilateur Lemielle, après diverses modifications, se compose aujourd'hui (*fig.* 464) d'un tambour prismatique hexagonal, ou cylindrique circulaire, mobile autour d'un axe vertical O, sur lequel sont articulées trois ailettes ou volets AB, A'B', A"B", mobiles autour, de charnières placées à $120°$ l'une de l'autre, le long de 5 génératrices. Ces ailettes ont chacune leurs bords extérieurs liés à deux bielles, ayant leurs centres en O', de sorte que pour une de ces ailettes, telles que AB, la charnière A se meut sur la circonférence O, et le bord B sur la circonférence O′.

Il en résulte que cette palette est tantôt presque tangente à la circonférence O, tantôt faisant un angle plus ou moins prononcé avec cette circonférence. La circonférence O′ étant celle d'une cuve fixe dans laquelle se meut l'appareil, la palette dans toutes ses positions occupe tout l'intervalle entre le tambour mobile et la cuve fixe, et sépare ainsi entièrement l'espace qui est *en avant de sa face antérieure* de celui qui est *en arrière de sa face postérieure.*

L'espace compris entre deux palettes consécutives, AB, A′B′, augmente pendant que ces palettes se redressent sur le tambour tournant dans le sens AA′A″; il diminue quand ces palettes se rabattent. Pendant que cet espace va en augmentant, on le met en relation avec l'intérieur de la mine, et il se produit ainsi sur l'air qu'elle contient un effet d'aspiration ; puis, quand cet espace est à son maximum, la palette suivante vient intercepter la communication avec l'intérieur en *b*, en même temps que cet espace est mis en *b′* en communication avec l'extérieur, pour laisser échapper au dehors l'air aspiré. Tel est le principe, facile à concevoir, d'après lequel fonctionnent ces appareils. On remarquera que les bielles qui déterminent le mouvement relatif des volets sur le tambour, ont leurs centres *à l'intérieur* du tambour mobile, et que leurs extrémités commandent des points placés *extérieurement* à ce même tambour. Il doit donc être entendu que la surface de ce tambour présente, aux points et dans l'étendue convenables, des fentes longitudinales dans lesquelles jouent ces bielles, et que des dispositions sont prises pour empêcher, autant que possible, les fuites d'air par ces fentes. Ces détails sont exprimés sur la figure 464, à la légende de laquelle nous nous bornons ici à nous référer.

Le calcul du volume d'air expulsé peut se faire à l'aide de tracés graphiques, quand on s'est donné les rayons du tambour et de la cuve, l'excentricité et la longueur des palettes.

On arrive, par une étude graphique attentive, à placer les orifices d'aspiration et de refoulement aux points convenables pour avoir, avec les données adoptées, le maximum de volume *utilement* expulsé, c'est-à-dire une différence maxima entre le *volume expulsé* et le *vo-*

lume rentré, pour chaque période de 120" qui ramène une situation identique du système. Cette étude faite avec des dimensions données, le volume qu'on obtiendra en changeant l'échelle de la figure et la hauteur de la cuve, variera proportionnellement au produit du carré des dimensions horizontales homologues par la première puissance de la hauteur.

Les plus grands appareils construits jusqu'à ce jour ont 4^m,30 de diamètre de cuve, 2^m,60 de diamètre du tambour et 7 mètres de hauteur. Avec ces dimensions et à la vitesse de 22 tours par minute, ils peuvent donner pratiquement au moins 30 mètres cubes d'air par seconde, lorsqu'ils sont en parfait état d'entretien et convenablement construits.

Pour des appareils de cette dimension, il est nécessaire, afin d'empêcher la torsion du tambour, qui n'est commandé que par le haut, et le gauchissement des volets dont la charnière participe à cette torsion, que le tambour soit construit en tôle.

Ce volume de 30 mètres, et la possibilité de pouvoir marcher au besoin avec de très-fortes dépressions, rendent un tel appareil applicable à des cas où le ventilateur Fabry serait insuffisant *sous le rapport de la quantité d'air*, et le ventilateur Guibal *sous le rapport de la dépression qui peut être normalement, ou accidentellement nécessaire*.

En fait, le ventilateur Lemielle répond aux exigences de l'aérage des mines étendues, à assez forte production, et d'une ventilation rendue difficile par les faibles dimensions des galeries.

Les figures 465 et 466, pour lesquelles nous renvoyons à la légende des Planches, donnent les principaux détails de construction de l'appareil dont la figure 464 n'est qu'un diagramme théorique.

(**582**) Les trois appareils ci-dessus (n°s 576 à 581) sont à peu près les seuls que l'on établisse aujourd'hui.

Ils peuvent évidemment être mis en mouvement par des machines à vapeur d'un système quelconque. Cependant la question du choix du moteur donne lieu à quelques observations.

Pour les appareils à rotation plus ou moins rapide, comme sont généralement les ventilateurs à force centrifuge, on peut très-bien, tant qu'on ne dépasse pas 30 à 40 tours et même

50 tours par minute, attaquer directement l'arbre de l'opérateur par la machine motrice ; mais quand on s'élève à 60, 80, 100 tours et plus (ce à quoi on peut très-bien être conduit quand on veut des dépressions un peu fortes), il paraît préférable d'employer l'intermédiaire d'une transmission de mouvement, qui consistera habituellement en deux poulies d'inégal diamètre, reliées par une courroie. La plus grande sera sur l'arbre du volant de la machine à vapeur, ou pourra être ce volant lui-même. La plus petite sera sur l'arbre du ventilateur.

Ce n'est pas que des vitesses de 100 tours, et même au delà, ne puissent être données à des appareils à vapeur. Mais ces machines à grande vitesse ont besoin d'être construites dans des conditions spéciales de précision et de solidité ; et quoi qu'on fasse, elles finissent, avec le temps, par demander plus d'entretien et des réparations plus fréquentes que des machines moins rapides. Or, les appareils de ventilation sont au nombre des opérateurs dont il importe le plus d'assurer la marche régulière et continue, pour ne pas s'exposer à des dangers quelquefois très-graves, et en tous cas à des chômages fort dispendieux. On s'abstiendra donc volontiers de les faire mouvoir par des machines à vapeur à trop grande vitesse.

Les appareils Fabry ne doivent pas dépasser la vitesse de 30 tours, surtout si l'on marche avec des dépressions un peu fortes, afin d'éviter les vibrations des cloisons et les ruptures qui peuvent en résulter. Les machines à vapeur qui les actionnent peuvent donc toujours les commander directement. On leur donnera très-volontiers la disposition imaginée par M. Colson, analogue à celle qu'il a proposée pour les machines d'extraction (voir n° 444). Dans cette disposition, les deux roues égales qui constituent l'appareil portent deux manivelles dans deux positions qui restent toujours symétriques. Le cylindre à vapeur est vertical, et placé symétriquement par rapport aux deux roues. La tige du piston porte une pièce en forme de T, ayant une longueur égale à la distance des centres des deux roues, et dont les deux extrémités reçoivent des bielles pendantes liées aux deux manivelles ci-dessus. Cette disposition assure la verticalité du mouvement de la tige du piston et dispense de glissières ou de parallélogrammes.

La vitesse de rotation du tambour vertical des appareils Lemielle *n'est pas supérieure*, et même, pour les grands appareils, elle est inférieure à celle des roues de l'appareil Fabry, et ne dépasse pas 20 à 25 tours par minute.

La disposition naturellement indiquée pour la machine motrice, est celle d'une machine à cylindre horizontal établie au-dessus de la cuve, et commandant sans intermédiaire une manivelle calée à l'extrémité supérieure de l'arbre du tambour. Cette même disposition est aussi celle qui convient aux ventilateurs à force centrifuge dont l'axe est vertical, tant que leur vitesse de rotation n'est pas trop grande.

(583) Quant à la force qu'il convient de donner à ces machines motrices, elle dépend et du volume d'air qu'on veut faire circuler dans la mine, et de la dépression (inconnue *à priori*) que cette circulation pourra demander.

Il faut donc, pour calculer la force de la machine, *faire une hypothèse* sur cette dépression, qui peut varier de 1 à 2 centimètres d'eau pour les ventilations très-faciles, jusqu'à 15 ou 16 centimètres et plus, pour les ventilations très-difficiles. Ces deux limites ne peuvent être resserrées qu'en comparant la mine dont on s'occupe avec d'autres mines placées dans des conditions plus ou moins analogues. Mais cette comparaison laisse toujours un certain vague, et l'on y pare en se réservant de faire varier la force de la machine que l'on établit, en y faisant varier le degré de la détente.

En général, il faut être assez large dans ces appréciations, et établir toujours ses moyens de ventilation, qu'il s'agisse d'une machine d'aérage ou d'un foyer, de manière à pouvoir lui donner, au besoin, un excès notable de puissance. On se réserve ainsi soit de parer, comme on vient de le dire, à une erreur d'appréciation qui aurait pu être commise en établissant le projet de l'appareil, soit surtout de pouvoir activer la ventilation dans une large mesure, si cela devient momentanément nécessaire, comme, par exemple, dans les chutes brusques du baromètre, ou à la suite d'une explosion de grisou, etc., etc.

Quand on connaît le volume V en mètres cubes par seconde, et la dépression manométrique, ou la hauteur h de la colonne d'eau qui lui sert de mesure, le travail théorique correspondant se calculera facilement, en ayant égard aux résultats indiqués aux n°ˢ 354 à 357 du *Cours de machines*.

La formule théorique est $T_m = P_1 V_1 l \frac{P_2}{P_1}$, qui devient d'abord $T_m = V_1 (P_2 - P_1)$, puisque le rapport $\frac{P_2}{P_1}$ est très-peu supérieur à l'unité.

Cette relation peut s'écrire $T_m = V_1 \rho_1 \frac{P_2 - P_1}{\rho_1}$, la quantité ρ_1 étant arbitraire. Si on la prend égale à la densité de l'eau, le terme $V_1 \rho_1$ devient le *poids en kilogrammes*, ou le *volume en litres* de la quantité d'air exprimée d'abord en mètres cubes, et le terme $\frac{P_2 - P_1}{\rho_1}$ devient la hauteur d'eau mesurant la différence des pressions P_2 et P_1, c'est-à-dire précisément la quantité h.

D'ailleurs, comme $\rho_1 = 1000$, le travail cherché a pour expression $T_m = 1000 \, V h$.

Si l'on suppose *un très-grand ventilateur*, pour lequel on ait, par exemple, $V = 75$, et en même temps *une ventilation très-facile*, pour laquelle 2 centimètres de dépression suffiront, on trouvera $T_m = 1000 \times 75 \times 0,02 = 1500$ kilogrammètres, soit une force de 20 chevaux.

Avec un appareil Fabry, donnant théoriquement, $11^m,764$, mais en supposant qu'il faille une dépression de 8 centimètres, on aura :

$$T_m = 1000 \times 11,764 \times 0,08 = 941 \text{ kilogrammètres.}$$

soit une force de 13 chevaux.

Avec un très-grand appareil Lemielle, qui donnerait théoriquement 50 mètres cubes, et qui devrait fonctionner sous la forte dépression de $0^m,15$, on aurait :

$$T_m = 1000 \times 50 \times 0^m,15 = 4500 \text{ kilogrammètres.}$$

Soit une force de 60 chevaux.

Les trois nombres ci-dessus donnent une idée des limites fort étendues entre lesquelles pourra être assez habituellement comprise la dépense de force à appliquer à la ventilation ; il est entendu qu'il s'agit ici de la *dépense théorique*.

On a fait, surtout en Belgique, un grand nombre d'expériences sur les divers appareils de ventilation.

On a observé directement les dépressions, et mesuré, par des expériences anémométriques, le volume d'air circulant dans les galeries de retour d'air, et l'on en a déduit le travail correspondant par l'application de la formule ci-dessus.

D'autre part, on a recherché directement, en relevant des diagrammes avec un indicateur de Watt, le travail produit en même temps par la vapeur sur le piston.

Le rapport de la première quantité de travail à la seconde est une fraction qui mesure ce qu'on peut appeler le rendement de la machine. Le travail perdu comprend les résistances passives du récepteur, des transmissions et de l'opérateur, les pertes causées par les fuites ou les rentrées d'air de l'appareil ventilateur, et enfin la demiforce vive que possède inutilement la masse d'air en rentrant dans l'atmosphère ambiante.

Ce rapport augmente avec l'importance de l'appareil ; il diminue, même assez rapidement, lorsque l'appareil n'est pas en très-bon état d'entretien. Il est plus grand pour les appareils qui marchent avec une vitesse moyenne que pour ceux qui marchent à grande vitesse.

Ainsi, par exemple, il pourra notablement *dépasser* 60 p. 100, pour un grand appareil Lemielle marchant à petite vitesse. Il pourra être de 50 p. 100 pour un ventilateur à force centrifuge, dans des conditions moyennes de vitesse et de dépresssion, descendant d'ailleurs à 40 p. 100 et même au-dessous, pour de très-grandes vitesses ou de très-grandes dépressions.

On devra, dans la pratique, se fixer sur le rendement qui paraîtra le plus vraisemblable, puis établir la machine de manière à obtenir le travail voulu en marchant à une détente modérée. On se réservera *d'augmenter* ou de *diminuer* ce travail, selon ce qu'indiquera l'expérience, *en diminuant* ou *en augmentant* le degré de la détente.

(**584**) Les trois appareils décrits ci-dessus (n°⁵ 576 et suivants), et ceux dont on a fait l'énumération au n° 575, qui sont représentés par les figures 449 et suivantes, ne sont pas les seuls qui aient été soit adopté définitivement par la pratique, soit essayés sur une certaine échelle, ou tout au moins proposés. Il en existe encore d'autres dont nous nous bornerons ici à énumérer les principaux.

Nous citerons ici :

1° L'emploi d'une chute d'eau agissant sur une *trompe*, appareil consistant en un tuyau vertical, légèrement étranglé au-dessous de son extrémité supérieure par laquelle arrive l'eau, et muni, en dessous de l'étranglement, de petites ouvertures, ou *aspirateurs*, par lesquelles l'air est aspiré et entraîné par le courant d'eau. La figure 467, pour laquelle nous renvoyons à la légende des planches, donne une idée de ces appareils, simples à établir, mais peu usités aujourd'hui, et utilisant assez mal le travail de la chute d'eau.

2° L'emploi d'une vis d'Archimède, ou plutôt d'une vis hollandaise, placée horizontalement dans un canal à section circulaire, rempli d'eau à une hauteur telle que l'arête inférieure du noyau central qui porte la vis soit immergée d'une certaine quantité.

Par cet artifice, les compartiments que forment au-dessus de l'eau les spires de la surface hélicoïdale et la voûte du canal, sont isolés les uns des autres, et un mouvement de rotation transmis à la vis produit un mouvement de translation le long de l'axe de la masse d'air qui remplit les divers compartiments. Il y a donc aspiration à l'une des extrémités de la vis et expulsion d'air à l'autre extrémité. Cette disposition, proposée par M. Guibal sous le nom de vis hydropneumatique, semble devoir donner lieu à d'assez grands frottements, dus au mouvement de rotation des palettes dans l'eau, et au mouvement de translation que l'eau prend, aussi bien que l'air, le long du coursier. La vis hydropneumatique est représentée figure 468.

3° L'emploi direct de la vapeur d'eau, *sans l'intervention d'une machine à vapeur*. Cet emploi peut se faire de deux manières différentes.

On peut d'abord considérer la vapeur comme *un corps chaud*, qui vient se mêler à l'air, l'échauffe en lui cédant sa chaleur sensible, et agit ainsi de la même manière que le courant d'air partiel qui après s'être échauffé en passant sur un foyer d'aérage, vient se mêler au courant général, dans le puits de sortie, où aboutit ce dernier après avoir parcouru les travaux.

Il est facile de reconnaître que ce mode d'emploi de la vapeur est *tout à fait défectueux* au point de vue de l'économie du combustible. Son seul avantage est peut-être de permettre de ne point avoir de foyer établi à l'intérieur de la mine. On pourra mettre en effet les chaudières au jour, et introduire la vapeur par un tuyau venant déboucher au bas du retour d'air.

On reconnaît d'abord que l'on perd, relativement à l'emploi d'un foyer d'aérage, toute la chaleur qui dans un fourneau de chaudière à vapeur est emportée par les gaz de la cheminée. C'est souvent près de la moitié de la chaleur développée sur la grille.

En outre, la vapeur, par sa facilité à se condenser au contact des surfaces froides, communiquera inutilement une partie notable de sa chaleur aux parois du puits. Cet inconvénient sera capital dans tous les puits qui ne sont pas parfaitement secs.

Enfin, il faut remarquer que la chaleur est fort mal employée, *même dans un foyer d'aérage ordinaire*, comparativement à ce qui a lieu quand on la transforme en travail par l'intermédiaire d'une machine à vapeur; car la question, dans la ventilation d'une mine, est non pas d'*échauffer*, mais de *déplacer* une certaine masse d'air; et quand, ce déplacement effectué, on trouve dans cette masse un accroissement sensible de température qui a entraîné une dépense de chaleur, cette dépense n'a point été faite utilement pour l'effet définitif que l'on a en vue de produire.

La seconde manière d'employer la vapeur consiste à la faire agir *par la force vive* qu'elle prend lorsqu'elle s'échappe de l'intérieur d'un réservoir, où elle est à une pression supérieure à celle du milieu ambiant. Elle agit alors dans des conditions analogues à celles qui se produisent dans les tuyères à l'aide desquelles on active le tirage des cheminées de locomotives. On est là dans des conditions essentiellement différentes de celles où la vapeur agit simplement comme corps échauffant. La force vive acquise par la vapeur correspond à un certain travail moteur, et cette force vive, en se communiquant à l'air ambiant, peut produire un effet comparable à celui qu'on aurait obtenu si ce travail initial avait été directement appliqué à la masse d'air.

On se rapproche ainsi des circonstances de marche d'un appareil ordinaire de ventilation mû par une machine à vapeur. On doit donc s'attendre à ce que ce second mode d'emploi direct de la vapeur soit supérieur au premier.

On ne voit pas de raison à *priori* pour que cet emploi de la vapeur ne soit pas comparable à celui qu'on obtient dans une machine à haute pression et détente sans condensation ; peut-être même devrait-on dire que le système aurait l'avantage, en ce qu'il supprimerait les résistances passives inhérentes au jeu de la machine. Mais il faudrait faire des expériences nombreuses, pour voir comment on devrait distribuer les jets de vapeur afin d'obtenir un mouvement d'ensemble du courant d'air sans remous ni contre-courants, et pour savoir ce qu'on perdrait en échauffements parasites des corps environnants et de la masse d'air elle-même, etc., etc.

En résumé, ce système, depuis longtemps indiqué et même essayé, n'a pas les défauts de principe que la plupart des ingénieurs lui attribuent ; mais en fait, faute d'avoir été assez étudié et expérimenté, il ne s'est pas jusqu'à présent répandu dans la pratique.

§ 3. — De la distribution du courant d'air dans une mine.

(585) Nous avons indiqué, dans ce qui précède, les causes multiples d'altération de l'air qui rendent nécessaire qu'un courant d'air permanent soit entretenu dans une mine en exploitation ; nous avons recherché ensuite quelles sont les circonstances qui peuvent faire que ce courant s'établisse spontanément et se maintienne sans qu'on ait aucune disposition particulière à prendre ; nous avons vu enfin, quand cette ventilation naturelle ne se fait pas, ou ne se fait que d'une manière insuffisante, quels sont les moyens dont on dispose pour produire artificiellement le courant d'air nécessaire.

Ce courant d'air étant supposé à notre disposition, soit naturellement, soit artificiellement, il nous reste à voir quel usage nous en ferons, ou comment nous le répartirons entre les différentes parties de la mine, pour répondre au but qu'on se propose, qui est d'assurer partout la salubrité des chantiers, et d'éviter les dangers de diverses natures que peut amener l'accumulation des gaz irrespirables ou explosifs qui se dégagent, soit dans l'ensemble des chantiers, soit sur certains points spéciaux.

(**586**) On peut se demander d'abord quelle est, d'une manière générale, la quantité d'air dont il faut pouvoir disposer, pour aérer convenablement une mine donnée, et ensuite par quels moyens on arrivera à reconnaître si cette quantité est en effet obtenue, ou, plus généralement, quelle est la quantité dont on dispose réellement à un moment donné.

La première question ne comporte guère de réponse bien précise ; car les éléments sur lesquels cette réponse devrait être basée sont fort nombreux, et ils échappent, pour la plupart, à une appréciation numérique précise.

On n'a encore rien fait pour trancher la question, quand on a compté les hommes et les animaux qui sont, aux mêmes moments de la journée, dans la mine, et les lampes qui servent à les éclairer. La quantité d'air qui leur est *strictement nécessaire* est *insignifiante* devant celle que déterminent des conditions autres que la simple obligation de ne pas rendre l'atmosphère *immédiatement impropre* à la respiration des hommes ou à la combustion des lampes. Il faut, pour des hommes travaillant toute la journée dans cette atmosphère, que sa composition ne diffère pas sensiblement de celle de l'air normal. Il faut donc faire circuler un grand excès d'air, pour renouveler l'oxygène absorbé, éliminer l'acide carbonique qui l'a remplacé, et en outre pour délayer les gaz de toute nature dans une masse d'air frais venant du dehors, assez importante pour qu'ils ne s'y trouvent qu'en proportion minime, et qu'ils y passent pour ainsi dire inaperçus. C'est ainsi que l'air est insuffisant, si les miasmes ou l'hydrogène sulfuré restent perceptibles à l'odeur, si le grisou commence à marquer aux lampes, si le courant d'air n'est pas assez prononcé pour favoriser par des remous la diffusion rapide des gaz au fur et à mesure qu'ils se dégagent, etc., etc.

En général le courant d'air doit-être assez prononcé pour laisser apercevoir nettement, soit par l'inclinaison que prend la flamme d'une lampe immobile, soit par la différence de sensation que l'on éprouve sur le visage selon le côté où l'on se tourne, le sens suivant lequel il est dirigé. D'un autre côté, le courant ne doit pas non plus être trop vif (au delà de $1^m,50$ par seconde peut-être) soit pour ne pas devenir préjudiciable à la santé des ouvriers qui y pénètrent lorsqu'ils sont mouillés de sueur, soit pour ne pas éventuellement devenir dangereux, au cas où venant à être accidentellement chargé de gaz, il rencontrerait des lampes de sûreté trop directement exposées à son action.

Enfin la quantité d'air que débite le courant doit augmenter avec la quantité de gaz qui se dégage dans la mine, laquelle est en proportion de l'étendue des surfaces fraîches mises journellement à nu dans les chantiers, et par conséquent en relation très-intime avec la production de la mine, etc., etc.

Ces diverses considérations ont chacune leur valeur propre ; elles montrent qu'il doit y avoir tendance à augmenter la quantité d'air avec le nombre des hommes, avec les sections des galeries, et surtout avec la production journalière ; on verra encore que l'air doit augmenter à mesure que la mine est plus chaude, qu'il doit augmenter aussi avec son étendue, parce qu'il y a plus de pertes *en route*, du fait des portes ou des barrages etc., etc.

Mais tout cela ne conduit pas, et *ne peut pas conduire*, à préciser par un chiffre la quantité d'air nécessaire à une mine donnée. On ne peut espérer arriver rationnellement à un tel chiffre, attendu que toutes les circonstances ne sont jamais identiques d'une mine à l'autre, ni même susceptibles d'être, pour chacune de ces mines, l'objet d'une détermination numérique.

Nous dirons seulement, sans attacher à cette moyenne plus de valeur qu'elle n'en mérite, qu'on admet, comme règle purement expérimentale, que le nombre de mètres cubes d'air dont on doit disposer par seconde, peut, dans une mine de houille, varier du $\frac{1}{10}$ au vingtième du nombre de tonnes extraites journellement. Ainsi par exemple, pour un puits qui produirait 300 tonnes par jour, et il y en a beaucoup aujourd'hui qui produisent davantage, il faudrait un volume d'air de 15 à 30 mètres par seconde, c'est-à-dire *au minimum* ce que peut fournir un appareil Fabry de la plus grande dimension usitée.

C'est, nous le répétons, une règle absolument empirique, et d'ailleurs *insuffisante*, puisqu'elle ne tient compte que d'un seul des éléments nombreux de la question.

Indépendamment des considérations ci-dessus relatives à *la quantité* d'air, on doit encore tenir compte de *la dépression*. On voit facilement qu'une forte dépression augmente beaucoup les déperditions à travers les portes d'aérage ou à travers les remblais ; de sorte que pour avoir un volume d'air donné à l'extrémité des travaux, il faut en faire entrer dans la mine un certain excès. On en conclut que pour une mine donnée, la force à dépenser pour la ventilation augmente très-rapidement à mesure que la ventilation y devient plus difficile ; puisque la force est, pour un *volume d'air donné*, proportionnelle à la dépression, et que ce volume *doit augmenter* à mesure que *la dépression est plus forte*.

Cette augmentation du volume d'air, en relation avec l'augmentation de la dépression, n'est nullement négligeable. Il faut comprendre que les pertes d'air qui se font pendant le trajet de l'air, du puits d'entrée au puits de sortie, sont toujours assez fortes, et qu'elles croissent beaucoup avec la dépression.

L'air est en effet un fluide très-subtile qui passe par les moindres fissures : c'est ainsi qu'un appartement, entièrement clos en apparence, est ventilé suffisamment, quelquefois même avec excès, par les simples fissures des portes ou des fenêtres.

Or, une porte de mine ne peut être maintenue en état avec le même soin qu'une porte d'appartement ; d'ailleurs il faut l'ouvrir à chaque instant pour les besoins de la circulation ; un barrage n'est presque jamais parfaitement étanche, ou s'il l'est, les massifs contigus plus ou moins écrasés et fissurés *peuvent ne pas l'être ;* les massifs de remblais laissés en arrière des tailles, et dont le courant d'air fait le tour, le sont encore beaucoup moins, etc., etc.

L'expérience confirme entièrement ces aperçus : c'est ainsi, par exemple, qu'à l'extrémité d'une longue voie de fond qui dessert une série de tailles chassantes, on pourra ne pas trouver plus des deux tiers, ou même plus de la moitié, du volume qu'on observera à l'entrée de cette même voie, et qu'on retrouvera dans le retour d'air.

On doit chercher à atténuer ces pertes autant que l'on peut, en soignant l'établissement des barrages, mettant, partout où il le faut, des doubles ou des triples portes, bourrant soigneusement les remblais, ou ménageant au milieu de l'espace remblayé une zone d'une certaine largeur bourrée avec un soin particulier avec le menu charbon de la sous-cave etc., etc.

(**587**) Quant à constater quelle est la quantité d'air dont on dispose en effet en divers points d'une mine, constatation qui, d'après ce que nous venons de dire, présente souvent une utilité réelle, on y parvient par un véritable jaugeage. Cette opération se fait ordinairement en choisissant des points où la section de la galerie soit assez régulière, au moins sur quelques mètres de longueur, mesurant cette section, cherchant la vitesse moyenne des filets gazeux qui la traversent, et multipliant l'un par l'autre ces deux éléments.

La mesure de la section ne donne lieu à aucune observation.

Celle de la vitesse peut, selon les circonstances, se faire de diverses manières, analogues au fond à celles qu'on emploie pour le jaugeage des cours d'eau.

On peut d'abord, si la galerie est régulière, en mesurer une certaine longueur, et observer le temps que l'air met à se rendre d'une extrémité à l'autre. Pour cela, à un moment donné, l'observateur placé à l'extrémité d'amont met le feu à une petite traînée de poudre, ou projette quelques gouttes d'un liquide odorant et trèsvolatil tel que l'éther, et l'observateur placé à l'aval note l'instant où il commence à voir la fumée ou à sentir l'odeur de la vapeur.

On n'obtient pas ainsi un résultat extrêmement précis, parce que les filets fluides n'ont pas tous la même vitesse, et que la première impression perçue correspond aux filets les plus rapides, et donne ainsi, en quelque sorte, la vitesse maxima plutôt que la vitesse moyenne.

On peut encore employer, comme anémomètre simple, un petit appareil semblable au pendule hydraulique (*Cours de machines*, n° 150), formé d'une boule creuse, légère, faisant avec la verticale un angle variable suivant la vitesse de l'air. Cet appareil est mis entre les mains des agents chargés spécialement de surveiller la ventilation.

Ces agents peuvent encore employer un procédé sommaire qui consiste à parcourir, à plusieurs reprises, une longueur donnée de galeries, en tenant en divers points de la section une lampe de mine ordinaire, et prenant le soin de régler leur vitesse de marche de manière que la flamme reste parfaitement droite.

Ce procédé, qui semble un peu grossier au premier abord, est en réalité plus sensible qu'on ne peut être porté à le croire. En tout cas, employé toujours par le même observateur, il donne des résultats à peu près comparables. Il est parfaitement suffisant lorsqu'il s'agit, moins de constater la quantité absolue d'air que fournit le courant, que d'apprécier le sens dans lequel cette quantité a varié d'un jour à l'autre.

Il peut d'ailleurs être appliqué à tout instant sans préparatifs particuliers, pourvu qu'on soit muni d'une montre à secondes et qu'on ait quelques points de repère le long de la galerie.

C'est donc, en somme, un mode d'opérer d'un caractère essentiellement pratique.

Un quatrième moyen peut consister à barrer la galerie pour obliger l'air à passer par un orifice étroit, à mesurer la dépression qui se produit de l'amont à l'aval du barrage, et à calculer le débit de l'orifice en fonction de cette dépression, à l'aide d'une formule appropriée. (*Cours de mécanique*, n° 344.)

Enfin, un dernier moyen, plus laborieux mais aussi plus précis, consiste dans l'emploi d'un véritable *anémomètre*, au moyen duquel on mesure directement la vitesse, successivement *en divers points* de la section d'une galerie, d'après le nombre de tours que fait en un temps donné une petite roue munie d'ailettes disposées comme les ailes d'un moulin à vent. On prend ensuite la moyenne de ces vitesses.

Ces appareils, proposés d'abord par M. Combes, ont été ultérieurement perfectionnés et rendus plus pratiques par diverses personnes, notamment par MM. Dickinson et Biram. L'appareil de ce dernier est aujourd'hui le plus répandu.

Ces anémomètres doivent être tarés à l'aide d'expériences directes, en les faisant mouvoir avec des vitesses données dans une masse d'air immobile. Chaque appareil en particulier comporte l'emploi d'une formule qui lui est propre, pour déduire la vitesse du courant d'air en un point donné, de la vitesse de rotation des ailettes obtenue par l'observation en ce même point.

(**588**) Ces préliminaires posés, il nous reste, en premier lieu, à décrire les moyens matériels à l'aide desquels le mineur arrive à diriger ou à subdiviser le courant d'air dont il dispose, selon les différentes circonstances spéciales qui peuvent se présenter; et, en second lieu, à exposer les principes généraux qui doivent le guider pour effectuer, à l'aide des moyens matériels décrits, la distribution du courant d'air dans l'ensemble des travaux d'une mine plus ou moins étendue.

Les moyens de répartition à la disposition du mineur doivent le mettre en mesure de résoudre les questions suivantes :

1ʳᵉ Question. — *Forcer un courant d'air à suivre un chemin donné au milieu d'un réseau quelconque de galeries.* — Le moyen général consiste à barrer toutes les voies latérales qui viennent se croiser avec celles qui forment le circuit donné. Ces barrages sont tantôt des galandages minces, formés par des briques posées de champ, avec mortier de chaux et sable, tantôt des murs plus ou moins épais en maçonnerie ordinaire ou même en pierres sèches. Sur les points où il serait dangereux que ces barrages fussent détruits par une explosion de grisou, on aura soin de leur donner une certaine épaisseur. Un simple remblai de 2 ou 3 mètres d'épaisseur a plus de chance de résister qu'un mur mince fait avec la meilleure maçonnerie, et cela à cause de l'*instantanéité* du phénomène de l'explosion. Il se produit alors *un véritable choc*, qui détermine un effort dont l'intensité n'est pas calculable, mais qui est d'autant plus grand et plus instantané que l'obstacle qu'il a devant lui a plus de roideur.

Si cet obstacle est entièrement *rigide*, il sera presque certainement rompu; mais l'inertie d'une masse importante moins incompressible n'aura pas le temps d'être vaincue, et cette masse ne prendra qu'une quantité de mouvement ou qu'une force vive fort petite. Si la communication avec la galerie latérale doit pouvoir s'ouvrir à volonté le barrage fixe sera remplacé par une porte d'aérage. Cette porte sera *simple*, si son ouverture temporaire peut être acceptée sans inconvénient majeur pour l'aérage. Elle sera double ou triple dans le cas contraire; l'intervalle entre deux portes consécutives doit pouvoir loger les plus longs convois de wagons appelés à circuler dans la galerie.

Les portes doivent toujours s'ouvrir dans le sens de la circulation des wagons pleins. Elle doivent se refermer spontanément, ce à quoi on parvient toujours, en donnant à l'axe commun des deux gonds qui forment la charnière de la porte une inclinaison dans le sens convenable. Le contour du battant de la porte et les points correspondants du châssis fixe sur lequel elle vient battre sont garnis d'une lisière de drap, si l'on veut avoir un joint suffisamment étanche. Entre ce châssis de forme ordinairement trapézoïdale et le contour irrégulier de la galerie, on doit remplir exactement tous les vides pour prévenir les fuites.

Les portes principales doivent être gardées par un portier, qui les ouvre ou les ferme à la demande des ouvriers qui ont à circuler dans la galerie.

Celles qui ne doivent servir qu'exceptionnellement, comme, par exemple, celles qui communiquent de la mine à un foyer alimenté par une prise d'air spéciale, et qui servent seulement pour aller surveiller les chauffeurs, sont au contraire tenues fermées à clef, et la clef reste entre les mains du surveillant.

Enfin, sur quelques points très-importants, on établit quelquefois, outre les portes ordinaires, des *portes flottantes* ou *portes de sûreté*, qui sont mobiles autour d'un axe horizontal et logées, sans faire aucune saillie, dans une excavation ménagée au faîte de la galerie.

Si une explosion vient à enlever les portes ordinaires, elle laissera intacte la porte flottante, parce que, comme nous l'avons déjà dit, les courants violents, mais instantanés, que produit une explosion, très-destructeurs dans le sens de leur mouvement, n'exercent point latéralement d'effet très-sensible. Cette porte pourra être refermée après l'explosion, afin de rétablir le courant dès qu'on pourra pénétrer jusqu'à elle. On peut même s'arranger pour qu'elle se ferme *spontanément*, en disposant l'arrêt qui la tient levée, de manière qu'il soit enlevé par l'explosion elle-même.

On arrive, à l'aide de ces portes flottantes, à rétablir, après une explosion, sinon tous les détails, au moins les traits principaux de la distribution primitive du courant d'air. On les a également indiquées comme pouvant servir à former, dans le réseau des galeries, des espèces de refuges isolés dans lesquels, après une explosion, les ouvriers peuvent se retirer, avec quelque chance d'échapper aux effets asphyxiants des gaz délétères et des poussières épaisses qui souillent le courant d'air.

2ᵉ Question. — *Forcer l'air à un avancement qui n'est pas sur le trajet direct du courant d'air.* — Cette question correspond à un cas très-étendu dans la pratique. Elle comprend l'aérage d'un puits en fonçage, celui d'une galerie à travers bancs, et, enfin, l'aérage de tous les chantiers poussés en reconnaissance.

La solution générale consiste à établir, dans l'espèce de cul-de-sac formé par le chantier dont il s'agit, deux voies d'air distinctes, dont l'une sert à conduire jusqu'au front du chantier l'air, ou une partie de l'air du courant principal, et l'autre sert à le ramener à ce même courant.

On établira à cet effet un *carnet*, ou *compartiment d'aérage*, soit à l'aide d'une cloison étanche en planches placée horizontalement ou verticalement, ou d'un galandage, ou d'une voûte en briques, soit, dans les chantiers suffisamment larges, à l'aide d'un massif de remblai établi au milieu, soit encore, si, ayant l'air en excès, on ne tient pas à ce que la cloison soit étanche, à l'aide d'une série de simples toiles fixées au toit dans le sens de la longueur de la galerie et descendant jusque vers la sole.

On pourra encore, si la galerie est étroite, remplacer la cloison par des gaînes en planches, ou *canards*, ou par des tuyaux en tôle de fer ou de zinc, qui s'assemblent bout à bout et sont posés sur le sol ou suspendus très-simplement, à l'aide de deux petits liteaux, à l'angle des cadres de boisage.

On pourra enfin, et c'est là une solution souvent employée, ou même presque habituelle pour les chantiers qu'on pousse en reconnaissance dans le gîte, remplacer un chantier unique par deux chantiers parallèles, laissant entre eux un massif de quelques mètres qu'on recoupe de temps en temps par des traverses successives, dont chacune sert à porter l'air plus près de l'avancement, après qu'on a barré ou remblayé la traverse précédente.

Tous ces moyens, indiqués sur les figures 469 à 472, pour lesquelles nous renvoyons à la légende des planches, sont d'un usage tout à fait courant dans les mines. On peut toujours les appliquer de manière à amener le courant d'air aussi près qu'on le désire d'un point donné. On se règle, d'ailleurs, pour le choix à faire entre eux, d'après la gravité des difficultés ou des dangers que peut offrir un chantier donné.

Si un compartiment d'aérage est trop étroit eu égard à sa longueur, et que l'air n'y circule pas spontanément en quantité suffisante, on y en envoie un supplément à l'aide de petits ventilateurs portatifs mus à bras, qui sont généralement des appareils à force centrifuge agissant comme les ventilateurs des cubilots.

Dans les galeries ainsi divisées en deux pour obtenir un retour d'air, le point d'entrée de l'air et le point de retour au courant principal doivent être séparés par un certain intervalle, dans lequel on établit un obstacle qui intercepte complétement ou partiellement le passage direct de l'air et l'oblige à faire le détour qu'on lui a préparé.

Cet obstacle est, selon les cas, tantôt une porte double ou simple, ou un barrage fixe, tantôt un simple rideau formé d'un toile tendue en travers de la galerie.

3ᵉ QUESTION. — *Faire circuler dans la même galerie, dans le même sens ou en sens contraire, deux ou plusieurs courants d'air qui ne doivent pas se mêler.* — La solution de cette question, dont la question précédente ne forme au fond qu'un cas particulier, se résout en subdivisant simplement la galerie en autant de compartiments qu'on veut maintenir de courants distincts.

4ᵉ QUESTION. — *Faire croiser deux courants qui ne doivent pas se mêler.* — Le moyen général consiste à surélever le faîte de l'une des galeries, sur une certaine distance en avant et en arrière du croisement et au croisement même, puis à rétablir ce faîte à sa hauteur primitive, soit par une voûte en maçonnerie, soit par un plancher horizontal d'une certaine longueur, et enfin à faire passer le courant d'air par le vide existant au-dessus de cette voûte ou de ce plancher.

L'isolement de ce courant est complété en établissant dans cette même galerie, en dessous de la partie surélevée, soit des barrages fixes, soit des portes simples ou doubles, selon que la circulation peut y être interdite ou doit y être réservée. Les figures 475 A et 475 B représentent ces dispositions.

5° QUESTION. — *Réserver un passage d'air au milieu des vieux travaux*. — Il peut être opportun, pour divers motifs, souvent, par exemple, pour réduire la longueur d'un circuit, de ménager un passage pour l'air au milieu des vieux travaux.

Si l'on pratique une *méthode d'exploitation par éboulement*, le passage aura la forme d'une galerie très-basse, à section trapézoïdale ou à section triangulaire, que l'on boisera fortement.

On l'entourera, sur les côtés et au-dessus, par une certaine épaisseur de remblai formée avec des matériaux pris dans les éboulements voisins. Ultérieurement, lorsque la chute du toit se fera en grand, les remblais amortiront la chute des fragments même les plus gros, et la galerie pourra subsister plus ou moins ouverte, au moins pendant un certain temps.

Si l'on pratique au contraire *une méthode d'exploitation par remblais*, le passage d'air pourra être une galerie réservée au milieu de ces remblais. Si le passage à réserver à travers les remblais est peu important, on l'établira simplement avec une ligne de canards ou de tuyaux, autour de laquelle on disposera une certaine épaisseur de remblais pilonnés avec soin, qui empêcheront la pression de se propager jusqu'à elle, lorsque la masse des remblais prendra la charge du toit.

6° QUESTION. — *Forcer un courant d'air à se répartir entre deux galeries dans un rapport donné*. — Lorsqu'un courant d'air se présente à un point de bifurcation, origine de deux trajets différents qu'il pourrait suivre pour se rendre au puits de retour d'air, il arrive ordinairement que ces deux trajets ne sont pas identiques : qu'ils diffèrent ou par la longueur, ou par la section des galeries, ou encore par la température que le courant d'air y prend, etc., etc.

Il en résulte que l'un des chemins offre au passage de l'air une moindre résistance que l'autre. L'air s'y porte de préférence, en abandonnant plus ou moins complétement le circuit le plus résistant, qui est souvent, au contraire, celui qui aurait besoin de recevoir la plus grande masse d'air.

Quand la différence des résistances est très-considérable, il en est de même de la proportion dans laquelle se répartissent les deux courants.

Il arrivera, par exemple, que si l'on vient à ouvrir une communication directe du puits d'entrée au puits de sortie, la presque totalité de l'air y passera, tandis que les chantiers éloignés ne seront pour ainsi dire plus aérés que par diffusion.

Cet effet peut se produire même avec une porte fermée qui n'est pas suffisamment étanche ; car la résistance qui se produit au passage de la porte, c'est-à-dire *en un point unique*, peut bien ne pas être équivalente à celle qui est développée sur tous les points d'un long circuit du courant d'air.

On voit, par ce qui précède, qu'il importe, en un point de bifurcation, d'être le maître de répartir selon le besoin la masse d'air entre les deux circuits. On y parvient en laissant entièrement ouvert le circuit le plus difficile, et en bouchant l'autre par une porte munie d'un guichet dont on varie l'ouverture à volonté.

Il arrive parfois qu'une porte ordinaire suffit, soit à cause de son étanchéité toujours assez imparfaite, soit à cause des masses d'air qui affluent au moment où elle s'ouvre pour les besoins de la circulation.

(**589**) Les six questions ci-dessus traitées résolvent complétement la partie matérielle du problème de la distribution du courant d'air. Il est facile de voir en effet, en y réfléchissant, qu'avec les moyens indiqués, on peut, après avoir tracé arbitrairement, sur un plan de mine, un circuit quelconque, simple ou multiple, allant de l'orifice d'entrée à l'orifice de sortie, réaliser matériellement la circulation du courant d'air suivant ce circuit.

Le problème est donc ainsi résolu dans toute la généralité théorique. Mais il est bien clair qu'en réalité ce circuit n'est nullement arbitraire, qu'il a au contraire à satisfaire à de nombreuses convenances et même à des conditions plus ou moins nécessaires.

Ce sont ces conditions, ou ces convenances, qu'il nous reste à exposer. Nous avons, en un mot, après avoir décrit *les moyens* d'opérer matériellement la distribution, à indiquer *les principes* auxquels cette distribution doit satisfaire.

Ces principes peuvent être résumés de la manière suivante :

(590) Le premier doit être de chercher à faciliter la circulation de l'air par l'emploi de galeries à aussi grande section que le comportent et le gîte exploité et la méthode d'exploitation employée.

Il est facile de se rendre compte de l'importance extrême de ce principe. Si l'on considère, en effet (conformément à ce qui a été dit dans le *Cours de machines* n° 550), un fluide gazeux en mouvement dans une conduite, fluide que l'on suppose à température constante et dont on néglige les petites variations de densité dues à la différence des pressions d'un point à un autre de la conduite (ce qui revient, au fond, à l'assimiler à un fluide incompressible), on sait que la hauteur perdue en frottements le long de la conduite a pour expression

$$\beta \frac{\chi}{\omega} L V^2. \tag{1}$$

On rappelle que dans cette formule on désigne par β un coefficient numérique qui dépend de l'état des parois de la conduite et est d'autant plus grand qu'elles sont moins lisses, par χ le périmètre, ω la section et L la longueur de cette conduite, et par V la vitesse moyenne des filets fluides.

D'autre part, si l'on désigne par Q la dépense, on a $Q = \omega V$, et par suite

$$h = \beta \frac{\chi}{\omega} L \frac{Q^2}{\omega^2} = \beta \chi L \frac{Q^2}{\omega^3}. \tag{2}$$

Si l'on suppose deux galeries ayant des sections inégales, mais semblables, et que l'on désigne par d une dimension donnée de cette conduite, l'expression prend la forme

$$h = M L \frac{Q^2}{d^5}. \tag{3}$$

M étant un coefficient numérique,

Le travail nécessaire pour faire mouvoir le volume Q sous cette dépression h peut être considéré comme égal à Qh (n° 585); on a donc

$$T_m = Qh = ML\frac{Q^3}{d^5}. \tag{4}$$

On voit que pour une valeur donnée de Q, la dépression manométrique et le travail correspondant diminuent avec une extrême rapidité à mesure que d augmente.

Ainsi que l'on double simplement la section, ce qui revient à remplacer d par $d\sqrt{2}$, ces quantités se réduisent dans le rapport de 1 à $(\sqrt{2})^5 = 4\sqrt{2}$, ou à peu près dans le rapport de 1 à 5,6. Là où il aurait fallu peut-être la forte dépression de 14 ou 15 centimètres d'eau que peuvent seuls produire les appareils Fabry ou Lemielle, il pourra suffire de l'effet d'un ventilateur, ou même d'un simple foyer.

Si l'on veut avoir avec la galerie étroite *la même dépression* qu'avec la galerie à grande section, il faut poser :

$$\frac{Q^2}{d^5} = \text{const.}$$

On voit que la quantité Q croît comme $d^{\frac{5}{2}} = d^2\sqrt{d}$, c'est-à-dire *plus rapidement que la section*; de sorte que la vitesse du courant augmente elle-même dans le rapport de 1 à $\sqrt{d}$. Ainsi, par exemple, une section double, qui suppose $d^2 = 2$, donnera, sous la même dépression, un volume plus grand dans le rapport de 1 à $d^2\sqrt{d}$ ou de 1 à 2,4, circulant avec une vitesse plus grande dans le rapport de 1 à $\sqrt{d}$ ou de 1 à 1,2. Tel sera le résultat obtenu si la dépression manométrique a une valeur déterminée et constante due à des causes naturelles, comme serait la différence de hauteur ou de température de deux colonnes d'air.

Si l'on a une ventilation par machine et qu'on veuille avoir *une dépense constante de travail*, il faut poser

$$\frac{Q^3}{d^5} = \frac{Q^3}{d^6} \times d = \text{const.}$$

Dans ce cas, le volume Q augmente bien encore en passant de la galerie étroite à la galerie large, mais moins rapidement que la section ; car il est proportionnel à $\dfrac{d^2}{\sqrt[3]{d}}$. Une section double donnera un volume plus grand dans le rapport de 1 à 1,80 environ, et une vitesse réduite dans le rapport de 1 à 0,90.

Tels sont les résultats déjà très-importants, que donnera l'augmentation de section des galeries *du simple au double*. On voit ce que l'on obtiendrait, si l'on passait d'une galerie de mine ordinaire, ayant par exemple 5^m5 de section, aux galeries à très-grande section qu'on a dans l'exploitation de certaines couches de houille puissantes, ou de certaines carrières, galeries qui deviennent parfois comparables aux tunnels à grande section des canaux ou des chemins de fer.

La ventilation est alors *des plus faciles*, et l'on peut, avec des *dépressions manométriques minimes*, produire les ventilations les plus énergiques. La moindre cause naturelle suffit pour déterminer ces dépressions, et c'est ainsi que, pour des mines où tous les ouvrages sont *à grande section* et qui communiquent au jour *par plusieurs orifices*, la ventilation naturelle peut le plus souvent être suffisante.

Il n'y a pas toujours possibilité, ni même opportunité, de donner ces grandes sections aux galeries ; mais ce qu'il faut faire, *au point de vue de l'aérage*, c'est de leur donner et de leur maintenir *la plus grande section* compatible avec les autres points de vue, notamment avec celui des frais de premier établissement et d'entretien des galeries, frais qui augmentent rapidement en même temps que leur section, surtout dans les terrains qui ne sont pas solides ; ce qu'il faut faire encore, c'est de donner à cette section une forme bien régulière, et d'éviter toutes les circonstances propres à amener des remous dont l'effet nuisible s'ajoute à celui des frottements ; c'est enfin de veiller, ce qu'on ne fait pas toujours avec assez de soin, à ce que les galeries qui ne servent pas au roulage, mais seulement au retour d'air, soient convenablement entretenues et *conservent leurs dimensions*.

Il n'y a en effet aucune raison qui justifie les petites dimensions qu'on donne aux retours d'air, ou auxquelles on les laisse arriver par défaut d'entretien. On pourrait dire, au contraire, qu'ils devraient plutôt avoir *un excès de dimension*, pour compenser l'accroissement de volume que prend l'air dans son parcours, en s'échauffant et en se chargeant de gaz.

(**591**) Une fois qu'on a donné aux galeries *toute la section* qui est jugée opportune, eu égard à toutes les circonstances de l'exploitation, on peut encore augmenter la section du courant d'air par un artifice souvent employé, qui consiste à le faire circuler, non pas dans une galerie unique, mais dans un ensemble de deux ou de trois galeries parallèles ; de sorte que si l'on a, par exemple, à aérer un système de galeries en direction reliées par des voies montantes, on enverra l'air au front des tailles par *l'ensemble des deux galeries inférieures*, et l'on prendra pour retour d'air *l'ensemble des deux galeries supérieures*, au lieu de se borner à établir le courant dans les deux galeries extrêmes et à aérer par simple diffusion les galeries intermédiaires.

Cette disposition a un avantage évident, bien qu'il soit moindre que si l'on n'avait que deux galeries à section deux fois plus grande.

Cette différence entre les deux cas tient à ce que dans la formule (2) du numéro précédent $\left(h = \beta \dfrac{\chi}{\omega} L \dfrac{Q^2}{\omega^2} \right)$, la quantité $\dfrac{\chi}{\omega}$ est une constante, puisqu'avec deux galeries égales le périmètre χ double en même temps que la section ; la formule (2) prend simplement la forme

$$h = M \frac{LQ^2}{\omega^2}. \tag{2'}$$

et, par suite, la formule (4) devient

$$T_m = hQ = M \frac{LQ^3}{\omega^2} \tag{4'}$$

Dans ce cas, *une dépression constante* donne à l'air une même vitesse. Elle double par conséquent le volume en même temps que la section est doublée, si l'on emploie un ensemble de deux galeries parallèles. *Une force motrice constante* augmente le volume, moins rapidement que la section et réduit par conséquent la vitesse.

On reconnaît facilement qu'avec deux galeries égales le volume croît dans le rapport de 1 à $\sqrt[3]{2}$ ou de 1 à 1,26 et la vitesse décroit dans le rapport de 1 à $\frac{\sqrt[3]{2}}{2}$ ou de 1 à 0,63.

Il doit être entendu que ces résultats numériques, comme ceux du numéro précédent, sont *des limites théoriques*, dont on se rapproche d'autant plus que la partie que l'on considère dans le courant prend plus d'importance, relativement *au courant total*, y compris les puits d'entrée et de sortie de l'air.

(**592**) Un second principe, également fort important, est celui de la subdivision d'air du courant d'air en plusieurs courants partiels entièrement distincts.

Ce principe a plusieurs avantages secondaires évidents.

Il permet notamment d'isoler du reste des travaux un quartier qui peut être particulièrement dangereux à cause du gaz, et d'envoyer directement au puits de sortie le courant partiel qui l'a aéré.

Il évite de faire passer sur les derniers chantiers de l'air chargé de gaz à la suite d'un trop long circuit déjà effectué dans la mine.

Mais c'est surtout au point de vue de l'amélioration des conditions générales de l'aérage, que nous avons à le considérer dans cette discussion.

Reprenons à cet effet les formules du n° 590.

$$h = \beta \frac{\chi}{\omega} LV^2 = \beta \frac{\chi}{\omega} L \frac{Q^2}{\omega^2},$$

$$T_m = hQ = \beta \frac{\chi}{\omega} LV^2 Q = \beta \frac{\chi}{\omega} L \frac{Q^3}{\omega^2}.$$

Imaginons, en premier lieu, qu'on ait un courant unique, parcourant *successivement* tous les quartiers de la mine, et, en second lieu, que ce courant unique soit subdivisé en m courants partiels égaux. parcourant *simultanément* autant de quartiers que nous supposerons aussi parfaitement égaux.

La valeur nouvelle de la dépression h s'obtiendra évidemment en conservant à $\frac{\chi}{\omega}$ et à ω leurs valeurs, et en remplaçant L par $\frac{L}{m}$ et Q^2 par $\frac{Q^2}{m^2}$.

On aura donc pour la nouvelle dépression,

$$h' = \frac{1}{m^3} \cdot 3 \frac{\chi}{\omega} \frac{LQ^2}{\omega^2} = \frac{1}{m^3} h.$$

La valeur de T*m* deviendra de même, en remarquant que Q conserve alors sa valeur

$$T'_m = h'Q = \frac{1}{m^3} \cdot 3 \frac{\chi}{\omega} L \frac{Q^3}{\omega^2}.$$

Ainsi une simple subdivision en deux courants, subdivision qui se fait en quelque sorte d'elle-même en certains cas, par exemple lorsqu'un travers-bancs vient à recouper une couche et que l'on ouvre une série de tailles à droite et à gauche, suffit pour réduire au 8° la dépression et la force motrice nécessaires pour faire circuler *la même masse d'air totale*.

Si l'on exploite en même temps deux couches, et que l'on répartisse d'abord le courant entre les deux couches, puis qu'on le subdivise en deux dans chaque couche, ce qui revient à faire $m = 4$, c'est au 64°, et non plus au 8°, que se réduisent la dépression et la force motrice.

Cela revient à dire que la dépression devient *insensible*, si elle n'avait d'abord que la valeur ordinaire de quelques centimètres, ou bien, sous une autre forme, que si elle a encore, après cette subdivision, une valeur sensible, l'aérage aurait été *pratiquement impossible*, à cause de l'excessive dépression à employer, si l'on avait essayé d'aérer la mine sans diviser le courant.

On peut remarquer que lorsqu'on arrive ainsi, par la subdivision d'une masse d'air donnée, à des dépressions manométriques extrêmement faibles, l'influence des causes qui pourraient produire la ventilation naturelle, cesse d'être négligeable. Si ces causes sont équivalentes à une certaine dépression, elle devra se retrancher de la dépression calculée ci-dessus, ou au contraire s'y ajouter, selon que les causes en jeu agiront dans le sens du courant ou en sens opposé.

Supposons le premier cas, et admettons que les causes dont il s'agit suffisent, quand le courant est divisé, pour produire la $n^{\text{ème}}$ partie de la dépression alors nécessaire.

La dépression qu'il suffira de produire artificiellement aura pour mesure $h_1 = h' \left(1 - \dfrac{1}{n} \right)$.

Avant la division du courant, la dépression *totale* nécessaire était, d'après ce qui a été dit ci-dessus, $h = m^5 h'$ et la dépression à produire artificiellement

$$m^5 h' - \frac{1}{n} h' = h' \left(m^5 - \frac{1}{n} \right).$$

Le rapport de ces deux dépressions artificielles est donc celui des quantités $1 - \dfrac{1}{n}$ et $m^5 - \dfrac{1}{n}$, c'est-à-dire $\dfrac{n-1}{m^5 n - 1}$.

Si l'on admet, comme tout à l'heure, $m = 4$ et si l'on suppose, ce qui n'a rien d'excessif quand on raisonne sur des dépressions très-faibles, $\dfrac{1}{n} = \dfrac{1}{2}$, la quantité $\dfrac{n-1}{m^2 n - 1}$ devient égale à $\dfrac{1}{127}$.

Ainsi ce n'est plus alors à $\dfrac{1}{64}$, mais bien à $\dfrac{1}{127}$ seulement que se réduit la dépression qu'il faut produire artificiellement.

Ce rapide décroissement explique parfaitement ce fait, déjà signalé, qu'une mine même assez étendue, qui communique avec le jour *par un certain nombre d'orifices distincts*, se trouve parfois suffisamment ventilée sans qu'on ait à se préoccuper d'un moyen de ventilation artificiel, et souvent même sans qu'on ait à prendre d'autre disposition à l'intérieur que de placer quelques portes d'aérage pour empêcher la communication trop directe d'un orifice à l'orifice voisin. Cette multiplicité d'orifices, placés dans des conditions naturelles telles que l'air tend à entrer par les uns et à sortir par les autres, favorise la division spontanée des travaux en un certain nombre de quartiers qui reçoivent des courants d'air plus ou moins distincts, et l'ensemble se trouve aéré suffisamment, sans qu'il soit nécessaire de déterminer en aucun point une dépression manométrique spéciale.

(**593**) Les effets ci-dessus indiqués de la subdivision du courant ont été établis dans la supposition qu'il s'agissait d'une quantité totale d'air constante. Mais ce n'est pas toujours à ce résultat qu'il faut s'attacher ; car il pourrait ainsi arriver, avec une subdivision poussée trop loin, que chaque courant partiel devînt pratiquement insuffisant, et que l'air fût pour ainsi dire stagnant devant les tailles; il convient au contraire, ainsi qu'on l'a déjà fait remarquer, d'avoir partout *un courant d'air sensible*, soit dans l'intérêt de la salubrité générale de la mine, soit pour favoriser la dilution et l'entrainement des gaz au fur et à mesure qu'ils se dégagent.

On peut se donner, comme on l'a déjà fait plus haut en parlant de la section du courant d'air, la condition de conserver, après sa subdivision, soit *la même dépression*, soit *la même force motrice* qu'avec le courant unique.

Dans le premier cas, il faut, en se reportant aux notations du numéro précédent, poser $h' = h$ ce qui exige que la quantité $\dfrac{Q^2}{m^5}$ reste constante.

La quantité $\dfrac{Q}{m}$, c'est-à-dire l'air circulant dans chaque courant partiel, augmente donc proportionnellement à $\sqrt{m}$, et la quantité totale Q proportionnellement à $m^{\frac{3}{2}}$. Ainsi là où un courant unique donnait d'abord un certain volume d'air, une division en 4 courants partiels donnera un volume total 8 fois plus grand, et par conséquent à chaque courant partiel un volume double de ce même volume primitif. Ainsi, chose remarquable, chacun des courants partiels *est plus actif* que ne le serait le courant total.

Dans le cas où l'on veut avoir, non la même dépression, mais *la même force à dépenser*, c'est la quantité T_m et par conséquent la quantité $\dfrac{Q^3}{m^6}$ qui doit rester constante, c'est-à-dire que chaque sub-division du courant reçoit *la même quantité* d'air qu'on obtiendrait avec un courant unique.

Ces derniers résultats, faciles à énoncer et à retenir, sont bien propres à fixer l'esprit sur les avantages évidents de la subdivision du courant. Ce sont d'ailleurs des résultats *théoriques*, qui subsistent avec les restrictions indiquées à la fin du n° 591.

(594) Le troisième principe est de diriger le courant d'air dans un sens propre à favoriser l'entraînement des gaz étrangers. On obtient ce résultat en dirigeant le courant dans le sens du mouvement que ces gaz tendent à prendre au milieu de l'air ambiant, à l'instant où ils se dégagent.

Comme d'ailleurs parmi ces gaz, le grisou est le plus essentiel à considérer, à cause des désastres que peut produire son accumulation, et que ce gaz, plus léger que l'air, tend à monter, l'application du principe aux mines à grisou donne lieu à la règle *du courant ascensionnel*, aux termes de laquelle le courant d'air doit parcourir les chantiers à aérer *de bas en haut*, et jamais en sens contraire. L'air doit arriver au bas du champ d'exploitation, et parcourir les tailles en montant ; le retour d'air doit être placé à la partie supérieure du champ d'exploitation. Ainsi quand on exploite successivement dans l'ordre descendant les divers étages d'un champ d'exploitation donné, chaque travers-bancs sert *d'abord* à amener l'air au champ d'exploitation situé en amont, et *ensuite* il est employé comme retour d'air, pour le champ d'exploitation qui est pris ultérieurement en aval.

Telle doit être la règle, à laquelle on attache assez d'importance pour qu'en Belgique elle soit considérée comme strictement obligatoire pour les exploitants. Elle a en effet une importance réelle, et lorsqu'en même temps qu'elle est appliquée, on a soin de tenir les remblais assez rapprochés des fronts de taille, pour que le courant d'air longeant une taille ait une vitesse sensible, on arrive à balayer très-bien, à l'aide des remous que produit cette vitesse, les nids de grisou qui tendraient à se former dans les angles rentrants que produit la disposition en gradins usitée en Belgique.

Nous n'avons pas en France, au sujet du courant ascensionnel, la même prescription impérative qu'en Belgique. Les règlements prévoient même qu'on pourra y déroger dans certaines circonstances particulières, mais seulement après un examen sérieux de la question.

Je pense qu'en effet ces dérogations peuvent être, dans certains cas, parfaitement rationnelles.

S'il est bon d'avoir l'aérage ascensionnel le long des tailles où le grisou se dégage, on sait que le mélange du grisou avec l'air, une fois effectué, ne se liquate jamais. Il semble donc qu'après qu'un courant d'air a parcouru un ensemble de chantiers où il s'est chargé de gaz, on puisse parfaitement prendre ce courant devenu homogène, et lui faire parcourir une galerie *descendante* où le grisou ne se dégage pas, s'il y a opportunité de le faire pour la facilité de la distribution de l'ensemble des courants.

Par extension de la règle du *courant ascensionnel*, on devra avoir soin d'éviter, autant que possible, la création et la conservation de toutes excavations constituant des culs-de-sac, dans lesquels pourraient se former ou s'arrêter des mélanges détonants qu'un courant d'air suffisant ne balayerait pas.

C'est ainsi que dans un quartier où le grisou se dégage, une communication entre deux voies de niveau doit se pousser en descendant plutôt qu'en montant. Si quelque circonstance, telle que l'abondance des eaux, ne le permet pas, il faut tout au moins que le chantier soit poussé avec un retour d'air tenu à une très-petite distance en arrière. C'est ainsi que des tailles *montantes* sont poussées plus difficilement dans une couche à grisou que des tailles *chassantes*, ou surtout que des tailles *descendantes*. C'est encore ainsi qu'un barrage à établir dans un montage reliant deux voies de niveau, afin d'empêcher le passage de l'air et de le pousser vers les avancements de ces voies de niveau, devra l'être *au bas* du montage plutôt qu'à *son sommet*.

(**595**) Le quatrième principe est d'établir les choses de manière à avoir, pour l'entrée et pour la sortie de l'air, deux voies entièrement distinctes, et plus généralement de s'arranger pour que cet isolement du courant entrant et du courant sortant ait lieu en un point quelconque du circuit.

Nous avons déjà insisté (au n° 249) sur cette nécessité d'avoir une entrée et une sortie entièrement distinctes. Cette nécessité nous paraît *absolue* dans toutes les mines à grisou. Nous avons cité, à cette occasion, l'exemple de l'Angleterre, en précisant les conditions d'isolement établies par la loi. Nous pouvons citer également celui de l'Etat de Pensylvanie, dans lequel on sait que l'exploitation du combustible minéral a atteint un énorme développement. Une loi récente y ordonne que toute mine dans laquelle travaillent à la fois plus de 20 hommes, ait au moins deux orifices séparés par un intervalle de 150 pieds (46 mètres environ) de rocher solide.

Ces deux exemples me confirment entièrement dans cette opinion qu'une mine de houille de quelque importance ne peut être regardée comme étant *dans un état définitif acceptable*, tant que l'entrée et la sortie se font par un seul ouvrage, puits ou galerie, divisé en deux compartiments par une simple cloison.

Cette division est bien, il est vrai, le seul moyen d'aérage, pendant la période des travaux où l'on n'a encore qu'une seule communication avec le jour. Il faut donc bien l'admettre à titre provisoire ; mais même établies à ce titre, les cloisons qui isolent les compartiments doivent être construites et entretenues avec soin, pour parer aux pertes d'air, qui peuvent être considérables à cause de la multiplicité des joints, dès qu'une dépression manométrique un peu forte devient nécessaire.

Cette situation ne peut, disons-nous, être considérée que comme provisoire, et appelée à disparaître dès qu'on a communiqué avec un autre ouvrage en relation lui-même avec le jour.

Une fois cette communication établie, on doit procéder sans délai à l'installation du moyen définitif d'aérage que l'on compte employer, et c'est seulement du jour où il fonctionne que la situation peut être regardée comme régularisée.

En attendant qu'elle le soit, on a recours à des moyens provisoires qui sont d'ailleurs suffisants en général, parce qu'il n'y a encore qu'un faible développement de travaux à aérer.

Ainsi, par exemple, s'il s'agit d'un puits en enfonçage, la théorie de la ventilation (nᵒˢ 562 et suivants) montre *à priori*, et l'expérience vient confirmer que ce puits, s'il est à section un peu grande, se trouvera être convenablement ventilé, même sans cloison, pendant l'hiver, tandis qu'en été l'existence de la cloison pourra bien ne pas suffire, et qu'on devra y ajouter un moyen artificiel pour produire et maintenir le courant d'air. Il faudra par exemple, au moins en été, prolonger la cloison ou la gaine d'aérage au-dessus de l'orifice du puits, afin de créer un certaine différence de niveau entre le point d'entrée et le point de sortie. On pourrra encore surmonter ces orifices de deux *manches* en toile, l'une ouverte *au vent*, l'autre ouverte *sous le vent*, comme on le fait pour la ventilation de la cale des navires. On pourra enfin prolonger la gaine d'aérage, pour la faire déboucher soit dans la cheminée, soit sous la grille des chaudières de la machine à vapeur ou d'un foyer spécial, etc., etc.

(**596**) Ce que nous disons de l'isolement des deux courants d'air à l'entrée et à la sortie, on doit le dire, quoique d'une manière moins absolue et moins générale, de deux courants circulant en un point quelconque des travaux dans une même galerie divisée en compartiments.

Une telle cloison peut être détruite par une explosion dans une galerie quelconque, aussi bien que la cloison du puits, et l'aérage se trouver anéanti, sinon dans toute la mine, au moins dans une partie des travaux. Ces cloisons doivent donc disparaître, comme moyen définitif de distribution, sur tous les points où leur destruction accidentelle anéantirait l'aérage dans un quartier d'une certaine étendue.

En principe, il n'y a jamais impossibilité matérielle à cette suppression, puisqu'on peut toujours, comme nous l'avons vu, remplacer une galerie unique par un ensemble de deux galeries conjuguées, réunies par une série de traverses. En fermant successivement ces traverses, au fur et à mesure de l'avancement de l'ouvrage, et en ayant soin de le faire à l'aide de massifs de remblai de quelque épaisseur, on sait qu'aucune explosion, quelle que soit son intensité, ne pourra détruire l'isolement de ces deux galeries.

(**597**) Les numéros qui précèdent renferment tout ce qui peut être dit d'une manière générale sur la ventilation des mines. A part les dispositions de détail que pourront motiver quelques circonstances particulières, on se représentera comme suit la disposition générale de la ventilation :

Un champ d'exploitation se prend habituellement par une série d'étages exploités dans l'ordre descendant (n°⁵ 259 et suivants). On a un puits pour l'entrée et un puits pour la sortie de l'air.

Un bouveau recoupant les couches est établi successivement au bas de chaque étage.

En général, pendant qu'un étage est déjà en exploitation sur certains points, on achève de le préparer sur d'autres, en prolongeant le bouveau dans les deux sens à la rencontre des autres couches, et l'on s'occupe en même temps de commencer la préparation de l'étage inférieur.

Les choses étant supposées en cet état, la masse d'air descendue par le puits d'extraction se partage principalement entre les deux bouveaux qui aboutissent à l'accrochage de l'étage en exploitation. Le reste descend jusqu'au fond du puits, pour aérer le bouveau en percement, à l'aide d'une cloison ou à l'aide de canards, et se rend de là au puits de sortie, s'il est déjà creusé à ce niveau. Sinon cet air est remonté par un compartiment provisoire établi dans le puits d'extraction au-dessous de l'accrochage, et comme il est généralement assez pur, on peut le mêler au courant de l'un des deux bouveaux. Chacun de ces derniers courants fournit, à la rencontre de chaque couche, deux branches distintes, qui vont aérer séparément le quartier de droite et le quartier de gauche, en montant le long des tailles, reviennent par les retours d'air au droit du puits et vont percer au bouveau supérieur, lequel sert ainsi de retour d'air général, et a été mis, à cet effet, en communication directe avec le puits de sortie.

L'avancement des bouveaux de roulage, au delà de la dernière couche recoupée, se poursuit au moyen d'une cloison d'aérage servant de retour d'air à une branche du courant qu'on a poussée jusqu'à l'avancement.

Telle est la disposition générale et en quelque sorte *classique* de la ventilation d'une mine. Il n'y a qu'à ajouter un dernier détail, pour le cas où les couches étant peu inclinées, un étage d'une hauteur donnée correspond à une grande longueur suivant l'inclinaison ; c'est qu'il peut y avoir convenance, au point de vue de l'aérage, comme à celui de l'application des méthodes d'exploitation, à décomposer l'amont-pendage d'une telle couche en plusieurs compartiments distincts que l'on exploitera séparément, et qui donneront lieu à une nouvelle subdivision des deux courants partiels qu'a reçus la couche au point où elle est recoupée par le bouveau.

(598) Nous ajouterons enfin qu'une fois l'aérage bien organisé, le rôle de l'ingénieur de la mine n'est nullement terminé, parce qu'il est *tout à fait essentiel* qu'il intervienne *de sa personne* dans la surveillance du système établi.

Il doit fréquemment, dans ses tournées, visiter les retours d'air, trop souvent négligés, comme nous l'avons dit plus haut. Il doit être consulté pour tous les changements importants à faire au régime de l'aérage, donner des instructions pour faire vérifier sommairement, par l'un des moyens simples indiqués plus haut, l'importance du courant d'air en divers points des travaux; être attentif aux grandes variations du baromètre; pouvoir s'assurer, par un appareil manométrique facile pour lui à consulter, si l'appareil de ventilation marche avec la dépression normale, et, dans le cas contraire, chercher immédiatement la cause perturbatrice; il doit tenir la main à ce que chaque matin, et surtout après le chômage du dimanche, la totalité des chantiers et le circuit entier de l'air aient été visités avant la descente du poste, et tous les chantiers suspects ou dangereux désignés par un signal de défense empêchant l'accès des ouvriers; il doit, en principe, prohiber généralement l'emploi des lampes à feu nu dans les mines à grisou, sauf tout au plus sur quelques points très-spécialement indiqués, et prohiber également l'emploi des coups de mines dans les chantiers où le gaz vient à marquer.

Il doit enfin veiller à ce que, en cas d'une suspension accidentelle de la ventilation, la première mesure prise d'urgence soit de prévenir tous les ouvriers de se rapprocher du puits d'entrée de l'air, et de tout préparer pour les remonter au premier signal, etc., etc.

On pourrait encore étendre et multiplier ces indications; mais il faut se borner, et il suffit d'ajouter ici, d'une manière générale, qu'on ne saurait trop multiplier les précautions et les mesures préventives en pareille matière, et qu'en définitive, la question de la ventilation est, dans une mine à grisou, une de celles qui doivent préoccuper le plus sérieusement tout le service technique; car c'est là qu'une faute commise, ou même une simple négligence, peut avoir les conséquences les plus funestes et engager les plus graves responsabilités.

§ 4. — De l'éclairage des mines.

(**599**) L'éclairage des ouvriers qui travaillent à l'intérieur des mines se rattache par un lien assez naturel au service de la ventilation. On pourrait penser qu'il occasionne par journée d'ouvrier une dépense déterminée, obligatoire, dont il y a simplement à faire connaître le chiffre, sans qu'on ait d'autre indication utile à donner sur ce sujet.

On peut répondre que, bien que le plus souvent elle n'apparaisse pas explicitement dans le prix de revient, que souvent même elle soit, en quelque sorte latente, étant au compte de l'ouvrier et comprise dans le prix de sa journée, cette dépense d'éclairage n'en est pas moins pour la mine, directement ou indirectement, une charge réelle et de quelque importance; il est rare, en effet, qu'elle soit au-dessous de $0^r,15$ à $0^r,18$ par journée, et elle va souvent à $0^r,20$, $0^r,25$ et au delà, c'est-à-dire qu'on n'exagère rien en disant qu'elle représente le plus ordinairement 5 p. 100, et au delà, du prix total de la main-d'œuvre intérieure. Il n'est donc pas sans quelque intérêt de la contrôler, et d'éviter les abus et les gaspillages qui peuvent très-facilement s'introduire dans cette partie du service.

La meilleure garantie que l'on puisse prendre à cet égard, c'est de faire en sorte, toutes les fois que les usages locaux le permettent, que chaque ouvrier ait sa lampe et qu'il se fournisse d'huile lui-même.

Si la lampe est fournie par le magasin de la mine, elle doit, tout au moins, porter un numéro d'ordre qui la fasse reconnaître, et l'ouvrier qui la détient doit être responsable en cas de perte ou d'avaries.

Quant à l'huile, le gaspillage est inévitable si elle est fournie par le magasin; beaucoup d'ouvriers s'en feront donner un excès, qu'ils mettront de côté pour leur usage personnel. Il convient donc qu'ils se la procurent eux-mêmes. (Nous ne parlons encore que des lampes ordinaires ou à feu nu.)

Les lampes de mine reçoivent, selon les localités, des dispositions différentes.

Quelquefois, dans le type le plus primitif, la lampe, analogue à la lampe antique, se compose (*fig.* 474) d'un vase méplat, partiellement recouvert, qui reçoit l'huile. La mèche est plongée dans la masse d'huile, ayant seulement son extrémité qui déborde du côté du bec. Une anse, ménagée du côté opposé au bec, sert à la porter. Quelquefois, au lieu d'huile, on emploie une matière consistante comme la graisse ou le suif, qui fond progressivement dans le voisinage de la mèche enflammée, et remplace ainsi l'huile liquide. Cet appareil donne une flamme inégale et fumeuse; la mèche doit à chaque instant être retouchée, et l'huile est perdue quand la lampe vient par accident à se renverser ou seulement à trop s'incliner. On a essentiellement perfectionné cet ustensile primitif par ce qu'on appelle les *raves*, lampes employées dans beaucoup de localités et notamment dans les mines de la Loire. Ces lampes, arrondies et méplates, dont la figure 475 donne la forme générale, sont entièrement fermées, sauf une ouverture que l'on peut régler de manière à ne laisser que le passage nécessaire pour la mèche, et un très-petit trou qui permet les rentrées d'air et le libre jeu de la capillarité de la mèche. Ces raves sont généralement construites en fer battu, et sont ainsi très-résistantes. Elles sont suspendues librement à une anse qui sert à les porter, et cette anse est munie d'un crochet en forme de pointe, qui se pique dans les montants des cadres de boisage, à la hauteur la plus convenable pour éclairer le travail de l'ouvrier lorsqu'il est arrivé à son chantier.

Quelquefois une sorte d'épinglette, attachée à l'anse par une petite chaînette, sert à moucher la mèche et à la faire sortir de l'huile à mesure qu'elle se consume.

Ces dispositions sont très-pratiques; elles donnent un ustensile maniable et facile à transporter, qui peut être choqué et renversé accidentellement sans se détériorer ni se vider.

Pour les mines où les hommes ont à faire, dans leurs parcours souterrains, de longs trajets sur des échelles, comme sont, ou, plus exactement, comme étaient les mines du département du Nord avant l'emploi des cages d'extraction à la descente et à la sortie des ouvriers, la disposition peut être la même, si l'on veut, pour la lampe proprement dite; mais l'anse est remplacée par un manche fixe dont la lampe occupe le milieu. D'un côté se trouve une poignée qui sert à saisir et à porter la lampe, et de l'autre une pointe qui a deux destinations différentes. Elle peut d'abord servir, comme le crochet dont on vient de parler, pour piquer la lampe dans un boisage quand on cesse de la tenir à la main. Mais sa destination principale est de servir à la porter au chapeau du mineur, à l'aide d'un gousset en cuir fixé sur le devant du chapeau. De cette manière l'ouvrier a ses mains entièrement libres pour se mouvoir sur les échelles, et, de plus, il a la lampe à hauteur de sa tête, pour éclairer parfaitement l'endroit où ses mains ont à saisir les échelons.

Cette disposition, représentée *fig.* 476, est donc très-commode pour circuler sur les échelles : par contre, quand on circule, la lampe à la main, dans les chantiers, la main est moins libre avec une poignée qu'avec une anse ou avec un crochet qui se pose dans l'angle du pouce et de l'index, tout en laissant ces deux doigts à peu près libres. Je crois donc les lampes de Saint-Étienne plus commodes à l'emploi que celles du nord, pour circuler en dehors des échelles.

Dans certains districts métalliques, on emploie des lampes munies d'une sorte de réflecteur qui soustrait les yeux à l'action directe des rayons lumineux, et les rend d'autant plus sensibles à ceux de la lumière réfléchie sur un point donné du chantier. L'appareil consiste alors en une sorte de petite niche légère en bois, munie à l'intérieur, qui reçoit la lampe, d'une garniture de feuilles métalliques (en cuivre ou en fer-blanc). L'appareil est muni, en outre, d'un long crochet, qui sert à le porter à la main quand on visite les chantiers, et à le suspendre au cou à l'aide d'un cordon quand on doit circuler sur les échelles.

Cette disposition, en prenant le soin de réduire convenablement les dimensions de l'appareil porte-lampe, est très-convenable, lorsqu'il s'agit d'examiner en détail, sous le rapport de la composition minéralogique, un chantier en avancement ou un gradin dans un filon métallique.

En outre la flamme est soustraite au courant d'air, surtout si l'on a soin de protéger le devant de la niche par un verre muni d'un châssis qui glisse dans une coulisse. La lampe devient alors une véritable lanterne, qui peut servir même en plein air et exposée au vent.

Quelquefois l'éclairage se fait avec des chandelles, qu'on porte tantôt dans des chandeliers ordinaires, tantôt sur des brûle-tout, d'autres fois enfin au moyen de pelottes d'argile dans lesquelles elles sont fichées et que l'on tient à la main. Ce mode d'éclairage est très-incommode, parce que les chandelles coulent abondamment, pour peu que l'on marche vite, ou que le courant d'air soit actif ou la température élevée.

Dans quelques localités, on réserve ce mode d'éclairage, en signe de distinction, pour les étrangers admis à visiter la mine.

On y voit peut-être un peu mieux qu'avec une lampe de mine ordinaire ; mais en revanche ces chandeliers salissent plus que celle-ci, et ils sont fort incommodes à porter dans les galeries d'accès difficile ou sur des échelles.

On doit les réserver pour ceux qui veulent *faire une simple promenade dans les travaux*, et donner des lampes à ceux qui veulent sérieusement les *visiter*.

(**600**) Le mode d'éclairage à l'aide de l'huile brûlant dans des lampes ouvertes est presque universellement adopté. La nature de l'huile est à peu près indifférente, pourvu qu'elle soit épurée à peu près au même degré. On emploie l'huile d'olive dans le Midi, l'huile de colza dans le Nord, quelquefois aussi l'huile de noix, à laquelle on attribue une certaine supériorité dans le mauvais air.

La consommation journalière d'un ouvrier varie de 4 à 6 onces (124 à 186 grammes), selon la grosseur de la mèche et la durée du poste. En supposant le prix de 1 fr. 20 cent. par kilogramme, cela fait, en nombre rond, de 15 à 20 centimes pour l'huile seulement, sans y comprendre les mèches et le menu entretien de la lampe.

Avec des huiles de qualité convenable et en tenant la mèche en état, ces lampes brûlent dans toute atmosphère où les hommes peuvent respirer. Il y a entre ces deux phénomènes, la combustion d'une lampe et la respiration d'un homme, phénomènes d'ailleurs chimiquement identiques, une connexion telle qu'ils peuvent se produire, ou qu'ils cessent de se manifester, à peu près dans les mêmes conditions de composition de l'atmosphère ambiante.

On peut donc, en général, en faisant abstraction du grisou, et aussi de quelques miasmes particulièrement délétères, agissant comme toxiques à des doses minimes, pénétrer et vivre dans une atmosphère où l'on voit les flammes des lampes briller de leur éclat ordinaire.

Lorsque l'air est très-chargé de gaz irrespirables, notamment d'acide carbonique, la flamme devient petite et peu éclairante, et la moindre agitation de l'air suffit pour l'éteindre. Il convient alors de se retirer, et de ne revenir à ce chantier que lorsqu'on aura pu y mettre l'aérage; car, bien que le danger pour les hommes ne soit pas encore absolument imminent lorsque la flamme des lampes est vacillante et s'éteint à chaque instant, il peut le devenir, sans qu'on ait une nouvelle indication; d'ailleurs une station prolongée, dans un milieu si rapproché de la limite à laquelle l'air serait tout à fait irrespirable, est toujours nuisible à la santé, et peut, avec quelques prédispositions de ceux qui y sont exposés, causer de graves accidents.

Il n'est pas toujours possible d'aérer ces chantiers infestés de mauvais air, au moins dans les délais dont on dispose. S'il y a urgence, on poursuit le travail même là où la lampe ne brûle plus, en relevant fréquemment les ouvriers, et tenant des hommes à leur portée prêts à leur porter secours au besoin. On les éclaire de loin, le moins mal que l'on peut, en plaçant sur des points où elles peuvent encore brûler de grosses lampes dont on leur renvoie la lumière avec des réflecteurs convenablement placés. Quelquefois on a renvoyé de la même manière les rayons du soleil.

C'est dans des cas semblables que l'on peut employer une lampe imaginée il y a quelques années par MM. Dumas et Benoist, et qui est fondée sur l'emploi de la lumière électrique. Cette lampe se compose de trois organes distincts, savoir : un élément de Bunsen et une bobine de Ruhmkorpf, qui sont réunis dans une poche commune que l'on porte comme une sorte de cartouchière, enfin un tube de

Geisler, ayant, comme on sait, la propriété, dans un milieu très-raréfié, de changer l'étincelle ordinaire en une sorte de nappe lumineuse occupant tout l'intérieur du tube. Ce dernier organe est adhérent à la cartouchière, ou peut être porté à la main à volonté.

Cette lampe, dont les diverses parties sont représentées *fig.* 477, peut rendre de bons services pour certains travaux exceptionnels, et en général là où les lampes ordinaires cessent de brûler ou ne peuvent être employées sans danger. La nappe lumineuse ne se développe que dans le vide. Elle cesserait d'exister, si une rupture mettait l'intérieur du tube en communication avec l'atmosphère, et par conséquent, elle est impropre à produire une détonation dans un mélange explosif, à supposer même, ce qui ne semble pas être, que sa température fût suffisante pour produire cet effet. On doit ajouter que le même courant électrique qui éclaire le tube de Geisler peut être employé pour le tirage à la poudre, et qu'il peut ainsi remplacer avec avantage, dans un chantier donné, un appareil qui serait placé à demeure à une distance plus ou moins grande.

(**601**) La lumière électrique a été, depuis un certain nombre d'années, maniée si souvent et de tant de manières par les physiciens, que l'idée a dû se présenter plus d'une fois de l'essayer à l'éclairage des mines, comme on l'a proposé et essayé pour tant d'autres applications.

Mais on peut y faire d'abord l'objection du prix relativement élevé, auquel, jusqu'à présent, on peut obtenir cette lumière, puis cette autre *objection générale* qu'elle donne des rayons lumineux d'une telle intensité qu'elle éblouit les yeux qui la regardent, qu'elle éclaire *avec excès* les objets exposés directement à ses rayons, et que, par un effet de contraste facile à comprendre, elle laisse tous les autres dans une obscurité d'autant plus profonde. Elle est donc très-propre à donner des points fixes éclatants, comme doivent être des phares; très-impropre, au contraire, à éclairer plus ou moins également par diffusion tous les points d'un milieu donné.

Enfin, pour l'éclairage d'une mine, on peut y faire l'*objection particulière* que, ne pouvant guère être placée qu'à *demeure*, en des points déterminés du réseau des galeries de la mine (l'emploi des lampes Dumas serait trop dispendieux, s'il en fallait donner une à chaque ouvrier, et serait d'ailleurs sans objet), la lumière électrique est fort peu apte à éclairer les excavations dispersées, irrégulières, variables de formes et d'étendue d'un jour à l'autre, dans lesquelles le mineur poursuit ses travaux.

Il me parait donc que l'idée d'éclairer les mines par la lumière électrique doit être reléguée au nombre des idées chimériques dont il n'y a pas lieu de chercher la réalisation.

(**602**) Je crois qu'on en peut dire autant de la pensée, plusieurs fois émise, d'éclairer l'intérieur d'une mine, à l'aide de feux fixes, au lieu de donner à chaque ouvrier la lampe qui l'accompagne partout et vient éclairer le point même où il se trouve et où il exécute son travail.

Que l'on suppose l'éclairage électrique remplacé, comme on l'a indiqué, par les huiles minérales, ou encore par du gaz d'éclairage fabriqué, si l'on veut, dans la mine même, auprès du chantier qui fournit le charbon servant à produire le gaz, l'inconvénient d'un éclairage fixe, pour être plus ou moins atténué, n'en subsistera pas moins dans une mesure importante.

Cet inconvénient est que, dès qu'on éclaire *avec des feux fixes*, la mine doit être éclairée *dans son entier*, et qu'il faut faire une dépense énorme de lumière relativement à celle que l'on emploie aujourd'hui. La règle est en effet aujourd'hui qu'un point donné de la mine soit *dans l'obscurité*, et ne s'éclaire que *dans la mesure* et *pendant le temps nécessaires*, lorsqu'un homme y travaille ou a besoin d'y passer.

On pourra sans doute employer des appareils fixes, sur les points qui sont toujours occupés et qui ont besoin d'être bien éclairés, comme sont notamment les places d'accrochage au bas du puits. Les chantiers d'abatage sont aussi, en réalité, éclairés de la même manière par les lampes des mineurs que chacun d'eux place à sa volonté selon les besoins de son travail, et ces chantiers le sont par là, d'une manière beaucoup plus commode qu'avec un petit nombre d'appareils individuellement plus importants qui seraient placés d'une manière tout à fait invariable.

Mais, pour les galeries qui s'étendent entre les places d'accrochage et les chantiers, et qui forment en définitive la plus grande partie du vide intérieur des travaux, *elles ne doivent pas être éclairées*.

Agir autrement ce serait faire comme si, ayant çà et là, dans une très-grande maison, quelques chambres occupées, on voulait éclairer constamment, non-seulement ces quelques chambres, mais encore toutes les autres, ainsi que les corridors, les escaliers et toutes les dépendances de la maison.

Un tel système peut être *commode*, mais il n'est assurément pas nécessaire, ni même *sérieusement utile*, et il occasionne une grande dépense, acceptable peut-être pour une habitation de luxe, mais tout à fait hors de propos dans le cas que nous considérons.

Je pense donc que, l'idée d'éclairer par des appareils quelconques posés à demeure, l'ensemble des travaux d'une mine, n'est pas plus pratique celle d'y appliquer la lumière électrique.

Il faut, je le répète, que chaque ouvrier, piqueur, boiseur, rouleur, ou autre, *ait sa lampe*, et qu'il puisse la déplacer *à tout instant et à son gré*, pour éclairer de la manière la plus commode les divers détails de son travail.

Je crois que, lorsqu'on émet un avis contraire, lorsque se prévalant de l'extension de l'éclairage des villes, ainsi que du progrès des arts physiques qui mettent de nouveaux agents de production de la lumière à la disposition de l'industrie, on voit déjà l'intérieur des mines inondé de lumière, comme peut l'être un passage dans une grande ville, on se fait une idée complétement inexacte de la nature des besoins auxquels il s'agit de satisfaire.

(**603**) Nous pensons, d'après ce qui précède, que les lampes, plus ou moins analogues à celles qui ont été décrites au nº 599 ci-dessus, mises à la disposition de chacun des ouvriers de la mine, sont et resteront le moyen d'éclairage normal et habituel.

Il est cependant un cas très-étendu, spécial d'ailleurs aux exploitations de houille, ou, plus exactement, à une partie de ces exploitations, où ce moyen doit être regardé comme insuffisant. Ce cas est celui où la mine exploitée donne du grisou, et où, par conséquent, il peut accidentellement se former des mélanges explosifs, susceptibles de prendre feu au contact de la flamme d'une lampe ordinaire, ou lampe *à feu nu*.

En principe, il est vrai, une telle mine doit être ventilée avec un courant d'air assez abondant pour que la masse du gaz dégagée pendant un temps donné, supposée uniformément produite et disséminée dans la masse d'air introduite pendant le même temps, y devienne inoffensive et même y passe entièrement inaperçue; mais la production *peut ne pas être uniforme*, et la dissémination *ne peut pas être instantanée*. Il peut arriver que certains chantiers reculés ne soient pas suffisamment ventilés; qu'il y ait des excavations dans lesquelles le gaz puisse s'accumuler; que quelque grand éboulement, ou un abaissement brusque de la colonne barométrique le fasse sortir brusquement de ces excavations ou des vieux travaux; que la rencontre inopinée d'un soufflard important en donne tout d'un coup un grand excès, etc., etc.

Dans ces diverses circonstances, une flamme quelconque, soit celle de la lampe, soit celle de l'amorce d'un coup de mine, soit celle du coup de mine lui-même, peut déterminer un accident. Il peut arriver encore qu'une galerie saine en apparence, mais ventilée par un courant trop lent, présente au toit, logées entre les chapeaux des cadres, une série de petites masses de gaz qui s'enflamment comme une sorte de traînée de poudre, lorsqu'une explosion a lieu dans le voisinage de l'une d'elles. Ces inflammations peuvent donner lieu à des accidents parfois très-étendus.

Un chantier dans lequel le gaz *marque* d'une manière permanente, est un chantier *à abandonner*, jusqu'à l'instant où l'on aura pu l'aérer.

Un chantier, où cette circonstance, sans être à proprement parler permanente, peut se produire assez fréquemment, doit être l'objet de précautions particulières. L'emploi de la poudre peut y être absolument interdit, ou tout au moins, un coup de mine ne doit pas y être tiré sans qu'on ait, au préalable, constaté, par une observation spéciale, l'absence de tout mélange explosif dans le voisinage; il convient en outre que le feu soit mis à l'aide de substances brûlant sans flamme.

Enfin, dans ce même chantier et dans tous les chantiers voisins, ou même dans la mine entière où de telles circonstances peuvent se produire, on devra aux lampes dont nous avons parlé ci-dessus, substituer l'emploi des appareils que l'on désigne sous le nom de *lampes de sûreté*.

(**604**) Les lampes de sûreté, sous leur forme primitive, sont connues sous le nom de *lampes Davy*, du nom du savant qui les a imaginées.

Elles reposent sur ce fait d'observation qu'un mélange détonant ne s'enflamme que lorsqu'il est porté, sur un de ses points, à une température suffisamment élevée par le contact d'un autre corps enflammé. Si donc on entoure une flamme, telle que celle d'une lampe, d'un réseau à mailles suffisamment serrées formé par un corps bon conducteur de la chaleur, et qu'on plonge l'appareil au milieu d'un mélange détonant, ce mélange prendra feu au contact de la flamme de la lampe, et la combustion se propagera à l'intérieur de l'enveloppe ; mais le gaz enflammé sera obligé de se subdiviser en une multitude de petits filets distincts pour traverser les mailles du réseau, et chacun de ces petits filets *se refroidira* au contact de ces mailles et se trouvera *éteint* après les avoir traversées ; l'inflammation ne pourra donc s'étendre au dehors de ce réseau.

Tel est le principe très-simple sur lequel fonctionnent les lampes de Davy. Elles sont *de sûreté* dans les conditions ordinaires de la pratique ; mais leur principe même montre que la sûreté ne peut pas en être absolue. Si en effet le treillis métallique agit *comme réfrigérant*, ce n'est qu'en *s'échauffant* lui-même, et il cessera d'agir, si, *par un contact prolongé* avec la flamme intérieure, il a pris une température égale, ou presque égale à celle du mélange qui brûle à l'intérieur de la lampe.

Celle-ci ne doit donc pas être *maintenue* dans un milieu où le treillis se remplit de flammes ; il faut, afin que ce treillis n'ait pas le temps de parvenir à une température trop élevée, sortir la lampe de ce milieu, en la descendant vers le bas du chantier. Ce déplacement doit être opéré avec précaution, sans mouvement brusque :

car un tel mouvement peut augmenter la rapidité du passage d'un filet gazeux à travers une maille, et diminuer par conséquent l'action réfrigérante de cette maille. Par la même raison, un courant d'air qui aura une vitesse suffisante pour infléchir nettement la flamme à l'intérieur de la lampe et la faire porter sur un point du réseau, comme une sorte de dard de chalumeau, pourra, au bout d'un certain temps, faire passer la flamme par ce point.

Ainsi, en général, on peut dire que la lampe Davy est *de sûreté*, en ce sens qu'une invasion accidentelle d'un mélange détonant ne donne pas lieu à une explosion générale au moment où le mélange arrive en contact avec la flamme de la lampe ; mais la lampe cesserait d'être de sûreté, si l'on voulait continuer à travailler en la laissant dans ce même milieu. Il faut donc la prendre aussitôt, en baisser la mèche, et la placer doucement vers le bas du chantier, ou bien, si le travail doit être discontinué, l'ouvrier se retire à pas lents avec sa lampe, sans l'exposer à des mouvements brusques, et en la soustrayant le mieux possible au courant d'air, à l'aide de son chapeau ou en l'enveloppant à l'aide de ses habits.

Ainsi manié avec prudence, l'appareil offre un degré sérieux de sécurité. Toutefois il ne dispense nullement des mesures propres à assurer une bonne ventilation ; mais il prévient les désastres qui se produiraient souvent, lorsque, malgré cette bonne ventilation, un chantier ou un quartier de la mine vient à se trouver inopinément envahi par quelque mélange détonant.

C'est l'expérience seule qui peut déterminer les conditions dans lesquelles le réseau métallique entourant la flamme doit être établi, pour avoir une action réfrigérante efficace.

On emploie ordinairement des toiles formées de fils de fer ayant 5 à 6 dixièmes de millimètre de diamètre, et présentant 121 ouvertures au centimètre carré. On les enroule de manière à former un cylindre d'environ 5 centimètres de diamètre et 20 centimètres de hauteur, fermé au sommet par une double toile ou par un fond plein. Cette espèce de cheminée, à laquelle on donne le nom de *tamis*, est fixée sur le dessus de la lampe, et entoure ainsi complétement la flamme. Elle doit être assujettie d'une manière invariable.

par un mode de fermeture que les ouvriers ne puissent pas, ou du moins ne puissent que difficilement faire fonctionner. Un très-grand nombre de dispositions, dans le détail desquelles nous ne pouvons entrer ici, sont employées, ou ont été proposées, à cet effet.

L'ouvrier, pour moucher ou pour relever sa mèche, se sert d'un petit crochet recourbé qui traverse le réservoir d'huile dans l'intérieur d'un petit tube soudé au fond et au couvercle de la lampe, et qui se manœuvre sans avoir besoin d'enlever le tamis.

Les lampes sont distribuées toutes garnies, allumées et fermées, aux ouvriers qui entrent dans la mine. Chacun d'eux est tenu de s'assurer, en recevant sa lampe, qu'elle est bien fermée et que le tamis est en bon état, et il devient ainsi responsable des contraventions que l'on constaterait, si on le trouvait à son chantier avec sa lampe découverte et son tamis percé.

L'ouvrier rend sa lampe à la sortie ; le lampiste la visite, la remet en état et la garnit ; puis il l'allume et la ferme, au moment de la lui rendre au poste suivant.

L'entretien d'une lampe de sûreté comprend celui de la lampe proprement dite, qui n'offre rien de particulier, et celui du tamis. Cette pièce essentielle est exposée à être écrasée ou percée par la chute d'une pierre ou par un coup de pic maladroit ; il faut alors la remplacer de suite, car la moindre ouverture suffit pour la rendre inutile. On constate facilement la moindre détérioration de ce genre, en interposant le tamis entre l'œil et la lumière du jour.

À la sortie de la mine, les tamis sont toujours plus ou moins chargés de poussière, ou salis par l'huile de la lampe qui s'y répand si la lampe a été renversée par quelque maladresse. On les nettoie par deux procédés distincts. Tantôt on les fait chauffer dans une sorte de moufle à une température suffisante pour carboniser les matières grasses, et on les nettoie ensuite avec une brosse un peu rude. Ce procédé nettoie bien, mais altère rapidement le tamis par oxydation. Tantôt on les fait tremper à chaud dans une dissolution alcaline ou dans de l'eau de savon, qui élimine également les corps gras, mais par voie de dissolution, puis on les brosse ; ensuite on les rince dans de l'eau pure ou légèrement chargée de chaux, et enfin on les fait sécher dans une étuve à une douce chaleur.

Il a été construit des appareils qui facilitent et abrégent beaucoup ces diverses manipulations, en les opérant automatiquement. Ces petits appareils peuvent rendre de très-utiles services sur des mines importantes, où c'est *par plusieurs centaines* que se comptent les lampes qui doivent chaque jour, dans l'intervalle des deux postes, être nettoyées, scrupuleusement visitées et garnies.

(**605**) La *fig.* 478 représente la lampe de sûreté à laquelle se rapportent les détails ci-dessus, telle qu'elle est communément employée en Angleterre, et dans la plupart des mines de France et d'Allemagne.

Elle est encore à peu près identiquement telle qu'elle est sortie des mains de son inventeur.

Sous cette forme, malgré les services incontestables qu'elle a rendus, elle n'est pas à l'abri de toute critique.

D'abord, ainsi qu'on l'a dit, elle n'offre pas une sécurité absolue, et nous avons vu quelles sont les conditions d'emploi sous lesquelles il peut être permis de la considérer comme étant un appareil de sûreté sérieux.

En outre, on lui reproche de ne pas éclairer suffisamment et surtout vers le haut des chantiers, ce qui est un inconvénient assez grave au point de vue du danger des éboulements.

Le défaut d'éclairage au toit tient soit à la double toile, soit au petit diaphragme entièrement plein dont la lampe est ordinairement munie, pour permettre de la porter par son crochet sans être brûlé par le contact des gaz chauds.

Le défaut de lumière dans le sens horizontal est dû à la présence du tamis, qui intercepte une partie notable des rayons lumineux émis par la flamme. Avec un fil de $0^{mm},5$ de diamètre et 121 ouvertures au centimètre carré, on reconnaît facilement qu'il y a sur la largeur d'un centimètre $11 \times 0,5 = 5^{mm},5$ de plein, et par conséquent $4^{mm},5$ de vide ; et qu'ainsi, en tenant compte du croisement des fils, les parties pleines occupent une fraction marquée par l'expression

$$0.55 + 0.55 \times 0.45 = 0.55 \times 1.45 = 0.7975$$

c'est-à-dire, en nombre rond, que la toile présente $\frac{4}{5}$ de plein et $\frac{1}{5}$ de vide.

Je ne pense pas, à cause du phénomène de l'irradiation, qu'il y ait en effet les $\frac{4}{5}$ de la lumière qui soient perdus, mais il y en a au moins une fraction considérable.

Ces lampes de Davy éclairent donc assez mal, et c'est là, dans la pratique, un grand inconvénient.

Cet inconvénient est assez sérieux par lui-même dans les travaux d'abatage. à cause du danger des éboulements, et il le devient encore plus, à un autre point de vue. par l'excuse plus ou moins légitime du défaut de lumière qu'il donne aux ouvriers qui, malgré toutes les prescriptions contraires, et malgré toutes les précautions prises, essayent et parviennent trop souvent à ouvrir leurs lampes à leur chantier.

Cette répugnance des mineurs à accepter l'emploi d'un système qui les protége contre un *danger éventuel*, mais qui leur impose *un inconvénient permanent*, est plus ou moins marquée, selon les habitudes prises par la population ouvrière. C'est ainsi que dans le nord de l'Angleterre, c'est-à-dire dans les districts mêmes où la lampe de Davy a été d'abord introduite, on voit faire simultanément emploi des lampes de sûreté dans un quartier d'une mine et des lampes ouvertes dans un autre quartier de la même mine. Sur le continent, au contraire, dès qu'une mine donne du grisou sur quelques points, les lampes de sûreté deviennent d'un usage général, sauf peut-être *pour l'accrochage au bas des puits d'entrée d'air.*

Ce dernier emploi même n'est pas absolument sûr, et on a l'exemple assez récent d'un accident de grisou très-grave, dû à l'inflammation du grisou sur les lampes à feu nu d'un semblable accrochage.

(**606**) D'après ce qui précède, on voit que ce n'est pas sans que la question présentât un intérêt réel qu'on a cherché à modifier la lampe primitive de **Davy**, soit pour la rendre plus sûre, soit pour augmenter son pouvoir éclairant. Des tentatives nombreuses ont été faites par diverses personnes, notamment par MM. Upton et Roberts;

Clanny, Dumesnil, Mueseler, Combes, Boty, Eloin, Morrisson, etc.

Ces tentatives, plus ou moins réussies, et pour le détail desquelles nous devons renvoyer aux mémoires spéciaux publiés par les inventeurs ou sous leur inspiration, ont eu pour objectif les points suivants, ou quelques-uns de ces points :

1° Rendre la lampe plus éclairante, en remplaçant sur une certaine hauteur la toile métallique par un cylindre transparent en verre ou en cristal, convenablement recuit, suffisamment résistant et protégé aussi bien que possible contre les chocs extérieurs ;

2° Soustraire la flamme, autant que possible, à l'action des courants d'air extérieurs, résultat déjà partiellement obtenu par l'emploi du cylindre en verre, et complété plus ou moins parfaitement, en faisant en sorte que l'afflux de l'air sur la lampe et la sortie des produits de la combustion aient lieu par des points donnés, et en formant des courants nettement accusés qui ne puissent être facilement troublés par les agitations de l'air extérieur;

3° Enfin chercher à diminuer les causes d'échauffement du tamis, en faisant en sorte que l'air qui pénètre à l'intérieur soit en contact aussi immédiat que possible avec la flamme de la lampe, afin que, si cet air est explosif, il se brûle *au fur et à mesure qu'il arrive*, et que le reste de l'intérieur du tamis ne soit rempli que de gaz brûlés et éteints.

Ce sont bien là les conditions que l'on doit chercher à remplir, pour corriger ou atténuer les imperfections signalées dans les deux numéros précédents, et qui se résument ainsi : *défaut de lumière, danger des courants d'air extérieurs, danger d'un échauffement excessif du tamis*.

Entre tous les appareils ci-dessus énumérés, qui répondent plus ou moins complétement au programme énoncé, et dont quelques-uns ont cherché en outre à réaliser quelque amélioration secondaire, c'est la lampe de M. Mueseler, de Liége, qui est passée le plus largement dans la pratique, particulièrement en Belgique.

Elle a été jugée assez satisfaisante pour que l'administration belge en ait rendu l'usage obligatoire dans les mines à grisou; toutefois, en fait, ce n'est guère que dans le bassin de Liége qu'elle est devenue jusqu'ici d'un usage à peu près général.

La lampe Mueseler est représentée *fig.* 479. Elle a la forme générale et à peu près la dimension d'une lampe ordinaire de Davy; mais elle est un peu plus lourde, et notablement plus chère d'achat d'abord et ensuite d'entretien, et cette circonstance, quoique au fond bien secondaire, a certainement nui à sa propagation.

Cette lampe, comparée à la lampe ordinaire de Davy, en diffère par les traits suivants :

1° L'emploi d'un cristal ;

2° Celui d'une cheminée métallique en tôle mince, convenablement évasée vers le bas, placée au centre du tamis, directement au-dessus de la flamme, à une distance que l'on peut faire varier à volonté en faisant glisser la cheminée dans l'anneau qui la retient ;

3° Emploi d'un diaphragme horizontal formé par une toile métallique, au centre duquel est l'anneau qui retient la cheminée.

Au moyen de ces dispositions, l'air entre latéralement par le tamis, se dévie pour traverser le diaphragme, arrive en descendant sur la flamme de la lampe, puis remonte par la cheminée pour s'échapper à la partie supérieure du tamis.

La lampe ainsi établie a les propriétés suivantes :

Elle est beaucoup plus éclairante que la lampe de Davy ;

Elle est soustraite, à peu près complétement, aux courants d'air, dont les plus actifs qu'on rencontre dans les mines font à peine vaciller sa flamme ;

Dans le cas d'un mélange détonant, l'inflammation au contact de la flamme ne s'étend qu'à l'intérieur du cristal et revient très-difficilement en arrière en deçà du diaphragme ;

Enfin les gaz chauds provenant de la combustion remplissent la cheminée centrale, et s'éteignent avant de déboucher par son sommet.

Par suite de ces deux dernières circonstances, l'inflammation ne se propageant ni par le diaphragme, ni par le haut de la cheminée, le tamis ne peut presque jamais être exposé à rougir.

Tels sont les avantages *très-appréciables* de l'appareil.

Son inconvénient principal, que certains de ses partisans donnent comme une qualité, et qu'ils désignent sous le nom d'*exquise sensibilité*, est ce que nous nommons *son excès de sensibilité*, qui se caractérise par la facilité trop grande avec laquelle cette lampe s'éteint, ou risque de s'éteindre, dans diverses circonstances.

Ainsi, elle peut s'éteindre si elle est portée dans un fort courant d'air ascendant, comme celui qu'on rencontre parfois dans les puits aux échelles, lorsque ces puits, contrairement d'ailleurs à ce que demande la meilleure distribution du courant, servent à la sortie de l'air. Cet effet est dû à ce que ce courant ascendant contrarie *le mouvement en sens contraire* que l'air doit prendre pour traverser le diaphragme et pour arriver sur la flamme, qui dès lors n'est plus suffisamment alimentée.

Elle s'éteint encore, si on ne la pose pas dans une position suffisamment rapprochée de la verticale, parce que la cheminée n'est plus placée, par rapport à la flamme, de manière à recueillir tous les produits de la combustion. Uune partie de ces produits se répand dans l'intérieur du cristal, se mêle à l'air frais descendant à travers le diaphragme, et forme un mélange bientôt impropre à la combustion, qui noie et éteint la mèche de la lampe.

L'extinction peut encore se produire, même avec la lampe tenue verticalement, lorsque l'air est explosif, ou assez près de le devenir pour que l'inflammation remplisse le cristal, ou au moins pour que la flamme de la lampe s'épanouisse très-fortement. Il peut arriver alors que la cheminée ne débite pas tous les résidus de la combustion, qu'une partie se répande à l'intérieur du cristal et y produise l'effet ci-dessus indiqué.

C'est dans ce dernier cas que les partisans de l'appareil invoquent son exquise sensibilité, par suite de laquelle *il s'éteint* quand l'atmosphère devient explosive.

Mais si cet appareil a réellement les propriétés indiquées, si le tamis ne peut rougir, et si les courants d'air extérieurs sont sans action, il vaudrait mieux *qu'il ne s'éteignît pas*, que l'ouvrier fût seulement prévenu de la présence du gaz, et que s'il doit se retirer, sa lampe continuât à brûler pour éclairer sa retraite.

Si l'on persiste néanmoins à considérer comme une qualité la facilité d'extinction de la lampe dans ce dernier cas, elle est assurément un inconvénient dans les deux premiers.

Peut-être arriverait-on à remédier à cet inconvénient si, au lieu de placer directement le cristal sur le dessus de la lampe, on le posait sur un petit socle circulaire, garni sur son pourtour d'une toile métallique fine, ou peut-être de deux toiles métalliques superposées. On rentrerait ainsi dans la disposition de la lampe de Combes; mais avec cette différence que ce treillis se salirait moins et se nettoierait plus facilement que les deux rondelles métalliques horizontales par lesquelles, dans cette dernière lampe, l'air doit passer pour arriver à la base de la mèche.

Quoi qu'il en soit, dans sa forme actuelle, la lampe Mueseler fait déjà un très-bon service. Elle est certainement plus sûre que la lampe de Davy *mal manœuvrée;* mais, comme cette mauvaise manœuvre n'est que trop à craindre, avec des ouvriers qui s'habituent au danger, et qui sont d'ailleurs souvent fort peu soigneux, je crois que l'on peut regarder la lampe de Mueseler comme préférable à la lampe de Davy, sinon pour toutes les circonstances d'emploi, du moins pour le service à demeure dans les chantiers d'abatage exposés au danger du grisou.

(**607**) Mais ce qu'il est bien important de comprendre, c'est que l'emploi d'une lampe de sûreté, quelle qu'elle soit, ne peut être sérieusement efficace que si cet emploi est l'objet d'une surveillance incessante et infatigable, au point de vue du bon état de ces lampes, comme à celui des infractions que peuvent commettre les ouvriers, et si ces infractions, à des règles qui doivent être tracées avec détail et précision, sont réprimées avec la dernière sévérité.

Par une telle infraction, un ouvrier ne s'expose pas seul; mais il compromet peut-être l'existence même de la mine, et tout au moins, ce qui est plus grave, la vie de ses camarades. L'exécution des règlements devient, dans ce cas, une véritable question *d'ordre public,* et il ne serait que juste de ne pas se borner à appliquer à celui qui les enfreint (tout au moins s'il en est état de récidive) une peine disciplinaire quelconque, même celle de l'expulsion, mais de le renvoyer devant les tribunaux correctionnels.

Ce qu'il faut aussi comprendre, c'est que le meilleur moyen de prévenir les accidents n'est pas d'employer tel ou tel système de lampes de sûreté, mais bien d'avoir des conditions de ventilation assez bonnes pour que les lampes *de sûreté* n'aient pas *à fonctionner en cette qualité*. On obtiendra ce résultat, sous la réserve des circonstances tout à fait exceptionnelles que toute la prudence humaine est impuissante à prévenir, en se conformant aux règles posées dans les paragraphes 2 et 5 de ce chapitre.

APPENDICE

—

LÉGENDES DES PLANCHES

Planche XLI. — Figures 236 à 243.

Fig. 236. — N° **343**. — Cette figure et les suivantes, jusqu'à la figure 253 inclusivement, ont pour objet de présenter des exemples divers d'exploitations souterraines dans lesquelles on applique, avec les variantes de détails appropriées aux circonstances, les méthodes décrites d'une manière générale dans le chapitre précédent.

La figure 236 représente le système suivi dans l'exploitation des couches de schistes cuivreux du pays de Mansfeld.

On procède par un système de grandes tailles de 60 mètres de largeur, complétement remblayées en arrière par les matières stériles, matières qui sont en excès et dont une partie doit être élevée au jour.

Fig. 237. — N° **343**. — Cette figure représente, sur une plus grande échelle, la costeresse à partir de laquelle on prend les grandes tailles indiquées dans la figure précédente. Cette costeresse est menée sur un front assez large pour pouvoir ménager une galerie de roulage, un retour d'air, et un compartiment destiné à écouler les eaux, et pour loger dans les intervalles les déblais

provenant de l'abatage plus ou moins important des roches du
toit dans les trois voies ci-dessus.

Fig. 258. — N° **343**. — La figure représente en plan l'exploitation
d'une carrière dite de *basse-masse* des environs de Paris. C'est
ce qu'on nomme l'exploitation *par piliers à bras avec hagues et
bourrages*. Les piliers à bras sont des piliers construits de main
d'homme et par assises régulières, qui servent à soutenir le toit,
et entre lesquels on entasse à la pelle les remblais provenant
du sous-chevage et des recoupes.

Fig. 259. — N° **344**. — Plan d'une carrière de *haute-masse* ne
fournissant pas de remblais, et exploitée par un système de
piliers et galeries sans dépilage, désigné sous le nom de *méthode par piliers tournés*. Les piliers sont disposés *en quinconce*,
et le plan présente deux systèmes de galeries à angle droit.

Fig. 240. — N° **344**. — Plan analogue à la figure précédente,
mais qui en diffère cependant par la disposition des piliers. Celle
de la figure 240 est dite *en damier*. Elle ne donne de galeries
continues que dans un sens, ce qui est préférable lorsque le gîte
présente un système de failles ou cassures dans un sens perpendiculaire, (Voir le texte du n° 344).

Fig. 241 et 242. — N° **344**. — Coupes verticales, dans deux sens
perpendiculaires, d'une carrière exploitant la grande masse de
plâtre des environs de Paris. Le traçage est fait suivant la disposition en damier indiquée sur la figure 240.

Fig. 243. — N° **345**. — Exploitation du grand gisement de minerai de fer de la Moselle. (Hydroxyde oolithique).
    La méthode employée dans l'exemple considéré est une ex-
ploitation par massifs longs, que l'on dépile, après le traçage,
au moyen d'une série de tailles séparées les unes des autres par
un petit mur de minerai qui est en partie sacrifié. (Voir le texte
du n° 345.)

Planche XLII. — Figures 244 à 248.

Fig. 244. — N° **346**. — Coupe verticale de l'exploitation des salines de Dieuze, par piliers et galeries sans dépilage.

Fig. 245 et 246. — Exploitation des salines de Varangeville. La première de ces deux figures se rapporte à la première phase de l'exploitation, qui comprend un traçage par piliers et galeries sans dépilage, analogue à celui de la saline de Dieuze. Ce traçage se pratique dans les bancs inférieurs du gîte, assez purs pour donner du sel gemme.

La figure 246 se rapporte à la deuxième phase, dans laquelle on rabat les bancs supérieurs en opérant par dissolution. (Voir le texte du n° 346.)

Fig. 247. — N° **347**. — Exploitation de la craie dans les environs de Paris. La masse peut être pratiquement considérée comme indéfinie dans tous les sens. La méthode suivie est celle par étages avec piliers et estaus sans dépilage. On a soin, comme l'indique la figure, de superposer le plein sur le plein et le vide sur le vide, et d'augmenter, en passant d'un étage à l'étage inférieur, l'épaisseur de l'estau et celle des piliers, et de diminuer la hauteur et la largeur des galeries. On se borne ordinairement à trois étages.

Fig. 248. — N° **349**. — Cette figure est une coupe horizontale du gîte de mercure d'Almaden, comprenant trois amas couchés d'une longueur limitée, qui paraissent devoir se réunir en profondeur.

Planche XLIII. — Figures 249 à 253.

Fig. 249. — N° **349**. — Les figures 249 se rapportent à l'exploitation du gisement d'Almaden représenté en plan par la figure 248.

La méthode d'exploitation est, avec quelques détails spéciaux, la méthode en travers avec remblais. On emploie le système vertical (n° 517), c'est-à-dire qu'on prend de suite, sur un même point, toutes les tranches d'un étage. Le remblai est remplacé par une maçonnerie à mortier de chaux et sable, qu'on élève au fur et à mesure que l'on prend de nouvelles tranches de minerai. On forme ainsi une série de piliers montants de fond, qui laissent entre eux des massifs qu'on enlève ultérieurement sans les remblayer. Des ouvertures sont ménagées dans les piliers de maçonnerie pour les élégir; d'autres, qui se correspondent d'un pilier à l'autre, servent à établir les communications au moyen de petits ponts jetés sur l'espace vide qui existe entre ces piliers (*fig.* 249 A et 249 B). L'enlèvement d'un étage est précédé d'une foncée pratiquée, soit au mur, soit dans la masse même, qui sert de point de départ à un ouvrage en gradins droits ou en gradins renversés (*fig.* 249 C), par lequel on enlève une tranche parallèle aux épontes, ce qui facilite l'ouverture des chantiers transversaux.

La grande valeur de la masse et sa grande consistance, ainsi que celle des épontes, expliquent et justifient l'emploi de cette méthode, dont le but est d'arriver à un enlèvement complet de la masse, mais qui est dispendieuse à cause de l'importance des maçonneries, et qui ne s'appliquerait pas à l'exploitation d'une matière de peu de valeur.

Fig. 250. — N° **351**. — Les figures 250 A, B, C, représentent en plan, en coupe suivant l'inclinaison, et en coupe suivant la direction, l'exploitation des schistes alumineux du pays de Liége.

La méthode d'exploitation employée est à peu près identiquement, sauf l'épaisseur des estaus qui est ici plus grande, la méthode en travers avec dépilage de la figure 229.

Fig. 251. — N° **353**. — Cette figure représente en plan un étage préparé pour l'exploitation par dissolution des argiles salifères du Salzkammergut. Le tracé comprend une série de galeries parallèles laissant entre elles des massifs longs d'environ 60 à 80 mètres d'épaisseur.

De chacune de ces galeries partent des galeries obliques, qui
en s'épanouissant à leur extrémité, forment les chambres elliptiques que la figure représente.

Ces chambres sont tracées au moyen d'un système de galeries
et de piliers étroits qui disparaissent bientôt par l'effet de la
corrosion des eaux qu'on admet dans la chambre. Ces piliers et
galeries sont supposés exister encore dans la chambre M, et
avoir été déjà enlevés dans les autres.

Fig. 252. — N° **353**. —Coupe verticale et plan d'une des chambres
de dissolution de la figure précédente. On voit en A le conduit
par lequel arrivent les eaux douces; en B la digne qu'on élève
successivement, à mesure que le plafond s'exhausse par l'effet
de l'action dissolvante des eaux douces qui le baignent sur toute
sa surface. A mesure que les eaux se saturent, les matières terreuses se détachent du toit et tombent sur le sol de la chambre,
qui se trouve ainsi garanti contre toute action des eaux, tandis
qu'elles agissent sur le plafond incessamment décapé.

Fig. 253. — N° **353**. — Cette figure représente les profils que
tendent théoriquement à prendre les talus des chambres de
dissolution représentées aux deux figures précédentes, selon
que l'on emploie, pour le lavage, le système continu, faisant sans
cesse arriver de l'eau pure au point A et soutirant l'eau saturée
au point B de la figure 252, ou bien le lavage discontinu, qui
consiste à remplir et à vider successivement toute la chambre.

Le profil AB de la figure 253 se rapporte au système continu,
et le profil AB' au système discontinu.

Le premier système est favorable au bon aménagement du
gite, mais le produit annuel d'une chambre est beaucoup moindre, et il faut, pour une production donnée, un développement
de travaux plus considérable.

Planche XLIV. — Figures 254 à 258.

Fig. 254. — N° **359**. — Cette figure et les suivantes de la même planche se rapportent à des exemples d'exploitations à ciel ouvert.

La figure 254 représente, à une échelle très-réduite, l'exploitation d'un terrain d'alluvions formant le sol d'une vallée. On suppose qu'on ait détourné le ruisseau, et qu'on ait un large front disposé en gradins qui s'avance en remontant la vallée. (Voir le texte du n° **359**.)

Fig. 255 et 256. — N° **360**. — Les deux figures 255 et 256 se rapportent à des exploitations à ciel ouvert établies sur des couches horizontales effleurant à flanc de coteau : la première à une certaine hauteur au-dessus de la vallée, la seconde vers la partie inférieure du coteau. (Voir le texte du n° **360**.)

Fig. 257. — N° **361**. — Exemple de l'exploitation d'une couche inclinée en pays de plaine.

On exploite à ciel ouvert la partie voisine des affleurements. Le fond de l'excavation produite par cette exploitation est supposé communiquer par une galerie inclinée avec une exploitation souterraine établie sur l'aval-pendage. Les déblais du découvert sont, ou rejetés en arrière, comme la figure le représente, ou introduits dans la mine pour fournir des remblais. Ce système, qui utilise les déblais du découvert, en remblais de l'exploitation souterraine, permet de pousser fort loin l'exploitation à ciel ouvert.

Fig. 258. — N° **362**. — Exploitation à ciel ouvert d'une masse très-inclinée, en pays de plaine.

L'exemple représenté est celui des ardoisières d'Angers. Le texte du n° **362** fait connaître les détails concernant l'abatage et la disposition des chantiers. Les figures 258 se rapportent particulièrement à l'extraction des matières abattues, qui, devant se faire à des profondeurs qui atteignent 80 mètres, 100 mètres et plus, a besoin de dispositions spéciales. Celles que l'on emploie ont pour objet d'amener directement le vase d'extraction au fond de la carrière, *sur le point même* où gisent les masses à extraire. On évite ainsi un transport qui serait difficile, ou qui obligerait à subdiviser ces masses pour les rendre transportables, et causerait ainsi un déchet plus ou moins important.

La figure 258 A montre un câble-guide fixé d'une part au chevalement des molettes, d'autre part au fond de la carrière, en un point dont on varie la position à volonté.

La figure 258 B indique une autre disposition, dans laquelle le câble d'extraction est lié avec un autre câble dont on déplace le point d'attache supérieur et dont on varie en même temps la longueur, de manière que le vase d'extraction, toujours placé dans le plan des deux câbles, arrive au fond de la carrière à un point donné.

Planche XLV. — Figures 259 à 271.

Fig. 259 et 260. — N^{os} **368** et **369**. — Ces deux figures représentent, l'une le louchet ordinaire, l'autre le grand louchet employé à l'exploitation de la tourbe. Ce dernier outil doit être considéré comme indispensable, toutes les fois que l'entaille tourbeuse doit descendre au-dessous du niveau de l'eau, ce qui est le cas le plus ordinaire.

Son emploi a complétement transformé l'industrie de l'exploitation de la tourbe.

Fig. 261. — N° **381**. — Cette figure et celles de la même planche et des planches suivantes jusqu'à la 53e inclusivement, se rapportent à la question importante du transport souterrain. La figure représente une sorte de gouvernail, dont se servent parfois les traîneurs pour descendre les bennes dans des galeries très-sinueuses et très-inclinées.

L'instrument sert, à la fois, à retenir et à guider.

Fig. 262. — N° **381**. — Benne à patins, employée autrefois à Saint-Étienne, pour le traînage sur le sol des galeries et pour l'extraction.

Ces bennes ne sont plus guère usitées, et ne sont acceptables que pour de petits parcours et de faibles extractions.

Fig. 263. — N° **382**. — Cette figure indique la forme générale qu'il convient de donner à une brouette.

Théoriquement, la charge sur niveau n'est nullement limitée par la force de l'homme qui conduit la brouette, pourvu que la charge soit, autant que possible, reportée sur l'essieu par suite de l'évasement de la caisse, que le brancard soit suffisamment long et que le chemin soit en bon état.

Fig. 264. — N° **384**. — La figure représente le système très-simple suivant lequel on peut établir les petits chemins de fer destinés au roulage intérieur.

On peut regarder ce système comme suffisant dans la plupart des cas, et l'emploi d'une voie ferrée quelconque comme indispensable dans toutes les mines de quelque étendue.

Fig. 265. — N° **386**. — Tracé géométrique indiquant *les points singuliers* qu'offre la construction simple de la figure précédente, aux *embranchements* (A et B) et aux *croisements* C.

Fig. 266. — N° **386**. — Détails de la construction d'un croisement, ou de la rencontre de deux lignes de rails appartenant à deux voies différentes. (Point C de la figure 265.)

Fig. 267. — N° **386**. — Détails de la construction d'un embranchement à aiguilles mobiles. (Points A et B de la figure 265.)

Fig. 268. — N° **386**. — Autre construction d'un embranchement dans lequel les aiguilles mobiles sont supprimées. Les wagons cheminent sans difficulté de l'embranchement ou de la voie principale vers le tronc commun ; au retour, d'après le tracé de la figure, on appuiera le wagon *sur la gauche* si l'on veut suivre la voie principale, *sur la droite* si l'on veut s'embrancher.

FIG. 269 et 270. — N° **387**. — Modèle de *plaques d'embranchement*, remplaçant les croisements et embranchements des figures 265 à 268.

Leur emploi est commode dans les mines pour les croisements de galeries à angle droit, comme on en a, par exemple, dans un traçage par piliers et galeries. Cet emploi suppose d'ailleurs les roues des wagons folles sur leurs essieux.

La figure 269 suppose la plaque d'embranchement formée par une série de madriers contigus, que l'on pose sur un cadre en charpente.

La figure 270 représente une plaque d'embranchement en fonte ; le trou central a pour but en partie de l'élégir, mais surtout de former, par son rebord, comme une sorte de gros pivot autour duquel on fait tourner le wagon sans qu'il quitte le centre de la plaque, pour l'amener en face de celle des quatre voies qu'on veut lui faire prendre.

Il est entendu que le diamètre de ce trou central est légèrement inférieur à la largeur de la voie.

FIG. 271. — N° **398**. — Cette figure a pour objet de montrer la relation qui existe entre le rayon de courbure qu'on peut donner à une voie, la largeur de la galerie et la quantité dont un pilier doit être entaillé, lorsqu'on veut tourner à angle droit. Cette relation est donnée par la condition que les parois de la galerie, à l'endroit du coude, restent à une distance constante de l'axe de la voie. (Voir le texte du n° **398**.)

Planche XLVI. — Figures 272 à 278.

FIG. 272. — N° **407**. — Cette figure, toutes les autres de la même planche et celles des deux planches suivantes, jusqu'à la figure 284, représentent un certain nombre de types du matériel roulant employé dans les mines, dont chacun satisfait plus ou moins aux conditions énumérées dans les n°⁵ **388** à **399**.

La figure 272, en particulier, donne, en élévation longitudinale et transversale, le modèle d'un petit chariot dit *chien de mine*, approprié au roulage dans des galeries étroites et sinueuses, comme sont souvent les galeries d'allongement dans les filons de faible puissance.

Il circule sur des chemins formés de deux lignes de madriers de 0ᵐ,10 à 0ᵐ,12, posées sur des traverses à 0ᵐ,05 l'une de l'autre.

Cet intervalle reçoit le *clou de conduite*, qui sert à guider le chariot. Les roues sont à jantes plates, et n'ont pas la même voie pour l'essieu d'avant et l'essieu d'arrière, afin de répartir l'usure sur la largeur du madrier. Ces chariots se chargent en se plaçant sous la trémie des cheminées dans lesquelles on verse le minerai provenant des gradins. Ils se vident à la recette, en les faisant basculer autour de leur essieu d'avant.

Fig. 275. — N° **407**. — Petit wagon autrefois très-usité et encore employé aujourd'hui dans les mines basses du bassin de Mons et du nord de la France. Il est disposé pour se remplir aux tailles et se vider à la recette. Le train, entièrement en fer, est articulé en deux points voisins de l'essieu d'avant. La caisse est fixée par deux boulons à cet essieu, et repose simplement sur l'essieu d'arrière : on peut donc, en la levant par la poignée qui est à l'arrière, la faire tourner autour de l'essieu d'avant, tout en laissant le train sur la voie.

Fig. 274. — N° **407**. — Diverses formes de wagons usités dans les mines de Newcastle. Les plus usités sont entièrement en bois et établis dans des conditions de très-grande solidité. Ils sont très-fortement armés de ferrures, et donnent lieu à très-peu d'entretien.

Tantôt la caisse est prismatique et toute entière au-dessus

des roues, tantôt elle est en forme de pyramide et descend jusqu'au niveau de l'essieu.

Fig. 275 à 277. — N° **407**. — Trois formes de wagons en tôle, ou berlines, en usage à Liége, à Anzin et à Blanzy. Ces wagons, très-bien étudiés dans leurs détails, surtout les deux derniers, sont disposés de manière à avoir la plus grande capacité possible, *avec des dimensions données* en longueur, en largeur et en hauteur. Trop longs et trop larges, ces wagons éprouveraient de la difficulté à circuler dans des galeries étroites et sinueuses, ou à tourner des angles brusques ; trop hauts, ils demandent, dans les galeries, un travail d'exhaussement important, et deviennent en outre difficiles à charger.

Planche XLVII. – Figures 278 à 282.

Fig. 278. — N° **407**. — Benne d'extraction de la Grand'Combe. Ce véhicule a l'inconvénient, comme tous ceux qui ont une section elliptique, de présenter, sous des dimensions données en longueur, largeur et hauteur, moins de capacité que ceux qui sont à section rectangulaire. Ils conviendraient donc moins que les berlines des figures 275 à 277 dans les mines où la question de capacité serait engagée du fait des petites dimensions des galeries, soit en largeur, soit en hauteur ou de leur tracé sinueux. Par contre, ils sont d'une construction simple et solide, et constituent un matériel faisant un très-bon service.

Fig. 279. — N° **407**. — Benne à roulettes de Saint-Étienne. Cette benne, dont l'emploi est aussi satisfaisant, diffère de la précédente par une construction moins robuste, et par le boudin des roues présentant la forme d'une jante plate qui les rend très-propres à circuler sur le sol des chantiers ou sur les plaques d'embranchement. Souvent cette jante est beaucoup plus large que ne l'indique la figure.

Les crochets que portent sur le côté les deux bennes ci-dessus servent pour l'extraction comme on le dira plus loin.

Fig. 280. — N° **407**. — Wagon Cabany. C'est à peu près le wagon d'Anzin, sauf que l'essieu est coudé au lieu d'être droit. Ce coude permet de descendre plus bas, *presque jusqu'au niveau du sol*, le fond du wagon, et de diminuer ainsi la hauteur totale de ce wagon pour une charge donnée. L'essieu coudé et ses fusées peuvent être d'une seule pièce ; ce qui vaut mieux au point de vue de la solidité. On peut aussi rapporter les deux fusées, et n'avoir ainsi, dans les réparations, à remplacer que les parties sujettes à l'usure ; mais la construction me parait demander alors une très-grande précision d'ajustement, et être, quoi qu'on fasse, moins solide et plus sujette aux réparations, dès que le moindre jeu s'est mis entre les pièces.

Fig. 281. — N° **407**. Char à bennes de la Loire. Ce système, aujourd'hui peu usité, l'a été avec avantage, lorsque les mines ne présentaient de chemins de fer que dans les galeries principales, et que le transport se faisait par trainage des divers chantiers à ces galeries principales.

La figure représente le système des essieux à une seule roue décrit au n° **397**.

Ce char à bennes présente un poids mort considérable, à cause des bennes et à cause des quatre essieux.

Fig. 282. — N° **407**. — Bateau des mines de Worsley. Ce système joue un rôle analogue à celui du char à bennes représenté fig. 281 ; mais la charge y est beaucoup plus forte (voir numéro **405**).

Planche XLVIII. — Figures 283 à 288.

Fig. 283. — N° **407**. — Grande benne de Blanzy. Cette benne, à parois en tôle et à fond de bois, doit être considérée comme un matériel peu avantageux dans la plupart des cas. Elle est trop difficile à charger à cause de sa hauteur, et trop difficile à manier à cause de son poids.

Fig. 284. — N° **407**. — Grand wagon de la Grand'Combe. Il porte à peu près la même charge que la benne précédente; il est encore plus lourd qu'elle, mais il est d'une meilleure forme et beaucoup plus solide. On ne l'emploie que dans les couches puissantes exploitées par galeries. Dans les couches minces, ou dans celles qui sont exploitées par puits, on l'a remplacé avec avantage par la benne fig. 278 de la planche précédente. La question de capacité écartée, on peut le considérer comme parfaitement étudié dans tous ses détails. On ne le vide point en le faisant culbuter entièrement, comme beaucoup de wagons de mines plus légers, mais simplement en l'inclinant en avant sur une bascule, et ouvrant la portière qui forme un des petits côtés de la caisse.

Fig. 285. — N° **407**. — Les figures portant le n° 285 représentent diverses formes de coussinets pour les wagons dont les roues sont calées sur les essieux. Ces coussinets sont quelquefois en bronze, plus souvent en fonte, fixés par des boulons au sommier du wagon et maintenus par un contre-coussinet en bois ou par une bride en fer.

A. Coussinet en bronze, avec contre-coussinet en bois maintenu en place par deux boulons carrés qui se logent dans deux rainures latérales et sont serrés par une platine et deux écrous.

B. Autre coussinet, dans lequel le contre-coussinet en bois est remplacé par une bride en fer fortement serrée contre la face inférieure du coussinet, tout en laissant un certain jeu pour l'essieu.

C. Coussinet en fonte, muni de brides qui le maintiennent en place au moyen de deux écrous serrés à fond. Les écrous du souscoussinet en bois sont moins serrés pour ne pas créer de frottements inutiles.

D. Coussinet servant à la fois pour les deux essieux parallèles d'une même paire de roues dans un wagon à quatre essieux. Il reçoit le collet d'un des essieux et l'extrémité de l'autre.

Fig. 286. — N° **407**. — Type de l'essieu patent, employé pour les roues mobiles sur les essieux fixes. Cette disposition a pour but de faire tourner le moyeu de la roue sur la fusée de l'essieu dans une boîte qui doit être disposée, à la fois, pour contenir une certaine provision d'huile servant à lubrifier les surfaces, pour empêcher la disjonction du moyeu et de l'essieu, et enfin pour être étanche.

Le réservoir d'huile est formé par les cavités annulaires ménagées tant dans la fusée que dans l'essieu. Les rondelles, qui ferment les deux extrémités du moyeu après qu'il a été enfilé sur la fusée de l'essieu, et le bourrelet saillant que porte celui-ci remplissent les deux autres objets.

Fig. 287. — N° **407**. — Le système décrit ci-dessus est susceptible de diverses modifications, dont une est indiquée sur la figure 287. Elle s'applique aux wagons Cabany à essieux coudés avec fusées rapportées. L'étanchéité est obtenue par la rondelle flottante interposée entre le moyeu et la bague saillante qui termine la fusée. Une excavation annulaire ménagée dans la boîte forme le réservoir à l'huile, que l'on remplit en ouvrant un clapet à ressort. Un écrou et un contre-écrou servent à assujettir fortement la fusée, en serrant à la fois la partie coudée de l'essieu et la caisse, et à régler la pression de la rondelle flottante.

Fig. 288. — N° **407**. — Les deux figures désignées sous le n° 288 présentent des dispositions dans lesquelles on a cherché à donner au système des roues fixées aux essieux mobiles les avantages du graissage continu.

A représente le système de M. Évrard ; dans ce système le corps de l'essieu est formé par un tube fixe en fer étiré, à l'intérieur duquel pénètrent les fusées mobiles sur lesquelles sont calées les roues. On a donc en même temps l'avantage du système à 4 essieux. Entre les deux fusées, occupant chacune à peu près le tiers de la longueur du tube, se trouve le réservoir d'où l'huile s'échappe, pour pénétrer entre la fusée et l'essieu et lubrifier ainsi les surfaces frottantes.

Il paraîtrait convenable, pour assurer cette pénétration, de pratiquer un grain d'orge hélicoïdal à la surface de la fusée.

Il est un autre système inventé par M. G. Dubois, dans lequel les deux fusées forment une seule pièce constituant l'essieu proprement dit, tournant dans une partie creuse faisant fonction de coussinets à ses deux extrémités et de réservoir à graisse dans l'intervalle. Cette disposition, qui consiste en réalité à confondre en une seule les deux boîtes à graisse d'un essieu ordinaire, ne convient que pour des voies de petite largeur, comme celles des mines.

On observera ici, d'une manière générale, que tout système de boîte à graisse employé dans les grands chemins de fer (et l'on sait qu'ils sont nombreux) peut être appliqué, à la rigueur, au petit matériel des mines. Mais on se jette ainsi dans des combinaisons plus ou moins complexes d'un entretien minutieux; de sorte que le plus souvent, dans la pratique, on se contente de l'assemblage le plus simple et l'on se borne à graisser au pinceau à chaque voyage, au moment où le wagon va rentrer dans la mine.

Planche XLIX. — Figures 289 à 295.

Fig. 289. — N° **410**. — Système des voies d'un plan incliné automoteur à double effet, comprenant 3 rails sur la partie supérieure, deux voies distinctes au croisement et une voix unique sur la partie inférieure. Cette disposition a les mêmes effets qu'une double voie sur toute la longueur, et elle permet d'avoir une galerie moins large. Les pointes des aiguilles en *a* sont manœuvrées par les wagons eux-mêmes, sans aucune intervention de la main d'un ouvrier. (Voir le texte du n° **410**.)

Fig. 290. — N° **411**. — Ensemble et détails de la poulie à gorge articulée, ou poulie *Fowler*, actuellement très-usitée, surtout en Angleterre, pour le service des plans inclinés automoteurs. Cette poulie a la propriété remarquable d'empêcher le glissement du câble sur sa gorge, et de rendre ainsi possible l'emploi des freins dans le service des plans inclinés, même quand le mécanisme en tête du plan se compose simplement d'une poulie sur laquelle passe un câble. L'effet est obtenu, en composant la gorge de la poulie de deux séries d'éléments articulés qui se rapprochent deux à deux et serrent le câble avec une force qui est en proportion de la pression élémentaire exercée sur la gorge, pression proportionnelle elle-même, pour une poulie d'un rayon donné, à la tension longitudinale du câble.

FIG. 291. — N° **411**. — Artifice au moyen duquel on produit une résistance au glissement d'un câble sur une poulie, égale à ce qu'elle serait si le câble, au lieu de n'avoir qu'une demi-circonférence d'enroulement sur la gorge de la poulie, faisait plusieurs demi-tours (5 demi-tours sur la figure). L'avantage du système est que l'effet s'obtient, sans exposer le câble aux frottements et à l'usure qu'il éprouverait si on lui faisait faire réellement trois demi-tours sur la même gorge.

Le câble peut passer de la poulie principale sur la poulie auxiliaire, soit comme une courroie droite, soit comme une courroie croisée. La première disposition est représentée en plan par les lignes pleines, et la seconde par les lignes ponctuées. (Voir le texte du n° **411**.)

FIG. 292. — N° **413**. — Exemple de disposition des voies d'un plan incliné à double voie desservant plusieurs niveaux. Le système est combiné de manière que l'on puisse passer de l'une quelconque des deux voies de niveau sur l'une quelconque des deux voies du plan incliné, et réciproquement.

Quelque complexe qu'il paraisse, il ne comporte que des points *d'embranchement* et des points *de croisement*, tels que les points A B C de la figure 265. Il n'y a donc aucun nouveau détail de construction à donner. Le système suppose l'inclinaison générale du plan assez modérée. (Voir le texte du n° **413**.)

Fig. 293. — N° **413**. — Plaque d'embranchement pouvant remplacer le système des voies de la figure précédente, lorsque le matériel en mouvement sur les plans inclinés est susceptible d'être facilement tourné sur les plaques. L'emploi de ces plaques suppose, comme dans le cas de la figure précédente, un plan d'une inclinaison assez faible.

Fig. 294. — N° **413**. — Disposition qui permet, au moyen d'un rail qu'on enlève ou qu'on replace, de créer ou de supprimer un palier en un point quelconque d'un plan incliné.

Fig. 295. — N° **416**. — Exemple de l'emploi d'un chariot porteur pour le service d'un plan incliné. Le modèle représenté est établi de manière à pouvoir être employé sur les divers plans inclinés qu'on installe successivement en arrière d'un ouvrage en gradins, pour amener à la voie de fond les produits des divers gradins, lorsque l'inclinaison de ces plans inclinés ne reste pas constante. La figure montre comment on peut faire varier l'angle du tablier avec le train portant les roues, de manière que ce tablier reste toujours sensiblement horizontal, quelle que soit l'inclinaison du plan. (Voir le texte du n° **416**.)

Planche L. — Figures 296 à 299.

Fig. 296. — N° **417**. — Cette figure et les suivantes de la même planche se rapportent, comme celles de la planche précédente, aux plans inclinés automoteurs employés dans les mines, pour relier deux points dont la différence de niveau est telle, relativement à leur distance horizontale, qu'il en résulte, dans le sens du transport, une inclinaison permettant d'employer l'action de la gravité sur un wagon chargé pour remonter en même temps un wagon vide.

La figure 296 représente un plan incliné à deux voies distinctes, desservant le palier au sommet du plan et les paliers intermédiaires.

Fig. 297. — N° **117**. — Les deux figures 297 A et 297 B représentent, à titre d'exemple, deux dispositifs pouvant être établis en tête d'un plan incliné, comme mécanisme d'un frein.

La figure A représente un treuil divisé en deux parties par la poulie sur laquelle doit agir le frein.

Dans le cas de la poulie B, le système peut être encore simplifié, sans qu'il soit nécessaire d'entailler le mur. Il suffit pour cela de poser directement sur le mur le châssis portant la poulie du frein, et de le fixer à l'aide d'un crochet en fer rond chassé dans un trou de mine. Cette disposition est commode pour un plan incliné qui suit et dessert une taille montante, et dont le frein doit être remonté pour tous les deux ou trois jours. (*Industrie minérale* tome 1er 1856).

Fig. 298 — N° **417**. — Plan et coupe verticale d'un système de plan automoteur à deux voies et à mouvement continu, desservant seulement un palier situé au sommet du plan. La même voie sert toujours pour la descente, et l'autre pour la montée.

Fig. 299. — N° **417**. — Coupe verticale et élévation d'un système de plan automoteur à chariot-porteur et à wagon contre-poids.

Ce système, employé dans les mines du nord de la France, est établi de manière à n'exiger que des galeries étroites et à pouvoir s'appliquer à des inclinaisons variables.

Il n'y a qu'un seul chariot-porteur, dont on peut varier l'inclinaison du tablier par rapport au châssis des roues, selon la disposition de la figure 295.

Le wagon-contre-poids circule sur une petite voie, dont les rails sont à l'intérieur de la voie du chariot-porteur. Ce wagon est très-bas, de manière à pouvoir passer, à la rencontre, au-dessous du chariot-porteur.

Ce système est bien étudié pour desservir une série de tailles chassantes.

Lorsque le chariot-porteur est trop bas sur ses roues pour laisser passer au croisement le wagon-contre-poids, la voie de celui-ci doit-être abaissée, comme l'indique la figure, ou plutôt la voie du chariot-porteur doit être relevée, comme il est dit dans le texte.

Planche LI. — Figures 300 à 307.

Fig. 300. — N° **417**. — Modèle de wagons aptes à circuler *indifféremment* sur les voies de niveau, ou sur des plans diversement inclinés.

Cet effet est obtenu en formant le châssis des roues de deux flasques triangulaires dont les sommets servent d'axe de suspension à la caisse du wagon.

Cet axe est placé au-dessus du centre de gravité de la caisse, qui reste ainsi verticale, quelle que soit l'inclinaison que prend le plan passant par les deux essieux.

Fig. 301. — N° **418**. — Cette figure sert à indiquer comment, à l'aide d'un faux puits , on pourra souvent remplacer avec avantage un système de plans inclinés automoteurs.

Ainsi un faux puits, tel que AB, amènera, au point B d'un travers-bancs, le charbon exploités en amont-pendage du point A, plus directement et à moindres frais que s'il fallait descendre en C par un système de plans inclinés automoteurs, puis parcourir la partie CB du travers-bancs.

Fig. — 302. — N° **422**. — Les figures 302 A et 302 B représentent l'ensemble et les détails d'une *vallée*, c'est-à-dire d'un plan incliné qui, au lieu d'être automoteur, est desservi par une machine fixe placée en tête du plan, parce que le transport du produit de l'exploitation doit se faire en montant et non en descendant. La figure 302 B donne le détail d'un tablier à charnières, qui sert, à un palier intermédiaire quelconque, à recevoir un wagon vide, qu'y amène le brin descendant du câble sans fin, ou à expédier un wagon plein que l'on accroche au brin montant.

Fig. 503. — N° **424**. — Disposition générale d'un appareil mécanique mû par la vapeur ou par l'air comprimé, destiné à faire un transport intérieur sur niveau, à l'aide de deux câbles. (Tail Rope system.)

La machine motrice n'est autre chose, en réalité, qu'une machine ordinaire d'extraction, à deux cylindres conjugués horizontaux. Mais les tambours des câbles, au lieu d'être, comme cela a lieu habituellement, fixés sur un seul et même arbre, le sont sur deux arbres distincts, commandés chacun par un système d'engrenages. Chaque arbre peut être rendu, à volonté, solidaire ou indépendant de l'arbre du volant.

Un train de wagons est attaché en avant à l'un des câbles, en arrière à l'autre câble, qui va jusqu'à l'extrémité de la voie, passer sur une poulie de renvoi.

Suivant le sens de la rotation, le train marche vers le puits, s'il est composé de wagons pleins, et retourne au contraire vers les chantiers, si les wagons sont vides.

C'est dans le premier cas, *la corde de tête* qui agit, et, dans le second cas, *la corde de queue*. Le tambour correspondant est embrayé, en même temps que l'autre est débrayé, et serré légèrement par un frein pour que son câble ne se déroule pas au point de devenir lâche et flottant.

Fig. 504. — N° **424**. — Les deux figures 504 A et 504 B donnent deux exemples des dispositions que l'on peut employer, pour produire les embrayages et les débrayages dont il vient d'être parlé. Ces dispositions consistent à déplacer le palier voisin de la roue dentée, de la petite quantité nécessaire pour que les dents de cette roue et celles du pignon qui la conduit cessent d'être en prise.

Fig. 505. — N° **424**. — La figure 505 est un simple diagramme indiquant la disposition de la poulie de renvoi placée à l'extrémité de la voie, au point où l'on reçoit les convois de wagons vides venant du puits et où l'on compose les convois de wagons pleins à diriger sur le puits. La figure est établie dans la supposition d'une voie unique, qui se bifurque seulement à l'extrémité, pour la formation des convois. La corde d'avant est dans l'axe de la voie, la corde d'arrière est logée sur le côté de la galerie, où elle est convenablement guidée.

Fig. 306. — N° **424**. — Les 3 figures 306 A, 306 B et 306 C, sont les diagrammes des dispositions à prendre à un point d'embranchement. Ces dispositions ont pour objet de permettre, à l'arrivée d'un convoi en ce point, soit de continuer sur la voie principale, soit de passer sur un embranchement pour le desservir. (Voir le texte du n° **424**.)

Fig. 307. — N° **424** — La figure 507 est le diagramme, non plus d'un embranchement, mais *d'une station*.

La station diffère de *l'embranchement*, en ce qu'elle présente une voie d'évitement raccordée à la voie principale, sur laquelle viennent se former les convois de wagons pleins, ou qui reçoit, pour y être décomposés, des convois de wagons vides. (Voir le texte du n° **424**, qui indique comment se font ces manœuvres.)

Planche LII. — Figures 308 à 314.

Fig. 308. — N° **424**. — La figure 508 donne un exemple des dispositions qui peuvent être prises pour guider les câbles et les wagons, dans les sinuosités, ou les coudes, que présentent les galeries. La poulie supérieure est disposée pour guider la corde d'arrière, ou *corde queue*, et la poulie inférieure pour guider la corde d'avant. La position des convois sur la voie est assurée par des contre-rails.

Fig. 309. — N° **424**. — Exemple d'une disposition qui peut être prise, pour accrocher et décrocher rapidement les convois aux embranchements et aux stations, ainsi qu'au voisinage de la recette et au bout de la voie. On enlève la goupille à la main, et d'un coup de pied on repousse l'anneau qui maintient fermé le crochet à charnière. Le crochet s'ouvre aussitôt, par le fait même de la tension du câble.

Fig. 510 et 511. — N° **125**. — Ces deux figures et les suivantes, jusqu'à la figure 515 de la planche 55, se rapportent au système de transport par chaîne sans fin.

Ces figures donnent, à titre d'exemple, deux dispositions qu'on peut adopter pour commander une poulie, ou deux poulies de tête, à l'aide d'un moteur quelconque. Chacune de ces poulies reçoit une chaîne sans fin, qui se développe au-dessus de deux voies parallèles, et va s'enrouler, à l'autre extrémité, sur une poulie de retour.

Les deux brins de la chaîne sont flottants, et reposent l'un sur les wagons pleins, l'autre sur les wagons vides. Les wagons sont engagés sur les voies en les poussant sous les chaînes à des intervalles à peu près réguliers.

Fig. 512. — N° **426**. — Disposition de la poulie de retour placée à l'extrémité de la double voie desservie par la chaîne sans fin. On distingue sur cette figure le galet qui maintient le brin des wagons vides à la hauteur voulue pour l'enroulement, et le système au moyen duquel les wagons qui doivent abandonner la chaîne sont forcément maintenus sur la voie et décrochés de la chaîne.

Fig. 513. — N° **426**. — Disposition que l'on peut prendre dans une courbe. La chaîne est déviée par une poulie convenablement orientée et placée à une hauteur suffisante au-dessus de la voie. Le wagon est abandonné un instant par la chaîne, qui le reprend un peu plus loin dans son nouvel alignement. Ce résultat s'obtient ou à la main, par les soins d'un ouvrier spécial établi en permanence sur ce point, ou par la simple action de la gravité, en donnant une pente dans le sens convenable à la partie de la voie qui est en courbe.

Fig. 314. — Nᵒ **426**. — Exemple d'un embranchement pour chaine flottante. Le principe général consistera à établir, au point d'où devront partir deux ou plusieurs embranchements, une poulie de retour commandée par la 1ʳᵉ chaine, dont l'axe portera une roue d'angle qui, par des combinaisons d'engrenages faciles à imaginer, ira donner le mouvement à d'autres poulies, lesquelles fonctionneront, à leur tour, pour les divers embranchements, comme poulies de tête.

L'espèce de carrefour formé à la jonction des embranchements sera une aire dallée, sur laquelle les wagons, tant vides que pleins, abandonnés par les chaines, seront maniés à bras pour être dirigés sur la voie à laquelle ils sont destinés.

On peut donner aux chaines des divers embranchements des vitesses proportionnelles à peu près à leur débit prévu, de manière que l'espacement des wagons soit à peu près le même pour toutes. Cette égalité n'est, d'ailleurs, pas une condition de rigueur.

Planche LIII. — Figures 315 à 319.

Fig. 315. — Nᵒ **426**. — Exemple de la disposition d'une station, sur laquelle, dans le système de la chaine sans fin des figures 310 à 314, on veut se réserver d'ajouter des wagons pleins ou de prendre des wagons vides aux files de wagons qui circulent sur les voies de la ligne principale. (Voir le texte du nᵒ **426**.)

Fig. 316. — Nᵒ **427**. — Exemple d'une disposition d'ensemble d'un système de traction mécanique à câble sans fin et à double voie. Le système comprend une machine à vapeur à cylindre horizontal fixe, activant une poulie à plusieurs gorges, analogue à celle de la figure 291. Les chaudières sont voisines de la machine, et installées dans une sorte de chambre latérale formée en élargissant la galerie. Le câble sans fin passe de la poulie sur une des voies, la parcourt en son entier, s'infléchit sur une poulie de retour qui la ramène sur l'autre voie, revient vers la machine, et avant de retourner à la poulie à plusieurs gorges, passe sur une grande poulie portée sur un chariot mobile, qui, à l'aide d'un contre-poids, donne au câble entier la tension voulue.

Fig. 317. — N° **427**. — Wagon spécial placé en tête d'un train, dans lequel se place le conducteur de ce train.

Ce wagon présente les dispositions nécessaires pour que le conducteur puisse, à volonté, saisir par un crochet le câble en mouvement sur la voie où le convoi est placé, le soulever légèrement afin de le coincer entre deux mâchoires, l'une fixe, l'autre mobile, établies sous le wagon, ou bien au contraire l'abandonner en desserrant cette mâchoire, ou enfin manœuvrer un frein pour ralentir le train après qu'il a été abandonné par le câble. On peut faire ainsi toutes les manœuvres que nécessite le service du transport intérieur, sans avoir besoin d'arrêter, ni même de ralentir la machine motrice un seul instant.

Rien n'empêche d'avoir en même temps plusieurs convois de wagons pleins circulant sur une des voies, et plusieurs convois de wagons vides circulant sur la voie de retour. Le service peut donc être extrêmement actif.

Fig. 318. — N° **427**. — Dispositions diverses que l'on peut donner à des tenailles, ou pinces, à l'aide desquelles le conducteur, placé dans un wagon vide à l'avant du train, saisit ou abandonne, à sa volonté, le câble remorqueur qui se meut entre les rails de la voie sur laquelle le train est placé.

Ces tenailles remplissent exactement, et d'une manière peut-être plus simple, le rôle de la machine du wagon spécial représenté figure 317.

Fig. 319. — N° **428**. — Mode d'attache des wagons au câble sans fin, quand ce câble est établi, comme dans le système de la chaine sans fin, au-dessus des wagons, au lieu de passer au-dessous. (Voir le texte du n° **428**.)

Planche LIV. — Figures 320 à 322.

Fig. 320. — N° **439**. — Cette figure et les deux autres de la même planche se rapportent à une question assez récemment posée, mais dont l'importance est déjà fort appréciée, et le sera assurément de plus en plus à mesure que les machines d'extraction deviendront plus puissantes et les charbons plus chers.

Cette question est celle de l'application de la détente variable à ces machines, application parfaitement motivée par le travail essentiellement inégal qui leur est demandé.

La figure 320 représente le système de détente de M. Audemar, qui consiste à interrompre l'admission dans la boîte du tiroir au moyen d'une soupape manœuvrée par un manchon à bosse mobile à volonté le long de son axe. C'est une disposition connue depuis longtemps; mais M. Audemar l'a complétée en rendant le mouvement du manchon solidaire de celui du levier de changement de marche, et en disposant les choses pour qu'un *très-petit mouvement* de ce levier, qui change *très-peu* les conditions de distribution du tiroir, suffise pour produire une excursion *assez ample* du manchon, qui change *beaucoup* le dégré de la détente.

Fig. 321. — N° **440**. — Cette figure donne une idée du système de M. Guinotte, qui a pris pour point de départ la détente Meyer, caractérisée par l'emploi de deux tiroirs superposés.

On doit se représenter que le tiroir inférieur est un tiroir ordinaire, et que sur le tiroir supérieur on peut, avec une coulisse, changer la position initiale, c'est-à-dire produire l'équivalent de ce qu'on désigne habituellement sous le nom d'avance à l'admission. Le même dispositif qui produit le changement dans cette avance, produit ici le changement dans le dégré e détente. (Voir pour plus de détails le texte du n° **440**.)

Fig. 322. — N° **441**. — Système de détente de M. Scohy. Ce système, applicable aux machines qui ont de chaque côté du piston une lumière d'admission et une lumière d'échappement distinctes, consiste à détendre dans la boîte de chaque tiroir d'admission, au moyen d'une plaque spéciale, ou *tuile de détente*, dont l'excentrique est calé parallèlement à la manivelle motrice. On varie la détente en déplaçant cette tuile à l'aide d'un petit volant à manivelle, comme dans la détente Meyer. (Voir le texte du n° **141**.)

Il ne semble pas que l'expérience ait prononcé sur les mérites respectifs des trois systèmes de détente ci-dessus indiqués, dont l'emploi est encore trop récent, mais paraît devoir s'étendre rapidement.

Il est probable qu'il s'en produira encore d'autres.

Planche LV. — Figure 323.

Fig. 323. — N° **444**. — La figure 323 et les figures suivantes jusqu'au n° **328** de la planche 60, sont consacrées aux machines d'extraction, dont les types, après avoir beaucoup varié pendant un certain nombre d'années, sont aujourd'hui ramenés presque exclusivement, tout au moins en France et en Belgique, aux machines à deux cylindres conjugués sans engrenages et à connexion directe, les cylindres étant d'ailleurs placés soit horizontalement, soit verticalement.

Toutes les figures des planches précitées sont à l'échelle commune de deux centimètres pour mètre, ce qui peut faciliter les comparaisons entre les diverses machines représentées.

La machine de la figure 323 est une machine à un seul cylindre, à balancier, à haute pression, sans détente ni condensation, de la force de 60 chevaux.

Ce type était adopté et très en faveur, il y a trente ans ou quarante ans, dans les grandes mines du Nord et de la Belgique.

Il était appliqué à une extraction par des cuffats auxquels on ne donnait qu'une vitesse d'ascension très-faible.

On peut aujourd'hui le considérer comme suranné.

Il ne conviendrait pas aux extractions considérables que l'on demande actuellement.

Planche LVI. — Figure 324.

Fig. 524. — N° **444**. — Exemple d'une machine d'extraction à un seul cylindre horizontal et à engrenage.

Cette machine a sur la précédente le triple avantage d'être beaucoup moins coûteuse d'achat, de comporter moins de dépense d'installation, et enfin de pouvoir marcher avec une vitesse sensiblement plus grande. On a établi beaucoup de machines de ce genre, jusqu'au moment où le besoin d'augmenter les extractions a introduit les machines à deux cylindres qui peuvent être lancées avec une plus grande vitesse, et qui surtout sont beaucoup mieux en main, parce qu'elles n'ont pas de point mort, avantages dont la combinaison avec l'emploi des cages guidées a permis d'accélérer beaucoup toutes les manœuvres que comporte le service de l'extraction.

Planche LVII. — Figure 325.

Fig. 525. — N° **444**. — Machine d'extraction horizontale à deux cylindres et sans engrenage, construite par M. Quillocq.

Cette machine peut être considérée comme présentant les principaux avantages qu'on a cherché à réunir dans les appareils d'extraction construits depuis une vingtaine d'années, en vue d'augmenter la production.

Elle est en outre très-bien disposée pour que le mécanicien ait parfaitement sous les yeux et à sa portée toutes les parties de la machine et spécialement les divers organes avec lesquels il fait toutes ses manœuvres, soupape d'admission, levier de changement de marche, frein à vapeur, etc.

Il voit aussi très-bien les bobines et les abords du puits.

Les machines de ce type sont déjà très-répandues, et il s'en établit encore beaucoup aujourd'hui.

Elles *devront* être complétées par l'emploi d'un système de détente variable.

Planche LVIII. — Figure 326.

Fig. 526. — N° **444**. — Cette figure et celle de la planche suivante représentent un type de machine d'extraction qui a les mêmes propriétés essentielles que celui de la planche précédente.

La différence principale entre les deux types résulte de la position des deux cylindres, qui sont verticaux dans le second, au lieu d'être horizontaux comme dans le premier.

Le type vertical se répand beaucoup aujourd'hui, plus peut-être que le type horizontal; mais la question de savoir s'il doit lui être préféré, ou inversement, est encore un objet de controverse pour un grand nombre d'ingénieurs qui s'occupent de mines.

Les deux types ont en effet chacun leurs avantages et leurs inconvénients.

D'abord, au point de vue de la construction, les machines verticales sont souvent indiquées comme préférables aux machines horizontales, auxquelles on reproche l'ovalisation des cylindres moteurs, et en général l'inégalité d'usure des organes de la machine, résultant du poids propre des pièces mobiles lequel s'ajoutant aux forces intérieures qui leur sont appliquées, tend habituellement à rendre les pressions inégales et non symétriques.

Ce reproche est peut-être plutôt *théorique* que pratique, lorsqu'on a eu soin d'ajuster les pièces avec précision, de former les parties frottantes en métaux durs, spécialement en acier, et de donner aux surfaces en contact une grande étendue qui, sans changer ni *la pression totale*, ni *l'intensité totale* du frottement ou *son travail*, réduit le frottement *par unité de surface*, et par conséquent *diminue l'usure*.

On peut encore reprocher aux machines horizontales, par suite
du mode usuel de liaison du cylindre avec la plaque de fondation, de fatiguer un peu plus que les machines verticales, dans les
dilatations inégales que prennent les diverses pièces sous l'influence des températures plus ou moins élevées que leur communique la vapeur.

On leur reproche aussi l'espace plus grand qu'elles occupent
en projection horizontale. Mais, en général, le terrain autour
d'un puits de mine, *ne se vend pas au mètre carré*, et l'inconvénient est peu important. Cette plus grande étendue horizontale,
qui met tous les organes bien en vue du mécanicien et les rend
facilement abordables, semble plutôt, au contraire, constituer
une supériorité sur les machines verticales, où tous les organes
sont, en quelque sorte, superposés et individuellement moins
apparents, et ne peuvent être atteints par le mécanicien sans
qu'il ait à chaque instant à monter ou à descendre. D'ailleurs,
en même temps qu'elle est plus commode, la disposition horizontale donne à la machine plus de stabilité.

On attribue aux machines verticales l'avantage de placer
les bobines à une plus grande hauteur, et, par suite, pour
une distance du puits et une hauteur du chevalement données, d'augmenter l'angle que fait la partie du câble qui pend
dans le puits avec la partie qui va des molettes aux bobines.
On suppose qu'on diminue par là l'angle sous lequel le câble
est forcé de se plier, et par conséquent sa fatigue. Cette
supposition ne me paraît pas bien exacte : ce qui fait la fatigue
du câble, c'est la courbure suivant laquelle son axe doit s'infléchir, courbure qui dépend exclusivement *du rayon de la molette*, et non de l'arc plus ou moins étendu que le câble occupe
sur sa jante. La position élevée des bobines n'a donc aucune
utilité pour ménager le câble, et elle diminue la stabilité du
chevalement en augmentant la composante horizontale qui tend
à se renverser. Le véritable avantage de la position verticale de
la machine est de rapprocher le mécanicien du puits, et de le
mettre à une hauteur plus convenable pour bien voir les planchers des recettes.

On a bien dit qu'on pouvait donner le même avantage du rapprochement du puits aux machines horizontales, en faisant revenir les câbles au-dessus du mécanicien, c'est-à-dire en plaçant les cylindres entre le puits et les bobines ; mais alors il faut que le mécanicien tourne le dos soit au puits, soit aux bobines, ce qui est mauvais, et en outre il est très-exposé, en cas de la rupture accidentelle de l'un des câbles qui passent au-dessus de sa tête.

En résumé, sans prétendre trancher la question, on pourrait peut-être dire qu'*au point de vue technique* les avantages sont, en majorité, dans leur ensemble, en faveur des machines horizontales, tandis que pour placer le mécanicien en position de bien voir toutes les manœuvres et de communiquer facilement avec les receveurs, les machines verticales sont préférables.

Comme ce dernier avantage est de nature à permettre peut-être un service un peu plus rapide, et que tout ce qui peut augmenter la production est d'un intérêt supérieur, j'inclinerais à penser qu'on pourrait bien être conduit, *par cette seule considération*, à donner de plus en plus la préférence aux machines verticales, préférence qui serait justifiée, d'ailleurs, par cette remarque que les inconvénients de la position horizontale, au point de vue des usures inégales, deviendront d'autant plus sensibles qu'il s'agira de machines plus importantes.

Revenant de ces généralités à la figure 526, on y remarquera les mêmes organes essentiels que dans la figure précédente. La solidarité entre les cylindres moteurs et l'arbre des bobines, obtenue dans la machine horizontale par l'emploi d'une plaque générale de fondation, l'est dans la machine verticale, au moyen de deux fortes poutrelles en fonte supportées par des colonnes de même métal, formant un bâti sur lequel est installé l'arbre des bobines. Chaque cylindre et les colonnes correspondantes reposent sur un massif spécial de fondation.

Cet ensemble comporte moins de précision dans la pose et plus de possibilité de dérangements que le système appliqué à une machine horizontale.

Planche LIX. — Figure 327.

FIG. 527. — N° **444**. — Cette figure représente une machine à deux cylindres verticaux, qui se rapproche beaucoup, dans ses dispositions générales, de celle représentée par la figure précédente, et qui, par conséquent, peut donner lieu aux mêmes observations générales.

La machine représentée par la figure 527 diffère surtout de la précédente par la manière dont le piston et l'arbre des bobines sont reliés. La véritable plaque de fondation est ici, pour chacun des deux cylindres, le bâti en fonte portant directement un des paliers de l'arbre des bobines; le cylindre est relié et, en quelque sorte, suspendu à ce bâti par deux entretoises qui reçoivent en même temps les glissières servant à guider la tige. Le cylindre est logé dans une sorte de chambre étroite comprise entre les deux gros murs servant de fondation au bâti.

Cette disposition me paraît préférable, au point de vue de la solidité, à celle de la figure 526, et par conséquent mieux appropriée aux très-grandes machines. Par contre, elle place une partie importante de la machine beaucoup moins en vue du mécanicien.

Planche LX. — Figures 328 à 330.

FIG. 528. — N° **444**. — Les trois planches précédentes représentent les types de machines d'extraction auxquelles, en ce moment, les ingénieurs donnent une préférence marquée. On peut dire qu'en France et en Belgique, on n'établit pour ainsi dire aucune machine destinée à une grande extraction qui ne rentre, plus ou moins exactement, dans un de ces trois types, qui réunissent en effet de nombreux avantages. La figure 528 est donnée comme spécimen des modifications encore tentées, dans des directions diverses, par quelques ingénieurs qui ne considèrent pas que ces machines soient arrivées à un état définitif et ne puissent pas encore être perfectionnées.

Nous savons qu'elles peuvent l'être en effet, et même dans une mesure très-importante, au point de vue de la consommation du combustible, par l'emploi de la détente et peut-être par le retour à l'emploi de la condensation.

L'avantage cherché dans la machine représentée par la figure 528, ne se rapporte point au mode d'emploi de la vapeur. Il est moins radical, et n'a d'autre objet qu'une économie à faire sur les câbles d'extraction. (Voir le texte nᵒ **444**.)

On sait que dans les machines ordinaires où les deux bobines sont sur le même arbre, les câbles ne s'usent pas également ; celui qui est dit *s'enrouler par-dessus*, c'est-à-dire qui se courbe *dans le même sens*, sur la molette et sur la bobine, dure ordinairement plus longtemps que celui qui *s'enroule par-dessous*, ou qui est obligé de se plier *dans un sens* pour s'enrouler sur la bobine, et *en sens contraire* pour passer sur la molette. Cette différence est facile à comprendre.

Dans la machine représentée, l'inventeur, M. Colson, évite cet inconvénient en établissant les bobines sur deux arbres tournant en sens contraire. Les câbles peuvent alors s'enrouler tous deux *par-dessus* ; car par suite de la rotation en sens inverse de leurs arbres respectifs, l'un quelconque d'entre eux se déroule pendant que l'autre s'enroule, ainsi que cela doit être.

A cette idée très-simple, M. Colson a joint celle de profiter des deux mouvements de rotation en sens contraire des deux arbres des bobines, pour guider les tiges des deux pistons à vapeur.

A cet effet, les deux cylindres conjugués sont symétriquement placés en avant et en arrière des deux bobines ; les tiges de leurs pistons portent une traverse, ou pièce en forme de T, égale en longueur à la distance d'axe en axe des deux arbres ; les deux bouts de cette traverse reçoivent des bielles pendantes attelées à des manivelles qui ont été calées d'une manière symétrique sur ces deux arbres, et qui y restent toujours pendant le mouvement.

Cette disposition assure évidemment la position horizontale de la pièce en T, et le mouvement vertical de son point milieu.

Cette combinaison cinématique n'est du reste pas nouvelle; car elle est indiquée dans l'Atlas de la richesse minérale (Pl. 39 et Pl. 41) par des figures donnant l'ensemble et les détails d'une machine à vapeur de rotation faisant un service d'extraction.

Il ne me paraît pas que le type créé par M. Colson mérite d'être préféré aux systèmes que l'on établit généralement aujourd'hui. L'avantage recherché est d'un ordre secondaire, et il ne compense pas une complication un peu plus grande de la machine, et un guidage de la tige du piston moins complet et plus sujet aux vibrations, surtout pour les très-grandes machines.

Fig. 329. — N° **446**. — La figure 329 représente un tambour à axe horizontal pour câbles ronds. Sa légère conicité n'a pas pour objet de régulariser l'action variable du poids du câble (elle serait pour cela fort insuffisante), mais simplement de favoriser la juxtaposition de ses différentes spires.

On voit sur la figure le tourniquet à l'aide duquel on règle la longueur exacte de chaque câble, et la disposition prise pour qu'il passe du tourniquet sur le tambour sans être obligé de s'infléchir sous un trop grand angle.

Fig. 330. — N° **446**. — Exemple d'une disposition de bobine pour câble plat. Cette figure représente un mode d'attache du câble sur sa bobine. Elle montre en outre comment la bobine peut être, à volonté, rendue folle sur l'axe, ou solidaire de cet axe. Cette disposition n'est à employer que pour l'une des deux bobines, tandis que l'autre est calée invariablement.

Il en résulte que ces deux pièces peuvent prendre un mouvement relatif qui permet de régler la longueur des deux câbles, soit une fois pour toutes, soit lorsqu'on veut, dans le courant d'une journée, passer d'un accrochage à un autre.

Planche LXI. — Figures 331 à 336.

Fig. 331. — N° **446.** — Détail relatif au système employé pour rendre à volonté une bobine fixe ou folle sur son axe. C'est, avec une légère variante, la disposition représentée par la figure 550 de la planche précédente.

Fig. 332. — N° **446.** — Autre exemple de bobine pour câble plat, montrant un mode d'attache du câble différent de celui de la figure 550. (Voir pour les planches 550 à 552 le texte du N° **446.**)

Fig. 333 A. et 333 B. — N° **449.** — Figure géométrique servant à établir comment, fabriquée avec un fer rond d'un échantillon donné, une chaîne peut avoir un poids variable par mètre courant, croissant jusqu'à une certaine limite à mesure que la longueur des maillons diminue. (Voir le texte du N° **449.**)

Fig. 334. — N° **451.** — Figure géométrique représentant les deux extrémités d'un câble à section décroissante, ou *câble diminué*, satisfaisant à la condition d'éprouver, dans une section quelconque, le même degré de fatigue par unité de section, lorsque l'on tient compte du poids propre du câble dans le calcul de cette fatigue. (Voir la théorie du n° **451.**)

Fig. 335 A et 335 B. — N° **453.** — Figures géométriques servant à exposer la théorie des chaînes contre-poids employées à la régularisation des résistances variables que doit surmonter une machine d'extraction munie de câbles ronds.

La figure A représente la chaîne contre-poids au commencement d'une manœuvre, ou au moment de l'enlevage ; la chaine tend alors de tout son poids le câble qui la soutient, et elle agit *comme puissance* puisque son point d'attache descend.

La figure B la représente entièrement suspendue au point fixe établi au milieu de la hauteur du compartiment dans lequel elle fonctionne. C'est le moment de la rencontre des bennes dans le puits.

A mesure que la benne pleine approche du jour, la chaine se rapproche elle-même de sa position primitive indiquée par la figure A, et elle agit alors comme *résistance* puisque son point d'attache remonte. (Voir le texte du n° **453**.)

Fig. 336. — N° **453**). Autre moyen de régularisation de l'effort des machines d'extraction, tel qu'on l'emploie souvent, au lieu des chaînes contre-poids, dans les mines du nord de l'Angleterre. Le poids *constant* du wagon placé sur *une pente variable*, produit ici le même effet, ou un effet du même genre que *la longueur variable* de la portion de la chaine contre-poids soutenue par le câble. (Voir le texte du n° **453**.)

Planche LXII. — Figures 337 à 345.

Fig. 337. — N° **454**. — Cette figure, et les suivantes jusqu'à la figure 345 inclusivement, se rapportent à la théorie de l'emploi des bobines et des câbles plats, considéré comme un moyen de régulariser l'action des résistances variables que doit surmonter la machine d'extraction.

La théorie exposée dans le texte (n°ˢ **454** et **455**) n'est qu'approximative, non-seulement parce que l'on néglige l'influence de l'inertie des bennes (cette influence est en effet très-petite), mais aussi et surtout parce que le calcul est fait en supposant au câble une section constante, ce qui n'a pas lieu pour des puits profonds où l'emploi des câbles diminués est de plus en plus indiqué avec une profondeur croissante, et finit même par devenir nécessaire dans le cas d'une très-grande profondeur.

Il convient de raisonner en admettant une section moyenne,

afin de ne pas compliquer outre mesure les calculs ; mais aussi il doit être entendu que les résultats de ce calcul ne sont qu'approchés.

La figure 337 donne le tracé général de la courbe, construite en prenant pour abscisse le nombre m des tours de l'arbre à partir de la rencontre des bennes, et pour ordonnée la valeur $(M - Q\rho)$ de la variation du moment moyen des forces appliquées à la machine d'extraction.

Fig. 338 à 542. — (N^{os} **454** à **458**.) — Les figures représentent le même lieu géométrique que ci-dessus, tracé dans différentes hypothèses.

La figure 338 est tracée dans la supposition qu'on s'impose la condition que la variation du moment moyen soit nulle à l'arrivée comme au point de rencontre, ce qui entraine qu'elle est également nulle au départ.

La quantité ρ_0^2 inscrite sur la figure est le carré du rayon moyen d'enroulement, c'est-à-dire du rayon d'enroulement commun aux deux câbles au point de rencontre.

Dans la figure 539, on s'impose que les variations initiales et finales du moment moyen, qui sont toujours égales et de signes contraires, soient égales à la valeur absolue du maximum que prend cette quantité pendant la durée entière d'une manœuvre.

Ainsi l'on demande que la longueur CC′ soit égale à la longueur AA′ (*fig. 539*).

On en déduit entre les longueurs OA, OB et OC la relation écrite sur la figure, et pour le rayon moyen d'enroulement une valeur un peu supérieure à la précédente.

La figure 540 correspond au cas où la théorie ayant conduit, soit pour le rayon moyen, soit au moins pour le rayon minimum, à des valeurs trop petites, pratiquement inadmissibles, il faut prendre un rayon plus grand. La distance OB se réduit à mesure que ce rayon augmente, et la figure est tracée dans l'hypothèse où cette distance devient nulle. La variable $M - Q\rho$ cesse alors de présenter un maximum. Le lieu géométrique devient tangent à la ligne des abscisses à l'origine, et la courbure y est nulle, attendu que la dérivée du second ordre est nulle en même temps que celle du premier ordre.

La figure 341 est un tracé quelconque correspondant à une valeur du rayon moyen supérieure à la quantité ρ_2 de la figure précédente.

La figure 342 indique comment on peut régulariser à l'aide de chaînes contre-poids, dans le cas où la régularisation ne peut plus se faire en appliquant la théorie des N°s 454 et 455, parce que cette théorie donne pour ρ des valeurs trop petites.

Le lieu géométrique étant tracé suivant aOA', on cherche par tâtonnement la ligne droite O$C''A''$ pour laquelle $C'C''$ est égal en valeur absolue à $A'A''$, et traçant la droite AA''_1, symétriquement placée par rapport à l'axe des abscisses, on a la droite figurative des moments que devra prendre pendant la manœuvre l'effort exercé par la chaîne contre-poids.

Fɪɢ. 343. — N° **459**. — Figure montrant comment, avec un tambour d'une conicité convenable et un espacement correspondant des spires d'un câble rond, on peut obtenir la même régularisation qu'avec des bobines et des câbles plats.

Fɪɢ. 344. — N° **459**. — Exemple d'un tambour *qui est conique* pour les premiers tours d'enroulement ou les derniers tours de déroulement de chaque câble, lesquels correspondent soit à l'enlevage de la benne pleine, soit à l'arrivée de la benne vide à l'accrochage, c'est-à-dire au commencement et à la fin d'une manœuvre, et *qui est cylindrique* pour la partie moyenne de cette manœuvre.

Fɪɢ. 345. — N° **459**. — Figure expliquant et motivant la disposition de la figure précédente, par cette remarque que d'après la forme du lieu géométrique considéré dans la théorie, c'est surtout à mesure qu'on se rapproche des extrémités de la course que la quantité $M - Q\rho$ varie de plus en plus rapidement.

C'est donc là qu'il importe de la régulariser, tandis que vers le milieu de la course, aux environs du point d'inflexion que présente le lieu géométrique, cette quantité varie d'une manière à peu près uniforme.

La combinaison de la figure 344 revient à adopter la conicité de A', en D' et de D en A', et dans l'intervalle D'D à substituer à la courbe la ligne droite D'OD. (Voir, pour l'ensemble des figures de la planche 62, les théories exposées dans les nᵒˢ **454** à **459**.)

Planche LXIII. — Figures 346 et 347.

Fig. 346.   Nᵒ **460**. — Les diverses figures désignées sous ce même numéro, se comprennent à la seule inspection. Elles se rapportent aux divers modes que l'on peut employer, en dehors des épissures dont il est question dans le texte du nᵒ **460**, soit pour rallonger les câbles, soit pour y attacher les chaines qui servent à suspendre les bennes ou les cages d'extraction.

Fig. 347. — Nᵒ **461**. — Les trois figures qui portent ce numéro donnent des exemples des poulies, ou *molettes*, sur lesquelles passent les câbles allant des bobines, ou tambours, aux puits d'extraction. Deux des molettes représentées sont pour câbles plats ; l'une a ses bras en fonte, l'autre les a en fer forgé.

La troisième est supposée pour câble rond. La jante est formée d'une série de morceaux de bois *debout*, c'est-à-dire ayant leurs fibres dirigées suivant les rayons de la poulie. L'emploi, d'ailleurs peu usité, des jantes en bois, est indiqué comme ménageant les câbles métalliques, dont les fils ont une certaine tendance à se *limer* au contact d'une jante métallique, surtout s'il survient des variations très-brusques de vitesse amenant quelques petits déplacements relatifs de la jante et du câble.

Planche LXIV. — Figure 348.

Fig. 348. — N° **461**. — La figure 348 donne un exemple des dispositions que l'on peut prendre pour porter, au-dessus du puits d'extraction, les molettes sur lesquelles doivent passer les câbles.

La charpente, à laquelle on donne les noms variés de belle-fleur, châssis à molettes, chevalet ou chevalement, est, dans le cas représenté, réduite à un ensemble de deux demi-fermes, auxquelles leur forme triangulaire assure une figure invariable, et qui sont convenablement entretoisées, soit chacune dans leur plan, soit de l'une à l'autre.

On remarquera la disposition prise pour porter l'axe des molettes à la plus grande hauteur possible avec une hauteur donnée de la ferme. Le guidage est formé par câbles en fil de fer. L'extraction se fait par des bennes à roulettes qu'on extrait au nombre de 4 à la fois, à l'aide d'un étrier maintenu par le guidage. (Voir le texte des n°ˢ **461** et **463**).

Planche LXV. — Figures 349 et 350.

Fig. 349. — N° **461**. — Cette figure donne, comme celle de la planche 64, un exemple de chevalement destiné à porter les molettes d'un puits d'extraction. Le système représenté figure 349 est plus complexe que celui de la figure 348. Il conviendrait à un service d'extraction où les poids à manœuvrer seraient plus considérables.

Fig. 350. — N° **461**. — La figure représente une tour en maçonnerie convenablement évidée pour rendre le puits accessible, remplaçant les charpentes des deux figures précédentes.

Ce système convient particulièrement dans les pays où le bois est rare et cher, et surtout dans le Midi où les chevalements ordinaires en bois se détruisent rapidement sous l'influence du climat.

En combinant l'emploi de la maçonnerie pour remplacer la charpente, avec celui des poutres métalliques pour remplacer les sommiers des molettes, ainsi que le représente la figure 350, on a un système plus coûteux à établir qu'une charpente ordinaire, mais qui, une fois bien installé, peut durer indéfiniment presque sans dépense d'entretien.

Il y aura souvent lieu de le préférer au système plus usité des chevalements en bois.

Planche LXVI. — Figure 351.

Fig. 351. — N° **461**. — Cette figure diffère de celles des deux planches précédentes, en ce que le chevalement qu'elle représente est entièrement en métal. Ce mode de construction sera habituellement plus coûteux à établir qu'une charpente en bois; mais il aura, comme la tour en maçonnerie, l'avantage d'être beaucoup plus durable et de coûter moins d'entretien. Il a, sur cette tour, l'avantage de mieux dégager les abords du puits. On peut lui donner une hauteur, en quelque sorte, arbitraire, sans être limité, comme avec le bois, par les dimensions des pièces. En présence de la rareté et de la valeur toujours croissantes des bois, et avec la plus grande solidité qu'il faut demander à ces constructions, à mesure que l'extraction se fait à de plus grandes profondeurs et à de plus grandes vitesses, il est probable que l'usage des chevalements métalliques est appelé à prendre, avec le temps, une grande extension.

Un tel ouvrage se prête très-bien à une détermination précise de toutes les dimensions de ses différentes pièces, et il y a là un objet intéressant d'étude pour les ingénieurs.

Le type représenté figure 351 est assez satisfaisant. Toutefois on peut penser qu'on aurait obtenu un peu plus de stabilité, en donnant à la construction un empatement un peu plus grand

et reliant les montants par un système d'entretoises plus solidement constitué.

Planche LXVII. — Figures 352 à 355.

Fig. 352. — N° **462**. — Cette figure et les suivantes de la même
même planche donnent, à titre d'exemples, quelques-unes des
dispositions que l'on peut prendre pour la réception des vases
d'extraction à leur arrivée au jour.

La figure 352 se rapporte au système suivi dans le pays de
Mons, lorsqu'on exploitait avec de grands cuffats de 19 à 20 hectolitres, presque universellement remplacés aujourd'hui par des
cages guidées.

Fig. 353. — N° **462**. — La figure représente, en plan et en coupe,
le détail d'un système d'embrayage à l'aide duquel on pouvait
rendre, à volonté, solidaire ou indépendant de la machine d'extraction un petit treuil, quelquefois mû à bras, qui servait à
vider, en le soulevant et le faisant basculer entièrement, le cuffat reçu sur le bord du puits.

Cette opération de vidange se faisait pour un cuffat, pendant
l'ascension du cuffat suivant.

La figure 353 représente la corde de ce treuil, et la position à
laquelle elle élevait le cuffat renversé pour le vider entièrement.
Cette corde se déroulait tout entière pour déposer le cuffat sur
le bord du puits, et elle avait dès lors la position convenable
pour s'enrouler aussitôt que le treuil était embrayé, en quelque
sens que tournât la machine d'extraction.

Fig. 354. — N° **463**. — Les figures 354 A, 354 B, 354 C et 354 C',
représentent des dispositions qui peuvent être considérées comme
des variantes de la figure 352.

Dans la figure A, on voit comment une chaîne, attachée à un
point fixe du chevalement, peut s'accrocher à un anneau fixé au
fond de la benne, et forcer celle-ci à se vider en un point donné,

lorsque l'on renverse le mouvement de la machine d'extraction.

Cette disposition permet de laisser les bennes constamment attachées aux chaînes qui terminent le câble d'extraction.

La figure B, analogue à la précédente, représente une disposition assez usitée dans l'exploitation des filons. Le puits est tenu fermé par une sorte de couvercle, présentant seulement l'ouverture nécessaire pour le passage de la chaine d'extraction. Cette ouverture est disposée (comme on le verra plus loin, figure 578) de manière à fonctionner comme un parachute en cas de rupture de la chaine. A l'aide d'un bout de chaine disposé comme dans la figure précédente, on amène facilement la benne à se vider dans le petit chariot représenté sur la figure.

La figure C suppose un puits incliné dans lequel circulent les vases d'extraction, munis de deux systèmes de tourillons ou de galets qui glissent entre des longrines. Ces vases sont vidés également sans les détacher du câble.

Le détail du dispositif employé à cet effet est représenté sur la figure 554 C'. On voit comment, lorsqu'on renverse le mouvement de la machine, les galets inférieurs viennent reposer sur un arrêt, et les galets supérieurs passent librement à travers une échancrure pratiquée aux longrines, pour permettre à la caisse qui porte le minerai de prendre la position inclinée qu'indique la figure. La vidange effectuée, la caisse se redresse; puis on la laisse redescendre, en rappelant avec une manette l'arrêt sur lequel elle s'était posée pour se vider.

Fig. 555. — N° **463**. — La figure 555 donne en plan, en coupe et en élévation, une disposition qui a été employée avec avantage, pour recevoir des bennes à roulettes, ou des wagons, se mouvant dans des compartiments coulantés.

Chacun des deux compartiments peut être recouvert par un pont mobile, dont le mouvement est solidaire de celui d'une grille qui ferme le devant du même compartiment. Les choses sont disposées de manière que la grille *se lève* par le même mouvement qui *fait avancer* le pont au-dessus du compartiment, lorsque le chariot est sorti au jour et qu'il faut le recevoir.

Les ouvriers sont donc garantis de tout danger de chute accidentelle dans le puits, chaque compartiment étant toujours ou fermé sur le devant par la grille, ou recouvert par le pont roulant.

Planche LXVIII. — Figures 356 à 358.

FIG. 356. — N° **464**. — Cage d'extraction à deux étages, permettant d'extraire quatre wagons à la fois, soit deux à chaque étage. Les deux wagons d'un étage sont placés *à la suite l'un de l'autre*, ce qui est plus commode pour les manœuvres que de les placer *l'un à côté de l'autre*. La figure indique un système très-simple pour maintenir les wagons dans la cage.

FIG. 357. — N° **464**. — Autre cage d'extraction, servant à extraire à la fois le même nombre de wagons que la précédente. Elle a quatre étages au lieu de deux. Cette modification peut être nécessaire si le puits n'a pas une section suffisante. Il faut alors, pour ne pas faire trop lentement les manœuvres de réception au jour, avoir deux recettes, dont les planchers servent en même temps, d'abord pour le premier et le troisième étages, puis pour le second et le quatrième.

FIG. 358. — N° **464**. — Balance au moyen de laquelle, dans le cas d'une recette à deux niveaux, on fait passer les wagons d'un plancher à l'autre. Ces balances peuvent être à simple effet et à contre-poids, comme l'indique la figure, ou bien à double effet. Elles servent à descendre au plancher inférieur, qui est le véritable niveau de la recette, les wagons pleins reçus au plancher supérieur, ou à relever au niveau de ce dernier les wagons vides qui doivent être rechargés à l'étage correspondant de la cage.

Planche LXIX. — Figures 359 à 362.

Fig. 359. — N° **464.** — Balance analogue à celle de la figure précédente; mais avec cette différence qu'au lieu d'être mise en mouvement par les receveurs, ou au besoin par des ouvriers spéciaux, elle est commandée par la machine d'extraction. A cet effet, l'axe d'une des bobines porte un petit pignon engrenant avec une roue dentée qui doit faire *un tour seulement* pendant que la molette · fait *le nombre de tours qui correspond à l'extraction d'une benne.* Une manivelle, calée sur l'arbre de cette roue, imprime donc, à l'aide d'un câble, un double mouvement de va-et-vient très-lent d'abord de haut en bas, puis de bas en haut, au plateau de la balance; et ces deux mouvements, moyennant un petit excès de longueur donné au câble, peuvent être séparés par un temps de repos qui permet de recevoir le wagon chargé que la balance vient de descendre, et de le remplacer par un wagon vide que la balance va remonter.

Fig. 360 et 361. — N° **464.** — Ces figures représentent les dispositions que l'on peut prendre à un accrochage, pour desservir régulièrement à la fois, soit les deux étages, soit même les quatre étages d'une cage, sans avoir besoin de faire aucune manœuvre de machine, condition qu'il est nécessaire de remplir si l'on veut faire une extraction rapide.

Fig. 362. — N° **464.** — Disposition d'un clichage dit à taquets, qui peut être, à volonté, tenu ouvert ou fermé pendant l'ascension des cages. On comprend que, s'il est fermé, la cage l'ouvre à sa sortie du puits, et qu'il se referme sous l'action de contre-poids convenablement placés, afin de recevoir la cage qui vient s'y poser, après qu'on a renversé le mouvement de la machine d'extraction.

Planche LXX. — Figures 363 à 367.

Fɪɢ. 363. — Nᵒ **464**. — Disposition d'un clichage dit à verrous, qui remplit le même objet que celui de la figure précédente, mais avec cette différence que sa position naturelle est d'être ouvert, et qu'il faut une manœuvre spéciale d'un des receveurs pour le fermer, lorsqu'une cage doit venir s'y déposer.

Fɪɢ. 364. — Nᵒ **464**. — Autre exemple de clichage qui est toujours fermé, sauf pendant le temps où on le tient ouvert à la main, pour que la cage puisse rentrer dans le puits après qu'elle a reçu son chargement de wagons vides.

Fɪɢ. 365 et 366. — Nᵒ **471**. — Exemples de dispositions de freins à vapeur. Ces appareils doivent être assez puissants pour arrêter complétement la machine *dans toutes les circonstances.*

Ils sont toujours serrés quand la machine est au repos, et ils ne doivent être desserrés que par le mécanicien lui-même, et seulement au moment de mettre en marche. (Voir le texte du nᵒ **471**.)

Fɪɢ. 367. — Nᵒ **472**. — Indication du moyen géométrique à l'aide duquel on peut toujours assujettir un câble à passer par un point donné. (Voir le texte du nᵒ **472**.)

Planche LXXI. — Figures 368 à 374.

Fɪɢ. 368. — Nᵒ **472**. — Cette figure représente le petit appareil connu sous le nom de *penderie*, à l'aide duquel on obtient l'enroulement régulier d'un câble d'extraction sur le tambour vertical d'un manége. (Voir le texte du nᵒ **472**.)

Fɪɢ. 369. — Nᵒ **473**. — La figure représente un support élastique proposé par M. Guibal, pour les molettes. Son but principal est de ménager les câbles au moment de l'enlevage, s'il se fait d'une manière trop brusque.

Fig. 570. — N° **473**. — Ressorts élastiques divers, que l'on interpose quelquefois entre le bout d'un câble et le crochet de suspension de la cage. Ce système peut être surtout avantageux avec les câbles métalliques. Le but qu'on se propose est, comme pour le support élastique de M. Guibal, d'éviter de tendre trop brusquement les câbles lorsqu'on lance la machine. Ce but est peut-être moins complétement atteint qu'avec le support de M. Guibal, en ce sens qu'on remédie bien à l'effet de l'inertie de la cage, mais non à celui de l'inertie du câble.

Fig. 571. — N° **474**. — Appareils avertisseurs divers, pouvant faire connaître à chaque instant, pendant la marche de la machine d'extraction, la position des cages dans le puits, et prévenir, par le tintement d'une cloche, que la cage montante approche du jour, et que le mécanicien doit commencer à ralentir la marche.

Fig. 572. — N° **474**. — Évite-molettes disposé pour détacher la cage du câble, si cette cage est portée trop haut par suite de l'inattention du mécanicien, et menace d'arriver aux molettes. L'appareil fonctionne à peu près sur le principe des sonnettes à déclic. (Voir le texte du n° **474**.)

Fig. 573. — N° **474**. — Autre évite-molette, applicable seulement dans le cas où l'extraction se fait à l'aide de câbles plats, et où la chaîne, qui termine ces câbles, est une chaîne à la Vaucanson qui se maintient dans une orientation déterminée.

En général, les évite-molettes comportent un grand nombre de dispositions, qui diffèrent soit par l'appareil mis en jeu, soit par l'effet demandé à cet appareil. (Voir le texte du n° **474**.)

Fig. 574. — N° **476**. — Cette figure, et celles de la planche suivante, représentent divers systèmes de parachutes. Celui de la figure 374 est connu sous le nom de parachute Fontaine, du nom de son inventeur.

C'est un des plus éprouvés et des plus répandus, bien que son mode d'action ne semble pas aussi satisfaisant que celui de quelques autres appareils. (Voir le texte des nᵒˢ **475** et **476**.)

Planche LXXII. — Figures 375 à 378.

Fɪɢ. 375 à 577. — Nᵒ **476**. — Ces trois figures (376 et 577) représentent divers systèmes de parachutes, dont l'inspection seule des figures explique le jeu.

Le principe de ces divers appareils, comme celui du parachute Fontaine décrit plus haut, consiste toujours à interposer entre le câble et la cage un système de ressorts, qui se détendent en cas de rupture du câble, et qui mettent par là en jeu certains organes disposés pour prendre un point d'appui sur les guides fixes entre lesquels la cage se meut.

Les appareils représentés par les figures 575 à 577 ne diffèrent les uns des autres, ou du parachute Fontaine, que par la disposition des pièces faisant ressort, et par le mode d'action sur les guides des organes que la détente des ressorts met en jeu.

Les figures indiquent suffisamment la disposition des ressorts et le mode d'action des organes d'arrêt. (Voir le texte des nᵒˢ **475** et **476**.)

Fɪɢ. 578. — Nᵒ **476**. — Parachute spécial, applicable seulement dans le cas où l'on extrait à l'aide de chaînes. Il consiste à faire passer la chaîne, à l'orifice du puits, par une petite ouverture oblongue, dont l'un des côtés est fixe et le côté opposé est formé d'un petit volet mobile, qui se soulève en tournant autour de sa charnière, pour laisser passer successivement les anneaux qui ne se présentent pas orientés dans le sens de cette fente.

En cas de rupture, le dernier anneau qui a soulevé le volet prend un mouvement rétrograde, rabat ce même volet et se trouve immédiatement arrêté. On remarquera que le système sert seulement *pour la chaîne de la benne montante*, et si la rupture a lieu *entre la machine et l'orifice du puits*.

C'est en effet dans ces conditions que la rupture a lieu le plus habituellement.

Planche LXXIII. — Figures 379 à 385.

Fig. 579. — N° **481**. — Cette figure et toutes celles de la même planche et de la planche suivante se rapportent à une question des plus simples en apparence, mais qui n'en a pas moins une importance considérable, dans le cas de mines très-profondes auxquelles on demande une grande extraction, et où, par conséquent, il faut un personnel nombreux.

Cette question est celle des moyens à employer pour l'entrée et pour la sortie de ce personnel. La figure 579 représente une descenderie ordinaire par échelles. Ce système, quelque simple qu'il soit, demande à être étudié avec soin et établi dans les meilleures conditions ; car il peut exercer sur le travail journalier des hommes une influence qui, pour ne pas être toujours apparente, n'en est pas moins réelle et incessante. (Voir le texte du n° **481**.)

Fig. 580 et 581. — N° **485**. — Échelle mécanique désignée sous le nom de Farhkunst en Allemagne et de Man-Engine en Angleterre.

Les deux figures représentent les premiers appareils établis au Hartz.

Ils se composent de deux tiges à mouvement alternatif, oscillant en sens inverse l'une de l'autre et portant une série de paliers et de poignées qui se correspondent aux points morts.

Selon que les hommes veulent monter ou descendre, ils se placent sur le palier qui *va monter*, ou sur le palier qui *va descendre*.

Les deux appareils représentés diffèrent en ce que les tiges de l'un sont en bois, comme des tiges de pompes, et celles de l'autre sont formées chacune par deux câbles en fil de fer convenablement entretoisés.

La figure 581 montre comment ces dernières tiges sont équilibrées de distance en distance, pour diminuer la fatigue de leurs parties supérieures.

Fig. 582. — N° **485**. — Echelle mécanique à une seule tige avec paliers fixes. Cette disposition est assez usitée en Angleterre. Les échelles mécaniques à deux tiges et à une seule tige ont des propriétés différentes, pour l'exposé desquelles nous renvoyons au texte du n° **486**.

Fig. 583. — N° **486**. — Figure géométrique servant à exposer les propriétés spéciales des Fahrkunste à deux tiges et à une seule tige, et à établir notamment que l'appareil à une tige fait descendre les hommes avec une moindre vitesse moyenne, mais qu'il en fait descendre un plus grand nombre dans un temps donné, par suite de la vitesse plus grande avec laquelle on peut le faire marcher. (Voir le texte du n° **486**.)

Fig. 584. — N° **488**. — Figure géométrique donnant les coupes longitudinales d'un câble d'extraction *diminué* (A) et d'une tige de Fahrkunst également diminuée (B). Les deux coupes A et B mettent en évidence que la loi d'accroissement de la section est beaucoup plus rapide pour le câble d'extraction que pour la tige de Fahrkunst ; de sorte que pour les très-grandes profondeurs les difficultés d'application pratique se manifestent d'une manière beaucoup plus marquée pour les appareils d'extractions que pour les échelles mobiles.

Fig. 585. — N° **490**. — Croquis faisant connaître la disposition qui peut être employée pour donner, à l'aide d'une bielle motrice et de deux varlets reliés par une bielle d'accouplement, un mouvement d'oscillation *étendu* à deux tiges qui doivent être *voisines l'une de l'autre*.

Planche LXXIV. — Figures 386 à 388.

Fig. 386. — N° **491**. — Machine dite Warocquère, du nom de celui qui l'a conçue et exécutée le premier. En principe, cette machine ne diffère des Fahrkunste précédemment décrites que parce qu'elle est établie sur une plus grande échelle, de manière à pouvoir recevoir plusieurs hommes à la fois sur chaque palier.

Le moteur est une machine à vapeur à double effet qui agit directement sur une des tiges, et dont l'action se transmet à l'autre tige par un balancier hydraulique. (Voir la description dans le texte du n° **491**.)

Fig. 587 et 588. — N° **492**. — Ces figures représentent deux autres appareils destinés à remplir les mêmes fonctions que la warocquère de la figure 586.

La figure 587 en diffère d'abord, en ce que la machine à double effet est remplacée par deux machines à simple effet actionnant chacune une des tiges, et rendues d'ailleurs solidaires par une chaîne passant sur une poulie de renvoi; elle en diffère encore par la suppression du balancier hydraulique et par l'emploi du fer pour la construction des tiges.

La figure 588 diffère de la précédente par les moyens employés pour établir la solidarité entre les deux tiges. La poulie et la chaîne sont remplacées par un pignon qui engrène avec ces tiges transformées sur une certaine longueur en crémaillères.

Toutes ces variantes sont plus ou moins équivalentes, et ne présentent pas, les unes par rapport aux autres, d'avantages importants et caractéristiques.

Relativement aux appareils de construction plus simples auxquels se rapportent les figures de la planche précédente, il ne semble pas que la Warocquère ait réalisé un progrès bien positif. (Voir à ce sujet le texte du n° **493**.)

Planche LXXV. — Figures 389 à 397.

Fig. 389. — N° **508**. — Cette figure et les suivantes de la même planche ont trait à une question très-importante et encore peu connue avant les travaux de M. l'ingénieur Dumont, de Liége, celle des conditions sous lesquelles se produisent, selon les circonstances, les mouvements de terrain qui résultent des travaux intérieurs.

AB étant l'étendue en inclinaison des travaux exécutés dans une couche exploitée avec remblais complets, les mouvements de terrain consistent en deux cassures suivant les lignes AC et BD prolongées, qui s'étendent à *toute distance* et produisent un *affaissement constant* perpendiculaire au plan des couches.

Fig. 390. — N° **509**. — Figure servant à expliquer pourquoi les cassures indiquées ci-dessus se font perpendiculairement à la stratification et non dans une direction verticale. (Voir le texte du n° **509**.)

Fig. 391. — N° **510**. — Cette figure indique comment les cassures commencées normalement à la stratification des terrains, se transmettent en passant d'un premier terrain à un second dont la stratification est en discordance avec la sienne, (Voir le texte du n° **510**.)

Fig. 392. — N° **510**. — Les figures 392 A et 392 B indiquent une circonstance *analogue* à celle de la figure précédente, en ce qu'on suppose encore que la stratification n'a pas une orientation constante, *différente* cependant, en ce qu'on suppose qu'il s'agit d'une formation unique. Le lieu géométrique d'un crochon joue ici le même rôle que le plan de séparation des deux formations discordantes joue dans la figure précédente.

Fig. 393. — N° **511**. — Application de la théorie développée dans les n°ˢ 508 à 540, à laquelle correspondent les figures 389 à 392, à la détermination de la forme et des dimensions du massif qu'il convient de réserver autour d'un puits, pour préserver de tout mouvement la colonne même de ce puits et les installations établies au jour. (Voir le texte du n° **511**.)

Fɪɢ. 394. — N° **512**. — Cette figure et la suivante se rapportent au cas où l'on exploite sans remblais des couches assez puissantes pour qu'au lieu d'un affaissement progressif des assises superposées, on ait de véritables éboulements accompagnés d'un concassage des roches et d'un foisonnement.

Ce foisonnement finit par remblayer les vides, et au-dessus de ces vides ainsi remblayés, les tassements se continuent comme il a été dit ci-dessus pour les couches minces remblayées.

La figure 394 suppose que les roches du toit sont *peu solides* et que les éboulements se sont faits d'abord suivant un certain talus, d'où il résulte que le mouvement d'affaissement occupe une surface *plus étendue* que les travaux qui le déterminent.

Fɪɢ. 395. — N° **512**. — La figure 395 se rapporte au cas où les roches du toit sont au contraire *très-résistantes*. Elles peuvent alors surplomber les unes par rapport aux autres, et le mouvement d'affaissement occupe une surface *moins étendue* que les travaux correspondants. (Voir le texte du n° **512**.)

Fɪɢ. 396. — N° **512**. — Application de la théorie à la détermination de la position d'un massif à réserver pour prévenir tout mouvement de terrain en un point donné de la surface, par exemple sous le lit d'un ruisseau.

Fɪɢ. 397. — N° **514**. — Disposition des coups de sonde avec lesquels on accompagne l'avancement d'un chantier poussé à la rencontre de travaux inondés. (Voir le texte du n° **514**.)

Planche LXXVI. — Figures 398 à 409.

Fig 398. — N° **515**. — La figure 398 et les suivantes, jusqu'à la figure 409, se rapportent à l'établissement des ouvrages spéciaux dont le but est de retenir les eaux qui affluent sur certains points dans l'intérieur d'une mine, et de les empêcher de se déverser dans le reste des travaux.

Ces ouvrages se nomment des serrements ou des plates-cuves, selon qu'ils sont établis pour boucher une galerie plus ou moins inclinée ou un puits vertical.

Dans le cas de la figure 398, qui représente ce qu'on appelle un *serrement droit*, le terrain est supposé assez solide pour que l'espèce de feuillure pratiquée sur le pourtour de la galerie puisse résister à la poussée de l'eau s'exerçant sur la surface entière du serrement.

Fig. 399. — N° **515**. — Cette figure représente un autre serrement droit, dans un rocher moins solide que celui de la figure précédente, et qu'il est, par suite, nécessaire d'entailler obliquement pour reporter la pression en pleine masse.

Fig. 400. — N° **515**. — *Serrement busqué*, qui s'emploie lorsque l'ouverture à barrer est trop étendue dans le sens suivant lequel il y a lieu de placer les pièces de bois.

Fig. 401. — N° **515**. — Exemple d'un *serrement sphérique*, applicable soit lorsque le terrain n'est pas très-solide, soit lorsque la section à boucher est très-grande, soit enfin lorsque la charge d'eau est très-considérable. L'avantage de ce système est de pouvoir être établi dans des conditions de solidité aussi grandes que l'on voudra, sans avoir besoin d'employer des bois de dimensions extraordinaires.

Fig. 402. — N° **516**. — Cette figure se rapporte aux dispositions qui peuvent être prises pour consolider un serrement, lorsqu'on suppose que la poussée de l'eau rend cette consolidation nécessaire.

Fig. 403. — N° **516**. — Exemple des dispositions qui peuvent être prises pour donner libre écoulement aux eaux pendant l'exécution d'un serrement.

Fig. 404. — N° **516**. — Serrement busqué qui diffère de celui de la figure 400 par l'inclinaison et par la position des pièces. Le système suivant lequel il est établi tient, à la fois, du serrement droit de la figure 398 et du serrement busqué de la figure 400.

Fig. 405 et 406. — N° **516**. — Ces figures donnent différents détails relatifs à deux serrements sphériques établis suivant le système indiqué par la figure 404. Elles représentent notamment la forme des coins plats en fer employés pour le picotage de la face postérieure du serrement ; le moyen employé pour boucher le serrement après la retraite des ouvriers, soit à l'aide d'un tampon (*fig.* 405), soit à l'aide d'un robinet (*fig.* 406); l'emploi d'un petit tuyau recourbé pour évacuer entièrement l'air, au moment où le serrement va prendre charge ; le moyen de se débarrasser des eaux affluentes pendant l'exécution du travail, etc., etc.

Fig. 407 et 408. — N° **516**. — Exemples des dispositions que l'on peut prendre pour renforcer soit une plate-cuve (*fig.* 407), soit un serrement (*fig.* 408).

Fig. 409. — N° **516**. — Exemple du remplacement d'une plate-cuve en bois par un arceau en maçonnerie. Cette maçonnerie doit être assez épaisse, et elle doit être recouverte d'une épaisseur d'argile damée assez grande, pour que les dislocations provenant des mouvements du terrain ne puissent pas produire des lézardes donnant issue aux eaux dont la construction a pour but de soutenir la charge.

Le tuyau indiqué sur la figure sert à écouler les eaux jusqu'au moment où, le travail terminé, on veut le mettre en charge. L'espèce de carrelage établi au-dessus de la masse d'argile damée a pour objet de l'empêcher d'être délayée et immédiatement entraînée, dans le cas où il se ferait dans l'arceau quelque grosse fissure s'étendant à travers toute cette masse.

Planche LXXVII. — Figures 410 à 415.

Fig. 410. — Nº **525**. — Ensemble et détails d'une petite pompe en bois, dite canard, employée pour les épuisements intérieurs.

Cette pompe est d'une construstion simple et à la portée des ouvriers boiseurs ordinaires ; mais le plus souvent aujourd'hui on préférera, pour ces épuisements, des pompes métalliques plus ou moins analogues aux pompes à incendies, dont il existe d'ailleurs un très-grand nombre de modèles.

Ces pompes métalliques sont plus faciles à transporter et à installer. Elles peuvent fonctionner à de plus hautes pressions et avec de moindres fuites, et les ouvriers peuvent y appliquer leurs forces dans de meilleures conditions.

Fig. 411. — Nº **526**. — Cette figure n'est qu'une sorte de diagramme destiné à donner une idée des systèmes de tirants autrefois employés, et dont il existe encore quelques exemples, qui servaient à transmettre, à distance, le mouvement d'une roue hydraulique à des tambours d'extraction ou à des pompes d'épuisement.

Fig. 412. — Nº **526**. — Détails divers relatifs aux tirants représentés par la figure précédente.

On reconnait, en examinant ces figures, comment, à l'aide de deux lignes parallèles de tirants, on parvenait, en ne les faisant jamais agir que par traction, à produire l'équivalent d'une bielle fonctionnant à double effet, pour transmettre le mouvement de la roue motrice soit aux tambours d'extraction, soit aux deux maîtresses-tiges conjuguées d'un système de pompes.

Fig. 413, 414, 415. — N° **527**.—Ces figures représentent trois exemples de caisses à eau, employées lorsqu'on se sert de la même machine pour l'extraction et pour l'épuisement.

La caisse de la figure 413 se place comme un wagon ordinaire dans la cage; elle se remplit par une soupape s'ouvrant de haut en bas, et se vide à l'aide d'une manche en cuir placée à l'avant, qui fonctionne comme la branche d'un siphon lorsqu'elle est re-levée, et qui laisse écouler l'eau lorsqu'elle est rabattue.

Dans la figure 414, la caisse fait elle-même fonction de cage; en arrivant au puisard, elle se remplit par une soupape de fond s'ouvrant de bas en haut; au jour, elle se vide par une sorte de vanne que le receveur manœuvre à l'aide d'un levier.

Dans la figure 415, cette manœuvre de la vidange se fait au-tomatiquement, à l'aide d'un arrêt lié au chevalement, qui agit sur la queue du levier de la soupape.

Ces dispositions peuvent être beaucoup variées. Assez souvent, par exemple, la benne à eau se remplit et se vide à l'aide de la même soupape, qui s'ouvre de bas en haut, par la pression de l'eau quand la benne plonge dans le puisard, et par le jeu d'une queue en fer dont elle est munie lorsqu'on reçoit la benne au jour. (Voir le texte du n° **527**.)

Planche LXXVIII. — Figure 416.

Fig. 416. — N° **528**. — Cette figure et celles des quatre planches suivantes se rapportent aux machines d'épuisement. Elles sont toutes à la même échelle, pour faciliter les comparaisons.

Le type représenté par la figure 416 est assez spécial. La ma-chine, au lieu d'être placée au jour et d'actionner une série de pompes en répétitions placées dans le puits d'exhaure, selon le système ordinairement usité, est placée au fond, à une petite hauteur au-dessus du puisard, et fait agir des pompes fou-lantes qui relèvent en une seule fois l'eau jusqu'au jour.

On se dispense par là de l'attirail dispendieux et encombrant des pompes et des tiges; mais les appareils sont exposés à de très-grandes pressions, et demandent à être établis et entretenus avec le plus grand soin.

Ce système serait d'une application d'autant moins indiquée que les mines seraient plus profondes. (Voir le texte du N°**528**.)

Planche LXXIX. — Figure 417.

Fig. 417. — N° **529**. — Cette figure donne un exemple du type de la machine d'épuisement connue sous le nom de machine du Cornouailles.

Ce type, dont la définition précise est donnée dans le texte du N° 529, peut-être considéré comme très-perfectionné au point de vue de l'emploi de la vapeur, et comme parfaitement approprié aux très-grands épuisements.

Il est très-répandu en Angleterre, notamment dans les mines métalliques du Cornouailles et du Devonshire.

De toutes les machines à vapeur employées par l'industrie, aucune n'a donné, au point de vue de la consommation du charbon, des résultats plus satisfaisants que les grandes machines du Cornouailles *rationnellement établies*, c'est-à-dire calculées pour pouvoir marcher avec de grandes détentes, ou, ce qui revient au même, ayant à mettre en mouvement des *masses suffisantes, convenablement équilibrées*.

Ces machines sont établies de manière à pouvoir faire l'épuisement en marchant à petite vitesse. Cette condition, qui importe à la conservation de la machine, et, plus encore, à celle de l'attirail des pompes qu'elle fait mouvoir, est d'autant plus nécessaire que la profondeur de la mine est plus grande et l'entretien d'eau plus considérable. (Voir les données numériques du N° **547**.)

Planche LXXX. — Figure 418.

Fig. 418. — Nº **530**. — La figure 418 représente une machine à vapeur d'épuisement qui peut avoir tous les avantages économiques de la machine dite du Cornouailles (du moins la théorie ne lui assigne aucune cause spéciale d'infériorité), et qui en diffère par la combinaison cinématique servant à transmettre le mouvement du piston moteur aux tiges des pompes.

Au lieu d'être *à balancier*, elle est *à traction directe*.

C'est le type le plus usité sur le continent. Il a, sur celui du Cornouailles, l'inconvénient d'un plus grand encombrement de l'orifice du puits d'exhaure, et l'avantage d'une moindre dépense d'installation.

Planche LXXXI. — Figure 419.

Fig. 419. — Nº **531**. — Cette figure a pour objet de représenter une variante dont la machine du Cornouailles et son équivalent, la machine à traction directe, sont toutes deux susceptibles.

Le but de cette variante est d'appliquer aux machines à simple effet le système connu sous le nom de détente de Woolf, qui est très-avantageusement appliqué dans les machines de rotation de construction soignée, où l'on recherche l'économie de combustible.

L'application de la détente de Woolf aux machines d'épuisement est depuis longtemps indiquée, et a même été essayée dans le Cornouailles, mais sans qu'il ait été donné suite à ces premiers essais.

La machine représentée constitue un essai nouveau, dont on peut attendre un sensible avantage, moins peut-être au point de vue de l'économie de combustible pouvant résulter d'une détente plus grande, qu'à celui d'une moindre fatigue des organes de tout l'appareil d'épuisement, pour un degré déterminé de délente et pour des masses en mouvement d'une importance donnée. (Voir le texte du n° **531**.)

Planche LXXXII. — Figure 420.

FIG. 420. — N° **532**. — L'objet de cette figure est de représenter une seconde variante applicable aux machines d'épuisement (soit a balancier, soit à traction directe).

Cette variante, proposée et appliquée par M. Bochkoltz, sous le nom de *régénérateur de force*, a pour point de départ cette remarque, que le poids nécessaire *pour soulever le clapet de refoulement* d'une pompe foulante, est supérieur, dans une mesure assez importante, au poids nécessaire *pour produire le refoulement* une fois que ce clapet a été soulevé.

Il faut donc laisser aux maîtresses-tiges un excédant de poids qui n'est plus utile pour achever la course descendante des tiges, et qui est, par conséquent, nuisible, puisqu'il donne lieu à un travail en pure perte lorsque les maîtresses-tiges sont relevées.

Le régénérateur de force est disposé pour produire, au commencement de la course descendante, le supplément de force dont on a besoin, et il ne donne lieu à aucune dépense de travail, puisqu'il ne prend d'autre mouvement qu'un mouvement d'oscillation analogue à celui d'un pendule. On reconnaît facilement qu'indépendamment de l'avantage ci-dessus, il a celui de permettre une marche plus rapide. Il peut donc, pour un entretien d'eau donné, permettre de diminuer les dimensions d'une machine à établir, ou bien, en l'appliquant à une machine déjà établie, la rendre capable de faire face à un entretien d'eau plus considérable.

En résumant les indications données dans la légende des quatre planches 79 à 82, on peut dire qu'on aura établi un grand appareil d'épuisement dans les meilleures conditions aujourd'hui connues, si l'on adopte une machine à simple effet, soit du type du Cornouailles, soit du type à traction directe, complétée par les deux variantes ci-dessus indiquées, de la détente de Woolf et du régénérateur de Boekkoltz.

Ce système est d'autant plus rationnel, que l'appareil d'épuisement doit être établi *sur une plus grande échelle*.

Les autres dispositions, mentionnées aux n^{os} **526** à **528**, semblent essentiellement limitées dans leur application aux cas où, soit le volume d'eau, soit la profondeur des travaux, ne sont pas trop considérables.

Planche LXXXIII. — Figures 421 à 428.

Fig. 421 — N° **533**. — Diagrammes servant à expliquer le jeu de divers systèmes de pompes.

Sur les 4 diagrammes A, B, C, D, une flèche indique le sens dans lequel on suppose que le piston marche actuellement, et les clapets sont représentés ouverts et fermés selon le sens supposé.

A, pompe élévatoire à piston creux ;

B, pompe élévatoire à piston plein ;

C, pompe élévatoire à piston plongeur ;

D, pompe foulante à piston plongeur.

Fig. 422. — N° **536**. — Ensemble et détails d'un jeu aspirant établi à la base d'une série de pompes en répétition.

La figure représente les principaux détails indiqués dans le texte du n° 536.

Fig. 423 et 424. — N° **536**. — Détails de clapets et de pistons creux.

Dans la figure 423, qui suppose une soupape d'un diamètre assez considérable, les deux clapets demi-circulaires tournant autour d'un diamètre commun, de la figure précédente, sont remplacés par plusieurs clapets qui s'ouvrent au contraire vers le centre de la soupape. Il en résulte un passage plus facile pour l'eau qui doit traverser la soupape.

La figure 424 représente un piston creux très-approprié aux pompes de grands diamètres ayant à élever des eaux plus ou moins chargées de gravier, telles que sont les pompes d'avaleresse.

Fig. 425 et 426. — N° **537**. — Exemples des dispositions que l'on peut donner à un jeu foulant.

Dans la figure 425, la partie supérieure du corps de pompe peut loger de l'air qui s'y introduirait pendant l'aspiration. Il faut, pour diminuer, autant que possible, l'effet nuisible que ce matelas d'air pourrait produire sur le volume d'eau élevé par coup de piston, que le plongeur remplisse presque exactement le corps de pompe

Dans la figure 426 cet espace nuisible ne peut pas exister. Il faut d'ailleurs, avec cette dernière disposition, que le corps de pompe ait un diamètre notablement plus grand que le piston, pour que le refoulement de l'eau dans la colonne montante ne soit pas trop difficile.

On remarquera, sur cette même figure 426, une disposition qui peut être prise pour relier la soupape d'aspiration et la soupape de refoulement, et assurer ainsi, d'une manière certaine, leur maintien sur leurs siéges respectifs.

Fig. 427 et 428. — N° **539**. — Ces deux figures sont relatives au mode d'assemblage des pièces de bois avec lesquelles on compose ordinairement les tiges des pompes.

La figure 427 indique l'emploi de clames en fer et de boulons.

La figure 428 indique l'emploi de pièces de bois faisant fonction de couvre-joints, maintenues en serrage par des étriers, et celui d'une série de chevilles liant chacun des couvre-joints aux deux pièces qu'il s'agit d'assembler.

Ce second système est peut-être préférable au premier, en ce qu'il ne coupe pas les fibres du bois comme le font les boulons.

Planche LXXXIV. — Figures 429 à 435.

Fig. 429, 430 et 431. — N° **539**. — Ces trois figures représentent divers modes de liaison d'une tige secondaire à sa maîtresse-tige.

La figure 429 s'appliquerait de préférence à une tige de pompe élévatoire.

La figure 430 s'applique indifféremment, quel que soit le genre de pompe.

Enfin la figure 431 s'applique spécialement aux jeux foulants.

Ce dernier système a le grand avantage de reporter dans l'axe même de la maîtresse-tige les réactions exercées par l'eau sur la base des pistons, pendant la période du refoulement.

Le système revient, en définitive, à donner à la maîtresse-tige un grand renflement, et à y pratiquer une sorte de grande mortaise dans laquelle passent les sommiers de support et la pompe, et qui est assez haute pour avoir un jeu un peu plus grand que l'excursion des tiges.

Fig. 432 et 433. — N° **539**. — Ces figures se rapportent à des maîtresses-tiges construites en fer ou en acier.

Ces maîtresses-tiges métalliques peuvent recevoir diverses formes, pour le choix desquelles interviennent les notions élémentaires sur la résistance des matériaux.

Pour résister à la traction, elles doivent avoir une certaine section *d'une étendue déterminée*.

Pour résister à la compression et pour diminuer leurs fouettements, cette section doit avoir *le plus grand moment d'inertie possible* par rapport à un axe situé dans son plan et passant par son centre de gravité.

On leur donnera donc soit la section d'une bielle (*fig.* 432 A), soit celle d'un tuyau creux d'une petite épaisseur (*fig.* 432 B), soit encore le profil en long d'une poutre en treillis (*fig.* 433), etc.

Fig. 434. — N° **540**. — Disposition d'un balancier de contre-poids.

destiné à équilibrer une partie de l'excès du poids des maîtresses-tiges sur le poids de la colonne d'eau refoulée par les pistons pendant la descente des tiges, excès qui existera naturellement pour des pompes de petit diamètre et des puits très-profonds, ou qu'on créera au besoin, en surchargeant la maîtresse-tige. La figure 454 représente un système très-rationnellement combiné, qu'on peut loger facilement à une hauteur quelconque dans le puits, en y pratiquant une excavation latérale.

On peut aussi avoir des balanciers métalliques en fonte ou en tôle analogues aux balanciers des machines à vapeur.

Fig. 455. — N° **542**. — Engin à vapeur pour la pose des pompes dans un puits de mine.

L'appareil représenté est, quant à son moteur, une véritable machine d'extraction à deux cylindres. Il a par conséquent toutes les facilités de manœuvre qui caractérisent ces machines. Il est très-commode pour mettre en place les grosses pièces des pompes ou de leurs tiges.

On ne le démonte pas après la pose. Il reste en réserve pour les grosses réparations que l'on a assez souvent à faire.

Planche LXXXV. — Figures 436 à 439.

Fig. 436. — N°ˢ **543** à **546**. — Cette figure et toutes celles de la même planche se rapportent à l'épuisement des avaleresses.

La figure 436 donne, en plan et en coupe verticale, un puits revêtu d'un cuvelage, avec le gros sommier que l'on place au jour, pour suspendre les pompes d'avaleresse, et pour les descendre progressivement, à l'aide de grands boulons taraudés, au fur et à mesure du fonçage.

Fig. 437. — N°ˢ **543** à **546**. — Plan et coupes verticales d'un puits cuvelé, et de *la bâche à niveaux* fixée au cuvelage, pour porter le pied des aspirantes de la répétition supérieure que l'on ne manque pas d'établir, dès que l'on prévoit que l'on aura plus d'une cinquantaine de mètres de niveaux à traverser.

Fig. 458. — Nᵒˢ **543** à **546**. — Mode de suspension des jeux volants à l'aide de chaînes.

Fig. 459. — Nᵒˢ **543** à **546**. — Détails relatifs à une grande pompe d'avaleresse. Ces détails représentent le corps de pompe, le piston, analogue à celui de la figure 424, le collier et les tiges de suspension du corps de pompe.

Planche LXXXVI. — Figures 440 à 448.

Fig. 440. — Nᵒ **563**. — Cette figure et les suivantes se rapportent à la ventilation des mines. Elle représente, par une simple indication géométrique, une mine dont les travaux sont horizontaux, et qui est desservie par deux puits d'égale profondeur. Dans l'espèce de siphon ainsi formé, il n'y a pas tendance à ce que le courant d'air s'établisse dans un sens plutôt que dans un autre. Mais si une cause accessoire quelconque vient à le déterminer dans un certain sens, cette même cause agit pour le maintenir, en hiver, avec une plus grande intensité qu'au début, en été, avec une moindre intensité. (Voir le texte.)

Fig. 441. — Nᵒ **563**. — On suppose que les deux puits ont leurs orifices au même niveau, mais qu'ils sont inégalement profonds, c'est-à-dire que les travaux sont inclinés.

On reconnaît que, le plus ordinairement, et pour divers motifs, le courant aura lieu du puits B vers le puits A, parce que l'air, dans la branche inclinée CD, sera généralement moins dense que dans la portion correspondante Cd de la branche verticale BC, tandis que les deux parties, Bd et AD, doivent être regardées comme équivalentes.

Fig. 442. — Nᵒ **563**. — On suppose les orifices des deux puits à des

niveaux différents. On reconnaît facilement qu'il s'établira, en
hiver, un courant d'air allant du puits dont l'orifice est le plus
bas au puits dont l'orifice est le plus élevé, et que le courant
d'été s'établira en sens contraire.

Fig. 443. — N° **565**. — Cette figure montre comment, à l'aide
d'une cheminée, on peut créer, avec deux puits dont les orifices
sont dans le même plan horizontal, l'équivalent de la différence
de niveau de la figure précédente. On reconnaît toutefois que
cet équivalent aura beaucoup plus d'efficacité dans le cas du
courant d'hiver que dans le cas du courant d'été.

Fig. 444. — N° **567**. — Cette figure représente un toc-feu, sorte
de panier en fer dans lequel on entretient un feu de houille, et
qu'on place à la base de la cheminée d'aérage de la figure précédente, ou qu'on descend à une petite profondeur dans le puits,
au moyen d'un treuil muni d'une chaîne. On augmente ainsi le
tirage par la cheminée.

Fig. 445. — N° **567**. — La figure 445 et les deux suivantes se rapportent à la ventilation artificielle à l'aide de foyers d'aérage.
Ces foyers sont beaucoup plus puissants que les toc-feux, soit
par la quantité de combustible qu'on y emploie, soit à cause de
leur position, qui est *au point où le courant d'air, après avoir
parcouru les travaux, vient aboutir au puits de sortie.*

La figure 445 représente, en plan et en coupes, un grand
foyer à deux grilles, établi dans la galerie à travers bancs qui
sert de retour d'air, et communiquant avec le puits de sortie
par une courte cheminée.

Fig. 446. — N° **567**. — Cette figure suppose le foyer établi, non
plus dans un travers-bancs, mais dans une galerie au charbon.
Il est alors nécessaire, pour éviter toute chance d'incendie,
d'isoler entièrement le foyer, ce qui se fait, comme la figure
l'indique, au moyen de deux voûtes concentriques entre lesquelles on fait circuler l'air.

Fig. 447. — N° **567**. — Le foyer est ici placé dans une excavation spéciale, l'isolant, aussi bien que possible, du courant d'air qui a parcouru les travaux, courant que l'on suppose pouvoir être accidentellement chargé de grisou.

Le foyer est alimenté par un petit courant spécial qui vient directement du jour.

La figure 447, qui représente le système usité dans le Nord, suppose que ce petit courant est amené d'abord par un compartiment spécial, ou goyau, que présente le puits de sortie, à la partie supérieure, sur la hauteur des morts-terrains, puis, par une succession de tourets verticaux et de galeries suivant l'inclinaison des couches de houille recoupées, jusqu'à la chambre du foyer. (Voir le texte du n° **567**.)

Fig. 448. — N° **570**. — Cette figure sert à démontrer qu'au point de vue mécanique, les machines soufflantes employées à la ventilation d'une mine ont un petit avantage théorique sur les machines aspirantes. (Voir à ce sujet, ainsi que sur la portée de cet avantage, le texte des n°° **570** et **571**.)

Planche LXXXVII. — Figures 449 à 459.

Fig. 449. — N° **575**. — Cette figure et les suivantes, jusqu'au n° 468, sont consacrées aux différents appareils de ventilation mécanique.

La figure 449, empruntée à *la Richesse minérale*, représente une des premières machines de ventilation qu'on ait employées. C'est une sorte de gazomètre qui aspire en montant et refoule en descendant. Il est supposé actionné par l'une des maîtresses-tiges d'un système de pompes d'épuisement.

Fig. 450. — N° **575**. — Diagramme représentant la modification qu'on peut donner à l'appareil précédent, si l'on veut qu'il fonctionne à double effet. Il suffit à cet effet d'imprimer au balancier représenté par la figure un mouvement d'oscillation.

Fig. 451. — Nᵒ **575**. — Cette figure représente un appareil identique, comme principe, à celui de la figure précédente, mais établi dans d'autres conditions de construction.

Ces appareils, dits à cloches plongeantes, ont eu en Belgique un moment de vogue, il y a une trentaine d'années, alors que l'on commençait à s'occuper sérieusement de l'aérage mécanique sur une grande échelle.

L'une des cloches est représentée en élévation, l'autre moitié en élévation et moitié en coupe. Cette partie de la figure montre comment les clapets d'aspiration et de refoulement sont équilibrés, de manière que leur jeu ne demande qu'une très-faible différence de pression entre leurs deux faces.

On reconnaîtra une autre amélioration importante, qui est de réduire la cuve pleine d'eau, faisant fonction de joint hydraulique, à un simple anneau permettant de donner un très-grand diamètre au tuyau d'aspiration.

Fig. 451 *bis*. — Nᵒ **575**. — Diagramme représentant un appareil triple, dont les trois cloches sont mues à l'aide de manivelles calées à 120ᵒ sur le même arbre, de manière à régulariser l'aspiration dans la galerie placée latéralement au puits.

La même figure représente en outre l'appareil de sûreté de M. Devaux, indiqué à la fin du nᵒ **573**, dont l'objet est de fournir instantanément une issue au courant d'air, si la machine de ventilation vient à s'arrêter accidentellement.

Planche LXXXVIII. — Figure 452.

Fig. 452. — Nᵒ **575**. — Machine aspirante à piston, composée de deux cylindres à simple effet, qui sont de simples cuves en bois dont l'emploi est parfaitement justifié par ce fait que les pressions en jeu diffèrent à peine de la pression atmosphérique.

La transmission du mouvement de la tige du piston à vapeur aux tiges des pistons soufflants se fait plus simplement qu'avec un parallélogramme, et permet d'écarter, autant qu'on le veut,

les deux cylindres aspirants. Sur la figure, l'intervalle est d'une
dizaine de mètres, ce qui permet d'y loger les chaudières et de
les rapprocher ainsi du cylindre à vapeur.

Planche LXXXIX. — Figures 453 à 456.

Fig. 453. — N° **575**. — Machine aspirante à piston du même genre
que la précédente, mais avec des combinaisons cinématiques
moins appropriées à de très-grands appareils.

On remarquera que les clapets sont tous équilibrés, comme
dans la machine représentée par la figure 451.

Fig. 454. — N° **575**. — Diagramme d'une autre machine aspirante
à piston, dite ventilateur Nexon, employée en Angleterre. Cette
machine diffère des précédentes, d'abord en ce qu'elle ne comporte qu'une seule caisse à double effet, ensuite en ce que le piston se meut horizontalement, enfin en ce que les clapets, tant
d'aspiration que de refoulement, battent sur des siéges verticaux.

Il en résulte que ces clapets *s'entr'ouvrent* très-facilement;
mais il n'en faut pas moins une dépression manométrique sensible pour les maintenir *ouverts en grand*. Cette disposition
semble donc moins satisfaisante que celle des clapets équilibrés.

Fig. 455 A et 455 B. — N° **575**. — Ces deux figures et les suivantes
jusqu'à la figure 462, représentent les appareils de ventilation
de la seconde des catégories indiquées dans le texte du n° **575**.

La figure 455 A représente l'installation du ventilateur Letoret,
un des premiers appareils de ce genre qui aient été établis. On
voit la disposition prise pour pouvoir régler par tâtonnement
l'inclinaison des ailes.

La figure 455 B représente des ailes ayant une inclinaison fixe.
et le système d'entretoisement employé pour les rendre solidaires.

Ces deux systèmes d'ailes ont un vice capital commun, leur
trop grand espacement à la circonférence, qui produit des ren-

trées d'air et des remous très-nuisibles. (Voir le texte du
n° **577**.)

Fig. 456. — N° **575**. — Plan et coupe verticale du ventilateur aspirant à ailes courbes proposé par M. Combes.

Ce ventilateur diffère du ventilateur Letoret, d'abord en ce qu'il
est à axe vertical (ce qui d'ailleurs n'est pas une condition nécessaire); ensuite par l'emploi d'un joint hydraulique empêchant
les fuites entre les ailes et les surfaces fixes contre lesquelles
elles se meuvent; et enfin par la courbure donnée à ces ailes.

La courbure a pour but de réduire la vitesse absolue des filets
fluides à la sortie, en leur donnant une vitesse d'entraînement
et une vitesse relative de sens contraires.

L'appareil n'a pas présenté d'avantage appréciable sur le ventilateur Letoret, parce qu'il a eu, à cause du trop grand espacement
des ailes à leur extrémité, les mêmes mouvements anormaux
de la masse d'air. (Voir, comme ci-dessus, le texte du n° **577**.)

Planche XC. — Figures 457 à 459.

Fig. 457. — N° **575**. — Appareil connu sous le nom de vis pneumatique. On doit concevoir que dans l'espace compris entre le
noyau de l'hélice et l'enveloppe fixe, l'air entraîné par le mouvement de rotation des filets de la vis prend un mouvement de
translation le long de l'axe, et qu'il en résulte une aspiration
dans un sens ou dans l'autre, selon le sens de la rotation.

Cet appareil peut être satisfaisant, quand on n'a besoin que
de produire de faibles dépressions. Autrement, il est facile de
comprendre que l'air serait expulsé le long de l'enveloppe fixe,
tandis qu'il tendrait à se produire des rentrées d'air qui se mou-
vraient en sens contraire du courant principal en tourbillonnant
autour du noyau.

Fig. 458. — N° **575**. — Autre disposition donnée à la vis pneumatique en plaçant son axe horizontal.

Abstraction faite de la position de l'axe qui est un élément sans importance sur la marche de la machine, l'appareil de la figure 458 est assurément dans de moins bonnes conditions que celui de la figure précédente, à cause du trop petit diamètre donné au noyau.

Comme l'air est toujours plus ou moins entraîné par le mouvement de rotation de l'hélice, il est aisé de comprendre qu'il résulte de la petitesse du noyau une tendance plus grande de l'air à se condenser à l'extérieur de l'hélice, par l'action de la force centrifuge et à se dilater autour du noyau; ce qui ne peut que favoriser les rentrées d'air.

Fig. 459. — N° **575**. — L'appareil de la figure 459 est connu sous le nom de ventilateur à ailes de moulin, ou ventilateur Lesoinne.

Tel qu'il est figuré, il est, quant à son mode d'action, l'équivalent de la vis pneumatique. C'est cette même vis, avec un noyau central relativement petit. Il ne semble pas apte à fonctionner avec de fortes dépressions, et l'emploi ne s'en est pas répandu.

Planche XCI. — Figures 460 à 462.

Fig. 460. — N° **576**. — Ventilateur Guibal. C'est un ventilateur à force centrifuge dont le point de départ est le ventilateur Letoret (*fig.* 455) essentiellement perfectionné, en premier lieu dans ses détails de construction des ailes, en second lieu par l'établissement d'une enveloppe empêchant les rentrées d'air, en troisième lieu par la vanne à ouverture variable que l'on règle par tâtonnement, quatrièmement enfin par la cheminée évasée qui fait que l'air aspiré s'échappe dans l'atmosphère avec une vitesse réduite.

Ainsi modifié, le ventilateur Guibal devient très-supérieur à tous les autres appareils de la seconde classe décrits ci-dessus (*fig.* 455 et suivantes). (Voir le texte des n°° **576** et **577**.)

Fig. 461. — N° **576**. — La figure 461 représente un ventilateur

Guibal, très-analogue à celui de la figure précédente, sauf les modifications suivantes.

En premier lieu, on a donné une légère concavité à l'extrémité dès palettes, et cette concavité est, on le remarquera, en sens contraire de celle donnée par M. Combes. C'est qu'en effet elle n'a pas du tout le même objet. M. Combes cherchait à obtenir une vitesse absolue de sortie aussi faible que possible. M. Guibal n'a pas à rechercher ce résultat, puisque sa cheminée évasée utilise cette vitesse. Il cherche à débiter le plus d'air possible, et il fait en sorte, en terminant les palettes suivant le rayon, de lui donner toute la vitesse que prennent ces palettes à leur extrémité.

En second lieu, on a disposé les choses pour pouvoir, en continuant toujours la rotation dans le même sens, faire fonctionner l'appareil tantôt par aspiration, tantôt par refoulement. L'inspection de la figure indique la disposition adoptée, qu'il est facile d'ailleurs de modifier de diverses manières. Pour aspirer, l'ouïe centrale communique avec la mine et la circonférence avec la cheminée évasée ; pour refouler, l'ouïe communique avec l'air extérieur, et une conduite ayant la forme de la cheminée évasée communique avec la mine.

Fig. 462. — N° **578**. — Ventilateur Harzé. Cet appareil est analogue au ventilateur Combes (*fig.* 456) par la position de son axe, par l'emploi du joint hydraulique et par le soin pris pour dévier les filets d'air à leur entrée dans l'appareil.

Il en diffère par le tracé des ailettes, qui, au lieu de se terminer à peu près tangentiellement à la circonférence, se terminent plutôt à peu près normalement, comme dans le ventilateur Guibal.

Il diffère d'ailleurs de ce dernier par l'emploi du *diffusoir*, appareil formé d'une série de canaux fixes à section croissante qui, en réalité, équivalent à la cheminée évasée de M. Guibal. Ce ventilateur, bien étudié, semble devoir être à peu près équivalent au ventilateur Guibal, quoique peut-être un peu plus limité que lui, quant à la grandeur maxima des dépressions qu'il peut atteindre. (Voir le texte du n° **578**.)

Planche XCII. — Figures 463 à 465.

Fig. 463. — N° **579**. — Cette figure et les suivantes jusqu'à la figure 466 se rapportent aux appareils de la troisième des catégories qui sont indiquées au n° **575**. Ces appareils se distinguent de ceux de la seconde catégorie par ce double caractère, en premier lieu qu'ils débitent par tour un volume d'air calculable avec précision et théoriquement indépendant de la vitesse et de la dépression manométrique, et en second lieu que la dépression qu'ils peuvent produire n'est pas limitée.

Ce dernier caractère les approprie spécialement à la ventilation des mines dans lesquelles l'aérage est rendu très-difficile par la faible section ou par le grand développement des galeries.

La figure 463 représente le ventilateur ou la roue pneumatique de M. Fabry.

Cet appareil, pour la théorie duquel nous renvoyons au texte du n° 579, est bien approprié à l'aérage des mines qui ne demandent pas un très-grand volume d'air, mais qui ont besoin d'une assez forte dépression manométrique.

Par un simple changement dans le sens de la rotation, sans aucune autre disposition à prendre, il peut être, à volonté, employé comme machine aspirante ou comme machine soufflante.

Fig. 464. — N° **581**. — L'appareil dont cette figure donne une idée est le ventilateur, ou tambour pneumatique de Lemielle. Cet appareil qui a reçu successivement diverses modifications de forme, a toutes les propriétés essentielles du ventilateur Fabry.

Il en diffère en ce qu'il en est plus complexe dans ses détails, et plus robuste dans sa construction. Il demande un peu plus de sujétion pour son entretien ; mais on peut le construire sur des dimensions et lui donner des vitesses, qui le rendent capable de débiter un plus grand volume d'air.

Il est approprié à la ventilation des mines, qui ont besoin à la fois, *d'un assez grand volume d'air et d'une forte dépression mano-métrique.*

Les orifices d'aspiration et d'évacuation de l'air sont placés de telle sorte que les bords de deux palettes consécutives soient, à la fois, ou en b et b', ou en b_1 et b'_1.

Fig. 465. — Nº **581**. — Cette figure et la suivante représentent, avec leurs principaux détails de construction, les ventilateurs Lemielle dont la figure précédente donne la constitution géométrique. On remarque, sur ces figures, les diverses dispositions qui peuvent être prises afin d'empêcher les fuites, soit à la partie supérieure du tambour mobile qui porte les ailes, soit par les ouvertures que présente ce tambour pour laisser passer les bielles qui donnent aux palettes leur mouvement alternatif de rotation autour de la génératrice leur servant de charnière.

Planche XCIII. — Figures 466 à 468.

Fig. 466. — Nº **581**. (Voir pour cette figure la légende relative à la figure 465.)

Fig. 467. — Nº **584**. — Exemples de dispositions de *trompes*, appareils de ventilation rarement employés dans les mines, mais qui ont été usités, à une certaine époque, pour souffler certains foyers employés en métallurgie, notamment les foyers catalans.

Le jeu de ces appareils est fondé sur l'entraînement qu'une colonne d'eau en mouvement exerce sur l'air ambiant, et sur l'aspiration qui en résulte, lorsque l'air entraîné ne peut être renouvelé que par des orifices convenablement disposés.

L'espèce de mousse formée par ce mélange d'eau et d'air vient frapper sur une table, qui la fait rejaillir et la disperse en gouttelettes, et dégage ainsi les bulles d'air entraînées.

Ce système doit être considéré comme fort peu favorable à l'u-tilisation du travail d'une chute d'eau donnée ; mais il est simple à établir, et il dispense de l'installation d'un récepteur spécial.

Fig. 468. — N° **584**. — Ventilateur proposée par M. Guibal, donnant un mouvement de translation à l'air, à l'aide d'une sorte de vis d'Archimède, ou plutôt de vis hollandaise, dont l'axe est placé horizontalement.

Ce système, très-simple à concevoir, a l'inconvénient de mettre en mouvement *sans utilité*, ou plutôt *avec l'effet nuisible* d'un frottement plus ou moins important, la masse d'eau dans laquelle doit baigner la partie inférieure de l'axe et de la surface hélicoïdale de la vis.

Planche XCIV — Figures 469 à 479.

Fig. 469 à 472. — N° **588**. — Exemples des diverses dispositions que l'on peut prendre pour la ventilation d'un avancement.

La figure 469 représente un compartiment, *gaine* ou *carnet* d'aérage, formé par une cloison plus ou moins étanche. Souvent cette cloison est à peu près verticale ; mais si la galerie est assez haute pour pouvoir établir le retour d'air au-dessus de la tête des ouvriers, la cloison peut être horizontale, et il est très-facile de la rendre suffisamment étanche, en la recouvrant d'une petite épaisseur de matières à l'état pulvérulent.

La figure 470 suppose le carnet d'aérage formé par une petite portion de voûte d'une brique, ou d'une demi-brique d'épaisseur.

Dans la figure 471, où l'on suppose la galerie de section assez faible, la gaine d'aérage est formée par des tuyaux en tôle de fer ou de zinc assemblés bout à bout et fixés, d'une manière à la fois très-simple et très-solide, à l'un des angles supérieurs du cadre de boisage. Si la galerie est très-rétrécie au chapeau, on se contente de poser ces tubes sur le sol, à l'angle de la semelle et d'un montant. Souvent ces tubes métalliques sont remplacés par de simples coffres carrés en bois, que l'on nomme des *canards*.

Une autre disposition fréquemment employée (fig. 472) consiste à remplacer un chantier unique par un ensemble de deux chantiers parallèles, qu'on met, de distance en distance, en communication par des traverses successivement remblayées au fur et à mesure qu'on en a ouvert une nouvelle. Il est facile de comprendre comment, en cas de besoin, on force le courant d'air à venir jusqu'à front d'un des chantiers, quand la traverse est à une certaine distance en arrière. Une porte ou une cloison, et une ligne de canards qui la traverse, résolvent la question.

Fig. 473. — N° **588**. — Les deux figures 473 A et 473 B représentent deux dispositions qui peuvent être prises, lorsque l'on veut, au croisement de deux galeries, maintenir isolés l'un de l'autre les deux courants d'air qui parcourent ces galeries.

La figure 473 A se rapporte au cas où l'on veut maintenir le roulage, ou au moins la libre circulation des hommes, dans les deux galeries. L'isolement est alors obtenu à l'aide de portes établies dans la partie de la galerie dont le toit a été surélevé. Ces portes sont simples ou doubles, selon l'importance que l'on attache à maintenir l'isolement des deux courants d'air d'une manière plus ou moins complète.

La figure 473 B suppose que la galerie surélevée n'a pas besoin d'être parcourue.

Fig. 474. — N° **599**. — Modèle d'une lampe ordinaire analogue aux lampes antiques.

Fig. 475. — N° **599**. — Lampe de mine ordinaire, dite Rave, employée dans les mines du département de la Loire. Cette lampe, d'une construction très-solide, en fer battu, se porte avec une anse munie d'un crochet, qui sert à la tenir à la main, et à la mettre en place en piquant la pointe du crochet dans une pièce du boisage. Elle est souvent munie en outre d'une sorte de petite épinglette, qui sert à tirer et à nettoyer la mèche.

Fig. 476. — N° **599**. — Lampe usitée dans les mines du Nord, très-commode pour circuler sur des échelles ou dans des galeries basses. Elle se porte au chapeau ou se tient à la main par la poignée, et se met en place au chantier, comme la précédente, en la piquant dans une pièce du boisage.

FIG. 477. — N° **600**. — Lampe électrique portative de M. Dumas, pouvant être employée dans les chantiers où les lampes ordinaires ne brûlent pas convenablement faute d'air, ou ne peuvent pas être employées à cause de la présence du grisou. (Voir le texte du n° 600).

FIG. 478. — N° **605**. — Lampe de sûreté ordinaire, ou lampe de Davy, employée dans les mines, ou dans les quartiers de mines où l'on peut redouter la présence du grisou.

Elle agit par le réseau métallique, ou tamis, qui entoure la flamme de la lampe. Les mailles serrées de ce tamis refroidissent suffisamment, pour les amener à ne plus être incandescents, les filets gazeux qui viennent à les traverser après s'être allumés au contact de la flamme. La combustion de la masse gazeuse ne peut donc se propager en dehors du tamis, du moins tant que quelque circonstance n'amène pas le tamis lui-même à une haute température, ou bien ne donne pas aux filets gazeux une vitesse assez grande pour qu'ils échappent à son action réfrigérante.

La sûreté que donne la lampe de Davy n'est donc pas absolue. Cette lampe prévient le plus ordinairement les explosions qui se produiraient si un mélange plus ou moins détonant venait accidentellement à être en contact avec la flamme d'une lampe ordinaire; mais elle ne doit pas être considérée comme pouvant être maintenue et permettant le travail, dans un tel mélange. (Voir le texte du n° **605**).

FIG. 479. — N° **606**. — Lampe de sûreté de Mueseler. Entre les très-nombreuses modifications proposées à la lampe de Davy, qui reste cependant encore aujourd'hui le système le plus généralement usité, la lampe Mueseler est celle qui s'est le plus répandue, surtout en Belgique.

Elle éclaire mieux que la lampe de Davy ; elle offre un plus haut degré de sécurité dans les mélanges détonants ; mais elle a, en pratique, l'inconvénient de s'éteindre trop facilement dans diverses circonstances.

(Voir pour plus de détails le texte du n° **606**).

TABLE DES MATIERES

CONTENUES DANS LE SECOND VOLUME

CHAPITRE XII.

EXEMPLES D'EXPLOITATIONS SOUTERRAINES DIVERSES.

NUMÉROS 339 A 354. — PAGES 1 A 54.

CHAPITRE XIII.

EXPLOITATIONS A CIEL OUVERT.

NUMÉROS 355 A 372. — PAGES 55 A 60.

CHAPITRE XIV.

DU TRANSPORT DANS L'INTÉRIEUR DES MINES.

§ 1. — Du triage et du chargement au chantier.

§ 2. — Transport accessoire du chantier à la voie de roulage.

§ 3. — Transport sur les voies perfectionnés de roulage.

CHAPITRE XV.

APPLICATION DES MOYENS MÉCANIQUES AU TRANSPORT DANS L'INTÉRIEUR DES MINES.

NUMÉROS 409 A 431. — PAGES 126 A 164.

§ 1. — Des plans inclinés automoteurs.

§ 2. — Des vallées, ou plans inclinés avec machines fixes.

CHAPITRE XVII.

DONNÉES NUMÉRIQUES ET DÉTAILS DIVERS CONCERNANT L'EXTRACTION.

§ 1. — Données numériques concernant l'extraction.

§ 2. — Détails divers concernant l'extraction.

CHAPITRE XVIII.

PROCÉDÉS POUR L'INTRODUCTION ET LA SORTIE DES OUVRIERS. — DIGRESSION
SUR L'EXTRACTION A TOUTE PROFONDEUR.

NUMÉROS 480 A 499. — PAGES 272 A 315.

CHAPITRE XIX.

DE L'ASSÉCHEMENT DES MINES.

NUMÉROS 500 A 549. — PAGES 514 A 409.

§ 4. — De l'épuisement des mines par des moyens mécaniques.

CHAPITRE XX.

DE LA VENTILATION ET DE L'ÉCLAIRAGE DES MINES.

NUMÉROS 550 à 606 — PAGES 410 à 519.

APPENDICE.

LÉGENDES DES PLANCHES.

FIN DE LA TABLE DES MATIÈRES.

PARIS. — IMP. SIMON RAÇON ET COMP., RUE D'ERFURTH, 1.

DUNOD, EDITEUR

LIBRAIRE DES CORPS DES PONTS ET CHAUSSÉES ET DES MINES

49, QUAI DES AUGUSTINS, 49

ÉTUDES SUR LES FILONS DU CORNWALL

PARTIES RICHES DES FILONS

STRUCTURE DE CES PARTIES

ET LEUR RELATION AVEC LES DIRECTIONS DES SYSTÈMES STRATIGRAPHIQUES

PAR

L. MOISSENET

INGÉNIEUR DES MINES, PROFESSEUR A L'ÉCOLE DES MINES
MEMBRE HONORAIRE DE LA SOCIÉTÉ ROYALE GÉOLOGIQUE DE CORNWALL.

1 BEAU VOLUME GRAND IN-8 AVEC ATLAS DE 11 PLANCHES
Prix : 15 fr.

EXTRAIT DE LA TABLE ANALYTIQUE DES MATIÈRES

INTRODUCTION

CHAPITRE PREMIER

§ IV. — Les quatre caractères généraux se relient entre eux

. . . .
. . . .
. . . .
. . . .

CONCLUSION

NOTES

BULLETIN DE SOUSCRIPTION

Je soussigné déclare souscrire à **Parties riches des Filons**, *par* M. Moissenet,
*moyennant la somme de quinze francs, dont j'envoie le montant en un bon sur
Paris.*

Je désire recevoir l'envoi à [1]

Signature [2]

[1] Indiquer son adresse très-exactement.
[2] Signer lisiblement.

PARIS. — IMP. S. RACON ET COMP.

Monsieur

Monsieur Dunod,

LIBRAIRE-ÉDITEUR DES CORPS DES PONTS ET CHAUSSÉES ET DES MINES,

49, quai des Augustins,

PARIS.